U0342044

普通高等教育“十一五”国家级规划教材
21世纪高等院校自动化专业系列教材

控制系统仿真与计算机辅助设计

第2版

薛定宇 著

机械工业出版社

本书以国际控制界首选的 MATLAB/Simulink 语言为主要工具，在全新的框架下对控制系统建模、仿真、分析与设计进行了较全面的介绍，内容包括：MATLAB 语言的编程方法及其在各类数学问题求解中的应用；各类线性系统模型的表示方法与模型转换、系统辨识问题的求解方法；控制系统的计算机辅助分析；基于 Simulink 的控制系统建模仿真的方法；控制系统的计算机辅助设计算法；PID 控制器与最优控制器设计；控制工程建模仿真应用技巧及半实物仿真等内容。

本书可作为高等院校自动化专业本科生的教材或参考书，还可供研究生、科技工作者和教师参考。

图书在版编目（CIP）数据

控制系统仿真与计算机辅助设计/薛定宇著. —2 版. —北京：机械工业出版社，2008. 10（2019.1 重印）
普通高等教育“十一五”国家级规划教材
（21 世纪高等院校自动化专业系列教材）
ISBN 978-7-111-15636-9

I. 控… II. 薛… III. ①自动控制系统－系统仿真－高等学校－教材②自动控制系统－计算机辅助设计－高等学校－教材 IV. TP273

中国版本图书馆 CIP 数据核字（2008）第 154568 号

机械工业出版社（北京市百万庄大街 22 号 邮政编码 100037）
责任编辑：时 静
责任印制：李 昂
中国农业出版社印刷厂印刷
2019 年 1 月第 2 版 · 第 9 次印刷
184mm × 260mm · 20.75 印张 · 510 千字
23001—25500 册
标准书号：ISBN 978-7-111-15636-9
定价：43.50 元

21世纪高等院校自动化专业系列教材

编 审 委 员 会

出版说明

自动化技术是一门集控制、系统、信号处理、电子和计算机技术于一体的综合技术，广泛用于工业、农业、交通运输、国防、科学研究以及商业、医疗、服务和家庭等各个方面。自动化水平的高低是衡量一个国家或社会现代化水平的重要标志之一，建设一个现代化的国家需要大批从事自动化事业的人才。高等院校的自动化专业是培养国家所需要的专业面宽、适应性强，具有明显的跨学科特点的自动化专门人才的摇篮。

为了适应新时期对高等教育人才培养工作的需要，以及科学技术发展的新趋势和新特点，并结合最新颁布实施的高等院校自动化专业教学大纲，我们邀请清华大学、南开大学、上海交通大学、西安交通大学、东北大学、华中科技大学、山东大学、北京科技大学等名校的知名教师、专家和学者，成立了教材编写委员会，共同策划了这套面向高校自动化专业的教材。

本套教材定位于普通高等院校自动化类专业本科层面。按照教育部颁发的《普通高等院校本科专业介绍》中所提出的培养目标和培养要求、适合作为广大高校相关专业的教材，反映了当前教学与技术发展的主流和趋势。

本套教材的特色：

1. 作者队伍强。本套教材的作者都是全国各院校从事一线教学的知名教师和相关专业领域的学术带头人，具有很高的知名度和权威性，保证了本套教材的水平和质量。

2. 观念新。本套教材适应教学改革的需要和市场经济对人才培养的要求。

3. 内容新。近 20 年，自动化技术发展迅速，与其他学科的联系越来越紧密。这套教材力求反映学科发展的最新内容，以适应 21 世纪自动化人才培养的要求。

4. 体系新。在以前教材的基础上重构和重组，补充新的教学内容，各门课程及内容的组成、顺序、比例更加优化，避免了遗漏和不必要的重复。根据基础课教材的特点，本套教材的理论深度适中，并注意与专业教材的衔接。

5. 教学配套的手段多样化。本套教材大力推进电子讲稿和多媒体课件的建设工作。本着方便教学的原则，一些教材配有习题解答和实验指导书，以及配套学习指导用书。

机械工业出版社

前　　言

十多年来，随着 MATLAB® 语言和 Simulink® 仿真环境在控制系统研究与教学中日益广泛的应用，在系统仿真、自动控制等领域，国外很多高校在教学与研究中都将 MATLAB/Simulink 语言作为首选的计算机工具。我国的科学工作者和教育工作者也逐渐认识到 MATLAB 语言的重要性。MATLAB 语言是一种十分有效的工具，能容易地解决在系统仿真及控制系统计算机辅助设计领域的教学与研究中遇到的问题，它可以将使用者从烦琐的底层编程中解放出来，把有限的宝贵时间更多地花在解决科学问题中。MATLAB 语言虽然是计算数学专家倡导并开发的，但其普及和发展离不开自动控制领域学者的贡献。在 MATLAB 语言的发展进程中，许多有代表性的成就是和控制界的要求与贡献分不开的。MATLAB 具有强大的数学运算能力、方便实用的绘图功能及语言的高度集成性，它在其他科学与工程领域也有着广阔的应用前景和无穷的潜能。因此，以 MATLAB/Simulink 作为主线，为我国高校自动化专业的一门很重要课程 —— "控制系统仿真与计算机辅助设计"或"计算机仿真"编写一本实用的教材就显得非常迫切。

本书作者从使用者的角度出发，融合了作者二十多年的教学、研究和实际编程经验，并参考以往出版的专著和教材，精心编写了本书。书中除简单介绍 MATLAB 的基础知识外，其余内容均围绕其在控制系统中的应用展开介绍。所以本书还可以作为"自动控制原理"等课程的计算机实践材料。本书入选普通高等教育"十一五"国家级规划教材，并作为支撑教材之一入选国家级精品课程《控制系统仿真与 CAD》。本书的读者对象是应用型高校自动化专业的本科生，英文版 Linear Feedback Control — Analysis and Design with MATLAB 由美国 SIAM 出版社 2007 年出版，可以用于双语教学。

作者从 1988 年开始系统地使用 MATLAB 语言进行程序设计与控制理论研究，积累了丰富的第一手经验；用 MATLAB 语言编写的程序 Control Kit 曾作为英国 Rapid Data 软件公司的商品在国际范围内发行，并于 1991 年在 国际电工教学杂志上发表文章介绍该软件。新近编写的几个通用程序在 The MathWorks 公司 (MATLAB 语言的开发者) 的网页上可以下载，其中反馈系统分析与设计程序 CtrlLAB 的下载量长期高居控制类软件的榜首，得到了国际上很多用户的关注。

多年来，作者一直试图以最实用的方式将 MATLAB 语言介绍给国内的读者，并在清华大学出版社出版了多部有关 MATLAB 语言及其应用方面的著作，受到了国内外广大中文读者的普遍欢迎。其中，1996 年出版的《控制系统计算机辅助设计 —— MATLAB 语言与应用》一书被公认为国内关于 MATLAB 语言方面书籍中出版最早、影响最广的著作，被期刊文章他引数千次。本书主要介绍目前最新的 MATLAB 2008a 版本，相信仍然能受到读者的欢迎。

本书由上海交通大学的施颂椒教授主审，感谢他对作者提出的建设性意见和细致审读。作者的导师，东北大学任兴权教授和英国 Sussex 大学的 Derek P Atherton 教授也对本书的最终成型提供了很多的帮助，是他们将作者引入系统仿真和 MATLAB/Simulink 语言编程这个充满趣味的领域。

作者的一些同事、同行和朋友也先后给予作者许多建议和支持，他们是东北大学信息学院的徐心和教授、刘建昌教授、张化光教授、吴成东教授、美国 Utah 州立大学的陈阳泉教授、英国 Sussex 大学的杨泰澄博士、北方交通大学的朱衡君教授、中科院系统科学研究所的韩京清研究员、南开大学的王治宝教授、清华大学胡东成教授、郑大钟教授、王雄教授、萧德云教授、孙增圻教授、北京理工大学的谢力教授、西安电子科大的陈怀琛教授、上海交通大学的田作华教授、哈尔滨工业大学的张晓华教授、马广富教授、北京航空航天大学的申功璋教授、刘金琨教授等，还有在互联网上交流的众多同行与朋友，在此表示深深的谢意。东北大学潘峰博士和陈大力博士参加了本书部分章节的编写，部分辅助程序与模型由黄跃刚、熊鲲等同学编写。

本书的出版得到了丛书编委会主任南开大学袁著祉教授、清华大学王桂增教授和上海交通大学席裕庚教授的指点，作者对他们的辛勤工作深表谢意。

本书受“教育部高等学校骨干教师资助计划”资助，在此深表谢意。

感谢美国 The MathWorks 公司图书计划的支持，并特别感谢 Courtney Esposito、Noami Fernandez 女士对作者的各种帮助。

由于作者水平有限，书中的缺点、错误在所难免，欢迎读者批评指教。

为了配合本书教学，读者可以从机械工业出版社教材网站 (`http://www.cmpedu.com`) 和作者的 MATLAB 大观园 (`http://www.matlab-china.com`) 网站均可免费下载本书的源代码和演示实例。

谨以此书献给我的妻子杨军和女儿薛杨。在编写本书时我花费了大量本该陪伴她们的业余时间，没有她们的鼓励、支持和理解，本书是不可能顺利完成的。

薛定宇
2008 年 7 月 10 日修订于沈阳东北大学

目　　录

出版说明
前　言
第 1 章　控制系统仿真与计算机辅助设计概述 1
1.1 控制理论和控制系统概述 1
1.1.1 自动控制理论的历史回顾 1
1.1.2 控制系统分类 2
1.2 系统仿真与仿真语言工具概述 2
1.2.1 系统仿真与控制系统仿真 2
1.2.2 常规计算机语言的局限性 4
1.2.3 数学软件的发展 5
1.2.4 控制系统仿真与计算机辅助设计软件 7
1.3 本书主要结构及相关内容 9
1.3.1 本书结构概述 9
1.3.2 MATLAB 语言的相关资源 10
1.3.3 书中的 MATLAB 代码 10
1.4 本章要点小结 11
1.5 习　题 11
第 2 章　MATLAB 语言 —— 必备的基础知识 13
2.1 MATLAB 的数据结构与语句结构 14
2.1.1 MATLAB 语言的变量与常量 14
2.1.2 MATLAB 的数据结构 14
2.1.3 MATLAB 的基本语句结构 15
2.1.4 数据存储与读取 16
2.1.5 MATLAB 语言的基本运算 16
2.2 MATLAB 基本控制流程结构 19
2.2.1 循环结构 19
2.2.2 转移结构 20
2.2.3 开关结构 21
2.2.4 试探结构 22

2.3 MATLAB 的 M-函数设计 22
2.3.1 MATLAB 语言的函数的基本结构 23
2.3.2 可变输入输出个数的处理 25
2.4 MATLAB 的图形可视化 25
2.4.1 二维图形的绘制 25
2.4.2 三维图形的绘制 30
2.4.3 图形修饰 34
2.5 MATLAB 的图形用户界面设计入门 34
2.5.1 图形界面设计工具 Guide 35
2.5.2 菜单设计系统 41
2.5.3 界面设计举例与技巧 41
2.6 MATLAB 语言与数学问题计算机求解 47
2.6.1 线性代数问题的 MATLAB 求解 47
2.6.2 常微分方程问题的 MATLAB 求解 53
2.6.3 最优化问题的 MATLAB 求解 56
2.7 本章要点小结 60
2.8 习　题 61
第 3 章　控制系统模型与转换 65
3.1 连续线性系统的数学模型 65
3.1.1 线性系统的传递函数模型 65
3.1.2 线性系统的状态方程模型 68
3.1.3 线性系统的零极点模型 69
3.1.4 多变量系统的传递函数矩阵模型 70
3.2 离散系统模型 71
3.2.1 离散传递函数模型 71
3.2.2 离散状态方程模型 73
3.3 框图描述系统的化简 74
3.3.1 控制系统的典型连接结构 74
3.3.2 纯时间延迟环节的处理 77
3.3.3 节点移动时的等效变换 78
3.3.4 复杂系统模型的简化 79
3.3.5 基于连接矩阵的结构图化简方法 81
3.4 系统模型的相互转换 83
3.4.1 连续模型和离散模型的相互转换 83
3.4.2 系统传递函数的获取 85
3.4.3 控制系统的状态方程实现 86

3.4.4 状态方程的最小实现 88
3.5 线性系统的模型降阶 89
3.5.1 Padé 降阶算法与 Routh 降阶算法 89
3.5.2 时间延迟模型的 Padé 近似 93
3.5.3 带有时间延迟系统的次最优降阶算法 94
3.6 线性系统的模型辨识 98
3.6.1 连续系统的模型辨识 98
3.6.2 离散系统的模型辨识 100
3.6.3 辨识模型的阶次选择 105
3.6.4 离散系统辨识信号的生成 106
3.6.5 多变量离散系统的辨识 108
3.7 本章要点小结 109
3.8 习 题 110
第 4 章 线性控制系统的计算机辅助分析 114
4.1 线性系统定性分析 114
4.1.1 线性系统稳定性分析 114
4.1.2 线性系统的线性相似变换 117
4.1.3 线性系统的可控性分析 117
4.1.4 线性系统的可观测性分析 121
4.1.5 Kalman 规范分解 122
4.2 线性系统时域响应解析解法 122
4.2.1 基于状态方程的解析解方法 123
4.2.2 连续状态方程的直接积分求解方法 125
4.2.3 基于部分分式展开方法求解 125
4.2.4 二阶系统的阶跃响应及阶跃响应指标 129
4.3 线性系统的数字仿真分析 131
4.3.1 线性系统的时域响应 131
4.3.2 任意输入下系统的响应 135
4.4 根轨迹分析 136
4.5 线性系统频域分析 140
4.5.1 单变量系统的频域分析 141
4.5.2 利用频率特性分析系统的稳定性 144
4.5.3 多变量系统的频域分析 146
4.5.4 频域分析的复域空间扩展 150
4.6 本章要点小结 151
4.7 习 题 152

第 5 章 Simulink 在系统仿真中的应用 157
5.1 Simulink 建模的基础知识 157
5.1.1 Simulink 简介 157
5.1.2 Simulink 下常用模块简介 158
5.1.3 Simulink 下其他工具箱的模块组 164
5.2 Simulink 建模与仿真 164
5.2.1 Simulink 建模方法简介 164
5.2.2 仿真算法与控制参数选择 168
5.2.3 Simulink 在控制系统仿真研究中的应用举例 170
5.3 非线性系统分析与仿真 179
5.3.1 分段线性的非线性环节 179
5.3.2 非线性系统的极限环研究 182
5.3.3 非线性环节的描述函数数值求取方法 183
5.3.4 非线性系统的线性化 186
5.4 子系统与模块封装技术 188
5.4.1 子系统概念及构成方法 188
5.4.2 模块封装方法 189
5.4.3 模块集构造 194
5.5 S-函数及其应用 194
5.5.1 S-函数的基本结构 195
5.5.2 用 MATLAB 编写 S-函数举例 196
5.5.3 S-函数的封装 199
5.6 输出显示形式 199
5.7 本章要点小结 202
5.8 习 题 203
第 6 章 控制系统计算机辅助设计 207
6.1 基于传递函数的控制器设计方法 207
6.1.1 串联超前滞后校正器 208
6.1.2 基于相位裕量的设计方法 209
6.1.3 控制系统工具箱中的设计界面 214
6.2 状态反馈控制 218
6.3 基于状态反馈的控制器设计方法 219
6.3.1 线性二次型指标最优调节器 219
6.3.2 极点配置控制器设计 221
6.3.3 观测器设计及基于观测器的调节器设计 224

6.4 多变量系统的解耦控制 228
6.4.1 状态反馈解耦控制 228
6.4.2 状态反馈的极点配置解耦系统 230
6.5 本章要点小结 232
6.6 习　题 232
第 7 章　PID 控制器与最优控制器设计 234
7.1 PID 控制器及其 Simulink 建模 234
7.1.1 PID 控制器概述 234
7.1.2 离散 PID 控制器 235
7.1.3 PID 控制器的变形 236
7.2 过程系统的一阶延迟模型近似 237
7.2.1 由响应曲线识别一阶模型 238
7.2.2 基于频域响应的近似方法 239
7.2.3 基于传递函数的辨识方法 240
7.2.4 最优降阶方法 240
7.3 Ziegler-Nichols 参数整定方法 241
7.3.1 Ziegler-Nichols 经验公式 241
7.3.2 改进的 Ziegler-Nichols 算法 243
7.3.3 改进 PID 控制结构与算法 245
7.3.4 最优 PID 整定算法 248
7.3.5 大时间延迟的 Smith 预估器补偿 249
7.4 PID 工具箱应用举例 252
7.4.1 基于 FOLPD 的 PID 控制器设计程序 252
7.4.2 Simulink 下的 PID 控制器模块集 255
7.5 最优控制器设计 258
7.5.1 最优控制的概念 258
7.5.2 最优控制目标函数的选择 259
7.5.3 控制器参数寻优 262
7.5.4 基于 MATLAB/Simulink 的最优控制程序及其应用 265
7.5.5 最优控制程序的其他应用 268
7.6 最优 PID 控制器设计程序 269
7.7 本章要点小结 273
7.8 习　题 273
第 8 章　控制工程中的仿真技术应用 275
8.1 电路和电子系统的建模与仿真 275
8.1.1 复杂系统的 Simulink 建模概述 275

8.1.2 SimPowerSystems 简介 276
8.1.3 电路系统的建模与仿真 276
8.1.4 电子电路的建模与仿真 281
8.2 直流电机双闭环拖动系统的建模与仿真 285
8.2.1 晶闸管整流系统仿真模型 286
8.2.2 电机模型库及直流电机建模 287
8.3 半实物仿真系统及其应用 291
8.3.1 半实物仿真概述 291
8.3.2 dSPACE 简介 294
8.3.3 dSPACE 模块组 294
8.3.4 半实物仿真举例 295
8.4 本章要点小结 298
8.5 习　题 299
附　录 301
附录 A　积分变换问题及 MATLAB 直接求解 301
A.1 Laplace 变换及其反变换 301
A.2 Z 变换及其反变换 302
A.3 Laplace 变换和 Z 变换的计算机求解 303
A.4 本附录要点小结 306
A.5 习　题 306
附录 B　反馈系统分析与设计程序 CtrlLAB 简介 307
B.1 CtrlLAB 的安装与运行 308
B.2 控制系统模型的输入与处理 308
B.3 反馈控制系统的分析 309
B.4 反馈控制系统计算机辅助设计 310
B.5 本附录要点小结 311
B.6 习　题 311
参考文献 313

第 1 章　控制系统仿真与计算机辅助设计概述

1.1　控制理论和控制系统概述

1.1.1　自动控制理论的历史回顾

自动化科学作为一门学科起源于 20 世纪初，自动化科学与技术的基础理论来自于物理学等自然科学和数学、系统科学、社会科学等基础科学[1]。自动控制理论在现代科学技术的发展中有着重要的地位，起着重要的作用。在第 40 届 IEEE 决策与控制年会的全会开篇报告中，美国学者 John Doyle 教授引用了国际著名学者，哈佛大学的何毓琦 (Larry Yu-Chi Ho) 教授的新观点："控制将是 21 世纪的物理学 (Control will be the physics of the 21st century)。"[2]

自动控制系统的早期应用可以追溯到两千多年前古埃及的水钟控制[3]与中国汉代的指南车控制[4]，但当时未建立起自动控制的理论体系。1769 年，英国科学家 James Watt 设计的内燃机引发了现代工业革命，1788 年 Watt 为内燃机设计的飞锤调速器可以认为是最早的反馈控制系统的工程应用。由于当时应用的调速器会出现振荡现象，所以后来出现了 Maxwell 对微分方程系统稳定性的理论研究 (1868 年)，他指出线性系统稳定的条件是其特征根均有负实部[5]，Routh (1874 年)[6]和 Hurwitz (1895 年)[7]等人提出了间接的稳定性判据，使得高阶系统稳定性判定成为可能。控制器的设计问题是由 Minorsky 在 1922 年开始研究的[8]，其研究成果可以看成是现在广泛应用的 PID 控制器的前身，而 1942 年，Ziegler 与 Nichols 提出了调节 PID 控制器参数的经验公式方法[9]，此方法对当今的 PID 控制器整定仍有影响。

系统的频域分析技术是在 Nyquist (1932 年)[10]、Bode (1945 年)[11]、Nichols (1946 年)[12]等进行的早期关于通信学科的频域研究工作的基础上建立起来的，Harris 于 1942 年提出的传递函数概念将通信学科的频域技术移植到了控制领域，构成了控制系统频域法理论研究的基础。Evans 在 1946 年提出的线性反馈系统的根轨迹分析技术[13]是那个时代的另一个里程碑，在这些成果的基础上诞生了第一代控制理论 —— 经典控制理论。

前苏联学者 Pontryagin 于 1956 年提出的极大值原理[14]、美国学者 Bellman 的动态规划 (1957 年)[15]和美国学者 Kalman 的状态空间分析技术 (1960 年)[16]开创了控制理论研究的新时代，这三个代表性成果构成了第二代控制理论 —— 即当时所谓的"现代控制理论"的理论基础。在那个时期以后，控制理论研究中出现了线性二次型最优调节器[17]、极点配置状态反馈、最优状态观测器[18]及线性二次型 Gauss (Linear Quadratic Gaussian，LQG) 问题的研究，并在后来出现了引入回路传输恢复技术的 LQG 控制器。

鲁棒控制是控制系统设计中的另一个令人瞩目的领域。1981 年，美国学者 Zames 提出了基于 Hardy 空间范数最小化方法的鲁棒最优控制理论[19]，而 1992 年美国学者 Doyle 等人提出的最优控制的状态空间数值解法在这个领域有着重要的贡献[20]，多变量鲁棒控制理论又被称为“第三代控制理论”[1]。

当代的控制理论发展仍然很迅速，出现了众多新的分支，如自适应控制与模型预测控制、最优控制理论、非线性控制理论、网络控制理论、智能控制理论 (如专家系统、神经网络控制、模糊逻辑控制、学习控制) 等。这些领域的研究还远未结束，控制理论正在迅猛、蓬勃地发展[21]。

1.1.2 控制系统分类

系统是由客观世界中实体与实体间的相互作用和相互依赖关系构成的具有某种特定功能的有机整体。系统的分类方法是多种多样的，习惯上依照其应用范围可以将系统分为工程系统和非工程系统。工程系统的含意是指由相互关联部件组成的一个整体，可实现特定的目标，例如，电力拖动自动控制系统是由执行部件、功率转换部件、检测部件所组成，用它来完成对电机的转速、位置和其他参数的某个特定目标的控制。非工程系统涵盖的范围更加广泛，大至宇宙，小至微观世界都存在着相互关联、相互制约的关系。形成的可以实现某种目的一个整体，均可以认为是系统。

如果想定量地研究系统的行为，可以将其本身的特性及内部的相互关系抽象出来，构造出系统的模型。系统的模型分为物理模型和数学模型。系统的数学模型是描述系统动态特性的数学表达式，用来表示系统运动过程中各个量的关系，是分析、设计系统的依据。从它所描述系统的运动性质和数学工具来分，又可以分为连续系统、离散时间系统、离散事件系统、混杂系统；从是否满足叠加原理上又可以细分为线性和非线性系统；从系统参数是否显式地依赖时间变化而变化可以分为定常系统与时变系统，从系统输入和输出情况可以分为单变量系统与多变量系统等；另外还可以依据其数学模型的性质分为集中参数系统、分布参数系统、确定性系统与随机系统等。

由于计算机技术的迅速发展和广泛应用，数学模型的应用越来越普遍。在实际控制工程中，获得系统模型主要有两种途径，其一是根据已知工程的物理定律和数学推导获得系统的数学模型，这样的方法称为物理建模方法，另一种途径是由实验数据拟合数学模型的方法，这类方法称为系统的模型辨识。

不同的系统模型需要不同的数学分支和求解工具来研究。例如，连续系统需要用常微分方程理论来研究，离散系统需要用差分方程理论来研究，分布参数系统需要用偏微分方程理论来研究，线性系统需要采用线性代数理论去研究，为了使整个系统的性能达到最好，则需要掌握最优化理论与技术。

解决控制系统的实际控制也可能需要各方面的知识，如自动控制原理与现代控制理论、电力电子系统、电机及拖动系统以及机械原理等内容，所以控制理论和控制系统的研究是一门综合的科学。

1.2 系统仿真与仿真语言工具概述

1.2.1 系统仿真与控制系统仿真

计算机仿真是指以计算机为主要工具，运行真实系统或预研系统的仿真模型。计算机仿真通过对计算机输出信息的分析与研究，实现对实际系统运行状态和演化规律的综合评估与预测。它是分析评价现有系统运行状态或设计优化未来系统性能与功能的一种技术手段，在工程设计、航空航天、交通运输、经济管理、生态环境、通信网络和计算机集成等领域中有着广泛的应用。计算机仿真的基本内容包括系统建模、仿真算法、计算机程序设计与仿真结果显示、分析与验证等环节。

动态系统计算机仿真是一门以系统科学、计算机科学、系统工程理论、随机网络理论、随机过程理论、概率论、数理统计和时间序列分析等多个学科理论为基础的，以工程系统和各类社会经济系统为主要处理对象的，以数学模型和数字计算机为主要研究工具的新兴的边缘学科，它属于技术科学的范畴。

动态系统计算机仿真的目的是通过对动态系统仿真模型运行过程的观察和统计，获得系统仿真输出和掌握模型基本特性，推断被仿真对象的真实参数 (或设计最佳参数)，以期获得对仿真对象实际性能的评估或预测，进而实现对真实系统设计与结构的改善或优化[22]。

随着计算机仿真理论与技术的发展，目前各个科学与工程领域均已开展了仿真技术的研究。系统仿真技术已经被公认为是一种新的实验手段，在科学与工程领域发挥着越来越重要的作用。

顾名思义，“控制系统仿真”就是利用计算机研究控制系统性能的一门学问，它依赖于现行《自动控制原理》课程的基础知识，但侧重点不同。控制系统计算机仿真更侧重于控制理论问题的计算机求解，可以解决以往控制原理不能解决的问题。例如，以往非线性系统的研究在控制原理课程中采用描述函数[23]这样的近似方法来研究，这是因为历史局限性所致，有了计算机仿真工具就能轻而易举地对复杂非线性系统进行精确的建模与仿真，且得出的结果更加直观、可信。再例如，以往系统稳定性分析中由于没有办法直接解决高阶系统的特征值求解问题，故出现了各种各样的间接方法，如连续系统的 Routh 判据与离散系统的 Jury 判据[24]等，其实有了现代的计算工具，用一个指令就可以得出线性系统的全部特征根，根据它们的位置立即就能判定出系统的稳定性，且能得到比传统间接方法多得多的信息。

MATLAB/Simulink 及其工具箱已经成为国际控制界公认的首选计算机语言[21]。本书以 MATLAB/Simulink 作为解决控制系统仿真与设计的主要语言，介绍控制系统模型表示与变换、控制系统定性分析 (如稳定性、可控可观测性等性质)、系统的时域分析、复域分析与频域分析等内容，从各个角度对控制系统进行全面分析，并基于分析结果给系统设计控制器，改善闭环系统的性能。本书的内容不是“自动控制原理”课程的简单重复，而是利用一个强大的计算机语言从另一个全新的角度全面研究控制问题，使读者能更好地掌握控制系统仿真与设计的基本问题，并进一步扩展思路，用该工具直观地解决电子线路仿真、电机及拖动系统仿真、机电一体化系统仿真问题等，为控制理论与实践搭建起一种有益的桥梁。

1.2.2 常规计算机语言的局限性

人们有时习惯用其他计算机语言，如 C 和 Fortran，去解决实际问题。毋庸置疑，这些计算机语言在数学与工程问题求解中起过很大的作用，而且它们曾经是实现 MATLAB 这类高级语言的底层计算机语言。然而，对于一般科学研究者来说，利用 C 这类语言去求解数学问题是远远不够的。首先，一般程序设计者无法编写出符号运算和公式推导类程序，只能编写数值计算程序；其次，常规数值算法往往不是求解数学问题的最好方法；另外，除了上述的局限性外，采用底层计算机语言编程，由于程序冗长难以验证，即使得出结果也不敢相信与依赖该结果。所以应该采用更可靠、更简洁的专门计算机数学语言来进行科学研究，因为这样可以将研究者从烦琐的底层编程中解放出来，更好地把握要求解的问题，避免“只见树木、不见森林”的现象，这无疑是受到更多研究者认可的方式。本节将给出两个简单例子演示 C 语言的局限性。

例 1-1 已知 Fibonacci 数列的前两个元素为 $a_1=a_2=1$，随后的元素可以由 $a_k=a_{k-1}+a_{k-2}$，$k=3,4,\cdots$ 递推地计算出来。试用计算机列出该数列的前 100 项。

C 语言在编写程序之前需要首先给变量选择数据类型，如此问题需要的是整数，所以很自然地选择 int 或 long 来表示数列的元素，若选择数据类型为 int，则可以编写出如下 C 程序

```
main()
{  int a1, a2, a3, i;
   a1=1; a2=1; printf("%d  %d  ",a1,a2);
   for (i=3; i<=100; i++)
   {  a3=a1+a2; printf("%d  ",a3); a1=a2; a2=a3;
}}
```

只用了上面几条语句，问题就看似轻易地被解决了。然而该程序是错误的！运行该程序会发现，该数列显示到第 24 项突然会出现负数，而再显示下几项会发现时正时负。显然，上面的程序出了问题。问题出在 int 整型变量的选择上，因为该数据类型能表示数值的范围为 $(-32767, 32767)$，超出此范围则会导致错误的结果。即使采用 long 整型数据定义，也只能保留 31 位二进制数值，即保留 9 位十进制有效数字，超过这个数仍然返回负值。可见，采用 C 语言，如果某些细节考虑不到，则可能得出完全错误的结论。故可以说 C 这类语言得出的结果有时不大令人信服。用 MATLAB 语言则不必考虑这些烦琐的问题。

```
>> a=[1 1]; for i=3:100, a(i)=a(i-1)+a(i-2); end; a
```

另外，由于 long 整型数据只能保持 9 位有效数字，而 double 型只能保留 15 位有效数字，如果得出的结果超出此范围，则精度将存在局限性。采用 MATLAB 的符号运算则可以避免这类问题，只需将第一个语句修改成 a=sym([1,1]) 就可以得出 a_{100} 的值为 354224848179261915075，这个结果是采用任何数值运算无法得出的。

例 1-2 试编写出两个矩阵 $\boldsymbol{A}$ 和 $\boldsymbol{B}$ 相乘的 C 语言通用程序。

如果 $\boldsymbol{A}$ 为 $n\times p$ 矩阵，$\boldsymbol{B}$ 为 $p\times m$ 矩阵，则由线性代数理论，可以得出 $\boldsymbol{C}$ 矩阵，其元素为 $c_{ij}=\sum\limits_{k=1}^{p}a_{ik}b_{kj}$，$i=1,\cdots,n$，$j=1,\cdots,m$。分析上面的算法，容易编写出 C 语言程序，其核心部分为三重循环结构：

```
for (i=0: i<n; i++){ for (j=0; j<m; j++){
   c[i][j]=0; for (k=0; k<p; k++) c[i][j]+=a[i][k]*b[k][j];
}}
```

看起来这样一个通用程序通过这几条语句就解决了。事实不然，这个程序有个致命的漏洞，就是没考虑两个矩阵是不是可乘。通常，两个矩阵可乘时，$\boldsymbol{A}$ 矩阵的列数应该等于 $\boldsymbol{B}$ 的行数，所以很自然地想到应该加一个判定语句：

if $\boldsymbol{A}$ 的列数不等于 $\boldsymbol{B}$ 的行数，给出错误信息

其实这样的判定也有漏洞，因为若 $\boldsymbol{A}$ 或 $\boldsymbol{B}$ 为标量，$\boldsymbol{A}$ 和 $\boldsymbol{B}$ 无条件可乘，而增加上述 if 语句反而会给出错误信息。这样，在原来的基础上还应该增加判定 $\boldsymbol{A}$ 或 $\boldsymbol{B}$ 是否为标量的语句。

其实即使考虑了上面所有的内容，程序还不是通用的程序，因为并未考虑矩阵为复数矩阵的情况。这也需要特殊的语句处理。

从这个例子可见，用 C 这类语言处理某类标准问题时需要特别细心，否则难免会有漏洞，致使程序出现错误，或其通用性受到限制，甚至可能得出有误导性的结果。在 MATLAB 语言中则没有必要考虑这样的琐碎问题，因为 $\boldsymbol{A}$ 和 $\boldsymbol{B}$ 矩阵的积由 $\boldsymbol{A}*\boldsymbol{B}$ 直接求取，若可乘则得出正确结果，如不可乘则给出出现问题的原因。

当然，在实时性与实时控制等领域，C 语言也有它的优势。虽然 MATLAB 的代码也可以自动翻译成 C 语言程序，但这不是本书叙述的范围。

1.2.3 数学软件的发展

控制系统计算机仿真与辅助设计软件是在数值计算技术的基础上发展起来的，数字计算机的出现给数值计算技术的研究注入了新的活力。在数值计算技术的早期发展中，出现了一些著名的数学软件包，如美国的基于特征值的软件包 EISPACK[25, 26]和线性代数软件包 LINPACK[27]，英国牛津数值算法研究组 (Numerical Algorithm Group，NAG) 开发的 NAG 软件包[28]及享有盛誉的著作 Numerical Recipes[29]中给出的程序集等，这些都是在国际上广泛流行的、有着较高声望的软件包。

美国的 EISPACK 和 LINPACK 都是基于矩阵特征值和奇异值解决线性代数问题的专用软件包。限于当时的计算机发展状况，这些软件包大都是由 Fortran 语言编写的源程序组成的。

例如若想求出 N 阶实矩阵 $\boldsymbol{A}$ 的全部特征值 (用 $\boldsymbol{W}_{\rm R}$, $\boldsymbol{W}_{\rm I}$ 数组分别表示其实虚部) 和对应的特征向量矩阵 $\boldsymbol{Z}$，则 EISPACK 软件包给出的子程序建议调用路径为：

```
CALL BALANC(NM,N,A,IS1,IS2,FV1)
CALL ELMHES(NM,N,IS1,IS2,A,IV1)
CALL ELTRAN(NM,N,IS1,IS2,A,IV1,Z)
CALL HQR2(NM,N,IS1,IS2,A,WR,WI,Z,IERR)
IF (IERR.EQ.0) GOTO 99999
CALL BALBAK(NM,N,IS1,IS2,FV1,N,Z)
```

由上面的叙述可以看出，要求取矩阵的特征值和特征向量，首先要给一些数组和变量依据 EISPACK 的格式作出定义和赋值，并编写出主程序，再经过编译和连接过程，

形成可执行文件，最后才能得出所需的结果。

英国的 NAG 软件包和美国的 Numerical Recipes 工具包则包括了各种各样数学问题的数值解法，二者中 NAG 的功能尤其强大。NAG 的子程序都是以字母加数字编号的形式命名的，非专业人员很难找到适合自己问题的子程序，更不用说能保证以正确的格式去调用这些子程序了。这些程序包使用起来极其复杂，谁也不能保证不发生错误，NAG 数百页的使用手册就有十几本之多。

Numerical Recipes 一书[29]中给出的一系列算法语言源程序也是一个在国际上广泛应用的软件包。该书中的子程序有 C、Fortran 和 Pascal 等版本，适合于科学研究者和工程技术人员直接应用。该书的程序包由 200 多个高效、实用的子程序构成，这些子程序一般有较好的数值特性，比较可靠，为各国的研究者所信赖。

具有 Fortran 和 C 等高级计算机语言知识的读者可能已经注意到，如果用它们去进行程序设计，尤其当涉及矩阵运算或画图时，则编程会很麻烦。比如说，若想求解一个线性代数方程，用户首先要编写一个主程序，然后编写一个子程序去读入各个矩阵的元素，之后再编写一个子程序，求解相应的方程 (如使用 Gauss 消去法)，最后输出计算结果。如果选择的计算子程序不是很可靠，则所得的计算结果往往会出现问题。如果没有标准的子程序可以调用，则用户要将自己编好的子程序逐条地输入计算机，然后进行调试，最后进行计算。这样一个简单的问题往往需要用户编写 100 条左右的源程序，而且输入与调试程序也是很费事的，并且无法保证所输入的程序 100% 可靠。可见，求解线性方程组这样一个简单的功能需要 100 条源程序，其他复杂的功能往往要求有更多条语句，如采用双步 QR 法求取矩阵特征值的子程序则需要 500 多条源程序，其中任何一条语句有毛病，或者调用不当 (如数组维数不匹配) 都可能导致错误结果的出现。

用软件包的形式编写程序有如下的缺点：

1) 使用不方便　对不是很熟悉所使用软件包的用户来说，直接利用软件包编写程序是相当困难的，也是容易出错的。如果其中一个子程序调用发生微小的错误，就可能导致最终得出错误的结果。

2) 调用过程烦琐　首先需要编写主程序，确定对软件包的调用过程，再经过必要的编译和连接过程，有时还要花大量的时间去调试程序以保证其正确性，才能运行程序得出结果，而不是想得出什么马上就可以得出的。

3) 执行程序过多　想求解一个特定的问题就需要编写一个专门的程序，并形成一个可执行文件，如果需要求解的问题很多，那么就需要在计算机硬盘上同时保留很多这样的可执行文件，这样，计算机磁盘空间的利用不是很经济，管理起来也十分困难。

4) 不利于传递数据　通过软件包调用方式会针对每个具体问题形成一个孤立的可执行文件，因而在一个程序中产生的数据无法传入另一个程序，更无法使几个程序同时执行以解决所关心的问题。

5) 维数指定困难　在很多数学问题中最重要的变量是矩阵，如果要求解的问题维数较低，则形成的程序就不能用于求解高阶问题，例如参考文献 [30] 中的程序维数均定为 10 阶。所以有时为使程序通用，往往将维数设置得很大，这样在解小规模问题时会出现空间的浪费，而更大规模问题仍然求解不了。在优秀的软件中往往需要动态地进行矩阵定维。

此外，这里介绍的大多数早期软件包都是由 Fortran 语言编写的，由于众所周知的原因，以前使用 Fortran 语言绘图并不是轻而易举的事情，它需要调用相应的软件包做进一步处理，在绘图方面比较实用和流行的软件包是 GINO-F[31]，但这种软件包只给出绘图的基本子程序，如果要绘制较满意的图形，则需要用户自己用这些低级命令编写出合适的绘图子程序来。

除了上面指出的缺点以外，用 Fortran 和 C 等程序设计语言编程还有一个致命的弱点，那就是因为这些语言本身的原因，致使在不同的机器平台上，扩展的高级语言源程序代码是不兼容的，尤其在绘图及界面设计方面更是如此。例如，在 PC 的 Microsoft Windows 操作系统下编写的 C 语言程序不能立即在 SUN 工作站上直接运行，而需要在该机器上对源程序进行修改、编译后才可以执行。

尽管如此，数学软件包仍在继续发展，其发展方向是采用国际上最先进的数值算法，提供更高效的、更稳定的、更快速、更可靠的数学软件包。例如在线性代数计算领域，全新的 LaPACK[32] 已经成为当前最有影响的软件包，但它们的目的似乎已经不再为一般用户提供解决问题的方法，而是为数学软件提供底层的支持。新版的 MATLAB 已经抛弃了一直使用的 LINPACK 和 EISPACK，采用 LaPACK 作为其底层支持软件包。

MATLAB 语言及稍后出现的计算机代数系统 Mathematica[33] (美国 Wolfram Research 公司) 和 Maple[34] (加拿大 MapleSoft 公司) 是当今国际上三种最具代表性的科学运算语言，后两种更适用于数学公式推导，而且程序编写格式采用模式匹配的方法，不易掌握。相比之下，MATLAB 在数值运算方面有很大优势，在符号运算方面集成了 Maple 的内核，可以进行各种常用的解析运算，编程结构类似于其他高级语言，在控制系统研究、计算机仿真领域有众多工具箱直接可以使用，是国际控制界最流行也是最有影响、最具活力的计算机语言，并将长期保持其独一无二的地位，故本书完全采用 MATLAB 语言进行介绍。

1.2.4 控制系统仿真与计算机辅助设计软件

早在 1973 年，美国学者 Melsa 教授和 Jones 博士出版了一本专著[30]，书中给出了一套控制系统计算机辅助分析与设计的程序，包括求取系统的根轨迹、频率响应、时间响应、以及各种控制系统设计的子程序如 Luenberger 观测器、Kalman 滤波等。瑞典 Lund 工学院 Karl Åström 教授主持开发的一套交互式 CACSD 软件 INTRAC (IDPAC、MODPAC、SYNPAC、POLPAC 等，以及仿真语言 SIMNON)[35] 中的 SIMNON 仿真语言要求用户依照它所提供的语句编写一个描述系统的程序，然后才可以对控制系统进行仿真。日本的古田胜久 (Katsuhisa Furuta) 教授主持开发的 DPACS-F 软件[36]，在处理多变量系统的分析和设计上还是很有特色的。在国际上流行的仿真语言 ACSL、CSMP、TSIM、ESL 等也同样要求用户编写模型程序，并提供了大量的模型模块。在这一阶段还出现了很多的专用程序，如英国 Manchester 理工大学的控制系统计算机辅助设计软件包[37]、英国剑桥大学推出的线性系统分析与设计软件 CLADP (Cambridge Linear Analysis and Design Programs)[38, 39]以及美国国家宇航局 (NASA) Langley 研究中心的 Armstrong 开发的 LQ 控制器设计的 ORACLS (Optimal Regulator Algorithms for the Control of Linear Systems)[40]等。

我国较有影响的控制系统仿真与 CAD 成果是中科院系统科学研究所韩京清研究员等主持的国家自然科学基金重大项目开发的 CADCSC 软件[41]和清华大学孙增圻、袁曾任教授的著作和程序[42]，以及北京化工学院吴重光、沈成林教授的著作和程序[43]等。

1984 年正式推出的 MATLAB 语言为数学问题的计算机求解，特别是控制系统的仿真和 CAD 发展起到了巨大的推动作用。1980 年前后，时任美国 New Maxico 大学计算机科学系主任的 Cleve Moler 教授认为用当时最先进的 EISPACK 和 LINPACK 软件包求解线性代数问题过程过于烦琐，所以构思一个名为 MATLAB (MATrix LABoratory，矩阵实验室) 的交互式计算机语言，该语言 1980 年出现了免费版本[44]。1984 年 Moler 教授和 Jack Little 共同成立了 The MathWorks 公司，专门开发 MATLAB 语言，并推出了 1.0 版。该语言的出现正赶上控制界基于状态空间的控制理论蓬勃发展的阶段，所以很快就引起了控制界学者的关注，之后很快就出现了用 MATLAB 语言编写的控制系统工具箱，在控制界产生了巨大的影响，成为控制界的标准计算机语言。后来由于控制界及相关领域提出的各种要求，使 MATLAB 语言得到持续发展，其功能越来越强大。可以说，MATLAB 语言是由计算数学专家首创的，但是由控制界学者捧红的新型计算机语言，目前大部分工具箱都是面向控制和相关学科的，但随着 MATLAB 语言的不断发展，目前它也在其他领域开始被使用。

系统仿真技术引起各国学者、专家们的重视，建立了仿真委员会 (Simulation Councils Inc，SCi)，该委员会于 1967 年通过了仿真语言规范。IBM 公司开发的仿真语言 CSMP (Computer Simulation Modeling Language) 应该属于建立在该标准上的最早的专用仿真语言。国内有代表意义的仿真语言是 1988 年中科院沈阳自动化研究所马纪虎研究员在此基础上主持开发的 CSMP-C 仿真语言。

20 世纪 80 年代初期，美国 Mitchell 与 Gauthier Associate 公司推出了依照该标准的著名仿真语言 ACSL (Advanced Continuous Simulation Language)[45]。该语言出现后，由于其功能较强大，并有一些系统分析的功能，很快就在仿真领域占据了主导地位。1990 年前后，The MathWorks 公司推出了图形化的基于框图的 Simulink 仿真环境，由于其使用简单，又与 MATLAB 有着无缝接口，所以很快就成为控制系统仿真的主要工具，很多 ACSL 及其他仿真语言的用户纷纷弃用原来的工具，开始使用 MATLAB/Simulink 语言环境进行系统仿真研究。

在 MATLAB 语言出现以后，国际上也出现了 Matrix-x 语言，并也曾经有一定的繁荣和发展，2000 年 Integrated Systems 公司 (Matrix-x 的开发公司) 被 The MathWorks 公司吞并，该语言就不再单独存在了。由于 MATLAB 语言环境较昂贵，在国际上还出现了法国国家科学院研发的免费软件 Scilab[46]、美国 Wisconsin 大学与 Texas 大学开发的免费软件 Octave 及韩国汉城国立大学权旭铉教授主持开发的 CemTool 等，这些语言和 MATLAB 很相近。从整体水平看，这些软件尚未达到 MATLAB 语言的水准，配套的工具箱也较少，所以可以预言，MATLAB 语言在一段相当长的时间内仍将保持其独一无二的地位。所以本课程选定 MATLAB 语言作为主要工具，为保证本书结构的完整性，第 2 章将用一定的篇幅介绍 MATLAB 语言编程和数学问题求解的内容，但建议有条件的学校专门开设课程学习该语言，并掌握基于 MATLAB 语言的数学问题求解方法[47]。

1.3 本书主要结构及相关内容

1.3.1 本书结构概述

对控制系统进行仿真与计算机辅助设计的工作可以认为是三个阶段的有机结合，即所谓的 MAD (Modelling、Analysis、Design，建模、分析与设计) 过程，首先需要给系统建立起数学模型，然后根据数学模型进行仿真分析。在系统分析时，如果发现与实际系统不符，则可能是系统的数学模型有问题，需要重新建模再进行分析。建立起准确的数学模型，并分析了系统的性质后，就可以根据要求给系统设计控制器，然后可以对系统在控制器作用下的性质进行分析，如果不理想则应该重新设计控制器，再返回分析过程，直至得到满意的控制效果。当然，在系统分析与设计的过程中，有时还需要对系统模型进行修正。

围绕控制系统仿真与计算机辅助设计的几个阶段，本书对各章的内容作如下安排：

第 1 章 (本章) 对两个主题，即控制理论的发展概况、控制系统仿真和计算机辅助设计软件环境的发展作了综述，并解释了选择 MATLAB/Simulink 语言作为本书主要计算机语言的原因，因为该语言是国际上本领域最普及也是代表最高水平的计算机语言，使用该语言还能更好地理解本课程介绍的方法。

从保证本书内容完整的角度考虑，第 2 章将简要介绍 MATLAB 语言基础知识，包括 MATLAB 基本数据类型，基本程序设计方法，二维、三维图形可视化方法，以及 MATLAB 语言在数学问题求解中的应用，本章将为全书所需的软件背景知识打下较好的基础，所以，已经掌握 MATLAB 语言基础知识的读者可以略过本章的内容，本章更详细的信息可以参阅参考文献 [47]。

线性控制系统的模型描述、MATLAB 语言环境中的模型表示方法、模型转换等内容是第 3 章的重点内容，其中包括单变量、多变量系统的模型内容以及连续、离散系统的模型等，还将介绍系统的模型辨识方法。系统的数学模型及其 MATLAB 表示是控制系统仿真与计算机辅助设计的基础。

有了线性系统模型，就可以用第 4 章介绍的方法对其从各个方面加以分析，如定性分析、频域分析、复域分析和时域仿真分析等，全面理解现有系统的特性。本章是线性系统性能分析的基础内容。

鉴于并非所有系统都可以简化为线性系统，所以第 5 章将介绍利用 Simulink 的系统建模与仿真方法，对以往难以分析的非线性系统从各个方面进行分析研究，介绍模块化的、更高层次下的系统仿真方法。

第 6 章将介绍控制系统计算机辅助设计的各种方法，包括常规的超前滞后校正器的设计、MATLAB 控制器设计界面、状态反馈、二次型最优控制、极点配置、观测器、基于观测器的控制器设计和解耦控制器的设计等。

第 7 章主要介绍 PID 控制器和一般最优控制器的设计方法，首先给出 PID 控制器的基本概念、结构及实现等内容，介绍一些常用的整定方法，然后介绍作者开发的 PID_Tuner 程序。另外在最优控制领域介绍了目标函数的选取及基于 MATLAB 的最优控制器的设计方法，介绍作者编写的两个程序：一般最优控制器设计程序 OCD 和最优 PID 控制器设计程序 PID_Optimizer。

第 8 章将是搭建起控制系统仿真与设计及控制系统分析设计工程应用之间桥梁的一章，该章首先将对一般电子线路、直流电机拖动等系统的建模与仿真方法进行介绍，还将通过第三方的软硬件系统 dSPACE 将 Simulink 搭建的控制器框图和受控对象实物直接连接起来，实现半实物仿真与实时控制研究，并将受控对象置于仿真回路中，直接进行控制，调节控制器参数，并可能直接设计出实时控制器。

本书的两个附录也各有特色，附录 A 介绍 Laplace 变换、Z 变换问题的计算机辅助求解方法；附录 B 简要介绍作者开发的反馈控制系统分析与设计工具 CtrlLAB，为用户解决本书问题提供一种新的手段。

1.3.2 MATLAB 语言的相关资源

MATLAB/Simulink 是美国 The MathWorks 公司的产品，现在该版本每半年推出一个新版本，目前的最新版本是 2008a 版 (或 7.6 版)，不过本书介绍的内容对版本的依赖性不是特别大，学会本书的内容可以更好掌握更新的版本。

互联网上有大量的 MATLAB 资源，如：

MathWorks 公司网站：`http://www.mathworks.com` 为 The MathWorks 公司官方总站，包括全部产品的手册下载，第三方工具箱和用户共享资源的下载。

MATLAB 讨论组：`http://www.mathworks.com/matlabcentral/newsreader/`

另外，国内很多高校教育网的 BBS 都辟有 MATLAB 与应用方面的讨论区，如清华大学、哈尔滨工业大学、上海交通大学、西安交通大学、中国科学技术大学等网站。此外还有一些较活跃的 MATLAB 相关知识论坛，包括学研论坛 `http://bbs.matwav.com/` 和仿真互动论坛 `http://www.simwe.com/forum/`。

作者创建并维护的 MATLAB 大观园和 MATLAB 语言及应用论坛曾是本领域国内最有影响的网站，MATLAB 大观园网址的最新网址为 `http://www.matlab-china.com`。

1.3.3 书中的 MATLAB 代码

为了使读者能初步了解 MATLAB 语言，作者精心设计了一些演示例子，其中有些内容是后面章节中的演示例子，但读者不妨先运行一下，领略一下 MATLAB/Simulink 的强大功能。限于本书篇幅，有关内容不在正文中介绍了，读者可以在机械工业出版社教材网站 `http://www.cmpedu.com` 上下载。

作者还编写了大量的 MATLAB 程序及 Simulink 框图，从机械工业出版社网站和 MATLAB 大观园网站均可直接下载，在这些网站中还能直接下载作者为本书开发的四个完整程序：反馈控制系统计算机辅助分析与设计程序 CtrlLAB、PID 工具箱及模块集、最优控制器设计程序 OCD、最优 PID 控制器设计程序，以及提及的免费工具箱资源。

1.4 本章要点小结

1) 本章概要介绍了控制系统理论的发展和控制系统的分类，还介绍了系统仿真与控制系统仿真的概念。

2) 介绍了数学软件和语言的发展，控制系统计算机辅助设计语言及程序的发展以及系统仿真语言的发展，解释了采用 MATLAB/Simulink 语言为本课程配套语言的原因。学好 MATLAB 语言不仅可以很好地完成本课程的学习，还有助于更好地理解控制理论及其他相关课程。

3) 介绍了 MATLAB 语言的资源，包括网上资源与本书提供的资源，建议读者能充分利用这些资源，更好地学习该语言。

1.5 习 题

1 MATLAB 语言是控制系统研究的首选语言，本书以该语言为主线介绍课程的内容。请在你的机器上安装 MATLAB 程序，在提示符下键入 demo，运行演示程序，领略 MATLAB 语言的基本功能。

2 学会利用 MATLAB 语言提供的在线帮助功能，更好地学习 MATLAB 语言，熟练掌握查找需要了解内容的方法和技巧。

3 矩阵运算是 MATLAB 最传统的特色，用 $\boldsymbol{B}$=inv($\boldsymbol{A}$) 命令即可以求出 $\boldsymbol{A}$ 矩阵的逆矩阵，感受 MATLAB 在求解逆矩阵时的运算效率。试求一个 n 阶随机矩阵的逆，分别取 $n=550$ 和 $n=1550$，测试矩阵求逆所需的时间及结果的正确性。具体语句：

```
>> tic, A=rand(1000); B=inv(A); toc, norm(A*B-eye(size(A)))
```

4 在求解数学问题时，不同的算法在求解精度与速度上是不同的。考虑求取矩阵行列式的代数余子式方法，可以将 n 阶矩阵的行列式问题转化成 n 个 $n-1$ 阶矩阵的行列式问题，$n-1$ 阶矩阵又可以转化成 $n-2$ 阶。因而可以得出结论：任意阶矩阵行列式均可以由代数余子式方法求出解析解。然而这样的结论忽略了计算量的问题，用这样的方法，n 阶矩阵行列式求解的计算量为 $(n-1)(n+1)!+n$，$n=20$ 的计算量相当于每秒亿次的巨型计算机求解 3000 年，所以用该法则不可能真正用于行列式的求解。

由矩阵运算可知，可以将矩阵进行 LU 分解，计算出矩阵的行列式，MATLAB 的解析解运算也实现了这样的算法，可以在短时间内求解出矩阵的行列式。试用 MATLAB 语言求解 20 阶矩阵的行列式解析解，需要使用多少时间。具体参考语句

```
>> tic, A=sym(hilb(20)); det(A); toc
```

5 MATLAB 语言的 Simulink 仿真程序允许用户用直观的方法搭建控制系统的框图，试利

用 Simulink 提供的模块搭建起一个如图 1-1 所示的模型，请研究 $\delta=0.3$ 时不同输入信号激励下系统的响应曲线，另外请研究对阶跃输入信号来说，不同 δ 值对系统的响应有何影响，通过这个例子可以领略利用仿真工具的优势及方便程度。

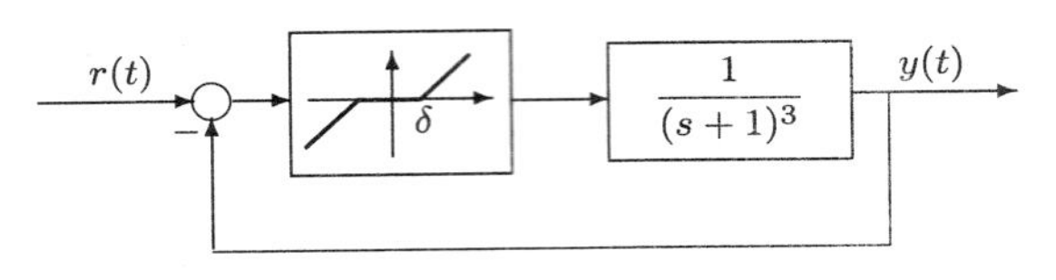

图 1-1　某非线性反馈系统框图

第 2 章　MATLAB 语言——必备的基础知识

MATLAB 语言是当前国际上自动控制领域的首选计算机语言，本书以 MATLAB 和 Simulink 仿真环境为主要工具介绍控制系统的建模、仿真与计算机辅助设计，所以掌握该语言不但有助于更深入理解和掌握控制系统的理论知识，而且还可以利用该工具对其他专业课程的学习起到积极的帮助作用。

和其他程序设计语言相比，MATLAB 语言有如下的优势：

1) MATLAB 语言的简洁高效性　MATLAB 程序设计语言集成度高，语句简洁，往往用 C/C++ 等程序设计语言编写的数百条语句，用 MATLAB 语言可能几条语句就能解决问题，程序可靠性高、易于维护，可以大大提高解决问题的效率和水平。

2) MATLAB 语言的科学运算功能　MATLAB 语言以矩阵为基本单元，可以直接用于矩阵运算，另外最优化问题、数值微积分问题、微分方程数值解问题、数据处理问题等都能直接用 MATLAB 语言求解。

3) MATLAB 语言的绘图功能　MATLAB 语言可以用最直观的语句将实验数据或计算结果用图形的方式显示出来，并可以将以往难以表示出来的隐函数直接用曲线绘制出来。MATLAB 语言还允许用户用可视的方式编写图形用户界面，其难易程度和 Visual Basic 相仿，这使得用户可以容易地利用该语言编写通用程序。

4) MATLAB 庞大的工具箱与模块集　MATLAB 是被控制界学者捧红的，控制界通用的计算机语言，在控制领域几乎所有的研究方向均有自己的工具箱，由领域内知名专家编写，可信度很高。随着 MATLAB 的日益普及，在其他工程领域也出现了工具箱，这也大大促进了 MATLAB 语言在各个领域的应用。

5) MATLAB 强大的动态系统仿真功能　Simulink 提供的面向框图的仿真及概念性仿真功能，使得用户能容易地建立复杂系统模型，准确地对其进行仿真分析。Simulink 的概念性仿真模块集允许用户在一个框架下对含有控制环节、机械环节、液压环节和电子电机环节的系统进行建模与仿真，这是目前其他计算机语言无法做到的。

在第 2.1 节中将介绍 MATLAB 的数据结构和基本语句结构，并介绍矩阵的代数运算、逻辑运算和比较运算。第 2.2 节将介绍 MATLAB 语言的基本编程结构，如循环语句结构、条件转移语句结构、开关结构和试探结构，介绍各种结构在程序设计中的应用。第 2.3 节将介绍 MATLAB 语言编程中最重要的程序结构——M-函数的结构与程序编写技巧。第 2.4 节将介绍 MATLAB 图形绘制的方法，如二维图形绘制、三维图形绘制、隐函数的曲线绘制等，并将介绍图形修饰方法等。第 2.5 节中介绍的 MATLAB 图形用户界面设计技术将使得用户掌握新的方法，方便地给自己的程序设计出优美、友好的图形界面。第 2.6 节将较全面地介绍 MATLAB 语言在求解数学问题中的应用，包括线性代数问题及其 MATLAB 求解，微分方程求解方法与应用，最优化问题的计算机求解等。

限于本书的篇幅，本章只能介绍 MATLAB 语言最基础的入门知识，更详细的请阅读相应的参考材料，如参考文献 [48, 47]，并建议开设相应的课程，使得学生能系统、全面地掌握 MATLAB 语言，为本课程及其他相关课程的学习打下良好的基础。

2.1 MATLAB 的数据结构与语句结构

2.1.1 MATLAB 语言的变量与常量

MATLAB 语言变量名应该由一个字母引导，后面可以跟字母、数字、下划线等。例如，`MYvar12`、`MY_Var12` 和 `MyVar12_` 均为有效的变量名，而 `12MyVar` 和 `_MyVar12` 为无效的变量名。在 MATLAB 中变量名是区分大小写的，就是说，`Abc` 和 `ABc` 两个变量名表达的是不同的变量，在使用 MATLAB 语言编程时一定要注意。

在 MATLAB 语言中还为特定常数保留了一些名称，虽然这些常量都可以重新赋值，但建议在编程时应尽量避免对这些量重新赋值。

1) `eps` —— 机器的浮点运算误差限。PC 上 `eps` 的默认值为 2.2204×10^{-16}，若某个量的绝对值小于 `eps`，则可以认为这个量为 0。

2) `i` 和 `j` —— 若 `i` 或 `j` 量不被改写，则它们表示纯虚数量 j。但在 MATLAB 程序编写过程中经常事先改写这两个变量的值，如在循环过程中常用这两个变量来表示循环变量，所以应该确认使用这两个变量时没有被改写。如果想恢复该变量，则可以用下面的形式设置：`i=sqrt(-1)`，即对 -1 求平方根。

3) `Inf` —— 无穷大量 $+\infty$ 的 MATLAB 表示，也可以写成 `inf`。同样地，$-\infty$ 可以表示为 `-Inf`。在 MATLAB 程序执行时，即使遇到了以 0 为除数的运算，也不会终止程序的运行，而只给出一个“除 0”警告，并将结果赋成 `Inf`，这样的定义方式符合 IEEE 的标准。从数值运算编程角度看，这样的实现形式明显优于 C 语言这样的非专业计算机语言。

4) `NaN` —— 不定式 (Not a Number)，通常由 0/0 运算、`Inf/Inf` 及其他可能的运算得出。`NaN` 是一个很奇特的量，如 `NaN` 与 `Inf` 的乘积仍为 `NaN`。

5) `pi` —— 圆周率 π 的双精度浮点表示，其值为 3.141592653589793。

2.1.2 MATLAB 的数据结构

强大方便的数值运算功能是 MATLAB 语言的最显著特色，为保证较高的计算精度，MATLAB 语言中最常用的数值量为双精度浮点数，占 8 个字节（64 位），遵从 IEEE 记数法，有 11 个指数位、53 位尾数及一个符号位，值域的近似范围为 $-1.7\times10^{308}\sim1.7\times10^{308}$，其 MATLAB 表示为 `double()`。考虑到一些特殊的应用，例如图像处理，MATLAB 语言还引入了无符号的 8 位整形数据类型，其 MATLAB 表示为 `uint8()`，其值域为 0~255，这样可以大大地节省 MATLAB 的存储空间、提高处理速度。此外，在 MATLAB 中还可以使用其他的数据类型：`int8()`、`int16()`、`int32()`、`uint16()`、`uint32()` 等，每一个类型后面的数字表示其位数，其涵义不难理解。

除了矩阵型数值数据结构外，MATLAB 还支持下面的数据结构：

1) 字符串型数据　MATLAB 支持字符串变量，可以用它来存储相关的信息，和 C 语言等程序设计语言不同，MATLAB 字符串是用单引号括起来的，而不是双引号。

2) 多维数组　可以这样理解，三维数组是一般矩阵的直接拓展。三维数组可以直接用于彩色数字图像的描述，在控制系统的分析上也可以直接用于表示多变量系统。

3) 单元数组　单元数组是矩阵的直接扩展，其存储格式类似于普通的矩阵，而矩阵的每个元素不是数值，而是可以存储任意类型的信息。这样每个元素称为“单元”(cell)，单元变量 A 的第 i 行，第 j 列的内容可以用 $A\{i,j\}$ 表示。

4) 类与对象　MATLAB 允许用户自己编写包含各种复杂详细的变量，即类变量。该变量可以包含各种下级的信息，还可以重新对类定义其计算，在控制系统描述中特别有用。例如，在 MATLAB 的控制系统工具箱中定义了传递函数类，可以用一个变量来表示整个传递函数，还重新定义了该类的运算，如加法运算可以直接求取多个模块的并联连接，乘法运算可以求取若干模块的串联。

5) 符号变量　MATLAB 还定义了“符号”型变量，以区别于常规的数值型变量，可以用于公式推导和数学问题的解析解法。如果需要将 a、b 均定义为符号变量，则可以用 `syms` a b 语句声明，该命令还支持对符号变量具体形式的设定，如 `syms` a `real`、`syms` b `positive` 或 `syms` c `nonzero`。

2.1.3　MATLAB 的基本语句结构

MATLAB 的语句有下面两种结构：

1. 直接赋值语句

直接赋值语句的基本结构为　赋值变量= 赋值表达式

这一过程把等号右边的表达式直接赋给左边的赋值变量，并返回到 MATLAB 的工作空间。如果赋值表达式后面没有分号，则将在 MATLAB 命令窗口中显示表达式的运算结果。若不想显示运算结果，则应该在赋值语句的末尾加一个分号。如果省略了赋值变量和等号，则表达式运算的结果将赋给保留变量 `ans`。所以说，保留变量 `ans` 将永远存放最近一次无赋值变量语句的运算结果。

2. 函数调用语句

函数调用语句的基本结构为　[返回变量列表] = 函数名(输入变量列表)

其中，函数名的要求和变量名的要求是一致的，一般函数名应该对应在 MATLAB 路径下的一个文件，例如，函数名 `my_fun` 应该对应于 my_fun.m 文件。当然，还有一些函数名需对应于 MATLAB 内核中的内在 (built-in) 函数，如 `inv()` 函数等。

返回变量列表和输入变量列表均可以由若干个变量名组成，它们之间应该分别用逗号分隔，返回变量还允许用空格分隔，例如 [$\boldsymbol{U},\boldsymbol{S},\boldsymbol{V}$] = svd($\boldsymbol{X}$)，该函数对给定的 $\boldsymbol{X}$ 矩阵进行奇异值分解，所得的结果由 $\boldsymbol{U}$、$\boldsymbol{S}$、$\boldsymbol{V}$ 三个变量返回。

在 MATLAB 语言中表示一个矩阵是很容易的事，例如，矩阵 $\boldsymbol{A}=\begin{bmatrix}1&2&3\\4&5&6\\7&8&0\end{bmatrix}$，可

以由下面的 MATLAB 语句直接输入到工作空间中。

```
>> A=[1,2,3; 4 5,6; 7,8 0]
```

其中的 >> 为 MATLAB 的提示符，由机器自动给出，在提示符下可以输入各种各样的 MATLAB 命令。上述命令将得出如下所示的显示结果。

```
     1     2     3
     4     5     6
     7     8     0
```

为增加结果的可读性，本书后面内容中将直接采用数学形式显示得出的结果。

矩阵的内容由方括号括起来的部分表示，而在方括号中的分号表示矩阵的换行，逗号或空格表示同一行矩阵元素间的分隔。给出了上面的命令，就可以在 MATLAB 的工作空间中建立一个 $\boldsymbol{A}$ 变量了。如果不想显示中间结果，则应该在语句末尾加一个分号。

```
>> A=[1,2,3; 4 5,6; 7,8 0]; % 不显示结果，但进行赋值
```

复数矩阵的输入同样也很简单，在 MATLAB 环境中定义了两个记号 i 和 j，可以用来直接输入复数矩阵。例如，如果想在 MATLAB 环境中输入矩阵

$$\boldsymbol{B}=\begin{bmatrix}1+9\mathrm{j} & 2+8\mathrm{j} & 3+7\mathrm{j}\\ 4+6\mathrm{j} & 5+5\mathrm{j} & 6+4\mathrm{j}\\ 7+3\mathrm{j} & 8+2\mathrm{j} & 0+\mathrm{j}\end{bmatrix}$$

则可以通过下面的 MATLAB 语句直接进行赋值。

```
>> B=[1+9i,2+8i,3+7j; 4+6j 5+5i,6+4i; 7+3i,8+2j 1i]
```

数值型双精度矩阵 $\boldsymbol{A}$ 可以通过 sym() 函数转换成符号型矩阵。

2.1.4 数据存储与读取

假设有一些变量需要存储成数据文件保留起来，已备后用，则可以使用 save 命令来实现，该命令调用格式为

save fname A_1 A_2 $\cdots$ A_m

其中，fname 为文件名，若不带后缀则将自动存储成 fname.mat 文件，该文件是二进制型文件，用普通编辑软件是不可读的。需要存储的变量 A_1, A_2, $\cdots$, $\boldsymbol{A}_m$ 等应该使用空格分隔，不能采用逗号等分隔，以免产生歧义。若用户想用 ASCII 码的可读形式存储该文件，则应该在该命令后面加入 /ascii 控制选项。数据文件可以由 load 命令直接读取。

2.1.5 MATLAB 语言的基本运算

1. 代数运算

如果一个矩阵 $\boldsymbol{A}$ 有 n 行、m 列元素，则称 $\boldsymbol{A}$ 矩阵为 $n\times m$ 矩阵；若 $n=m$，则矩阵 $\boldsymbol{A}$ 称为方阵。MATLAB 语言中定义了下面各种矩阵的基本代数运算：

1) 矩阵转置　在数学公式中一般把一个矩阵的转置记作 $\boldsymbol{A}^{\mathrm{T}}$，假设 $\boldsymbol{A}$ 矩阵为一个 $n\times m$ 矩阵，则其转置矩阵 $\boldsymbol{B}$ 的元素定义为 $b_{ji}=a_{ij}$, $i=1,\cdots,n$, $j=1,\cdots,m$，故 $\boldsymbol{B}$ 为 $m\times n$ 矩阵。如果 $\boldsymbol{A}$ 矩阵含有复数元素，则对其进行转置时，其转置矩

阵 $\boldsymbol{B}$ 的元素定义为 $b_{ji} = a_{ij}^*, i = 1, \cdots, n, j = 1, \cdots, m$，即首先对各个元素进行转置，然后再逐项求取其共轭复数值。这种转置方式又称为 Hermit 转置，其数学记号为 $\boldsymbol{B} = \boldsymbol{A}^*$。MATLAB 中用 `B=A'` 可以求出 $\boldsymbol{A}$ 矩阵的 Hermit 转置，矩阵的转置则可以由 `B=A.'` 求出。

2) 加减法运算　假设在 MATLAB 工作环境下有两个矩阵 $\boldsymbol{A}$ 和 $\boldsymbol{B}$，则可以由下面的命令执行矩阵加减法：$\boldsymbol{C} = \boldsymbol{A} + \boldsymbol{B}$ 和 $\boldsymbol{C} = \boldsymbol{A} - \boldsymbol{B}$。若 $\boldsymbol{A}$ 和 $\boldsymbol{B}$ 矩阵的维数相同，它会自动地将 $\boldsymbol{A}$ 和 $\boldsymbol{B}$ 矩阵的相应元素相加减，从而得出正确的结果，并赋给 $\boldsymbol{C}$ 变量。若二者之一为标量，则应该将其遍加 (减) 于另一个矩阵，在其他情况下，MATLAB 将自动地给出错误信息，提示用户两个矩阵的维数不匹配。

3) 矩阵乘法　假设有两个矩阵 $\boldsymbol{A}$ 和 $\boldsymbol{B}$，其中，$\boldsymbol{A}$ 的列数与 $\boldsymbol{B}$ 矩阵的行数相等，或其一为标量，则称 $\boldsymbol{A}, \boldsymbol{B}$ 矩阵是可乘的，或称 $\boldsymbol{A}$ 和 $\boldsymbol{B}$ 矩阵的维数是相容的。假设 $\boldsymbol{A}$ 为 $n \times m$ 矩阵，而 $\boldsymbol{B}$ 为 $m \times r$ 矩阵，则 $\boldsymbol{C} = \boldsymbol{AB}$ 为 $n \times r$ 矩阵，其各个元素为 $c_{ij} = \displaystyle\sum_{k=1}^{m} a_{ik}b_{kj}$，其中，$i = 1, 2, \cdots, n$，$j = 1, 2, \cdots, r$。MATLAB 语言中两个矩阵的乘法由 `C=A*B` 直接求出，且这里并不需要指定 $\boldsymbol{A}$ 和 $\boldsymbol{B}$ 矩阵的维数。如果 $\boldsymbol{A}$ 和 $\boldsymbol{B}$ 矩阵的维数相容，则可以准确无误地获得乘积矩阵 $\boldsymbol{C}$；如果二者的维数不相容，则将给出错误信息，通知用户两个矩阵是不可乘的。

4) 矩阵的左除　MATLAB 中用“\”运算符号表示两个矩阵的左除，$\boldsymbol{A} \backslash \boldsymbol{B}$ 为方程 $\boldsymbol{AX} = \boldsymbol{B}$ 的解 $\boldsymbol{X}$，若 $\boldsymbol{A}$ 为非奇异方阵，则 $\boldsymbol{X} = \boldsymbol{A}^{-1}\boldsymbol{B}$。如果 $\boldsymbol{A}$ 矩阵不是方阵，也可以求出 `A\B`，这时将使用最小二乘解法来求取 $\boldsymbol{AX} = \boldsymbol{B}$ 中的 $\boldsymbol{X}$ 矩阵。

5) 矩阵的右除　MATLAB 中定义了“`X=B/A`”符号，用于表示两个矩阵的右除，相当于求方程 $\boldsymbol{XA} = \boldsymbol{B}$ 的解。$\boldsymbol{A}$ 为非奇异方阵时 $\boldsymbol{B}/\boldsymbol{A}$ 为 $\boldsymbol{BA}^{-1}$，但在计算方法上存在差异，更精确地，有 `B/A=(A'\B')'`。

6) 矩阵翻转　MATLAB 提供了一些矩阵翻转处理的特殊命令，如 `B=fliplr(A)` 命令将矩阵 $\boldsymbol{A}$ 进行左右翻转再赋给 $\boldsymbol{B}$，亦即 $b_{ij} = a_{i,n+1-j}$，而 `C=flipud(A)` 命令将 $\boldsymbol{A}$ 矩阵进行上下翻转并将结果赋给 $\boldsymbol{C}$，亦即 $c_{ij} = a_{m+1-i,j}$。`D=rot90(A)` 将 $\boldsymbol{A}$ 矩阵逆时针旋转 90° 后赋给 $\boldsymbol{D}$，亦即 $d_{ij} = a_{j,n+1-i}$。

7) 矩阵乘方运算　一个矩阵的乘方运算可以在数学上表述成 $\boldsymbol{A}^x$，而其前提条件要求 $\boldsymbol{A}$ 矩阵为方阵。如果 x 为正整数，则乘方表达式 `A^x` 的结果可以将 $\boldsymbol{A}$ 矩阵自乘 x 次得出。如果 x 为负整数，则可以将 $\boldsymbol{A}$ 矩阵自乘 $-x$ 次，然后对结果进行求逆运算就可以得出该乘方结果。如果 x 是一个分数，例如 $x = n/m$，其中，n 和 m 均为整数，则首先应该将 $\boldsymbol{A}$ 矩阵自乘 n 次，然后对结果再开 m 次方。

8) 点运算　MATLAB 中定义了一种特殊的运算，即所谓的点运算。两个矩阵之间的点运算是它们对应元素的直接运算。例如 `C=A.*B` 表示 $\boldsymbol{A}$ 和 $\boldsymbol{B}$ 矩阵的相应元素之间直接进行乘法运算，然后将结果赋给 $\boldsymbol{C}$ 矩阵，即，$c_{ij} = a_{ij}b_{ij}$。这种点乘积运算又称为 Hadamard 乘积。注意，点乘积运算要求 $\boldsymbol{A}$ 和 $\boldsymbol{B}$ 矩阵的维数相同。可以看出，这种运算和普通乘法运算是不同的。

点运算在 MATLAB 中起着很重要的作用，例如，当 $\boldsymbol{x}$ 是一个向量时，则求取数值 $[x_i^5]$ 时不能直接写成 $\boldsymbol{x}$^5，而必须写成 $\boldsymbol{x}$.^5。在进行矩阵的点运算时，同样要求运算的两个矩阵的维数一致，或其中一个变量为标量。其实一些特殊的函数，如 sin() 也是由点运算的形式进行的，因为它要对矩阵的每个元素求取正弦值。

矩阵点运算不仅可以用于点乘积运算，还可以用于其他运算的场合。例如，对前面给出的 $\boldsymbol{A}$ 矩阵作 $\boldsymbol{C}$=$\boldsymbol{A}$.^$\boldsymbol{A}$ 运算，则新矩阵的第 (i,j) 元素为 $c_{ij}=a_{ij}^{a_{ij}}$。

9) 矩阵阶次变换　一个 $n\times m$ 阶的矩阵 $\boldsymbol{A}$ 可以通过 `B=reshape(A,p,q)` 函数变换成 $p\times q$ 阶的矩阵 $\boldsymbol{B}$，若 $pq=mn$。矩阵 $\boldsymbol{B}$ 的内容由原矩阵元素按列重新排列得出。另外，`b=A(:)` 命令可以将 $\boldsymbol{A}$ 矩阵甚至多维数组按列展开，生成列向量 $\boldsymbol{b}$。

2. 逻辑运算

早期版本的 MATLAB 语言并没有定义专门的逻辑变量。在 MATLAB 语言中，如果一个数的值为 0，则可以认为它为逻辑 0，否则为逻辑 1。新版本支持逻辑变量，且上面的定义仍有效。

假设矩阵 $\boldsymbol{A}$ 和 $\boldsymbol{B}$ 均为 $n\times m$ 矩阵，则在 MATLAB 下定义了下面的逻辑运算：

1) 矩阵的与运算　在 MATLAB 下用 & 号表示矩阵的与运算，例如 `C=A&B` 表示两个矩阵 $\boldsymbol{A}$ 和 $\boldsymbol{B}$ 的与运算。如果两个矩阵相应元素均非 0，则该结果元素的值为 1，否则该元素为 0。

2) 矩阵的或运算　在 MATLAB 下由 `C=A|B` 号表示矩阵的或运算，如果两个矩阵相应元素含有非 0 值，则该结果元素的值为 1，否则该元素为 0。

3) 矩阵的非运算　在 MATLAB 下用 ~ 号表示矩阵的非运算。若矩阵相应元素为 0，则结果为 1，否则为 0。

4) 矩阵的异或运算　MATLAB 下矩阵 $\boldsymbol{A}$ 和 $\boldsymbol{B}$ 的异或运算可以由 `C=xor(A,B)` 求出。若相应的两个数一个为 0，一个非 0，则结果为 0，否则为 1。

3. 比较运算

MATLAB 语言定义了各种比较关系，如 $\boldsymbol{C}$=$\boldsymbol{A}>\boldsymbol{B}$，当 $\boldsymbol{A}$ 和 $\boldsymbol{B}$ 矩阵满足 $a_{ij}>b_{ij}$ 时，$c_{ij}=1$，否则 $c_{ij}=0$。MATLAB 语言还支持等于关系，用 == 表示；大于等于关系用 >= 表示；还支持不等于关系，用 ~= 表示。其意义是很明显的，可以直接使用。

MATLAB 还提供了一些特殊的函数，在编程中也是很实用的，其中，find() 函数可以查询出满足某关系的数组下标。例如，若想查出矩阵 $\boldsymbol{C}$ 中数值等于 1 的元素下标，则可以给出 find($\boldsymbol{C}$==1) 命令，得出满足条件的下标向量为 $\boldsymbol{k}=[3,5,6,8]$。

```
>> A=[1,2,3; 4 5,6; 7,8 0]; % 输入实数矩阵
   k=find(A>=5)'     % 找出矩阵元素大于等于 5 的下标
```

可以看出，该函数相当于先将 $\boldsymbol{A}$ 矩阵按列构成列向量，然后再判断哪些元素大于或等于 5，返回其下标。而 find(isnan($\boldsymbol{A}$)) 函数将查出 $\boldsymbol{A}$ 变量中为 NaN 的各元素下标。还可以用下面的格式同时返回行和列坐标向量为 $\boldsymbol{i}=[3,2,3,2],\boldsymbol{j}=[1,2,2,3]$。

```
>> [i,j]=find(A>=5); [i,j]
```

此外，all() 和 any() 函数也是很实用的查询函数，得出查询结果向量为 $\boldsymbol{k}_1=$

$[0,0,0]$，$\boldsymbol{k}_2=[1,1,1]$。

```
>> k1=all(A>=5), k2=any(A>=5)
```

前一个命令当 $\boldsymbol{A}$ 矩阵的某列元素全大于或等于 5 时相应元素为 1，否则为 0，而后者在某列中含有大于或等于 5 时相应元素为 1，否则为 0。例如若想判定一个矩阵 $\boldsymbol{A}$ 的元素是否均大于或等于 5，则可以简单地写成 all($\boldsymbol{A}$(:)>=5)。

2.2 MATLAB 基本控制流程结构

作为一种程序设计语言，MATLAB 提供了循环语句结构、条件语句结构、开关语句结构以及与众不同的试探语句。本节中将介绍各种语句结构。

2.2.1 循环结构

循环结构可以由 for 或 while 语句引导，用 end 语句结束，在这两个语句之间的部分称为循环体。这两种语句结构的示意图分别如图 2-1a、b 所示。

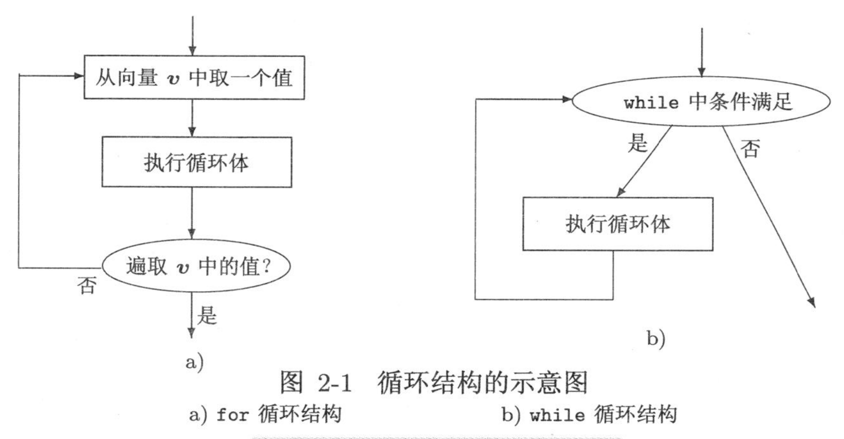

图 2-1 循环结构的示意图

a) for 循环结构 b) while 循环结构

1) for 语句的一般结构 for i=$\boldsymbol{v}$，循环结构体，end

在 for 循环结构中，$\boldsymbol{v}$ 为一个向量，循环变量 i 每次从 $\boldsymbol{v}$ 向量中取一个值，执行一次循环体的内容，如此下去，直至执行完 $\boldsymbol{v}$ 向量中所有的分量，自动结束循环结构。如果 $\boldsymbol{v}$ 为矩阵，则 i 每次从 $\boldsymbol{v}$ 矩阵提取一列进行循环，直至所有列处理完成。

2) while 循环的基本结构 while (条件式)，循环结构体，end

while 循环中的“条件式”是一个逻辑表达式，若其值为真 (非零) 则将自动执行循环体的结构，执行完后再判定“条件式”的真伪，为真则仍然执行结构体，否则将退出循环结构。

while 与 for 循环是各有不同的，下面将通过例子演示它们的区别及适用场合。

例 2-1 考虑求解 $\sum_{i=1}^{100} i$ 这一古老的问题，用 for 结构和 while 结构可以按下面的语句分别编程，并得出相同的结果。

```
>> s=0; for i=1:100, s=s+i; end, s
```

```
s=0; i=1; while (i<=100), s=s+i; i=i+1; end, s
```

其中，for 结构的编程稍简单些。事实上，前面的求和用 sum(1:100) 就能够得出所需的结果，这样做借助了 MATLAB 的 sum() 函数对整个向量进行直接操作，故程序更简单了。

考虑改变原来的问题，求出使得 $\sum_{i=1}^{N} i > 10000$ 的最小 N 值，这样用 for 循环结构就不便了，而用 while 结构即可求出所需的 m 值为 141，和为 10011。

```
>> s=0; m=0; while (s<=10000), m=m+1; s=s+m; end, [s,m]
```

循环语句在 MATLAB 语言中是可以嵌套使用的，也可以在 for 下使用 while，或相反使用，另外，在循环语句中如果使用 break 语句，则可以结束上一层的循环结构。

在 MATLAB 程序中，循环结构的执行速度较慢，所以在实际编程时，如果能对整个矩阵进行运算时，尽量不要采用循环结构，这样可以提高代码的效率。下面将通过例子演示循环与向量化编程的区别。

例 2-2 考虑求取级数求和问题 $S = \sum_{i=1}^{100000} \left(\frac{1}{2^i} + \frac{1}{3^i} \right)$。

用循环语句和向量化方式的执行时间分别可以用 tic、toc 命令对测出，可见对这个问题来说，向量化所需的时间相当于循环结构的 1/3，故用向量化的方法可以节省时间。

```
>> tic, s=0; for i=1:100000, s=s+1/2^i+1/3^i; end; toc
   tic, i=1:100000; s=sum(1./2.^i+1./3.^i); toc
```

2.2.2 转移结构

转移结构是一般程序设计语言都支持的结构，MATLAB 的最基本的转移结构是 if ⋯ end 型，也可以和 else 语句和 elseif 语句扩展转移语句，该语句的示意图如图 2-2 所示，其一般结构为

```
if (条件 1) % 如果条件 1 满足，则执行下面的语句组 1
    语句组 1  % 这里也可以嵌套下级的 if 结构
elseif (条件 2) % 否则如果满足条件 2，则执行下面的语句组 2
    语句组 2
        ⋮        % 可以按照这样的结构设置多种转移条件
else   % 上面的条件均不满足时，执行下面的语句组
    语句组 n+1
end
```

例 2-3 例 2-1 中提及只用 for 循环结构不便于实现求出和式大于 10000 的最小 i 值，利用该结构必须配合 if 语句结构才能实现

```
>> s=0; for m=1:10000, s=s+m; if s>10000, break; end, end
```

可见，这样的结构较烦琐，不如直接使用 while 结构直观、方便。

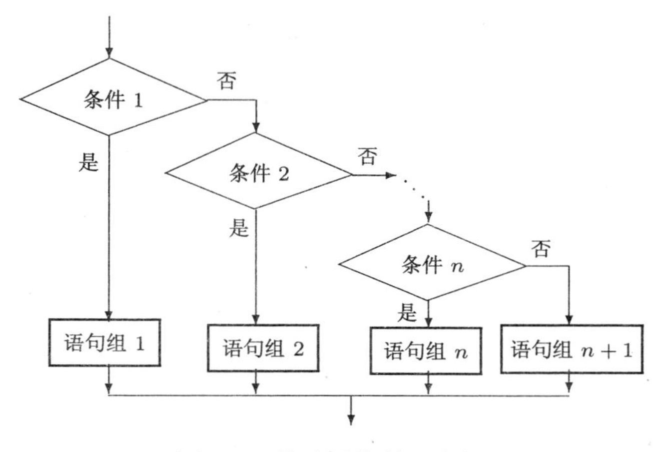

图 2-2　转移结构的示意图

2.2.3　开关结构

开关语句的示意图如图 2-3 所示，该语句的基本结构为

```
switch 开关表达式
case 表达式 1,      语句段 1
case {表达式 2,表达式 3,···, 表达式 m},      语句段 2
        ⋮
otherwise,      语句段 n
end
```

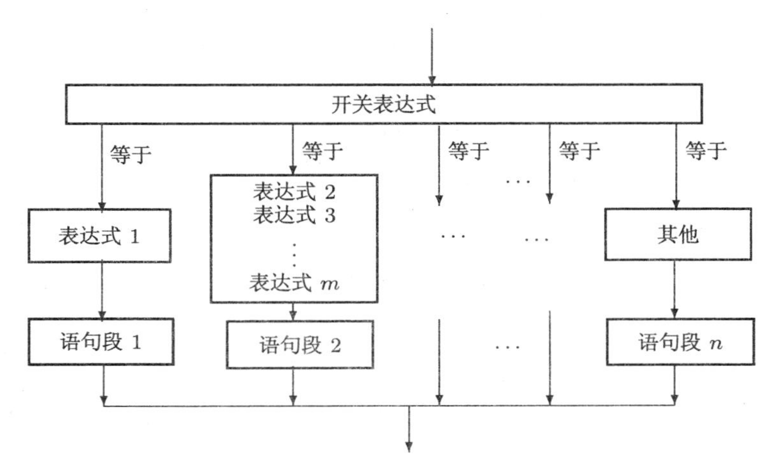

图 2-3　开关结构的示意图

其中，开关语句的关键是对“开关表达式”值的判断，当开关表达式的值等于某个 case 语句后面的条件时，程序将转移到该组语句中执行，执行完成后程序转出开关体继续向下执行。在使用开关语句结构时应该注意下面几点：

1) 当开关表达式的值等于表达式 1 时，将执行语句段 1，执行完语句段 1 后将转出开关体，无需像 C 语言那样在下一个 case 语句前加 break 语句，所以本结构在这点上和 C 语言是不同的。

2) 当需要在开关表达式满足若干个表达式之一时执行某一程序段，则应该把这样的一些表达式用大括号括起来，中间用逗号分隔。事实上，这样的结构是 MATLAB 语言定义的单元结构。

3) 当前面枚举的各个表达式均不满足时，则将执行 otherwise 语句后面的语句段，此语句等价于 C 语言中的 default 语句。

4) 程序的执行结果和各个 case 语句的次序是无关的。当然这也不是绝对的，当两个 case 语句中包含同样的条件，执行结果则和这两个语句的顺序有关。

5) 在 case 语句引导的各个表达式中，不要用重复的表达式，否则列在后面的开关通路将永远也不能执行。

2.2.4 试探结构

MATLAB 语言提供了一种新的试探式语句结构，

```
try,     语句段 1
catch,    语句段 2
end
```

本语句结构首先试探性地执行语句段 1，如果在此段语句执行过程中出现错误，则将错误信息赋给保留的 lasterr 变量，并终止这段语句的执行，转而执行语句段 2 中的语句。这种新的语句结构是 C 等语言中所没有的。试探性结构在实际编程中还是很实用的，例如可以将一段不保险但速度快的算法放到 try 段落中，而将一个保险的程序放到 catch 段落中，这样就能保证原始问题的求解更加可靠，且可能使程序高速执行。该结构的另外一种应用是，在编写通用程序时，某算法可能出现失效的现象，这时在 catch 语句段说明错误的原因。

2.3 MATLAB 的 M-函数设计

MATLAB 下提供了两种源程序文件格式。其中一种是普通的 ASCII 码构成的文件，在这样的文件中包含一族由 MATLAB 语言所支持的语句，它类似于 DOS 下的批处理文件，这种文件称作 M-脚本文件（M-script，本书中将其简称为 M-文件）。它的执行方式很简单，用户只需在 MATLAB 的提示符 >> 下键入该 M-文件的文件名，这样 MATLAB 就会自动执行该 M文件中的各条语句。M 文件只能对 MATLAB 工作空间中的数据进行处理，文件中所有语句的执行结果也完全返回到工作空间中。M 文件格式适用于用户所需要立即得到结果的小规模运算。

另一种源程序格式是 M 函数格式，它是 MATLAB 程序设计的主流。一般情况下，不建议使用 M 脚本文件格式编程。本节将着重介绍 MATLAB 函数的编写方法与技巧。

2.3.1 MATLAB 语言的函数的基本结构

MATLAB 的 M 函数是由 function 语句引导的，其基本结构如下：

```
function [返回变量列表] = 函数名 (输入变量列表)
    注释说明语句段，由 % 引导
    输入、返回变量格式的检测
    函数体语句
```

这里输入和返回变量的实际个数分别由 nargin 和 nargout 两个 MATLAB 保留变量来给出，只要进入该函数，MATLAB 就将自动生成这两个变量。

返回变量如果多于 1 个，则应该用方括号将它们括起来，否则可以省去方括号。输入变量之间用逗号来分隔，返回变量用逗号或空格分隔。注释语句段的每行语句都应该由百分号 (%) 引导，百分号后面的内容不执行，只起注释作用。用户采用 help 命令则可以显示出注释语句段的内容。此外，正规的变量个数检测也是必要的。如果输入或返回变量格式不正确，则应该给出相应的提示。

从系统的角度来说，MATLAB 函数是一个变量处理单元，它从主调函数接收变量，对其进行处理后，将结果返回到主调函数中，除了输入和输出变量外，其他在函数内部产生的所有变量都是局部变量，在函数调用结束后这些变量均将消失。这里将通过下面的例子来演示函数编程的格式与方法。

例 2-4 假设想编写一个函数生成 $n \times m$ 阶的 Hilbert 矩阵[⊖]，它的第 i 行第 j 列的元素值为 $h_{i,j} = 1/(i+j-1)$。想在编写的函数中实现下面几点：

如果只给出一个输入参数，则会自动生成一个方阵，即令 $m = n$；

在函数中给出合适的帮助信息，包括基本功能、调用方式和参数说明；

检测输入和返回变量的个数，如果有错误则给出错误信息。

在编写程序时应养成好的习惯，无论对程序设计者还是维护者、使用者都大有裨益。

根据上面的要求，可以编写一个 MATLAB 函数 myhilb()，文件名为 myhilb.m，并应该放到 MATLAB 的路径下。

```
function A=myhilb(n, m)
%MYHILB  本函数用来演示 MATLAB 语言的函数编写方法。
%    A=MYHILB(N, M) 将产生一个 N 行 M 列的 Hilbert 矩阵 A;
%    A=MYHILB(N) 将产生一个 NxN 的方 Hilbert 阵 A;
%
%See also: HILB.

%  Designed by Professor Dingyu XUE, Northeastern University, PRC
```

⊖ MATLAB 中提供了生成 Hilbert 矩阵的函数 hilb()，这里只是演示函数的编写方法，而在实际使用时还是应该采用 hilb() 函数。事实上，hilb() 函数并不能生成长方 Hilbert 矩阵。

```
%     5 April, 1995, Last modified by DYX at 30 July, 2001
if nargout>1, error('Too many output arguments.'); end
if nargin==1, m=n;    % 若给出一个输入，则生成方阵
elseif nargin==0 | nargin>2
   error('Wrong number of iutput arguments.');
end
for i=1:n, for j=1:m, A(i,j)=1/(i+j-1); end, end
```

在这段程序中，由 % 引导的部分是注释语句，通常用来给出一段说明性的文字来解释程序段落的功能和变量含义等。由前面的第 1) 点要求，首先测试输入的参数个数，如果个数为 1 (即 nargin 的值为 1)，则将矩阵的列数 m 赋成 n 的值，从而产生一个方阵。如果输入或返回变量个数不正确，则函数前面的语句将自动检测，并显示出错误信息。后面的双重 for 循环语句依据前面给出算法来生成一个 Hilbert 矩阵。

此函数的联机帮助信息可以由下面的命令获得

```
>> help myhilb
  MYHILB  本函数用来演示 MATLAB 语言的函数编写方法。
     A=MYHILB(N, M) 将产生一个 N 行 M 列的 Hilbert 矩阵 A;
     A=MYHILB(N) 将产生一个 NxN 的方 Hilbert 阵 A
  See also: HILB.
```

注意，这里只显示了程序及调用方法，而没有把该函数中有关作者的信息显示出来。对照前面的函数可以立即发现，因为在作者信息的前面给出了一个空行，所以可以容易地得出结论：如果想使一段信息可以用 help 命令显示出来，则在它前面不应该加空行，即使想在 help 中显示一个空行，这个空行也应该由 % 来引导。

有了函数之后，可以采用下面的各种方法来调用它，并产生出所需的结果。

```
>> A=myhilb(4,3), B=myhilb(4)   % 两种矩阵的输入方法
```

这样得出的两个矩阵分别为

$$\boldsymbol{A}=\begin{bmatrix}1 & 0.5 & 0.3333\\ 0.5 & 0.3333 & 0.25\\ 0.3333 & 0.25 & 0.2\\ 0.25 & 0.2 & 0.1667\end{bmatrix},\quad \boldsymbol{B}=\begin{bmatrix}1 & 0.5 & 0.3333 & 0.25\\ 0.5 & 0.3333 & 0.25 & 0.2\\ 0.3333 & 0.25 & 0.2 & 0.1667\\ 0.25 & 0.2 & 0.1667 & 0.1429\end{bmatrix}$$

例 2-5 MATLAB 函数是可以递归调用的，亦即在函数的内部可以调用函数自身。考虑求阶乘 $n!$ 的例子：由阶乘定义可见 $n!=n(n-1)!$，这样，n 的阶乘可以由 $n-1$ 的阶乘求出，而 $n-1$ 的阶乘可以由 $n-2$ 的阶乘求出。依此类推，直到计算到已知的 $1!=0!=1$，从而能建立起递归调用的关系 (为了节省篇幅，这里略去了注释行段落)：

```
function k=my_fact(n)
if nargin~=1, error('输入变量个数错误，只能有一个输入变量'); end
if nargout>1, error('输出变量个数过多'); end
if abs(n-floor(n))>eps | n<0, % 判定 n 是否为非负整数
   error('n 应该为非负整数');
end
if n>1, k=n*my_fact(n-1);  % 如果 n>1，进行递归调用
```

```
elseif any([0 1]==n), k=1; % 0!=1!=1 为已知，为本函数出口
end
```

可以看出，该函数首先判定 n 是否为非负整数，如果不是则给出错误信息，如果是，则在 $n > 1$ 时递归调用该程序自身，若 $n = 1$ 或 0 时，则直接返回 1。调用该函数则立即可以得出 11 的阶乘为 39916800。

```
>> my_fact(11)
```

其实 MATLAB 提供了求取阶乘的函数 factorial()，其核心算法为 prod(1:n)，从结构上更简单、直观，速度也更快。

2.3.2 可变输入输出个数的处理

下面将介绍单元变量的一个重要应用 —— 如何建立起无限个输入或返回变量的函数调用格式。

例 2-6 MATLAB 提供的 conv() 函数可以用来求两个多项式的乘积。对于多个多项式的连乘，则不能直接使用此函数，而需要用该函数嵌套使用，这样在表示很多多项式连乘时相当麻烦。在这里可以用单元数据的形式来编写一个函数 convs()，专门解决多个多项式连乘的问题。

```
function a=convs(varargin)
a=1; for i=1:length(varargin), a=conv(a,varargin{i}); end
```

这时，所有的输入变量列表由单元变量 varargin 表示，相应地，如有需要，也可以将返回变量列表用一个单元变量 varargout 表示。在这样的表示下，理论上就可以处理任意多个多项式的连乘问题了。例如可以用下面的格式调用该函数，得出 $\boldsymbol{D} = [1,6,19,36,45,44,35,30]$，$\boldsymbol{G} = [1,11,56,176,376,578,678,648,527,315,90]$。

```
>> P=[1 2 4 0 5]; Q=[1 2]; F=[1 2 3]; D=convs(P,Q,F)
   G=convs(P,Q,F,[1,1],[1,3],[1,1])
```

2.4 MATLAB 的图形可视化

图形绘制与可视化是 MATLAB 语言的一大特色。MATLAB 中提供了一系列直观、简单的二维图形和三维图形绘制命令与函数，可以将实验结果和仿真结果用可视的形式显示出来。本节将介绍各种图形的绘制方法。

2.4.1 二维图形的绘制

1. 二维图形绘制基本语句

假设用户已经获得了一些实验数据或仿真数据，例如，已知各个时刻 $t = t_1, t_2, \cdots, t_n$ 和在这些时刻处的函数值 $y = y_1, y_2, \cdots, y_n$，则可以将这些数据输入到 MATLAB 环境中，构成向量 $\boldsymbol{t} = [t_1, t_2, \cdots, t_n]$ 和 $\boldsymbol{y} = [y_1, y_2, \cdots, y_n]$，如果用户想用图形的方式表示二者之间的关系，则给出 `plot(t,y)` 即可绘制二维图形，可以看出，该函数的调用是相当直观的。这样绘制出的“曲线”实际上是给出各个数值点间的折线，如果这些点足

够密，则看起来就是曲线了，故以后将称其为曲线。在实际应用中，plot() 函数的调用格式还可以进一步扩展：

1) $\boldsymbol{t}$ 仍为向量，而 $\boldsymbol{y}$ 为矩阵，亦即

$$\boldsymbol{y}=\begin{bmatrix} y_{11} & y_{12} & \cdots & y_{1n} \\ y_{21} & y_{22} & \cdots & y_{2n} \\ \vdots & \vdots & \ddots & \vdots \\ y_{m1} & y_{m2} & \cdots & y_{mn} \end{bmatrix}$$

则将在同一坐标系下绘制 m 条曲线，每一行和 $\boldsymbol{t}$ 之间的关系将绘制出一条曲线。注意这时要求 $\boldsymbol{y}$ 矩阵的列数应该等于 $\boldsymbol{t}$ 的长度。

2) $\boldsymbol{t}$ 和 $\boldsymbol{y}$ 均为矩阵，且假设 $\boldsymbol{t}$ 和 $\boldsymbol{y}$ 矩阵的行和列数均相同，则将绘制出 $\boldsymbol{t}$ 矩阵每列和 $\boldsymbol{y}$ 矩阵相应列之间关系的曲线。

3) 假设有多对这样的向量或矩阵，$(\boldsymbol{t}_1, \boldsymbol{y}_1)$，$(\boldsymbol{t}_2, \boldsymbol{y}_2)$，$\cdots$，$(\boldsymbol{t}_m, \boldsymbol{y}_m)$，则可以用下面的语句直接绘制出各自对应的曲线

plot($\boldsymbol{t}_1, \boldsymbol{y}_1, \boldsymbol{t}_2, \boldsymbol{y}_2, \cdots, \boldsymbol{t}_m, \boldsymbol{y}_m$)

4) 曲线的性质，如线型、粗细、颜色等，还可以使用下面的命令进行指定

plot($\boldsymbol{t}_1, \boldsymbol{y}_1$, 选项1, $\boldsymbol{t}_2, \boldsymbol{y}_2$, 选项2, $\cdots$, $\boldsymbol{t}_m, \boldsymbol{y}_m$, 选项$m$)

其中，“选项”可以按表 2-1 中说明的形式给出，其中的选项可以进行组合，例如，若想绘制红色的点画线，且每个转折点上用五角星表示，则选项可以使用下面的组合形式：'r-.pentagram'。

表 2-1 MATLAB 绘图命令的各种选项

曲线线型		曲线颜色				标记符号			
选项	意义	选项	意义	选项	意义	选项	意义	选项	意义
'-'	实线	'b'	蓝色	'c'	蓝绿色	'*'	星号	'pentagram'	五角星
'--'	虚线	'g'	绿色	'k'	黑色	'.'	点号	'o'	圆圈
':'	点线	'm'	红紫色	'r'	红色	'x'	叉号	'square'	□
'-.'	点画线	'w'	白色	'y'	黄色	'v'	▽	'diamond'	◇
'none'	无线					'^'	△	'hexagram'	六角星
						'>'	▷	'<'	◁

绘制完二维图形后，还可以用 grid on 命令在图形上添加网格线，用 grid off 命令取消网格线；另外用 hold on 命令可以保护当前的坐标系，使得以后再使用 plot() 函数时将新的曲线叠印在原来的图上，用 hold off 则可以曲取消保护状态；用户可以使用 title() 函数在绘制的图形上添加标题，还可以用 xlabel() 和 ylabel() 函数给 x 和 y 坐标轴添加标注，用 gtext() 函数在任意位置添加说明等。

例 2-7 假设显函数方程为 $y=\sin(\tan x)-\tan(\sin x)$，令 $x\in[-\pi,\pi]$，最直接的可以采用下面的语句绘制出该函数的曲线，如图 2-4a 所示。

```
>> x=[-pi : 0.05: pi];  % 以 0.05 为步距构造自变量向量
```

```
y=sin(tan(x))-tan(sin(x)); % 求出各个点上的函数值
plot(x,y)  % 绘制曲线
```

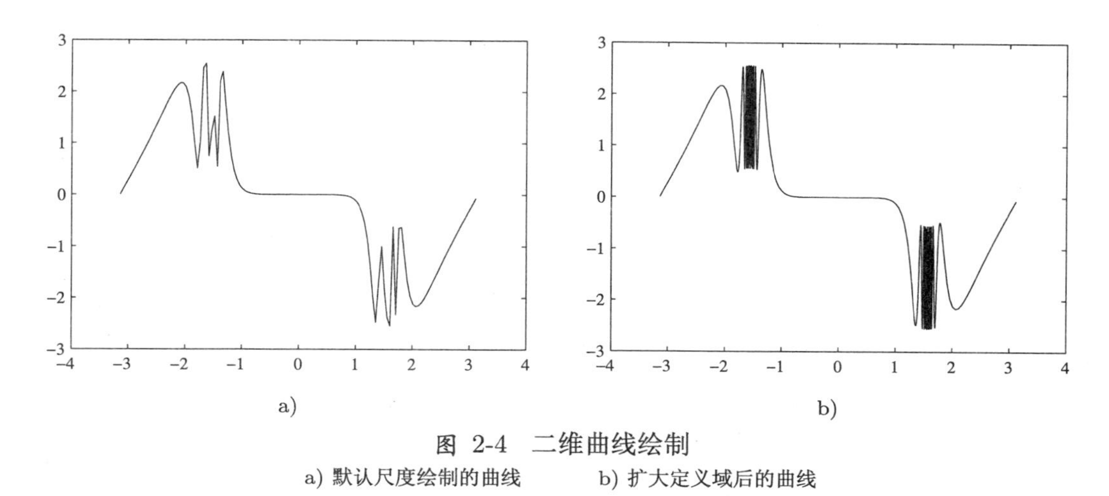

a)　　　　　　b)

图 2-4　二维曲线绘制

a) 默认尺度绘制的曲线　　b) 扩大定义域后的曲线

从得出的曲线可以看出，在 $x\in(-1.8,-1.2)$ 及 $x\in(1.2,1.8)$ 两个子区间内图形较粗糙，应该在这些区间能加密自变量选择点，这样可以将上述的语句修改为

```
>> x=[-pi:0.05:-1.8,-1.801:.001:-1.2, -1.2:0.05:1.2,...
     1.201:0.001:1.8, 1.81:0.05:pi]; % 以变步距方式构造自变量向量
   y=sin(tan(x))-tan(sin(x)); % 求出各个点上的函数值
   plot(x,y)  % 绘制曲线
```

这样将得出如图 2-4b 所示的曲线，可见，这样得出的曲线在快变化区域内表现良好。

例 2-8　考虑饱和非线性特性方程

$$y=\begin{cases}-1.1, & x<-1.1\\ x, & -1.1\leqslant x\leqslant 1.1\\ 1.1, & x>1.1\end{cases}$$

当然用 if 语句可以很容易求出各个 x 点上的 y 值，这里将考虑另外一种有效的实现方法：如果构造了 **x** 向量，则关系表达式 **x**>1.1 将生成一个和 **x** 一样长的向量，在满足 $x_i>1.1$ 的点上，生成向量的对应值为 1，否则为 0。根据这样的想法，可以用下面的语句绘制出分段函数的曲线，如图 2-5 所示。

```
>> x=[-2:0.02:2];  % 生成自变量向量
   y=-1.1*(x<-1.1) + x.*((x>=-1.1)&(x<=1.1)) + 1.1*(x>1.1); plot(x,y)
```

在这样的分段模型描述中，注意不要将某个区间重复表示，例如，不能将给出的语句中最后一个条件表示成 1.1*(**x**>=1.1)，否则因为第 2 项中也有 $x_i=1.1$ 的选项，将使得 $x_i=1.1$ 点函数求取重复，得出错误的结果。

另外，由于 plot() 函数只将给定点用直线连接起来，分段线性的非线性曲线可以由有限的几个转折点来表示，即

```
>> plot([-2,-1.1,1.1,2],[-1.1,-1.1,1.1,1.1])
```

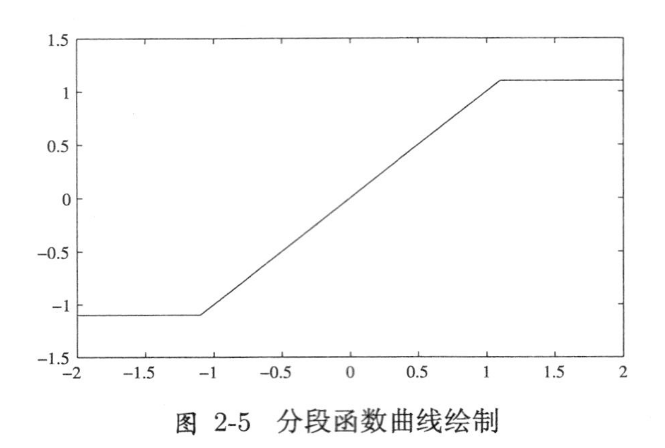

图 2-5 分段函数曲线绘制

该语句能得出和图 2-5 完全一致的结果。

在 MATLAB 绘制的图形中，每条曲线是一个对象，坐标轴是一个对象，而图形窗口还是一个对象，每个对象都有不同的属性，用户可以通过 set() 函数设置对象的属性，还可以用 get() 函数获得对象的某个属性。这两个语句的语句结构为

```
set(句柄, '属性名1', 属性值1, '属性名2', 属性值2, ···)
v=get(句柄, '属性名')
```

这两个语句在界面编程中特别有用。

2. 其他二维图形绘制语句

除了简单的 plot() 函数外，MATLAB 还提供了各种其他的二维曲线绘制函数。如 polar() 函数可以绘制出极坐标曲线，stairs() 函数可以绘制阶梯型曲线，stem() 可以绘制火柴杆状曲线，bar() 函数可以绘制直方图，fill() 函数能绘制二维的填充图，而 loglog()、semilogx() 和 semilogy() 函数可以绘制出某轴为对数坐标的图形。下面将通过例子来演示其中一些语句的曲线绘制效果。

例 2-9 以正弦数据为例，用下面的各种语句可以绘制出如图 2-6 所示。其中用的 subplot() 函数可以将图形窗口分为若干块，在某一块内绘制图形。在函数调用时，第 1 个 2 表示将窗口分为 2 行，第 2 个 2 将窗口分为 2 列，第 3 个参数指定绘图的位置。

```
>> t=0:.2:2*pi; y=sin(t);  % 先生成绘图用数据
   subplot(2,2,1), stairs(t,y)  % 分割窗口，在左上角绘制阶梯曲线
   subplot(2,2,2), stem(t,y)  % 火柴杆曲线绘制
   subplot(2,2,3), bar(t,y)  % 直方图绘制
   subplot(2,2,4), semilogx(t,y)  % 横坐标为对数的曲线
```

3. 隐函数绘制及应用

隐函数即满足 $f(x,y)=0$ 方程的 x,y 之间的关系式，用前面介绍的曲线绘制方法显然会有问题，例如，很多隐函数无法求出 x,y 之间的显式关系，所以无法先定义一个 $\boldsymbol{x}$ 向量再求出相应的 $\boldsymbol{y}$ 向量，从而不能采用 plot() 函数来绘制曲线，另外即使能求

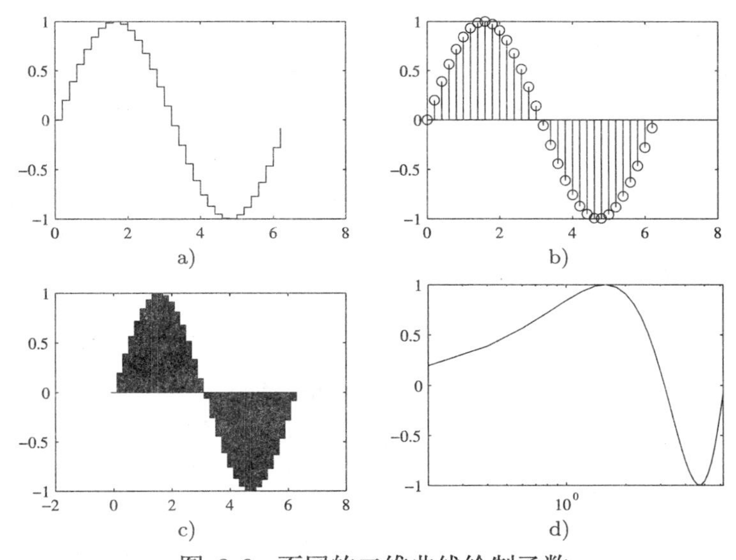

图 2-6 不同的二维曲线绘制函数
a) stairs() 函数绘制的阶梯图形 b) stem() 函数绘制的火柴杆图形
c) bar() 函数的直方图 d) semilogx()，横坐标为对数

出 x, y 之间的显式关系，但不是单值绘制，则绘制起来也是很麻烦的。MATLAB 下提供的 ezplot() 函数可以直接绘隐函数曲线，该函数的调用格式为

ezplot(隐函数表达式, [x_m, x_M, y_m, y_M])

其中，$x_\mathrm{m}, y_\mathrm{m}$ 和 $x_\mathrm{M}, y_\mathrm{M}$ 的默认值分别为 $\pm 2\pi$。下面将通过例子演示该函数使用方法。

例 2-10 假设隐函数为 $f(x,y) = x^2\sin(x+y^2) + y^2\mathrm{e}^{x+y} + 5\cos(x^2+y) = 0$。从给出的函数可见，无法用解析的方法写出该函数，所以不能用前面给出的 plot() 函数绘制出该函数的曲线。对这样的隐函数，可以给出如下的 MATLAB 命令，并将得出如图 2-7a 所示的隐函数曲线。

```
>> ezplot('x^2 *sin(x+y^2) +y^2*exp(x+y)+5*cos(x^2+y)')
```

上面的语句将自动选择 x 轴的范围，即函数的定义域。如果想改变定义域，则可以用下面的语句给出命令，并得出如图 2-7b 所示的隐函数曲线。

```
>> ezplot('x^2 *sin(x+y^2) +y^2*exp(x+y)+5*cos(x^2+y)',[-10 10])
```

例 2-11 利用隐函数图形绘制的方法，可以用图解法直接求解二元方程组，下面通过例子来演示求解方法。假设已知联立方程

$$\begin{cases} x^2\mathrm{e}^{-xy^2/2} + \mathrm{e}^{-x/2}\sin(xy) = 0 \\ x^2\cos(x+y^2) + y^2\mathrm{e}^{x+y} = 0 \end{cases}$$

则可以通过下面的语句绘制出第一个方程的曲线，如图 2-8a 所示。

```
>> ezplot('x^2*exp(-x*y^2/2)+exp(-x/2)*sin(x*y)') % 第一个方程曲线
```

该曲线上所有的点均满足第一个方程。可以用 hold on 语句保护当前的坐标系，再用 ezplot() 函数绘制第二个方程的曲线，这样在同一坐标系下绘制出两条曲线，如图 2-8b 所示。

```
>> hold on  % 保护当前坐标系
   ezplot('y^2 *cos(y+x^2) +x^2*exp(x+y)')
```

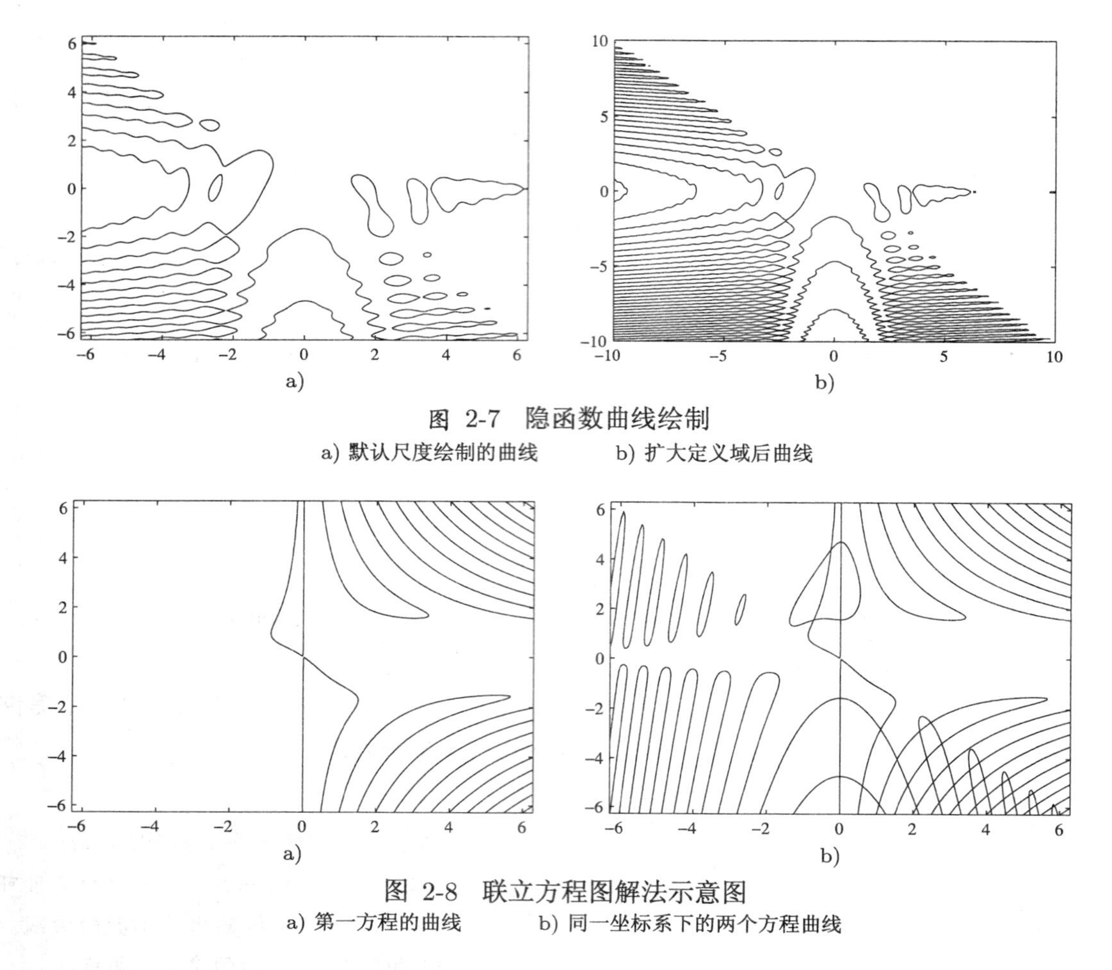

a) b)

图 2-7 隐函数曲线绘制

a) 默认尺度绘制的曲线 b) 扩大定义域后曲线

a) b)

图 2-8 联立方程图解法示意图

a) 第一方程的曲线 b) 同一坐标系下的两个方程曲线

这两个方程对应曲线的交点就是联立方程的解，所以可以通过图解法来求取二元联立方程的全部实根。

2.4.2 三维图形的绘制

1. 三维曲线绘制

二维曲线绘制函数 `plot()` 可以扩展到三维曲线的绘制中，这时可以用 `plot3()` 函数绘制三维曲线，该函数的调用格式为

$$\texttt{plot3}(\boldsymbol{x}_1, \boldsymbol{y}_1, \boldsymbol{z}_1, \text{选项}\,1, \boldsymbol{x}_2, \boldsymbol{y}_2, \boldsymbol{z}_2, \text{选项}\,2, \cdots, \boldsymbol{x}_m, \boldsymbol{y}_m, \boldsymbol{z}_m, \text{选项}\,m)$$

其中，“选项”和二维曲线绘制的完全一致，如表 2-1 所示。相应地，类似于二维曲线绘制函数，MATLAB 还提供了其他的三维曲线绘制函数，如 `stem3()` 可以绘制三维火柴杆型曲线，`fill3()` 可以绘制三维的填充图形，`bar3()` 可以绘制三维的直方图等。

例 2-12 假设已知三维的参数方程 $x(t) = t^3 \sin(3t)\mathrm{e}^{-t}$，$y(t) = t^3 \cos(3t)\mathrm{e}^{-t}$，$z = t^2$，则可以生成一个时间向量 $\boldsymbol{t}$，由其计算出 $\boldsymbol{x}, \boldsymbol{y}, \boldsymbol{z}$ 向量，并用函数 `plot3()` 绘制出三维曲线，如图 2-9a 所示，注意，这里应该采用点运算。

```
>> t=0:.1:2*pi;    % 构造 t 向量，注意下面的点运算
   x=t.^3.*sin(3*t).*exp(-t); y=t.^3.*cos(3*t).*exp(-t); z=t.^2;
   plot3(x,y,z), grid  % 三维曲线绘制
```

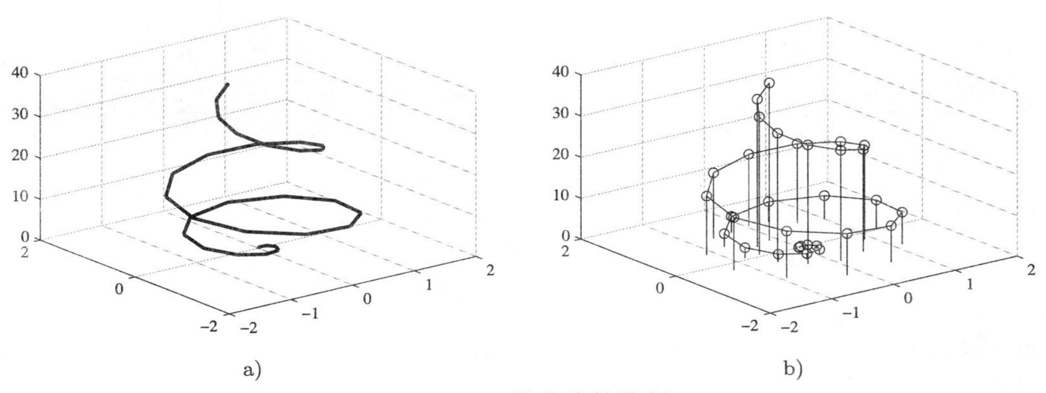

图 2-9 三维曲线的绘制

a) 三维曲线绘制　　b) stem3() 函数绘制的三维图形

如果用 stem3() 函数绘制出火柴杆形线，还可以在该线上叠印出由 plot3() 函数绘制出的曲线，如图 2-9b 所示。

```
>> stem3(x,y,z); hold on; plot3(x,y,z), grid
```

2. 三维曲面绘制

三维曲面也可以用多种函数来绘制，如用 mesh() 函数可以绘制三维的网格型图形，surf() 可以绘制三维曲面，surfc() 函数和 surfl() 函数可以分别绘制带有等高线和光照下的三维曲面，waterfall() 函数可以绘制瀑布形三维图形。在 MATLAB 下还提供了等高线绘制的函数，如 contour() 函数和三维等高线函数 contour3()，这里将通过例子介绍三维曲面绘制方法与技巧。

例 2-13 数字图像处理中使用的 Butterworth 低通滤波器的数学模型为[49]

$$H(u,v)=\frac{1}{1+[D(u,v)/D_0]^{2n}}$$

其中，$D(u,v)=\sqrt{(u-u_0)^2+(v-v_0)^2}$，$D_0$ 为给定的区域半径，n 为阶次，u_0 和 v_0 为区域的中心。假设 $D_0=200, n=2$，则可以通过下面的语句绘制出滤波器的三维曲面网格图形，如图 2-10a 所示。

```
>> [x,y]=meshgrid(0:31);  n=2; D0=200;
   D=sqrt((x-16).^2+(y-16).^2);  % 求距离
   z=1./(1+D.^(2*n)/D0); mesh(x,y,z), % 计算并绘制滤波器
   axis([0,31,0,31,0,1])  % 重新设置坐标系，增大可读性
```

若用 surf() 函数取代 mesh() 函数，则可以得出如图 2-10b 所示的表面图。

```
>> surf(x,y,z)   % 绘制三维表面图
```

三维表面图可以用 shading 命令修饰其显式形式，该命令可以带三种不同的选项，flat (每个网格块用同样颜色着色的没有网格线的表面图，效果见图 2-11a)、interp (插值的光滑

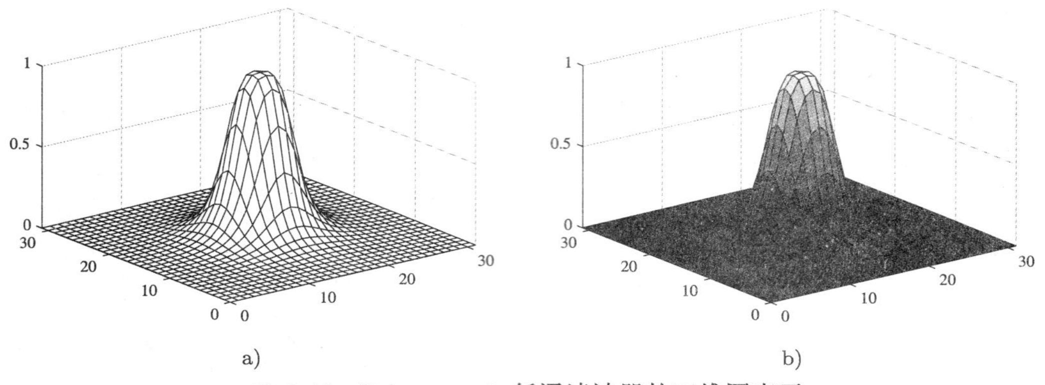

图 2-10 Butterworth 低通滤波器的三维图表示

a) mesh() 函数绘制的网格图　　　b) surf() 函数绘制的表面图

表面图，效果见图 2-11b) 和 faceted (不同于 flat，有网格线的，本选项是默认的，效果见图 2-10b)。

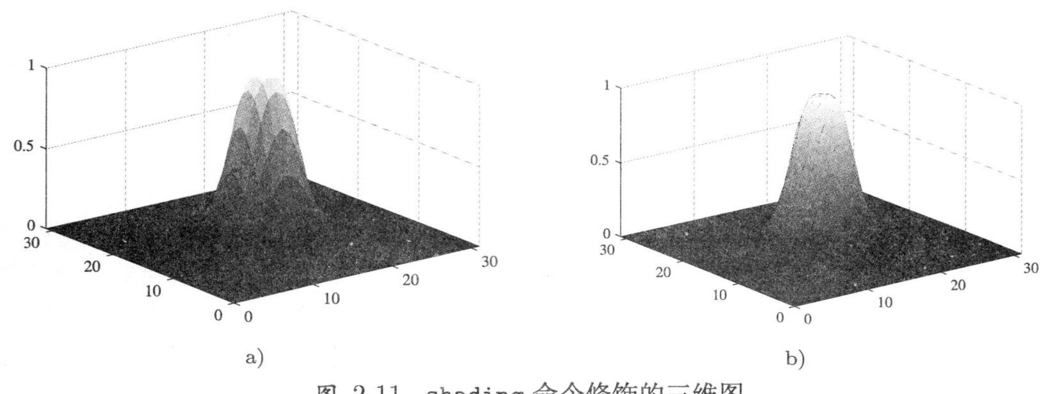

图 2-11 shading 命令修饰的三维图

a) shading flat　　　b) shading interp

MATLAB 还提供了其他的三维图形绘制函数，如 waterfall(x,y,z) 命令可以绘制出瀑布形图形，如图 2-12a 所示，而 contour3(x,y,z,30) 命令可以绘制出三维的等高线图形如图 2-12b 所示，其中的 30 为用户选定的等高线条数，当然可以不给出该参数，那样将默认地设置等高线条数，对这个例子来说显得过于稀疏。

例 2-14 假设一实际问题的解析解由下面分段函数表示[50]

$$p(x_1,x_2)=\begin{cases}0.5457\exp(-0.75x_2^2-3.75x_1^2-1.5x_1), & x_1+x_2>1\\ 0.7575\exp(-x_2^2-6x_1^2), & -1<x_1+x_2\leqslant 1\\ 0.5457\exp(-0.75x_2^2-3.75x_1^2+1.5x_1), & x_1+x_2\leqslant -1\end{cases}$$

试以三维曲面的形式来表示这一函数。

选择 $x=x_1$，$y=x_2$，则这样的函数曲面绘制用 if 结构可以实现该函数值求取，但结构将很烦琐，所以可以利用类似于前面介绍的分段函数求取方法来求此二维函数的值。

```
>> [x,y]=meshgrid(-1.5:.1:1.5,-2:.1:2);
   z=0.5457*exp(-0.75*y.^2-3.75*x.^2-1.5*x).*(x+y>1)+...
```

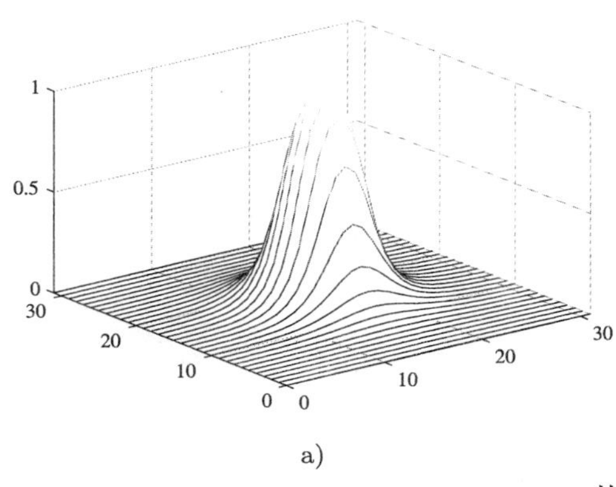

a)

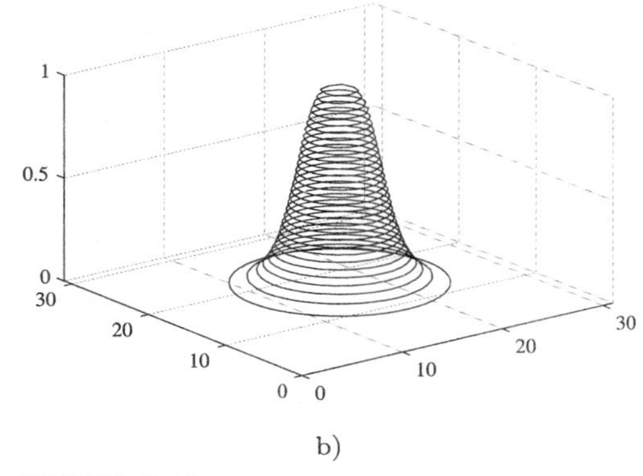

b)

图 2-12　其他三维图形表示

a) waterfall() 函数的绘制曲面　　b) contour3() 绘制的三维等高线图

```
    0.7575*exp(-y.^2-6*x.^2).*((x+y>-1) & (x+y<=1))+...
    0.5457*exp(-0.75*y.^2-3.75*x.^2+1.5*x).*(x+y<=-1);
    mesh(x,y,z), set(gca,'xlim',[-1.5 1.5])
```

这样将得出如图 2-13 所示的三维网格图。

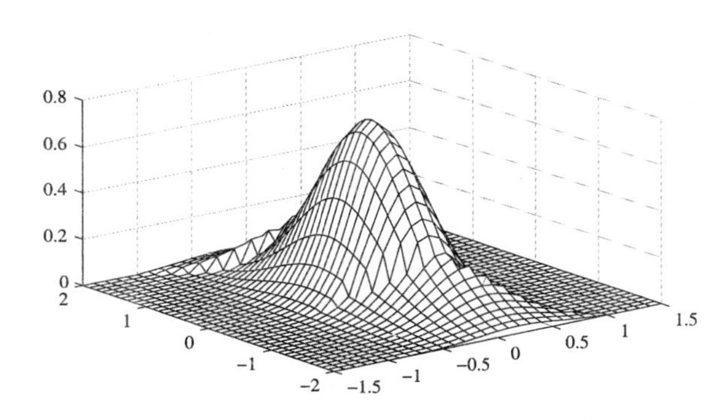

图 2-13　分段二维函数曲线绘制

3. 三维图形视角设置

MATLAB 三维图形显示中提供了修改视角的功能，允许用户从任意的角度观察三维图形，实现视角转换有两种方法：其一是使用图形窗口工具栏中提供的三维图形转换按钮来可视地对图形进行旋转；其二是用 view() 函数有目的地进行旋转。

MATLAB 三维图形视角的定义如图 2-14a 所示，其中有两个角度就可以唯一地确定视角，方位角 α 定义为视点在 x-y 平面投影点与 y 轴负方向之间的夹角，默认值为 $\alpha=-37.5^\circ$，仰角 β 定义为视点和 x-y 平面的夹角，默认值为 $\beta=30^\circ$。

如果想改变视角来观察曲面，则可以给出 view(α,β) 命令。例如，俯视图可以由 view(0,90) 设置，正视图由 view(0,0) 设置，侧视图可以由 view(90,0) 来设定。

例如，对图 2-13 中给出的三维网格图进行处理，设方位角为 $\alpha=80^\circ$，仰角为 $\beta=10^\circ$，则下面的 MATLAB 语句将得出如图 2-14b 所示的三维曲面。

```
>> view(80,10), set(gca,'xlim',[-1.5 1.5])
```

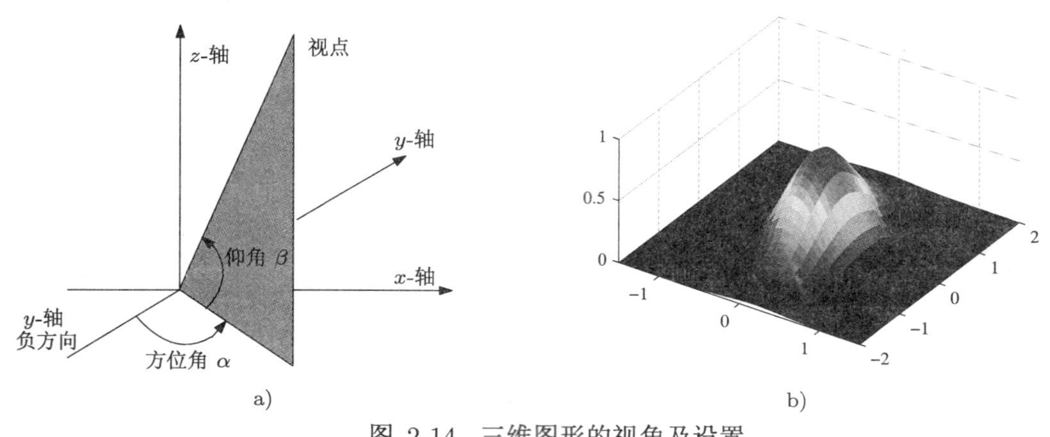

图 2-14　三维图形的视角及设置
a) 视角定义示意图　　　b) 改变视角后的效果

2.4.3　图形修饰

MATLAB 的图形窗口工具栏中提供了各种图形修饰的功能，如在图形上添加箭头、文字及直线等，对图形的局部放大，三维图形的旋转等。添加文字时，字符串可以用普通的字母和文字表示，也可以用 LaTeX 的格式描述数学公式。

LaTeX 是一个著名的科学文档排版系统[51]，MATLAB 下支持的只是其中一个子集，这里简单介绍在 MATLAB 图形窗口中添加 LaTeX 描述的数学公式的方法：

1) 特殊符号是由 \ 引导的命令定义的，MATLAB 支持的符号在表 2-2 中给出。

2) 上下标分别用 ^ 和 _ 表示，例如 `a_2^2+b_2^2=c_2^2` 表示 $a_2^2+b_2^2=c_2^2$，如果需要表示多个上标，则需要用大括号括起，表示段落，例如 `a^Abc` 命令表示 a^Abc，其中，A 为上标，如果想将 Abc 均表示成 a 的上标，则需要给出命令 `a^{Abc}`。

2.5　MATLAB 的图形用户界面设计入门

对一个成功的软件来说，其内容和基本功能当然应是第一位的。但除此之外，图形界面的优劣往往也决定着该软件的档次，因为用户界面会对软件本身起到包装作用，而这又像产品的包装一样，所以能掌握 MATLAB 的图形界面设计技术对设计出良好的通用软件来说是十分重要的。

早期的 MATLAB 版本只提供了一个命令屏幕和一个图形屏幕，用户只能在这两个屏幕之间进行切换。如果用户在命令屏幕上给出一条 MATLAB 绘图命令，则要想得出相应的图形，MATLAB 会自动地切换到图形屏幕上，如果再给出一条命令，则会自动地切换到原来的命令屏幕。虽然 MATLAB 可以在两个屏幕之间进行自动的切换，但使用起来还是极其不便的，尤其想同时显示出多幅图形时更是如此。由于受当时技术局限性的影响，MATLAB 早期的版本并不适于开发用户友好的图形界面程序。

随着 Windows 技术的发展，MATLAB 的用户及 The MathWorks 公司的开发者们逐渐意识到在多个窗口界面下运行 MATLAB的必要性和可行性。1992 年 The MathWorks

表 2-2　图形窗口下可以直接使用的 LaTeX 命令表

类别	c	LaTeX命令	c	LaTeX命令	c	LaTeX命令	c	LaTeX命令
小写希腊字符	α	\alpha	β	\beta	γ	\gamma	δ	\delta
	ϵ	\epsilon	ε	\varepsilon	ζ	\zeta	η	\eta
	θ	\theta	ϑ	\vartheta	ι	\iota	κ	\kappa
	λ	\lambda	μ	\mu	ν	\nu	ξ	\xi
	o	o	π	\pi	ϖ	\varpi	ρ	\rho
	ι	\iota	κ	\kappa	ϱ	\varrho	σ	\sigma
	ς	\varsigma	τ	\tau	υ	\upsilon	ϕ	\phi
	φ	\varphi	χ	\chi	ψ	\psi	ω	\omega
大写希腊字符	Γ	\Gamma	Δ	\Delta	Θ	\Theta	Λ	\Lambda
	Ξ	\Xi	Π	\Pi	Σ	\Sigma	Υ	\Upsilon
	Φ	\Phi	Ψ	\Psi	Ω	\Omega		
常用数学符号	$\aleph$	\aleph	$\prime$	\prime	$\forall$	\forall	$\exists$	\exists
	$\wp$	\wp	$\Re$	\Re	$\Im$	\Im	∂	\partial
	∞	\infty	∇	\nabla	$\surd$	\surd	$\angle$	\angle
	$\neg$	\neg	$\int$	\int	$\clubsuit$	\clubsuit	$\diamondsuit$	\diamondsuit
	$\heartsuit$	\heartsuit	$\spadesuit$	\spadesuit				
二元运算符号	$\pm$	\pm	$\cdot$	\cdot	$\times$	\times	$\div$	\div
	$\circ$	\circ	$\bullet$	\bullet	$\cup$	\cup	$\cap$	\cap
	$\vee$	\vee	$\wedge$	\wedge	$\otimes$	\otimes	$\oplus$	\oplus
关系数学符号	$\leq$	\leq	$\geq$	\geq	$\equiv$	\equiv	$\sim$	\sim
	$\subset$	\subset	$\supset$	\supset	$\approx$	\approx	$\subseteq$	\subseteq
	$\supseteq$	\supseteq	$\in$	\in	$\ni$	\ni	$\propto$	\propto
	$\mid$	\mid	$\perp$	\perp				
箭头符号	$\leftarrow$	\leftarrow	$\uparrow$	\uparrow	$\Leftarrow$	\Leftarrow	$\Uparrow$	\Uparrow
	$\rightarrow$	\rightarrow	$\downarrow$	\downarrow	$\Rightarrow$	\Rightarrow	$\Downarrow$	\Downarrow
	$\leftrightarrow$	\leftrightarrow	$\updownarrow$	\updownarrow				

公司推出了具有划时代意义的 MATLAB 4.0 版本，并于次年正式推出了 MATLAB 4.0 版的 PC 版本，以适应日益流行的 Microsoft Windows 环境下使用。MATLAB 4.0 版本一出现，立即引起了使用者和程序开发人员的极大兴趣，因为它使在其他语言环境下看起来十分复杂的 Windows 图形界面设计显得非常的容易和方便。

MATLAB 提供了一个实用的用户图形界面开发程序 Guide，它完全支持可视化编程，其方便程度类似于 Visual Basic。将它提供的方法和用户的 MATLAB 编程经验结合起来，可以很容易地写出高水平的用户界面程序。

在本节中先介绍 Guide 的使用方法，然后将举例说明用 MATLAB 语言如何容易地实现图形用户界面的设计，并介绍界面设计的应用。

2.5.1　图形界面设计工具 Guide

在 MATLAB 命令窗口中键入 guide 命令，则将得出如图 2-15a 所示的设计窗口，允许用户设计各种各样的图形用户界面。

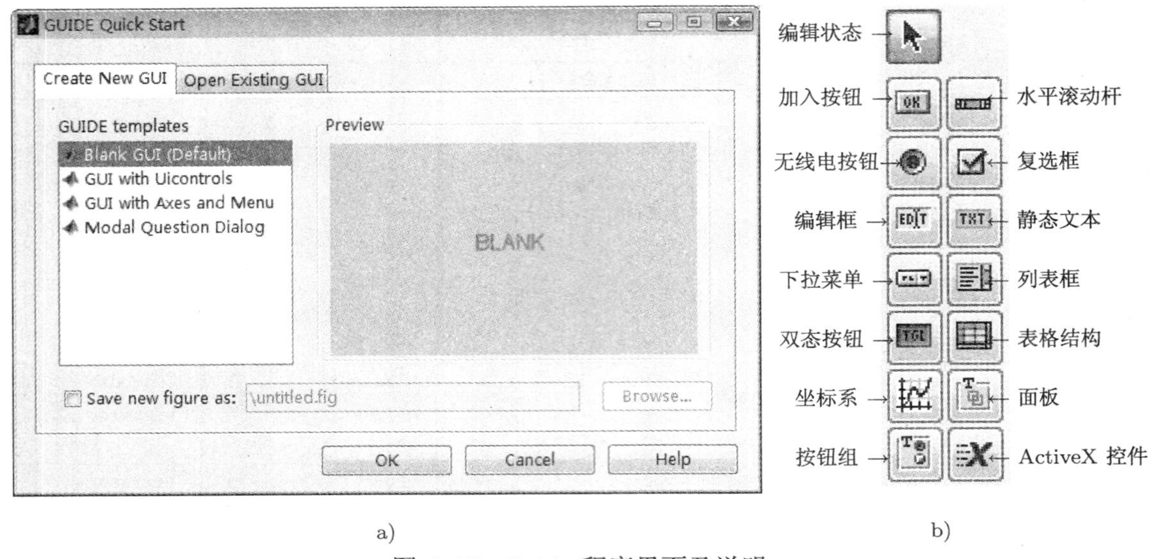

图 2-15　Guide 程序界面及说明
a) 属性设置对话框　　b) 工具栏

如果用户想设计一个全新的图形用户界面，则可以选择其中的 Blank GUI 默认选项，该选项将打开一个空白的图形用户界面编辑窗口，其中右侧如图 2-15b 所示的窗口区域就是要设计界面的工具栏。

双击该窗口雏形，则将得出如图 2-16a 所示的对话框，允许用户修改其中的内容来改变该窗口的属性。例如，若想修改窗口的颜色，则可以在其中的 Color 栏目下单击其右侧的方框，这样将得出如图 2-16b 所示的标准颜色设置对话框，允许用户选择颜色。若想选择更多的颜色，则可以单击 More Colors 按钮，从弹出的新对话框中选择其他的颜色。颜色修改完成后将立即在雏形窗口中显示出来。

可以看出，在该对话框中列出了有关窗口的众多属性，通常没有必要改变所有的属性，下面仅列出常用的属性：

1) `MenuBar` 属性　设置图形窗口菜单条形式，可选择 `'figure'` (图形窗口标准菜单) 或 `'none'` (不加菜单条) 选项。用户如果选中了 `'none'` 属性值，则在当前处理的窗口内将没有菜单条，这时用户可以根据后面将介绍的 `uimenu()` 函数来加入自己的菜单条。如果用户选择了其中的 `'figure'` 选项值，则该窗口将保持图形窗口默认的菜单项 (其中相应的选项后面将进行介绍)。选择了 `'figure'` 选项后，还可以用 `uimenu()` 函数改变原来的标准菜单，或者添加新的菜单项。

2) `Name` 属性　设置图形窗口的标题栏中标题内容，它的属性值应该是一个字符串，在图形窗口的标题栏中将把该字符串内容填写上去。

3) `NumberTitle` 属性　决定是否设置图形窗口标题栏的图形标号，它相应的属性值可选为 `'on'` (加图形标号) 或 `'off'` (不加标号)，若选择了 `'on'` 选项则会自动地给每一个图形窗口标题栏内加一个 Figure No *: 字样的编号，即使该图形窗口有自己的标题，也同样要在前面冠一个编号，这是 MATLAB 的默认选项。若选择 `'off'` 选项则不再给

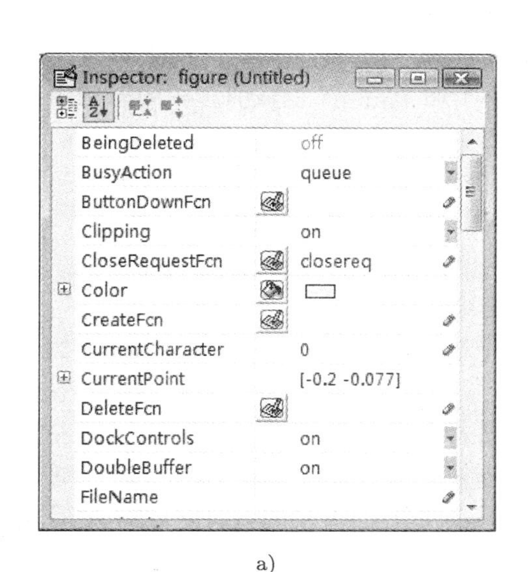

a)

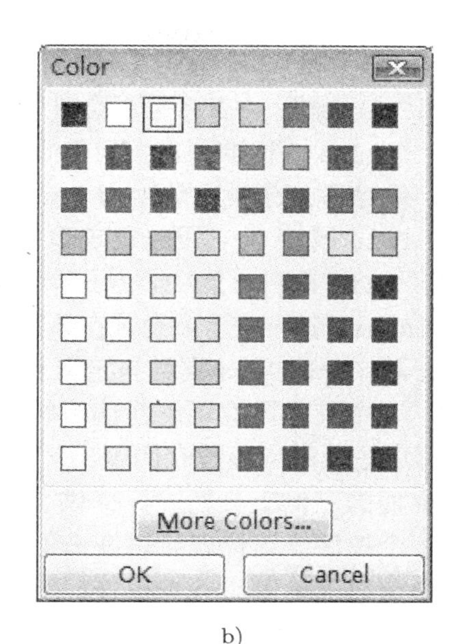

b)

图 2-16 界面属性修改

a) 属性设置对话框　　b) 颜色设置对话框

窗口标题进行编号显示了。

4) Units 属性　除了默认的像素点单位 'pixels' 之外，还允许用户使用一些其他的单位，如 'inches' (英寸)、'centimeters' (厘米)、'normalized' (归一值，即 0 和 1 之间的小数) 等，这种设定将影响到一切定义大小的属性项 (如后面将介绍的 Position 属性)。Units 属性也可以通过属性编辑程序界面来设定，例如，选择 Units 属性时，在属性值处将出现一个列表框，如图 2-17a 所示，用户可以从中选择希望的属性值。

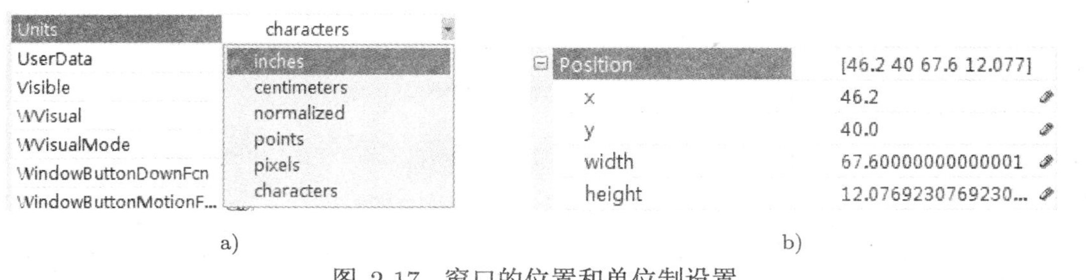

a)　　b)

图 2-17 窗口的位置和单位制设置

a) 单位制设置　　b) 窗口位置设置

5) Position 属性　该属性的内容如图 2-17b 所示，用来设定该图形窗口的位置和大小。其属性值是由 4 个元素构成的 1×4 向量，其中前面两个值分别为窗口左下角的横纵坐标值，后面两个值分别为窗口的宽度和高度，其单位由 Units 属性设定。设置 Position 属性值的最好方法是：首先关闭属性设置对话框，直接对该窗口进行放大或缩小，然后再打开属性编辑程序。这样在 Position 栏中就自动地填写上用户设置的值了。

6) Resize 属性　用来确定是否可以改变图形窗口的大小。它有两个参数可以使用：'on' (可以调整) 和 'off' (不能调整)，其中的 'on' 选项为默认的选项。

7) Toolbar 属性　表示是否给图形窗口添加可视编辑工具条，其选项为 'none' (无工具条)、'figure' (标准图形窗口编辑工具条) 和 'auto' (自动)。一般若想对图形进行可视修改，最好将此选项设置为 'figure'。

8) Visible 属性　它用来决定建立起来的窗口是否处于可见的状态，对应的属性值为 'on' 和 'off' 两种，其中，'on' 为 MATLAB 的默认属性值。

9) Pointer 属性　用来设置在该窗口下指示鼠标位置的光标的显示形式，用户还可以用 PointerShapeCData 属性自定义光标的形状。

注意，其中某些属性不能在编辑状态下正确显示，例如 Name 和 NumberTitle 属性等，但在程序运行时应该没有问题。

在该界面的左侧工具栏中，提供了各种各样的控件，可以通过单击鼠标左键的方式选中其中一个控件，这样就可以在右侧的雏形窗口中绘制出这个控件。可以通过这样的方法在雏形窗口上绘制出各种控件，实现所需图形用户界面的设计。下面用简单例子来演示图形用户界面的设计方法。

例 2-15　考虑在一个窗口上添加一个“按钮”控件和一个用于字符显示的“文本”控件，并在按下该按钮时，在文本控件上显示“这是我的第一个界面”字样。具体的设计步骤如下：

1) 在雏形窗口中绘制出这两个控件，如图 2-18a 所示。

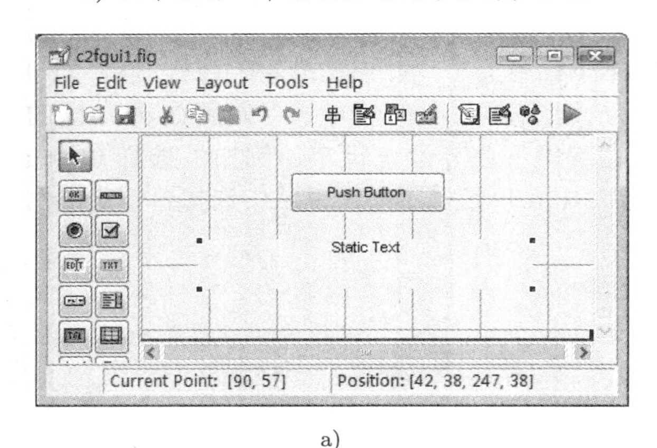

a)

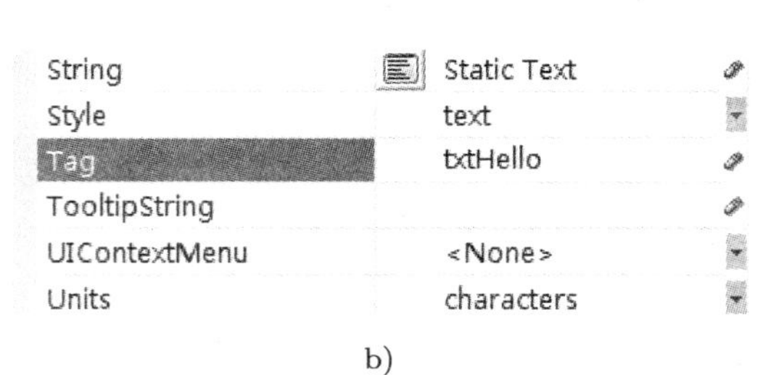

b)

图 2-18　界面设计及修改

a) 将所需控件绘制出来　　b) 修改控件属性

2) 如果需要修改文本控件的属性，就双击其图标，可以将其 String 属性设置为空字符串，表示在按下按钮前不显示任何信息。另外应该给该控件设置一个标签，即设置其 Tag 属性，以便在编程时能容易地找到其句柄。在这里可以将其设置为 txtHello，如图 2-18b 所示。注意，在设置标签时应该将其设置为独一无二的，以使得程序能容易地找到它，而不是同时找到其他控件。

3) 建立了控件之后，可以将其存成 *.fig 文件，如将其存为 c2fgui1.fig。这时还将自动生成一个 c2fgui1.m 文件，其主要部分内容如下，在此还给出必要的说明。

```
function varargout = c2fgui1(varargin) %引导语句
if nargin == 0  % 如果调用时不给出任何附加参数，则直接打开该窗口
   fig = openfig(mfilename,'reuse'); % 读 *.fig 文件，绘制出所需窗口
```

```
      set(fig,'Color',get(0,'defaultUicontrolBackgroundColor')); % 默认颜色
      handles = guihandles(fig); % 得出所有的句柄
      guidata(fig, handles);     % 将句柄存到窗口的句柄下
      if nargout > 0             % 如果调用时需要返回参数，则将该窗口句柄返回
         varargout{1} = fig;
      end
   elseif ischar(varargin{1}) % 调用时若给出附加参数，则用户需自己编写相应程序
      try
         if (nargout)
            [varargout{1:nargout}] = feval(varargin{:}); % FEVAL switchyard
         else
            feval(varargin{:}); % FEVAL switchyard
         end
      catch
         disp(lasterr);
      end
   end
```

4) 编写响应按钮动作的程序。分析原来的要求，可以看出，实际上需要编写的响应函数是在按钮按下时，将文本控件的 String 属性值设置成所需的值，即“这是我的第一个界面”，这就需要给按钮编写一个回调函数 (callback)，可以右击按钮控件，这样将得出一个如图 2-19a 所示的快捷菜单，选择其中的 Callback 菜单项，就能自动打开 c2fgui1.m 程序编辑界面，并生成一个回调子函数的框架：

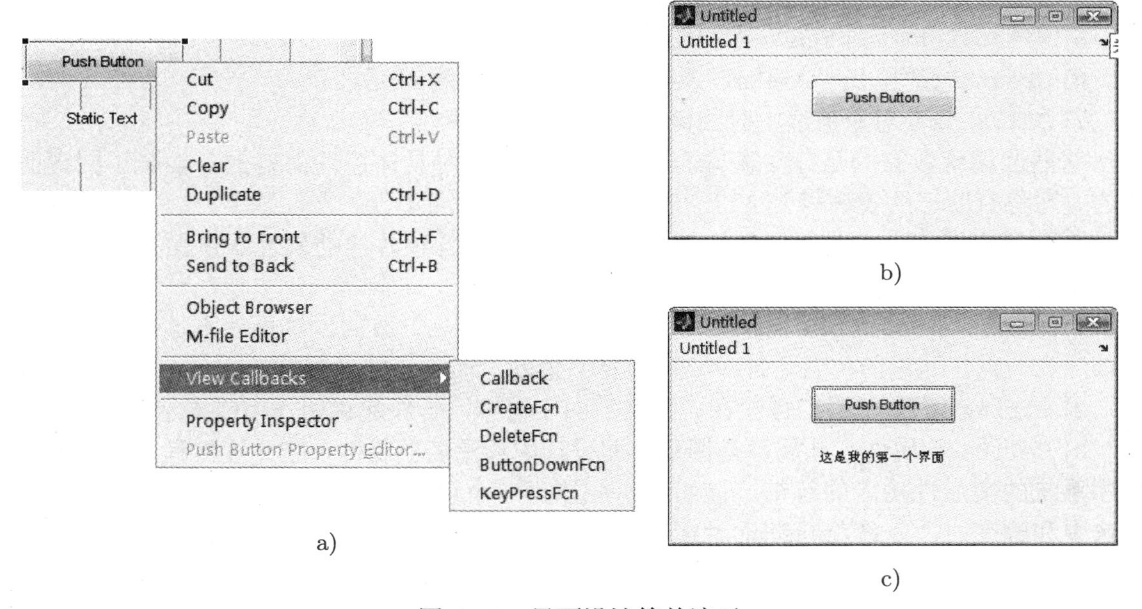

图 2-19 界面设计简单演示

a) 右键快捷菜单 b) 程序启动界面 c) 按钮按下的结果

```
function varargout = pushbutton1_Callback(h, eventdata, handles, varargin)
```

可以看出，该语句引导一个新的子函数，在程序执行后，如果单击其中的按钮，则在 MATLAB

机制下自动调用该子函数，所以需要编写该子函数来完成指定的任务。

在该子函数中，允许返回可变数目的变量 (因为使用了 varargout 变量)，也允许使用可变数目的输入变量 (因为使用了 varargin 变量)，此外，h 为当前窗口的句柄，eventdata 是事件的代码，handles 是该窗口中的句柄集，其中的每个句柄可以由设置的标签直接访问。所以要解决前面要求的问题，只需编写如下的子函数：

```
function varargout = pushbutton1_Callback(h, eventdata, handles, varargin)
set(handles.txtHello,'String','这是我的第一个界面');
```

该子函数只有一个语句，即将句柄集的 handles.txtHello 分量 (该分量实际上就是文本控件的句柄) 'String' 的属性设置为所需的字符串，这样就完成了整个程序的设计。通过这个例子还可以看出设置标签的意义。

在 MATLAB 的命令窗口中键入 c2fgui1 就可以启动该函数，这将得出如图 2-19b 所示的界面，按下其中的按钮，则界面将自动按期望发生变化，如图 2-19c 所示。

MATLAB 图形用户界面设计的另一个值得注意问题是它所支持的各种回调函数，前面已经演示过，所谓的回调函数就是，在对象的某一个事件发生时，MATLAB 内部机制允许的自动调用的函数，常用的回调函数包括：

1) CloseRequestFcn　关闭窗口时响应函数；
2) KeyPressFcn　键盘键按下时响应函数；
3) WindowButtonDownFcn　鼠标键按下时响应函数；
4) WindowButtonMotionFcn　鼠标移动时响应函数；
5) WindowButtonUpFcn　鼠标键释放时响应函数；
6) CreateFcn 和 DeleteFcn　建立和删除对象时响应函数；
7) CallBack　对象被选中时回调函数等。

这些回调函数有的是针对窗口而言的，还有的是对具体控件而言的，学会了回调函数的编写将有助于高效编写 MATLAB 图形用户界面程序。

前面给出了窗口的常用属性，其实每个控件也有各种各样的属性，下面列出各个控件通用的常用属性：

1) Units 与 Position 属性　其定义与窗口定义是一致的，这里就不加叙述了，但应该注意一点，这里的位置是针对该窗口左下角的，而不是针对屏幕的。

2) String 属性　用来标注在该控件上的字符串，一般起说明作用或提示。

3) CallBack 属性　此属性是图形界面设计中最重要的属性，它是连接程序界面整个程序系统的实质性功能的纽带。该属性值应该为一个可以直接求值的字符串，在该对象被选中和改变时，系统将自动地对字符串进行求值。一般地，在该对象被处理时，经常调用一个函数，亦即回调函数。

4) Enable 属性　表示此控件的使能状态。如果设置为 'on'，则表示此控件可以选择；为 'off' 时，则表示不可选。

5) CData 属性　真色彩位图，为三维数组型，用于将真色彩图形标注到控件上，使得界面看起来更加形象和丰富多彩。

6) TooltipString 属性　提示信息显示，为字符串型。当鼠标指针位于此控件上时，不管是否按下鼠标键，都将显示提示信息。

7) Interruptable 属性　可选择的值为 'on' 和 'off'，表示当前的回调函数在执行时是否允许中断，去执行其他的回调函数。

8) 有关字体的属性，如 FontAngle、FontName 等。

2.5.2 菜单设计系统

利用 Guide 提供的强大功能，不但能设计一般的对话框界面，还可以设计更复杂的带有菜单的窗口，菜单系统的设置可以由 Guide 的菜单编辑器来完成。选择 Guide 的 Tools 菜单，则可以发现其中的 Menu Editor (菜单编辑器) 子菜单项，该菜单项将打开如图 2-20 所示的菜单设计系统。

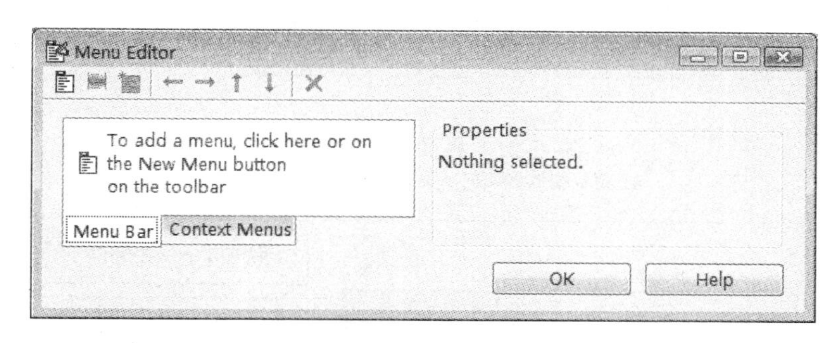

图 2-20　菜单编辑器界面

使用菜单编辑器，可以容易地按图 2-21a 所示的格式编辑菜单，从而得出如图 2-21b 所示的结果。

2.5.3 界面设计举例与技巧

本节将通过例子来演示 MATLAB 下图形用户界面设计的方法与思想，并介绍一些有关的编程技巧。

例 2-16　MATLAB 的图形界面设计实际上是一种面向对象的设计方法。假设想建立一个图形界面来显示和处理三维图形，最终图形界面的设想如图 2-22 所示。要求其基本功能是:

建立一个主坐标系，以备以后来绘制三维图形；

建立一个函数编辑框，接受用户输入的绘图数据；

建立两个按钮，一个用于启动绘图功能，另一个用于启动演示功能；

建立一组 3 个编辑框，用来设置光源在 3 个坐标轴的坐标值；

建立一组 3 个复选框，决定各个轴上是否需要网格；

建立一个列表框，允许用户选择不同的着色方法。

可以根据上面的设想，用 Guide 工具绘制出程序窗口的雏形，如图 2-23 所示。

根据上面的设想，可以把任务分配给各个控件对象，这就是面向对象的程序设计特点。其任务分配示意图如图 2-24 所示。从示意图中可以看出，A 和 B 两个部分并不承担任何的实际工作，

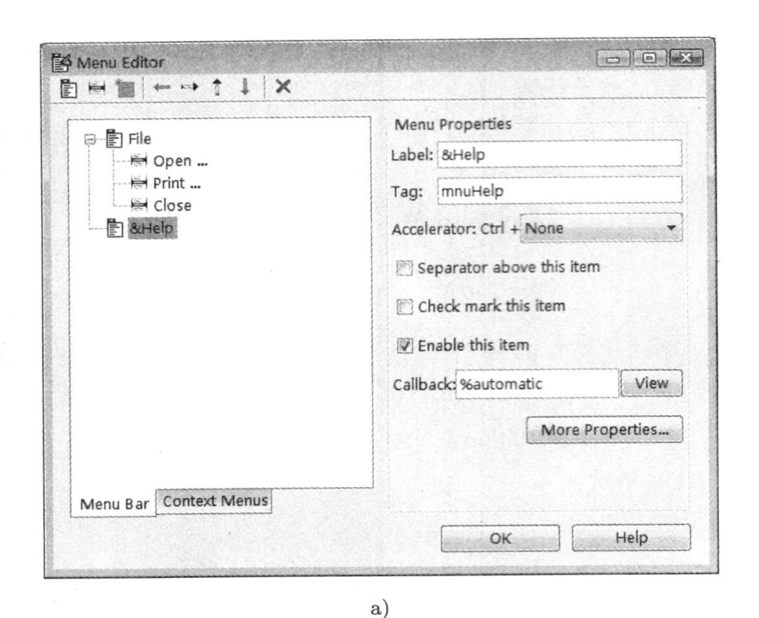

a)

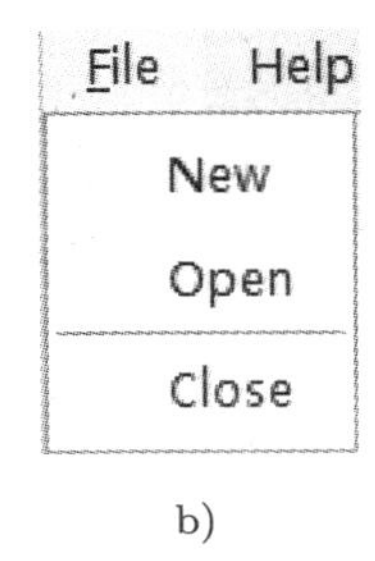

b)

图 2-21 界面设计及修改

a) 菜单编辑器编辑结果 b) 程序菜单

图 2-22 要建立的图形界面示意图

它们只是给最终的绘图与数据编辑提供场所，所以它们的句柄是很有用的量。为了方便获得它们的句柄，分别将它们的标签 (即 Tag 属性) 设置为 myAxes 和 strB，同时为了使 strB 能接受多行的字符串输入，需要将其 Max 属性设置为大于 1 的数值，如取 100。

还可以将其他可能用到的控件标签分别设置为：

1) C 区按钮的标签设置为 btnDraw;

2) F 区 3 个网格检取框的标签分别 chkX、chkY 和 chkZ;

3) E 区 3 个光照点坐标编辑框的标签分别为 edXPos、edYPos 和 edZPos;

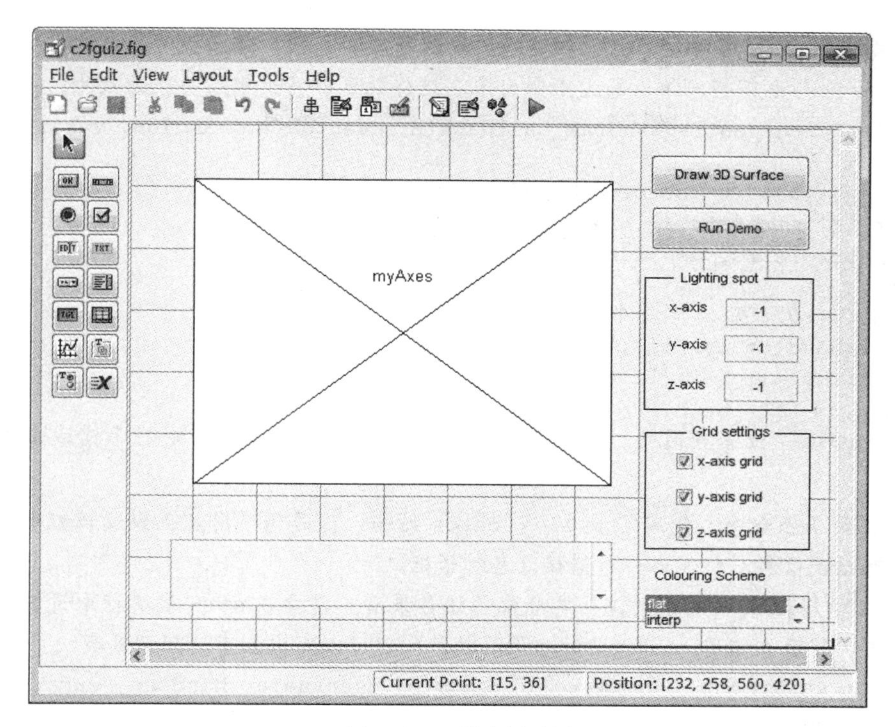

图 2-23 用 Guide 绘制出的图形界面

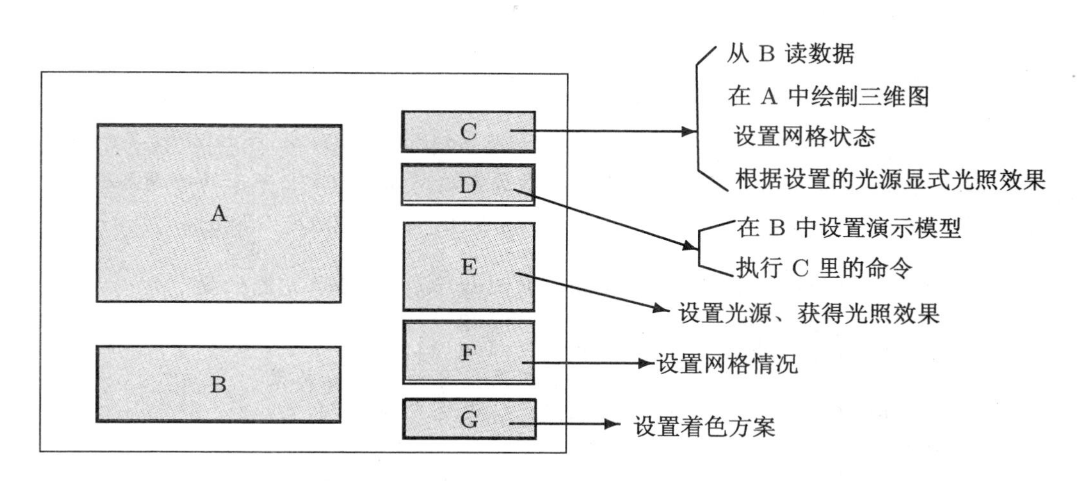

图 2-24 控件任务分配示意图

4) G 区着色方案列表框的标签设置为 lstColor。另外，单击 lstColor 的 String 属性左端的编辑按钮，则可以在其中加上选项 flat | interp 等。

根据这里给出的任务分配图，可以创建出主程序界面，对应的函数名为 c2fgui2()，该函数的清单和前面生成的完全一致。那么两个不同的问题，界面描述上的差异在哪里呢？其实和早期版本不同，MATLAB 中描述界面的部分完全移到 fig 文件中了，主程序框架应该没有区别。另外，由于控件动作响应的不同，所以在编写事件响应子函数也是不同的。

根据任务分配中 C 区的要求，可以编写该按钮的回调函数，该函数从 strB 中读取字符串，然后在 myAxes 坐标系下将三维表面图绘制出来。这样就可以写出相应的子函数为：

```
function varargout = btnDraw_Callback(h, eventdata, handles, varargin)
try
   str=get(handles.strB,'String'); str0=[];
   for i=1:size(str,1) % 将所有输入的字符串串接起来
      str0=[str0, deblank(str(i,:))];
   end
   eval(str0); % 对字符串求值
   axes(handles.myAxes); % 将坐标系设置为当前坐标系
   surf(x,y,z); % 绘制三维图
catch
   errordlg('数据有问题，请检查'); % 如果上述程序出错，则显示错误信息
end
```

注意，在该子函数中，使用了 try ··· catch 结构，这是为了防止函数编辑框中给出错误信息的，如果有错误信息，将弹出一个错误信息对话框。

现在再编写 D 区的回调函数，从其分配的任务来看，需要在 strB 编辑框中设置演示程序的数据赋值语句，然后再调用 btnDraw 的回调函数，所以可以写出如下的回调函数：

```
function varargout = btnDemo_Callback(h, eventdata, handles, varargin)
str1='[x,y]=meshgrid(-3:0.1:3, -2:0.1:2);';
str2='z=(x.^2-2*x).*exp(-x.^2-y.^2-x.*y);'; % 写字符串的两行
set(handles.strB,'String',str2mat(str1,str2)); % 赋值
btnDraw_Callback(h, eventdata, handles, varargin); % 调用 btnDraw 的回调函数
```

下面看 E 区控件的回调函数如何编写，E 区有 3 个编辑框，分别放置光源点坐标的 3 个坐标轴位置，可以统一考虑这 3 个回调函数，分别从 edXPos、edYPos 和 edZPos 3 个编辑框中读取数值，然后将 myAxes 坐标系下的图形进行光源设定。所以可以写出下面的回调函数：

```
function varargout = edXPos_Callback(h, eventdata, handles, varargin)
try
   xx=eval(get(handles.edXPos,'String')); % 读取光源位置
   yy=eval(get(handles.edYPos,'String'));
   zz=eval(get(handles.edZPos,'String'));
   axes(handles.myAxes); % 将坐标系设置为当前坐标系
   light('Position',[xx,yy,zz]); % 设置光源
catch
   errordlg('数据有问题，请检查'); % 如果上述程序出错，则显示错误信息
end
```

类似地，可以编写 F 区的回调函数如下：

```
function varargout = chkX_Callback(h, eventdata, handles, varargin)
x=get(handles.chkX,'Value'); % 读取是否要网格标志
y=get(handles.chkY,'Value');
z=get(handles.chkZ,'Value');
set(handles.myAxes,'XGrid',onoff(x),'YGrid',onoff(y),'ZGrid',onoff(z))
function out=onoff(in) % 将 0,1 转换成 off, on
out='off'; if in==1, out='on'; end
```

该函数读取 chkX 等复选框的状态，并根据其结果设置网格的情况。因为这里不存在用户的字符串输入错误，故没有使用 try ⋯ catch 结构。在这里还编写了一个将 0,1 转换成字符串的 'off' 和 'on' 的子函数。要想正确执行这个程序，还需要用上面的方法手动修改 chkY 和 chkZ 的回调函数栏目，使之与 chkX 的完全一致。

最后应该编写 G 区的程序，该区要求从 lstColor 列表框中取出适当的选项，然后根据要求处理图形的着色。这样就能编写出如下的回调函数：

```
function varargout = lstColor_Callback(h, eventdata, handles, varargin)
v=get(handles.lstColor,'Value'); % 得出列表框的选项
axes(handles.myAxes); % 将坐标系设置为当前坐标系
switch v
case 1, shading flat; % 每块用同样颜色表示，无边界线
case 2, shading interp; % 插值平滑着色，无边界线
case {3,4}, shading faceted; % 带有黑色边界线
end
```

运行这样编写的程序 c2fgui2，可以得出如图 2-25 所示的界面表示。

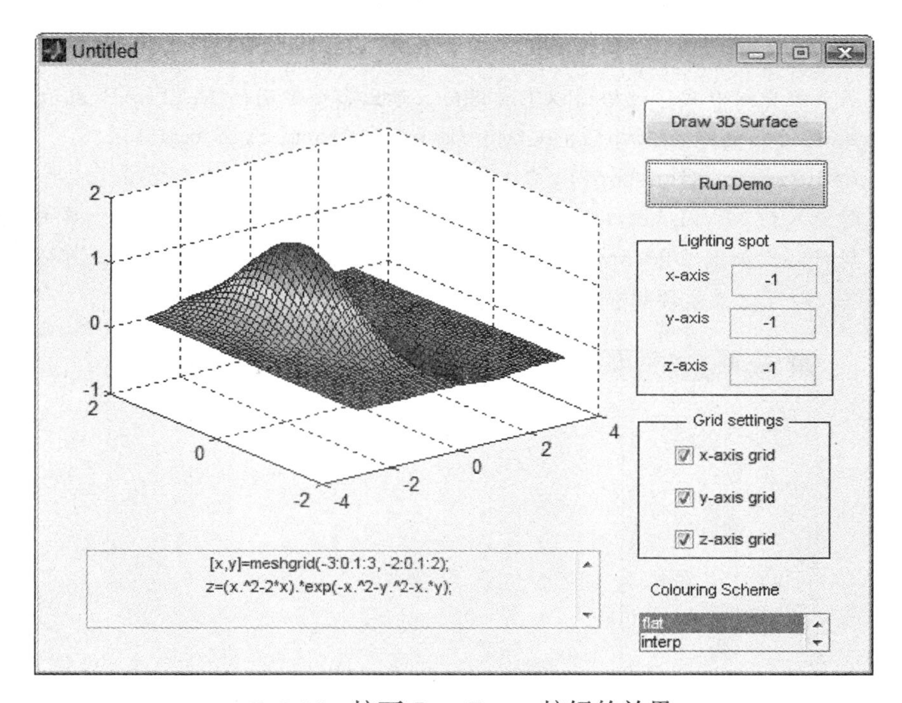

图 2-25 按下 Run Demo 按钮的效果

例 2-17 在实际程序的图形界面中，为了美观起见，经常需要用图形图标来表示按钮，考虑如图 2-26 所示的草图，从该图可以看出，该程序界面上需要一个坐标轴对象，用来显示二维曲线，将其标签表示为 axPlot。另外，该程序需要 4 个按钮型对象，这 4 个按钮上均标注图形标记。

可以从成型的程序界面上取下有关的位图，并把它存成位图文件。这里将要采用一组表示局部放大的位图，如图 2-27 所示。

有了位图文件，再调用 imread() 函数，就可以将位图读成 MATLAB 能接受的 $n \times m \times 3$ 的

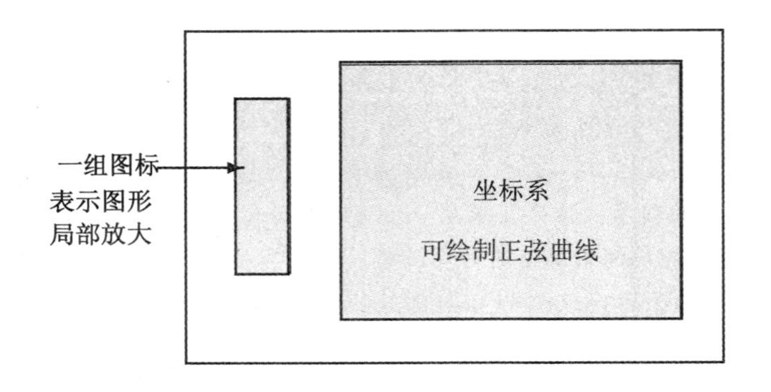

图 2-26 程序设计草图

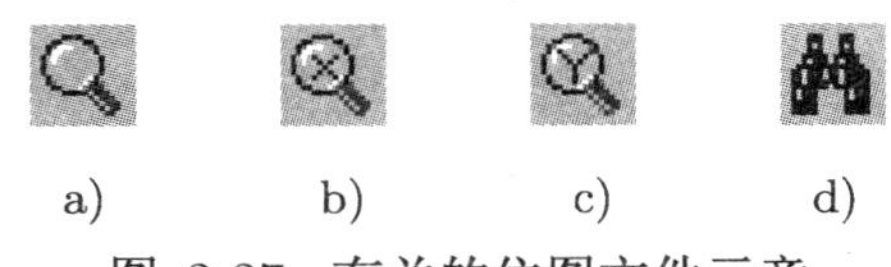

a) b) c) d)

图 2-27 有关的位图文件示意

a) 局部放大 b) x 轴放大 c) y 轴放大 d) 取消放大状态

无符号 8 位整数多维数组形式，故给出以下的语句，读出各个位图的 MATLAB 表示。

```
>> A_bmp=imread('zoom_sign.bmp'); D_bmp=imread('fzoom_sign.bmp');
   B_bmp=imread('zoomx_sign.bmp'); C_bmp=imread('zoomy_sign.bmp');
```

将这些位图读入到 MATLAB 工作空间后，可以打开按钮的属性编辑界面，单击 CData 属性右侧的方格，则将得出如图 2-28 所示的对话框，提示用户输入 CData 属性值，可以将 A_tmp 等变量输入编辑框，即可建立起按钮和图标的关系。

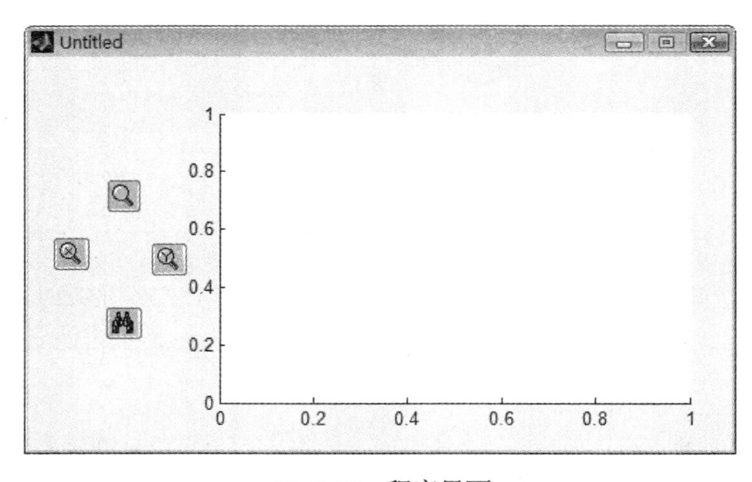

图 2-28 程序界面

可以编写下面的各个回调函数：

```
function varargout=p1_Callback(h,eventdata,handles,varargin), zoom on
function varargout=p2_Callback(h,eventdata,handles,varargin), zoom xon
function varargout=p3_Callback(h,eventdata,handles,varargin), zoom yon
```

```
function varargout=p4_Callback(h,eventdata,handles,varargin), zoom off
```

更简单地，可以不编写回调函数，而只打开各个按钮的属性编辑界面，在该界面的 Callback 栏目下直接写出 'zoom on' 字样即可，就可以构造出 c2fgui5.m 程序，这样处理之后，程序将变得更简洁。

2.6 MATLAB 语言与数学问题计算机求解

MATLAB 不但能进行数值计算，还可以进行解析解运算，本书中将两种计算统称为科学运算。MATLAB 起源于线性代数的数值运算，在其长期的发展过程中，形成了微分方程数值解法、最优化技术、数据处理、数理统计等诸多分支，并成功地引入了符号运算的功能，使得公式推导成为可能。

MATLAB 语言求解科学运算的功能是其广受科学工作者喜爱的重要原因，也是 MATLAB 语言的一大重要的特色。本节将简略介绍和本书内容密切相关的几个数学分支，线性代数问题、微分方程问题、积分变换问题及最优化问题中典型问题的 MATLAB 求解方法及应用。参考文献 [47] 中系统地介绍了数学运算问题的 MATLAB 求解方法。

2.6.1 线性代数问题的 MATLAB 求解

1. 矩阵的参数化分析

矩阵的参数化分析往往可以反映出矩阵的的某些性质，例如在控制系统分析中，矩阵的特征值可以用来分析系统的稳定性，矩阵的秩可以用来分析系统的可控性和可观测性等，这里将系统地介绍矩阵参数化的概念及其 MATLAB 实现。

1) 矩阵的行列式 (determinant)　矩阵 $\boldsymbol{A}=\{a_{ij}\}$ 的行列式定义为

$$\boldsymbol{D}=||\boldsymbol{A}||=\det(\boldsymbol{A})=\sum(-1)^k a_{1k_1}a_{2k_2}\cdots a_{nk_n} \tag{2-1}$$

其中，$k_1,k_2,\cdots,k_n$ 是将序列 $1,2,\cdots,n$ 的元素交换 k 次所得出的一个序列，每个这样的序列称为一个置换 (permutation)，而 Σ 表示对 $k_1,k_2,\cdots,k_n$ 取遍 $1,2,\cdots,n$ 的所有排列的求和。MATLAB 提供了内在函数 `det(A)`，利用它可以直接求取矩阵 $\boldsymbol{A}$ 的行列式。若 $\boldsymbol{A}$ 为数值矩阵，则得出的行列式的数值解，若 $\boldsymbol{A}$ 为符号矩阵则为解析解。

2) 矩阵的迹 (trace)　假设一个方阵为 $\boldsymbol{A}=\{a_{ij}\}$，则矩阵 $\boldsymbol{A}$ 的迹定义为

$$\mathrm{tr}(\boldsymbol{A})=\sum_{i=1}^{n}a_{ii} \tag{2-2}$$

亦即矩阵的迹为该矩阵对角线上各个元素之和。由代数理论可知，矩阵的迹和该矩阵的特征值之和是相同的，矩阵 $\boldsymbol{A}$ 的迹可以由 MATLAB 函数 `trace(A)` 求出，在 MATLAB 语言中，`trace()` 函数可以扩展到长方形矩阵的迹计算。

3) 矩阵的秩 (rank)　若矩阵所有的列向量中最多有 r_c 列线性无关，则称矩阵的列秩为 r_c，如果 $r_\mathrm{c}=m$，则称 $\boldsymbol{A}$ 为列满秩矩阵。相应地，若矩阵 $\boldsymbol{A}$ 的行向量中有 r_r 个是线性无关的，则称矩阵 $\boldsymbol{A}$ 的行秩为 r_r。如果 $r_\mathrm{r}=n$，则称 $\boldsymbol{A}$ 为行满秩矩阵。可以证明，矩阵的行秩和列秩是相等的，故称之为矩阵的秩，记作 $\mathrm{rank}(\boldsymbol{A})=r_\mathrm{c}=r_\mathrm{r}$，这时矩阵的秩为 $\mathrm{rank}(\boldsymbol{A})$。矩阵的秩也表示该矩阵中行列式不等于 0 的子式的最大阶次，所谓子式，即为从原矩阵中任取 k 行及 k 列所构成的子矩阵。MATLAB 提供了一个内在函数 `rank(A,ε)`，用数值方法求取一个已知矩阵 $\boldsymbol{A}$ 的数值秩，其中，ε 为机器精度。如果没有特殊说明，可以由 `rank(A)` 函数求出 $\boldsymbol{A}$ 矩阵的秩。

4) 矩阵的范数 (norm)　对于任意的非零向量 $\boldsymbol{x}$，矩阵 $\boldsymbol{A}$ 的范数为

$$||\boldsymbol{A}||=\sup_{\boldsymbol{x}\neq 0}\frac{||\boldsymbol{A}\boldsymbol{x}||}{||\boldsymbol{x}||} \tag{2-3}$$

矩阵的常用范数定义为

$$||\boldsymbol{A}||_1=\max_{1\leqslant j\leqslant n}\sum_{i=1}^{n}|a_{ij}|,\ ||\boldsymbol{A}||_2=\sqrt{s_{\max}(\boldsymbol{A}^\mathrm{T}\boldsymbol{A})},\ ||\boldsymbol{A}||_\infty=\max_{1\leqslant i\leqslant n}\sum_{j=1}^{n}|a_{ij}| \tag{2-4}$$

其中，$s(\boldsymbol{X})$ 为 $\boldsymbol{X}$ 矩阵的特征值，而 $s_{\max}(\boldsymbol{A}^\mathrm{T}\boldsymbol{A})$ 即为 $\boldsymbol{A}^\mathrm{T}\boldsymbol{A}$ 矩阵的最大特征值。事实上，$||\boldsymbol{A}||_2$ 还等于 $\boldsymbol{A}$ 矩阵的最大奇异值。MATLAB 提供了求取矩阵范数的函数 `norm(A)` 可以求出 $||\boldsymbol{A}||_2$，矩阵的 1-范数 $||\boldsymbol{A}||_1$ 可以由 `norm(A,1)` 求解，矩阵的无穷范数 $||\boldsymbol{A}||_\infty$ 可以由 `norm(A,inf)` 求出。注意，`norm()` 函数不能求解符号矩阵的范数，只能求解数值问题。

5) 矩阵的特征多项式、特征方程与特征根 (eigenvalues)　构造一个矩阵 $s\boldsymbol{I}-\boldsymbol{A}$，并求出该矩阵的行列式，则可以得出一个关于 s 的多项式 $C(s)$

$$C(s)=\det(s\boldsymbol{I}-\boldsymbol{A})=s^n+c_1s^{n-1}+\cdots+c_{n-1}s+c_n \tag{2-5}$$

这样的多项式 $C(s)$ 称为矩阵 $\boldsymbol{A}$ 的特征多项式，其中系数 $c_i,\ i=1,2,\cdots,n$ 称为矩阵的特征多项式系数。

MATLAB 提供了求取矩阵特征多项式系数的函数 `C=poly(A)`，而返回的 $\boldsymbol{C}$ 为一个行向量，其各个分量为矩阵 $\boldsymbol{A}$ 的降幂排列的特征多项式系数。该函数的另外一种调用格式是：如果给定的 $\boldsymbol{A}$ 为向量，则假定该向量是一个矩阵的特征根，由此求出该矩阵的特征多项式系数，如果向量 $\boldsymbol{A}$ 中有无穷大或 NaN 值，则首先剔除它。

6) 多项式及多项式矩阵的求值　基于点运算的多项式的求值可以由 `polyval()` 函数直接完成，如果想求取 $\boldsymbol{C}$=$a_1\boldsymbol{x}$.^n + $\cdots$ + a_{n+1}，则可以由 `C=polyval(a,x)` 命令求出。其中，$\boldsymbol{a}$ 为多项式系数降幂排列构成的向量，即 $\boldsymbol{a}$=[$a_1,a_2,\cdots,a_n,a_{n+1}$]，$\boldsymbol{x}$ 为一个标量。如果想求取真正的矩阵多项式的值，亦即

$$\boldsymbol{B}=a_1\boldsymbol{A}^n+a_2\boldsymbol{A}^{n-1}+\cdots+a_n\boldsymbol{A}+a_{n+1}\boldsymbol{I} \tag{2-6}$$

其中，$\boldsymbol{I}$ 为和 $\boldsymbol{A}$ 同阶次的单位矩阵，则可以用 `B=polyvalm(a,A)`。

7) 矩阵的特征值问题　对一个矩阵 $\boldsymbol{A}$ 来说，如果存在一个非零的向量 $\boldsymbol{x}$，且有一个标量 λ 满足

$$\boldsymbol{A}\boldsymbol{x} = \lambda\boldsymbol{x} \tag{2-7}$$

则称 λ 为 $\boldsymbol{A}$ 矩阵的一个特征值，而 $\boldsymbol{x}$ 为对应于特征值 λ 的特征向量。严格说来，$\boldsymbol{x}$ 应该称为 $\boldsymbol{A}$ 的右特征向量。如果矩阵 $\boldsymbol{A}$ 的特征值不包含重复的值，则对应的各个特征向量为线性无关的，这样由各个特征向量可以构成一个非奇异的矩阵，如果用它对原始矩阵作相似变换，则可以得出一个对角矩阵。矩阵的特征值与特征向量由 MATLAB 提供的函数 eig() 可以容易地求出，该函数的调用格式为 `[V,D]=eig(A)`，其中，$\boldsymbol{A}$ 为给定的矩阵，解出的 $\boldsymbol{D}$ 为一个对角矩阵，其对角线上的元素为矩阵 $\boldsymbol{A}$ 的特征值，而每个特征值对应于 $\boldsymbol{V}$ 矩阵中的一列，称为该特征值的特征向量。MATLAB 的矩阵特征值的结果满足 $\boldsymbol{AV} = \boldsymbol{VD}$，且 $\boldsymbol{V}$ 矩阵每个特征向量各元素的平方和 (即列向量的 2 范数) 均为 1。如果调用该函数时至多只给出一个返回变量，则将返回矩阵 $\boldsymbol{A}$ 的特征值。即使 $\boldsymbol{A}$ 为复数矩阵，也照样可以由 eig() 函数得出其特征值与特征向量矩阵的。

8) 矩阵指数 $\mathrm{e}^{\boldsymbol{A}}$　矩阵指数可以由 MATLAB 给出的 `expm(A)` 函数立即求出，矩阵的其他函数，如 $\cos\boldsymbol{A}$ 可以由 `funm(A,'cos')` 函数求出。值得指出的是：funm() 函数采用了特征值、特征向量的求解方式，若矩阵含有重特征根，则特征向量矩阵可能为奇异矩阵，这样该函数将失效，这时应该考虑用 Taylor 幂级数展开的方式进行求解[48]。

2. 矩阵的分解

1) 矩阵的相似变换　假设有一个 $n \times n$ 的方阵 $\boldsymbol{A}$，并存在一个和它同阶的非奇异矩阵 $\boldsymbol{T}$，则可以对 $\boldsymbol{A}$ 矩阵进行如下的变换：

$$\widehat{\boldsymbol{A}} = \boldsymbol{T}^{-1}\boldsymbol{A}\boldsymbol{T} \tag{2-8}$$

这种变换称为 $\boldsymbol{A}$ 的相似变换 (similarity transform)。可以证明，变换后矩阵 $\widehat{\boldsymbol{A}}$ 的特征值和原矩阵 $\boldsymbol{A}$ 是一致的，亦即相似变换并不改变原矩阵的特征结构。

2) 矩阵的三角分解　矩阵的三角分解又称为 LU 分解，它的目的是将一个矩阵分解成一个下三角矩阵 $\boldsymbol{L}$ 和一个上三角矩阵 $\boldsymbol{U}$ 的乘积，亦即 $\boldsymbol{A} = \boldsymbol{LU}$，其中，$\boldsymbol{L}$ 和 $\boldsymbol{U}$ 矩阵可以分别写成

$$\boldsymbol{L} = \begin{bmatrix} 1 & & & \\ l_{21} & 1 & & \\ \vdots & \vdots & \ddots & \\ l_{n1} & l_{n2} & \cdots & 1 \end{bmatrix}, \quad \boldsymbol{U} = \begin{bmatrix} u_{11} & u_{12} & \cdots & u_{1n} \\ & u_{22} & \cdots & u_{2n} \\ & & \ddots & \vdots \\ & & & u_{nn} \end{bmatrix} \tag{2-9}$$

MATLAB 下提供了 `[L,U]=lu(A)` 函数，可以对给定矩阵 $\boldsymbol{A}$ 进行 LU 分解，返回下三角矩阵 $\boldsymbol{L}$ 和上三角矩阵 $\boldsymbol{U}$。

3) 对称矩阵的 Cholesky 分解　如果 $\boldsymbol{A}$ 矩阵为对称矩阵，则仍然可以用 LU 分解的方法对其进行分解，对称矩阵 LU 分解有特殊的性质，即 $\boldsymbol{L} = \boldsymbol{U}^{\mathrm{T}}$，令 $\boldsymbol{D} = \boldsymbol{L}$ 为一个下

三角矩阵，则可以将原来矩阵 $\boldsymbol{A}$ 分解成

$$\boldsymbol{A}=\boldsymbol{D}^{\mathrm{T}}\boldsymbol{D}=\begin{bmatrix} d_{11} & & & \\ d_{21} & d_{22} & & \\ \vdots & \vdots & \ddots & \\ d_{n1} & d_{n2} & \cdots & d_{nn} \end{bmatrix}\begin{bmatrix} d_{11} & d_{21} & \cdots & d_{n1} \\ & d_{22} & \cdots & d_{n2} \\ & & \ddots & \vdots \\ & & & d_{nn} \end{bmatrix} \tag{2-10}$$

其中，$\boldsymbol{D}$ 矩阵可以形象地理解为原 $\boldsymbol{A}$ 矩阵的平方根。对该对称矩阵进行分解可以采用 Cholesky 分解算法。MATLAB 提供了 `chol()` 函数来求取矩阵的 Cholesky 分解矩阵 $\boldsymbol{D}$，该函数的调用格式可以写成 `[D,P]=chol(A)`，其中，返回的 $\boldsymbol{D}$ 为 Cholesky 分解矩阵，且 $\boldsymbol{A}=\boldsymbol{D}^{\mathrm{T}}\boldsymbol{D}$; 而 $P-1$ 为 $\boldsymbol{A}$ 矩阵中正定的子矩阵的阶次，如果 $\boldsymbol{A}$ 为正定矩阵，则返回 $P=0$。

4) 矩阵的正交基　对于一类特殊的相似变换矩阵 $\boldsymbol{T}$ 来说，如果它本身满足 $\boldsymbol{T}^{-1}=\boldsymbol{T}^{*}$，其中，$\boldsymbol{T}^{*}$ 为 $\boldsymbol{T}$ 的 Hermit 共轭转置矩阵，则称 $\boldsymbol{T}$ 为正交矩阵，并记为 $\boldsymbol{Q}=\boldsymbol{T}$。可见正交矩阵 $\boldsymbol{Q}$ 满足下面的条件

$$\boldsymbol{Q}^{*}\boldsymbol{Q}=\boldsymbol{I}，\ 且\ \boldsymbol{Q}\boldsymbol{Q}^{*}=\boldsymbol{I} \tag{2-11}$$

其中，$\boldsymbol{I}$ 为 $n\times n$ 的单位阵。MATLAB 中提供了 `Q=orth(A)` 函数来求 $\boldsymbol{A}$ 矩阵的正交基 $\boldsymbol{Q}$，其中，$\boldsymbol{Q}$ 的列数即为 $\boldsymbol{A}$ 矩阵的秩。

5) 矩阵的奇异值分解　假设 $\boldsymbol{A}$ 矩阵为 $n\times m$ 矩阵，且 $\mathrm{rank}(\boldsymbol{A})=r$，则 $\boldsymbol{A}$ 矩阵可以分解为

$$\boldsymbol{A}=\boldsymbol{L}\begin{bmatrix} \boldsymbol{\Delta} & 0 \\ 0 & 0 \end{bmatrix}\boldsymbol{M}^{\mathrm{T}} \tag{2-12}$$

其中，$\boldsymbol{L}$ 和 $\boldsymbol{M}$ 均为正交矩阵，$\boldsymbol{\Delta}=\mathrm{diag}(\sigma_1,\cdots,\sigma_r)$ 为对角矩阵，其对角元素 $\sigma_1,\sigma_2,\cdots,\sigma_r$ 满足不等式 $\sigma_1\geqslant\sigma_2\geqslant\cdots\geqslant\sigma_r>0$。

MATLAB 提供了直接求取矩阵奇异值分解的函数，其调用方式为 `[L,A1,M] = svd(A)`。其中，$\boldsymbol{A}$ 为原始矩阵，返回的 $\boldsymbol{A}_1$ 为对角矩阵，而 $\boldsymbol{L}$ 和 $\boldsymbol{M}$ 均为正交变换矩阵，并满足 $\boldsymbol{A}=\boldsymbol{L}\boldsymbol{A}_1\boldsymbol{M}^{\mathrm{T}}$。

6) 矩阵的条件数　矩阵的奇异值大小通常决定矩阵的性态，如果矩阵的奇异值的差异特别大，则矩阵中某个元素有一个微小的变化将严重影响到原矩阵的参数，这样的矩阵又称为病态矩阵或坏条件矩阵，而在矩阵存在等于 0 的奇异值时称为奇异矩阵。矩阵最大奇异值 $\sigma_{\max}$ 和最小奇异值 $\sigma_{\min}$ 的比值又称为该矩阵的条件数，记作 $\mathrm{cond}(\boldsymbol{A})$，即 $\mathrm{cond}(\boldsymbol{A})=\sigma_{\max}/\sigma_{\min}$，矩阵的条件数越大，则对元素变化越敏感。矩阵的最大和最小奇异值还分别经常记作 $\bar{\sigma}(\boldsymbol{A})$ 和 $\underline{\sigma}(\boldsymbol{A})$。在 MATLAB 下也提供了函数 `cond(A)` 来求取矩阵 $\boldsymbol{A}$ 的条件数。

3. 方程求解问题及 MATLAB 实现

1) 矩阵求逆　对一个已知的 $n\times n$ 非奇异方阵 $\boldsymbol{A}$ 来说，如果有一个 $\boldsymbol{C}$ 矩阵满足

$$\boldsymbol{A}\boldsymbol{C}=\boldsymbol{C}\boldsymbol{A}=\boldsymbol{I} \tag{2-13}$$

其中，$\boldsymbol{I}$ 为单位阵，则称 $\boldsymbol{C}$ 矩阵为 $\boldsymbol{A}$ 矩阵的逆矩阵，并记作 $\boldsymbol{C}=\boldsymbol{A}^{-1}$。MATLAB 下提供的 `C=inv(A)` 函数即可求出矩阵 $\boldsymbol{A}$ 的逆矩阵 $\boldsymbol{C}$。

2) 矩阵的广义逆　前面介绍的矩阵的逆是对非奇异方阵而言的，如果用户确实需要得出原来奇异矩阵的一种“逆”阵，就需要使用广义逆的概念了。可以证明，对一个给定的矩阵 $\boldsymbol{A}$，存在一个唯一的矩阵 $\boldsymbol{M}$，使得下面 3 个条件同时成立：

$\boldsymbol{AMA}=\boldsymbol{A}$；

$\boldsymbol{MAM}=\boldsymbol{M}$；

$\boldsymbol{AM}$ 与 $\boldsymbol{MA}$ 均为对称矩阵。

这样的矩阵 $\boldsymbol{M}$ 称为矩阵 $\boldsymbol{A}$ 的 Moore-Penrose 广义逆矩阵，记作 $\boldsymbol{M}=\boldsymbol{A}^{+}$。更进一步对复数矩阵 $\boldsymbol{A}$ 来说，若得出的广义逆矩阵的第三个条件扩展为 $\boldsymbol{MA}$ 与 $\boldsymbol{AM}$ 均为 Hermit 矩阵，则这样构造的矩阵也是唯一的。MATLAB 下给出的 `B=pinv(A)` 即可以求出 $\boldsymbol{A}$ 矩阵的 Moore-Penrose 广义逆阵 $\boldsymbol{B}$。

3) 线性方程求解　前面已经介绍过矩阵的左除和右除，可以用来求解线性方程。若线性方程为 $\boldsymbol{AX}=\boldsymbol{B}$，则用 `X=A\B` 即可求出方程的解；若方程为 $\boldsymbol{XA}=\boldsymbol{B}$，则用 `X=B/A` 即可求出方程的解。这里应该指出的是，如果矩阵 $\boldsymbol{A}$ 为非奇异方阵，则得出的 $\boldsymbol{X}$ 是方程的解，否则，原始方程无唯一解，求出的是最小二乘解。

4) Lyapunov 方程求解　下面的方程称为 Lyapunov 方程

$$\boldsymbol{AX}+\boldsymbol{XA}^{\mathrm{T}}=-\boldsymbol{C} \tag{2-14}$$

其中，$\boldsymbol{A},\boldsymbol{C}$ 为给定矩阵，且 $\boldsymbol{C}$ 为对称矩阵。MATLAB 下提供的 `X=lyap(A,C)` 可以立即求出满足 Lyapunov 方程的对称矩阵 $\boldsymbol{X}$。

描述离散系统的 Lyapunov 方程标准型为

$$\boldsymbol{XAX}^{\mathrm{T}}-\boldsymbol{X}+\boldsymbol{C}=\boldsymbol{0} \tag{2-15}$$

该方程可以直接用 MATLAB 现成函数 `dlyap()` 求解，即 `X=dlyap(A,C)`。

5) Silvester 方程求解　Silvester 方程实际上是 Lyapunov 方程的推广，有时又称为 Lyapunov 方程的一般形式，该方程的数学表示为

$$\boldsymbol{AX}+\boldsymbol{XB}=-\boldsymbol{C} \tag{2-16}$$

其中，$\boldsymbol{A},\boldsymbol{B},\boldsymbol{C}$ 为给定矩阵。MATLAB 下提供的 `X=lyap(A,B,C)` 可以立即求出满足该方程的 $\boldsymbol{X}$ 矩阵。

6) Riccati 方程求解　下面的方程称为 Riccati 代数方程

$$\boldsymbol{A}^{\mathrm{T}}\boldsymbol{X}+\boldsymbol{XA}-\boldsymbol{XBX}+\boldsymbol{C}=\boldsymbol{0} \tag{2-17}$$

其中，$\boldsymbol{A},\boldsymbol{B},\boldsymbol{C}$ 为给定矩阵，且 $\boldsymbol{B}$ 为非负定对称矩阵，$\boldsymbol{C}$ 为对称矩阵，则可以通过 MATLAB 的 `are()` 函数得出 Riccati 方程的解：`X=are(A,B,C)`，且 $\boldsymbol{X}$ 为对称矩阵。离散系统的 Riccati 方程可以用 `dare()` 函数直接求解。

4. 矩阵问题的解析解

很多线性代数问题是可以求取解析解的，MATLAB 的符号运算工具箱对前面介绍的大部分函数均进行了改写，使之能直接处理线性代数的解析解问题，例如若给定符号矩阵 $\boldsymbol{A}$，则用 det($\boldsymbol{A}$) 可以求出其行列式的精确值，而 inv($\boldsymbol{A}$) 可以求出其逆矩阵的精确值，而不再是数值解。

例 2-18 Hilbert 矩阵的通项为 $h_{i,j}=1/(i+j-1)$，用 MATLAB 的命令 hilb(n) 函数就可以在 MATLAB 工作空间中定义出来，再用 sym() 函数即可得出其符号型表示。下面的语句即可生成并显示 7 阶 Hilbert 矩阵。

$$\boldsymbol{H}=\begin{bmatrix}1&1/2&1/3&1/4&1/5&1/6&1/7\\1/2&1/3&1/4&1/5&1/6&1/7&1/8\\1/3&1/4&1/5&1/6&1/7&1/8&1/9\\1/4&1/5&1/6&1/7&1/8&1/9&1/10\\1/5&1/6&1/7&1/8&1/9&1/10&1/11\\1/6&1/7&1/8&1/9&1/10&1/11&1/12\\1/7&1/8&1/9&1/10&1/11&1/12&1/13\end{bmatrix}$$

```
>> H=sym(hilb(7)), % 定义并显示符号矩阵
```

可见这样得出的矩阵表示形式与数值矩阵是不同的。下面的语句可以求出矩阵的行列式为 1/2067909047925770649600000，逆矩阵的解析解为

```
>> det(H), B=inv(H) % 求取矩阵行列式和逆矩阵
```

$$\boldsymbol{H}^{-1}=\begin{bmatrix}49&-1176&8820&-29400&48510&-38808&12012\\-1176&37632&-317520&1128960&-1940400&1596672&-504504\\8820&-317520&2857680&-10584000&18711000&-15717240&5045040\\-29400&1128960&-10584000&40320000&-72765000&62092800&-20180160\\48510&-1940400&18711000&-72765000&133402500&-115259760&37837800\\-38808&1596672&-15717240&62092800&-115259760&100590336&-33297264\\12012&-504504&5045040&-20180160&37837800&-33297264&11099088\end{bmatrix}$$

下面语句还可以求出数值解，并估算数值解的绝对误差。

```
>> H0=hilb(7); inv(H0); norm(ans-double(B))% 逆矩阵数值解的绝对误差达 0.9346
```

可见，数值解的绝对误差还是很大的。Hilbert 矩阵是一类比较特殊的矩阵，当阶次增大时将趋于奇异矩阵，所以不适合用 inv() 求逆，而应该用专用的函数 invhilb() 来求逆。

例 2-19 MATLAB 还可以对符号矩阵进行分析，现在考虑 Vandermonde 矩阵 $\boldsymbol{A}=\begin{bmatrix}1&1&1\\a&b&c\\a^2&b^2&c^2\end{bmatrix}$，可以先定义符号变量 a,b,c，然后用下面的语句输入矩阵，并得出矩阵的特征多项式。

```
>> syms a b c   % sym 命令可以声明符号变量，用空格分隔
   A=[1,1,1; a,b,c; a^2,b^2,c^2]; % 建立 Vandermonde 矩阵
   det(A); factor(ans)     % 求行列式并进行因式分解
   B=poly(A); collect(B)  % 求特征多项式并合并同类项
```

其中，行列式为 $(c-b)(a-c)(a-b)$，特征多项式为

$$x^3+(-1-c^2-b)x^2+(-a^2+c^2+bc^2-a+b-b^2c)x-a^2c+b^2c+a^2b+ac^2-bc^2-ab^2$$

2.6.2 常微分方程问题的 MATLAB 求解

微分方程问题是动态系统仿真的核心，由强大的 MATLAB 语言可以对一阶微分方程组求取数值解，其他类型的微分方程可以通过合适的算法变换成可解的一阶微分方程组进行求解，这里将介绍微分方程的求解方法。

1. 一阶常微分方程组的数值解法

假设一阶常微分方程组为

$$\dot{x}_i = f_i(t, \boldsymbol{x}),\quad i = 1, 2, \cdots, n \tag{2-18}$$

其中，$\boldsymbol{x}$ 为状态变量 x_i 构成的向量，即 $\boldsymbol{x} = [x_1, x_2, \cdots, x_n]^{\mathrm{T}}$，常称为系统的状态向量，$n$ 称为系统的阶次，而 $f_i(\cdot)$ 为任意非线性函数，t 为时间变量。这样就可以采用数值方法，在初值 $\boldsymbol{x}(0)$ 下来求解常微分方程组了。

求解常微分方程组的数值方法是多种多样的，如常用的 Euler 法、Runge-Kutta 方法、Adams 线性多步法、Gear 法等。为解决刚性 (stiff) 问题又有若干专用的刚性问题求解算法，另外，如需要求解隐式常微分方程组和含有代数约束的微分代数方程组时，则需要对方程进行相应的变换，方能进行求解。本节中将给出这些特殊问题的求解方法。

MATLAB 中给出了若干求解一阶常微分方程组的函数，如 `ode23()` (二阶三级 Runge-Kutta 算法)、`ode45()` (四阶五级 Runge-Kutta 算法)、`ode15s()` (变阶次刚性方程求解算法) 等，其调用格式都是一致的：

```
[t,x]=ode45(方程函数名，tspan，x0，选项，附加参数)
```

其中，$\boldsymbol{t}$ 为仿真结果的自变量构成的向量，一般采用变步长算法，返回的 $\boldsymbol{x}$ 是一个矩阵，其列数为 n，即微分方程的阶次，行数等于 $\boldsymbol{t}$ 的行数，每一行对应于相应时间点处的状态变量向量的转置。“方程函数名”为用 MATLAB 编写的固定格式的 M-函数，描述一阶微分方程组，`tspan` 为数值解时的初始和终止时间等信息，$\boldsymbol{x}_0$ 为初始状态变量，“选项”为求解微分方程的一些控制参数，还可以将一些“附加参数”在求解函数和方程描述函数之间传递，下面将通过例子介绍微分方程求解过程。

例 2-20 Lorenz 方程是研究混沌问题的著名的非线性微分方程，其数学形式为

$$\begin{cases} \dot{x}_1(t) = -\beta x_1(t) + x_2(t)x_3(t) \\ \dot{x}_2(t) = -\sigma x_2(t) + \sigma x_3(t) \\ \dot{x}_3(t) = -x_1(t)x_2(t) + \gamma x_2(t) - x_3(t) \end{cases}$$

其中，$\beta = 8/3, \sigma = 10, \gamma = 28$，且其初值为 $x_1(0) = x_2(0) = 0$，$x_3(0) = 10^{-3}$。该方程没有解析解，所以只能通过数值解的方法来研究该方程。若想求解这个微分方程，则需要用户自己去编写一个 MATLAB 函数来描述它。

```
function dx=lorenzeq(t,x) % 虽然不显含时间，还应该写出占位
dx=[-8*x(1)/3+x(2)*x(3);  % 对应方程第一行，直接将参数代入
    -10*x(2)+10*x(3); -x(1)*x(2)+28*x(2)-x(3)]; % 其余两行
```

对比此函数和给出的数学方程，应该能看出编写这样的函数还是很直观的，只要能得出一

阶微分方程组，就可以立即编写出 MATLAB 函数来描述它。编写了该函数，就可以将其存成 lorenzeq.m 文件，这样就可以用下面的 MATLAB 语句求出微分方程的数值解。

```
>> x0=[0; 0; 1e-3];  % 微分方程的初值
   [t,y]=ode45(@lorenzeq,[0,30],x0);   % 求解微分方程
   plot(t,y)  % 绘制各个状态变量的时间响应
   figure; plot3(y(:,1),y(:,2),y(:,3)),grid,  % 绘制相空间图形
```

上面的命令将直接得出该微分方程在 $t \in [0,30]$ 内的数值解，该数值解可以用图形更直观地表示出来，如果绘制各个状态变量和时间之间的关系曲线，可以得出如图 2-29a 所示的时域响应曲线，该方程研究的另外一种实用的表示是三维曲线绘制，用三维图形可以绘制出相空间曲线，如图 2-29b 所示。

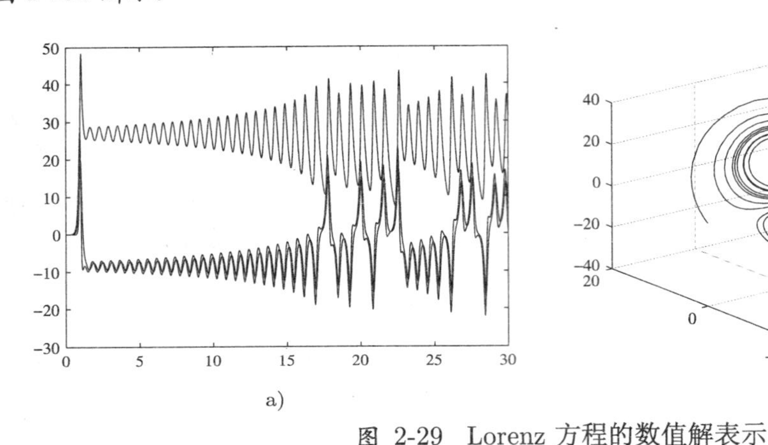

a)

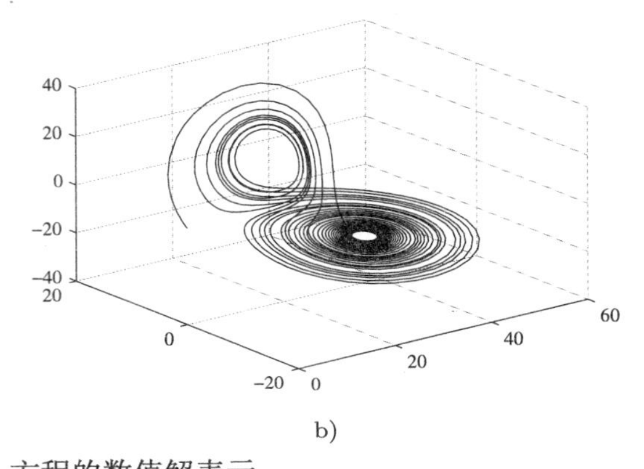

b)

图 2-29 Lorenz 方程的数值解表示

a) 状态变量的时间曲线　　b) 系统响应的相空间表示

微分方程还可以常用匿名函数的描述方法，这样求解语句变成

```
>> f=@(t,x)[-8*x(1)/3+x(2)*x(3); -10*x(2)+10*x(3); -x(1)*x(2)+28*x(2)-x(3)];
   [t,y]=ode45(f,[0,30],x0);   % 直接引用匿名函数变量即可
```

现在演示附加参数的使用方法，假设 β,γ,σ 这三个参数需要用外部命令给出，可以按下面的格式写出一个新的匿名函数来描述并求解微分方程组。

```
>> f=@(t,x,bet,gam,sig)... % 加入附加参数
     [-bet*x(1)+x(2)*x(3); -gam*x(2)+gam*x(3); -x(1)*x(2)+28*x(2)-x(3)];
   bet=8/3; sig=10; gam=28;  % 从函数外部定义这三个变量，无需修改函数本身
   [t,y]=ode45(f,[0,30],x0,[],bet,gam,sig);% 采用附加参数求解微分方程
```

这样编写 M-函数有很多好处，例如若想改变 β 等参数，没有必要修改 M-函数，只需在求解该方程时将新参数代入即可。假设想研究 $\beta = 2$ 时的微分方程数值解，则可以给出下面的命令。

```
>> bet=2; [t,y]=ode45(f,[0,30],x0,[],bet,gam,sig);
```

在许多领域中，经常遇到一类特殊的常微分方程，其中一些解变化缓慢，另一些变化快，且相差较悬殊，这类方程常称为刚性方程，又称为 Stiff 方程。刚性问题一般不适合由 ode45() 这类函数求解，而应该采用 MATLAB 求解函数 ode15s()，该函数调用格式与 ode45() 一致。

2. 常微分方程的转换

MATLAB 下提供的微分方程数值解函数只能处理一阶微分方程组形式给出的微分方程，所以在求解之前需要先将给定的微分方程变换成一阶微分方程组，而微分方程组的变换中需要选择一组状态变量，由于状态变量的选择是比较任意的，所以一阶微分方程组的变换也不是唯一的。这里将介绍微分方程组变换的一般方法。

首先考虑单个高阶微分方程的处理方法，假设微分方程可以写成

$$f(t,y,\dot{y},\ddot{y},\cdots,y^{(n)})=0 \tag{2-19}$$

比较简单的状态变量选择方法是令 $x_1=y,x_2=\dot{y},\cdots,x_n=y^{(n-1)}$，这样显然有 $\dot{x}_1=x_2,\dot{x}_2=x_3,\cdots,\dot{x}_{n-1}=x_n$，另外，求解式 (2-19)，得出 $y^{(n)}$ 的显式表达式，$y^{(n)}=\hat{f}(t,y,\dot{y},\cdots,y^{(n-1)})$，这时就可以写出该微分方程的一阶微分方程组为

$$\begin{cases}\dot{x}_i=x_{i+1}\\ \dot{x}_n=\hat{f}(t,x_1,x_2,\cdots,x_n)\end{cases} \tag{2-20}$$

其中，$i=1,2,\cdots,n-1$，这样原微分方程就可以用 MATLAB 提供的常微分方程求解函数 `ode45()`、`ode15s()` 等直接求解了。

再考虑高阶微分方程组的变换方法，假设已知高阶微分方程组为

$$\begin{cases}f(t,x,\dot{x},\cdots,x^{(m-1)},x^{(m)},y,\cdots,y^{(n-1)},y^{(n)})=0\\ g(t,x,\dot{x},\cdots,x^{(m-1)},x^{(m)},y,\cdots,y^{(n-1)},y^{(n)})=0\end{cases} \tag{2-21}$$

选择状态变量 $x_1=x,x_2=\dot{x},\cdots,x_m=x^{(m-1)},x_{m+1}=y,x_{m+2}=\dot{y},\cdots,x_{m+n}=y^{(n-1)}$，并将其代入式 (2-21)，则

$$\begin{cases}f(t,x_1,x_2,\cdots,x_m,\dot{x}_m,x_{m+1},\cdots,x_{m+n},\dot{x}_{m+n})=0\\ g(t,x_1,x_2,\cdots,x_m,\dot{x}_m,x_{m+1},\cdots,x_{m+n},\dot{x}_{m+n})=0\end{cases} \tag{2-22}$$

求解该方程可以得出 $\dot{x}_m,\dot{x}_{m+n}$，从而得出所需的一阶微分方程组，最终使用 MATLAB 中提供的函数求解这些高阶微分方程组。

综上所述，求解微分方程数值解的步骤如下：

1) 标准型转换　引入状态变量，将原方程写成标准形式 $\dot{\boldsymbol{x}}=\boldsymbol{f}(t,\boldsymbol{x})$。

2) 描述微分方程　用匿名函数或 M-函数描述微分方程。

3) 方程求解　调用 `ode45()`、`ode15s()` 等求解程序得出微分方程的数值解。

4) 可视化并检验结果　用 `plot()` 等函数绘制结果。修改求解控制参数，如 `RelTol` 参数，观察是否能得到完全一致的曲线，如果不一致，说明结果有问题，重新求解。

3. 线性常微分方程的解析求解

由微分方程理论可知，常系数线性微分方程是存在解析解的，变系数的线性微分方程的可解性取决于其特征方程的可解性，一般是不可解析求解的，非线性的微分

方程是不存在解析解的。MATLAB 提供了 dsolve() 函数，可以用于线性常系数微分方程的解析解求解。求解微分方程时，首先应该用 syms 命令声明符号变量，以区别于 MATLAB 的常规数值变量，然后就可以用 dsolve(表达式) 命令直接求解了，下面通过例子来演示该函数的使用方法。

例 2-21 假设已知常系数线性微分方程

$$\frac{d^4y(t)}{dt^4}+10\frac{d^3y(t)}{dt^3}+35\frac{d^2y(t)}{dt^2}+50\frac{dy(t)}{dt}+24y(t)=e^{-6t}\cos 5t+7e^{-8t}+9$$

可以采用下面的 MATLAB 语句求解该微分方程。

```
>> syms t y;   % 声明符号变量
   Y=dsolve('D4y+10*D3y+35*D2y+50*Dy+24*y=cos(5*t)*exp(-6*t)+7*exp(-8*t)+9');
   pretty(simple(Y))   % 以更好看的形式显示解析解结果
```

上面的语句得出结果的可读性不很好，这里采用用 LaTeX 变换后的结果

$$y(t)=\frac{49}{101065}e^{-6t}\sin 5t+\frac{1}{120}e^{-8t}-\frac{103}{202130}e^{-6t}\cos 5t+\frac{3}{8}+C_1e^{-3t}+C_2e^{-2t}+C_3e^{-t}+C_4e^{-4t}$$

其中，C_i 为待定系数，应该由方程的初值或边值等求出，dsolve() 函数可以直接求出带有初值或边值的微分方程解，例如已知方程的初值边值条件为 $y(0)=5,\dot{y}(0)=0,\ddot{y}(0)=0,y^{(3)}(0)=0$，则可以由下面的语句求出方程的解。

```
>> Y=dsolve('D4y+10*D3y+35*D2y+50*Dy+24*y=cos(5*t)*exp(-6*t)+7*exp(-8*t)+9',...
      'y(0)=5','Dy(0)=0','D2y(0)=0','D3y(0)=0');
```

得出解析解为

$$y(t)=\frac{3}{8}+\frac{49e^{-6t}}{101065}\sin 5t+\frac{e^{-8t}}{120}-\frac{103e^{-6t}}{202130}\cos 5t+\frac{6543}{340}e^{-3t}-\frac{3491}{123}e^{-2t}+\frac{1121}{60}e^{-t}-\frac{1715}{348}e^{-4t}$$

2.6.3 最优化问题的 MATLAB 求解

最优化方法在系统仿真与控制系统计算机辅助设计中占有很重要的地位，求解最优化问题的数值算法有很多，MATLAB 中提供了各种最优化问题求解函数，可以求解无约束最优化问题、有约束最优化问题及线性规划、二次型规划问题等，还实现了基于最小二乘算法的曲线拟合方法。

1. 无约束最优化问题求解

无约束最优化问题的一般描述为

$$\min_{\boldsymbol{x}} F(\boldsymbol{x}) \tag{2-23}$$

其中，$\boldsymbol{x}=[x_1,x_2,\cdots,x_n]^{\mathrm{T}}$，该数学表示的含义为求取一个 $\boldsymbol{x}$ 向量，使得标量最优化目标函数 $F(\boldsymbol{x})$ 的值为最小，故这样的问题又称为最小化问题。其实，最小化是最优化问题的通用描述，它不失普遍性。如果要求解最大化问题，那么只需给目标函数 $F(\boldsymbol{x})$ 乘一个负号就能立即将原始问题转换成最小化问题。

MATLAB 提供了基于单纯形算法[52]求解无约束最优化的函数 fminsearch()，该函数的调用格式为

```
[x,f_opt,key,c]=fminsearch(Fun, x0, OPT)
```

其中，Fun 为要求解问题的数学描述，它可以是一个 MATLAB 函数，也可以是一个函数句柄；$\boldsymbol{x}_0$ 为自变量的起始搜索点，需要用户自己去选择；OPT 为最优化工具箱的选项设定；$\boldsymbol{x}$ 为返回的解；而 $f_{\rm opt}$ 是目标函数在 $\boldsymbol{x}$ 点处的值；返回的 key 表示函数返回的条件，1 表示已经求解出方程的解，而 0 表示未搜索到方程的解；返回的 c 为解的附加信息，该变量为一个结构体变量，其 iterations 成员变量表示迭代的次数，而其中的成员 funcCount 是目标函数的调用次数。MATLAB 的最优化工具箱中提供的 fminunc() 函数与 fminsearch() 功能和调用格式均很相似，有时求解无约束最优化问题可以选择该函数。

2. 有约束最优化问题求解

有约束非线性最优化问题的一般描述为

$$\min_{\boldsymbol{x}\ \text{s.t.}\ \boldsymbol{G}(\boldsymbol{x})\leqslant\boldsymbol{0}} F(\boldsymbol{x}) \tag{2-24}$$

其中，$\boldsymbol{x}=[x_1,x_2,\cdots,x_n]^{\rm T}$，该数学表示的含义为求取一组 $\boldsymbol{x}$ 向量，使得函数 $F(\boldsymbol{x})$ 最小化，且满足约束条件 $\boldsymbol{G}(\boldsymbol{x})\leqslant\boldsymbol{0}$。这里约束条件可以是很复杂的，它既可以是等式约束，也可以是不等式约束等。满足所有约束的问题称为容许问题 (feasible problem)。

约束条件还可以进一步细化为线性等式约束 $\boldsymbol{A}_{\rm eq}\boldsymbol{x}=\boldsymbol{B}_{\rm eq}$，线性不等式约束 $\boldsymbol{A}\boldsymbol{x}\leqslant\boldsymbol{B}$，$\boldsymbol{x}$ 变量的上界向量 $\boldsymbol{x}_{\rm M}$ 和下界向量 $\boldsymbol{x}_{\rm m}$，使得 $\boldsymbol{x}_{\rm m}\leqslant\boldsymbol{x}\leqslant\boldsymbol{x}_{\rm M}$，还允许一般非线性函数的等式和不等式约束。

MATLAB 最优化工具箱中提供了一个 fmincon() 函数，专门用于求解各种约束下的最优化问题。该函数的调用格式为

```
[x,f_opt,key,c]=fmincon(Fun,x0,A,B,Aeq,Beq, xm,xM,CFun,OPT)
```

其中，Fun 为给目标函数写的 M 函数；$\boldsymbol{x}_0$ 为初始搜索点。各个矩阵约束如果不存在，则应该用空矩阵来占位；CFun 为给非线性约束函数写的 M 函数；OPT 为控制选项。最优化运算完成后，结果将在变量 $\boldsymbol{x}$ 中返回，最优化的目标函数将在 $f_{\rm opt}$ 变量中返回，选项有时是很重要的。另外，如果发现最优化过程找不到可行解，则在求解结束后将给出提示：No feasible solution found。

有约束最优化还有几种特殊的形式，如线性规划、二次型规划问题，可以使用最优化工具箱中的 linprog() 和 quadprog() 函数直接求解[48]。此外，整数规划、0-1 规划等问题可以由专门的工具求解。下面通过例子演示一般非线性规划问题的最优化求解。

例 2-22 *考虑下面的最优化问题*

$$\min_{\boldsymbol{x}\ \text{s.t.}\ \begin{cases}4x_1^2+x_2^2+2x_3^2\leqslant 8\\3x_1^2+5x_1+x_3=2\\3.1x_1+2x_2+2.2x_3+5=0\\x_1\geqslant 0,x_2\geqslant -2,x_3\geqslant -3\end{cases}}\left(x_1^2-2x_1x_3+x_2x_3+x_3^2\right)$$

目标函数有两种表示方法，其一是用匿名函数表示，如下所示：

```
>> f1=@(x)x(1)^2-2*x(1)*x(3)+x(2)*x(3)+x(3)^2;
```

可见这样的方法是很直观的。另一种方法是是用 M-函数来表示，根据题中给出的目标函数可以写出下面的 MATLAB 函数：

```
function y=f1a(x)    % 存成 f1a.m 函数
y=x(1)^2-2*x(1)*x(3)+x(2)*x(3)+x(3)^2;
```

再仔细分析约束方程，第三个方程是线性等式约束，没有线性不等式约束，第一和第二约束方程分别为非线性不等式约束和非线性不等式约束，需要用一个 M-函数表示：

```
function [y,yeq]=f2a(x)         % 存成 f2a.m 文件
y=4*x(1)^2+x(2)^2+2*x(3)^2-8; % 第一个约束方程，为非线性不等式
yeq=3*x(1)^2+5*x(1)+x(3)-2;   % 第二个约束方程，为非线性等式
```

这样题中给出的有约束非线性最优化问题可以由下面的语句直接求出：

```
>> Aeq=[3.1 2 2.2]; Beq=[-5]; A=[]; B=[]; % 线性约束
   xm=[0;-2;-3];  xM=[]; % 下限约束，没有上限，故设置为空矩阵
   [x,f]=fmincon(f1,[0;0;0],A,B,Aeq,Beq,xm,xM,'f2a'); x',f
```

则得出最优解为 $x_1=0.4861, x_2=-2, x_3=-1.1395$，目标函数为 4.9218。假设最后的下限约束变为 $x_i\geqslant 0$，则可以得出如下的解为 $x_1=0.5419, x_2=-1.5904, x_3=-1.5904$，但同时给出提示：“No feasible solution found”，即未找到可行解，因为 x_2 和 x_3 超出了下限的 0。

```
>> xm=[0;0;0];  % 下限约束发生变化后的解
   [x,f]=fmincon(f1,[0;0;0],A,B,Aeq,Beq,xm,xM,'f2a'); x'
```

在调用最优化函数时，如果不能搜索出最优解，还可能给出类似下面的提示：

```
Maximum number of function evaluations exceeded;
    increase options.MaxFunEvals
```

表明搜索未得到最优值，这时需要改进搜索初值，或修改控制参数 OPT，再进行寻优，以得出期望的最优值。

综上所述，最优化问题可以通过下面的步骤直接求解：

1) 将最优化问题写成标准的形式。

2) 用匿名函数或 M-函数描述目标函数和约束函数。

3) 调用 fminunc()、fmincon() 等求解函数求解原问题。

4) 检验得出的解，如随机变换求解的初值，观察是否能得到更好的解。

5) 传统最优化算法的最大问题是无法确保得出全局最优解，所以可以考虑调用 MATLAB 下的进化算法，如遗传算法和粒子群算法，求解原问题。

3. 最优曲线拟合方法

假设有一组数据 $x_i, y_i, i=1,2,\cdots,N$，且已知这组数据满足某一函数原型 $\hat{y}(x)=f(\boldsymbol{a},x)$，其中，$\boldsymbol{a}$ 为待定系数向量，则最小二乘曲线拟合的目标就是求出这一组待定系数的值，使得目标函数

$$J=\min_{\boldsymbol{a}}\sum_{i=1}^{N}[y_i-\hat{y}(x_i)]^2=\min_{\boldsymbol{a}}\sum_{i=1}^{N}[y_i-f(\boldsymbol{a},x_i)]^2 \tag{2-25}$$

为最小。在 MATLAB 的最优化工具箱中提供了 lsqcurvefit() 函数，可以解决最小二乘曲线拟合的问题，该函数的调用格式为

```
[a,Jm]=lsqcurvefit(Fun, a0, x, y,xm, xM, opt)
```

其中，$\boldsymbol{a}_0$ 为最优化的初值；$\boldsymbol{x},\boldsymbol{y}$ 为原始输入输出数据向量；Fun 为原型函数的 MATLAB 表示，可以用 inline() 函数和匿名函数描述，也可以用 M-函数表示，该函数还允许指定待定向量的最小值 $\boldsymbol{x}_\mathrm{m}$ 和 $\boldsymbol{x}_\mathrm{M}$，也可以设置搜索控制参数 opt。调用该函数则将返回待定系数向量 $\boldsymbol{a}$，以及在此待定系数下的目标函数的值 J_m。

例 2-23 假设在实验中测出一组数据，且已知其可能满足的函数，则可以通过最小二乘拟合的方法拟合出函数的待定系数。假设可以通过数据生成的方法产生这组“实验数据”，下面将演示曲线的最小二乘拟合方法。给出下面的 MATLAB 命令将人为生成实验数据

```
>> x=[0:0.01:0.1, 0.2:.1:1,1.5:0.5:10];  % 生成不等间距的横坐标
   y=0.56*exp(-0.2*x).*sin(0.8*x+0.4).*cos(-0.65*x);  % 实验数据
   plot(x,y,'o',x,y)     % 绘制实验点坐标图形
```

这些生成的坐标点可以用二维图形绘制出来，如图 2-30a 所示。已知待拟合的曲线方程模型为

$$y(x)=a_1\mathrm{e}^{a_2x}\sin(a_3x+a_4)\cos(a_5x)$$

其中，a_i 为待定系数，需要通过最小二乘进行最优拟合，这样可以通过 MATLAB 语言编写一个如下的匿名函数，当然也可以由 M-函数或匿名函数表示

```
>> F=@(a,x)a(1)*exp(-a(2)*x).*sin(a(3)*x+a(4)).*cos(-a(5)*x);
```

这样再通过下面的语句得出精确的拟合参数 $\boldsymbol{a}$，经检验误差为 4.4177×10^{-7}。

```
>> f=optimset; f.RelX=1e-10; f.TolFun=1e-15;  % 指定较高的拟合精度
   a=lsqcurvefit(F,[1;1;1;1;1],x,y,[0,0,0,0,0],[],f)
   norm(a-[0.56;0.2;0.8;0.4;0.65])      % 和真值比较的误差
   y1=F(a,x); plot(x,y,x,y1,x,y,'o')  % 绘制拟合曲线
```

这样得出的拟合结果和图 2-30a 给出的完全一致。

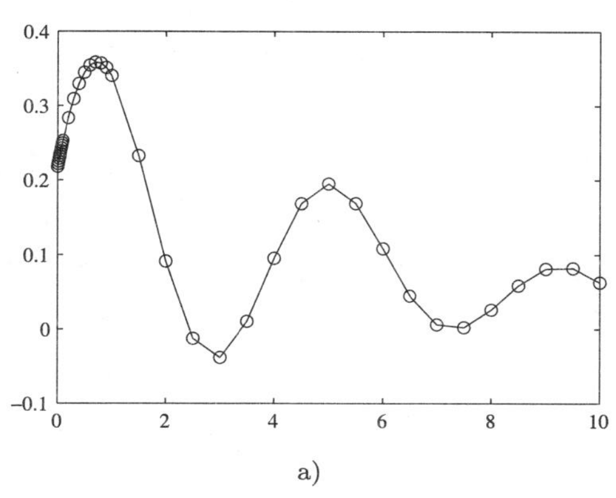

a)

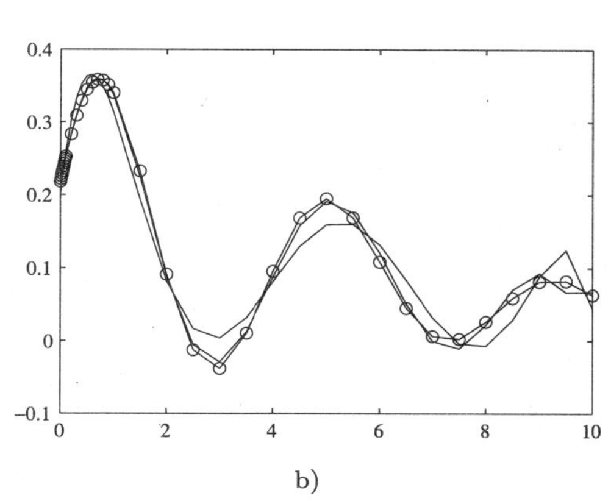

b)

图 2-30 给定数据点的曲线拟合

a) 给定的数据曲线　　b) 多项式拟合效果

MATLAB 提供的多项式拟合函数 $\boldsymbol{a}$=polyfit($\boldsymbol{x},\boldsymbol{y},n$) 也可以用于曲线拟合，其中，$\boldsymbol{x}$ 和 $\boldsymbol{y}$

为数据向量，n 为拟合系数的阶次，通过该函数的调用将得出拟合多项式系数向量 $\boldsymbol{a}$，该向量是多项式系数按降幂排列构成的向量，分别为

$$p_6 = -0.0002x^6 + 0.0054x^5 - 0.0632x^4 + 0.3430x^3 - 0.8346x^2 + 0.6621x + 0.2017$$
$$p_8 = 1.1272\times10^{-5}x^8 - 0.0004x^7 + 0.0068x^6 - 0.0519x^5 + 0.1950x^4 - 0.2807x^3 - 0.1131x^2 + 0.3639x + 0.2177$$

前面已经介绍过，用 polyval() 函数可以对多项式求值，下面的语句将比较 6 阶和 8 阶多项式拟合的效果，如图 2-30b 所示，可见多项式拟合效果难以保证。因此，曲线拟合时，如果已知原型，就不必采用多项式拟合；若不知原型就应该选择插值。

```
>> p6=polyfit(x,y,6)     % 6 阶多项式拟合结果
   y2=polyval(p,x); p8=polyfit(x,y,8) % 8 阶多项式拟合
   y3=polyval(p,x);  plot(x,y,x,y,'o',x,y2,x,y3) % 拟合结果比较
```

2.7 本章要点小结

1) 本章介绍了 MATLAB 的几种常用数据结构，其中双精度的复数矩阵是 MATLAB 的最基本数据结构，还简介了其他的数据结构。本节介绍了实数、复数矩阵的输入方法，并介绍了两种语句结构，包括直接赋值语句和函数调用语句。

2) 介绍了 MATLAB 语句的程序设计流程控制与结构，如 for 和 while 引导的循环结构，if、else 等引导的条件转移结构，switch、case 引导的开关结构及 try、catch 引导的试探结构。

3) 介绍了 MATLAB 下 M-函数的结构与编程规则，然后介绍了几种实际的 MATLAB 编程的技巧，以及在编程中 nargin、nargout、varargin、varargout 等变量的应用，介绍了函数递归调用、可变输入输出变量个数的程序设计等。

4) 介绍了线性代数问题的 MATLAB 求解，包括矩阵的参数化分析 (如矩阵的行列式、秩、迹、范数、特征值与特征多项式等)、矩阵的各种分解方法 (如矩阵的三角分解、Cholesky 分解、奇异值分解等)，以及各种矩阵方程的求解 (如线性代数方程求解，以及控制中常用的 Lyapunov 方程和 Riccati 方程求解等)，还介绍了一些线性代数问题的解析解方法。

5) 微分方程的数值解是连续动态系统仿真的基础，这里介绍了一阶微分方程组的数值解法及 MATLAB 实现函数 ode45()。如果方程为刚性的，建议使用刚性方程求解函数 ode15s()，还介绍了高阶微分方程或微分方程组转换成一阶微分方程组的一般方法，并探讨了线性常系数微分方程的解析解方法与相应的 MATLAB 函数 dsolve()。

6) 最优化问题是系统仿真与设计中很常见的一类问题，本章介绍了无约束最优化问题的 MATLAB 求解函数 fminsearch()，有约束最优化问题的求解函数 fmincon()，以及曲线拟合问题的最小二乘求解函数 lsqcurvefit()，除此之外，特殊的最优化问题，如线性规划问题和二次型规划问题可以分别由 linprog() 和 quadprog() 函数直接求解，给出了最优化问题的数学形式，读者应该能自己编写 M-函数描述问题，并解决最优化问题。

7) 给定实测数据，还可以通过多项式拟合函数 `polyfit()` 构造出多项式函数模型，如果模型的原型未知，这种方法不失为一种有效的方法。

8) MATLAB 可以进行图形用户界面设计，例如本书所附的 CtrlLAB 等程序都完全用 MATLAB 语言编程。MATLAB 语言还可以调用其他语言编写的程序，例如可以通过 ActiveX 和 DDE 技术与其他程序进行接口，从而其语言可以实现任意复杂的任务，这里限于篇幅不能介绍这些内容，可以参阅相关参考文献 [48, 53, 54]。

9) MATLAB 语言编写的程序有的还可以自动翻译成 C/C++ 程序，生成独立的可执行文件，但 MATLAB 语言与 C 的兼容性不令人满意，作者不建议进行这样的翻译，而建议用 MATLAB 语言测试算法，如果算法正确，建议手工编写实时控制程序。

2.8 习　题

1 用 MATLAB 语句输入矩阵 $\boldsymbol{A}$ 和 $\boldsymbol{B}$ 矩阵

$$(1)\ \boldsymbol{A}=\begin{bmatrix}1&2&3&4\\4&3&2&1\\2&3&4&1\\3&2&4&1\end{bmatrix}\qquad(2)\ \boldsymbol{B}=\begin{bmatrix}1+4\mathrm{j}&2+3\mathrm{j}&3+2\mathrm{j}&4+1\mathrm{j}\\4+1\mathrm{j}&3+2\mathrm{j}&2+3\mathrm{j}&1+4\mathrm{j}\\2+3\mathrm{j}&3+2\mathrm{j}&4+1\mathrm{j}&1+4\mathrm{j}\\3+2\mathrm{j}&2+3\mathrm{j}&4+1\mathrm{j}&1+4\mathrm{j}\end{bmatrix}$$

上面给出的是 4×4 矩阵，如果给出 $\boldsymbol{A}(5,6)=5$ 命令将得出什么结果?

2 假设已知矩阵 $\boldsymbol{A}$，试给出相应的 MATLAB 命令，将其全部偶数行提取出来，赋给 $\boldsymbol{B}$ 矩阵，用 $\boldsymbol{A}$ =`magic(8)` 命令生成 $\boldsymbol{A}$ 矩阵，用上述的命令检验一下结果是不是正确。

3 用 MATLAB 语言实现下面的分段函数 $y=f(x)=\begin{cases}h, & x>D\\ h/Dx, & |x|\leqslant D\\ -h, & x<-D\end{cases}$

4 用数值方法可以求出 $S=\displaystyle\sum_{i=0}^{63}2^i=1+2+4+8+\cdots+2^{62}+2^{63}$，试不采用循环的形式求出和式的数值解。由于数值方法采用 `double` 形式进行计算的，难以保证有效位数字，所以结果不一定精确。试采用符号运算的方法求该和式的精确值。

5 编写一个矩阵相加函数 `mat_add()`，使其具体的调用格式为 $\boldsymbol{A}$=`mat_add(`$\boldsymbol{A}_1$，$\boldsymbol{A}_2$,$\boldsymbol{A}_3$,$\cdots$`)`，要求该函数能接受任意多个矩阵进行加法运算。

6 自己编写一个 MATLAB 函数，使它能自动生成一个 $m\times m$ 的 Hankel 矩阵，并使其调用格式为 $\boldsymbol{v}$=`[`$h_1,h_2,h_m,h_{m+1},\cdots,h_{2m-1}$`]`；$\boldsymbol{H}$=`myhankel(`$\boldsymbol{v}$`)`。

7 已知 Fibonacci 数列由式 $a_k=a_{k-1}+a_{k-2}$，$(k=3,4,\cdots)$ 可以生成，其中初值为 $a_1=a_2=1$，试编写出生成某项 Fibonacci 数值的 MATLAB 函数。要求:

(1) 函数格式为 $\boldsymbol{y}$=`fib(`k`)`，给出 k 即能求出第 k 项 a_k 并赋给 $\boldsymbol{y}$ 向量;

(2) 编写适当语句，对输入输出变量进行检验，确保函数能正确调用;

(3) 利用递归调用的方式编写此函数。

8 由矩阵理论可知，如果一个矩阵 $\boldsymbol{M}$ 可以写成 $\boldsymbol{M}=\boldsymbol{A}+\boldsymbol{BCB}^{\mathrm{T}}$，并且其中，$\boldsymbol{A},\boldsymbol{B},\boldsymbol{C}$ 为相

应阶数的矩阵，则 $\boldsymbol{M}$ 矩阵的逆矩阵可以由下面的算法求出

$$\boldsymbol{M}^{-1}=\left(\boldsymbol{A}+\boldsymbol{B}\boldsymbol{C}\boldsymbol{B}^{\mathrm{T}}\right)^{-1}=\boldsymbol{A}^{-1}-\boldsymbol{A}^{-1}\boldsymbol{B}\left(\boldsymbol{C}^{-1}+\boldsymbol{B}^{\mathrm{T}}\boldsymbol{A}^{-1}\boldsymbol{B}\right)^{-1}\boldsymbol{B}^{\mathrm{T}}\boldsymbol{A}^{-1}$$

试根据上面的算法用 MATLAB 语句编写一个函数对矩阵 $\boldsymbol{M}$ 进行求逆，并通过一个小例子来检验该程序，并和直接求逆方法进行精度比较。

9 下面给出了一个迭代模型

$$\begin{cases} x_{k+1}=1+y_k-1.4x_k^2 \\ y_{k+1}=0.3x_k \end{cases}$$

写出求解该模型的 M-函数，如果取迭代初值为 $x_0=0,y_0=0$, 那么请进行 30000 次迭代求出一组 x 和 y 向量，然后在所有的 x_k 和 y_k 坐标处点亮一个点 (注意不要连线)，最后绘制出所需的图形。

提示：这样绘制出的图形又称为 Henon 引力线图，它将迭代出来的随机点吸引到一起，最后得出貌似连贯的引力线图。

10 用 MATLAB 语言的基本语句显然可以立即绘制一个正三角形，试结合循环结构，编写一个小程序，在同一个坐标系下绘制出该正三角形绕其中心旋转后得出的一系列三角形，还可以调整旋转步距观察效果。

11 选择合适的步距绘制出函数 $\sin\left(\dfrac{1}{t}\right)$ 的图形，其中，$t\in(-1,1)$。

12 选取合适的 θ 范围，分别绘制出下列极坐标方程的图形：

(1) $\rho=1.0013\theta^2$　(2) $\rho=\cos(7\theta/2)$　(3) $\rho=\sin(\theta)/\theta$　(4) $\rho=1-\cos^3(7\theta)$

13 用图解的方式找到下面两个方程构成的联立方程的近似解：

$$x^2+y^2=3xy^2,\quad x^3-x^2=y^2-y$$

14 请分别绘制出 xy 和 $\sin(xy)$ 的三维图和等高线。

15 试绘制出 $z=f(x,y)=\dfrac{1}{\sqrt{(1-x)^2+y^2}}+\dfrac{1}{\sqrt{(1+x)^2+y^2}}$ 的三维图和三视图。

16 创建一个新的图形窗口，使之背景颜色为绿色，并在窗口上保留原有的菜单项。假设想在鼠标器的左键按下之后在命令窗口上显示出 Left Mouse Button Pressed 字样的信息，试用 M 函数的形式实现这样的功能。

17 利用 ActiveX 控件设计一个日历界面，并在该控件上设置一个数字电子表，并使之能自动地实时显示时间。

18 对下面给出的各个矩阵求取各种参数，如矩阵的行列式、迹、秩、特征多项式、范数等，试分别求出它们的解析解。

$$\boldsymbol{A}=\begin{bmatrix} 7.5 & 3.5 & 0 & 0 \\ 8 & 33 & 4.1 & 0 \\ 0 & 9 & 103 & -1.5 \\ 0 & 0 & 3.7 & 19.3 \end{bmatrix},\quad \boldsymbol{B}=\begin{bmatrix} 5 & 7 & 6 & 5 \\ 7 & 10 & 8 & 7 \\ 6 & 8 & 10 & 9 \\ 5 & 7 & 9 & 10 \end{bmatrix}$$

19 求出下面给出的矩阵的秩和 Moore-Penrose 广义逆矩阵，并验证它们是否满足 Moore-Penrose

逆矩阵的条件。

$$A=\begin{bmatrix}2&2&3&1\\2&2&3&1\\4&4&6&2\\1&1&1&1\\-1&-1&-1&3\end{bmatrix};\quad B=\begin{bmatrix}4&1&2&0\\1&1&5&15\\3&1&3&5\end{bmatrix}$$

20 给定下面特殊矩阵 $\boldsymbol{A}$，试利用符号运算工具箱求出其逆矩阵、特征值，并求出状态转移矩阵 $\mathrm{e}^{\boldsymbol{A}t}$ 的解析解。

$$A=\begin{bmatrix}-9&11&-21&63&-252\\70&-69&141&-421&1684\\-575&575&-1149&3451&-13801\\3891&-3891&7782&-23345&93365\\1024&-1024&2048&-6144&24573\end{bmatrix}$$

21 求解下面的 Lyapunov 方程，并检验所得解的精度。

$$\begin{bmatrix}1&2&3\\4&5&6\\7&8&0\end{bmatrix}X+X\begin{bmatrix}2&3&6\\3&5&2\\3&2&2\end{bmatrix}=\begin{bmatrix}1&3&2\\3&4&1\\5&2&1\end{bmatrix}$$

22 已知 $\boldsymbol{F}(x,y)=\begin{bmatrix}5x\sin(x^2y) & 6x\\ 6x^2\mathrm{e}^{-x^2/2}+y^x & \cos(y^2x)\mathrm{e}^{-y^2/2}\end{bmatrix}$，试求解 $\dfrac{\mathrm{d}^2\boldsymbol{F}(x,y)}{\mathrm{d}x\,\mathrm{d}y}$。

23 求解无穷级数的和 $S=-\left(x+\dfrac{x^2}{2}+\dfrac{x^3}{3}+\cdots+\dfrac{x^n}{n}+\cdots\right)$。

24 证明 $1^7+2^7+3^7+\cdots+n^7=\dfrac{1}{24}n^2(n+1)^2(3n^4+6n^3-n^2-4n+2)$。

25 下面为著名的 Rössler 化学反应方程组

$$\begin{cases}\dot{x}(t)=-y(t)-z(t)\\ \dot{y}(t)=x(t)+ay(t)\\ \dot{z}(t)=b+[x(t)-c]z(t)\end{cases}$$

选定 $a=b=0.2$, $c=5.7$，且 $x(0)=y(0)=z(0)=0$，绘制仿真结果的三维相轨迹，并得出其在 x-y 平面上的投影。

26 请给出求解下面微分方程的 MATLAB 命令

$$y^{(3)}+ty\ddot{y}+t^2\dot{y}y^2=\mathrm{e}^{-ty},\ y(0)=2,\ \dot{y}(0)=\ddot{y}(0)=0$$

并绘制出 $y(t)$ 曲线，试问该方程存在解析解吗？

27 绘制出 Lorenz 方程解在两两平面上的投影。

28 求解下面的最优化问题。

(1) $\displaystyle\min_{\mathbf{x}\ \text{s.t.}\begin{cases}4x_1^2+x_2^2\leqslant 4\\ x_1,x_2\geqslant 0\end{cases}}\left(x_1^2-2x_1+x_2\right)$ (2) $\displaystyle\max_{\mathbf{x}\ \text{s.t.}\ x_1+x_2+5=0}\left[(x_1-1)^2-(x_2-1)^2\right]$

29 考虑下面二元最优化问题的求解 $\max\limits_{\boldsymbol{x} \text{ s.t.} \begin{cases} 9\geqslant x_1^2+x_2^2 \\ x_1+x_2\leqslant 1 \end{cases}} (-x_1^2-x_2)$，还可以用图解方法验证所得出的解，应该怎样验证呢？

30 假设有一组实测数据

x_i	0.1	0.2	0.3	0.4	0.5	0.6	0.7	0.8	0.9	1
y_i	2.3201	2.6470	2.9707	3.2885	3.6008	3.9090	4.2147	4.5191	4.8232	5.1275

假设已知该数据可能满足的原型函数为 $y(x)=ax+bx^2\mathrm{e}^{-cx}+d$，试求出满足下面数据的最小二乘解 a,b,c,d 的值。

31 假设某日气温的实测值为

时间	1	2	3	4	5	6	7	8	9	10	11	12
温度	14	14	14	14	15	16	18	20	22	23	25	28
时间	13	14	15	16	17	18	19	20	21	22	23	24
温度	31	32	31	29	27	25	24	22	20	18	17	16

试用各种方法进行平滑插值，并得出 3 次、4 次插值多项式，并用曲线绘制的方法观察拟合效果。如果想获得很好的拟合效果，至少应该用多少阶多项式去拟合。

32 神经网络是拟合曲线的一种有效方法，虽然本书未介绍神经网络理论，但可以试用 MATLAB 神经网络工具箱中的现成程序 `nntool`，由给出的程序界面对上述的数据进行曲线拟合，并与多项式拟合的结果进行比较。

第3章　控制系统模型与转换

由于目前大部分控制系统分析与设计的算法都需要假设系统的模型已知，所以说，控制系统的数学模型是系统分析和设计的基础。获得数学模型有两种方法：其一是从已知的物理规律出发，用数学推导的方式建立起系统的数学模型，另外一种方法是由实验数据拟合系统的数学模型，其中前一种方法称为系统的物理建模方法，后一种方法称为系统辨识。在实际应用中，二者各有其优势和适用场合。

一般控制理论教学和研究中经常将控制系统分为连续系统和离散系统，描述线性连续系统常用的描述方式是传递函数 (矩阵) 和状态方程，相应地离散系统可以用离散传递函数和离散状态方程表示。传递函数和状态方程之间、连续系统和离散系统之间还可以进行相互转换。本章第 3.1 节将介绍连续线性系统的数学模型及其 MATLAB 表示。第 3.2 节将介绍离散线性系统的数学模型及其 MATLAB 表示，为下一步的系统分析和设计做好准备。第 3.3 节将介绍由框图给出的更复杂系统模型的化简。第 3.4 节将介绍各种模型的相互转换。第 3.5 节将介绍传递函数模型降阶方法。第 3.6 节将介绍系统的模型辨识及其在 MATLAB 下的实现。

3.1　连续线性系统的数学模型

连续线性系统一般可以用传递函数表示，也可以用状态方程表示，它们适用的场合不同，前者是经典控制的常用模型，后者是“现代控制理论”的基础，但它们应该是描述同样系统的不同描述方式。除了这两种描述方法之外，还常用零极点形式来表示连续线性系统模型。本节中将介绍这些数学模型，并侧重介绍这些模型在 MATLAB 环境下的表示方法，最后还将介绍多变量系统的表示方法。

3.1.1　线性系统的传递函数模型

线性常微分方程是描述线性连续系统的最传统的方法，其基本表达式为

$$\begin{aligned}&\frac{\mathrm{d}^n y(t)}{\mathrm{d}t^n}+a_1\frac{\mathrm{d}^{n-1}y(t)}{\mathrm{d}t^{n-1}}+\cdots+a_{n-1}\frac{\mathrm{d}y(t)}{\mathrm{d}t}+a_n y(t)\\&\quad=b_1\frac{\mathrm{d}^m u(t)}{\mathrm{d}t^m}+b_2\frac{\mathrm{d}^{m-1}u(t)}{\mathrm{d}t^{m-1}}+\cdots+b_m\frac{\mathrm{d}u(t)}{\mathrm{d}t}+b_{m+1}u(t)\end{aligned}\tag{3-1}$$

其中，$u(t)$ 和 $y(t)$ 分别称为系统的输入和输出信号，它们均是时间 t 的函数；n 又称为系统的阶次。

由于很久以前并没有微分方程的实用求解工具，所以利用法国数学家 Pierre-Simon Laplace 引入的积分变换 (又称为 Laplace 变换，其定义与计算机辅助求解见附录 A)，

可以对微分方程进行变换。假设 $y(t)$ 信号的 Laplace 变换式为 $Y(s)$，并假设该信号及其各阶导数的初始值均为 0。将 Laplace 变换的重要性质 $\mathscr{L}[\mathrm{d}^k y(t)/\mathrm{d}t^k] = s^k Y(s)$ 代入式 (3-1) 中给出的微分方程，则可以巧妙地将微分方程映射成多项式方程。将输出信号和输入信号 Laplace 变换的比值定义为增益信号，该比值又称为系统的传递函数。从变换后得出的多项式方程可以立即得出单变量连续线性定常系统的传递函数为

$$G(s) = \frac{b_1 s^m + b_2 s^{m-1} + \cdots + b_m s + b_{m+1}}{s^n + a_1 s^{n-1} + a_2 s^{n-2} + \cdots + a_{n-1} s + a_n} \tag{3-2}$$

其中，$b_i\ (i = 1, \cdots, m+1)$ 与 $a_i\ (i = 1, \cdots, n)$ 为常数。系统的分母多项式又称为系统的特征多项式。对物理可实现系统来说，一定要满足 $m \leqslant n$，这种情况下又称系统为正则 (proper)。若 $m < n$，则称系统为严格正则。$n - m$ 又称为系统的相对阶次。

可见，Laplace 变换的引入使得控制系统的研究变得很简单。直到今天，系统传递函数的描述仍是控制理论中线性系统模型的一个主要描述方法。

从式 (3-2) 中可以看出，传递函数可以表示成两个多项式的比值，在 MATLAB 语言中，多项式可以用向量表示。依照 MATLAB 惯例，将多项式的系数按 s 的降幂次序排列可以得到一个数值向量，用这个向量就可以表示多项式。分别表示完分子和分母多项式后，再利用控制系统工具箱的 tf() 函数就可以用一个变量表示传递函数模型：

```
num=[b1, b2, ···, bm, bm+1]; den=[1, a1, a2, ···, an-1, an];
G=tf(num,den);  % 先按 s 降幂顺序输入多项式系数，然后建立传递函数模型
```

其中前两个语句用于描述系统的分子和分母多项式 num 和 den，后一个语句直接生成变量 G，在 MATLAB 工作空间中描述系统的传递函数模型。

MATLAB 还支持一种特殊的传递函数 (矩阵) 的输入格式，在这样的输入方式下，应该先用 s=tf('s') 定义传递函数的算子，然后用数学表达式形式直接输入系统的传递函数或传递函数矩阵模型，下面将通过例子演示这两种输入方式。

例 3-1 考虑下面给出的传递函数模型

$$G(s) = \frac{s^3 + 7s^2 + 24s + 24}{s^4 + 10s^3 + 35s^2 + 50s + 24}$$

用下面的语句就可以轻易输入这个模型

```
>> num=[1 7 24 24]; den=[1 10 35 50 24]; % 分子多项式和分母多项式
   G=tf(num,den);  % 这样就能获得系统的数学模型 G 了
```

如果采用第二种输入方法，则

```
>> s=tf('s'); G=(s^3+7*s^2+24*s+24)/(s^4+10*s^3+35*s^2+50*s+24);
```

从这个例子可以看出，可以用两种非常直观的命令将一个传递函数模型在 MATLAB 中表示出来，有了模型，则可以容易地在 MATLAB 环境下对系统进行分析与设计。

上面模型用第一种方法很容易输入，方法很直观，但如果分子或分母多项式给出的不是完全展开的形式，而是若干个因式的乘积，则事先需要将其变换为完全展开的形式，两个多项式的乘积在 MATLAB 下可以借用卷积求取函数 conv() 得出，其调用格式

很直观 `p=conv(p1,p2)`，其中，p_1 和 p_2 为两个多项式，调用这个函数后就能返回乘积多项式 p。如果有 3 个多项式的乘积，就需要嵌套适用此函数，即

`p=conv(p1,conv(p2,p3))` 或 `p=conv(conv(p1,p2),p3)`

请注意在调用时括号的匹配。如果采用后一种输入方法，则可以直接用乘号将各个因子乘起来即可，从而算法更直观。

例 3-2 理解了前面叙述的多项式乘积的求取方法之后，就不难将下面给出的传递函数模型

$$G(s)=\frac{5(s+2.4)}{(s+1)^2(s^2+3s+4)(s^2+1)}$$

输入到 MATLAB 的工作空间了，可以使用下面语句输入传递函数模型

```
>> num=5*[1,2.4];
   den=conv([1,1],conv([1,1],conv([1 3 4],[1 0 1])));
   G=tf(num,den)  % 语句没有分号结尾，故将显示系统传递函数
```

输入模型后，将存储其展开的传递函数模型

$$G(s)=\frac{5s+12}{s^6+5s^5+12s^4+16s^3+15s^2+11s+4}$$

用算子方法可以更直观地输入系统模型

```
>> s=tf('s'); G=5*(s+2.4)/((s+1)^2*(s^2+3*s+4)*(s^2+1));
```

例 3-3 再考虑一个带有多项式混合运算的例子，假设某模型为

$$G(s)=\frac{s^3+4s^2+3s+2}{s^2(s+1)[(s+4)^2+4]}$$

可以看出，分母多项式内部含有 $(s+4)^2+4$ 项，在 MATLAB 下应该由下面的语句预先求出。

```
>> d1=conv([1 4],[1 4])+[0,0,4]; % 必须使得两个相加的多项式一边长
```

然后才能用下面的 MATLAB 语句表示整个系统模型。

```
>> d=[conv([1 1],d1),0,0];  G=tf([1 4 3 2],d);
```

其中后面两个 0 表示乘以 s^2，其实理解了多项式的系数表示，则不难理解为什么这里简单地用后面添加 0 的方法表示多项式乘以 s 的幂指数了。由上述语句可以将展开的传递函数模型

$$G(s)=\frac{s^3+4s^2+3s+2}{s^5+9s^4+28s^3+20s^2}$$

输入到 MATLAB 的工作空间。显然，这样的输入方式显得很复杂。考虑算子输入方法

```
>> s=tf('s'); G=(s^3+4*s^2+3*s+2)/(s^2*(s+1)*((s+4)^2+4));
```

可见，对含有复杂运算的传递函数模型来说，用算子的方式输入模型更方便。在后面的问题中，本书将针对具体情况采用不同方式输入传递函数模型。

除了分子和分母多项式外，MATLAB 的 tf 对象还允许携带其他信息 (或属性)，其全部属性可以由 `set(tf)` 命令列出

```
      num: Ny-by-Nu cell of row vectors (Nu = no. of inputs)
      den: Ny-by-Nu cell of row vectors (Ny = no. of outputs)
 Variable: [ 's' | 'p' | 'z' | 'z^-1' | 'q' ]
       Ts: Scalar (sample time in seconds)
```

```
    ioDelay: Ny-by-Nu array (I/O delays)
 InputDelay: Nu-by-1 vector
OutputDelay: Ny-by-1 vector
  InputName: Nu-by-1 cell array of strings
 OutputName: Ny-by-1 cell array of strings
 InputGroup: M-by-2 cell array for M input groups
OutputGroup: P-by-2 cell array for P output groups
      Notes: Array or cell array of strings
   UserData: Arbitrary
```

例如，系统的时间延迟常数为 $\tau=2.1$，则可以用下面的命令赋值：

```
>> G.ioDelay=2.1
```

由前面的例子可以看出，在 MATLAB 语言环境中表示一个传递函数模型是很容易的。如果有了传递函数模型 G，则提取系统的分子和分母多项式可以由 `tfdata()` 函数来实现，即 $\boldsymbol{n}=[0,0,1,4,3,2]$，$\boldsymbol{d}=[1,9,28,20,0,0]$。

```
>> [n,d]=tfdata(G,'v')  % 其中 'v' 表示想获得数值
```

更简单地，提取分子和分母多项式还可以通过下面语句实现

```
>> num=G.num{1}; den=G.den{1}; % 可以直接提取分子和分母多项式
```

这里 `{1}` 实际上为 `{1,1}`，表示第 1 路输入和第 1 路输出之间的传递函数，该方法直接适合于多变量系统的描述。

3.1.2 线性系统的状态方程模型

状态方程是描述控制系统的另一种重要的方式。和传递函数不同，状态方程可以描述更广的一类系统模型，包括非线性模型。假设有 p 个输入信号 $u_i(t),(i=1,\cdots,p)$ 与 q 个输出信号 $y_i(t),(i=1,\cdots,q)$，且有 n 个状态，构成状态变量向量 $\boldsymbol{x}=[x_1,x_2,\cdots,x_n]^{\mathrm{T}}$，则此动态系统的状态方程可以一般地表示为

$$\begin{cases} \dot{x}_i=f_i(x_1,x_2,\cdots,x_n,u_1,\cdots,u_p), & i=1,\cdots,n \\ y_i=g_i(x_1,x_2,\cdots,x_n,u_1,\cdots,u_p), & i=1,\cdots,q \end{cases} \tag{3-3}$$

其中，$f_i(\cdot)$ 和 $g_i(\cdot)$ 可以为任意的线性或非线性函数。对线性系统来说，其状态方程可以更简单地描述为

$$\begin{cases} \dot{\boldsymbol{x}}(t)=\boldsymbol{A}(t)\boldsymbol{x}(t)+\boldsymbol{B}(t)\boldsymbol{u}(t) \\ \boldsymbol{y}(t)=\boldsymbol{C}(t)\boldsymbol{x}(t)+\boldsymbol{D}(t)\boldsymbol{u}(t) \end{cases} \tag{3-4}$$

其中，$\boldsymbol{u}=[u_1,\cdots,u_p]^{\mathrm{T}}$ 与 $\boldsymbol{y}=[y_1,\cdots,y_q]^{\mathrm{T}}$ 分别为输入和输出向量；矩阵 $\boldsymbol{A}(t),\boldsymbol{B}(t)$, $\boldsymbol{C}(t)$ 和 $\boldsymbol{D}(t)$ 为维数相容的矩阵。这里维数相容是指在方程里相应的项是可乘的。准确地说，$\boldsymbol{A}$ 矩阵是 $n\times n$ 方阵，$\boldsymbol{B}$ 为 $n\times p$ 矩阵，$\boldsymbol{C}$ 为 $q\times n$ 矩阵，$\boldsymbol{D}$ 为 $q\times p$ 矩阵。如果这四个矩阵均与时间无关，则该系统又称为线性时不变系统，该系统的状态方程可以

写成

$$\begin{cases} \dot{\boldsymbol{x}}(t) = \boldsymbol{A}\boldsymbol{x}(t) + \boldsymbol{B}\boldsymbol{u}(t) \\ \boldsymbol{y}(t) = \boldsymbol{C}\boldsymbol{x}(t) + \boldsymbol{D}\boldsymbol{u}(t) \end{cases} \tag{3-5}$$

在 MATLAB 下表示系统的状态方程模型是相当直观的，只需要将各个系数矩阵按照常规矩阵的方式输入到工作空间中即可，这样系统的状态方程模型可以用下面的语句直接建立起来 `G=ss(A,B,C,D)`。

如果在构造状态方程对象时给出的维数不相容，则用 `ss()` 对象时将给出明确的错误信息，中断程序运行。

例 3-4 多变量系统的状态方程模型可以用前面介绍的方法直接输入，无需再进行特殊的处理。考虑下面给出的状态空间表达式[55]。

$$\begin{aligned} \dot{x}_1 &= x_2 + u_1 \\ \dot{x}_2 &= x_3 + 2u_1 - u_2 \\ \dot{x}_3 &= -6x_1 - 11x_2 - 6x_3 + 2u_2 \\ y_1 &= x_1 - x_2 \\ y_2 &= 2x_1 + x_2 - x_3 \end{aligned}$$

对照式 (3-5)，可以立即得出状态方程的 $\boldsymbol{A}$, $\boldsymbol{B}$, $\boldsymbol{C}$, $\boldsymbol{D}$ 矩阵为

$$\boldsymbol{A} = \begin{bmatrix} 0 & 1 & 0 \\ 0 & 0 & 1 \\ -6 & -11 & -6 \end{bmatrix},\ \boldsymbol{B} = \begin{bmatrix} 1 & 0 \\ 2 & -1 \\ 0 & 2 \end{bmatrix},\ \boldsymbol{C} = \begin{bmatrix} 1 & -1 & 0 \\ 2 & 1 & -1 \end{bmatrix},\ \boldsymbol{D} = \begin{bmatrix} 0 & 0 \\ 0 & 0 \end{bmatrix}$$

所以，这个双输入、双输出系统的状态方程模型可以用下面的语句直接输入

```
>> A=[0,1,0; 0 0 1; -6 -11 -6];
   B=[1 0; 2 -1; 0 2]; C=[1 -1 0; 2 1 -1]; D=zeros(2);
   G=ss(A,B,C,D)   % 输入并显示系统的状态方程模型
```

获取状态方程对象参数可以使用 `ssdata()` 函数，也可以直接使用诸如 `G.a` 的命令去提取，这时无需使用 cell 格式获得其参数。

带有时间延迟的状态方程模型可以表示为

$$\begin{cases} \dot{\boldsymbol{x}}(t) = \boldsymbol{A}\boldsymbol{x}(t) + \boldsymbol{B}\boldsymbol{u}(t-\tau) \\ \boldsymbol{y}(t) = \boldsymbol{C}\boldsymbol{x}(t) + \boldsymbol{D}\boldsymbol{u}(t-\tau) \end{cases} \tag{3-6}$$

输入该模型时，只需用 `G=ss(A,B,C,D,'ioDelay',τ)` 语句即可。

3.1.3 线性系统的零极点模型

式 (3-2) 中给出了连续线性系统的传递函数表示，如果对传递函数的分子和分母分别进行因式分解，则可以得出

$$G(s) = K\frac{(s-z_1)(s-z_2)\cdots(s-z_m)}{(s-p_1)(s-p_2)\cdots(s-p_n)} \tag{3-7}$$

其中，K 称为系统的增益，$z_i\ (i=1,\cdots,m)$ 称为系统的零点，而 $p_i\ (i=1,\cdots,n)$ 称为系统的极点。对实系数的传递函数模型来说，系统的零极点或者为实数，或者以共轭复数的形式出现。系统的传递函数模型给出以后，可以立即得出系统的零极点模型。

在 MATLAB 下表示零极点模型的方法很简单，可以采用下面的语句格式来将系统的零极点作为列向量输入到 MATLAB 工作空间中，然后调用 zpk() 函数就可以将这个零极点模型输入了

```
Z=[z1; z2; ···; zm];  P=[p1; p2; ···; pn];  G=zpk(Z,P,K);
```

其中前面两个语句分别输入系统的零点和极点列向量，后面的语句可以由这些信息和系统增益构造出系统的零极点模型对象 G。

系统 G 的零极点位置可以直接调用 MATLAB 控制系统工具箱中的 pzmap(G) 函数在图形上表示出来，这样可以直接通过零极点的位置更直观地了解系统的性能。

例 3-5 考虑下面给出的零极点模型

$$G(s)=\frac{(s+1.539)(s+2.7305+2.8538\mathrm{j})(s+2.7305-2.8538\mathrm{j})}{(s+4)(s+3)(s+2)(s+1)}$$

可以通过下面的 MATLAB 语句输入这个系统模型为

$$G(s)=\frac{(s+1.539)(s^2+5.461s+15.6)}{(s+1)(s+2)(s+3)(s+4)}$$

```
>> P=[-1;-2;-3;-4]; % 注意应使用列向量，另外注意符号
   Z=[-1.539; -2.7305+2.8538i; -2.7305-2.8538i]; G=zpk(Z,P,1)
```

注意，在 MATLAB 的零极点模型显示中，如果有复数零极点存在，则用二阶多项式来表示因式，而不直接展成复数的一阶因式。获得了系统的零极点模型之后，还可以给出 pzmap(G) 命令在复数平面上表示出该系统的零极点位置，如图 3-1 所示。在得出的示意图，采用 × 表示极点位置，用 o 表示零点位置。

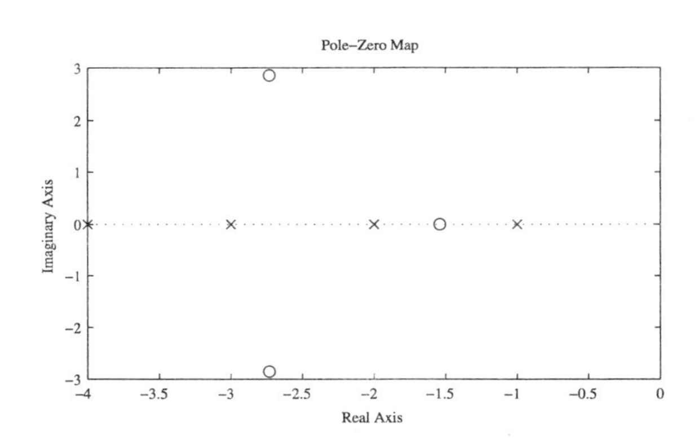

图 3-1 线性系统的零极点位置表示

3.1.4 多变量系统的传递函数矩阵模型

多变量系统的状态方程模型可以由 ss() 函数直接输入到 MATLAB 环境中，前面已

经给了例子加以介绍 (例 3-4)。多变量系统的另外一种常用描述方法是传递函数矩阵，它是单变量系统传递函数的概念在多变量系统中的直接扩展。多变量系统的传递函数矩阵一般可以写成

$$\boldsymbol{G}(s)=\begin{bmatrix} g_{11}(s) & g_{12}(s) & \cdots & g_{1p}(s) \\ g_{21}(s) & g_{22}(s) & \cdots & g_{2p}(s) \\ \vdots & \vdots & \ddots & \vdots \\ g_{q1}(s) & g_{q2}(s) & \cdots & g_{qp}(s) \end{bmatrix} \tag{3-8}$$

其中，$g_{ij}(s)$ 可以定义为第 i 路输出信号对第 j 路输入信号的放大倍数，或子传递函数。多变量系统的传递函数矩阵的输入方法也很简单、直观，可以先输入各个子传递函数，然后用矩阵输入的命令就可以构造出系统的传递函数矩阵。

例 3-6 考虑一个带有时间延迟的多变量传递函数矩阵[56]

$$\boldsymbol{G}(s)=\begin{bmatrix} \dfrac{0.1134\mathrm{e}^{-0.72s}}{1.78s^2+4.48s+1} & \dfrac{0.924}{2.07s+1} \\ \dfrac{0.3378\mathrm{e}^{-0.3s}}{0.361s^2+1.09s+1} & \dfrac{-0.318\mathrm{e}^{-1.29s}}{2.93s+1} \end{bmatrix}$$

对这样的多变量系统，只需先输入各个子传递函数矩阵，再按照常规矩阵的方式输入整个传递函数矩阵。具体的 MATLAB 命令如下

```
>> g11=tf(0.1134,[1.78 4.48 1],'ioDelay',0.72); g12=tf(0.924,[2.07 1]);
   g21=tf(0.3378,[0.361 1.09 1],'ioDelay',0.3);
   g22=tf(-0.318,[2.93 1],'ioDelay',1.29);
   G=[g11, g12; g21, g22]; % 这和矩阵定义一样，这样可以输入传递函数矩阵
```

这样的传递函数矩阵还可以由下面的方法输入，即输入各个不带延迟的子传递函数，构造传递函数矩阵，再重新赋值其 ioDelay 属性，亦即

```
>> g11=tf(0.1134,[1.78 4.48 1]); g12=tf(0.924,[2.07 1]);
   g21=tf(0.3378,[0.361 1.09 1]); g22=tf(-0.318,[2.93 1]);
   G=[g11, g12; g21, g22];            % 仿普通矩阵建立传递函数矩阵
   G.ioDelay=[0.72 0; 0.3, 1.29]; % 再设置时间延迟矩阵
```

其中的子传递函数可以用 G(2,1) 这样的语句直接提取出来。

3.2 离散系统模型

一般的单变量离散系统可以由差分方程来表示

$$\begin{aligned} & y(kT)+a_1y[(k-1)T]+\cdots+a_{n-1}y[(k-n-1)T]+a_ny[(k\text{-}n)T] \\ & \quad =b_0u(kT)+b_1u[(k-1)T]+\cdots+b_{n-1}u[(k-n-1)T]+b_nu[(k-n)T] \end{aligned} \tag{3-9}$$

其中，T 为离散系统的采样周期。

3.2.1 离散传递函数模型

类似于 Laplace 变换在微分方程中的作用，引入 Z 变换，就可以由差分方程模型推

导出系统的离散传递函数模型

$$H(z)=\frac{b_1z^m+b_2z^{m-1}+\cdots+b_mz+b_{m+1}}{z^n+a_1z^{n-1}+\cdots+a_{n-1}z+a_n} \tag{3-10}$$

在 MATLAB 语言中，输入离散系统的传递函数模型和连续系统传递函数模型一样简单，只需分别按要求输入系统的分子和分母多项式，就可以利用 `tf()` 函数将其输入到 MATLAB 环境。和连续传递函数不同的是，同时还需要输入系统的采样周期 T，具体语句如下：

```
num=[b1, b2, …, bm, bm+1];  den=[1, a1, a2, …, an-1, an];
H=tf(num,den,'Ts',T);
```

其中，T 应该输入为实际的采样周期数值；H 为离散系统传递函数模型。此外，仿照连续系统传递函数的算子输入方法，定义算子 `z=tf('z',T)`，则可以用数学表达式形式输入系统的离散传递函数模型。

例 3-7 假设离散系统的传递函数模型由下式给出

$$H(z)=\frac{0.3124z^3-0.5743z^2+0.3879z-0.0889}{z^4-3.233z^3+3.9869z^2-2.2209z+0.4723}$$

且已知系统的采样周期为 $T=0.1$ s，则可以用下面的语句将其输入到 MATLAB 工作空间

```
>> num=[0.3124 -0.5743 0.3879 -0.0889];
   den=[1 -3.233 3.9869 -2.2209 0.4723];
   H=tf(num,den,'Ts',0.1)   % 输入并显示系统的传递函数模型
```

该模型还可以采用算子方式直接输入

```
>> z=tf('z',0.1);
   H=(0.3124*z^3-0.5743*z^2+0.3879*z-0.0889)/...
     (z^4-3.233*z^3+3.9869*z^2-2.2209*z+0.4723);
```

离散系统的时间延迟模型和连续系统不同，一般可以写成

$$H(z)=\frac{b_1z^m+b_2z^{m-1}+\cdots+b_mz+b_{m+1}}{z^n+a_1z^{n-1}+\cdots+a_{n-1}z+a_n}z^{-d} \tag{3-11}$$

这就要求实际延迟时间是采样周期 T 的整数倍，亦即时间延迟常数为 dT。若要输入这样的传递函数模型，只需将传递函数的 `ioDelay` 设置成 d 即可。

若将式 (3-10) 中描述的传递函数分子和分母同时除以 z^n，则系统的传递函数可以变换成

$$\widehat{H}\left(z^{-1}\right)=\frac{b_1+b_2z^{-1}+\cdots+b_mz^{1-m}+b_{m+1}z^{-m}}{1+a_1z^{-1}+\cdots+a_{n-1}z^{1-n}+a_nz^{-n}}z^{m-n} \tag{3-12}$$

该模型是离散传递函数的另外一种形式，多用于表示滤波器，在后面将介绍的系统辨识部分也将用到。在数学模型表示中还可以用 q 取代 z^{-1}，这样离散传递函数还可以写成

$$\widehat{H}(q)=\frac{b_nq^n+b_{n-1}q^{n-1}+\cdots+b_1q+b_0}{a_nq^n+a_{n-1}q^{n-1}+\cdots+a_1q+1} \tag{3-13}$$

输入系统模型的方式和前面的很类似，在输入时还应该指出模型的算子为 q，这样

```
num=[b_{m+1}, b_m, ···, b_2, b_1];  den=[a_n, a_{n-1}, a_{n-2}, ···, a_1, 1];
H=tf(num,den,'Ts',T,'Variable','q','ioDelay',n-m);
```

类似于连续系统的零极点模型，离散系统的零极点模型也可以用同样的方法输入，亦即先输入系统的零点和极点，再使用 zpk() 函数就可以输入该模型，注意输入离散系统模型时还应该同时输入采样周期。

离散系统的零极点位置同样可以由 pzmap() 函数直接绘制出来，该函数的调用格式与连续系统是完全一致的。

例 3-8 已知离散系统的零极点模型为

$$H(z)=\frac{(z-0.4893)(z-0.6745+0.3558\mathrm{j})(z-0.6745-0.3558\mathrm{j})}{(z-0.8583+0.1887\mathrm{j})(z-0.8583-0.1887\mathrm{j})(z-0.7582+0.1915\mathrm{j})(z-0.7582-0.1915\mathrm{j})}$$

其采样周期为 $T=0.1$ s，可以用下面的语句输入该系统的数学模型

```
>> z=[0.6745+0.3558i; 0.6745-0.3558i; 0.4893];
   p=[0.8583+0.1887i; 0.8583-0.1887i; 0.7582+0.1915i; 0.7582-0.1915i];
   H=zpk(z,p,1,'Ts',0.1)
```

得出的模型为

$$H(z)=\frac{(z-0.4893)(z^2-1.349z+0.5815)}{(z^2-1.717z+0.7723)(z^2-1.516z+0.6115)}$$

其零极点可以用 pzmap(H) 命令直接绘制出来，如图 3-2 所示。

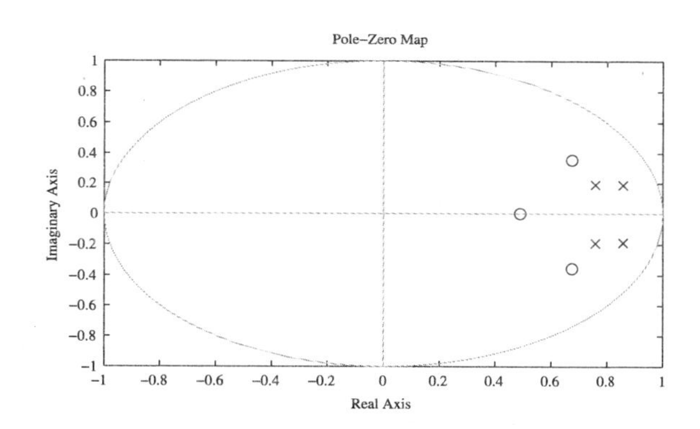

图 3-2　离散线性系统的零极点位置表示

3.2.2　离散状态方程模型

离散系统状态方程模型可以表示为

$$\begin{cases}\boldsymbol{x}[(k+1)T]=\boldsymbol{F}\boldsymbol{x}(kT)+\boldsymbol{G}\boldsymbol{u}(kT)\\ \boldsymbol{y}(kT)=\boldsymbol{C}\boldsymbol{x}(kT)+\boldsymbol{D}\boldsymbol{u}(kT)\end{cases}\tag{3-14}$$

可以看出，该模型的输入应该与连续系统状态方程一样，只需输入 $\boldsymbol{F}, \boldsymbol{G}, \boldsymbol{C}$ 和 $\boldsymbol{D}$ 矩

阵，就可以用 `H=ss(F,G,C,D,'Ts',T)` 函数将其输入到 MATLAB 的工作空间了。

带有时间延迟的离散系统状态方程模型为

$$\begin{cases} \boldsymbol{x}[(k+1)T] = \boldsymbol{F}\boldsymbol{x}(kT) + \boldsymbol{G}\boldsymbol{u}[(k-m)T] \\ \boldsymbol{y}(kT) = \boldsymbol{C}\boldsymbol{x}(kT) + \boldsymbol{D}\boldsymbol{u}[(k-m)T] \end{cases} \tag{3-15}$$

其中，mT 为时间延迟常数，这样的系统可以用下面的语句直接输入到 MATLAB 环境中

```
H=ss(F,G,C,D,'Ts',T,'ioDelay',m);
```

3.3 框图描述系统的化简

前面介绍了传递函数、状态方程及零极点模型的输入，但控制系统的模型输入并不总是这样简单，一般的控制系统均需要由若干个子模型进行互连，才能构造出来。所以在这节中将介绍子模块的互连及总系统模型的获取。这里将首先介绍三类典型的连接结构：串联、并联和反馈连接，并介绍模块输入、输出从一个节点移动到另一个节点所必需的等效变换，最后将介绍复杂系统的等效变换和化简。

3.3.1 控制系统的典型连接结构

两个模块 $G_1(s)$ 和 $G_2(s)$ 的串联连接如图 3-3a 所示，在这样的结构下，输入信号 $u(t)$ 流过第一个模块 $G_1(s)$，而模块 $G_1(s)$ 的输出信号输入到第二个模块 $G_2(s)$，该模块的输出 $y(t)$ 是整个系统的输出。在串联连接下，整个系统的传递函数为 $G(s) = G_2(s)G_1(s)$。对单变量系统来说，这两个模块 $G_1(s)$ 和 $G_2(s)$ 是可以互换的，亦即 $G_1G_2 = G_2G_1$，对多变量系统来说，一般不具备这样的关系。

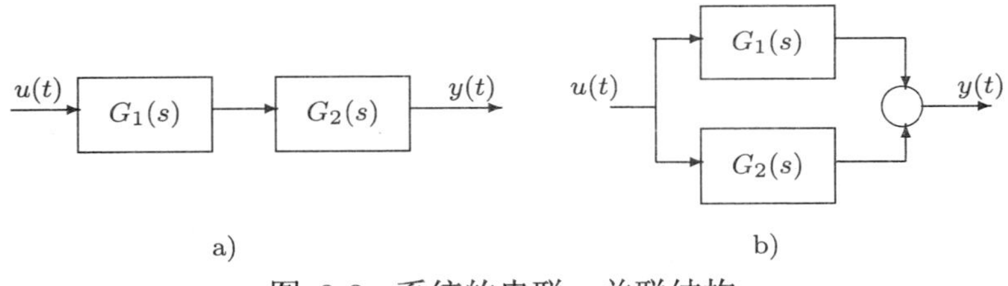

图 3-3 系统的串联、并联结构

a) 串联结构 b) 并联结构

若两个模块 $G_1(s)$ 和 $G_2(s)$ 由分别状态方程 $(\boldsymbol{A}_1, \boldsymbol{B}_1, \boldsymbol{C}_1, \boldsymbol{D}_1)$ 和 $(\boldsymbol{A}_2, \boldsymbol{B}_2, \boldsymbol{C}_2, \boldsymbol{D}_2)$ 给出，则串联总系统的数学模型可以由下式求出：

$$\begin{cases} \begin{bmatrix} \dot{\boldsymbol{x}}_1 \\ \dot{\boldsymbol{x}}_2 \end{bmatrix} = \begin{bmatrix} \boldsymbol{A}_1 & \boldsymbol{0} \\ \boldsymbol{B}_2\boldsymbol{C}_1 & \boldsymbol{A}_2 \end{bmatrix} \begin{bmatrix} \boldsymbol{x}_1 \\ \boldsymbol{x}_2 \end{bmatrix} + \begin{bmatrix} \boldsymbol{B}_1 \\ \boldsymbol{B}_2\boldsymbol{D}_1 \end{bmatrix} \boldsymbol{u} \\ \boldsymbol{y} = \begin{bmatrix} \boldsymbol{D}_2\boldsymbol{C}_1, \boldsymbol{C}_2 \end{bmatrix} \begin{bmatrix} \boldsymbol{x}_1 \\ \boldsymbol{x}_2 \end{bmatrix} + \boldsymbol{D}_2\boldsymbol{D}_1\boldsymbol{u} \end{cases} \tag{3-16}$$

在 MATLAB 下，若已知两个子系统模型 G_1 和 G_2，则串联结构总的系统模型可以统一由 `G=G2*G1` 求出。

两个模块 $G_1(s)$ 和 $G_2(s)$ 的典型并联连接结构如图 3-3b 所示，其中这两个模块在共同的输入信号 $u(t)$ 激励下，产生两个输出信号，而系统总的输出信号 $y(t)$ 是这两个输出信号的和。并联系统的传递函数总模型为 $G(s)=G_1(s)+G_2(s)$。

若两个模块 $G_1(s)$ 和 $G_2(s)$ 分别由状态方程 $(\boldsymbol{A}_1,\boldsymbol{B}_1,\boldsymbol{C}_1,\boldsymbol{D}_1)$ 和 $(\boldsymbol{A}_2,\boldsymbol{B}_2,\boldsymbol{C}_2,\boldsymbol{D}_2)$ 给出，则并联总系统的数学模型可以由下式求出

$$\begin{cases}\begin{bmatrix}\dot{\boldsymbol{x}}_1\\ \dot{\boldsymbol{x}}_2\end{bmatrix}=\begin{bmatrix}\boldsymbol{A}_1 & \boldsymbol{0}\\ \boldsymbol{0} & \boldsymbol{A}_2\end{bmatrix}\begin{bmatrix}\boldsymbol{x}_1\\ \boldsymbol{x}_2\end{bmatrix}+\begin{bmatrix}\boldsymbol{B}_1\\ \boldsymbol{B}_2\end{bmatrix}\boldsymbol{u}\\ \boldsymbol{y}=\begin{bmatrix}\boldsymbol{C}_1,\boldsymbol{C}_2\end{bmatrix}\begin{bmatrix}\boldsymbol{x}_1\\ \boldsymbol{x}_2\end{bmatrix}+(\boldsymbol{D}_1+\boldsymbol{D}_2)\boldsymbol{u}\end{cases}\tag{3-17}$$

在 MATLAB 下，若已知两个子系统模型 G_1 和 G_2，则并联结构总的系统模型可以统一由 G=G_1+G_2 求出。

两个模块 $G_1(s)$ 和 $G_2(s)$ 的正、负反馈连接结构分别如图 3-4a、b 所示。反馈系统总的模型为

$$\text{正反馈：}\quad G(s)=\frac{G_1(s)}{1-G_1(s)G_2(s)},\qquad \text{负反馈：}\quad G(s)=\frac{G_1(s)}{1+G_1(s)G_2(s)}\tag{3-18}$$

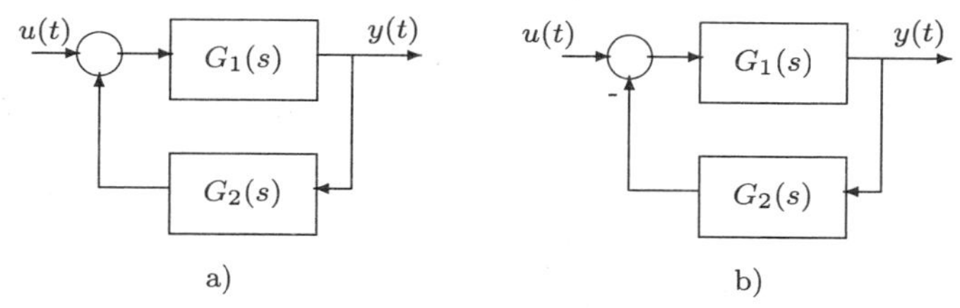

图 3-4　系统的反馈连接结构
a) 正反馈结构　　b) 负反馈结构

若两个模块 $G_1(s)$ 和 $G_2(s)$ 分别由状态方程 $(\boldsymbol{A}_1,\boldsymbol{B}_1,\boldsymbol{C}_1,\boldsymbol{D}_1)$ 和 $(\boldsymbol{A}_2,\boldsymbol{B}_2,\boldsymbol{C}_2,\boldsymbol{D}_2)$ 给出，则反馈系统的数学模型可以由下式求出

$$\begin{cases}\begin{bmatrix}\dot{\boldsymbol{x}}_1\\ \dot{\boldsymbol{x}}_2\end{bmatrix}=\begin{bmatrix}\boldsymbol{A}_1-\boldsymbol{B}_1\boldsymbol{Z}\boldsymbol{D}_2\boldsymbol{C}_1 & -\boldsymbol{B}_1\boldsymbol{Z}\boldsymbol{C}_2\\ \boldsymbol{B}_2\boldsymbol{Z}\boldsymbol{C}_1 & \boldsymbol{A}_2-\boldsymbol{B}_2\boldsymbol{D}_1\boldsymbol{Z}\boldsymbol{C}_2\end{bmatrix}\begin{bmatrix}\boldsymbol{x}_1\\ \boldsymbol{x}_2\end{bmatrix}+\begin{bmatrix}\boldsymbol{B}_1\boldsymbol{Z}\\ \boldsymbol{B}_2\boldsymbol{D}_1\boldsymbol{Z}\end{bmatrix}\boldsymbol{u}\\ \boldsymbol{y}=[\boldsymbol{Z}\boldsymbol{C}_1,\ -\boldsymbol{D}_1\boldsymbol{Z}\boldsymbol{C}_2]\begin{bmatrix}\boldsymbol{x}_1\\ \boldsymbol{x}_2\end{bmatrix}+(\boldsymbol{D}_1\boldsymbol{Z})\boldsymbol{u}\end{cases}\tag{3-19}$$

其中，$\boldsymbol{Z}=(\boldsymbol{I}+\boldsymbol{D}_1\boldsymbol{D}_2)^{-1}$。若 $\boldsymbol{D}_1=\boldsymbol{D}_2=\boldsymbol{0}$，则 $\boldsymbol{Z}=\boldsymbol{I}$，上述公式可以简化成

$$\begin{cases}\begin{bmatrix}\dot{\boldsymbol{x}}_1\\ \dot{\boldsymbol{x}}_2\end{bmatrix}=\begin{bmatrix}\boldsymbol{A}_1 & -\boldsymbol{B}_1\boldsymbol{C}_2\\ \boldsymbol{B}_2\boldsymbol{C}_1 & \boldsymbol{A}_2\end{bmatrix}\begin{bmatrix}\boldsymbol{x}_1\\ \boldsymbol{x}_2\end{bmatrix}+\begin{bmatrix}\boldsymbol{B}_1\\ \boldsymbol{0}\end{bmatrix}\boldsymbol{u}\\ \boldsymbol{y}=[\boldsymbol{C}_1,\ \boldsymbol{0}]\begin{bmatrix}\boldsymbol{x}_1\\ \boldsymbol{x}_2\end{bmatrix}\end{cases}\tag{3-20}$$

在 MATLAB 环境中直接能使用 G=G_1/(1+G_1*G_2) 这样的语句求取总系统模型，但这样得出的模型阶次可能高于实际的阶次，需要用 minreal() 函数求取得出模型的最小实现形式。此外还可以使用 MATLAB 控制系统工具箱中提供的 feedback() 函数求取该模型，该函数的调用格式如下：

```
G=feedback(G1,G2);        % 负反馈连接
G=feedback(G1,G2,1);      % 正反馈连接
```

MATLAB 提供的 feedback() 函数只能用于 G_1 和 G_2 为具体参数给定的模型，通过适当的扩展，就可以编写如下一个能够处理符号运算的 feedback() 函数。

```
function H=feedback(A,B,key)
if nargin==2; key=-1; end
H=A/(sym(1)-key*A*B); H=simple(H);
```

若将其放置在 MATLAB 路径下某个目录的 @sym 子目录下，例如在 work 目录下建立一个 @sym 子目录，将该文件置于子目录下，则可以直接处理符号模型的化简问题。

例 3-9 考虑如图 3-5 所示的典型反馈控制系统框图，假设各个子传递函数模型为

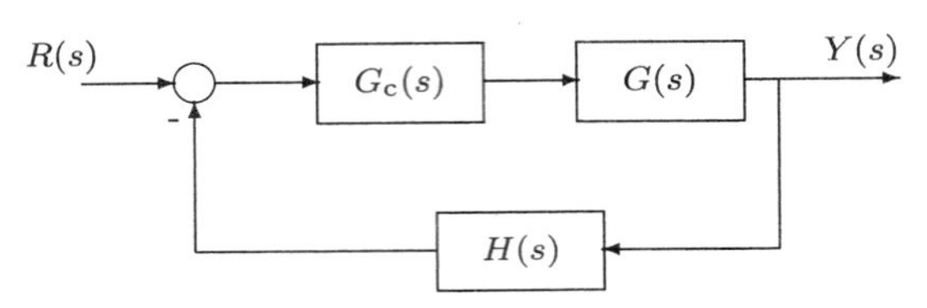

图 3-5 典型反馈控制系统框图

$$G(s)=\frac{s^3+7s^2+24s+24}{s^4+10s^3+35s^2+50s+24},\quad G_c(s)=\frac{10s+6}{s},\quad H(s)=1$$

则可以通过下面的语句将总模型用 MATLAB 求出

```
>> G=tf([1 7 24 24],[1 10 35 50 24]); Gc=tf([10 6],[1 0]); H=1;
   GG=feedback(G*Gc,H)    % 求取并显示负反馈系统的传递函数模型
```

得出的闭环系统模型为

$$G(s)=\frac{10s^4+76s^3+282s^2+384s+144}{s^5+20s^4+111s^3+332s^2+408s+144}$$

利用前面编写的 feedback() 函数，还可以获得模型正确的简化形式 $\dfrac{GG_c}{1+GG_cH}$。

```
>> syms Gc G H    % 声明这些模块为符号变量
   disp(feedback(G*Gc,H)) % 获得总系统模型
```

例 3-10 考虑图 3-5 中给出的反馈系统，假设受控对象模型为双输入、双输出的状态方程模型

$$\boldsymbol{A}=\begin{bmatrix}0&1&0\\0&0&1\\-6&-11&-6\end{bmatrix},\quad \boldsymbol{B}=\begin{bmatrix}1&0\\2&-1\\0&2\end{bmatrix},\quad \boldsymbol{C}=\begin{bmatrix}1&-1&0\\2&1&-1\end{bmatrix},\quad \boldsymbol{D}=\begin{bmatrix}0&0\\0&0\end{bmatrix}$$

控制器为传递函数矩阵，为对角矩阵，其子传递函数为 $g_{11}(s)=(6s+2)/s$，$g_{22}(s)=(3s+5)/s$，反馈环节为单位矩阵，这样用 MATLAB 的串联、反馈语句仍然能直接求出总模型

```
>> A=[0,1,0; 0 0 1; -6 -11 -6]; B=[1 0; 2 -1; 0 2];
   C=[1 -1 0; 2 1 -1]; D=zeros(2); G=ss(A,B,C,D); % 受控对象
   g11=tf([6 2],[1 0]); g22=tf([3 5],[1 0]); Gc=[g11,0; 0 g22]; % 控制器
   H=eye(2); GG=feedback(G*Gc,H)  % 求取并显示总的系统模型
```

得出的闭环系统模型为

$$\begin{cases} \dot{\boldsymbol{z}}(t) = \begin{bmatrix} -6 & 7 & 0 & 1 & 0 \\ -6 & 15 & -2 & 2 & -2.5 \\ -18 & -17 & 0 & 0 & 5 \\ -2 & 2 & 0 & 0 & 0 \\ -4 & -2 & 2 & 0 & 0 \end{bmatrix} \boldsymbol{z}(t) + \begin{bmatrix} 6 & 0 \\ 12 & -3 \\ 0 & 6 \\ 2 & 0 \\ 0 & 2 \end{bmatrix} \boldsymbol{u}(t) \\ \boldsymbol{y}(t) = \begin{bmatrix} 1 & -1 & 0 & 0 & 0 \\ 2 & 1 & -1 & 0 & 0 \end{bmatrix} \boldsymbol{z}(t) \end{cases}$$

可见，这些连接函数完全适合于多变量系统的连接处理，且这些环节可以为不同的控制系统对象，这就给系统模型处理提供了很大的方便。

值得指出的是，在叙述上述连接时一直在使用连续系统作为例子，但上述的方法应该同样适用于离散系统的模型连接。

3.3.2 纯时间延迟环节的处理

若两个模块 $G_1(s)$ 和 $G_2(s)$ 含有时间延迟，则两个模块串联后，总的系统模型就可以将两个模块的延迟加起来，用 MATLAB 下的乘法运算则可用来求出总系统的模型。

对并联系统来说，如果 $G_1(s)$ 和 $G_2(s)$ 的时间延迟相同，则可以用 MATLAB 的加法运算求出两个模块的并联系统模型，然而，若两个模块的延迟时间不同，则用 MATLAB 无法求出两个模块并联的总系统，在数学上也没有办法将其表示成传递函数的形式。

对反馈系统来说，无论 MATLAB 的控制系统工具箱的 `feedback()` 函数还是用数学推导的方法都没有办法获得整个系统的传递函数表示。

所以对 MATLAB 无法解决的带有时间延迟的模块，应该对其进行近似，例如采用著名的 Padé 近似，将纯时间延迟环节近似成高阶有理式，亦即传递函数，从而得出整个系统模型的近似。

MATLAB 控制系统工具箱中提供了一个分子、分母同阶次的 Padé 函数 `pade()`，可以对纯时间延迟环节进行近似，作者扩展了该函数，用 MATLAB 语言编写了一个任意分子分母阶次组合的 Padé 近似函数 `paderm()`[57]，后面将详细介绍。

假设反馈系统的开环模型中含有时间延迟环节，可以采用下面两种方法来近似闭环系统传递函数模型：

1) 完全近似　在反馈控制系统中，时间延迟项可以由相应的 Padé 近似来取代，这样系统的闭环模型可以写成

$$G_{\rm cl}(s) = \frac{G_{\rm c}(s)G(s){\rm e}^{-\tau s}}{1+G_{\rm c}(s)G(s)H(s){\rm e}^{-\tau s}} \approx \frac{G_{\rm c}(s)G(s)P_{r/m,\tau}(s)}{1+G_{\rm c}(s)G(s)H(s)P_{r/m,\tau}(s)} \tag{3-21}$$

其中，$P_{r/m,\tau}(s)$ 为对延迟环节的分子为 r 阶、分母为 m 阶的 Padé 近似。

2) 分母近似　在实际应用中，经常发现由上面的近似方法常会导致一些振荡，经实践发现，若只对分母中的延迟项进行 Padé 近似将得出更精确的结果，所以原始的闭环模型可以近似成

$$G_{\mathrm{cl}}(s) \approx \frac{G_{\mathrm{c}}(s)G(s)\mathrm{e}^{-\tau s}}{1+G_{\mathrm{c}}(s)G(s)H(s)P_{r/m,\tau}(s)} \tag{3-22}$$

在第二种 Padé 近似方法下，可以得出等效的闭环系统框图表示，如图 3-6 所示。可以看出，在该框图中，前面的部分是纯线性的环节，后面加了一个时间延迟，所以这样的模型是可以直接用 MATLAB 控制系统模型表示的。

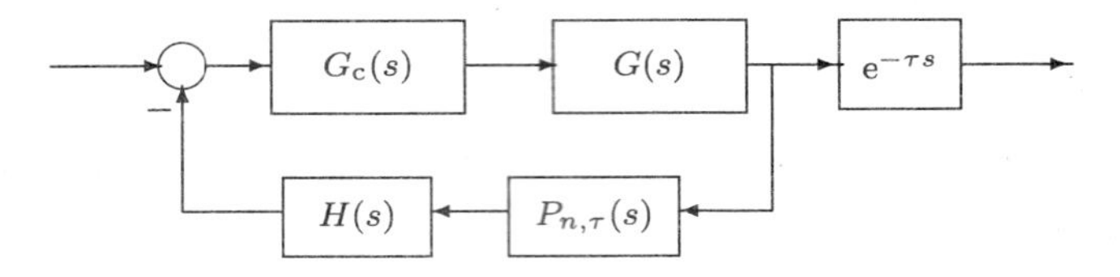

图 3-6　第二种 Padé 近似下的结构图

例 3-11　假设系统的开环传递函数为

$$G(s)=\frac{s^2+3s+4}{(s+1)(s+2)(s+3)(s+4)}\mathrm{e}^{-0.5s}$$

且整个系统为单位负反馈结构构成，可以选择分子为 0 阶，分母为 2 阶的 Padé 近似，则用两种方法可以近似得出闭环系统模型为

```
>> s=tf('s'); G=(s^2+3*s+4)/((s+1)*(s+2)*(s+3)*(s+4));
   tau=0.5; [nP,dP]=paderm(0.5,0,2); % Padé 近似
   Gc1=feedback(tf(nP,dP)*G,1)  % 第一种近似模型
   Gc2=feedback(G,tf(nP,dP)); Gc2.ioDelay=0.5  % 第二种近似模型
```

两种方法得出的 Padé 近似模型分别为

$$G_{\mathrm{c1}}(s)=\frac{8s^2+24s+32}{s^6+14s^5+83s^4+270s^3+512s^2+520s+224}$$

$$G_{\mathrm{c2}}(s)=\frac{s^4+7s^3+24s^2+40s+32}{s^6+14s^5+83s^4+270s^3+512s^2+520s+224}\mathrm{e}^{-0.5s}$$

应该指出的是，不论采用哪种处理方法，得出的都是近似模型，其精度无法保证。如果只想分析系统的动态响应，则建议采用后面将介绍的 Simulink 环境，这样能得出更精确的仿真结果。

3.3.3　节点移动时的等效变换

在复杂结构图化简中，经常需要将某个支路的输入端从一个节点移动到另一个节点上，例如在图 3-7 中给出的框图中，比较难处理的地方是 $G_2(s)$、$G_3(s)$ 和 $H_2(s)$ 构成的回路，应该将 $H_2(s)$ 模块的输入端从 A 点等效移动到系统的输出端 $Y(s)$，这就需要对这样的移动导出等效的变换。

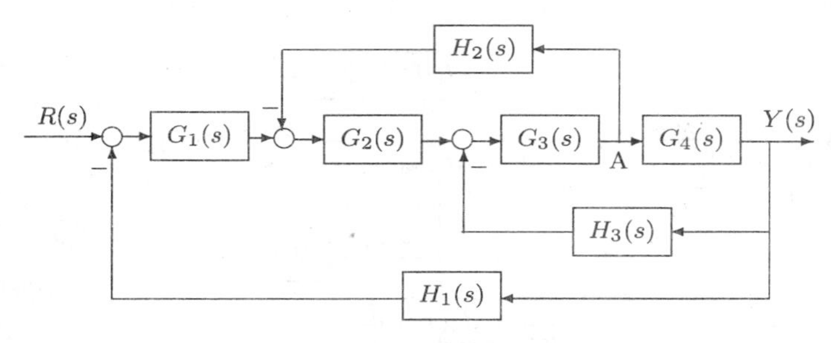

图 3-7 控制系统的框图

图 3-8a、b 中定义了两种常用的节点移动方式：节点前向移动和后向移动。在图 3-8a 中，若想将 $G_2(s)$ 支路的起始点从 A 点移动到 B 点，则需要将新的 $G_2(s)$ 支路乘以 $G_1(s)$ 模型，这样的移动称为节点的前向移动；而图 3-8b 中，若想将 $G_2(s)$ 支路的起始点从 B 点移动到 A 点，则需要将新的 $G_2(s)$ 支路除以 $G_1(s)$ 模型，这样的移动称为节点的后向移动。如果用 MATLAB 表示，则前向移动后新的支路模型变成了 G_2*G_1，而后向移动后该支路变成了 G_2/G_1，或 G_2*inv(G_1)。

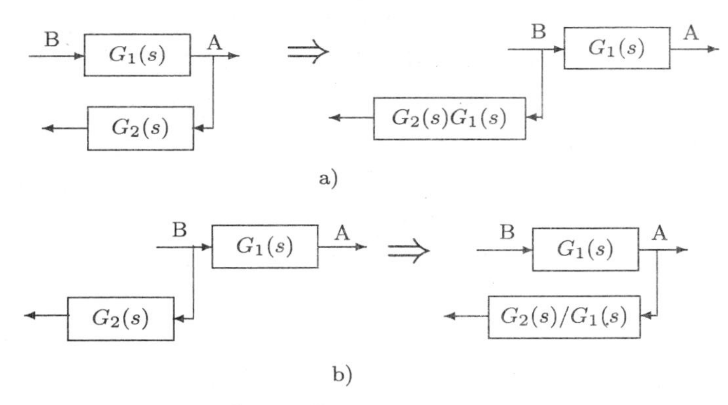

图 3-8 节点移动等效变换

a) 前向移动节点　　b) 后向移动节点

3.3.4 复杂系统模型的简化

利用前面给出的等效变换方法不难对更复杂的系统进行化简，本节中将通过例子来演示这样的化简。

例 3-12 假设系统的框图模型如图 3-7 所示，为方便对其处理，应该将 $H_2(s)$ 模块的输入端从 A 点等效移动到系统的输出端 $Y(s)$，如图 3-9 所示。

得到了这样的化简框图后，可以清晰地看出：最内层的闭环是由 $G_3(s)$、$G_4(s)$ 的串联为前向通路，以 $H_3(s)$ 为反馈通路构成的负反馈结构，利用前面介绍的知识可以马上得出这个子模型，该子模型与 $G_2(s)$ 串联又构成了第二层回路的前向通路，它与变换后的 $H_2(s)/G_4(s)$ 通路构成负反馈结构，结果再与 $G_1(s)$ 串联，与 $H_1(s)$ 构成负反馈结构。通过这样的逐层变换就可容易地求出总的系统模型。上面的分析可以用下面的 MATLAB 语句实现，从而得出总的系统模型。

```
>> syms G1 G2 G3 G4 H1 H2 H3 % 定义各个子模块为符号变量
```

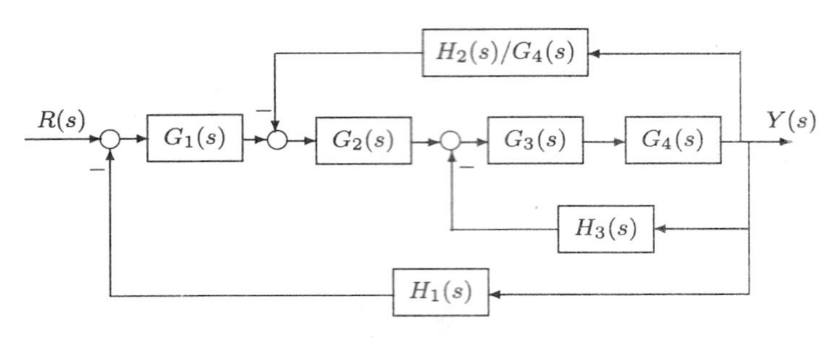

图 3-9 变换后的的框图

```
c1=feedback(G4*G3,H3);     % 最内层闭环模型
c2=feedback(c1*G2,H2/G4);  % 第二层闭环模型
G=feedback(c2*G1,H1);      % 总系统模型
```

可以得出闭环模型为

$$\frac{G_2G_4G_3G_1}{1+G_4G_3H_3+G_3G_2H_2+G_2G_4G_3G_1H_1}$$

例 3-13 考虑如图 3-10 所示的电机拖动系统模型，该系统有双输入，给定输入 $r(t)$ 和负载输入 $M(t)$，利用 MATLAB 符号运算工具箱可以推导出系统的传递函数矩阵。

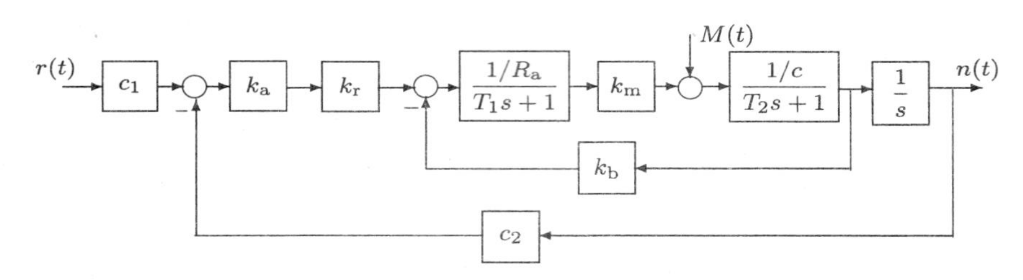

图 3-10 双输入系统框图

先考虑输入 $r(t)$ 输入信号，则可以用最简单的方式得出传递函数模型

```
>> syms Ka Kr c1 c2 c Ra T1 T2 Km Kb s   % 申明符号变量
   Ga=feedback(1/Ra/(T1*s+1)*Km*1/c/(T2*s+1),Kb);
   G1=c1*feedback(Ka*Kr*Ga/s,c2); G1=disp(collect(G1,s))
```

$M(t)$ 为输入信号时，对原系统结构稍微改动一下，可以得出如图 3-11 所示的新结构，故用

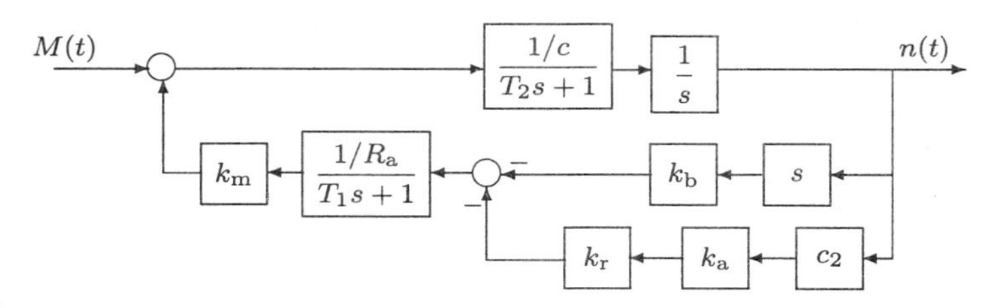

图 3-11 $M(t)$ 单独激励时等效系统方框图

下面的语句能直接计算出传递函数模型

```
>> G2=feedback(1/c/(T2*s+1)/s, Km/Ra/(T1*s+1)*(Kb*s+c2*Ka*Kr));
   G2=collect(simplify(G2),s)
```

综上所述，可以用 MATLAB 语言推导出系统的传递函数矩阵为

$$
\boldsymbol{G}^{\mathrm{T}}(s)=\begin{bmatrix}\dfrac{c_1k_{\mathrm{m}}k_{\mathrm{a}}k_{\mathrm{r}}}{R_{\mathrm{a}}cT_1T_2s^3+(R_{\mathrm{a}}cT_1+R_{\mathrm{a}}cT_2)s^2+(k_{\mathrm{m}}k_{\mathrm{b}}+R_{\mathrm{a}}c)s+k_{\mathrm{a}}k_{\mathrm{r}}k_{\mathrm{m}}c_2}\\ \dfrac{(T_1s+1)R_{\mathrm{a}}}{cR_{\mathrm{a}}T_2T_1s^3+(cR_{\mathrm{a}}T_1+cR_{\mathrm{a}}T_2)s^2+(k_{\mathrm{b}}k_{\mathrm{m}}+cR_{\mathrm{a}})s+k_{\mathrm{m}}nc_2k_{\mathrm{a}}k_{\mathrm{r}}}\end{bmatrix}
$$

3.3.5 基于连接矩阵的结构图化简方法

当某个框图含有较多交叉回路时，用前面介绍的方法进行结构图化简将可能很麻烦并容易出错，所以通常采用信号流图的方法描述并化简系统。传统解决信号流图化简问题的常用方法是 Mason 增益公式，但对复杂回路问题 Mason 增益公式方法很麻烦并很容易出错。陈怀琛教授提出了基于连接矩阵的化简方法[58]，简单有效。这里首先介绍系统框图的信号流图描述，然后介绍基于连接矩阵的结构图化简方法。

例 3-14 重新考虑例 3-12 中给出的系统框图。在该例中，若想较好求解原始问题，必须先将其中一个分枝的起始点后移。如果交叉的回路过多，这样的移动也是很麻烦并易于出错的。现在对原始框图进行处理，可以用如图 3-12 所示的信号流图重新描述原系统。在信号流图中，引入了 5 个信号节点，一个输入节点。

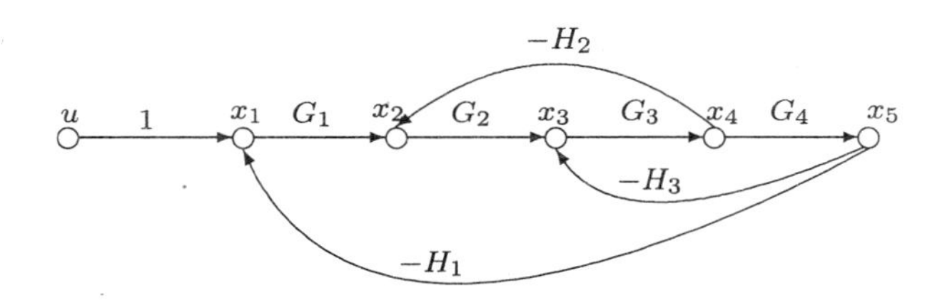

图 3-12 系统的信号流图表示

观察每个信号节点，不难直接写出下面左面的式子。而由左边的式子可以直接写出右面的矩阵形式。该矩阵形式就是后面需要的系统化简的基础。

$$
\begin{cases}x_1=u-H_1x_5\\x_2=G_1x_1-H_2x_4\\x_3=G_2x_2-H_3x_5\\x_4=G_3x_3\\x_5=G_4x_4\end{cases}\Rightarrow\begin{bmatrix}x_1\\x_2\\x_3\\x_4\\x_5\end{bmatrix}=\begin{bmatrix}0&0&0&0&-H_1\\G_1&0&0&-H_2&0\\0&G_2&0&0&-H_3\\0&0&G_3&0&0\\0&0&0&G_4&0\end{bmatrix}\begin{bmatrix}x_1\\x_2\\x_3\\x_4\\x_5\end{bmatrix}+\begin{bmatrix}1\\0\\0\\0\\0\end{bmatrix}u
$$

从上面的建模方法可见，系统模型的矩阵形式可以写成

$$
\boldsymbol{X}=\boldsymbol{Q}\boldsymbol{X}+\boldsymbol{P}\boldsymbol{U} \tag{3-23}
$$

其中，$\boldsymbol{Q}$ 称为连接矩阵。可以立即得出系统各个信号 x_i 对输入的传递函数表示

$$
\boldsymbol{G}=\frac{\boldsymbol{X}}{\boldsymbol{U}}=(\boldsymbol{I}-\boldsymbol{Q})^{-1}\boldsymbol{P} \tag{3-24}
$$

例 3-15 重新考虑前面的例子。下面语句可以直接输入连接矩阵 Q 和输入矩阵 P，并由前面的方法直接计算出各个节点的信号对输入信号的传递函数

```
>> syms G1 G2 G3 G4 H1 H2 H3 % 定义各个子模块为符号变量
   Q=[0 0 0 0 -H1; G1 0 0 -H2 0; 0 G2 0 0 -H3; 0 0 G3 0 0; 0 0 0 G4 0];
   P=[1 0 0 0 0]'; inv(eye(5)-Q)*P
```

上述语句可以得出的传递函数矩阵为

$$\begin{bmatrix} X_1/U \\ X_2/U \\ X_3/U \\ X_4/U \\ X_5/U \end{bmatrix} = \begin{bmatrix} (H_3G_3G_4+1+G_3G_2H_2)/(G_4G_3H_3+G_4G_3G_2G_1H_1+1+G_3G_2H_2) \\ G_1(G_4G_3H_3+1)/(G_4G_3H_3+G_4G_3G_2G_1H_1+1+G_3G_2H_2) \\ G_2G_1/(G_4G_3H_3+G_4G_3G_2G_1H_1+1+G_3G_2H_2) \\ G_3G_2G_1/(G_4G_3H_3+G_4G_3G_2G_1H_1+1+G_3G_2H_2) \\ G_4G_3G_2G_1/(G_4G_3H_3+G_4G_3G_2G_1H_1+1+G_3G_2H_2) \end{bmatrix}$$

由于本例的输出信号是 x_5，所以对比上面传递函数矩阵可以发现，传递函数矩阵的 X_5/U 表达式与例 3-12 得出的结果完全一致。

例 3-16 再考虑例 3-13 中研究的多变量系统。在原例中，若想求出从第 2 输入到输出信号的模型是件很麻烦的事，首先需要重新绘制原系统变换后的图形，然后才能对系统进行化简。如果采用连接矩阵的方法则无需进行这样的事先处理。根据原系统模型，可以直接绘制出如图 3-13 所示的信号流图。

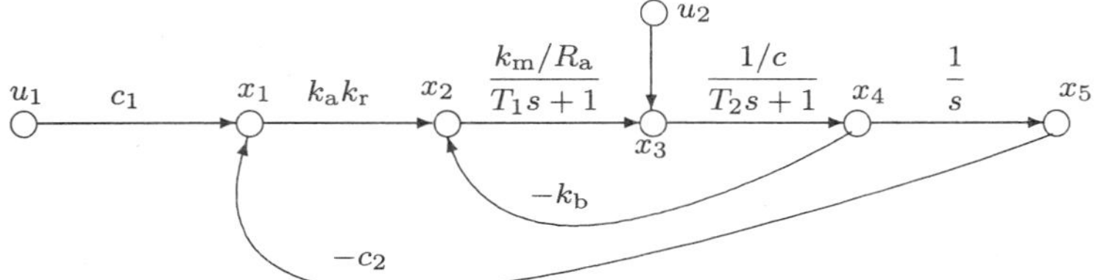

图 3-13 多变量系统的信号流图表示

由给出的信号流图可以直接写出各个信号节点处的节点方程，该方程的矩阵形式可以直接写出，如下式右侧的矩阵方程

$$\begin{cases} x_1 = c_1u_1 - c_2x_5 \\ x_2 = k_ak_rx_1 - k_bx_4 \\ x_3 = \dfrac{k_m/R_a}{T_1s+1}x_2 + u_2 \\ x_4 = \dfrac{1/c}{T_2s+1}x_3 \\ x_5 = \dfrac{1}{s}x_4 \end{cases} \Rightarrow \begin{bmatrix} x_1 \\ x_2 \\ x_3 \\ x_4 \\ x_5 \end{bmatrix} = \begin{bmatrix} 0 & 0 & 0 & 0 & -c_2 \\ k_ak_r & 0 & 0 & -k_b & 0 \\ 0 & \dfrac{k_m/R_a}{T_1s+1} & 0 & 0 & 0 \\ 0 & 0 & \dfrac{1/c}{T_2s+1} & 0 & 0 \\ 0 & 0 & 0 & \dfrac{1}{s} & 0 \end{bmatrix} \begin{bmatrix} x_1 \\ x_2 \\ x_3 \\ x_4 \\ x_5 \end{bmatrix} + \begin{bmatrix} c_1 & 0 \\ 0 & 0 \\ 0 & 1 \\ 0 & 0 \\ 0 & 0 \end{bmatrix} \begin{bmatrix} u_1 \\ u_2 \end{bmatrix}$$

这样，下面的语句就可以直接化简原多变量系统框图模型了。因为 x_5 为输出节点，所以下面语句可以直接计算出输出信号到两路输入信号的传递函数模型。

```
>> syms Ka Kr c1 c2 c Ra T1 T2 Km Kb s   % 申明符号变量
   Q=[0 0 0 0 -c2; Ka*Kr 0 0 -Kb 0; 0 Km/Ra/(T1*s+1) 0 0 0
      0 0 1/c/(T2*s+1) 0 0; 0 0 0 1/s 0];
   P=[c1 0; 0 0; 0 1; 0 0; 0 0]; W=inv(eye(5)-Q)*P; W(5,:)
```

可见这样得出的结果和例 3-13 的结果完全一致。

3.4 系统模型的相互转换

前面介绍了线性控制系统的各种表示方法，本节将介绍基于 MATLAB 的系统模型转换方法，如连续与离散系统之间的相互转换，并将介绍状态方程转换成传递函数模型的方法，以及转换成状态方程模型的各种实现方法。

3.4.1 连续模型和离散模型的相互转换

假设连续系统的状态方程模型由式 (3-3) 给出，则可以写出系统的解析解为

$$\boldsymbol{x}(t)=\mathrm{e}^{\boldsymbol{A}(t-t_0)}\boldsymbol{x}(t_0)+\int_{t_0}^{t}\mathrm{e}^{\boldsymbol{A}(t-\tau)}\boldsymbol{B}\boldsymbol{u}(\tau)\,\mathrm{d}\tau \tag{3-25}$$

选择采样周期为 T，对之进行离散化，可以选择 $t_0=kT, t=(k+1)T$，可得

$$\boldsymbol{x}[(k+1)T]=\mathrm{e}^{\boldsymbol{A}T}\boldsymbol{x}(kT)+\int_{kT}^{(k+1)T}\mathrm{e}^{\boldsymbol{A}[(k+1)T-\tau]}\boldsymbol{B}\boldsymbol{u}(\tau)\,\mathrm{d}\tau \tag{3-26}$$

考虑对输入信号采用零阶保持器，亦即在同一采样周期内输入信号的值保持不变。假设在采样周期内输入信号为固定的值 $\boldsymbol{u}(kT)$，故上式可以化简为

$$\boldsymbol{x}[(k+1)T]=\mathrm{e}^{\boldsymbol{A}T}\boldsymbol{x}(kT)+\left(\int_{0}^{\mathrm{T}}\mathrm{e}^{\boldsymbol{A}\tau}\,\mathrm{d}\tau\right)\boldsymbol{B}\boldsymbol{u}(kT) \tag{3-27}$$

对照式 (3-27) 与式 (3-14)，可以发现，使用零阶保持器后连续系统离散化可以直接获得离散状态方程模型，离散后系统的参数可以由下式求出

$$\boldsymbol{F}=\mathrm{e}^{\boldsymbol{A}T},\quad \boldsymbol{G}=\int_{0}^{\mathrm{T}}\mathrm{e}^{\boldsymbol{A}\tau}\,\mathrm{d}\tau\boldsymbol{B} \tag{3-28}$$

且二者的 $\boldsymbol{C}$ 与 $\boldsymbol{D}$ 矩阵完全一致。

如果连续系统由传递函数给出，如式 (3-2)，则可以选择 $s=2(z-1)/[T(z+1)]$，代入连续系统的传递函数模型，则可以将连续系统传递函数变换成 z 的函数，经过处理就可以直接得到离散系统的传递函数模型，这样的变换又称为双线性变换或 Tustin 变换，这是一种常用的离散化方法。

如果已知连续系统的数学模型 G，不论它是传递函数模型还是状态方程模型，都可以通过 MATLAB 控制系统工具箱中的 `c2d()` 函数将其离散化。该函数不但能处理一般线性模型，还可以求解带有时间延迟的系统离散化问题。此外，该函数允许使用不同的算法对连续模型进行离散化处理，如采用一阶保持器进行处理等。

例 3-17 考虑例 3-4 中给出的多变量状态方程模型，假设采样周期 $T=0.1$ s，则可以用下面的命令将模型输入到 MATLAB 工作空间，并得出离散化的状态方程模型。

```
>> A=[0,1,0; 0 0 1; -6 -11 -6]; B=[1 0; 2 -1; 0 2]; C=[1 -1 0; 2 1 -1];
   D=zeros(2); G=ss(A,B,C,D); T=0.1; % 连续状态方程输入及采样周期设置
   Gd=c2d(G,T)    % 连续状态方程模型的离散化
```

这样可以得出离散化的状态方程模型为

$$\begin{cases} \boldsymbol{x}_{k+1} = \begin{bmatrix} 0.9991 & 0.0984 & 0.0041 \\ -0.0246 & 0.9541 & 0.0738 \\ -0.4429 & -0.8366 & 0.5112 \end{bmatrix} \boldsymbol{x}_k + \begin{bmatrix} 0.1099 & -0.0047 \\ 0.1959 & -0.0902 \\ -0.1164 & 0.1936 \end{bmatrix} \boldsymbol{u}_k \\ \boldsymbol{y}_k = \begin{bmatrix} 1 & -1 & 0 \\ 2 & 1 & -1 \end{bmatrix} \boldsymbol{x}_k \end{cases}$$

例 3-18 假设连续系统的数学模型为 $G(s) = \dfrac{1}{(s+1)^3}\mathrm{e}^{-0.5s}$，选择采样周期为 $T = 0.1\ \mathrm{s}$，则可以用下面的语句输入该系统的传递函数:

```
>> G=tf(1,[1 3 3 1],'ioDelay',0.5);
```

下面的语句可以在不同的转换方法对原模型进行离散化:

```
>> G1=c2d(G,0.1,'zoh'), G2=c2d(G,0.1,'foh'), G3=c2d(G,0.1,'tustin')
```

用三种方法得出的离散化模型分别为

$$G_1 = \frac{0.0001547z^2 + 0.000574z + 0.0001331}{z^3 - 2.715z^2 + 2.456z - 0.7408} z^{-5}$$

$$G_2 = \frac{3.925\times10^{-5}z^3 + 0.0004067z^2 + 0.000383z + 3.278\times10^{-5}}{z^3 - 2.715z^2 + 2.456z - 0.7408} z^{-5}$$

$$G_3 = \frac{0.000108z^3 + 0.0003239z^2 + 0.0003239z + 0.000108}{z^3 - 2.714z^2 + 2.456z - 0.7406} z^{-5}$$

当然，只从显示的数值结果无法判断各种离散化模型的好坏，在第 4 章中将通过仿真方法对某个模型的离散化结果进行比较，具体参见例 4-17。

在一些特殊应用中，有时需要由已知的离散系统模型变换出连续系统模型，假设离散系统由状态方程 (3-14) 给出，则对式 (3-28) 进行反变换，可以得出转换公式[42]

$$\boldsymbol{A} = \frac{1}{T}\ln\boldsymbol{F},\quad \boldsymbol{B} = (\boldsymbol{F} - \boldsymbol{I})^{-1}\boldsymbol{A}\boldsymbol{G} \tag{3-29}$$

如果离散系统由传递函数模型给出，将 $z = (1 + sT/2)/(1 - sT/2)$ 代入离散传递函数模型，就可以获得相应的连续系统传递函数模型，这样的变换称为 Tustin 反变换。事实上，Tustin 变换就是 e^{sT} 环节的 Padé 的一阶近似。

在 MATLAB 环境中，可以利用其控制系统工具箱中提供的 d2c() 函数进行变换，即可以得出相应的连续系统模型，该函数同样适用于带有时间延迟系统，也允许用不同的方法进行连续化运算。

例 3-19 考虑例 3-17 中获得的离散系统状态方程模型，可以采用 d2c() 函数对其反变换，就能得出连续状态方程模型。注意：在 c2d() 函数调用时，无须给出采样周期的值，因为该信息已经包含于离散系统的数学模型中了。

```
>> A=[0,1,0; 0 0 1; -6 -11 -6]; B=[1 0; 2 -1; 0 2]; C=[1 -1 0; 2 1 -1];
   D=zeros(2); G=ss(A,B,C,D); T=0.1; % 输入离散状态方程某些
   Gd=c2d(G,T);      % 为方便起见，重新求取离散状态方程模型
   G1=d2c(Gd)  % 离散状态方程连续化，注意调用函数时不用T
```

可以看出，这样的连续化过程基本上能还原原来的连续系统模型，虽然在计算中可以引入微小的误差，但由于其幅值极小，可以忽略不计。

3.4.2 系统传递函数的获取

假设连续线性系统的状态方程模型为

$$\begin{cases} \dot{\boldsymbol{x}}(t) = \boldsymbol{A}\boldsymbol{x}(t) + \boldsymbol{B}\boldsymbol{u}(t) \\ \boldsymbol{y}(t) = \boldsymbol{C}\boldsymbol{x}(t) + \boldsymbol{D}\boldsymbol{u}(t) \end{cases} \tag{3-30}$$

对该方程两端同时作 Laplace 变换，则可以得出

$$\begin{cases} s\boldsymbol{I}\boldsymbol{X}(s) = \boldsymbol{A}\boldsymbol{X}(s) + \boldsymbol{B}\boldsymbol{U}(s) \\ \boldsymbol{Y}(s) = \boldsymbol{C}\boldsymbol{X}(s) + \boldsymbol{D}\boldsymbol{U}(s) \end{cases} \tag{3-31}$$

其中，$\boldsymbol{I}$ 为单位矩阵，其阶次与矩阵 $\boldsymbol{A}$ 相同。这样从第一个式子可以得出

$$\boldsymbol{X}(s) = (s\boldsymbol{I} - \boldsymbol{A})^{-1}\boldsymbol{B}\boldsymbol{U}(s) \tag{3-32}$$

可以由下面的式子得出等效的系统传递函数矩阵为

$$\boldsymbol{G}(s) = \boldsymbol{Y}(s)\boldsymbol{U}^{-1}(s) = \boldsymbol{C}(s\boldsymbol{I} - \boldsymbol{A})^{-1}\boldsymbol{B} + \boldsymbol{D} \tag{3-33}$$

可以看出，这种变换的难点是求取 $(s\boldsymbol{I} - \boldsymbol{A})$ 矩阵的逆矩阵。已经有各种可靠的算法来完成这样的任务，其中，Fadeev-Fadeeva 算法就是一种能保证较高精度的可靠算法，可以基于该算法更新 MATLAB 的 `poly()` 函数，获得更高精度的解[48]。

如果已知系统的零极点模型，则分别展开其分子和分母中由因式形式表达的多项式，再将分子乘以增益，就可以立即求出系统的传递函数模型。

其实，在 MATLAB 下转换出传递函数模型不必如此烦琐，只需用 G_1=`tf(`G`)` 就可以从给定的系统模型 G 直接取出等效的传递函数模型 G_1，该函数还直接适用于离散系统、多变量系统以及带有时间延迟系统的转换，使用方便。

例 3-20 若系统的状态方程模型如下

$$\boldsymbol{A} = \begin{bmatrix} 0 & 1 & 0 & 0 \\ 0 & 0 & -1 & 0 \\ 0 & 0 & 0 & 1 \\ 0 & 0 & 5 & 0 \end{bmatrix}, \quad \boldsymbol{B} = \begin{bmatrix} 0 \\ 1 \\ 0 \\ -2 \end{bmatrix}, \quad \boldsymbol{C} = [\,1 \quad 0 \quad 0 \quad 0\,]$$

则可以由下面的 MATLAB 语句得出系统的传递函数模型为

$$G_1(s) = \frac{s^2 + 6.928 \times 10^{-14}s - 3}{s^4 - 5s^2}$$

```
>> A=[0,1,0,0; 0,0,-1,0; 0,0,0,1; 0,0,5,0];
   B=[0;1;0;-2]; C=[1,0,0,0]; D=0; G=ss(A,B,C,D); G1=tf(G)
```

该结果由于使用了 MATLAB 自带的 `poly()` 函数，所以在结果上有点误差，若用参考文献 [57] 中给出的 `poly()` 函数取代 MATLAB 的函数，则将得出精确的结果。

3.4.3 控制系统的状态方程实现

由传递函数到状态方程的转换又称为系统的状态方程实现。在不同的状态变量选择下，可以得到不同的状态方程实现。所以说，传递函数到状态方程的转换是不唯一的。

控制系统工具箱中提供了状态方程的实现函数，如果系统模型由 G 给出，则系统的默认状态方程实现可以由 ss(G) 命令立即得出，该函数直接适用于多变量系统的实现，也可以直接对带有时间延迟系统的模型和离散系统模型进行转换.所以，若没有特殊的要求，就可以用该函数进行直接的状态方程实现。

例 3-21 重新考虑例 3-6 中给出的带有时间延迟的传递函数矩阵模型，可以用下面的语句首先输入该传递函数矩阵模型，然后可以用 ss() 函数获得该系统的状态方程实现，如下所示。

```
>> g11=tf(0.1134,[1.78 4.48 1],'ioDelay',0.72);
   g12=tf(0.924,[2.07 1]);
   g21=tf(0.3378,[0.361 1.09 1],'ioDelay',0.3);
   g22=tf(-0.318,[2.93 1],'ioDelay',1.29);
   G=[g11, g12; g21, g22]; % 输入系统的传递函数矩阵模型
   G1=ss(G) % 用此语句就可以默认地获得系统的状态方程模型
```

这样可以得出如下的状态方程某些为

$$\begin{cases}\dot{\boldsymbol{x}}(t)=\begin{bmatrix}-2.5169 & -0.2809 & 0 & 0 & 0 & 0\\ 2 & 0 & 0 & 0 & 0 & 0\\ 0 & 0 & -3.0194 & -0.69252 & 0 & 0\\ 0 & 0 & 4 & 0 & 0 & 0\\ 0 & 0 & 0 & 0 & -0.48309 & 0\\ 0 & 0 & 0 & 0 & 0 & -0.3413\end{bmatrix}\boldsymbol{x}(t)+\begin{bmatrix}0.25 & 0\\ 0 & 0\\ 0.25 & 0\\ 0 & 0\\ 0 & 1\\ 0 & 0.25\end{bmatrix}\begin{bmatrix}u_1(t-0.3)\\ u_2(t)\end{bmatrix}\\ \boldsymbol{z}(t)=\begin{bmatrix}0 & 0.12742 & 0 & 0 & 0.44638 & 0\\ 0 & 0 & 0 & 0.93573 & 0 & -0.43413\end{bmatrix}\boldsymbol{x}(t),\quad \boldsymbol{y}(t)=\begin{bmatrix}z_1(t-0.42)\\ z_2(t-1.29)\end{bmatrix}\end{cases}$$

注意，在该状态方程模型中时间延迟的表示方法。

有了系统的状态方程模型 G_1，用前面介绍的 tf() 函数可以变换回系统的传递函数模型

```
>> G2=tf(G1) % 由状态方程变换回传递函数模型
```

显示多变量的传递函数矩阵是通过子传递函数实现的

$$g_{11}=\frac{0.06371\mathrm{e}^{-0.72s}}{s^2+2.517s+0.5618},\quad g_{21}=\frac{0.9357\mathrm{e}^{-0.3s}}{s^2+3.019s+2.77}$$

$$g_{12}=\frac{0.4464}{s+0.4831},\quad g_{22}=\frac{-0.1085\mathrm{e}^{-1.29s}}{s+0.3413}$$

用数学式子表示，则变换出的传递函数矩阵模型和原传递函数矩阵完全一致。

如果已知系统的传递函数模型

$$G(s)=\frac{b_0s^n+b_1s^{n-1}+\cdots+b_{n-1}s+b_n}{s^n+a_1s^{n-1}+\cdots+a_{n-1}s+a_n} \tag{3-34}$$

单变量系统的有两种常用的实现形式，可控性标准型实现与可观测性标准型实现。

系统的可控性标准型状态方程为

$$
\begin{cases}
\dot{\boldsymbol{x}}(t) = \begin{bmatrix} 0 & 1 & 0 & \cdots & 0 \\ 0 & 0 & 1 & \cdots & 0 \\ \vdots & \vdots & \vdots & \ddots & \vdots \\ 0 & 0 & 0 & \cdots & 1 \\ -a_n & -a_{n-1} & -a_{n-2} & \cdots & -a_1 \end{bmatrix} \boldsymbol{x}(t) + \begin{bmatrix} 0 \\ 0 \\ \vdots \\ 0 \\ 1 \end{bmatrix} u(t) \\
y(t) = [b_n - b_0 a_n, b_{n-1} - b_0 a_{n-1}, \cdots, b_1 - b_0 a_1]\, \boldsymbol{x}(t) + b_0 u(t)
\end{cases}
\tag{3-35}
$$

可观测性标准型实现为

$$
\begin{cases}
\dot{\boldsymbol{x}}(t) = \begin{bmatrix} 0 & 0 & 0 & \cdots & 0 & -a_n \\ 1 & 0 & 0 & \cdots & 0 & -a_{n-1} \\ 0 & 1 & 0 & \cdots & 0 & -a_{n-2} \\ \vdots & \vdots & \vdots & \ddots & \vdots & \vdots \\ 0 & 0 & 0 & \cdots & 1 & -a_1 \end{bmatrix} \boldsymbol{x}(t) + \begin{bmatrix} b_n - b_0 a_n \\ b_{n-1} - b_0 a_{n-1} \\ b_{n-2} - b_0 a_{n-2} \\ \vdots \\ b_1 - b_0 a_1 \end{bmatrix} u(t) \\
y(t) = [0, \ 0, \ 0, \ \cdots, \ 1]\, \boldsymbol{x}(t) + b_0 u(t)
\end{cases}
\tag{3-36}
$$

从上述的结果可以发现，系统的可控性标准型与可观测性标准型是对偶的，即如果系统的可控性标准型为 $(\boldsymbol{A}_\mathrm{c}, \boldsymbol{B}_\mathrm{c}, \boldsymbol{C}_\mathrm{c})$，则其可观测性标准型为 $(\boldsymbol{A}_\mathrm{c}^\mathrm{T}, \boldsymbol{C}_\mathrm{c}^\mathrm{T}, \boldsymbol{B}_\mathrm{c}^\mathrm{T})$。

用 MATLAB 语句编写下面的函数，可以直接获得标准型。该函数还可以处理离散模型和带有时间延迟的系统模型。

```
function Gs=sscanform(G,type)
switch type
case 'ctrl'  % 可控性标准型
   G=tf(G); Gs=[]; G.num{1}=G.num{1}/G.den{1}(1); % 传递函数归一化
   G.den{1}=G.den{1}/G.den{1}(1);
   d=G.num{1}(1); G1=G; G1.ioDelay=0; G1=G1-d;
   num=G1.num{1}; den=G1.den{1};
   n=length(G.den{1})-1;  % 获得系统的阶次
   A=[zeros(n-1,1) eye(n-1); -den(end:-1:2)];
   B=[zeros(n-1,1);1]; C=num(end:-1:2); D=d;
   Gs=ss(A,B,C,D,'Ts',G.Ts,'ioDelay',G.ioDelay);
case 'obsv'  % 可观测性标准型
   Gc=sscanform(G,'ctrl'); % 利用对偶关系
   Gs=ss(Gc.a',Gc.c',Gc.b',Gc.d','Ts',G.Ts,'ioDelay',G.ioDelay);
otherwise
   error('Only options ''ctrl'' and ''obsv'' are applicable.')
end
```

例 3-22 考虑下面给出的连续传递函数模型

$$
G(s) = \frac{2.2s^4 + 23s^3 + 84s^2 + 134s + 76.8}{s^4 + 10s^3 + 35s^2 + 50s + 24} \mathrm{e}^{-1.5s}
$$

可以采用下面的命令立即得出可观测性标准型模型

```
>> G=tf([2.2 23 84 134 76.8],[1 10 35 50 24],'ioDelay',1.5); G=sscanform(G,'obsv')
```

得出的可观测标准型为

$$\begin{cases} \dot{\boldsymbol{x}}(t) = \begin{bmatrix} 0 & 0 & 0 & -24 \\ 1 & 0 & 0 & -50 \\ 0 & 1 & 0 & -35 \\ 0 & 0 & 1 & -10 \end{bmatrix} \boldsymbol{x}(t) + \begin{bmatrix} 24 \\ 24 \\ 7 \\ 1 \end{bmatrix} u(t-1.5) \\ y(t) = \begin{bmatrix} 0 & 0 & 0 & 1 \end{bmatrix} \boldsymbol{x}(t) + 2.2u(t-1.5) \end{cases}$$

多变量系统也有各种各样的标准型实现，如 Luenberger 标准型等，该标准型及相关的算法将在第 4.1.3 节中介绍。

3.4.4 状态方程的最小实现

例 3-23 在介绍系统的最小实现之前，先考虑传递函数

$$G(s) = \frac{5s^3 + 30s^2 + 55s + 30}{s^4 + 10s^3 + 35s^2 + 50s + 24}$$

如果不对之进行任何变换，则不能发现该模型可能有哪些特点。现在对该模型进行转换，例如可以直接得到零极点模型为

$$G = \frac{5(s+3)(s+2)(s+1)}{(s+4)(s+3)(s+2)(s+1)}$$

```
>> G=tf([5 30 55 30],[1 10 35 50 24]); zpk(G)
```

从零极点模型可以发现，系统在 $s=-1,-2,-3$ 处有相同的零极点，在数学上它们直接就可以对销，以达到对原始模型的化简。经过这样的化简，就可以得出一个一阶模型 $G_{\rm r}(s) = 5/(s+4)$，该系统和原始的系统完全相同。

上面介绍的完全对销相同零极点后的系统模型又称为最小实现 (minimum realization) 模型。对单变量系统来说，可以将其转换成零极点形式，对销掉共同的零点和极点，就可以对原始系统进行化简，获得系统的最小实现模型。若系统模型为多变量模型，则很难通过这样的方法获得最小实现模型，这时可以借助于控制系统工具箱中提供的 minreal() 函数来获得系统的最小实现模型。

例 3-24 假设系统的状态方程模型为

$$\boldsymbol{A} = \begin{bmatrix} -6 & -1.5 & 2 & 4 & 9.5 \\ -6 & -2.5 & 2 & 5 & 12.5 \\ -5 & 0.25 & -0.5 & 3.5 & 9.75 \\ -1 & 0.5 & 0 & -1 & 1.5 \\ -2 & -1 & 1 & 2 & 3 \end{bmatrix}, \ \boldsymbol{B} = \begin{bmatrix} 6 & 4 \\ 5 & 5 \\ 3 & 4 \\ 0 & 2 \\ 3 & 1 \end{bmatrix}, \ \boldsymbol{C} = \begin{bmatrix} 2 & 0.75 & -0.5 & -1.5 & -2.75 \\ 0 & -1.25 & 1.5 & 1.5 & 2.25 \end{bmatrix}$$

这样可以输入系统的状态方程模型，并得出其最小实现模型

```
>> A=[-6,-1.5,2,4,9.5; -6,-2.5,2,5,12.5; -5,0.25,-0.5,3.5,9.75;
     -1, 0.5, 0, -1, 1.5;  -2, -1, 1, 2, 3]; % 输入 A 矩阵
   B=[6,4; 5,5; 3,4; 0,2; 3,1]; D=zeros(2);
   C=[2,0.75,-0.5,-1.5,-2.75; 0,-1.25,1.5,1.5,2.25];
```

```
G=ss(A,B,C,D); G1=minreal(G)   % 求取系统的最小实现模型
```

在最小实现模型求取的过程中，销去了 2 个状态变量，使得原始的状态方程模型简化成一个 3 阶状态方程模型

$$\begin{cases} \dot{z}(t) = \begin{bmatrix} -2.1685 & -1.9667 & 0.1868 \\ 0.1554 & -0.1811 & -0.2789 \\ 0.1403 & 1.6135 & -1.6504 \end{bmatrix} z(t) + \begin{bmatrix} -7.9073 & -5.5002 \\ 3.2279 & 2.5063 \\ 2.4609 & 5.0465 \end{bmatrix} \boldsymbol{u}(t) \\ \boldsymbol{y}(t) = \begin{bmatrix} -0.8326 & -0.1501 & -0.0403 \\ -0.3842 & 0.2764 & 0.4348 \end{bmatrix} z(t) \end{cases}$$

这样可以得出关于状态变量 $z(t)$ 的状态方程模型，该模型即原来的 5 阶多变量系统的最小实现模型，应该指出的是，经过最小实现变换，就失去了原来状态变量的物理意义。

3.5 线性系统的模型降阶

前面介绍了系统模型的最小实现问题及其 MATLAB 语言求解，用最小实现方法可以对销掉位于相同位置的系统零极点，得到对原始模型的精确简化。如果一个高阶模型不能被最小实现方法降低阶次，有没有什么办法对其进行某种程度的近似，以获得一个低阶的近似模型，这是模型降阶技术需要解决的问题。

控制系统的模型降阶问题是首先在 1966 年由 Edward J. Davison 提出的[59]，经过几十年的发展，出现了各种各样的降阶算法及应用领域。本节将介绍几种有代表性的模型降阶算法及其 MATLAB 实现，并通过例子演示这些方法的效果。

3.5.1 Padé 降阶算法与 Routh 降阶算法

假设系统的原始模型由式 (3-2) 给出，模型降阶所要解决的问题是获得如下所示的传递函数模型

$$G_{r/k}(s) = \frac{\beta_1 s^r + \beta_2 s^{r-1} + \cdots + \beta_{r+1}}{\alpha_1 s^k + \alpha_2 s^{k-1} + \cdots + \alpha_k s + \alpha_{k+1}} \tag{3-37}$$

其中，$k < n$。为简单起见，仍需假设 $\alpha_{k+1} = 1$。

假设原始模型 $G(s)$ 的 Maclaurin 级数可以写成

$$G(s) = c_0 + c_1 s + c_2 s^2 + \cdots \tag{3-38}$$

其中，c_i 为系统的时间矩量，可以由递推式子求出[60]

$$c_0 = b_{k+1}, \quad 且 \;\; c_i = b_{k+1-i} - \sum_{j=0}^{i-1} c_j a_{n+1-i+j}, \quad i = 1, 2, \cdots \tag{3-39}$$

若系统 $G(s)$ 由状态方程给出，还可以用下面的式子求出 Maclaurin 级数的系数为

$$c_i = \frac{1}{i!} \frac{\mathrm{d}^i G(s)}{\mathrm{d} s^i} \bigg|_{s=0} = -\boldsymbol{C}\boldsymbol{A}^{-(i+1)}\boldsymbol{B}, \quad i = 0, 1, \cdots \tag{3-40}$$

作者编写了 `c=timmomt(G,k)` 函数，可以用来求取系统 G 的前 k 个时间矩量，这些矩量由向量 $\boldsymbol{c}$ 返回，该函数清单为

```
function M=timmomt(G,k)
G=ss(G); C=G.c; B=G.b; iA=inv(G.a); iA1=iA; M=zeros(1,k);
for i=1:k, M(i)=-C*iA1*B; iA1=iA*iA1; end
```

若想让降阶模型保留原始模型的前 $r+k+1$ 个时间矩量 c_i $(i=0,\cdots,r+k)$，将式 (3-38) 代入式 (3-37)，并比较 s 的相同幂次项的系数，则可以列写出下面的等式[61]

$$\left\{\begin{array}{l}\beta_{r+1}=c_0\\ \beta_r=c_1+\alpha_k c_0\\ \qquad\vdots\\ \beta_1=c_r+\alpha_k c_{r-1}+\cdots+\alpha_{k-r+1}c_0\\ 0=c_{r+1}+\alpha_k c_r+\cdots+\alpha_{k-r}c_0\\ 0=c_{r+2}+\alpha_k c_{r+1}+\cdots+\alpha_{k-r-1}c_0\\ \qquad\vdots\\ 0=c_{k+r}+\alpha_k c_{k+r-1}+\cdots+\alpha_2 c_{r+1}+\alpha_1 c_r\end{array}\right. \tag{3-41}$$

由式 (3-41) 中的后 k 项可以建立起下面的关系式

$$\begin{bmatrix}c_r & c_{r-1} & \cdots & .\\ c_{r+1} & c_r & \cdots & .\\ \vdots & \vdots & \ddots & \vdots\\ c_{k+r-1} & c_{k+r-2} & \cdots & c_r\end{bmatrix}\begin{bmatrix}\alpha_k\\ \alpha_{k-1}\\ \vdots\\ \alpha_1\end{bmatrix}=-\begin{bmatrix}c_{r+1}\\ c_{r+2}\\ \vdots\\ c_{k+r}\end{bmatrix} \tag{3-42}$$

可见，若 c_i 已知，则可以通过线性代数方程求解的方法立即解出降阶模型的分母多项式系数 α_i。再由式 (3-41) 中的前 $r+1$ 个式子可以列写出求解降阶模型分子多项式系数 β_i 的表达式为

$$\begin{bmatrix}\beta_{r+1}\\ \beta_r\\ \vdots\\ \beta_1\end{bmatrix}=\begin{bmatrix}c_0 & 0 & \cdots & 0\\ c_1 & c_0 & \cdots & 0\\ \vdots & \vdots & \ddots & \vdots\\ c_r & c_{r-1} & \cdots & c_0\end{bmatrix}\begin{bmatrix}1\\ \alpha_k\\ \vdots\\ \alpha_{k-r+1}\end{bmatrix} \tag{3-43}$$

上述算法可以用 MATLAB 语言很容易地编写出来求解函数 `pademod()`，用来直接求解 Padé 降阶模型的问题，该函数的内容如下：

```
function G_r=pademod(G_Sys,r,k)
c=timmomt(G_Sys,r+k+1); G_r=pade_app(c,r,k);
```

其中，`G_Sys` 和 `G_r` 分别为原始模型和降阶模型；r,k 分别为期望降阶模型的分子和分母阶次。该函数还调用了对系统时间矩量作 Padé 近似的函数 `pade_app()`，其清单为

```
function Gr=pade_app(c,r,k)
w=-c(r+2:r+k+1)'; vv=[c(r+1:-1:1)'; zeros(k-1-r,1)];
W=rot90(hankel(c(r+k:-1:r+1),vv)); V=rot90(hankel(c(r:-1:1)));
```

```
x=[1 (W\w)']; dred=x(k+1:-1:1)/x(k+1);
y=[c(1) x(2:r+1)*V'+c(2:r+1)]; nred=y(r+1:-1:1)/x(k+1);
Gr=tf(nred,dred);
```

其中，c 为给定的时间矩量；G_r 为得出的 Padé 近似模型。

例 3-25 试得出传递函数模型 $G(s)=\dfrac{s^3+7s^2+11s+5}{s^4+7s^3+21s^2+37s+30}$ 的二阶 Padé 降阶模型。由下面的语句可以立即得出一个二阶降阶模型

```
>> G=tf([1,7,11,5],[1,7,21,37,30]);
   Gr=pademod(G,1,2)    % 这样可以得出降阶模型
   step(G,'-',Gr,'--'), figure, bode(G,'-',Gr,'--')  % 模型比较
```

系统的 Padé 降阶模型为 $G_r(s)=\dfrac{0.8544s+0.6957}{s^2+1.091s+4.174}$。原始模型和降阶模型的阶跃响应和 Bode 图比较在图 3-14a、b 中给出。可见，这样得出的降阶模型可以保持原模型的部分特色。第 4 章将详细介绍系统的阶跃响应和 Bode 图等概念。

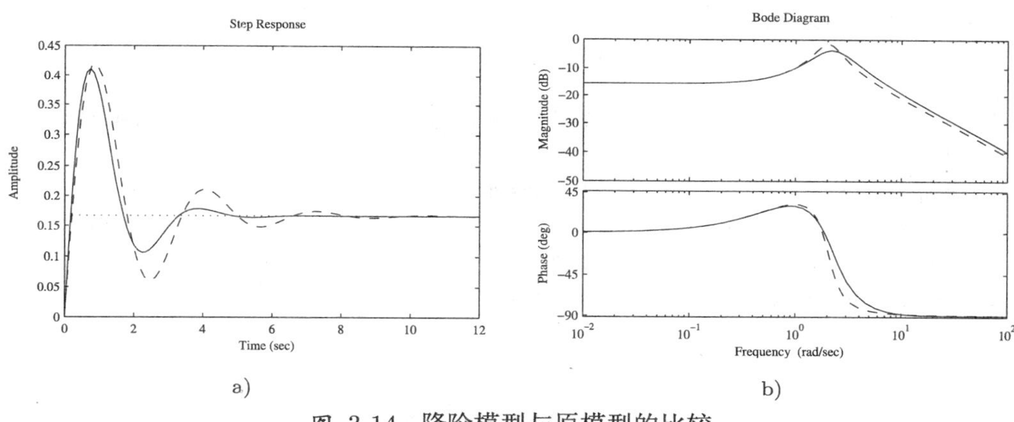

图 3-14 降阶模型与原模型的比较

a) 阶跃响应比较　　b) Bode 图比较

从上面的例子可以看出，给定一个原始模型，可以很容易得到降阶模型。在第 4 章将用例子来演示该降阶模型在时域和频域下都能很好地近似原来的四阶模型。下面将给出此算法的一个反例。

例 3-26 假设原始模型为

$$G(s)=\frac{0.067s^5+0.6s^4+1.5s^3+2.016s^2+1.55s+0.6}{0.067s^6+0.7s^5+3s^4+6.67s^3+7.93s^2+4.63s+1}$$

用下面的语句可以输入 $G(s)$，并得出其零极点模型为

```
>> num=[0.067,0.6,1.5,2.016,1.66,0.6];
   den=[0.067 0.7 3 6.67 7.93 4.63 1]; G=tf(num,den); zpk(G)
```

其零极点模型为

$$G(s)=\frac{(s+5.92)(s+1.221)(s+0.897)(s^2+0.9171s+1.381)}{(s+2.805)(s+1.856)(s+1.025)(s+0.501)(s^2+4.261s+5.582)}$$

显然，该模型是稳定的。利用前面给出的 Padé 降阶算法，可以由下面的语句得出三阶降阶模型，并得出零极点模型为

```
>> Gr=pademod(G,1,3); zpk(Gr)
```

可以得出降阶模型为 $G_{\rm r}(s)=\dfrac{-0.6328(s+0.7695)}{(s-2.598)(s^2+1.108s+0.3123)}$。可见降阶模型是不稳定的，这意味着 Padé 降阶算法并不能保持原系统的稳定性，故有时该算法失效。

由于 Padé 降阶算法有时并不能保持原降阶模型的稳定性，所以 Hutton 提出了基于稳定性考虑的降阶算法[62]，即利用 Routh 因子的近似方法，该方法总能得出渐近稳定的降阶模型。限于篇幅，本书不给出具体算法。

作者编写了基于 Routh 算法降阶的函数 routhmod()，其内容为

```
function G_r=routhmod(G_Sys,nr)
num=G_Sys.num{1}; den=G_Sys.den{1}; n0=length(den); n1=length(num);
a1=den(end:-1:1); b1=[num(end:-1:1) zeros(1,n0-n1-1)];
for k=1:n0-1,
   k1=k+2; alpha(k)=a1(k)/a1(k+1); beta(k)=b1(k)/a1(k+1);
   for i=k1:2:n0-1,
      a1(i)=a1(i)-alpha(k)*a1(i+1); b1(i)=b1(i)-beta(k)*a1(i+1);
end, end
nn=[]; dd=[1]; nn1=beta(1); dd1=[alpha(1),1]; nred=nn1; dred=dd1;
for i=2:nr,
   nred=[alpha(i)*nn1, beta(i)]; dred=[alpha(i)*dd1, 0];
   n0=length(dd); n1=length(dred); nred=nred+[zeros(1,n1-n0),nn];
   dred=dred+[zeros(1,n1-n0),dd];
   nn=nn1; dd=dd1; nn1=nred; dd1=dred;
end
G_r=tf(nred(nr:-1:1),dred(end:-1:1));
```

其中，G_Sys 与 G_r 为原始模型与降阶模型；而 nr 为指定的降阶阶次。注意，用 Routh 算法得出的降阶模型分子阶次总是比分母阶次少 1。

例 3-27 考虑例 3-26 给出的原始传递函数模型，可以由下面的 Routh 算法函数直接获得稳定的三阶降阶模型。

```
>> num=[0.067,0.6,1.5,2.016,1.66,0.6];
   den=[0.067 0.7 3 6.67 7.93 4.63 1]; G=tf(num,den);
   Gr=zpk(routhmod(G,3))       % 获得降阶模型，并导出其零极点格式
   step(G,'-',Gr,'--'), figure, bode(G,'-',Gr,'--')  % 模型比较
```

可以得出系统降阶模型如下，其阶跃响应和 Bode 图比较等如图 3-15a、b 所示。可见，Routh 降阶模型的效果不是很理想。

$$G_{\rm r}(s)=\frac{0.37792(s^2+0.9472s+0.3423)}{(s+0.4658)(s^2+1.15s+0.463)}$$

尽管 Routh 算法可以保持降阶模型的稳定性，但一般认为时域、频域拟合效果是不令人满意的，所以还可以采用主导模态算法[63]、脉冲能量近似方法[64]等。

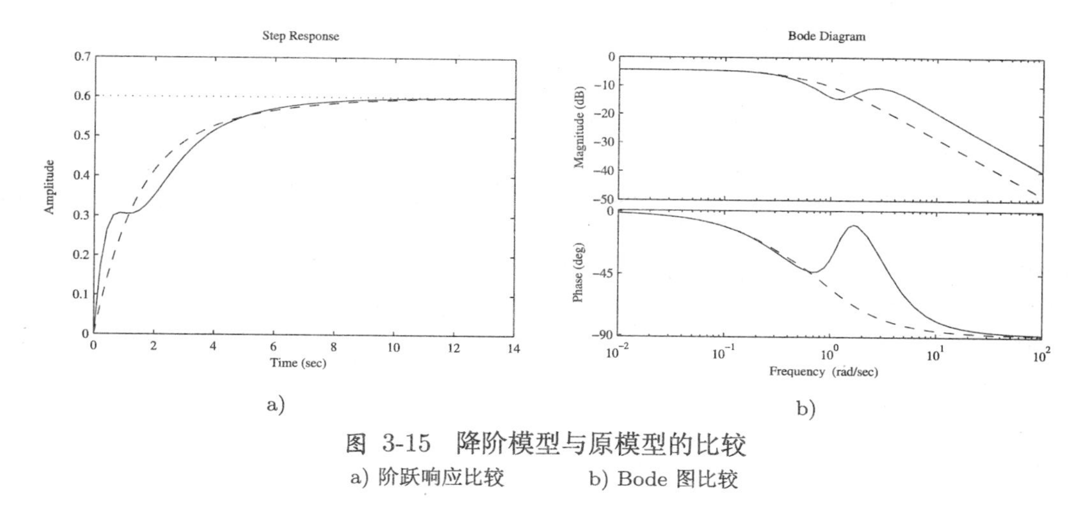

图 3-15 降阶模型与原模型的比较

a) 阶跃响应比较　　b) Bode 图比较

3.5.2 时间延迟模型的 Padé 近似

类似于 Padé 模型降阶算法，Padé 近似技术还可以用于带有时间延迟模型的降阶研究，假设已知纯时间延迟项 $\mathrm{e}^{-\tau s}$ 的 k 阶传递函数模型为

$$P_{k,\tau}(s)=\frac{1-\tau s/2+p_2(\tau s)^2-p_3(\tau s)^3+\cdots+(-1)^{n+1}p_n(\tau s)^k}{1+\tau s/2+p_2(\tau s)^2+p_3(\tau s)^3+\cdots+p_n(\tau s)^k} \tag{3-44}$$

MATLAB 控制系统工具箱提供了一个 `pade()` 函数，可以求取纯时间延迟的 Padé 近似，该函数的调用格式为 $[\boldsymbol{n},\boldsymbol{d}]$=pade($\tau$,$k$)，其中，$\tau$ 为延迟时间常数，k 为近似的阶次，得出的 $\boldsymbol{n}$ 和 $\boldsymbol{d}$ 为有理近似的分子和分母多项式系数向量。在这样的近似方法中，分子与分母是同阶次多项式。

现在考虑分子的阶次可以独立地选择的情况。对纯时间延迟项可以立即用 Maclaurin 级数近似为

$$\mathrm{e}^{-\tau s}=1-\frac{1}{1!}\tau s+\frac{1}{2!}\tau^2s^2-\frac{1}{3!}\tau^3s^3+\cdots \tag{3-45}$$

该式类似于式 (3-38) 中的时间矩量表达式，故可以用同样的 Padé 算法得出纯时间延迟的有理近似。作者编写的 MATLAB 函数 `paderm()` 可以直接求取任意选择分子、分母阶次的 Padé 近似系数。该函数的内容为

```
function [n,d]=paderm(tau,r,k)
c(1)=1; for i=2:r+k+1, c(i)=-c(i-1)*tau/(i-1); end
Gr=pade_app(c,r,k); n=Gr.num{1}(k-r+1:end); d=Gr.den{1};
```

其中，分子阶次 r 和分母阶次 k 可以任意选定，返回的分子和分母系数向量 $\boldsymbol{n}$ 和 $\boldsymbol{d}$ 可以直接得出。

例 3-28 考虑纯时间延迟模型 $G(s)=\mathrm{e}^{-s}$，可以用下面的语句得出 Padé 近似模型为

```
>> tau=1; [n1,d1]=pade(tau,3); G1=tf(n1,d1)
   [n2,d2]=paderm(tau,1,3); G2=tf(n2,d2)
```

用这两种方法可以得出不同的近似模型为

$$G_1(s)=\frac{-s^3+12s^2-60s+120}{s^3+12s^2+60s+120},\quad G_2(s)=\frac{-6s+24}{s^3+6s^2+18s+24}$$

例 3-29 考虑带有时间延迟的原始传递函数模型 $G(s)=\dfrac{3s+1}{(s+1)^3}\mathrm{e}^{-2s}$，对纯时间延迟进行 Maclaurin 幂级数展开，则可以得出整个传递函数的时间矩量，从而得出其 Padé 近似

```
>> cd=[1]; tau=2; for i=1:5, cd(i+1)=-tau*cd(i)/i; end;
   G=tf([3,1],[1,3,3,1]); c=timmomt(G,5); G.ioDelay=2;
   c_hat=conv(c,cd); Gr=zpk(pade_app(c_hat,1,3))
   step(G,'-',Gr,'--')
```

可以得出系统的降阶模型如下，其阶跃响应的比较在图 3-16 中给出。

$$G(s)=\frac{0.20122(s+0.04545)}{(s+0.04546)(s^2+0.4027s+0.2012)}$$

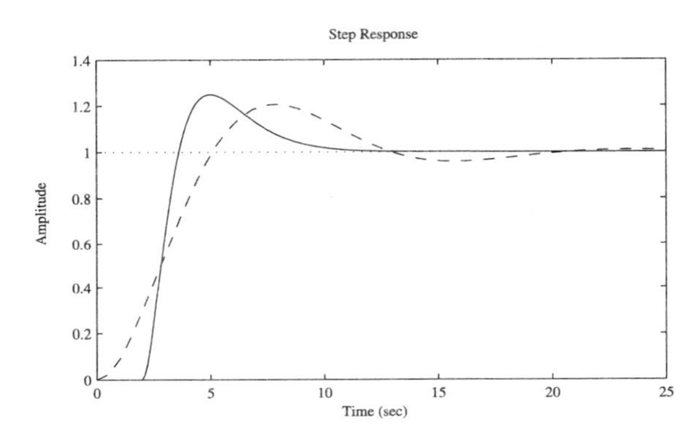

图 3-16 降阶模型与原模型的阶跃响应比较

3.5.3 带有时间延迟系统的次最优降阶算法

1. 降阶模型的降阶效果

对降阶效果可能有各种各样的定义和指标，但最直观的是按图 3-17 中给出的形式定义出降阶误差信号 $e(t)$，根据该误差信号，可以定义出一些指标，如 $J_{\mathrm{ISE}}=\int_0^\infty e^2(t)\,\mathrm{d}t$，将其定义为目标函数，对其最小化，得出最优降阶模型。

假设带有时间延迟的原始模型为

$$G(s)\mathrm{e}^{-Ts}=\frac{b_1s^{n-1}+\cdots+b_{n-1}s+b_n}{s^n+a_1s^{n-1}+\cdots+a_{n-1}s+a_n}\mathrm{e}^{-Ts} \tag{3-46}$$

则降阶模型可以写成

$$G_{r/k}(s)\mathrm{e}^{-\tau s}=\frac{\beta_1s^r+\cdots+\beta_rs+\beta_{r+1}}{s^k+\alpha_1s^{k-1}+\cdots+\alpha_{k-1}s+\alpha_k}\mathrm{e}^{-\tau s} \tag{3-47}$$

降阶误差信号的 Laplace 变换表达式为

$$E(s)=\left[G(s)\mathrm{e}^{-Ts}-G_{r/m}(s)\mathrm{e}^{-\tau s}\right]R(s) \tag{3-48}$$

其中，$R(s)$ 为输入信号 $r(t)$ 的 Laplace 变换式。

2. 次最优模型降阶算法

利用最优化算法进行模型降阶的思路是很直观的。由前面定义的误差信号 $e(t)$，可以前面定义的 J_{ISE} 目标函数，通过参数最优化的方式寻优，找出降阶模型。对目标函数还可以进一步处理，例如对误差信号进行加权，引入新的误差信号 $h(t)=w(t)e(t)$，则可以定义出新的 ISE 指标。

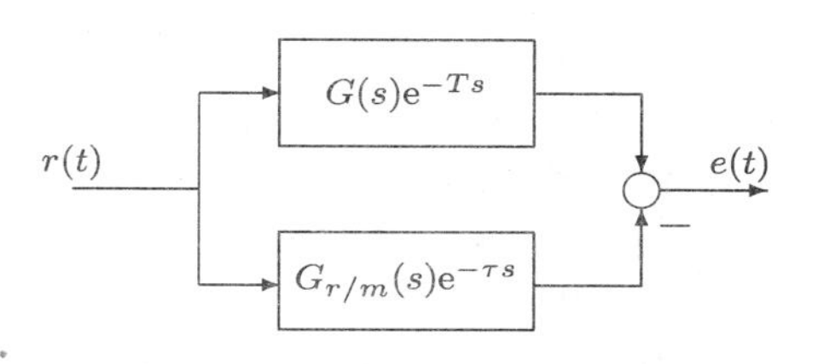

图 3-17 模型降阶误差信号

$$\sigma_{\mathrm{h}}^2=\int_0^\infty h^2(t)\,\mathrm{d}t=\int_0^\infty w^2(t)e^2(t)\,\mathrm{d}t \tag{3-49}$$

若 $H(s)$ 为稳定的有理函数，则目标函数的值可以由 Åström 递推算法[66]或 Lyapunov 方程求解。如果降阶模型或原始模型中含有时间延迟项，则用 Åström 算法不能直接求解，需要对延迟项采用 Padé 近似。因为对延迟系统采用近似的最优化来求解的，所以这里称之为次最优降阶算法[65]。如果不含有延迟项，则称为最优降阶算法。

定义待定参数向量 $\boldsymbol{\theta}=(\alpha_1,\cdots,\alpha_m,\beta_1,\cdots,\beta_{r+1},\tau)$，则对一类给定输入信号可以定义出降阶模型的误差信号 $\widehat{e}(t,\boldsymbol{\theta})$，其中误差信号被显式地写成 $\boldsymbol{\theta}$ 的函数，这样可以定义出一个次最优降阶的目标函数为

$$J=\min_{\boldsymbol{\theta}}\left[\int_0^\infty w^2(t)\widehat{e}^2(t,\boldsymbol{\theta})\,\mathrm{d}t\right] \tag{3-50}$$

作者编写了 MATLAB 函数 opt_app()，可以用于求解带有时间延迟系统的次最优降阶模型，该函数的内容为

```
function G_r=opt_app(G_Sys,r,k,key,G0)
GS=tf(G_Sys); num=GS.num{1}; den=GS.den{1};
Td=totaldelay(GS); GS.ioDelay=0; GS.InputDelay=0;GS.OutputDelay=0;
if nargin<5,
   n0=[1,1]; for i=1:k-2, n0=conv(n0,[1,1]); end
   G0=tf(n0,conv([1,1],n0));
end
beta=G0.num{1}(k+1-r:k+1); alph=G0.den{1}; Tau=1.5*Td;
x=[beta(1:r),alph(2:k+1)]; if abs(Tau)<1e-5, Tau=0.5; end
dc=dcgain(GS); if key==1, x=[x,Tau]; end
y=opt_fun(x,GS,key,r,k,dc);
x=fminsearch('opt_fun',x,[],GS,key,r,k,dc);
alph=[1,x(r+1:r+k)]; beta=x(1:r+1); if key==0, Td=0; end
```

```
beta(r+1)=alph(end)*dc; if key==1, Tau=x(end)+Td; else, Tau=0; end
G_r=tf(beta,alph,'ioDelay',Tau);
```

其中，G_Sys 和 G_r 为原始模型和降阶模型；r, k 为降阶模型的分子分母阶次；key 表明在降阶模型中是否需要延迟项；G0 为最优化初值，可以忽略。该函数中调用的 opt_fun() 函数用于描述目标函数，其清单为

```
function y=opt_fun(x,G,key,r,k,dc)
ff0=1e10; a=[1,x(r+1:r+k)]; b=x(1:r+1); b(end)=a(end)*dc; g=tf(b,a);
if key==1, tau=x(end);
   if tau<=0, tau=eps; end, [n,d]=pade(tau,3); gP=tf(n,d);
else, gP=1; end
G_e=G-g*gP; G_e.num{1}=[0,G_e.num{1}(1:end-1)];
[y,ierr]=geth2(G_e); if ierr==1, y=10*ff0; else, ff0=y; end
% 子函数 geth2
function [v,ierr]=geth2(G)
G=tf(G); num=G.num{1}; den=G.den{1}; ierr=0; v=0; n=length(den);
if abs(num(1))>eps
   disp('System not strictly proper');
   ierr=1; return
else, a1=den; b1=num(2:length(num)); end
for k=1:n-1
  if (a1(k+1)<=eps), ierr=1; return
  else,
     aa=a1(k)/a1(k+1); bb=b1(k)/a1(k+1); v=v+bb*bb/aa; k1=k+2;
     for i=k1:2:n-1
        a1(i)=a1(i)-aa*a1(i+1); b1(i)=b1(i)-bb*a1(i+1);
end, end, end
v=sqrt(0.5*v);
```

例 3-30 已知原始系统的传递函数模型[67]

$$G(s)=\frac{1+8.8818s+29.9339s^2+67.087s^3+80.3787s^4+68.6131s^5}{1+7.6194s+21.7611s^2+28.4472s^3+16.5609s^4+3.5338s^5+0.0462s^6}$$

用下面的语句可以得出该模型的最优降阶模型

```
>> num=[68.6131,80.3787,67.087,29.9339,8.8818,1];
   den=[0.0462,3.5338,16.5609,28.4472,21.7611,7.6194,1]; G=tf(num,den);
   Gr=zpk(opt_app(G,2,3,0)), Gr1=routhmod(G,3);
   c=timmomt(G,6); Gr2=pade_app(c,2,3)
   step(G,'-',Gr,':',Gr1,'--',5), figure, bode(G,'-',Gr,':',Gr1,'--')
```

则可以得出各个降阶模型如下。可见 Padé 降阶模型是不稳定的，最优降阶模型、Routh 近似模型与原模型的阶跃响应和 Bode 图比较分别由图 3-18a、b 给出。可见，最优降阶模型曲线和原模

型几乎重合，远远优于 Routh 降阶模型。

$$G_{\mathrm{r}}(s)=\frac{1524s^2+532.1s+378.1}{s^3+78.72s^2+294.8s+378.1},\quad G_{\mathrm{r1}}(s)=\frac{1.342s^2+0.4104s+0.0462}{s^3+0.9642s^2+0.352s+0.0462}$$

$$G_{\mathrm{r2}}(s)=\frac{-0.7939s^2-0.2821s-0.03071}{s^3-0.5312s^2-0.2433s-0.03071}$$

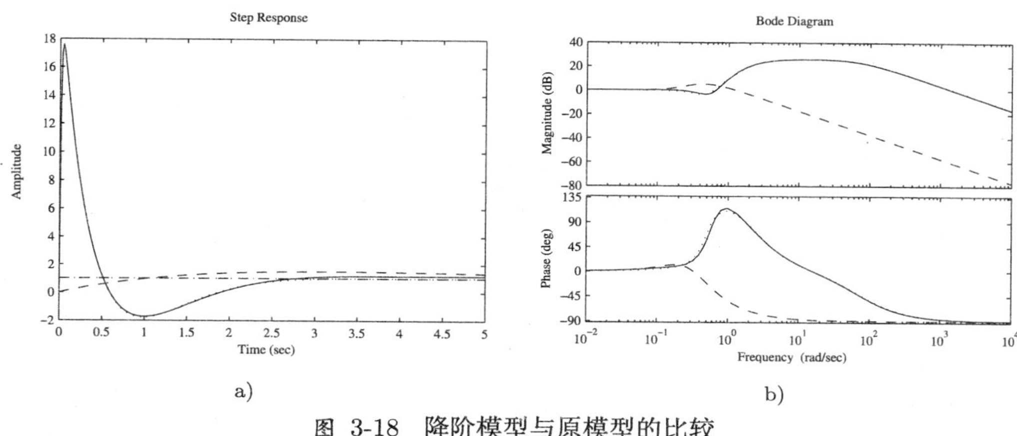

图 3-18 降阶模型与原模型的比较

a) 阶跃响应比较　　b) Bode 图比较

例 3-31 考虑系统模型[68]

$$G(s)=\frac{432}{(5s+1)(2s+1)(0.7s+1)(s+1)(0.4s+1)}$$

由下面的 MATLAB 语句则可以得出带有延迟的次最优降阶模型

```
>> den=conv(conv(conv(conv([5 1],[2,1]),[0.7,1]),[1,1]),[0.4,1]);
   G=tf(432,den); Gr=zpk(opt_app(G,0,2,1)), step(G,'-',Gr,'--')
```

可以得出带有延迟的最优降阶模型为 $G_{\mathrm{r}}(s)=\dfrac{31.4907}{(s+0.3283)(s+0.222)}\mathrm{e}^{-1.5s}$。降阶模型和原模型的阶跃响应比较在图 3-19 中给出，可见，降阶模型很接近原始模型。

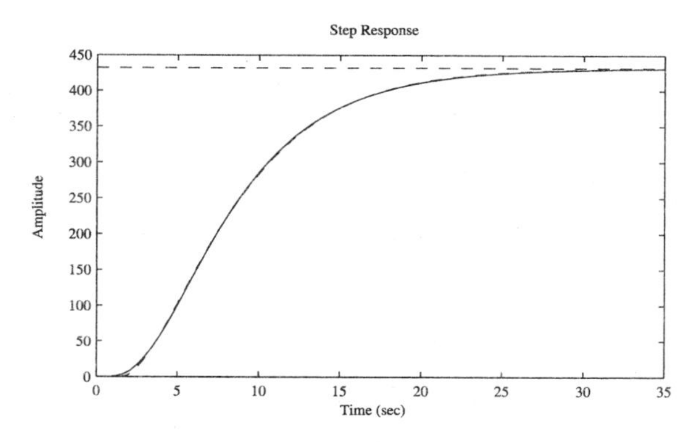

图 3-19 降阶模型与原模型的阶跃响应比较

3.6 线性系统的模型辨识

前面介绍的方法均是假定线性系统的数学模型已知而展开介绍的，这些数学模型往往可以通过已知规律推导得出。但在实际应用中并不是所有的受控对象都可以推导出数学模型的，很多受控对象甚至连系统的结构都是未知的，所以需要从实测的系统输入输出数据或其他数据，用数值的手段重构其数学模型，这样的办法称为系统辨识。

3.6.1 连续系统的模型辨识

要对连续线性系统进行辨识，首先需要已知系统的频域响应数据。由频率响应数据来辨识系统模型的想法起源于 Levy 的复数曲线拟合方法[69]，对下面给定的离散频率采样点 $\{\omega_i\}$，$i=1,2,\cdots,N$，假定已经测试出系统的频率响应数据为 $\{P_i,Q_i\}$，其中，$\widehat{G}(\mathrm{j}\omega_i)=P_i+\mathrm{j}Q_i$，对连续系统传递函数

$$G(s)=\frac{\beta_0+\beta_1 s+\beta_2 s^2+\cdots+\beta_r s^r}{1+\alpha_1 s+\alpha_2 s^2+\cdots+\alpha_m s^m} \tag{3-51}$$

来说，可以简单地得出

$$G(\mathrm{j}\omega)=\frac{\beta_0+\beta_1\mathrm{j}\omega+\cdots+\beta_r(\mathrm{j}\omega)^r}{1+\alpha_1\mathrm{j}\omega+\cdots+\alpha_m(\mathrm{j}\omega)^m}=\frac{B_1(\omega)+\mathrm{j}B_2(\omega)}{A_1(\omega)+\mathrm{j}A_2(\omega)} \tag{3-52}$$

其中

$$B_1(\omega)=\beta_0-\beta_2\omega^2+\cdots=\sum_{i=0}^{[r/2]}(-1)^i\beta_{2i}\omega^{2i} \tag{3-53}$$

$$B_2(\omega)=\beta_1\omega-\beta_3\omega^3+\cdots=\sum_{i=0}^{[(r-1)/2]}(-1)^i\beta_{2i+1}\omega^{2i+1} \tag{3-54}$$

$$A_1(\omega)=\alpha_0-\alpha_2\omega^2+\cdots=\sum_{i=0}^{[m/2]}(-1)^i\alpha_{2i}\omega^{2i} \tag{3-55}$$

$$A_2(\omega)=\alpha_1\omega-\alpha_3\omega^3+\cdots=\sum_{i=0}^{[m/2]}(-1)^i\alpha_{2i+1}\omega^{2i+1} \tag{3-56}$$

则可以由下面几个表达式定义一些中间数值

$$\lambda_i=\sum_{k=1}^{N}\omega_k^i,\quad S_i=\sum_{k=1}^{N}\omega_k^iP_k,\quad T_i=\sum_{k=1}^{N}\omega_k^iQ_k,\quad U_i=\sum_{k=1}^{N}\omega_k^i[P_k^2+Q_k^2] \tag{3-57}$$

并引入拟合的性能指标

$$J=\sum_{k=1}^{N}\mid D(\mathrm{j}\omega_k)e(\mathrm{j}\omega_k)\mid^2 \tag{3-58}$$

其中，$e(\mathrm{j}\omega_k)=G(\mathrm{j}\omega_k)-\widehat{G}(\mathrm{j}\omega_k)$ 为频率拟合的误差，且 $G(\mathrm{j}\omega_k)$ 为从辨识出来的模型计算出来的频率响应数据，并假定 $\{D(\mathrm{j}\omega_k)\}$ 为加权系数，则可以看出，如果对性能指标取各

个参数的导数，并假定它们为 0，即

$$\frac{\partial J}{\partial \beta_i}=0,\ i=0,\cdots,r;\quad \text{且}\ \frac{\partial J}{\partial \alpha_i}=0,\ i=1,\cdots,m \tag{3-59}$$

则可以获得性能指标 J 的最小值。由式 (3-59) 可以推导出下面的线性代数方程

$$\boldsymbol{\varGamma X}=\boldsymbol{B} \tag{3-60}$$

其中

$$\boldsymbol{\varGamma}=\begin{bmatrix} \lambda_0 & 0 & -\lambda_2 & 0 & \lambda_4 & \cdots & T_1 & S_2 & -T_3 & -S_4 & T_5 & \cdots \\ 0 & \lambda_2 & 0 & -\lambda_4 & 0 & \cdots & -S_2 & T_3 & S_4 & -T_5 & -S_6 & \cdots \\ -\lambda_2 & 0 & \lambda_4 & 0 & -\lambda_6 & \cdots & -T_3 & -S_4 & T_5 & S_6 & -T_7 & \cdots \\ 0 & -\lambda_4 & 0 & \lambda_6 & 0 & \cdots & S_4 & -T_5 & -S_6 & T_7 & S_8 & \cdots \\ \lambda_4 & 0 & -\lambda_6 & 0 & \lambda_8 & \cdots & T_5 & S_6 & -T_7 & -S_8 & T_9 & \cdots \\ \vdots & & & & & \ddots & & & & & & \\ T_1 & -S_2 & -T_3 & S_4 & T_5 & \cdots & U_2 & 0 & -U_4 & 0 & U_6 & \cdots \\ S_2 & T_3 & -S_4 & -T_5 & S_6 & \cdots & 0 & U_4 & 0 & -U_5 & 0 & \cdots \\ -T_3 & S_4 & T_5 & -S_6 & -T_7 & \cdots & -U_4 & 0 & U_6 & 0 & -U_8 & \cdots \\ -S_4 & -T_5 & S_6 & T_7 & -S_8 & \cdots & 0 & -U_6 & 0 & U_8 & 0 & \cdots \\ T_5 & -S_6 & -T_7 & S_8 & T_9 & \cdots & U_5 & 0 & -U_8 & 0 & U_{10} & \cdots \\ \vdots & & & & & & & & & & & \end{bmatrix} \tag{3-61}$$

且

$$\boldsymbol{X}^{\mathrm{T}}=\left[\beta_0,\beta_1,\beta_2,\beta_3,\beta_4,\cdots,\alpha_1,\alpha_2,\alpha_3,\alpha_4,\alpha_5,\cdots\right] \tag{3-62}$$

$$\boldsymbol{B}^{\mathrm{T}}=\left[S_0,T_1,-S_2,-T_3,S_4,\cdots,0,U_2,0,-U_4,0,\cdots\right] \tag{3-63}$$

可见，有了式 (3-57) 中定义的各个参数之后，待辨识系统的传递函数模型可以通过求解线性代数方程的方法容易地求出。

信号处理工具箱中提供了 `invfreqs()` 函数，可以拟合连续系统的数学模型，该函数的调用格式为 `[num,den]=invfreqs(`$\boldsymbol{H}$,$\boldsymbol{w}$,n_{n},n_{d}`)`，其中，$\boldsymbol{H}$ 为频域响应数据，$\boldsymbol{w}$ 为频率向量，n_{n} 和 n_{d} 分别为期望的系统分子分母的阶次。通过该函数可以辨识出连续系统的传递函数分子和分母多项式 num 和 den。

例 3-32 假设系统的频域响应数据在表 3-1 中给出。假设已知系统的传递函数模型阶次为分母 4 阶，分子 3 阶，则可以用下面语句输入实测数据，并辨识出系统的传递函数模型。

```
>> w=[0.01,0.01374,0.01887,0.02593,0.03562,0.04894,0.06723,0.09237,....
      0.1269,0.1743,0.2395,0.329,0.452,0.621,0.8532,1.172,1.6103,2.212,...
      3.039,4.175,5.736,7.88,10.83,14.87,20.43,28.07,38.57,52.98,72.79,100];
   H=[0.9999-0.01083i,0.9998-0.01488i,0.9996-0.02044i,0.9993-0.02807i,...
      0.9986-0.03854i,0.9974-0.05289i,0.9951-0.07251i,0.9908-0.09923i,...
      0.9827-0.1353i,0.9678-0.1834i,0.9407-0.2456i,0.893-0.322i,...
      0.8135-0.4073i,0.6924-0.486i,0.5309-0.5325i,0.3514-0.5219i,...
      0.1929-0.4497i,0.08965-0.341i,0.04685-0.2379i,0.03848-0.1679i,...
```

表 3-1 系统频域响应数据

ω	$P(\omega)+\mathrm{j}Q(\omega)$	ω	$P(\omega)+\mathrm{j}Q(\omega)$	ω	$P(\omega)+\mathrm{j}Q(\omega)$
0.01	0.9999-0.01083j	0.2395	0.9407-0.2456j	5.736	0.0355-0.1279j
0.01374	0.9998-0.01488j	0.329	0.893-0.322j	7.88	0.02806-0.1019j
0.01887	0.9996-0.02044j	0.452	0.8135-0.4073j	10.83	0.01895-0.08063j
0.02593	0.9993-0.02807j	0.621	0.6924-0.486j	14.87	0.01152-0.06217j
0.03562	0.9986-0.03854j	0.8532	0.5309-0.5325j	20.43	0.006584-0.04686j
0.04894	0.9974-0.05289j	1.172	0.3514-0.5219j	28.07	0.003634-0.0348j
0.06723	0.9951-0.07251j	1.61	0.1929-0.4497j	38.57	0.001968-0.0256j
0.09237	0.9908-0.09923j	2.212	0.08965-0.341j	52.98	0.001055-0.01875j
0.1269	0.9827-0.1353j	3.039	0.04685-0.2379j	72.79	0.0005623-0.01369j
0.1743	0.9678-0.1834j	4.175	0.03848-0.1679j	100	0.0002989-0.009981j

```
   0.0355-0.1279i,0.02806-0.1019i,0.01895-0.08063i,0.01152-0.06217i,...
   0.006584-0.04686i,0.003634-0.0348i,0.001968-0.0256i,0.001055-0.01875i,...
   0.0005623-0.01369i,0.0002989-0.009981i];  % 输入频率响应数据
[B,A]=invfreqs(H,w,3,4); G1=tf(B,A) % 辨识系统的传递函数模型
G2=tf(B,A)  % 用信号处理工具箱函数辨识
```

可以辨识出系统的传递函数

$$G_2(s)=\frac{s^3+4.075s^2+7.981s-31.41}{s^4+7.074s^3+10.44s^2-25.73s-31.25}$$

事实上，上面数据是由传递函数 $G(s)=\dfrac{s^3+7s^2+24s+24}{s^4+10s^3+35s^2+50s+24}$ 计算出来的，由于在输入数据时完全按表 3-1 给出的数据，所以发生了截断，导致误差的出现。如果用精确数据进行辨识，则

```
>> H=freqs([1 7 24 24],[1 10 35 50 24],w);
   [B,A]=invfreqs(H,w,3,4); G4=tf(B,A) % 准确辨识结果
```

可以得出

$$G_4(s)=\frac{s^3+7s^2+24s+24}{s^4+10s^3+35s^2+50s+24}$$

可见，这样得出的辨识结果和原始系统模型完全一致。但在实际应用中不能要求已知绝对精确的实测数据，这样由于频域响应数据对传递函数模型转换的不唯一性，一般由现有的辨识方法无法得出高阶连续传递函数的模型，只能得出低阶的近似模型，这也是本辨识方法的缺陷。后面将借助离散系统的辨识方法来实现连续系统的辨识。

3.6.2 离散系统的模型辨识

如第 3.2.1 节中叙述的那样，离散系统传递函数可以写成

$$G(z)=\frac{b_1+b_2z^{-1}+\cdots+b_{m-1}z^{2-m}+b_mz^{1-m}}{1+a_1z^{-1}+\cdots+a_{n-1}z^{1-n}+a_nz^{-n}}z^{-d} \tag{3-64}$$

它对应的差分方程为

$$\begin{aligned}&y(t)+a_1y(t-1)+a_2y(t-2)+\cdots+a_ny(t-n)\\&\quad=b_1u(t-d)+b_2u(t-d-1)+\cdots+b_mu(t-d-m+1)+\varepsilon(t)\end{aligned} \tag{3-65}$$

其中，$\varepsilon(t)$ 为辨识的残差信号。这里，为方便起见，输出信号不再记作 $y(kT)$ 的形式，而简记为 $y(t)$，这样可以用 $y(t-1)$ 表示输出信号 $y(t)$ 在前一个采样周期处的函数值，这种模型又称为 ARX (Auto-Regressive eXogenous，自回归历遍) 模型。假设已经测出了一组输入信号 $\boldsymbol{u}$ 和一组输出信号 $\boldsymbol{y}$

$$\boldsymbol{u}=\begin{bmatrix}u(1)\\u(2)\\\vdots\\u(M)\end{bmatrix},\quad \boldsymbol{y}=\begin{bmatrix}y(1)\\y(2)\\\vdots\\y(M)\end{bmatrix} \tag{3-66}$$

则由式 (3-65) 可以立即写出

$$\begin{aligned}y(1)&=-a_1y(0)-\cdots-a_ny(1-n)+b_1u(1-d)+\cdots+b_mu(m-d)+\varepsilon(1)\\y(2)&=-a_1y(1)-\cdots-a_ny(2-n)+b_1u(2-d)+\cdots+b_mu(1+m-d)+\varepsilon(2)\\&\quad\vdots\qquad\qquad\qquad\vdots\qquad\qquad\vdots\qquad\qquad\qquad\vdots\\y(M)&=-a_1y(M-1)-\cdots-a_ny(M-n)+b_1u(M-d)+\cdots+b_mu(M-d-m+1)+\varepsilon(M)\end{aligned}$$

其中，$y(t)$ 和 $u(t)$ 当 $t\leqslant 0$ 时的值均假设为零。上述方程可以写成矩阵形式

$$\boldsymbol{y}=\boldsymbol{\Phi\theta}+\boldsymbol{\varepsilon} \tag{3-67}$$

其中

$$\boldsymbol{\Phi}=\begin{bmatrix}y(0)&\cdots&y(1-n)&u(1-d)&\cdots&u(m-d)\\y(1)&\cdots&y(2-n)&u(2-d)&\cdots&u(1+m-d)\\\vdots&\ddots&\vdots&\vdots&\ddots&\vdots\\y(M-1)&\cdots&y(M-n)&u(M-d)&\cdots&u(M+1-m-d)\end{bmatrix} \tag{3-68}$$

$$\boldsymbol{\theta}^{\mathrm{T}}=[-a_1,-a_2,\cdots,-a_n,b_1,\cdots,b_m],\quad \boldsymbol{\varepsilon}^{\mathrm{T}}=[\varepsilon(1),\cdots,\varepsilon(M)] \tag{3-69}$$

为使得残差的平方和最小，即 $\min\limits_{\boldsymbol{\theta}}\sum\limits_{i=1}^{M}\varepsilon^2(i)$，则可以得出待定参数 $\boldsymbol{\theta}$ 最优估计值为

$$\boldsymbol{\theta}=[\boldsymbol{\Phi}^{\mathrm{T}}\boldsymbol{\Phi}]^{-1}\boldsymbol{\Phi}^{\mathrm{T}}\boldsymbol{y} \tag{3-70}$$

该方法最小化残差的平方和，故这样的方法又称为最小二乘法。

MATLAB 的系统辨识工具箱中提供了各种各样的系统辨识函数，其中，ARX 模型的辨识可以由 `arx()` 函数加以实现。如果已知输入信号的列向量 $\boldsymbol{u}$，输出信号的列向

量 $\boldsymbol{y}$，并选定了系统的分子多项式阶次 $m-1$，分母多项式阶次 n 及系统的纯滞后 d，则可以通过下面命令辨识出系统的数学模型 T=arx([$\boldsymbol{y},\boldsymbol{u}$], [$m$, n, d])，该函数将直接显示辨识的结果，且所得的 T 为一个结构体，其 T.A 和 T.B 分别表示辨识得出的分子和分母多项式模型。

MATLAB 的系统辨识工具箱中提供了一个 arx() 函数，可以直接用来辨识式 (3-65) 中数学模型的参数，这里将通过例子来介绍离散系统的辨识问题求解方法。

例 3-33 假设已知系统的实测输入与输出数据如表 3-2 所示，且已知系统分子和分母阶次分别为 3 和 4，则可以根据这些数据辨识出系统的传递函数模型。首先将系统的输入输出数据输入到 MATLAB 的工作空间，然后可以直接调用 arx() 函数辨识出系统的参数

表 3-2 已知系统的输入输出数据

t	$u(t)$	$y(t)$	t	$u(t)$	$y(t)$	t	$u(t)$	$y(t)$
0	0.4398	0	1.6	0.9669	3.673	3.2	0.4902	3.321
0.1	0.34	0.1374	1.7	0.6649	3.921	3.3	0.8159	3.207
0.2	0.3142	0.2978	1.8	0.8704	4.099	3.4	0.4608	3.222
0.3	0.3651	0.4886	1.9	0.009927	4.327	3.5	0.4574	3.197
0.4	0.3932	0.7238	2	0.137	4.296	3.6	0.4507	3.195
0.5	0.5915	0.9934	2.1	0.8188	4.205	3.7	0.4122	3.207
0.6	0.1197	1.343	2.2	0.4302	4.244	3.8	0.9016	3.217
0.7	0.03813	1.576	2.3	0.8903	4.171	3.9	0.005584	3.379
0.8	0.4586	1.743	2.4	0.7349	4.208	4	0.2974	3.315
0.9	0.8699	1.979	2.5	0.6873	4.23	4.1	0.04916	3.279
1	0.9342	2.33	2.6	0.3461	4.256	4.2	0.6932	3.135
1.1	0.2644	2.734	2.7	0.166	4.19	4.3	0.6501	3.134
1.2	0.1603	2.965	2.8	0.1556	4.039	4.4	0.983	3.146
1.3	0.8729	3.109	2.9	0.1911	3.835	4.5	0.5527	3.288
1.4	0.2379	3.402	3	0.4225	3.594	4.6	0.4001	3.367
1.5	0.6458	3.508	3.1	0.856	3.388	4.7	0.1988	3.413

```
>> u=[0.4398,0.3400,0.3142,0.3651,0.3932,0.5915,0.1197,0.0381,...
      0.4586,0.8699,0.9342,0.2644,0.1603,0.8729,0.2379,0.6458,...
      0.9669,0.6649,0.8704,0.0099,0.1370,0.8188,0.4302,0.8903,...
      0.7349,0.6873,0.3461,0.1660,0.1556,0.1911,0.4225,0.8560,...
      0.4902,0.8159,0.4608,0.4574,0.4507,0.4122,0.9016,0.0056,...
      0.2974,0.0492,0.6932,0.6501,0.9830,0.5527,0.4001,0.1988]';
   y=[0,      0.1374,0.2978,0.4886,0.7238,0.9934,1.3430,1.5759,...
      1.7425,1.9793,2.3299,2.7339,2.9650,3.1091,3.4020,3.5085,...
      3.6735,3.9214,4.0990,4.3271,4.2963,4.2053,4.2444,4.1705,...
      4.2082,4.2302,4.2561,4.1900,4.0395,3.8353,3.5940,3.3884,...
      3.3211,3.2067,3.2221,3.1971,3.1945,3.2071,3.2172,3.3789,...
      3.3148,3.2787,3.1353,3.1341,3.1458,3.2882,3.3669,3.4131]';
   t1=arx([y,u],[4,4,1]) % 这样就可以得出分子分母均为四阶的传递函数
```

由这些语句可以得出辨识模型为

$$G\left(z^{-1}\right)=\frac{0.3126z^{-1}-0.5812z^{-2}+0.3958z^{-3}-0.09179z^{-4}}{1-3.255z^{-1}+4.042z^{-2}-2.268z^{-3}+0.486z^{-4}}$$

亦即

$$H(z)=\frac{0.3126z^3-0.5812z^2+0.3958z-0.09179}{z^4-3.255z^3+4.042z^2-2.268z+0.486}$$

事实上，上述的数据是由例 3-7 直接生成的，经过比较可以发现，二者还是很相近的。另外，用系统响应数据是不能辨识出系统的采样周期的，故上述系统采样周期为 1 的信息是不确切的。系统采样周期需要用表 3-2 中给出的时间信息来确定。比较正规的辨识方法是，用 iddata() 函数处理辨识用数据，再用 tf() 函数提取系统的传递函数模型

```
>> U=iddata(y,u,0.1);  % 0.1 为采样周期
   T=arx(U,[4,4,1]); % 系统辨识
   H=tf(T); G=H(1)  % 将辨识结果转换成离散传递函数模型
   t=0:0.1:0.1*(length(u)-1); lsim(G,u,t); hold on; plot(t,y,'o')
```

直接用 tf() 函数转换出来的传递函数模型是双输入传递函数矩阵，其第一个传递函数是所需要的传递函数，第 2 个是从误差信号 $\varepsilon(k)$ 到输出信号的传递函数，这里可以忽略掉。用实测输入信号去激励辨识出的模型，则时域响应可以由 lsim() 函数直接绘制出，如图 3-20 所示，可见这样得出的输出数据和实测数据完全重合，说明辨识模型是精确的。

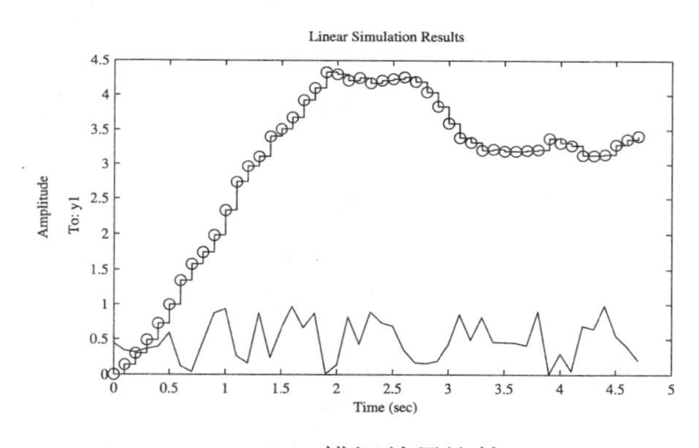

图 3-20 辨识结果比较

其实若不直接使用系统辨识工具箱中的 arx() 函数，也可以立即用式 (3-68) 和式 (3-70) 直接辨识系统的模型参数

```
>> Phi=[[0;y(1:end-1)] [0;0;y(1:end-2)],...
        [0;0;0; y(1:end-3)] [0;0;0;0;y(1:end-4)],...
        [0;u(1:end-1)] [0;0;u(1:end-2)],...
        [0;0;0; u(1:end-3)] [0;0;0;0;u(1:end-4)]]; % 建立 Φ
   T=Phi\y; T' % 辨识出结果，其中 Φ\y 即可求出最小二乘解
   Gd=tf(ans(5:8),[1,-ans(1:4)],'Ts',0.1) % 重建传递函数模型
```

系统辨识工具箱还提供了一个程序界面 ident，可以用可视化的方式进行离散模型的辨识。在 MATLAB 命令窗口中给出 ident 命令，则将给出一个如图 3-21 所示的程序

界面，该界面允许用户用可视化的方法对系统进行辨识。若想辨识模型，首先应该输入相应的数据，这可以通过单击界面左上角的列表框，选择 Import 选项读取数据，这时将得出如图 3-22a 所示的对话框，在 Input 和 Output 栏目中分别填写系统的输入和输出数据，按 Import 按钮完成数据输入。

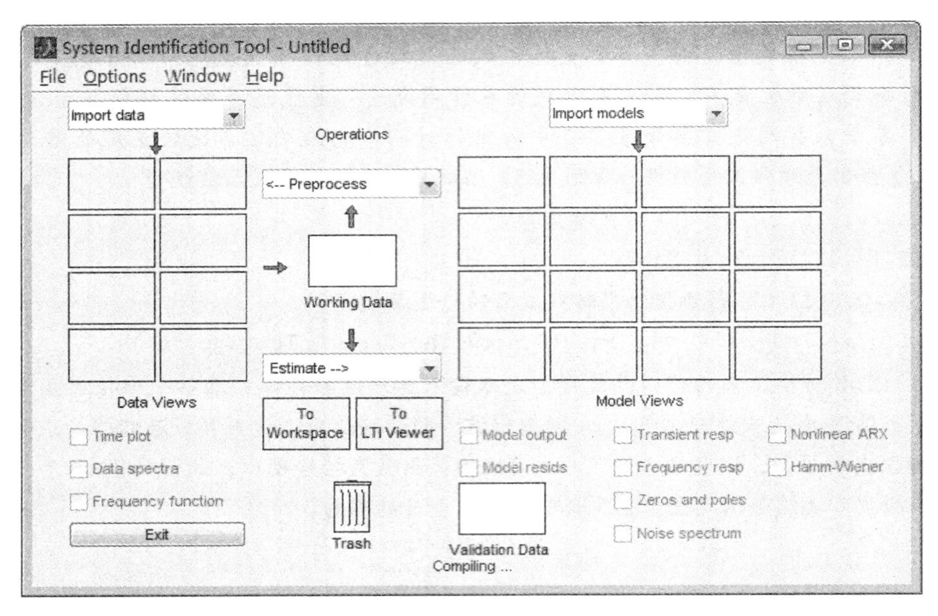

图 3-21 系统辨识程序界面

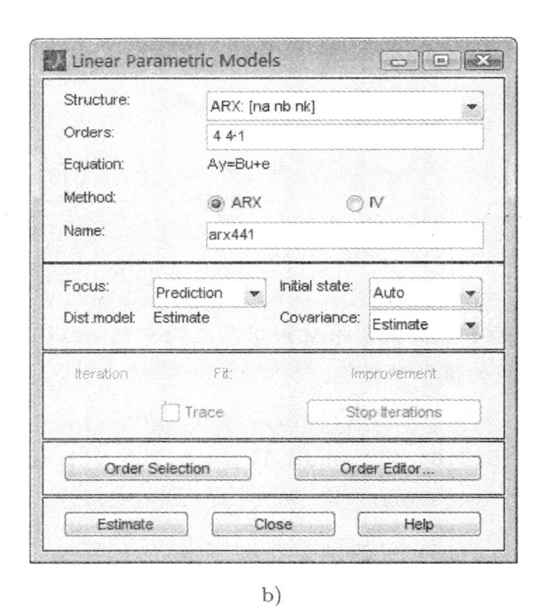

a) b)

图 3-22 系统辨识参数设置对话框

a) 数据输入对话框 b) 阶次选择对话框

这时若想辨识 ARX 模型，可以选择主界面中间部分的辨识列表框，从中选择

Parametric Model 选项，将得出如图 3-22b 所示的对话框，用户可以选择系统的阶次进行辨识，然后单击 Estimate 按钮，则将自动辨识出系统的离散传递函数模型。双击辨识主界面中的辨识模型图标，则将弹出一个对话框，显示辨识系统模型为

```
Discrete-time IDPOLY model: A(q)y(t) = B(q)u(t) + e(t)
A(q) = 1 - 3.255 q^-1 + 4.042 q^-2 - 2.268 q^-3 + 0.486 q^-4
B(q) = 0.3126 q^-1 - 0.5812 q^-2 + 0.3958 q^-3 - 0.09179 q^-4
Loss function 2.04608e-008 and FPE 2.86451e-008
```

可见，辨识的结果与 arx() 函数辨识的结果完全一致，因为界面调用的语句是一样的。

3.6.3 辨识模型的阶次选择

从前面介绍的辨识函数可以看出，若给出了系统的阶次，则可以得出系统的辨识模型。但如何较好地选择一个合适的模型阶次呢？AIC 准则 (Akaike's information criterion) 是一种实用的判定模型阶次的准则，其定义为[70, 71]

$$\mathrm{AIC}=\lg\left\{\det\left[\frac{1}{M}\sum_{i=1}^{M}\epsilon(i,\boldsymbol{\theta})\epsilon^{T}(i,\boldsymbol{\theta})\right]\right\}+\frac{k}{M} \tag{3-71}$$

其中，M 为实测数据的组数；$\boldsymbol{\theta}$ 为待辨识参数向量；k 为需要辨识的参数个数。可以用 MATLAB 函数 `v=aic(H)` 来计算辨识模型 H 的 AIC 准则的值 v，其中，H 是由 arx() 函数直接得出的 idpoly 对象。若计算出的 AIC 较小，例如小于 -20，则该误差可能对应于损失函数的 10^{-10} 级别，则这时 n,m,d 可以看成是系统合适的阶次。

例 3-34 再考虑例 3-33 中的系统辨识问题，试选择合适的系统阶次。

由表 3-2 中给出的实际数据可见，在输入信号作用下，输出在第 3 步就可以得出非零的值，所以延迟的值 d 不应该超过 2。这样只需探讨 $d=0,1,2$ 几种情况，而在每一种情况下，可以用循环语句尝试各种准则的值，得出表 3-3。

```
>> U=iddata(y,u,0.1);  % 0.1 为采样周期
   for n=1:7, for m=1:7
      T=arx(U,[n,m,0]); TAic0(n,m)=aic(T); T=arx(U,[n,m,1]); TAic1(n,m)=aic(T);
      T=arx(U,[n,m,2]); TAic2(n,m)=aic(T);
   end, end
```

表中，将 AIC 值低于 -20 的组合全部用阴影表示。对三种 d 的组合，可见 $(4,5,0)$, $(4,4,1)$ 和 $(4,3,2)$ 均是合适的阶次选择，它们分别对应的模型为

$$H_{4,5,0}\left(z^{-1}\right)=\frac{-2.114\times10^{-5}+3.09\times10^{-6}z^{-1}+6z^{-2}-0.5999z^{-3}-0.1196z^{-4}}{1-z^{-1}+0.25z^{-2}+0.25z^{-3}-0.125z^{-4}}$$

$$H_{4,4,1}\left(z^{-1}\right)=\frac{4.83\times10^{-8}z^{-1}+6z^{-2}-0.5999z^{-3}-0.1196z^{-4}}{1-z^{-1}+0.25z^{-2}+0.25z^{-3}-0.125z^{-4}}$$

表 3-3　不同阶次组合下的 AIC 准则值

n	$m=1$	2	3	4	5	6	7
延迟步数为 $d=0$							
1	1.3487	1.3738	−0.23458	−0.63291	−1.0077	−1.5346	−2.61
2	1.2382	1.1949	−2.0995	−2.3513	−4.9058	−5.2429	−7.4246
3	1.0427	1.0427	−2.8743	−3.4523	−5.4678	−5.6186	−7.7328
4	1.0223	1.0345	−7.8505	−10.504	−20.729	−20.942	−20.946
5	1.0079	1.0287	−10.025	−13.396	−20.941	−20.982	−21.002
6	1.0293	1.0575	−13.658	−18.931	−20.944	−21.002	−21.125
7	0.98503	1.0261	−16.607	−20.701	−20.976	−20.996	−21.088
延迟步数为 $d=1$							
1	1.484	−0.25541	−0.66303	−1.0494	−1.57	−2.6414	−3.4085
2	1.346	−2.1263	−2.3685	−4.9326	−5.2359	−7.4658	−7.6678
3	1.0658	−2.8886	−3.4758	−5.4795	−5.6407	−7.7744	−7.9316
4	1.0329	−7.8839	−10.53	−20.733	−20.973	−20.984	−20.9737
5	1.0043	−10.034	−13.406	−20.971	−21.002	−21.037	−21.0356
6	1.023	−13.694	−18.965	−20.982	−21.037	−21.148	−21.1105
7	0.9909	−16.6423	−20.7387	−21.0160	−21.0324	−21.1105	−21.1115
延迟步数为 $d=2$							
1	−0.29215	−0.70464	−1.0849	−1.6057	−2.6827	−3.415	−3.5863
2	−2.1672	−2.4101	−4.9737	−5.2763	−7.477	−7.7083	−10.2034
3	−2.929	−3.5109	−5.5163	−5.6663	−7.8124	−7.9722	−10.5894
4	−7.9075	−10.57	−20.775	−21.013	−21.026	−21.015	−20.9850
5	−10.07	−13.438	−21.011	−21.036	−21.079	−21.077	−21.0617
6	−13.71	−18.991	−21.023	−21.078	−21.184	−21.149	−21.1646
7	−16.6792	−20.7794	−21.0574	−21.0736	−21.1488	−21.1444	−21.1393

$$H_{4,3,2}\left(z^{-1}\right)=\frac{6z^{-2}-0.5999z^{-3}-0.1196z^{-4}}{1-z^{-1}+0.25z^{-2}+0.25z^{-3}-0.125z^{-4}}$$

若选择 $(5,5,0)$ 阶次组合，则可以得出如下的辨识模型

$$H_{5,5,0}\left(z^{-1}\right)=\frac{-1.074\times10^{-5}-2.343\times10^{-6}z^{-1}+6z^{-2}-0.6166z^{-3}-0.1182z^{-4}}{1-1.003z^{-1}+0.2528z^{-2}+0.2492z^{-3}-0.1256z^{-4}+0.0003231z^{-5}}$$

从得出的结果看，分母上相当于加了一个很小的 z^{-5} 项，其他项的参数与 $H_{4,5,0}\left(z^{-1}\right)$ 的分母差不多，所以在实际辨识中没有必要选择一个高的阶次。事实上，$H_{5,5,0}\left(z^{-1}\right)$ 的 AIC 值和 $H_{4,5,0}\left(z^{-1}\right)$ 相比没有显著改善，所以应该采用一个较低的阶次组合。

3.6.4　离散系统辨识信号的生成

从前面给出的例子可以看出，辨识信号产生的方式是：先产生一组 48 个输入信号，用该信号激励原始的传递函数模型，则可以得出输出信号。利用这些信号进行辨识，就可以辨识出系统的离散传递函数模型。然而，这样辨识的结果有一定的偏差。

PRBS (pseudo-random binary sequence) 信号是用于线性系统辨识的很重要一类信号，该信号可以通过系统辨识工具箱的 `idinput()` 函数直接生成。在本节中，将通过例子演示 PRBS 信号的生成及其在系统辨识中的应用。

例 3-35　若想生成一组 31 个点的数据，则可以通过如下的命令直接产生

```
>> u=idinput(31,'PRBS'); t=[0:.1:3]'; % 产生 PRBS 序列，并定义时间向量
   stairs(u), set(gca,'XLim',[0,31],'YLim',[-1.1 1.1])  % PRBS 曲线表示
```
得出的输入信号如图 3-23 所示。

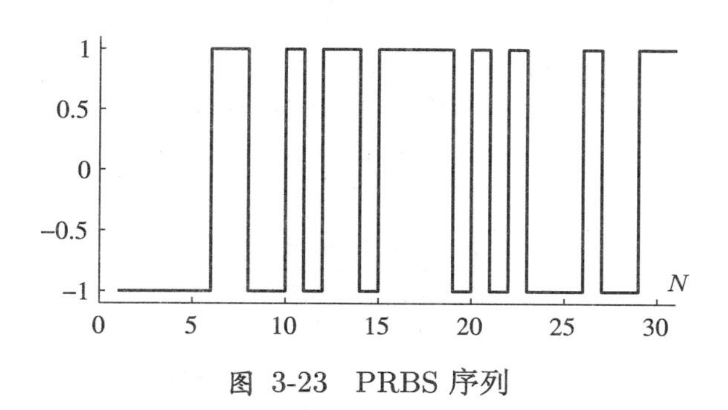

图 3-23 PRBS 序列

利用这样的输入信号就可以按照例 3-7 中的方法生成输出信号，利用这样的输入、输出数据就可以直接辨识出系统的离散传递函数模型

```
>> num=[0.3124 -0.5743 0.3879 -0.0889]; % 定义系统的离散传递函数模型
   den=[1 -3.233 3.9869 -2.2209 0.4723]; G=tf(num,den,'Ts',0.1);
   y=lsim(G,u,t); % 由离散系统模型计算系统的输出信号
   T1=arx([y,u],[4 4 1]) % 辨识系统模型，注意看后面说明
```
这样得出的辨识模型为

$$G(z)=\frac{0.3124z^3-0.5744z^2+0.3879z-0.08891}{z^4-3.233z^3+3.987z^2-2.221z+0.4723}$$

可以看出，这样得出的系统传递函数模型与原始系统的模型完全一致。从这个例子可以看出，虽然采用的输入、输出组数比例 3-33 中少，但辨识的精度却大大高于该例中的结果，这就是选择了这样的 PRBS 作为辨识输入信号的缘故。

注意，这里为了公平比较起见，arx() 函数调用前将产生的 y 数据也同样进行了截断，只取 4 位小数，并未直接应用仿真数据。如果直接使用仿真得出的数据进行辨识，则损失函数的值将为 10^{-30} 级。

例 3-36 前面介绍的连续系统辨识函数在实测数据的辨识中不是很理想，所以可以采用间接的方法，首先辨识出离散传递函数模型，然后用连续化的方法再转化成连续系统传递函数模型。

假设系统的传递函数模型为

$$G(s)=\frac{s^3+7s^2+24s+24}{s^4+10s^3+35s^2+50s+24}$$

并假设系统的采样周期为 $T=0.1$ s，用正弦信号激励该系统模型，则可以用下面的语句计算出系统的输出信号

```
>> G=tf([1 7 24 24],[1 10 35 50 24]);  % 原始系统模型
   t=[0:.1:3]'; u=idinput(31,'PRBS');  % 生成 PRBS 信号
   y=lsim(G,u,t);  % 计算系统输出信号
   U=arx([y u],[4 4 1]);  % 辨识离散系统传递函数模型
```

```
G1=tf(U); G1=G1(1); G1.Ts=0.1; G2=d2c(G1) % 连续化
```

可以得出精确的模型。可见，这样得出的辨识模型精度还是较高的。如果不采用 PRBS 信号作为输入，而采用 81 个点的正弦信号，则可以辨识出系统的离散模型，并连续化可以得出如下的结果

```
>> t=[0:.1:8]'; u=sin(t);  % 生成正弦输入信号
   y=lsim(G,u,t);  % 计算系统输出信号
   U=arx([y u],[4 4 1]);  % 辨识离散系统传递函数模型
   G1=tf(U); G1=G1(1); G1.Ts=0.1; G2=d2c(G1) % 连续化
```

这样将得出辨识模型为

$$G_2(s)=\frac{0.03323s^3-0.1326s^2+23.84s+15.69}{s^4+10s^3+35s^2+50s+24}$$

虽然使用正弦信号的仿真点更多了，但由于未采用有效的输入激励信号，所以得出了不准确的辨识结果。从这个例子可以看出，PRBS 信号在线性系统辨识中还是很有作用的。

3.6.5 多变量离散系统的辨识

系统辨识工具箱函数 arx() 可以用于多变量系统的辨识，在辨识工具箱中，p 路输入、q 路输出的多变量系统的数学模型可以由差分方程描述

$$\boldsymbol{A}(z^{-1})\boldsymbol{y}(t)=\boldsymbol{B}(z^{-1})\boldsymbol{u}(t-\boldsymbol{d})+\boldsymbol{\varepsilon}(t) \tag{3-72}$$

其中，$\boldsymbol{d}$ 为各个延迟构成的矩阵，$\boldsymbol{A}(z^{-1})$ 和 $\boldsymbol{B}(z^{-1})$ 均为 $p\times q$ 多项式矩阵，且

$$\boldsymbol{A}(z^{-1})=\boldsymbol{I}_{p\times q}+\boldsymbol{A}_1z^{-1}+\cdots+\boldsymbol{A}_{n_\mathrm{a}}z^{-n_\mathrm{a}} \tag{3-73}$$

$$\boldsymbol{B}(z^{-1})=\boldsymbol{I}_{p\times q}+\boldsymbol{B}_1z^{-1}+\cdots+\boldsymbol{B}_{n_\mathrm{b}}z^{-n_\mathrm{b}} \tag{3-74}$$

使用 arx() 函数可以直接辨识出系统的 $\boldsymbol{A}_i$ 和 $\boldsymbol{B}_i$ 矩阵，最终可以通过 tf() 函数来提取系统的传递函数矩阵。

例 3-37 假设系统的传递函数矩阵为

$$\boldsymbol{G}(z)=\begin{bmatrix}\dfrac{0.5234z-0.1235}{z^2+0.8864z+0.4352} & \dfrac{3z+0.69}{z^2+1.084z+0.3974}\\ \dfrac{1.2z-0.54}{z^2+1.764z+0.9804} & \dfrac{3.4z-1.469}{z^2+0.24z+0.2848}\end{bmatrix}$$

对两个输入分别使用 PRBS 信号，则可以得出系统的响应数据

```
>> u1=idinput(31,'PRBS'); t=0:.1:3;
   u2=u1(end:-1:1); % u2 为 u1 的逆序序列，仍为 PRBS
   g11=tf([0.5234, -0.1235],[1, 0.8864, 0.4352],'Ts',0.1);
   g12=tf([3, 0.69],[1, 1.084, 0.3974],'Ts',0.1);
   g21=tf([1.2, -0.54],[1, 1.764, 0.9804],'Ts',0.1);
   g22=tf([3.4, 1.469],[1, 0.24, 0.2848],'Ts',0.1);
   G=[g11, g12; g21, g22]; y=lsim(G,[u1 u2],t); % 仿真方法获得系统的输出数据
```

```
na=4*ones(2); nb=na; nc=ones(2); % 这里的 4 是试凑得出的，它能使得残差很小
U=iddata(y,[u1,u2],0.1); T=arx(U,[na nb nc])
```

辨识出来的结果是系统的多变量差分方程，需要对其进行转换，变换成所需要的传递函数矩阵，这里以第一输入对第一输出为例，介绍子传递函数 $g_{11}(z)$ 的提取

```
>> H=tf(T); H11=H(1,1) % 提取第一传递函数
```

直接辨识出来的模型为

$$G(s)=\frac{\begin{array}{c}0.5234z^{11}+1.493z^{10}+1.847z^{9}+1.235z^{8}+0.5004z^{7}+0.09574z^{6}\\-0.01551z^{5}-0.0137z^{4}-1.683\times10^{-16}z^{3}-3.582\times10^{-17}z^{2}-4\times10^{-18}z+5.362\times10^{-19}\end{array}}{z^{12}+3.974z^{11}+7.431z^{10}+8.483z^{9}+6.585z^{8}+3.611z^{7}+1.401z^{6}}$$

从得出的传递函数看是一个高阶传递函数，应该对其进行最小实现化简，并假设有较大的误差容限，这样就可以得出接近的原系统的传递函数了

```
>> G11=minreal(H11)
```

得出的辨识模型与原模型完全一致。用类似的方法还可以提取出其他的子传递函数，从而辨识出这个系统的传递函数矩阵。

由于状态方程的不唯一性，单从系统的实测输入输出信号直接辨识状态方程是很不实际的方法，因为这时冗余的参数太多，所以最好先辨识出传递函数模型，再进行适当的转换，获得系统的状态方程模型。

3.7 本章要点小结

1) 本章介绍了连续线性系统的数学描述方法：线性连续系统可以用传递函数、状态方程和零极点形式描述，多变量系统可以由状态方程和传递函数矩阵来描述。在 MATLAB 下提供了 tf() 函数、ss() 函数和 zpk() 函数来描述这些模型。带有时间延迟的系统模型也可以用这样的函数直接描述，需要设定 ioDelay 属性。传递函数模型还可以用数学表达式形式输入。

2) 离散系统可以用传递函数、传递函数矩阵和状态方程表示，也有对应的零极点模型，在 MATLAB 下也可以用和连续系统相同的函数进行表示。

3) 具有三种基本连接结构 (串联、并联和反馈) 的系统模型及其在 MATLAB 下的求解方法，复杂结构的控制系统框图化简的数值解法和解析解方法，引入了基于 MATLAB 的框图化简的推导方法。对含有纯时间延迟的系统，还可以采用 Padé 近似的方法，获得整个系统的近似模型。

4) 不同的系统数学模型可以进行相互转换，连续模型与离散模型直接可以通过 c2d() 和 d2c() 函数进行转换，转换成传递函数或传递函数矩阵需要用 tf() 函数，转换成状态方程可以通过 ss() 函数，零极点模型需要调用 zpk() 函数。本节还介绍了各种标准型的转换方法，并介绍了系统最小实现的概念与模型求解方法。

5) 给出了线性模型的 Padé 近似方法、Routh 近似方法和延迟模型的次最优降阶方法与 MATLAB 实现。

6) 通过实测的系统响应数据则可以重构出系统的数学模型。本书介绍了连续系统

的辨识方法和离散模型的最小二乘辨识算法，并介绍了辨识阶次选择、多变量系统辨识及 PRBS 辨识信号生成等主题的内容。

7) 本章的内容局限于线性系统模型的处理，至于更复杂的非线性系统模型的建模与处理，在 MATLAB 和 Simulink 下也可以容易地表示出来，这方面的内容请参见后续章节。另外，Laplace 变换和 Z 变换的定义及计算机求解方法请参见附录 A。

3.8 习　题

1 请将下面的传递函数模型输入到 MATLAB 环境。

(1) $G(s)=\dfrac{s^3+4s+2}{s^3(s^2+2)[(s^2+1)^3+2s+5]}$　　(2) $H(z)=\dfrac{z^2+0.568}{(z-1)(z^2-0.2z+0.99)}, T=0.1\text{s}$

2 请将下面的零极点模型输入到 MATLAB 环境

(1) $G(s)=\dfrac{8(s+1-\text{j})(s+1+\text{j})}{s^2(s+5)(s+6)(s^2+1)}$　　(2) $H(z^{-1})=\dfrac{(z^{-1}+3.2)(z^{-1}+2.6)}{z^{-5}(z^{-1}-8.2)}, T=0.05\text{s}$

3 请用 MATLAB 语言求出上面系统的零极点，并绘制出它们的位置。

4 假设描述系统的常微分方程为 $y^{(3)}(t)+13\ddot{y}(t)+4\dot{y}(t)+5y(t)=2u(t)$，请选择一组状态变量，并将此方程在 MATLAB 工作空间中表示出来。如果想得到系统的传递函数和零极点模型，将如何求取？得出的结果又是怎样的？由微分方程模型能否直接写出系统的传递函数模型？

5 假设线性系统由下面的常微分方程给出

$$\begin{cases}\dot{x}_1(t)=-x_1(t)+x_2(t)\\ \dot{x}_2(t)=-x_2(t)-3x_3(t)+u_1(t)\\ \dot{x}_3(t)=-x_1(t)-5x_2(t)-3x_3(t)+u_2(t)\\ y=-x_2(t)+u_1(t)-5u_2(t)\end{cases}$$

其中有两个输入信号 $u_1(t)$ 与 $u_2(t)$，请在 MATLAB 工作空间中表示这个双输入系统模型，并由得出的状态方程模型求出等效的传递函数模型，并观察其传递函数的形式。

6 已知某系统的差分方程模型为 $y(k+2)+y(k+1)+0.16y(k)=u(k+1)+2u(k)$，试将其输入到 MATLAB 工作空间。

7 假设系统由下面的传递函数矩阵给出，试将其输入到 MATLAB 工作空间

$$\boldsymbol{G}(s)=\begin{bmatrix}\dfrac{-0.252}{(1+3.3s)^3(1+1800s)} & \dfrac{0.43}{(1+12s)(1+1800s)}\\ \dfrac{-0.0435}{(1+25.3s)^3(1+360s)} & \dfrac{0.097}{(1+12s)(1+360s)}\end{bmatrix}$$

8 假设某单位负反馈系统中

$$G(s)=\frac{s+1}{Js^2+2s+5},\quad G_{\text{c}}(s)=\frac{K_{\text{p}}s+K_{\text{i}}}{s}$$

试用 MATLAB 推导出闭环系统的传递函数模型。

9 假设多变量反馈系统中受控对象 $\boldsymbol{G}(s)$ 由习题 7 给出，且控制器模型为 $\boldsymbol{K}_{\text{p}}=\begin{bmatrix}-10 & 77.5\\ 0 & 50\end{bmatrix}$，

求出单位负反馈下闭环系统的传递函数矩阵模型，并得出相应的状态方程模型。试在 s-平面上标出闭环系统的零极点位置。

10 假设系统的受控对象模型和控制器模型分别为

$$G(s)=\frac{12}{s(s+1)^3}\mathrm{e}^{-2s},\quad G_\mathrm{c}(s)=\frac{2s+3}{s}$$

并假设系统是单位负反馈，用数学方法或用 MATLAB 语言能否精确求出闭环系统的传递函数模型？如果不能求出，能否得出较好的近似模型？

11 求出下面状态方程模型的等效传递函数模型，并求出此模型的零极点。

$$\boldsymbol{A}=\begin{bmatrix}1&2&3\\4&5&6\\7&8&0\end{bmatrix},\ \boldsymbol{B}=\begin{bmatrix}4\\3\\2\end{bmatrix},\ \boldsymbol{C}=[1,2,3]$$

12 从下面给出的典型反馈控制系统结构子模型中，求出总系统的状态方程与传递函数模型，并得出各个模型的零极点模型表示。

(1) $G(s)=\dfrac{211.87s+317.64}{(s+20)(s+94.34)(s+0.1684)},\quad G_\mathrm{c}(s)=\dfrac{169.6s+400}{s(s+4)},\quad H(s)=\dfrac{1}{0.01s+1}$

(2) $G(z^{-1})=\dfrac{35786.7z^{-1}+108444}{(z^{-1}+4)(z^{-1}+20)(z^{-1}+74.04)},\quad G_\mathrm{c}(z^{-1})=\dfrac{1}{z^{-1}-1},\quad H(z^{-1})=\dfrac{1}{0.5z^{-1}-1}$

13 假设系统的对象模型为 $G(s)=10/(s+1)^3$，并定义一个 PID 控制器

$$G_\mathrm{PID}(s)=0.48\left(1+\frac{1}{1.814s}+\frac{0.4353s}{1+0.04353s}\right)$$

这个控制器与对象模型进行串联连接，假定整个闭环系统是由单位负反馈构成的，请求出闭环系统的传递函数模型，并求出该模型的各种状态方程的标准型实现。请写出闭环系统的零极点模型表示。

14 双输入双输出系统的状态方程表示为

$$\boldsymbol{A}=\begin{bmatrix}2.25&-5&-1.25&-0.5\\2.25&-4.25&-1.25&-0.25\\0.25&-0.5&-1.25&-1\\1.25&-1.75&-0.25&-0.75\end{bmatrix},\ \boldsymbol{B}=\begin{bmatrix}4&6\\2&4\\2&2\\0&2\end{bmatrix},\ \boldsymbol{C}=\begin{bmatrix}0&0&0&1\\0&2&0&2\end{bmatrix}$$

试将该模型输入到 MATLAB 空间，并得出该模型相应的传递函数矩阵。若选择采样周期为 $T=0.1$ s，求出离散化后的状态方程模型和传递函数矩阵模型。对该模型进行连续化变换，测试一下能否变换回原来的模型。

15 已知系统的框图如图 3-24 所示，试推导出从输入信号 $r(t)$ 到输出信号 $y(t)$ 的总系统模型。

16 已知系统的框图如图 3-25 所示，试推导出从输入信号 $r(t)$ 到输出信号 $y(t)$ 的总系统模型。

17 某双闭环直流电机控制系统如图 3-26 所示，请按照结构图化简的方式求出系统的总模型，并得出相应的状态方程模型。如果先将各个子传递函数转换成状态方程模型，再进行上述化简，得出系统的状态方程模型与上述的结果一致吗？

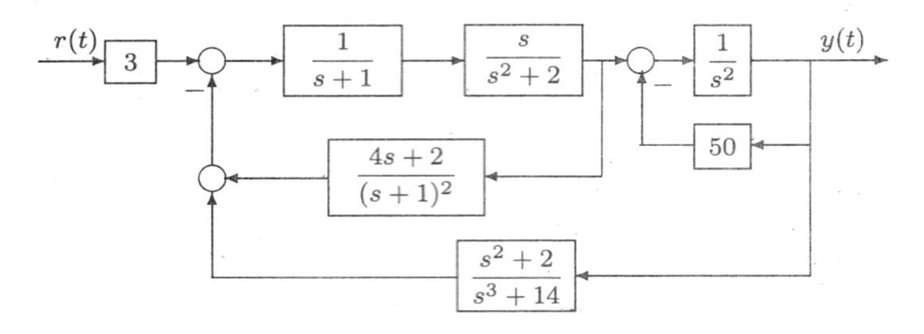

图 3-24　习题 15 系统结构图

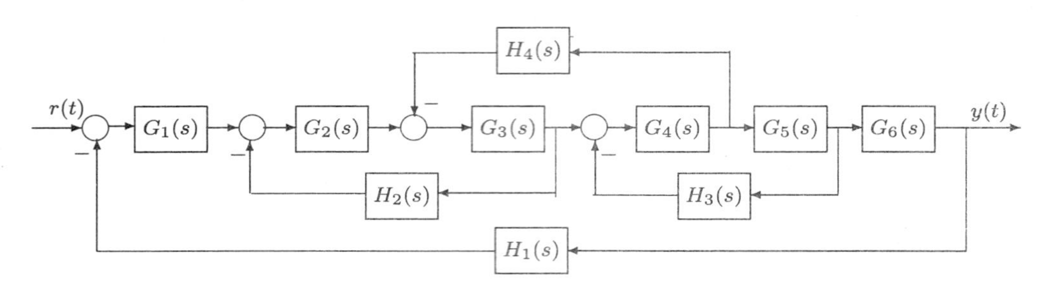

图 3-25　习题 16 系统结构图

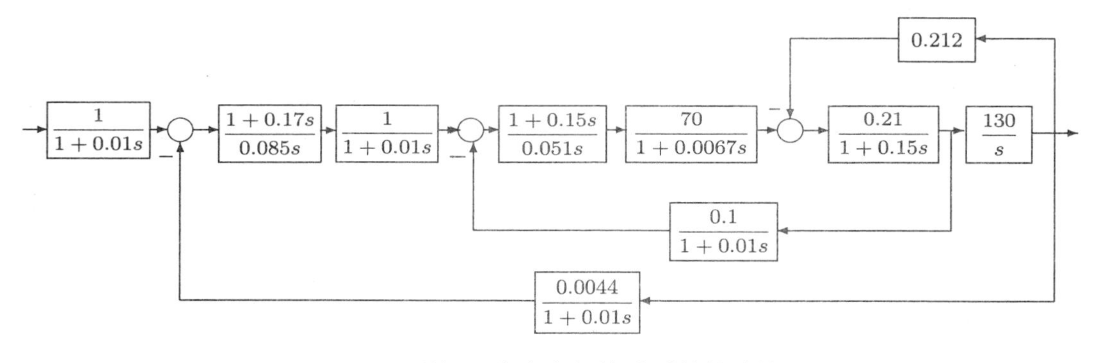

图 3-26　习题 17 直流电机拖动系统的结构图

18 已知传递函数模型

$$G(s)=\frac{(s+1)^2(s^2+2s+400)}{(s+5)^2(s^2+3s+100)(s^2+3s+2500)}$$

对不同采样周期 $T=0.01, 0.1$ 和 $T=1$ s 对其进行离散化，比较原系统的阶跃响应与各离散系统的阶跃响应曲线。提示：后面将介绍，如果已知系统模型为 G，则用 step(G) 即可绘制出其阶跃响应曲线。

19 由下面的控制系统传递函数模型写出状态方程实现的可控标准型和可观测标准型。

$$\frac{0.2(s+2)}{s(s+0.5)(s+0.8)(s+3)+0.2(s+2)}$$

20 假定系统的状态方程模型由下面给出，请检验是否这些模型是最小实现，如果不是最小实现，则从传递函数的角度解释为什么该模型不是最小实现。

$$(1)\quad \boldsymbol{A} = \begin{bmatrix} -9 & -26 & -24 & 0 \\ 1 & 0 & 0 & 0 \\ 0 & 1 & 0 & 0 \\ 0 & 1 & 1 & -1 \end{bmatrix},\quad \boldsymbol{B} = \begin{bmatrix} 1 \\ 0 \\ 0 \\ 0 \end{bmatrix},\quad \boldsymbol{C} = [0, 1, 1, 2]$$

$$(2)\quad G(s) = \frac{2s^2 + 18s + 16}{s^4 + 10s^3 + 35s^2 + 50s + 24}$$

21 已知下列各个高阶系统传递函数模型，试求出能较好近似该模型性能的降阶模型。

$$(1)\quad G(s) = \frac{10 + 3s + 13s^2 + 3s^2}{1 + s + 2s^2 + 1.5s^3 + 0.5s^4},\qquad (2)\quad G(s) = \frac{10s^3 - 60s^2 + 110s + 60}{s^4 + 17s^2 + 82s^2 + 130s + 100}$$

$$(3)\quad G(s) = \frac{1 + 0.4s}{1 + 2.283s + 1.875s^2 + 0.7803s^3 + 0.125s^4 + 0.0083s^5}$$

$$(4)\quad G(z) = \frac{24.1467z^3 - 67.7944z^2 + 63.4768z - 19.8209}{z^4 - 3.6193z^3 + 4.9124z^2 - 2.9633z + 0.6703}$$

22 已知一个离散时间系统的输入输出数据如下给出，用最小二乘法辨识出系统的脉冲传递函数模型。

i	u_i	y_i	i	u_i	y_i	i	u_i	y_i
1	0.9103	0	9	0.9910	54.5252	17	0.6316	62.1589
2	0.7622	18.4984	10	0.3653	65.9972	18	0.8847	63.0000
3	0.2625	31.4285	11	0.2470	62.9181	19	0.2727	68.6356
4	0.0475	32.3228	12	0.9826	57.5592	20	0.4364	60.8267
5	0.7361	28.5690	13	0.7227	67.6080	21	0.7665	57.1745
6	0.3282	39.1704	14	0.7534	70.7397	22	0.4777	60.5321
7	0.6326	39.8825	15	0.6515	73.7718	23	0.2378	57.3803
8	0.7564	46.4963	16	0.0727	74.0165	24	0.2749	49.6011

23 已知某连续系统的阶跃响应数据由下表给出，且已知系统为二阶系统，其阶跃响应的曲线原型为 $y(t) = x_1 + x_2\mathrm{e}^{-x_4 t} + x_3\mathrm{e}^{-x_5 t}$，试用第 2 章中介绍的曲线最小二乘拟合算法拟合出 x_i 参数，从而拟合出系统的传递函数模型。

t	$y(t)$	t	$y(t)$	t	$y(t)$	t	$y(t)$	t	$y(t)$	t	$y(t)$
0	0	1.6	0.2822	3.2	0.3024	4.8	0.3145	6.4	0.3218	8	0.3263
0.1	0.08324	1.7	0.2839	3.3	0.3034	4.9	0.315	6.5	0.3222	8.1	0.3265
0.2	0.1404	1.8	0.2855	3.4	0.3043	5	0.3156	6.6	0.3225	8.2	0.3267
0.3	0.1798	1.9	0.287	3.5	0.3051	5.1	0.3161	6.7	0.3228	8.3	0.3269
0.4	0.2072	2	0.2885	3.6	0.306	5.2	0.3166	6.8	0.3231	8.4	0.3271
0.5	0.2265	2.1	0.2899	3.7	0.3068	5.3	0.3172	6.9	0.3235	8.5	0.3273
0.6	0.2402	2.2	0.2912	3.8	0.3076	5.4	0.3176	7	0.3238	8.6	0.3275
0.7	0.2501	2.3	0.2925	3.9	0.3084	5.5	0.3181	7.1	0.324	8.7	0.3277
0.8	0.2574	2.4	0.2937	4	0.3092	5.6	0.3186	7.2	0.3243	8.8	0.3278
0.9	0.2629	2.5	0.2949	4.1	0.3099	5.7	0.319	7.3	0.3246	8.9	0.328
1	0.2673	2.6	0.2961	4.2	0.3106	5.8	0.3195	7.4	0.3249	9	0.3282
1.1	0.2708	2.7	0.2973	4.3	0.3113	5.9	0.3199	7.5	0.3251	9.1	0.3283
1.2	0.2737	2.8	0.2983	4.4	0.312	6	0.3203	7.6	0.3254	9.2	0.3285
1.3	0.2762	2.9	0.2994	4.5	0.3126	6.1	0.3207	7.7	0.3256	9.3	0.3286
1.4	0.2784	3	0.3004	4.6	0.3133	6.2	0.3211	7.8	0.3258	9.4	0.3288
1.5	0.2804	3.1	0.3014	4.7	0.3139	6.3	0.3214	7.9	0.3261	9.5	0.3289

第 4 章　线性控制系统的计算机辅助分析

如果建立起了系统的数学模型，就可以对系统的性质进行分析了。对线性系统来说，最重要的性质是其稳定性，此外状态方程模型的可控性和可观测性都是比较重要的指标，本章第 4.1 节将对这些性质及相关内容介绍定性分析方法，并对第 3 章介绍的状态方程实现方法进行扩充，介绍系统的可控性、可观测性阶梯标准型及多变量系统的 Leunberger 标准型。第 4.2 和 4.3 两节介绍线性系统的时域分析方法，首先介绍基于传递函数部分分式展开的解析解分析方法，再介绍基于状态方程系统的自治化方法及解析解法，最后介绍各种常见输入，如阶跃响应、脉冲响应及任意给定输入下的系统时域响应分析的数值解法。第 4.4 节将介绍系统的根轨迹分析方法，并介绍其关键的临界增益的求取方法与稳定性分析方法等。第 4.5 节将介绍系统的频域分析方法，对单变量系统来说将介绍用 MATLAB 语言如何绘制系统的 Bode 图、Nyquist 图及 Nichols 图等，介绍稳定性分析的间接方法，并进行幅值相位裕量的分析，对多变量将介绍逆 Nyquist 阵列的分析方法，还将介绍利用 MATLAB 语言的三维绘图方式研究三维 Bode 图的方法。通过本章的介绍，读者将能对已知的线性系统模型进行比较全面的分析，为后面介绍的系统设计打下较好的基础。

4.1　线性系统定性分析

在系统特性研究中，系统的稳定性是最重要的指标，如果系统稳定，则可以进一步分析系统的其他性能，如果系统不稳定，系统则不能直接应用。本节首先介绍系统稳定性的判定方法，然后介绍系统的可控性和可观测性等系统性质的分析，并介绍其他的各种标准型实现。

4.1.1　线性系统稳定性分析

考虑连续线性系统的状态方程模型

$$\begin{cases} \dot{\boldsymbol{x}}(t) = \boldsymbol{A}\boldsymbol{x}(t) + \boldsymbol{B}\boldsymbol{u}(t) \\ \boldsymbol{y}(t) = \boldsymbol{C}\boldsymbol{x}(t) + \boldsymbol{D}\boldsymbol{u}(t) \end{cases} \tag{4-1}$$

在某有界信号 $\boldsymbol{u}(t)$ 的激励下，其状态变量的解析解可以表示成

$$\boldsymbol{x}(t) = \mathrm{e}^{\boldsymbol{A}(t-t_0)}\boldsymbol{x}(t_0) + \int_{t_0}^{t} \mathrm{e}^{\boldsymbol{A}(t-\tau)}\boldsymbol{B}\boldsymbol{u}(\tau)\,\mathrm{d}\tau \tag{4-2}$$

可见，若想使得系统的状态变量 $\boldsymbol{x}(t)$ 有界，则要求系统的状态转移矩阵 $\mathrm{e}^{\boldsymbol{A}t}$ 有界，亦即 $\boldsymbol{A}$ 矩阵的所有特征根的实部均为负数。因此可以得出结论：连续系统稳定的前提条

件是系统状态方程中 $\boldsymbol{A}$ 矩阵的特征根均有负实部。由控制理论可知，系统 $\boldsymbol{A}$ 的特征根和系统的极点是完全一致的，所以若能获得系统的极点，则可以立即判定系统的稳定性。

在控制理论发展初期，由于没有直接可用的计算机软件能求取高阶多项式的根，所以无法由求根的方法直接判定系统的稳定性，故出现了各种各样的间接方法，例如在控制理论中著名的 Routh 判据[6]、Hurwitz 判据[7]和判定一般非线性系统的 Lyapunov 判据等。对线性系统来说，既然现在有了类似 MATLAB 这样的语言，直接获得系统特征根是轻而易举的事，所以判定连续线性系统稳定性就没有必要再使用间接方法了。

在新版本的 MATLAB 控制系统工具箱中，求取一个线性定常系统特征根只需用 `eig(G)` 函数即可，不论系统的模型 G 是传递函数、状态方程还是零极点模型，且不论系统的是连续或离散的。这就使得系统的稳定性判定变得十分容易。另外，前章介绍的 `pzmap(G)` 函数能用图形的方式绘制出系统所有特征根在 s-复平面上的位置，所以判定连续系统是否稳定只需看一下系统所有极点在 s-复平面上是否均位于虚轴左侧即可。

再考虑离散状态方程模型

$$\begin{cases} \boldsymbol{x}[(k+1)T] = \boldsymbol{F}\boldsymbol{x}(kT) + \boldsymbol{G}\boldsymbol{u}(kT) \\ \boldsymbol{y}(kT) = \boldsymbol{C}\boldsymbol{x}(kT) + \boldsymbol{D}\boldsymbol{u}(kT) \end{cases} \tag{4-3}$$

其状态变量的解析解为

$$\boldsymbol{x}(kT) = \boldsymbol{F}^k\boldsymbol{x}(0) + \sum_{i=0}^{k-1}\boldsymbol{F}^{k-i-1}\boldsymbol{G}\boldsymbol{u}(iT) \tag{4-4}$$

可见，若使得系统的状态变量 $\boldsymbol{x}(kT)$ 有界，则要求系统的指数矩阵 $\boldsymbol{F}^k$ 有界，亦即 $\boldsymbol{F}$ 矩阵的所有特征根的模均小于 1。因此可以得出结论：离散系统稳定的前提条件是系统状态方程中 $\boldsymbol{F}$ 矩阵所有的特征根的模均小于 1，或系统所有的特征根均位于单位圆内，这就是离散系统稳定性的判定条件。`abs(eig(G))` 命令可以求出离散系统所有特征根的模，如果有大于 1 的模，则系统不稳定。

在 MATLAB 这样的工具出现之前，由于很难求出该矩阵的特征根，所以出现了判定离散系统稳定的 Jury 判据，其构造比连续系统判定的 Routh 表更复杂。同样，有了 MATLAB 这样强有力的计算工具，可以用直接方法求出系统的特征根，观察其位置是否位于单位圆内就可用直接判定离散系统的稳定性，同样还能用 `pzmap(G)` 命令在复平面上绘制系统所有的零极点位置，用图示的方法也可以立即判定离散系统的稳定性，故而没有必要再用复杂的间接方法去判定稳定性了。

例 4-1 假设有高阶系统的传递函数

$$G(s) = \frac{18s^7+514s^6+5982s^5+36380s^4+122664s^3+222088s^2+185760s+40320}{s^8+36s^7+546s^6+4536s^5+22449s^4+67284s^3+118124s^2+109584s+40320}$$

则可以通过下面的 MATLAB 语句输入系统的传递函数模型

```
>> num=[18 514 5982 36380 122664 222088 185760 40320];
   den=[1,36,546,4536,22449,67284,118124,109584,40320];
   G=tf(num,den); eig(G)  % 输入系统的传递函数模型，并得出所有极点
```

这样得出的系统极点为 $-8,-7,-6,-5,-4,-3,-2,-1$，可见所有系统的特征根均有负实部，所以系统是稳定的。

由于传统观念的影响，很多控制理论教科书认为直接求取高阶系统特征根的方法是件困难的事[55]。其实，从科学计算现有的发展水平看，直接求取高阶系统特征根远比建立 Routh 表或 Jury 表容易得多，况且 Routh 表、Jury 表本身也是工具，同样是借助工具，当然应该使用更直观、有效的方法进行稳定性分析，而没有必要再从最底层去分析系统的稳定性了。

例 4-2 假设离散系统的受控对象传递函数为[72]

$$G(z)=\frac{0.00147635(z^2+3.4040929z+0.71390672)}{(z-1)(z-0.535261429)(z-0.951229425)}$$

且已知控制器模型为 $G_{\rm c}(z)=1.5(z-0.5)/(z+0.8)$，试分析单位负反馈下闭环系统的稳定性。

闭环系统的特征根及其模可以由下面的 MATLAB 语句求出

```
>> z=tf('z',0.1); G=0.00147635*(z^2+3.4040929*z+0.71390672)/...
      ((z-1)*(z-0.535261429)*(z-0.951229425));
   Gc=1.5*(z-0.5)/(z+0.8);  % 控制器模型
   GG=feedback(G*Gc,1);      % 闭环系统的模型
   [eig(GG)  abs(eig(GG))]  % 闭环系统的特征根及模
```

这样得出离散闭环系统的极点为 $-0.7991, 0.9745\pm \mathrm{j}0.0782, 0.5344$，其模均小于 1，所以可以判定该闭环系统是稳定的。类似于上章中的介绍，还可以使用 pzmap(GG) 函数显示闭环系统的零极点，如图 4-1 所示。从图中可以看出，系统所有极点均在单位圆内，所以系统是稳定的。

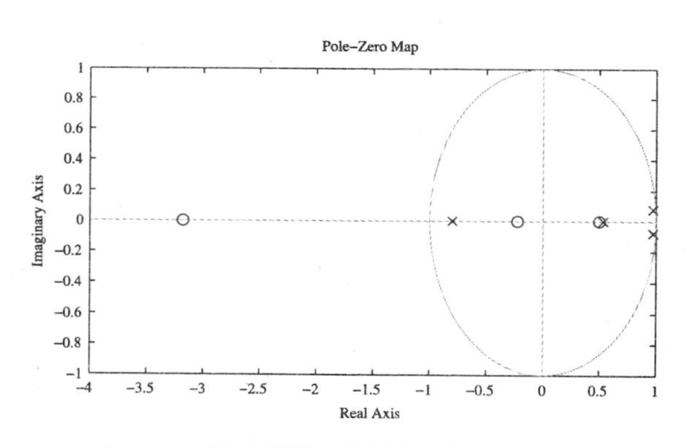

图 4-1 闭环离散系统的零极点分布图

如果不采用直接方法，而采用像 Routh 和 Jury 这样的间接判据，则除了系统稳定与否这一判定结论之外，不能得到任何其他的信息。但若采用了直接判定的方法，除了能获得稳定性的信息外，还可以立即看出零极点分布，从而对系统的性能有一个更好的了解。例如对连续系统来说，如果存在距离虚轴特别近的复极点，则可能会使得系统有很强的振荡，对离散系统来说，如果复极点距单位圆较近，也可能得出较强的振荡，这样的定性判定用间接判据是不可能得出的。从这个方面可以看出直接方法和间接方法相比存在的优越性。

4.1.2 线性系统的线性相似变换

前面已经介绍过，由于状态变量可以不同地选择，故系统的状态方程实现将不同，这里将研究这些状态方程之间的关系。

假设存在一个非奇异矩阵 $\boldsymbol{T}$，且定义了一个新的状态变量向量 $\boldsymbol{z}$，使得 $\boldsymbol{z}=\boldsymbol{T}^{-1}\boldsymbol{x}$，则关于新状态变量 $\boldsymbol{z}$ 的状态方程模型可以写成

$$\begin{cases}\dot{\boldsymbol{z}}(t)=\boldsymbol{A}_{\rm t}\boldsymbol{z}(t)+\boldsymbol{B}_{\rm t}\boldsymbol{u}(t)\\ \boldsymbol{y}(t)=\boldsymbol{C}_{\rm t}\boldsymbol{z}(t)+\boldsymbol{D}_{\rm t}\boldsymbol{u}(t)\end{cases}，且\ \boldsymbol{z}(0)=\boldsymbol{T}^{-1}\boldsymbol{x}(0) \tag{4-5}$$

其中

$$\boldsymbol{A}_{\rm t}=\boldsymbol{T}^{-1}\boldsymbol{A}\boldsymbol{T},\quad \boldsymbol{B}_{\rm t}=\boldsymbol{T}^{-1}\boldsymbol{B},\quad \boldsymbol{C}_{\rm t}=\boldsymbol{C}\boldsymbol{T},\quad \boldsymbol{D}_{\rm t}=\boldsymbol{D} \tag{4-6}$$

在矩阵 $\boldsymbol{T}$ 下的状态变换称为相似性变换，而 $\boldsymbol{T}$ 又称为变换矩阵。

控制系统工具箱中提供了 `ss2ss()` 来完成状态方程模型的相似性变换，该函数的调用格式为 G_1=`ss2ss(`G,$\boldsymbol{T}$`)`，其中，G 为原始的状态方程模型，$\boldsymbol{T}$ 为变换矩阵，在 $\boldsymbol{T}$ 下的变换结果由 G_1 变量返回。注意，在本函数调用中输入和输出的变量都是状态方程对象，而不可以是其他对象。

例 4-3 在实际应用中，变换矩阵 $\boldsymbol{T}$ 可以任意选择，只要它为非奇异矩阵即可。假设已知系统的的状态方程模型为

$$\begin{cases}\dot{\boldsymbol{x}}(t)=\begin{bmatrix}0&1&0&0\\0&0&1&0\\0&0&0&1\\-24&-50&-35&-10\end{bmatrix}\boldsymbol{x}(t)+\begin{bmatrix}0\\0\\0\\1\end{bmatrix}u(t)\\ y(t)=[\,24,\quad 7,\quad 1,\quad 0\,]\boldsymbol{x}(t)\end{cases}$$

若选择一个反对角矩阵，使得反对角线上的元素均为 1，而其余元素都为 0，则在这一变换矩阵下新的状态方程模型可以由下面的 MATLAB 语句得出

```
>> A=[0 1 0 0; 0 0 1 0; 0 0 0 1; -24 -50 -35 -10];
   G1=ss(A,[0;0;0;1],[24 24 7 1],0); % 系统状态方程模型
   T=fliplr(eye(4)); G2=ss2ss(G1,T)  % 系统的线性相似变换结果
```

这样得出系统的新状态方程模型为

$$\begin{cases}\dot{\boldsymbol{z}}(t)=\begin{bmatrix}-10&-35&-50&-24\\1&0&0&0\\0&1&0&0\\0&0&1&0\end{bmatrix}\boldsymbol{z}(t)+\begin{bmatrix}1\\0\\0\\0\end{bmatrix}u(t)\\ y(t)=[1,7,24,24]\boldsymbol{z}(t)\end{cases}$$

事实上，这样得出的状态方程模型即为类似于很多教科书[73]中定义的可控标准型，下面还要更一般性地叙述这种形式。

4.1.3 线性系统的可控性分析

线性系统的可控性和可观测性是基于状态方程的控制理论的基础，可控性和可观测

性的概念是 Kalman 于 1960 年提出的[16]，这些性质为系统的状态反馈设计、观测器的设计等提供了有力依据。假设系统由状态方程 $(\boldsymbol{A},\boldsymbol{B},\boldsymbol{C},\boldsymbol{D})$ 给出，对任意的初始时刻 t_0，如果状态空间中任一状态 $x_i(t)$ 可以从初始状态 $x_i(t_0)$ 处，由有界的输入信号 $\boldsymbol{u}(t)$ 的驱动下，在有限时间 $t_{\rm f}$ 内能够到达任意预先指定的状态 $x_i(t_{\rm f})$，则称此状态是可控的。如果系统中所有的状态都是可控的，则称该系统为完全可控的系统。

通俗点说，系统的可控性就是指系统内部的状态是不是可以由外部输出信号控制的性质，对线性时不变系统来说，如果系统某个状态可控，则可以由外部信号任意控制。

1．线性系统的可控性判定

可以构造起一个可控性判定矩阵

$$\boldsymbol{T}_{\rm c}=\left[\boldsymbol{B},\boldsymbol{AB},\boldsymbol{A}^2\boldsymbol{B},\cdots,\boldsymbol{A}^{n-1}\boldsymbol{B}\right] \tag{4-7}$$

若矩阵 $\boldsymbol{T}_{\rm c}$ 是满秩矩阵，则系统称为完全可控的。如果该矩阵不是满秩矩阵，则它的秩为系统的可控状态的个数。在 MATLAB 下求一个矩阵的秩是再容易不过的事，如果已知矩阵为 $\boldsymbol{T}$，则用 MATLAB 提供的可靠算法用 rank($\boldsymbol{T}$) 即可以求出矩阵的秩。再将得出的秩和系统状态变量的个数相比较，就可以判定系统的可控性。

构造系统的可控性判定矩阵用 MATLAB 也很容易，用 $\boldsymbol{T}_{\rm c}$=ctrb($\boldsymbol{A}$,$\boldsymbol{B}$) 函数就可以立即建立起可控性判定矩阵 $\boldsymbol{T}_{\rm c}$。其实用最底层的 MATLAB 命令也可以直接建立可控性判定矩阵。下面将通过例子来演示系统可控性判定矩阵建立和系统可控性判定的问题。

例 4-4 给定系统状态方程模型

$$\boldsymbol{x}[(k+1)T]=\begin{bmatrix}-2.2&-0.7&1.5&-1\\0.2&-6.3&6&-1.5\\0.6&-0.9&-2&-0.5\\1.4&-0.1&-1&-3.5\end{bmatrix}\boldsymbol{x}(kT)+\begin{bmatrix}6&9\\4&6\\4&4\\8&4\end{bmatrix}\boldsymbol{u}(kT)$$

可以通过下面的 MATLAB 语句将系统的 $\boldsymbol{A}$ 和 $\boldsymbol{B}$ 矩阵输入到 MATLAB 的工作空间，这样就可以用下面的语句直接判定系统的可控性。

```
>> A=[-2.2,-0.7,1.5,-1; 0.2,-6.3,6,-1.5; 0.6,-0.9,-2,-0.5; 1.4,-0.1,-1,-3.5];
   B=[6,9; 4,6; 4,4; 8,4]; Tc=ctrb(A,B) % 输入 A, B 矩阵并得出判定矩阵
   Tc1=[B,A*B, A^2*B,A^3*B];  % 或用直接方法建立可控性判定矩阵
   rank(Tc) % 判定系统的可控性, 因为秩为 3, 所以系统不可控
```

可以得出可控性判定矩阵为

$$\boldsymbol{T}_{\rm c}=\begin{bmatrix}6&9&-18&-22&54&52&-162&-118\\4&6&-12&-18&36&58&-108&-202\\4&4&-12&-10&36&26&-108&-74\\8&4&-24&-6&72&2&-216&34\end{bmatrix}$$

该长方形矩阵手工求秩很烦琐，而用 MATLAB 可以轻而易举地求出其秩为 3，表明该矩阵非满秩矩阵，所以原系统是不可控的。

系统完全可控的另外判定方式是，系统的可控 Gram 矩阵为非奇异矩阵。系统的可

控 Gram 矩阵由下式定义

$$\boldsymbol{L}_{\mathrm{c}} = \int_0^{\infty} \mathrm{e}^{-\boldsymbol{A}t}\boldsymbol{B}\boldsymbol{B}^{\mathrm{T}}\mathrm{e}^{-\boldsymbol{A}^{\mathrm{T}}t}\,\mathrm{d}t \tag{4-8}$$

当然，看起来求解系统的可控 Gram 矩阵也并非简单的事，可以证明，系统的可控 Gram 矩阵为对称矩阵，是下面的 Lyapunov 方程的解

$$\boldsymbol{A}\boldsymbol{L}_{\mathrm{c}} + \boldsymbol{L}_{\mathrm{c}}\boldsymbol{A}^{\mathrm{T}} = -\boldsymbol{B}\boldsymbol{B}^{\mathrm{T}} \tag{4-9}$$

在 MATLAB 环境中用 $\boldsymbol{L}_{\mathrm{c}}$=`lyap(`$\boldsymbol{A},\boldsymbol{B}$`*`$\boldsymbol{B}$`')` 命令就能直接求出 Lyapunov 方程的解，如果调用该函数不能求出方程的解，则该系统不完全可控。控制系统的可控 Gram 矩阵还可以由 G_{c}=`gram(`G`,'c')` 直接求出来。离散系统的 Gram 矩阵是离散 Lyapunov 方程的解，但在 MATLAB 程序调用中没有区别。

例 4-5 考虑下面的离散系统模型

$$G(z) = \frac{0.3124z^3 - 0.5743z^2 + 0.3879z - 0.0889}{z^4 - 3.233z^3 + 3.9869z^2 - 2.2209z + 0.4723}$$

且已知系统的采样周期为 $T = 0.1$ s，则可以用下面的语句将其输入到 MATLAB 工作空间，并通过函数调用直接求出系统的可控 Gram 矩阵为

$$\boldsymbol{L}_{\mathrm{c}} = \begin{bmatrix} 3729.4281 & 7331.5292 & 6960.3434 & 3187.7043 \\ 7331.5292 & 14917.7123 & 14663.0584 & 6960.3434 \\ 6960.3434 & 14663.0584 & 14917.7123 & 7331.5292 \\ 3187.7043 & 6960.3434 & 7331.5292 & 3729.4281 \end{bmatrix}$$

```
>> num=[0.3124 -0.5743 0.3879 -0.0889]; den=[1 -3.233 3.9869 -2.2209 0.4723];
   G=tf(num,den,'Ts',0.1); % 输入系统的离散传递函数模型
   Lc=gram(ss(G),'c')  % 先获得状态方程模型，再求可控 Gram 矩阵
```

2. Luenberger 标准型

多变量系统的一种重要的可控标准型实现是 Luenberger 标准型，其具体实现方法是，构造可控性判定矩阵，并按照下面的顺序构成一个矩阵 $\boldsymbol{S}$[74]：

$$\boldsymbol{S} = \left[\boldsymbol{b}_1, \boldsymbol{A}\boldsymbol{b}_1, \cdots, \boldsymbol{A}^{\sigma_1-1}\boldsymbol{b}_1, \boldsymbol{b}_2, \cdots, \boldsymbol{A}^{\sigma_2-1}\boldsymbol{b}_2, \cdots, \boldsymbol{A}^{\sigma_p-1}\boldsymbol{b}_p\right] \tag{4-10}$$

其中，σ_i 是能保证前面各列线性无关的最大指数值，亦即最大可控性指数，取该矩阵的前 n 列就可以构成一个 $n \times n$ 的方阵 $\boldsymbol{L}$。如果这样构成的满秩矩阵不足 n 列，亦即多变量系统不是完全可控，则可以在后面补足能够使得 $\boldsymbol{L}$ 为满秩方阵的列，可以通过添补随机数的方式构造该矩阵。该矩阵求逆，则可以按照如下的方式提取出相关各行

$$\boldsymbol{L}^{-1} = \begin{bmatrix} \boldsymbol{l}_1^{\mathrm{T}} \\ \vdots \\ \boldsymbol{l}_{\sigma_1}^{\mathrm{T}} \\ \vdots \\ \boldsymbol{l}_{\sigma_1+\sigma_2}^{\mathrm{T}} \\ \vdots \end{bmatrix} \begin{matrix} \\ \\ \leftarrow \text{提取此行} \\ \\ \leftarrow \text{提取此行} \\ \\ \end{matrix} \tag{4-11}$$

则可以依照下面的方法构造出变换矩阵逆阵 $\boldsymbol{T}^{-1}$

$$\boldsymbol{T}^{-1}=\begin{bmatrix} \boldsymbol{l}_{\sigma_1}^{\mathrm{T}} \\ \vdots \\ \boldsymbol{l}_{\sigma_1}^{\mathrm{T}}\boldsymbol{A}^{\sigma_1-1} \\ \vdots \\ \boldsymbol{l}_{\sigma_1+\sigma_2}^{\mathrm{T}}\boldsymbol{A}^{\sigma_2-1} \\ \vdots \end{bmatrix} \tag{4-12}$$

通过变换矩阵 $\boldsymbol{T}$ 对原系统进行相似变换，即可以得出 Luenberger 标准型。前面介绍的方法很适合用 MATLAB 语言直接实现，根据算法，可以编写出如下的函数来生成变换矩阵 $\boldsymbol{T}$，调用格式为 **T=luenberger(A,B)**。

```
function T=luenberger(A,B)
n=size(A,1); p=size(B,2); S=[]; sigmas=[]; k=1;
for i=1:p
   for j=0:n-1, S=[S,A^j*B(:,i)];
      if rank(S)==k, k=k+1;
      else, sigmas(i)=j-1; S=S(:,1:end-1); break; end,
   end
   if k>n, break; end
end
k=k-1; % 如果不是完全可控，则用随机数补足满秩矩阵
if k<n
    while rank(S)~=n, S(:,k+1:n)=rand(n,n-k); end
end
L=inv(S); iT=[];
for i=1:p
   for j=0:sigmas(i), iT=[iT; L(i+sum(sigmas(1:i)),:)*A^j]; end,
end
if k<n, iT(k+1:n,:)=L(k+1:end,:); end  % 不可控时补足满秩矩阵
T=inv(iT);  % 构造变换矩阵
```

例 4-6 考虑下面给出的状态方程模型

$$\dot{\boldsymbol{x}}(t)=\begin{bmatrix} 2 & 0 & 0 & 0 \\ 0 & 3 & 0 & 0 \\ 0 & 0 & 4 & 1 \\ 0 & 0 & 0 & 4 \end{bmatrix}\boldsymbol{x}(t)+\begin{bmatrix} 2 & 0 \\ 4 & 0 \\ 1 & 0 \\ 0 & 1 \end{bmatrix}\boldsymbol{u}(t)$$

用前面编写的 luenberger() 函数可以建立起 Luenberger 标准型变换矩阵，最终获得系统的 Leunberger 标准型

```
>> A=[2 0 0 0; 0 3 0 0; 0 0 4 1; 0 0 0 4]; B=[2,0; 4,0; 1,0; 0,1];
   T=luenberger(A,B)   % 获得 Luenberger 变换矩阵
   A1=inv(T)*A*T, B1=inv(T)*B  % 对系统进行变换，即可得出此标准型
```

则变换矩阵和变换后状态方程分别为

$$\boldsymbol{T}=\begin{bmatrix}24&-14&2&-1\\32&-24&4&-4\\6&-5&1&-1.5\\0&0&0&1\end{bmatrix},\quad \dot{\boldsymbol{z}}(t)=\left[\begin{array}{ccc:c}0&1&0&0\\0&0&1&0\\24&-26&9&1\\ \hdashline 0&0&0&4\end{array}\right]\boldsymbol{z}(t)+\left[\begin{array}{cc}0&0\\0&0.5\\1&4\\ \hdashline 0&1\end{array}\right]\boldsymbol{u}(t)$$

3. 可控性阶梯分解

对于不完全可控的系统，还可以对之进行可控性阶梯分解，即构造一个状态变换矩阵 $\boldsymbol{T}$，就可以将系统的状态方程 $(\boldsymbol{A},\boldsymbol{B},\boldsymbol{C},\boldsymbol{D})$ 变换成如下形式

$$\boldsymbol{A}_{\rm c}=\begin{bmatrix}\widehat{\boldsymbol{A}}_{\bar{\rm c}}&\boldsymbol{0}\\ \widehat{\boldsymbol{A}}_{21}&\widehat{\boldsymbol{A}}_{\rm c}\end{bmatrix},\quad \boldsymbol{B}_{\rm c}=\begin{bmatrix}\boldsymbol{0}\\ \widehat{\boldsymbol{B}}_{\rm c}\end{bmatrix},\quad \boldsymbol{C}_{\rm c}=\left[\widehat{\boldsymbol{C}}_{\bar{\rm c}},\widehat{\boldsymbol{C}}_{\rm c}\right] \tag{4-13}$$

该形式称为系统的可控阶梯分解形式，这样就可以将系统的可控子空间 $(\widehat{\boldsymbol{A}}_{\rm c},\widehat{\boldsymbol{B}}_{\rm c},\widehat{\boldsymbol{C}}_{\rm c})$ 与不可控子空间 $(\widehat{\boldsymbol{A}}_{\bar{\rm c}},\boldsymbol{0},\widehat{\boldsymbol{C}}_{\bar{\rm c}})$ 直接分离出来。构造这样的变换矩阵不是简单的事，好在可以借用 MATLAB 中的现成函数对状态方程模型进行这样的阶梯分解。

```
[Ac,Bc,Cc,Tc]=ctrbf(A,B,C)
```

该函数就可以自动生成相似变换矩阵 $\boldsymbol{T}_{\rm c}$，将原系统模型直接变换成可控性阶梯分解模型。如果原来系统的状态方程模型是完全可控的，则此分解不必进行。

例 4-7 考虑例 4-4 中给出的不完全可控的系统模型，可以通过下面的语句对其进行分解，得出可控性阶梯分解形式

```
>> A=[-2.2,-0.7,1.5,-1; 0.2,-6.3,6,-1.5; 0.6,-0.9,-2,-0.5; 1.4,-0.1,-1,-3.5];
   B=[6,9; 4,6; 4,4; 8,4]; C=[1 2 3 4]; [Ac,Bc,Cc,Tc]=ctrbf(A,B,C),
```

这样得出的阶梯系统和变换矩阵为

$$\boldsymbol{x}[(k+1)T]=\left[\begin{array}{c:ccc}-4&0&0&0\\ \hdashline -4.638&-3.823&-0.5145&-0.127\\-3.637&0.1827&-3.492&-0.1215\\-4.114&-1.888&1.275&-2.685\end{array}\right]\boldsymbol{x}(kT)+\left[\begin{array}{cc}0&0\\ \hdashline 0&0\\2.754&-2.575\\-11.15&-11.93\end{array}\right]\boldsymbol{u}(kT)$$

$$\boldsymbol{T}_{\rm c}=\begin{bmatrix}-0.0915&-0.3202&0.9148&-0.2287\\0.5883&-0.7814&-0.202&0.0505\\-0.4676&-0.3117&0.0505&0.8256\\-0.6534&-0.4356&-0.3461&-0.5134\end{bmatrix}$$

4.1.4 线性系统的可观测性分析

假设系统由状态方程 $(\boldsymbol{A},\boldsymbol{B},\boldsymbol{C},\boldsymbol{D})$ 给出，对任意的初始时刻 t_0，如果状态空间中任一状态 $x_i(t)$ 在任意有限时刻 $t_{\rm f}$ 的状态 $x_i(t_{\rm f})$ 可以由输出信号在这一时间区间内 $t\in[t_0,t_{\rm f}]$ 的值精确地确定出来，则称此状态是可观测的。如果系统中所有的状态都是可观测的，则称该系统为完全可观测的系统。

类似于系统的可控性，系统的可观测性就是指系统内部的状态是不是可以由系统输

出信号重建起来的性质，对线性时不变系统来说，如果系统某个状态可观测，则可以由输入输出信号重建出来。

从定义判定系统的可观测性是很烦琐的，可以构造起一个可观测性判定矩阵

$$\boldsymbol{T}_{\mathrm{o}}=\begin{bmatrix}\boldsymbol{C}\\ \boldsymbol{C}\boldsymbol{A}\\ \boldsymbol{C}\boldsymbol{A}^2\\ \vdots\\ \boldsymbol{C}\boldsymbol{A}^{n-1}\end{bmatrix} \tag{4-14}$$

由控制理论可知，系统的可观测性问题和系统的可控性问题是对偶关系，若想研究系统 $(\boldsymbol{A},\boldsymbol{C})$ 的可观测性问题，可以将其转换成研究 $(\boldsymbol{A}^{\mathrm{T}},\boldsymbol{C}^{\mathrm{T}})$ 系统的可控性问题，故前面所述的可控性分析的全部方法均可以扩展到系统的可观测性研究中。

当然，可观测性分析也有自己的相应函数，如对应于可控性的 `ctrb()` 和 `ctrbf()`，控制系统工具箱还提供了 `obsv()` 和 `obsvf()`，对应 `gram`$(G,$`'c'`$)$ 有 `gram`$(G,$`'o'`$)$ 等，也可以利用这些函数直接进行可观测性分析与变换。

4.1.5 Kalman 规范分解

从上面的叙述可以看出，通过可控性阶梯分解则可以将可控子空间和不可控子空间分离出来，同样进行可观测性阶梯分解则可以将可观测子空间和不可观测子空间分离出来，这样就可能组合出 4 种子空间。如果先对系统进行可控性阶梯分解，再对结果进行可观测性阶梯分解，则可以得出下面的规范形式

$$\begin{cases}\dot{\boldsymbol{z}}(t)=\left[\begin{array}{c:c:c:c}\widehat{\boldsymbol{A}}_{\bar{\mathrm{c}},\bar{\mathrm{o}}} & \widehat{\boldsymbol{A}}_{1,2} & \boldsymbol{0} & \boldsymbol{0}\\ \hdashline \boldsymbol{0} & \widehat{\boldsymbol{A}}_{\bar{\mathrm{c}},\mathrm{o}} & \boldsymbol{0} & \boldsymbol{0}\\ \hdashline \widehat{\boldsymbol{A}}_{3,1} & \widehat{\boldsymbol{A}}_{3,2} & \widehat{\boldsymbol{A}}_{\mathrm{c},\bar{\mathrm{o}}} & \widehat{\boldsymbol{A}}_{3,4}\\ \hdashline \boldsymbol{0} & \widehat{\boldsymbol{A}}_{4,2} & \boldsymbol{0} & \widehat{\boldsymbol{A}}_{\mathrm{c},\mathrm{o}}\end{array}\right]\boldsymbol{z}(t)+\left[\begin{array}{c}\boldsymbol{0}\\ \hdashline \boldsymbol{0}\\ \hdashline \widehat{\boldsymbol{B}}_{\mathrm{c},\bar{\mathrm{o}}}\\ \hdashline \widehat{\boldsymbol{B}}_{\mathrm{c},\mathrm{o}}\end{array}\right]\boldsymbol{u}(t)\\ \boldsymbol{y}(t)=\left[\begin{array}{c:c:c:c}\boldsymbol{0} & \widehat{\boldsymbol{C}}_{\bar{\mathrm{c}},\mathrm{o}} & \boldsymbol{0} & \widehat{\boldsymbol{C}}_{\mathrm{c},\mathrm{o}}\end{array}\right]\boldsymbol{z}(t)\end{cases} \tag{4-15}$$

其中，子空间 $(\widehat{\boldsymbol{A}}_{\bar{\mathrm{c}},\bar{\mathrm{o}}},\boldsymbol{0},\boldsymbol{0})$ 为既不可控，又不可观测的子空间；$(\widehat{\boldsymbol{A}}_{\bar{\mathrm{c}},\mathrm{o}},\boldsymbol{0},\widehat{\boldsymbol{C}}_{\mathrm{c},\bar{\mathrm{o}}})$ 为可控但不可观测的子空间；$(\widehat{\boldsymbol{A}}_{\mathrm{c},\bar{\mathrm{o}}},\widehat{\boldsymbol{B}}_{\mathrm{c},\bar{\mathrm{o}}},\boldsymbol{0})$ 和 $(\widehat{\boldsymbol{A}}_{\mathrm{c},\mathrm{o}},\widehat{\boldsymbol{B}}_{\mathrm{c},\mathrm{o}},\widehat{\boldsymbol{C}}_{\mathrm{c},\mathrm{o}})$ 分别为不可控但可观测的子空间和既可控又可观测的子空间。这样的分解又称为 Kalman 分解。在实际系统分析中，人们更关心的是既可控又可观测的子空间，该子空间事实上就是前面提及的最小实现模型。

4.2 线性系统时域响应解析解法

前面介绍过，线性系统的数学基础是线性微分方程和线性差分方程，它们在某些条件下是存在解析解的，这里将介绍两种线性系统的解析解方法，即基于状态方程的解析解方法和基于传递函数的解析方法，并将以典型二阶系统为例，引入后面将使用的一些概念，如阻尼比、超调量等。

4.2.1 基于状态方程的解析解方法

对于一般的输入信号来说，直接由式 (4-2) 求取系统的解析解并非很容易的事，因为其中积分项不是很好处理。如果能对状态方程进行某种变换，消去输入信号，则该方程的解析解就容易求解了。这里将对一类典型输入信号介绍状态增广的方法，将其化为不含有输入信号的状态方程，从而直接求解原来状态方程的解析解[75]。

先考虑单位阶跃信号 $u(t)=1(t)$，若假设有另外一个状态变量 $x_{n+1}(t)=u(t)$，则其导数为 $\dot{x}_{n+1}(t)=0$，这样系统的状态方程可以改写为

$$\begin{bmatrix}\dot{\boldsymbol{x}}(t)\\ \dot{x}_{n+1}(t)\end{bmatrix}=\begin{bmatrix}\boldsymbol{A} & \boldsymbol{B}\\ \boldsymbol{0} & \boldsymbol{0}\end{bmatrix}\begin{bmatrix}\boldsymbol{x}(t)\\ x_{n+1}(t)\end{bmatrix} \tag{4-16}$$

可见，这样就把原始的状态方程转换成直接可以求解的自治系统方程了

$$\begin{cases}\dot{\widetilde{\boldsymbol{x}}}(t)=\widetilde{\boldsymbol{A}}\widetilde{\boldsymbol{x}}(t)\\ \widetilde{\boldsymbol{y}}(t)=\widetilde{\boldsymbol{C}}\widetilde{\boldsymbol{x}}(t)\end{cases} \tag{4-17}$$

其中，$\widetilde{\boldsymbol{x}}(t)=[\boldsymbol{x}^{\mathrm{T}}(t),x_{n+1}(t)]^{\mathrm{T}}$，其解析解比较容易求出

$$\widetilde{\boldsymbol{x}}(t)=\mathrm{e}^{\widetilde{\boldsymbol{A}}t}\widetilde{\boldsymbol{x}}(0) \tag{4-18}$$

对可以实现这样变换的输入信号进行扩展，则可以定义出一类典型输入信号为

$$u(t)=\sum_{i=0}^{\mathcal{K}}c_it^i+\mathrm{e}^{d_1t}\Big[d_2\cos(d_4t)+d_3\sin(d_4t)\Big] \tag{4-19}$$

引入附加状态变量 $x_{n+1}=\mathrm{e}^{d_1t}\cos(d_4t)$, $x_{n+2}=\mathrm{e}^{d_1t}\sin(d_4t)$,$x_{n+3},\cdots,x_{n+\mathcal{K}+3}$，通过推导，则可以得出式 (4-17) 中给出的系统增广状态方程模型，其中

$$\widetilde{\boldsymbol{A}}=\left[\begin{array}{c:cc:cccc}\boldsymbol{A} & d_2\boldsymbol{B} & d_3\boldsymbol{B} & \boldsymbol{B} & \boldsymbol{0} & \cdots & \boldsymbol{0}\\ \hdashline \boldsymbol{0} & \begin{matrix}d_1\\ d_4\end{matrix} & \begin{matrix}-d_4\\ d_1\end{matrix} & & \boldsymbol{0} & & \\ \hdashline & & & 0 & 1 & \cdots & 0\\ \boldsymbol{0} & & \boldsymbol{0} & 0 & 0 & \cdots & 0\\ & & & \vdots & \vdots & \ddots & \vdots\\ & & & 0 & 0 & \cdots & 0\end{array}\right],\ \widetilde{\boldsymbol{x}}(t)=\left[\begin{array}{c}\boldsymbol{x}(t)\\ \hdashline x_{n+1}(t)\\ x_{n+2}(t)\\ \hdashline x_{n+3}(t)\\ x_{n+4}(t)\\ \vdots\\ x_{n+m+3}(t)\end{array}\right],\ \widetilde{\boldsymbol{x}}(0)=\left[\begin{array}{c}\boldsymbol{x}(0)\\ \hdashline 1\\ 0\\ \hdashline c_0\\ c_1\\ \vdots\\ c_mm!\end{array}\right] \tag{4-20}$$

且

$$\widetilde{\boldsymbol{C}}=\Big[\ \boldsymbol{C}\ |\ d_2\boldsymbol{D}\ \ d_3\boldsymbol{D}\ |\ \boldsymbol{D}\ \ 0\ \cdots\ 0\ \Big] \tag{4-21}$$

这样系统的状态方程模型的解析解为

$$\widetilde{\boldsymbol{x}}(t)=\mathrm{e}^{\widetilde{\boldsymbol{A}}t}\widetilde{\boldsymbol{x}}(0) \tag{4-22}$$

作者用 MATLAB 语言编写了一个函数 ss_augment()，可以用来求取系统的增广状态方程模型，该函数的清单为

```
function [Ga,Xa]=ss_augment(G,cc,dd,X)
G=ss(G); Aa=G.a; Ca=G.c; Xa=X; Ba=G.b; D=G.d;
if (length(dd)>0 & sum(abs(dd))>1e-5),
   if (abs(dd(4))>1e-5),
      Aa=[Aa dd(2)*Ba, dd(3)*Ba; ...
         zeros(2,length(Aa)), [dd(1),-dd(4); dd(4),dd(1)]];
      Ca=[Ca dd(2)*D dd(3)*D]; Xa=[Xa; 1; 0]; Ba=[Ba; 0; 0];
   else,
      Aa=[Aa dd(2)*B; zeros(1,length(Aa)) dd(1)];
      Ca=[Ca dd(2)*D]; Xa=[Xa; 1]; Ba=[B;0];
   end
end
if (length(cc)>0 & sum(abs(cc))>1e-5), M=length(cc);
   Aa=[Aa Ba zeros(length(Aa),M-1); zeros(M-1,length(Aa)+1) ...
      eye(M-1); zeros(1,length(Aa)+M)];
   Ca=[Ca D zeros(1,M-1)]; Xa=[Xa; cc(1)]; ii=1;
   for i=2:M, ii=ii*i; Xa(length(Aa)+i)=cc(i)*ii;
end, end
Ga=ss(Aa,zeros(size(Ca')),Ca,D);
```

其中，cc= $[c_0, c_1, \cdots, c_K]$，且 dd=$[d_1, d_2, d_3, d_4]$。构造出系统的增广状态方程模型后，则可以用 MATLAB 符号运算工具箱的 expm() 函数求取各个状态变量的解析解。

例 4-8 系统的状态方程模型为

$$\boldsymbol{A}=\begin{bmatrix}-5 & 2 & 0 & 0\\ 0 & -4 & 0 & 0\\ -3 & 2 & -4 & -1\\ -3 & 2 & 0 & -4\end{bmatrix},\quad \boldsymbol{B}=\begin{bmatrix}1\\2\\3\\4\end{bmatrix},\quad \boldsymbol{C}=\begin{bmatrix}1,1,1,1\end{bmatrix}$$

其中状态变量初值为 $\boldsymbol{x}^{\mathrm{T}}(0)=[1,2,0,1]$。假设系统的输入信号为 $u(t)=2+2\mathrm{e}^{-4t}\sin(3t)$，则可以用 ss_augment() 函数得出系统的增广状态方程模型

```
>> cc=[2]; dd=[-4,0,2,3]; A=[-5,2,0,0; 0,-4,0,0; -3,2,-4,-1; -3,2,0,-4];
   x0=[1;2;0;1]; B=[1; 2; 3; 4]; C=[1 1 1 1]; D=0; G=ss(A,B,C,D);
   [Ga,xx0]=ss_augment(G,cc,dd,x0); Ga.a, xx0'
```

增广状态矩阵和初值向量分别为

$$\widetilde{\boldsymbol{A}}=\left[\begin{array}{cccc:c:cc}-5 & 2 & 0 & 0 & 0 & 2 & 1\\ 0 & -4 & 0 & 0 & 0 & 4 & 2\\ -3 & 2 & -4 & -1 & 0 & 6 & 3\\ -3 & 2 & 0 & -4 & 0 & 8 & 4\\ \hdashline 0 & 0 & 0 & 0 & -4 & -3 & 0\\ \hdashline 0 & 0 & 0 & 0 & 3 & -4 & 0\\ 0 & 0 & 0 & 0 & 0 & 0 & 0\end{array}\right],\quad \widetilde{\boldsymbol{x}}(0)=\left[\begin{array}{c}1\\2\\0\\1\\ \hdashline 1\\ \hdashline 0\\2\end{array}\right]$$

得出了系统的增广状态方程模型，则可以用下面的语句直接获得生成信号的解析解

```
>> syms t; y=Ga.c*expm(Ga.a*t)*xx0 % 求解系统的解析解
```

其解析解的数学形式可以写成

$$y(t) = -36\mathrm{e}^{-5t} + \frac{9385}{216}\mathrm{e}^{-4t} - \frac{191}{6}t\mathrm{e}^{-4t} + \frac{14}{3}t^2\mathrm{e}^{-4t} + \frac{37}{8} - \frac{218}{27}\mathrm{e}^{-4t}\cos 3t + \frac{4}{9}\mathrm{e}^{-4t}\sin 3t$$

4.2.2 连续状态方程的直接积分求解方法

由微分方程理论可知，若已知系统的状态方程模型 $(\boldsymbol{A},\boldsymbol{B},\boldsymbol{C},\boldsymbol{D})$，则其解析解可以表示成

$$\boldsymbol{x}(t) = \mathrm{e}^{\boldsymbol{A}(t-t_0)}\boldsymbol{x}(t_0) + \int_{t_0}^{t} \mathrm{e}^{\boldsymbol{A}(t-\tau)}\boldsymbol{B}\boldsymbol{u}(\tau)\mathrm{d}\tau \tag{4-23}$$

同样的问题还可以利用矩阵积分的直接方法来求解，得出原系统的解析解。

例 4-9 重新考虑例 4-8 中的系统模型。利用式 (4-23) 可以由下面语句直接求解系统的解析解

```
>> syms t tau; u=2+2*exp(-4*tau)*sin(3*tau);
   A=[-5,2,0,0; 0,-4,0,0; -3,2,-4,-1; -3,2,0,-4];
   B=[1; 2; 3; 4]; C=[1 1 1 1]; D=0; x0=[1;2;0;1];
   y=C*(expm(A*t)*x0+int(expm(A*(t-tau))*B*u,tau,0,t)); y=simple(y)
```

可以得出系统响应的解析解与前面得出的完全一致。

$$y(t) = -\frac{218}{27}\mathrm{e}^{-4t}\cos 3t + \frac{4}{9}\mathrm{e}^{-4t}\sin 3t - \frac{191}{6}t\mathrm{e}^{-4t} + \frac{14}{3}t^2\mathrm{e}^{-4t} + \frac{9385}{216}\mathrm{e}^{-4t} - 36\mathrm{e}^{-5t} + \frac{37}{8}$$

4.2.3 基于部分分式展开方法求解

1. 连续系统的解析解法

假设系统的传递函数由下式给出

$$G(s) = \frac{b_1 s^m + b_2 s^{m-1} + \cdots + b_m s + b_{m+1}}{s^n + a_1 s^{n-1} + a_2 s^{n-2} + \cdots + a_{n-1}s + a_n} \tag{4-24}$$

且已知系统输入信号的 Laplace 变换 $U(s)$，则可以容易地求出系统输出信号的 Laplace 变换 $Y(s) = G(s)U(s)$。假设系统输出的 Laplace 式子的分母多项式的根 p_i 都是不重复的，则可以将系统的输出 Laplace 变换可以写成

$$Y(s) = \frac{r_1}{s-p_1} + \frac{r_2}{s-p_2} + \cdots + \frac{r_m}{s-p_m} \tag{4-25}$$

这里 r_i 和 p_i 可以为实数或复数，对输出信号 $Y(s)$ 进行 Laplace 反变换，则可以得出系统输出 $y(t)$ 的解析解

$$y(t) = \mathscr{L}^{-1}[Y(s)] = r_1\mathrm{e}^{p_1 t} + r_2\mathrm{e}^{p_2 t} + \cdots + r_m\mathrm{e}^{p_m t} \tag{4-26}$$

如果其中的第 j 个根为 m 重根 p_j，则可以将该部分的展开为

$$\frac{r_j}{s-p_j} + \frac{r_{j+1}}{(s-p_j)^2} + \cdots + \frac{r_{j+m-1}}{(s-p_j)^m} \tag{4-27}$$

这些展开项的 Laplace 的反变换可以写成

$$\begin{aligned} & r_j e^{p_j t} + \frac{1}{1!} r_{j+1} t e^{p_j t} + \cdots + \frac{r_{j+m-1} t^{m-1} e^{p_j t}}{(m-1)!} \\ = & \left[r_j + \frac{1}{1!} r_{j+1} t + \cdots + \frac{1}{(m-1)!} r_{j+m-1} t^{m-1} \right] e^{p_j t} \end{aligned} \tag{4-28}$$

在 MATLAB 环境中，可以用 `residue()` 函数直接求出部分分式展开，该函数可以求出含有重特征根的问题。该函数的调用格式为 `[r,p,K]=residue(num,den)`，其中，`num` 和 `den` 描述 $Y(s)$ 的分子和分母多项式，这样就可以计算出 $\boldsymbol{r}$ 和 $\boldsymbol{p}$ 为 r_i 和 p_i 构成的向量，K 为展开余项，由这些结果可以写出系统的解析解。

例 4-10 考虑系统的传递函数模型

$$G(s) = \frac{s^3 + 7s^2 + 24s + 24}{s^4 + 10s^3 + 35s^2 + 50s + 24}$$

系统的输入信号为单位阶跃信号，则其 Laplace 变换为 $1/s$，这样系统的输出信号的 Laplace 变换可以写成

$$Y(s) = \frac{s^3 + 7s^2 + 24s + 24}{s(s^4 + 10s^3 + 35s^2 + 50s + 24)} = \frac{s^3 + 7s^2 + 24s + 24}{s^5 + 10s^4 + 35s^3 + 50s^2 + 24s}$$

可以由下面语句求出系统输出的部分分式展开式

```
>> num=[1 7 24 24]; den=[1 10 35 50 24];
   [R,P,K]=residue(num,[den,0]) % 在分母多项式后补零相当于乘以 s
```

该问题的解析解的数学形式可以写为 $y(t) = -e^{-4t} + 2e^{-3t} - e^{-2t} - e^{-t} + 1$。

例 4-11 前面考虑的例子只含有实数极点，`residue()` 函数当然也适用于含有复数极点的情形。例如考虑传递函数模型

$$G(s) = \frac{s+3}{s^4 + 2s^3 + 11s^2 + 18s + 18}$$

可以由下面的 MATLAB 语句得出系统的阶跃响应解析解

```
>> num=[1,3]; den=[1 2 11 18 18]; [r,p,k]=residue(num,[den,0])
```

由得出的 $\boldsymbol{r}, \boldsymbol{p}$ 向量可以写出解析解为

$$\begin{aligned} y(t) = \; & (0.002 + 0.0255j)e^{3jt} + (0.002 - 0.0255j)e^{-3jt} \\ & +(-0.0853 + 0.0088j)e^{(-1+j)t} + (-0.0853 - 0.0088j)e^{(-1-j)t} + 0.1667 \end{aligned}$$

从中可以看出，这个结果太烦琐，其物理意义很难从表达式直接读出来。

如果采用如下变换：

$$(a + bj)e^{(c+dj)t} + (a - bj)e^{(c-dj)t} = 2e^{ct}(a\cos(dt) - b\sin(dt)) = \alpha e^{ct}\sin(dt + \phi) \tag{4-29}$$

其中，$\alpha = -2\sqrt{a^2 + b^2}$, $\phi = \tan^{-1}(-b/a)$，则可以得出解析解的更简明的形式。

依照这一算法，作者编写了一个 MATLAB 函数 `pfrac()`，它和 `residue()` 函数一起用来得出简明可读的变换结果：

```
function [R,P,K]=pfrac(num,den)
```

```
[R,P,K]=residue(num,den);
for i=1:length(R),
   if imag(P(i))>eps
      a=real(R(i)); b=imag(R(i));
      R(i)=-2*sqrt(a^2+b^2); R(i+1)=-atan2(a,b);
   elseif abs(imag(P(i)))<eps, R(i)=real(R(i));
end, end
```

如果 P(i) 为实数，则 (R(i),P(i)) 对和标准的 residue() 函数中的定义是完全一致的。如果 P(i) 为复数，则 [R(i),R(i+1)] 对返回 α 和 ϕ 参数，而 P(i) 的定义仍与 residue() 函数中一致。

例 4-12 再考虑例 4-11 中给出的系统模型，使用下面的 MATLAB 语句将得出新的结果

```
>> [r,p,k]=pfrac(num,[den,0])
```

可以写出其数学表达式为 $y(t)=-0.0511\sin(3t-0.0768)-0.1715\mathrm{e}^{-t}\sin(t+1.4677)+0.1667$。可见，这样得出的结果可读性远远高于 residue() 函数的结果。

2. 离散系统的解析解法

考虑离散系统的 Z 变换公式，其中易于利用部分分式展开性质的一项是

$$\mathscr{Z}^{-1}\left[\frac{q}{z^{-1}-p}\right]=-\frac{q}{p}\left(\frac{1}{p}\right)^n \tag{4-30}$$

所以，对离散系统来说，若想得到有意义的部分分式展开就需要对 z^{-1} 进行展开，利用 MATLAB 的部分分式展开函数 residue()，则可以将系统的输出信号表示成

$$Y(z)=\frac{r_1}{z^{-1}-p_1}+\frac{r_2}{z^{-1}-p_2}+\cdots+\frac{r_m}{z^{-1}-p_m} \tag{4-31}$$

这里 r_i 和 p_i 可以为实数或复数，对输出信号 $Y(z)$ 进行 Z 反变换，则可以得出系统输出 $y(k)$ 的解析解

$$y(n)=\mathscr{Z}^{-1}[Y(z)]=-\frac{r_1}{p_1}\left(\frac{1}{p_1}\right)^n-\frac{r_2}{p_2}\left(\frac{1}{p_2}\right)^n-\cdots-\frac{r_m}{p_m}\left(\frac{1}{p_m}\right)^n \tag{4-32}$$

若考虑采样周期 T 的因素，则系统输出信号的解析解为

$$y(kT)=\mathscr{Z}^{-1}[Y(z)]=-\frac{r_1}{p_1}\left(\frac{1}{p_1}\right)^{kT}-\frac{r_2}{p_2}\left(\frac{1}{p_2}\right)^{kT}-\cdots-\frac{r_m}{p_m}\left(\frac{1}{p_m}\right)^{kT} \tag{4-33}$$

例 4-13 假设一个系统的离散传递函数为

$$G(z)=\frac{(z-1/2)}{(z-1/3)(z-1/4)(z+1/5)}$$

并假设系统的输入为阶跃信号，其 Z 变换为 $z/(z-1)$，这样就可以用下面的语句将系统的输出在 MATLAB 环境中计算出来

```
>> D=conv([1 -1/3],conv([1 -1/4],conv([1 1/5],[1 -1]))); % 输出信号分母
   N=[0 0 conv([1 -1/2],[1 0])]; % 分子，前面补足零
   N=N(end:-1:1); D=D(end:-1:1); % 将 Z 变换式子逆序排列
   [R,P,K]=residue(N,D); [R,P,-R./P] % 部分分式展开
```

其对应的 Z 变换部分分式展开为

$$Y(z)=\frac{12.1528}{z^{-1}+5}+\frac{35.5556}{z^{-1}-4}-\frac{16.8750}{z^{-1}-3}-\frac{0.8333}{z^{-1}-1}$$

其解析解的数学表示式为 $y(n)=-2.4306\times(1/5)^n-8.8889\times(1/4)^n+5.6250\times(1/3)^n+0.8333$。

MATLAB 还提供了小数转换成分数的函数 rat()，从而能得出更精确的解

```
>> [n,d]=rat(-R./P) % 将系数转换成分数显示
```

得出 $\boldsymbol{n}=[175,-80,45,5],\boldsymbol{d}=[72,9,8,6]$。这样能得出解析解的更精确的表达式为

$$y(n)=-\frac{175}{72}(1/5)^n-\frac{80}{9}(1/4)^n+\frac{45}{8}(1/3)^n+\frac{5}{6}$$

如果有 $Y(z)$ 分母多项式有 m 重根，则可以根据下面的式子进行部分分式展开

$$\mathscr{Z}^{-1}\left[\frac{q}{(z^{-1}-p)^m}\right]=\frac{(-1)^m q}{(m-1)!\,(-p)^{n+m}}(n+1)(n+2)\cdots(n+m-1) \tag{4-34}$$

该式子的推导可以参见例 A-8。这样可以容易地求出含有 m 重根的 Z 变换式子反变换的解析解。下面仍通过例子说明该方法的应用。

例 4-14 假设系统的离散传递函数为

$$G(z)=\frac{5z-2}{(z-1/2)^3(z-1/3)}$$

其阶跃响应的解析解可以通过下面的命令求出

```
>> D=conv([1 -1/2],conv([1 -1/2],conv([1,-1/2],conv([1,-1/3],[1,-1]))));
   N=[0,0,0,5 -2,0];  % 仍需给分子多项式补足零
   [R,P]=residue(N(end:-1:1),D(end:-1:1)) % 显示部分分式展开结果
```

这样可以写出部分分式展开后的 Z 变换表达式

$$Y(z)=\frac{324}{z^{-1}-3}+\frac{-240}{z^{-1}-2}+\frac{-96}{(z^{-1}-2)^2}+\frac{192}{(z^{-1}-2)^3}+\frac{-36}{z^{-1}-1}$$

经过 Z 反变换即可以求出输出信号的解析解为

$$\begin{aligned}y(n)&=\frac{324}{-3}(1/3)^n+\frac{-240}{-2}(1/2)^n+\frac{-96}{(-2)^2}(1/2)^n(n+1)+\frac{192/2}{(-2)^3}(1/2)^n(n+1)(n+2)+36\\&=-108(1/3)^n+(1/2)^n(-12n^2-60n+72)+36\end{aligned}$$

3. 时间延迟系统的解析解法

考虑带有时间延迟的连续系统模型 $G(s)\mathrm{e}^{-Ls}$ 和离散系统传递函数 $H(z)z^{-k}$，直接对这样的式子进行部分分式展开不便，所以在使用前述的展开时可不考虑时间延迟因素，这样就可以得出不带有时间延迟的系统输出解析解，假设分别为 $y(t)$ 或 $y(n)$，这时根据 Laplace 变换和 Z 变换的性质，分别用 $t-L$ 或 $n-k$ 代替得出解析解中的 t 或 n，得出的就是时间延迟系统的解析解。

例 4-15 考虑下面的带有时间延迟的系统模型

$$G(z)z^{-5}=\frac{5z-2}{(z-1/2)^3(z-1/3)}z^{-5}$$

可以看出，其中的 $G(z)$ 和例子 4-14 中的完全一致，该例中已经得出了不带有时间延迟部分的阶跃响应解析解 $\hat{y}(n)=-108(1/3)^n+(1/2)^n(-12n^2-60n+72)+36$。对带有时间延迟的系统来说，用 $n-5$ 取代其中的 n，得出的结果就是整个系统的阶跃响应解析解了。

$$\begin{aligned}y(n)&=-108(1/3)^{n-5}+(1/2)^{n-5}[-12(n-5)^2-60(n-5)+72]+36\times 1(n-5)\\&=-108(1/3)^{n-5}+(1/2)^{n-5}(-12n^2+60n+72)+36\times 1(n-5)\end{aligned}$$

4.2.4 二阶系统的阶跃响应及阶跃响应指标

假设系统的开环模型为 $G_{\rm o}(s)=\omega_{\rm n}^2/s(s+2\zeta\omega_{\rm n})$，并假设由单位负反馈构造出整个闭环控制系统模型，则定义 ζ 为系统的阻尼比，$\omega_{\rm n}$为系统的自然振荡频率，这时闭环系统模型可以写成

$$G(s)=\frac{\omega_{\rm n}^2}{s^2+2\zeta\omega_{\rm n}s+\omega_{\rm n}^2} \tag{4-35}$$

根据线性系统解析解的理论，不难推导出这样二阶系统的阶跃响应 $y(t)$ 的解析解的一般形式为

$$y(t)=1+\frac{\omega_{\rm n}^2}{2\omega_{\rm d}}\left(\frac{{\rm e}^{(-\zeta\omega_{\rm n}+\omega_{\rm d})t}}{-\zeta\omega_{\rm n}+\omega_{\rm d}}-\frac{{\rm e}^{(-\zeta\omega_{\rm n}-\omega_{\rm d})t}}{-\zeta\omega_{\rm n}-\omega_{\rm d}}\right) \tag{4-36}$$

其中，$\omega_{\rm d}=\sqrt{1-\zeta^2}\omega_{\rm n}$，具体证明过程可以参见例 A-5。根据 ζ 的不同取值，或考虑 $\zeta_{\rm d}$ 的情况，可以进一步将解析解解释为:

1) 若 $\zeta=0$，则系统响应可以化简为 $y(t)=1-\cos(\omega_{\rm n}t)$，称为无阻尼振荡。

2) 若 $0<\zeta<1$，则系统响应为

$$y(t)=1-{\rm e}^{-\zeta\omega_{\rm n}t}\frac{1}{\sqrt{1-\zeta^2}}\sin\left(\omega_{\rm n}\sqrt{1-\zeta^2}t+\tan^{-1}\sqrt{1-\zeta^2}/\zeta\right) \tag{4-37}$$

这时系统阶跃响应称为欠阻尼振荡。

3) 若 $\zeta=1$，则系统的阶跃响应为 $y(t)=1-(1+\omega_{\rm n}t){\rm e}^{-\omega_{\rm n}t}$，称为临界阻尼响应。

4) 若 $\zeta>1$，则阶跃响应为

$$y(t)=1-\frac{\omega_{\rm n}}{2\sqrt{\zeta^2-1}}\left(\frac{{\rm e}^{(-\zeta-\sqrt{\zeta^2-1})t}}{-\zeta-\sqrt{\zeta^2-1}}-\frac{{\rm e}^{(-\zeta+\sqrt{\zeta^2-1})t}}{-\zeta+\sqrt{\zeta^2-1}}\right) \tag{4-38}$$

这时系统的阶跃响应称为过阻尼响应。

选取 $\omega_{\rm n}=1$ rad/s，而选择不同的阻尼比 ζ，则可以由下面的命令立即得出系统在不同阻尼比下的阶跃响应曲线，如图 4-2a 所示。

```
>> wn=1; yy=[]; t=0:.1:12; zet=[0:0.1:0.9, 1+eps,2,3,5];
   for z=zet, wd=sqrt(z^2-1)*wn;
     y=1-wn*exp(-z*wn*t).*[cosh(wd*t)/wn+z*sinh(wd*t)/wd]; yy=[yy; y];
```

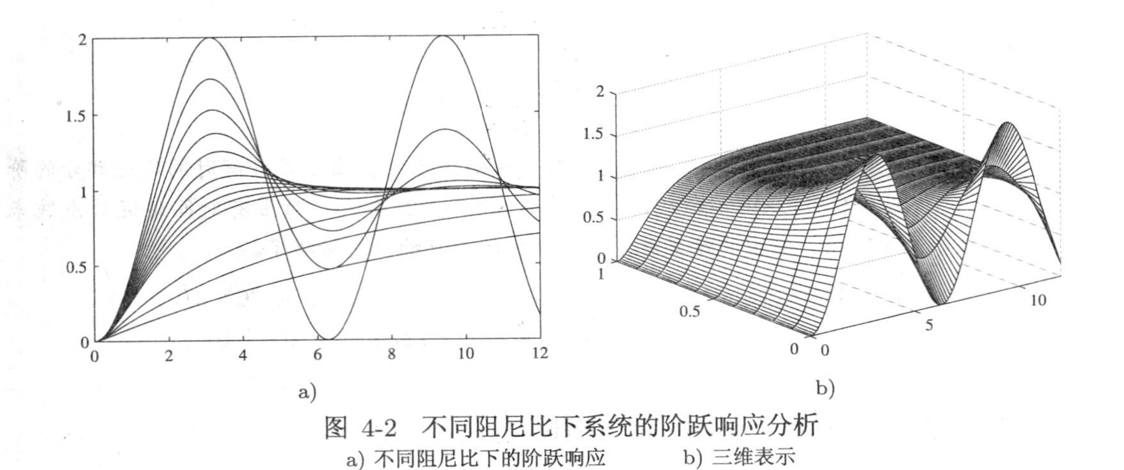

图 4-2 不同阻尼比下系统的阶跃响应分析

a) 不同阻尼比下的阶跃响应　　b) 三维表示

```
end
plot(t,yy)  % 绘制不同阻尼比的系统阶跃响应
```

从得出的曲线可看出，若 ζ 的值比较小，则系统的阶跃响应将表现出较强的振荡，若 $\zeta \geqslant 1$ 则将消除振荡，但随着 ζ 的增大，系统的响应速度也较慢。在实际工业控制应用中，通常选择二阶系统的阻尼比为 $\zeta = 0.707$，这样既使得系统响应能有较小的振荡，又能保证有较快的响应速度。

为获得较好的显示效果，提取 $\zeta \leqslant 1$ 时的响应数据，就可以绘制出三维图形表示，其中，ζ 为 y 轴，x 轴选择为时间轴，如图 4-2b 所示。

```
>> i=find(zet<=1);   % 找出阻尼比不超过 1 的行
   zet1=zet(i); yy1=yy(i,:);  % 提取相关的数据
   mesh(t,zet1,yy1), % 用网格线的方式绘制系统阶跃响应的三维图
   set(gca,'YDir','reverse')  % y 轴方向设置成与默认相反的方向
```

线性系统典型的阶跃响应曲线示意图由图 4-3 给出，其中，人们感兴趣的一些阶跃响应指标包括：

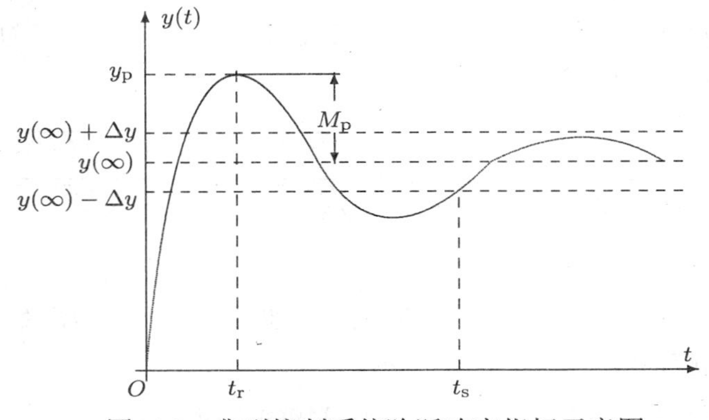

图 4-3 典型控制系统阶跃响应指标示意图

1) 稳态值 $y(\infty)$　亦即系统在时间很大时的系统输出极限值，对不稳定系统来说稳态

值趋于无穷大。对稳定的线性连续系统模型来说，应用 Laplace 变换中终值的性质定理，可以容易地得出系统阶跃响应的稳态值为

$$y(\infty)=\lim_{s\to 0} sG(s)\frac{1}{s}=G(0)=\frac{b_m}{a_n} \tag{4-39}$$

对传递函数模型来说，系统的稳态值即为分子、分母常数项的比值。如果已知系统的数学模型 G，则系统的阶跃响应稳态值可以由 dcgain(G) 直接得出。

2) 超调量 σ　定义为系统的峰值 y_p 与稳态值的差距，通常用下面的公式求出

$$\sigma=\frac{y_\mathrm{p}-y(\infty)}{y(\infty)}\times 100\% \tag{4-40}$$

3) 上升时间 t_r　一般定义为系统阶跃响应从稳态值的 10% ~ 90% 的这段时间，有的定义也可以是从开始响应到阶跃响应达到稳态值所需的时间。

4) 调节时间 t_s　一般指系统的阶跃响应进入稳态值附近的一个带中，例如 2% 或 5% 的带，以后不再出来时所需的时间。

对一个好的设计系统来说，一般应该具有稳态误差小或没有稳态误差、超调量小或没有超调量、上升时间短、调节时间短等性能。所以这些性能指标在系统设计中应当是经常使用的。

4.3　线性系统的数字仿真分析

前面介绍了线性系统的解析解方法，并解释了可以求解的条件。严格说来，4 阶以上的系统需要求解 4 阶以上的多项式方程，所以根据 Abel 定理，这类方程没有一般的解析解，从而使得高阶微分方程也没有解析解。应用前面介绍的解析解和数值解的结合可以求出系统时域响应的高精度解析表达式。

在实际应用中，并不是所有的时候都希望得出系统的解析解，有时得到系统时域响应的曲线就足够了，而不一定非得得出输出信号的解析表达式，在这样的情况下可以借助于微分方程数值解的技术求取系统响应的数值解，并用曲线表示结果。

本节首先介绍阶跃响应、脉冲响应的数值解求法及响应曲线绘制方法，再介绍一般输入下系统时域响应数值解及曲线绘制等内容，最后将介绍多变量系统的时域响应分析方法。

4.3.1　线性系统的时域响应

线性系统的阶跃响应可以通过 step() 函数直接求取，脉冲响应可以使用 impulse() 函数，而在任意输入下的系统响应可以通过 lsim() 函数，更复杂系统的时域响应分析还可以通过强大的 Simulink 环境来直接求取。

step() 函数有如下多种调用格式:

```
[y,t]=step(G)        % 自动选择时间向量，进行阶跃响应分析
[y,t]=step(G,tf)     % 设置系统的终止响应时间 tf，进行阶跃响应分析
y=step(G,t)          % 用户自己选择时间向量 t，进行阶跃响应分析
```

这里系统模型 G 可以为任意的线性时不变系统模型，包括传递函数、零极点、状态方程模型、单变量和多变量模型、连续与离散模型、带有时间延迟的模型等。若上述的函数调用时不返回任何参数，则将自动打开图形窗口，将系统的阶跃响应曲线直接在该窗口上显示出来。如果想同时绘制出多个系统的阶跃响应曲线，则可以仿照 plot() 函数给出系统阶跃响应曲线命令，如

```
step(G1,'-',G2,'-.b',G3,':r')
```

该命令可以用实线绘制系统 G_1 的阶跃响应曲线，用蓝色点画线绘制 G_2 的响应，用红色点线绘制出系统 G_3 的阶跃响应曲线。

例 4-16 假设已知带有时间延迟的连续系统模型为

$$G(s)=\frac{8(s+1)(s+2)(s+3)}{(s+3.5)(s+4)(s+5)(s+1+\mathrm{j})(s+1-\mathrm{j})}\mathrm{e}^{-2s}$$

则可以通过下面的命令直接输入系统模型，并绘制出阶跃响应曲线，如图 4-4a 所示。

```
>> G=zpk([-1;-2;-3],[-1+1i; -1-1i; -3.5; -4; -5],8,'ioDelay',2); % 系统模型
   step(G,10); % 绘制阶跃响应曲线，终止时间为 10
```

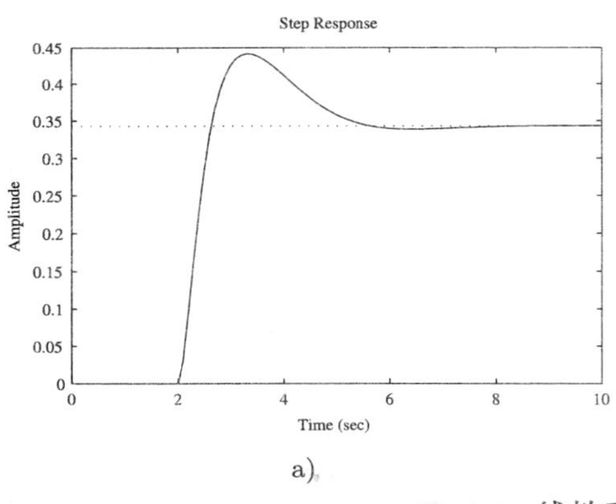

a)

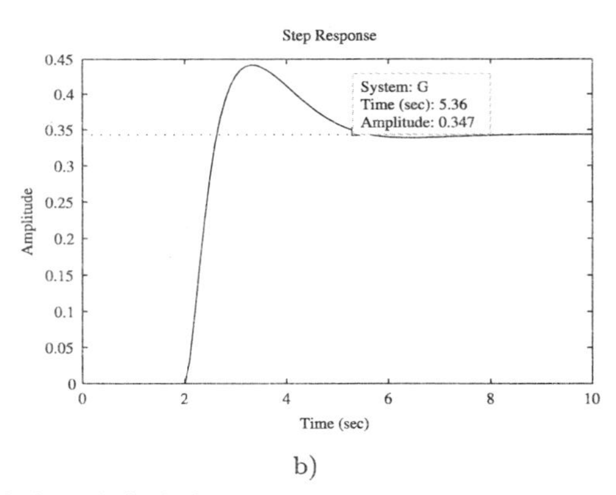

b)

图 4-4 线性系统的阶跃响应曲线

a) 自动绘制的阶跃响应曲线　　b) 获取某点的响应值

在自动绘制的系统阶跃响应曲线上，若单击曲线上某点，则可以显示出该点对应的时间信息和响应的幅值信息，如图 4-4b 所示。通过这样的方法就可以容易地分析系统阶跃响应的情况。

在控制理论中介绍典型线性系统的阶跃响应分析时经常用一些指标来定量描述，例如系统的超调量、上升时间、调节时间等，在 MATLAB 自动绘制的阶跃响应曲线中，如果想得出这些指标，只需单击鼠标右键，则将得出如图 4-5a 所示的菜单，选择其中的 Characteristics 菜单项，从中选择合适的分析内容，即可以得出系统的阶跃响应指标。

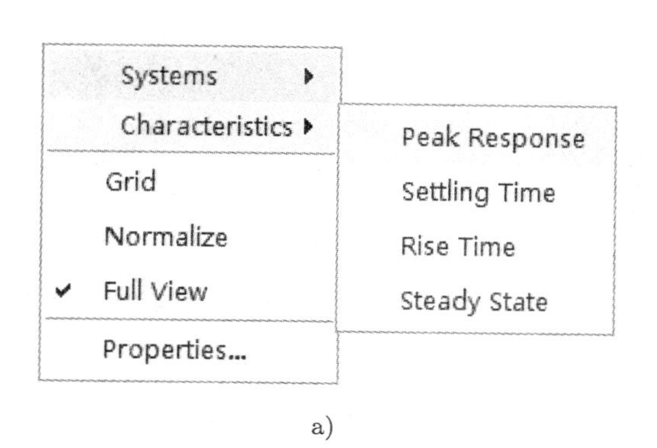

a)

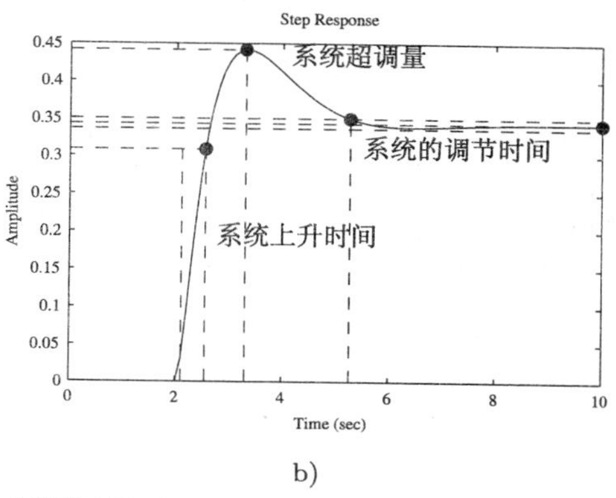

b)

图 4-5 阶跃响应指标显示

a) 系统阶跃响应快捷菜单 b) 阶跃响应指标显示

用前面给出的方法，还可以容易地得出系统阶跃响应的解析解。

```
>> num=8*conv([1 1],conv([1 2],[1 3]));
   den=conv([1 3.5],conv([1 4],conv([1 5],conv([1 1+1i],[1 1-1i]))));
   [r,p]=pfrac(num,[den,0])
```

这样就能得出系统的阶跃响应解析解的数学形式为

$$y(t) = 1.5059\mathrm{e}^{-5t} - 2.4000\mathrm{e}^{-4t} + 0.7882e^{-3.5t} - 0.5095\mathrm{e}^{-t}\sin(t+2.658) + 0.3429$$

因为解析解是已知的，所以由下面的语句还可以估算出解析解的精度为 10^{-14} 级。

```
>> [y,t]=step(tf(num,den)); % 用数值方法求取阶跃响应数据
   y0=r(1)*exp(p(1)*t)+r(2)*exp(p(2)*t)+r(3)*exp(p(3)*t)+r(6)+...
      r(4)*exp(real(p(4))*t).*sin(imag(p(4))*t+r(5));
   norm(y-y0)
```

可见这样得出的阶跃响应可以达到 2.4857×10^{-14} 这样的精度级，所以结果是可信的。

例 4-17 第 3 章中曾经介绍了连续系统离散化的方法，这里可以比较一下各种方法在时域响应中的差异。假设连续系统的数学模型为

$$G(s) = \frac{1}{(s+1)^3}\mathrm{e}^{-0.5s}$$

选择采样周期为 $T = 0.1$ s，则可以用下面的语句输入该系统的传递函数，并用各种方法离散化，再用 step() 函数进行对比分析，得出如图 4-6a 所示的阶跃响应曲线，对其局部放大则可以得出如图 4-6b 所示的曲线，从中可以清晰看出各种算法的区别。

```
>> G=tf(1,[1 3 3 1],'ioDelay',0.5);   % 输入连续系统数学模型
   G1=c2d(G,0.1,'zoh');    % 采用零阶保持器进行离散化
   G2=c2d(G,0.1,'foh');    % 采用一阶保持器进行离散化
   G3=c2d(G,0.1,'tustin'); % Tustin 变换，可能导致虚系数
   G3.num=real(G3.num1); G3.den=real(G3.den1); % 剔除虚部
   step(G,'-',G1,'--',G2,':',G3,'-.') % 用不同线型表示不同模型
```

值得指出的是，step() 函数绘制出的离散系统阶跃响应曲线是以阶梯线的形式表示的，在该

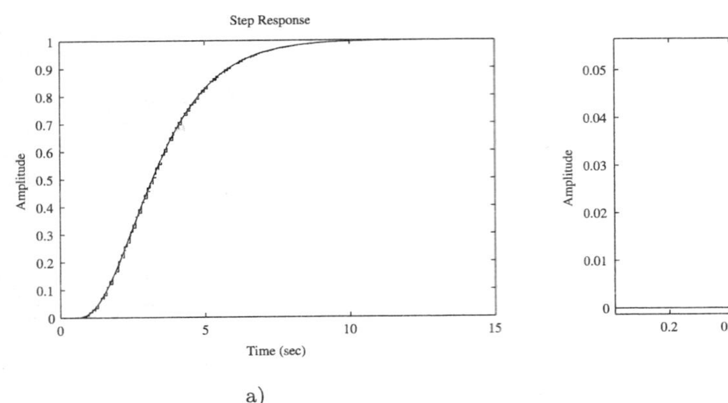

a)

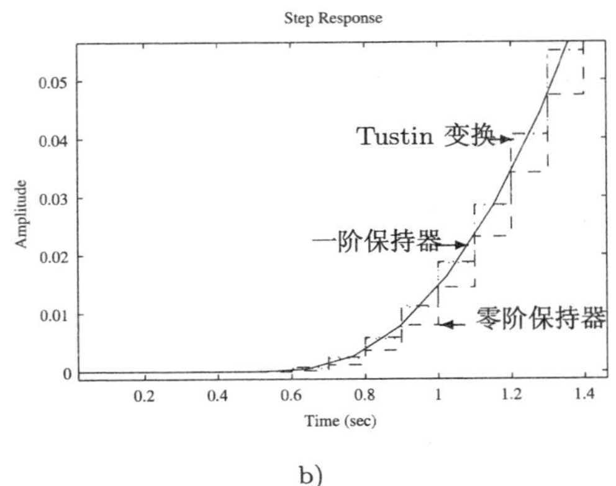

b)

图 4-6 连续系统离散化的效果比较

a) 阶跃响应曲线比较　　b) 局部放大曲线

曲线上仍然可以使用单击鼠标右键出现的菜单显示其响应指标。

例 4-18 考虑例 3-6 中给出的双输入、双输出系统，可以用下面语句直接绘制出分别在两路阶跃输入驱动下系统的两个输出信号的阶跃响应曲线，如图 4-7a 所示。

```
>> g11=tf(0.1134,[1.78 4.48 1],'ioDelay',0.72);
   g12=tf(0.924,[2.07 1]);
   g21=tf(0.3378,[0.361 1.09 1],'ioDelay',0.3);
   g22=tf(-0.318,[2.93 1],'ioDelay',1.29);
   G=[g11, g12; g21, g22]; % 这和矩阵定义一样，这样可以输入传递函数矩阵
   step(G)  % 绘制多变量系统的阶跃响应曲线
```

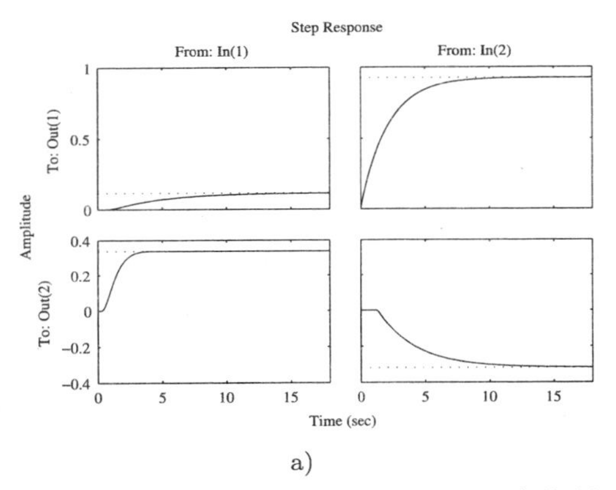

a)

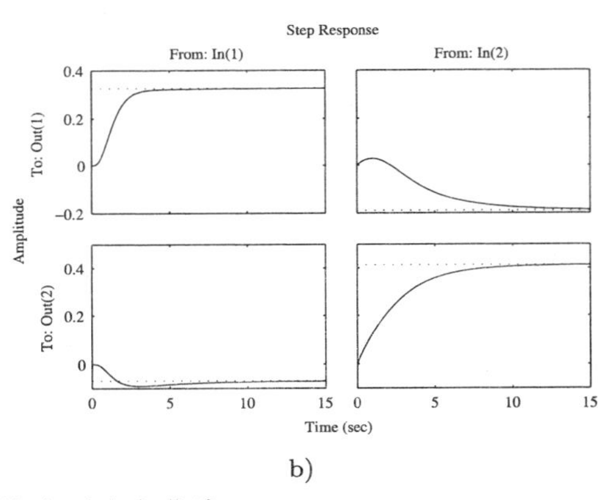

b)

图 4-7 多变量系统的阶跃响应曲线

a) 原系统阶跃响应　　b) 加入矩阵环节后阶跃响应

注意，这时得出的阶跃响应曲线是在两路输入均单独作用下分别得出的。从得出的系统阶跃响应可以看出，在第 1 路信号输入时，第 1 路输出信号有响应，而第 2 路输出信号也有很强的响应。单独看第 2 路输入信号的作用也是这样，这在多变量系统理论中称为系统的耦合，在多变量系统的设计中是很不好处理的。因为若没有这样的耦合，则可以给两路信号分别设计控制器就可以了，但有了耦合，就必须考虑引入某种环节，使得耦合尽可能小，这样的方法在多变量系统理

论中又称为解耦。考虑有了现成的矩阵 $\boldsymbol{K}_\mathrm{p}$ 对系统进行补偿 $\boldsymbol{K}_\mathrm{p}=\begin{bmatrix}0.1134 & 0.924\\0.3378 & -0.318\end{bmatrix}$。

由于需要对传递函数进行四则运算，而其中子传递函数有的带有时间延迟，所以不能利用矩阵乘法的方式进行直接运算，需要引入 Padé 近似对带有延迟的环节进行传递函数近似，例如选择 0/2 近似

```
>> [n1,d1]=paderm(0.72,0,2); g11.ioDelay=0; g11=tf(n1,d1)*g11;
   [n1,d1]=paderm(0.30,0,2); g21.ioDelay=0; g21=tf(n1,d1)*g21;
   [n1,d1]=paderm(1.29,0,2); g22.ioDelay=0; g22=tf(n1,d1)*g22;
   G=[g11, g12; g21, g22];
```

这样就可以由下面的语句绘制出 $\boldsymbol{G}(s)\boldsymbol{K}_\mathrm{p}$ 系统在补偿下的阶跃响应曲线，如图 4-7b 所示。可见在矩阵的补偿下，两路输出的耦合明显降低，从而使得控制器单独设计变成可能。

```
>> Kp=[0.1134,0.924; 0.3378,-0.318]; step(Kp*G)
```

系统的脉冲响应曲线可以由 MATLAB 控制系统工具箱中的 impulse() 函数直接绘制出来，该函数的调用格式与 step() 函数完全一致。例如，例 4-16 中系统的脉冲响应可以用下面的语句绘制出来，如图 4-8 所示。

```
>>  G=zpk([-1;-2;-3],[-1+1i; -1-1i; -3.5; -4; -5],8,'ioDelay',2); % 系统模型
    impulse(G, 8); % 直接绘制系统的脉冲响应曲线，终止时间为 8
```

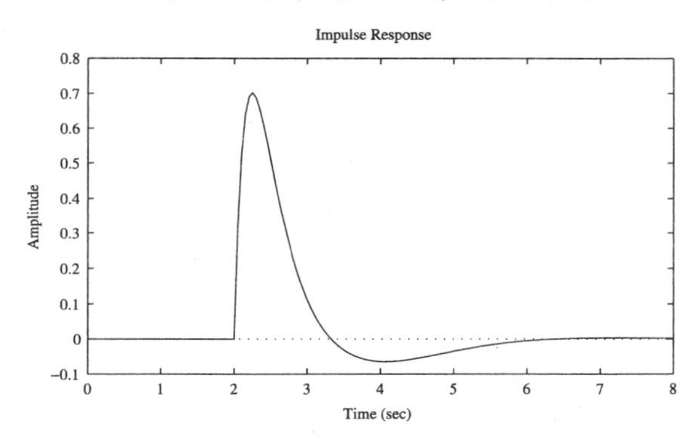

图 4-8 系统的脉冲响应曲线

4.3.2 任意输入下系统的响应

前面介绍了两种常用的时域响应求取函数，step() 函数和 impulse() 函数，应用这些函数可以很容易地绘制系统的时域响应曲线。如果输入信号由其他数学函数描述，则用这两个函数就无能为力了，需要借助于 lsim() 函数来绘制系统时域响应曲线了。

lsim() 函数的调用格式与 step() 等函数的格式较类似，所不同的是，需要提供有关输入信号的特征，调用的格式为 lsim($\boldsymbol{G}$,$\boldsymbol{u}$,$\boldsymbol{t}$)，其中，$\boldsymbol{G}$ 为系统模型，$\boldsymbol{u}$ 和 $\boldsymbol{t}$ 将用于描述输入信号，$\boldsymbol{u}$ 中的点对应于各个时间点处的输入信号值，若想研究多变量系统，则 $\boldsymbol{u}$ 应该是矩阵，其各行对应于 $\boldsymbol{t}$ 向量各个时刻的各路输入的值。调用了这个函数，将自动绘制出系统在任意输入下的时域响应曲线。

例 4-19 考虑例 3-6 中给出的双输入、双输出系统，假设第 1 路为 $u_1(t)=1-\mathrm{e}^{-t}\sin(3t+1)$，

第 2 路为 $u_2(t)=\sin(t)\cos(t+2)$，这样就可以用下面的语句输入系统模型，然后先定义系统的两路输入，然后调用 lsim() 函数，就可以绘制出系统在这两路输入信号下系统时域响应曲线，如图 4-9 所示。

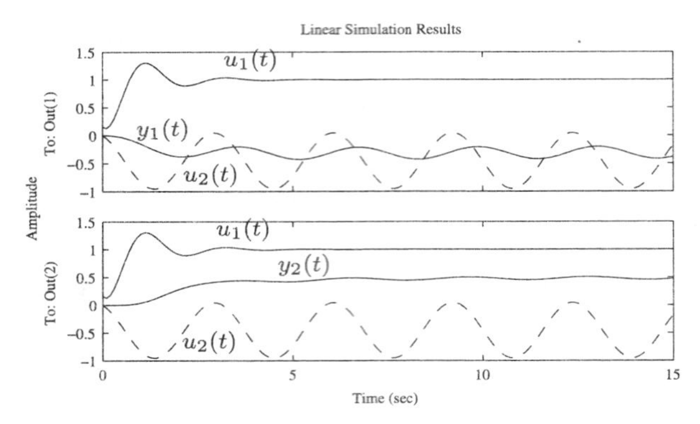

图 4-9　多变量系统的时域响应曲线

```
>> g11=tf(0.1134,[1.78 4.48 1],'ioDelay',0.72);
   g12=tf(0.924,[2.07 1]);
   g21=tf(0.3378,[0.361 1.09 1],'ioDelay',0.3);
   g22=tf(-0.318,[2.93 1],'ioDelay',1.29);
   G=[g11, g12; g21, g22]; % 输入多变量传递函数矩阵
   t=[0:.1:15]'; u=[1-exp(-t).*sin(3*t+1),sin(t).*cos(t+2)]; % 描述两路输入
   lsim(G,u,t);  % 直接分析在给定输入下的系统时域响应
```

这里的时域响应曲线和以前介绍的多变量系统阶跃响应概念是不同的。在这里是指在这两个信号共同作用下系统的时域响应，所以只需绘制两个图形，分别描述两路输出信号即可，两路输入信号也分别在时域响应曲线上绘制出来。

4.4　根轨迹分析

系统的根轨迹分析与设计技术是自动控制理论中一种很重要的方法，根轨迹起源于对系统稳定性的研究，在以前没有很好的求特征根的方法时起到一定的作用，现在根轨迹方法仍然是一种较实用的方法。

根轨迹绘制的基本考虑是：假设单变量系统的开环传递函数为 $G(s)$，且设控制器为增益 K，整个控制系统是由单位负反馈构成的闭环系统，这样就可以求出闭环系统的数学模型为 $G_{\rm c}(s)=KG(s)/(1+KG(s))$，可见，闭环系统的特征根可以由下面的方程求出

$$1+KG(s)=0 \tag{4-41}$$

并可以变化为多项式方程求根的问题。对指定的 K 值，由数学软件提供的多项式方程求根方法就可以立即求出闭环系统的特征根，改变 K 的值可能得出另外的一组根。对 K 的不同取值，则可能绘制出每个特征根变化的曲线，这样的曲线称为系统的根轨迹。

MATLAB 中提供了 rlocus() 函数，可以直接用于系统的的根轨迹绘制，根轨迹函数的调用方法也是很直观的，用 rlocus(G) 直接就可以绘制出来。该函数可以用于单变量不含有时间延迟的连续系统的根轨迹绘制，也可以用于带有时间延迟的单变量离散系统的根轨迹绘制。

在绘制出的根轨迹上，如果用鼠标单击某个点，将显示出关于这个点的有关信息，包括这点处的增益值，对应的系统特征根的值和可能的闭环系统阻尼比和超调量等。

例 4-20 假设系统的开环传递函数为

$$G(s)=\frac{24040(s+25)}{s(s^2+13.2s+173.5)(s^2+111.8s+3450)}$$

则可以通过下面的命令输入系统模型，并绘制出系统的根轨迹曲线，如图 4-10a 所示。

```
>> s=tf('s'); G=24040*(s+25)/(s*(s^2+13.2*s+173.5)*(s^2+111.8*s+3450));
   rlocus(G)   % 绘制系统的根轨迹曲线
```

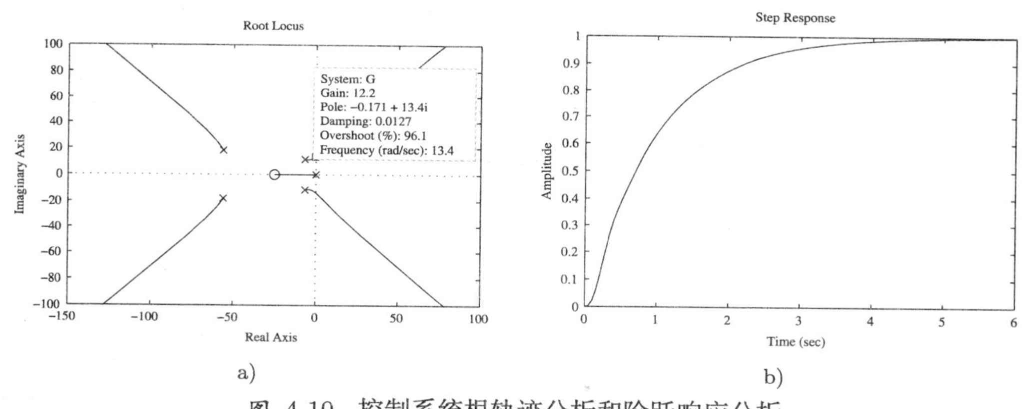

图 4-10 控制系统根轨迹分析和阶跃响应分析
a) 根轨迹曲线 b) 阶跃响应曲线

单击根轨迹和虚轴相交的点，则可以显示出该点出的增益值，亦即增益的临界值为 12.2，可以看出，若系统的增益 $K>12.2$，则闭环系统将不稳定。用下面的语句还可以绘制出 $K=1$ 时系统的阶跃响应曲线，如图 4-10b 所示。

```
>> step(feedback(G,1))
```

如果引入一个控制器，如 $G_c(s)=(0.011s+1)/(0.07s+1)$，则可能改变根轨迹的形状，可以用下面的语句绘制新开环系统的根轨迹，如图 4-11a 所示。

```
>> Gc=tf([0.011 1],[0.07 1]); rlocus(Gc*G) % 新系统的根轨迹曲线
```

从根轨迹曲线可以看出，系统增益的临界值为 10.5，选择增益 $K=3$，则用下面的语句可以绘制出系统的闭环阶跃响应曲线，如图 4-11b 所示。可以看出，这样校正后的系统动态性能明显增加。

```
>> K=3; step(feedback(G*Gc*K,1)) % 绘制闭环系统的阶跃响应曲线
```

例 4-21 系统的根轨迹绘制环境下还重新定义了 grid 命令，该命令将在根轨迹曲线上添加等阻

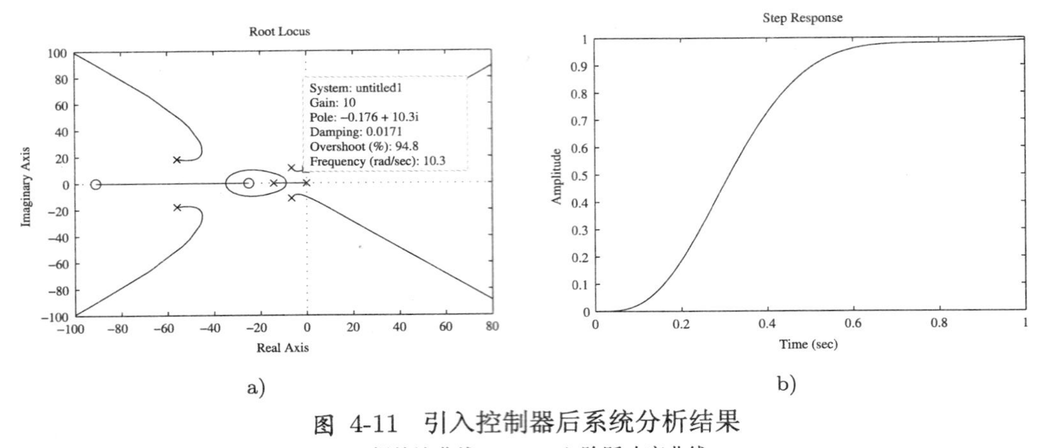

a) b)

图 4-11 引入控制器后系统分析结果

a) 根轨迹曲线 b) 阶跃响应曲线

尼和等自然频率线，可以用于不带有零点系统的设计。考虑如下的系统开环模型

$$G(s)=\frac{10}{s(s+1)(s+2)(s+3)(s+4)(s^2+3s+4)}$$

通过下面的语句可以输入系统的数学模型，并绘制出系统的根轨迹，如图 4-12a 所示。在该曲线中，对曲线和等阻尼线进行了处理，使得显示效果更好。

```
>> s=tf('s'); G=10/(s*(s+1)*(s+2)*(s+3)*(s+4)*(s^2+3*s+4));
   rlocus(G), grid    % 绘制系统的根轨迹曲线，并绘制等阻尼线
```

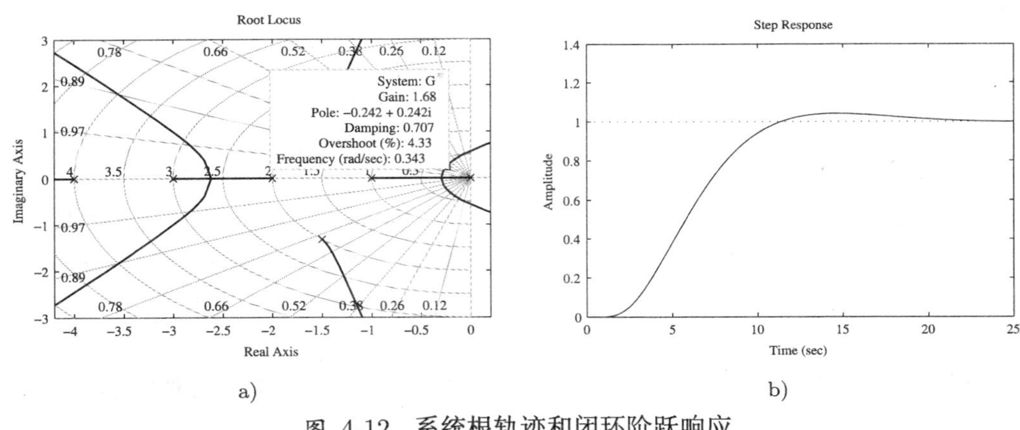

a) b)

图 4-12 系统根轨迹和闭环阶跃响应

a) 根轨迹曲线 b) 阶跃响应曲线

根据绘制的根轨迹曲线和等阻尼线，可以单击阻尼比 η 在 0.707 附近的点，这样可以得出图4-12a 所示的结果，可以选择 $K=1.68$，这样就用下面的语句就可以绘制出系统的阶跃响应曲线，如图 4-12b 所示。可以看出这样设计的系统动态性能比较令人满意。

```
>> K=1.68; step(feedback(G*K,1)) % 绘制闭环系统的阶跃响应曲线
```

例 4-22 已知离散系统的零极点模型为

$$G(z)=\frac{(z-0.4893)(z-0.6745+0.3558\mathrm{j})(z-0.6745-0.3558\mathrm{j})}{(z+0.8)(z-0.86+0.19\mathrm{j})(z-0.86-0.19\mathrm{j})(z-0.76+0.19\mathrm{j})(z-0.76-0.19\mathrm{j})}$$

其采样周期为 $T=0.1$ s，可以用下面的语句输入该系统的数学模型，并绘制出该离散系统的根轨迹曲线，如图 4-13 所示。

```
>> z=[0.6745+0.3558i; 0.6745-0.3558i; 0.4893];
   p=[0.86+0.19i; 0.86-0.19i; 0.76+0.19i; 0.76-0.19i; -0.8];
   G=zpk(z,p,1,'Ts',0.1); rlocus(G),  % 绘制系统的根轨迹
```

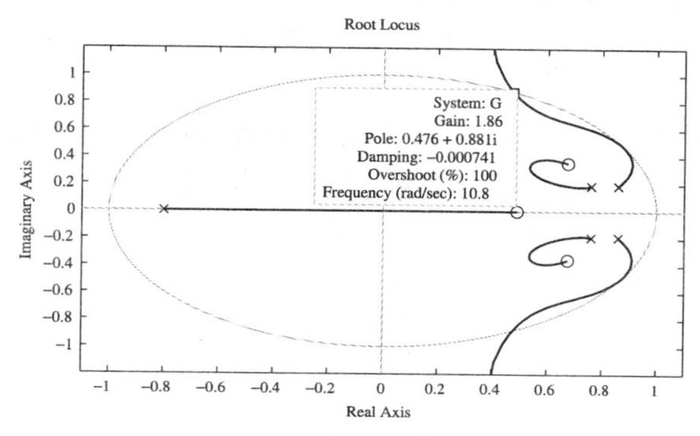

图 4-13 离散系统的根轨迹分析

例 4-23 考虑例 3-7 中给出的离散传递函数模型

$$G(z)=\frac{0.3124z^3-0.5743z^2+0.3879z-0.0889}{z^4-3.233z^3+3.9869z^2-2.2209z+0.4723}$$

且已知系统的采样周期为 $T=0.1$ s，则可以用下面的语句将其输入到 MATLAB 工作空间，并由 rlocus() 函数的调用，直接绘制出系统的根轨迹曲线，如图 4-14a 所示。

```
>> num=[0.3124 -0.5743 0.3879 -0.0889]; den=[1 -3.233 3.9869 -2.2209 0.4723];
   G=tf(num,den,'Ts',0.1);   % 该系统的数学模型输入
   rlocus(G)     % 绘制系统的根轨迹
```

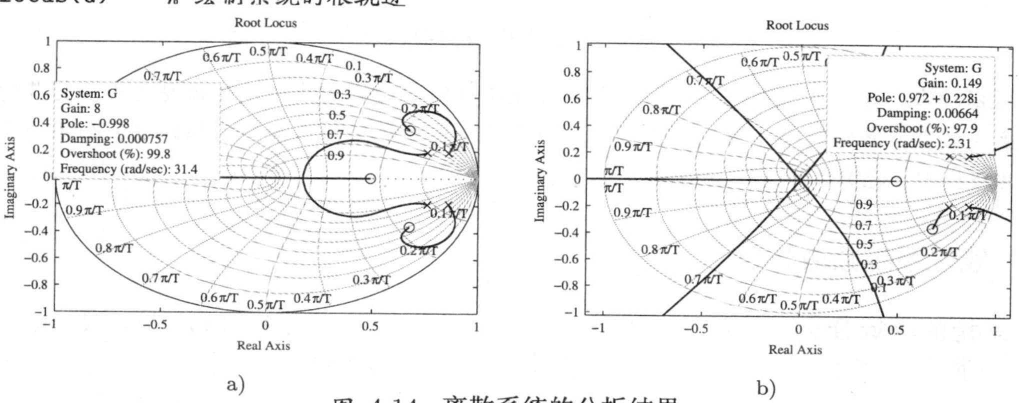

图 4-14 离散系统的分析结果

a) 离散系统的根轨迹　　b) 带有延迟系统的根轨迹

利用 grid 命令，可以立即得出带有等阻尼线的系统根轨迹曲线。单击左侧和单位圆相交的

点还可以得出系统的临界增益值为 8，这样可以得出结论：只要 $K<8$，则闭环系统的全部极点均位于单位圆内，这时闭环系统是稳定的。

下面考虑时间延迟的情况，假设系统的传递函数没有变化，只是有 6 步的纯滞后，可以用下面的语句输入系统的新模型，并绘制出时间延迟系统的根轨迹曲线，如图 4-14b 所示。

```
>> G.ioDelay=6; rlocus(G), grid,   % 绘制新系统的根轨迹
```

从新系统的根轨迹可以看出，放大倍数 $K<0.174$，否则闭环系统将不稳定。可见，在引入了纯时间延迟之后，系统的稳定范围将缩小。

例 4-24 假设系统的模型是以例 3-5 中零极点模型给出

$$G(s)=\frac{(s+1.539)(s+2.7305+2.8538\mathrm{j})(s+2.7305-2.8538\mathrm{j})}{(s+4)(s+3)(s+2)(s+1)}$$

可以通过下面的语句输入这个系统模型，并绘制出系统的根轨迹曲线，如图 4-15 所示。

```
>> P=[-1;-2;-3;-4];  % 注意应使用列向量，另外注意符号
   Z=[-1.539; -2.7305+2.8538i; -2.7305-2.8538i];
   G=zpk(Z,P,1);    % 系统的零极点模型输入
   rlocus(G), grid % 绘制系统的根轨迹曲线
```

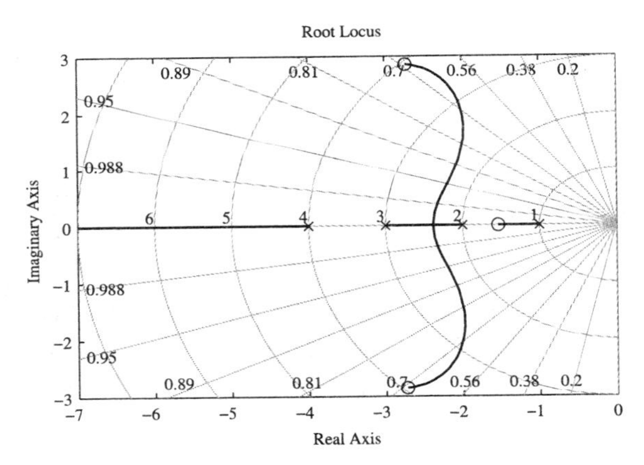

图 4-15 零极点模型的根轨迹分析

可以看出，即使系统的数学模型不是由传递函数给出的，用户也没有必要先手动将其转换成传递函数模型，只需利用 MATLAB 的一个命令就可以直接绘制出系统的根轨迹，如果给定的是状态方程模型，也只需用 rlocus() 函数进行根轨迹绘制。

4.5 线性系统频域分析

系统的频域分析是控制系统分析中一种重要的方法，早在 1932 年，Nyquist[10]提出了一种频域响应的绘图方法，并提出了可以用于系统稳定性分析的 Nyquist 定理。Bode[11] 提出了另一种频率响应的分析方法，同时可以分析系统的幅值、相位与频率之间的关系，又称为 Bode 图。Nichols[12] 在 Bode 图的基础上又进行了重新定义，构成了 Nichols 图。这些方法曾经是单变量系统频域分析中最重要的几种方法，在系统的

分析和设计中起着重要的作用。由于多变量系统的信号之间相互耦合，所以如果想对某对输入输出信号单独设计控制器，不是件容易的事，需要引入解耦。本节将介绍单变量系统的频域分析、基于 Nyquist 定理的稳定性分析、多变量系统的逆 Nyquist 阵列等，并将介绍频域稳定性裕量的分析。

4.5.1 单变量系统的频域分析

对系统的传递函数模型 $G(s)$ 来说，若用频率 $\mathrm{j}\omega$ 取代复变量 s，则可以将 $G(\mathrm{j}\omega)$ 看成增益，这个增益是复数量，是 ω 的函数。描述这个复数变量有几种方法，根据表示方法的不同，就可以构造出不同的频域响应曲线：

1) 可以将复数分解为实部和虚部，它们分别是频率 ω 的函数，这时

$$G(\mathrm{j}\omega) = P(\omega) + \mathrm{j}Q(\omega) \tag{4-42}$$

用横轴表示 $P(\omega)$，纵轴表示 $Q(\omega)$，则可以将增益 $G(\mathrm{j}\omega)$ 在复数平面上表示出来，这样的曲线称为 Nyquist 图，该图是分析系统稳定性和一些性能的有效工具，现在仍然在使用。

在 MATLAB 下提供了一个 `nyquist()` 函数，可以直接绘制系统的 Nyquist 图。用户可以单击 Nyquist 图上的点，显示该点处增益与频率之间的关系，MATLAB 提供的工具给传统的 Nyquist 图又赋予了新的特色。用改写的 `grid` 命令可以在 Nyquist 图上叠印出等 M 圆。

2) 复数量 $G(\mathrm{j}\omega)$ 可以分解为幅值和相位的形式，即

$$G(\mathrm{j}\omega) = A(\omega)\mathrm{e}^{-\mathrm{j}\phi(\omega)} \tag{4-43}$$

这样，以频率 ω 为横轴，幅值 $A(\omega)$ 为纵轴，则可以构造出幅值和频率之间的关系曲线，又称为幅频特性。若以频率 ω 为横轴，幅值 $\phi(\omega)$ 为纵轴，则可以构造出相位和频率之间的关系曲线，又称为相频特性。在实际系统分析中，常用对数形式表示横轴，其相位常用 rad/s 表示，幅频特性中幅值进行对数变换，即 $M(\omega) = 20\lg[A(\omega)]$，其单位是分贝 (dB)，相频特性中，相位的单位常取作角度，这时的图形称为系统的 Bode 图。

MATLAB 的控制系统工具箱中提供了 `bode()` 函数，可以直接绘制系统的 Bode 图。和 Nyquist 图不同的是，Bode 图可以同时绘制出系统增益与频率直接的关系。

3) 还是采用幅值、相位的描述方法，用横轴表示相位，用纵轴表示单位为 dB 的幅值，就可以绘制出另一种图形，这样的图形称为 Nichols 图。

在 MATLAB 控制系统工具箱中，用 `nichols()` 函数可以绘制出系统的 Nichols 图，这时的 `grid` 函数可以叠印出等幅值曲线和等相位曲线。

对离散系统 $H(z)$ 来说，可以将 $z = \mathrm{e}^{\mathrm{j}\omega T}$ 代入传递函数模型，就可以得出频率和增益 $\widehat{H}(\mathrm{j}\omega)$ 之间的关系。MATLAB 中提供的各种频域响应分析函数，如 `nyquist()` 等，同样直接适用于离散的系统模型。

例 4-25 考虑连续线性系统的传递函数模型

$$G(s)=\frac{s+8}{s(s^2+0.2s+4)(s+1)(s+3)}$$

则可以通过下面的命令绘制出系统的 Nyquist 图，并叠印等幅值圆。

```
>> s=tf('s'); G=(s+8)/(s*(s^2+0.2*s+4)*(s+1)*(s+3));
   nyquist(G), grid    % 绘制 Nyquist 图并叠印等幅值圆
   ylim([-1.5 1.5])    % 根据需要手动选择纵坐标范围
```

由于系统含有位于 $s=0$ 处的极点，所以若 ω 较小时，增益的幅值很大，远离单位圆，所以单位圆附近的 Nyquist 图形看得不是很清楚，所以应该给出相应的语句对得出的 Nyquist 图进行局部放大，如图 4-16a 所示。

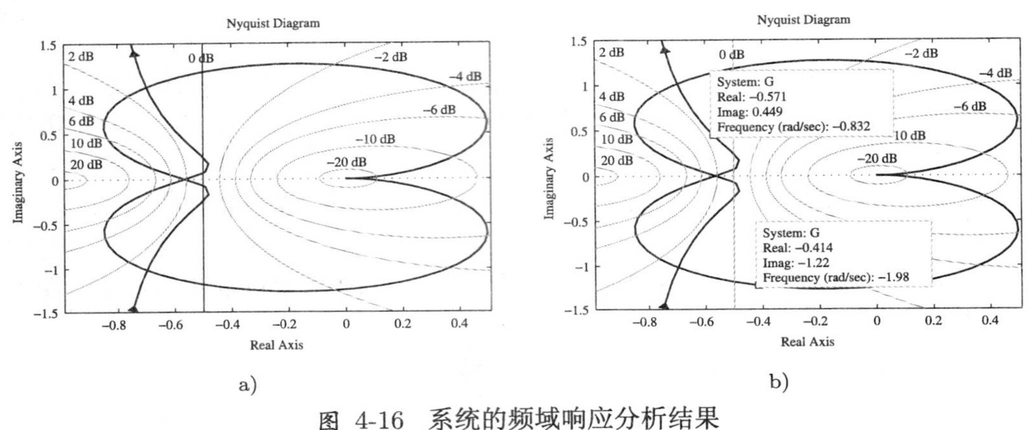

图 4-16 系统的频域响应分析结果

a) 系统的 Nyquist 图　　b) 从 Nyquist 图上读取附加信息

传统的 Nyquist 图不能显示出增益幅值和频率 ω 之间的关系，而用 MATLAB 提供的工具允许用户用单击的方式选择 Nyquist 图上的点，这时将同时显示该点处的频率、增益以及闭环系统超调量等信息，如图 4-16b 所示。这样的工具为 Nyquist 图这一传统的工具赋予了新的功能，将有助于系统的频域分析。

若给出下面的命令

```
>> bode(G);  % 绘制系统的 Bode 图
   figure; nichols(G), grid  % 绘制系统的 Nichols 图，并叠印等幅值线
```

则将绘制出系统的 Bode 图和 Nichols 图，分别如图 4-17a、b 所示。可以看出，这样的函数对系统的频域分析提供了很多的方便。

MATLAB 提供的这些函数都允许用户选择特性分析功能，例如，在系统的 Bode 图上，若单击鼠标右键则弹出快捷菜单，其 Characteristics 菜单项的内容如图 4-18a 所示，从中可以选择稳定性相关的菜单项，则将得出如图 4-18b 所示的 Bode 图。其他的几个函数如 nyquist() 和 nichols() 等，都支持自己的 Characteristics 菜单选择。

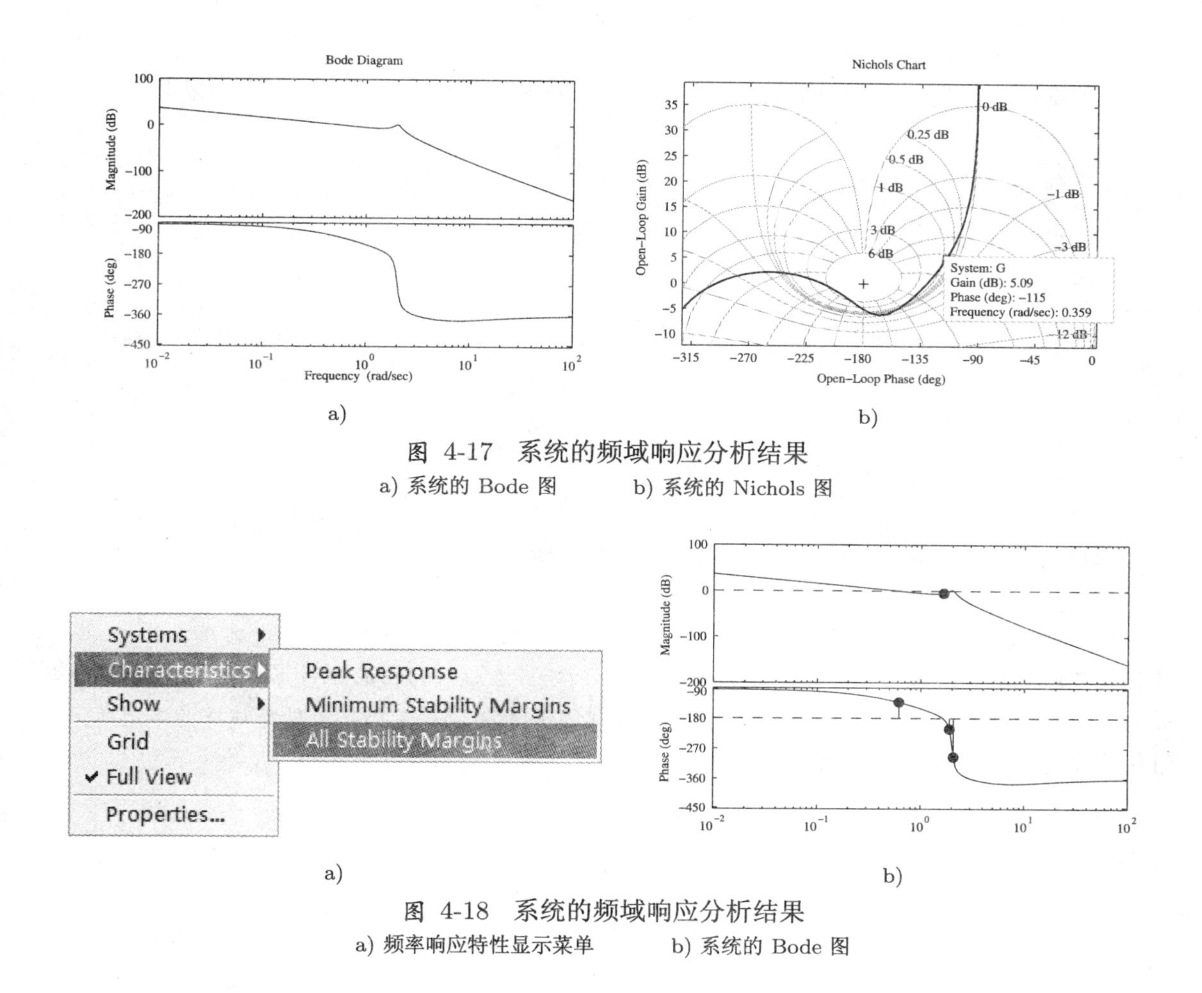

a) b)

图 4-17 系统的频域响应分析结果

a) 系统的 Bode 图 b) 系统的 Nichols 图

a) b)

图 4-18 系统的频域响应分析结果

a) 频率响应特性显示菜单 b) 系统的 Bode 图

例 4-26 考虑离散线性系统的传递函数模型

$$G(z)=\frac{0.2(0.3124z^3-0.5743z^2+0.3879z-0.0889)}{z^4-3.233z^3+3.9869z^2-2.2209z+0.4723}$$

且已知系统的采样周期为 $T=0.1$ s，则可以用下面的语句将其输入到 MATLAB 工作空间，并将系统的 Nyquist 图、Nichols 图直接绘制出来，分别如图 4-19a、b 所示。从这个例子可以看出，绘制离散系统的频域响应曲线也是很容易的。

```
>> num=0.2*[0.3124 -0.5743 0.3879 -0.0889];
   den=[1 -3.233 3.9869 -2.2209 0.4723];
   G=tf(num,den,'Ts',0.1);    % 系统数学模型的输入
   nyquist(G); grid           % 绘制系统的 Nyquist 图
   figure, nichols(G), grid   % 绘制系统的 Nichols 图
```

例 4-27 考虑带有时间延迟的简单线性系统的传递函数模型 $G(s)=\mathrm{e}^{-2s}/(s+1)$，假设只想获得 $\omega\in[0.1,10000]$ 区间的频域点，则不能再依赖 `nyquist()` 函数的默认调用，而需要自己选定频率向量，从而得到一个分支的 Nyquist 图，以便更好地观测时间延迟系统的 Nyquist 图。可以给出如下的 MATLAB 语句

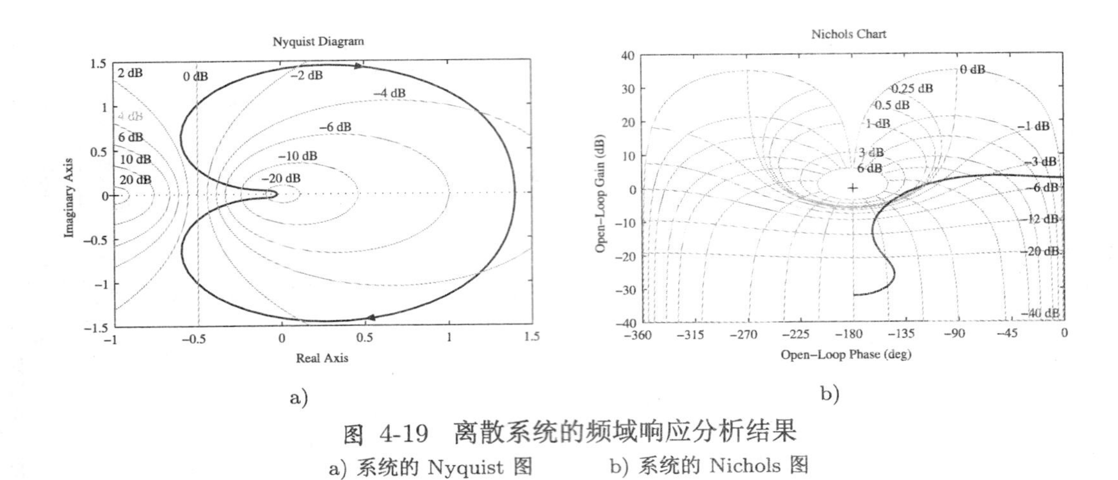

a) b)

图 4-19 离散系统的频域响应分析结果

a) 系统的 Nyquist 图 b) 系统的 Nichols 图

```
>> G=tf(1,[1 1],'ioDelay',2);  % 输入系统的传递函数模型
   w=logspace(-1,4,2000);  % 按照对数等分的原则选择 2000 个频率点
   [x,y]=nyquist(G,w); plot(x(:),y(:))   % 计算并绘制系统的 Nyquist 曲线
```

这样就可以绘制出系统的 Nyquist 图，如图 4-20 所示。在这样得出的 Nyquist 图中，grid 命令并不能给出等幅值圆，因为这个图形不是nyquist() 函数自动绘制的。另外应该注意本图所示的时间延迟系统 Nyquist 图的典型形状。

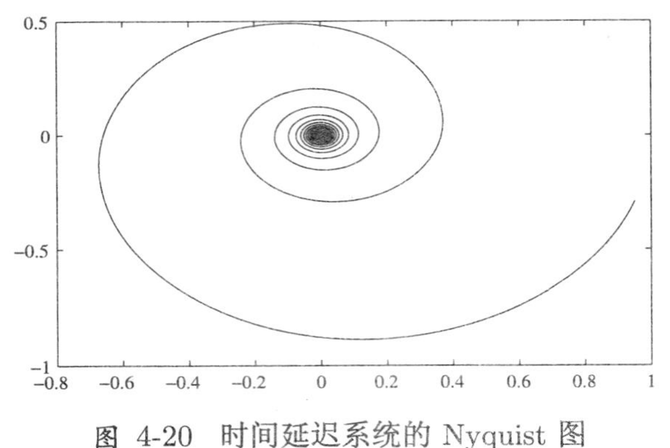

图 4-20 时间延迟系统的 Nyquist 图

4.5.2 利用频率特性分析系统的稳定性

频域响应的分析方法最早应用就是利用开环系统的 Nyquist 图来判定闭环系统的稳定性，其稳定性分析的理论基础是 Nyquist 稳定性定理。Nyquist 定理的内容是：如果开环模型含有 m 个不稳定极点，则单变量闭环系统稳定的充要条件是系统的 Nyquist 图逆时针围绕 $(-1,\mathrm{j}0)$ 点 m 周。

Nyquist 定理可以分下面两种情况进一步解释为：

1) 若系统的开环模型 $G(s)H(s)$ 为稳定的，则当且仅当 $G(s)H(s)$ 的 Nyquist 图不包围 $(-1,\mathrm{j}0)$ 点，闭环系统为稳定的。如果 Nyquist 图顺时针包围 $(-1,\mathrm{j}0)$ 点 p 次，则闭

环系统有 p 个不稳定极点。

2) 若系统的开环模型 $G(s)H(s)$ 不稳定，且有 p 个不稳定极点，则当且仅当 $G(s)H(s)$ 的 Nyquist 图逆时针包围 $(-1,\mathrm{j}0)$ 点 p 次，闭环系统为稳定的。若 Nyquist 图逆时针包围 $(-1,\mathrm{j}0)$ 点 q 次，则闭环系统有 $q-p$ 个不稳定极点。

例 4-28 考虑下面给出的连续传递函数模型

$$G(s)=\frac{2.7778(s^2+0.192s+1.92)}{s(s+1)^2(s^2+0.384s+2.56)}$$

用下面的语句即可输入系统模型，并绘制出系统的 Nyquist 曲线，如图 4-21a 所示。

```
>> s=tf('s'); G=2.7778*(s^2+0.192*s+1.92)/(s*(s+1)^2*(s^2+0.384*s+2.56));
   nyquist(G); axis([-2.5,0,-1.5,1.5]); grid   % 绘制 Nyquist 图
```

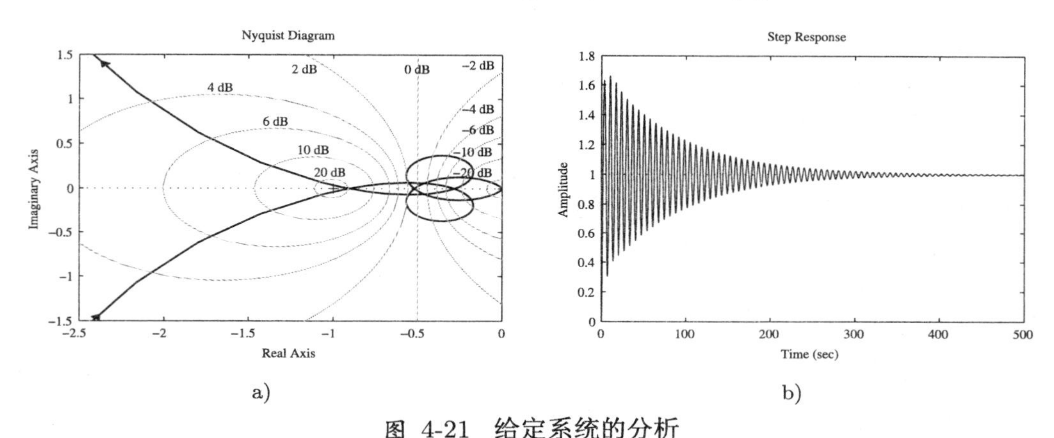

a) b)

图 4-21 给定系统的分析

a) 系统的 Nyquist 图 b) 闭环系统的阶跃响应

从得出的 Nyquist 图可以看出，尽管该图走向较复杂，但可以看出，整个 Nyquist 图并不包围 $(-1,\mathrm{j}0)$ 点，且因为开环系统不含有不稳定极点，所以根据 Nyquist 定理可以断定，闭环系统是稳定的。可以由下面的语句绘制出闭环系统的阶跃响应曲线，如图 4-21b 所示。

```
>> step(feedback(G,1))   % 闭环系统阶跃响应
```

可以看出，虽然闭环系统是稳定的，但其阶跃响应的振荡是很强的，所以，该系统并不是很令人满意的，对这样的系统需要给其设计一个控制器改善其性能。

从上面给出的例子可以看出，系统的稳定性固然重要，但它不是唯一刻画系统性能的准则。因为有的系统即使稳定，但其动态性能表现为很强的振荡，也是没有用途的，另外，如果系统的增益出现变化，例如增大很小的值，都可能使该模型的 Nyquist 图发生延伸，最终包围 $(-1,\mathrm{j}0)$ 点，导致闭环系统不稳定。基于频域响应裕量的定量分析方法是解决这类问题的一种比较有效的途径。

在图 4-22a、b 中分别给出了在 Nyquist 图和 Nichols 图上幅值裕量与相位裕量的图形表示，在 Bode 图上也应该有相应的解释。

若当系统的 Nyquist 图在频率 ω_{cg} 时与负实轴相交，则将该频率下幅值的倒数，即 $G_{\mathrm{m}}=1/A(\omega_{\mathrm{cg}})$，定义为系统的幅值裕量。若假设系统的 Nyquist 图与单位圆在频率 ω_{cp} 处相交，且记该频率下的相位角度为 $\phi(\omega_{\mathrm{cp}})$，则系统的相位裕量定义为 $\gamma=$

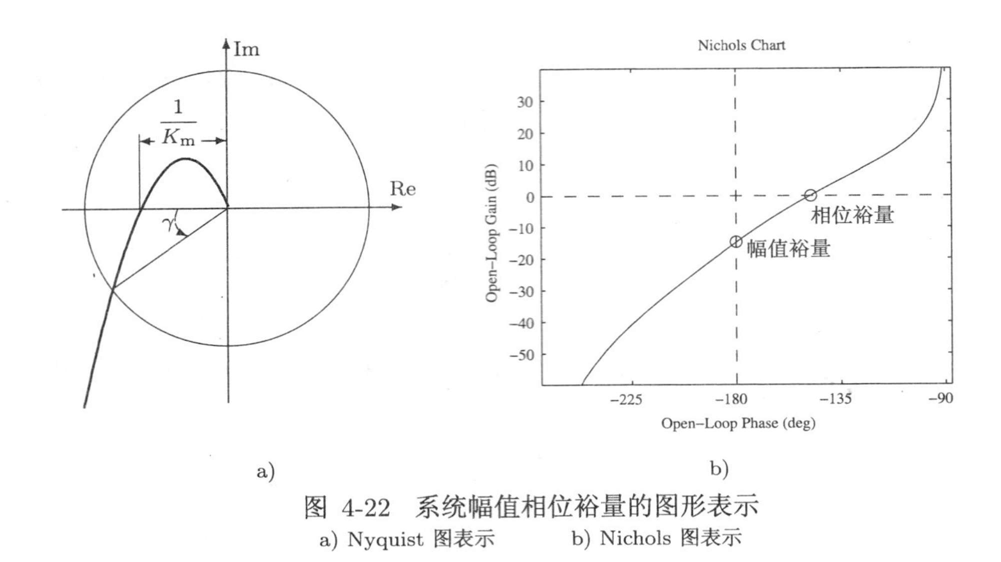

a) b)

图 4-22 系统幅值相位裕量的图形表示

a) Nyquist 图表示 b) Nichols 图表示

$\phi(\omega_{\rm cp})-180°$。

可以看出，一般若幅值裕量 $G_{\rm m}$ 的值越大，则对扰动的抑制能力就越强。如果 $G_{\rm m}<1$，则闭环系统是不稳定的。同样，若相位裕量的值越大，则系统对扰动的抑制能力也越强。如果 $\gamma<0$，则闭环系统不稳定。下面再考虑几种特殊的情形：

1) 如果系统的 Nyquist 图不与负实轴相交，则系统的幅值裕量为无穷大。

2) 如果系统的 Nyquist 图与负实轴在 $(-1,{\rm j}0)$ 与 $(0,{\rm j}0)$ 两个点之间有若干个交点，则系统的幅值裕量以离 $(-1,{\rm j}0)$ 最近的点为准。

3) 如果系统的 Nyquist 图不与单位圆相交，则系统的相位裕量为无穷大。

4) 如果系统的 Nyquist 图在第三象限与单位圆有若干个交点，则系统的相位裕量以与离负实轴最近的为准。

MATLAB 控制系统工具箱中提供了 `margin()` 函数，可以直接用于系统的幅值与相位裕量的求取，该函数的调用格式为： `[`$G_{\rm m}$, γ, $\omega_{\rm cg}$, $\omega_{\rm cp}$`]=margin(`G`)` 。在得出的结果中，如果某个裕量为无穷大，则返回 `Inf`，相应的频率值为 `NaN`。

例 4-29 考虑例 4-28 中研究的开环对象模型，可以用下面语句输入系统模型，并对系统的频域响应裕量进行分析，得出系统的幅值裕量为 $G_{\rm m}=1.105$，频率为 $\omega_{\rm g}=0.9621{\rm rad/s}$，相位裕量为 $\phi_{\rm m}=2.0985°$，频率为 $\omega_{\rm p}=0.9261{\rm rad/s}$。

```
>> s=tf('s'); G=2.7778*(s^2+0.192*s+1.92)/(s*(s+1)^2*(s^2+0.384*s+2.56));
   [gm,pm,wg,wp]=margin(G)    % 计算结果并用下面的语句直接显示结果
```

4.5.3 多变量系统的频域分析

前面的系统分析一般均侧重于单变量系统，随着控制理论的发展和过程控制的实际需要，多变量系统分析与设计成了 20 世纪 70~80 年代控制理论领域的热门研究主题，也出现了各种各样的分析与设计方法。这里将着重探讨多变量频域分析方法及其 MATLAB 语言解决方法。

1. 多变量系统频域分析概述

在开始介绍控制系统理论中的多变量系统频域分析方法之前，将先通过例子来演示用 MATLAB 的控制系统工具箱函数的直接使用与分析的结果。

例 4-30 考虑下面给出的多变量系统模型[56]

$$G(s)=\begin{bmatrix}\dfrac{0.806s+0.264}{s^2+1.15s+0.202} & \dfrac{-15s-1.42}{s^3+12.8s^2+13.6s+2.36}\\ \dfrac{1.95s^2+2.12s+0.49}{s^3+9.15s^2+9.39s+1.62} & \dfrac{7.15s^2+25.8s+9.35}{s^4+20.8s^3+116.4s^2+111.6s+18.8}\end{bmatrix}$$

可以通过下面语句直接输入系统的传递函数矩阵，并用 MATLAB 提供的 nyquist() 函数直接绘制出该多变量系统的 Nyquist 图，如图 4-23 所示。

```
>> g11=tf([0.806 0.264],[1 1.15 0.202]);
   g12=tf([-15 -1.42],[1 12.8 13.6 2.36]);
   g21=tf([1.95 2.12 0.49],[1 9.15 9.39 1.62]);
   g22=tf([7.15 25.8 9.35],[1 20.8 116.4 111.6 18.8]);
   G=[g11, g12; g21, g22]; nyquist(G), % 绘制 Nyquist 图
```

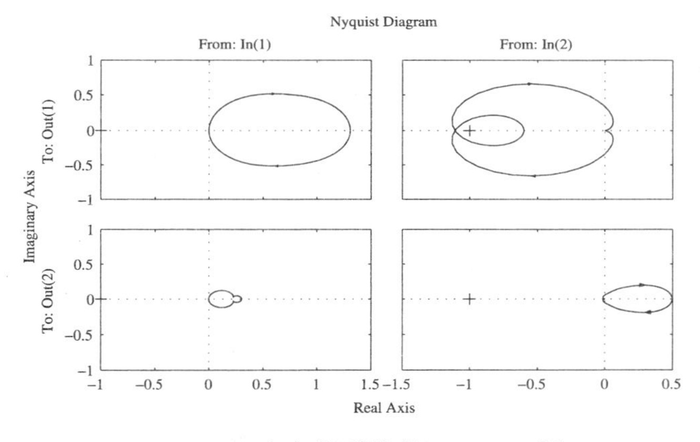

图 4-23 多变量系统的 Nyquist 图

上述的 nyquist() 等函数事实上不大适用于多变量系统的频域分析，虽然它们可以直接绘制出一种 Nyquist 曲线，但对多变量系统的分析没有太大的帮助。针对多变量系统的频域分析，英国学者 Howard H Rosenbrock[37]、Alistair G J MacFralane[76]等教授分别提出了不同的多变量频域分析与设计算法，形成了有重要影响的英国学派，其中以 Rosenbrock 教授为代表的一类利用逆 Nyquist 阵列 (Inverse Nyquist Array，INA) 的方法是其中有影响的方法。

2. 对角优势分析

假设多变量反馈系统的前向通路传递函数矩阵为 $\boldsymbol{Q}(s)$，反馈通路的传递函数矩阵为 $\boldsymbol{H}(s)$，则闭环系统的传递函数矩阵为

$$\boldsymbol{G}(s)=[\boldsymbol{I}+\boldsymbol{Q}(s)\boldsymbol{H}(s)]^{-1}\boldsymbol{Q}(s) \tag{4-44}$$

其中，$\boldsymbol{I}+\boldsymbol{Q}(s)\boldsymbol{H}(s)$ 称为系统的回差 (Return Difference) 矩阵。因为稳定性分析利用回差矩阵的逆矩阵性质，所以在频域分析中用逆的 Nyquist 分析更方便，由此出现了在多变量频域分析系统中的逆 Nyquist 阵列。

类似于单变量系统，Nyquist 图是研究包围 $(-1,\mathrm{j}0)$ 点的周数来研究稳定性的，对回差矩阵的 INA 来说，可以研究其包围 $(0,\mathrm{j}0)$ 点的情形，

Gershgorin 定理是基于逆 Nyquist 阵列的多变量设计方法的核心。对复数矩阵

$$\boldsymbol{C}=\begin{bmatrix} c_{11} & \cdots & c_{1n} \\ \vdots & \ddots & \vdots \\ c_{n1} & \cdots & c_{nn} \end{bmatrix} \tag{4-45}$$

来说，矩阵的特征根 λ 满足

$$|\lambda-c_{kk}|\leqslant\sum_{j\neq k}|c_{kj}|,\ \text{且}\ |\lambda-c_{kk}|\leqslant\sum_{j\neq k}|c_{jk}| \tag{4-46}$$

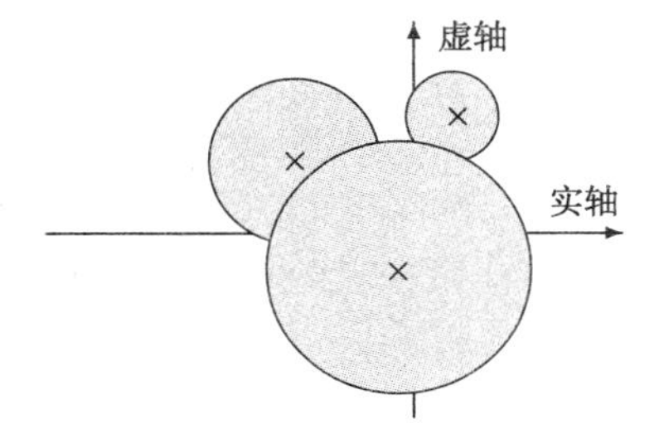

图 4-24 Gershgorin 定理示意图

换句话说，该矩阵的特征值位于一族以 c_{kk} 为圆心，以不等式右面的表达式为半径的圆构成的并集内，而这些圆又称为 Gershgorin 圆。另外，上面两个不等式表示的关系分别称为列 Gershgorin 圆和行 Gershgorin 圆，Gershgorin 定理的示意图如图 4-24 所示。

假设在某一频率 ω 下，多变量系统前向回路的 INA 表示为

$$\hat{\boldsymbol{Q}}(\mathrm{j}\omega)=\begin{bmatrix} \hat{q}_{11}(\omega) & \cdots & \hat{q}_{1p}(\omega) \\ \vdots & \ddots & \vdots \\ \hat{q}_{q1}(\omega) & \cdots & \hat{q}_{qp}(\omega) \end{bmatrix} \tag{4-47}$$

其中，$\hat{q}(\omega)$ 为复数量。对于频率响应的所有数据来说，将由一系列 Gershgorin 圆的包络线可以构成列 (行) Gershgorin 带，若对全部的 ω 来说，各个对角元素的列 (行) Gershgorin 带均不包含圆心，则称原系统为列 (行) 对角占优的。显而易见，对角优势矩阵的特征根不位于原点处，则单位反馈的闭环系统是稳定的。

选定了频率向量 $\boldsymbol{w}$，并已知系统的多变量系统模型，则可以用 `frd()` 函数获得系统的频域响应响应数据 G_1=`frd(`G,$\boldsymbol{w}$`)`，其中返回的 G_1 是一个类，其 `ResponseData` 成员变量将返回系统的频域响应数据，是以三维数组的形式存储数据的，其 `(:,:,`i`)` 值为第 i 个频率点处的频率响应数据，即传递函数矩阵的值。由这些值不难计算出 Gershgorin 圆，可以编写下面函数来绘制带有 Gershgorin 圆的 INA 曲线。

```
function inagersh(H,nij)
t=[0:.1:2*pi,2*pi]'; [nr,nc]=size(H); nw=nr/nc; ii0=1:nc;
if nargin==1, ii=1:nc; jj=1:nc;
```

```
else, ii=nij(1); jj=nij(2); end
for i=1:nc, circles{i}=[]; end
for k=1:nw  % 对各个频率获取逆 Nyquist 阵列
   Ginv=inv(H((k-1)*nc+1:k*nc,:)); nyq(:,:,k)=Ginv;
   for j=1:nc
      ij=find(ii0~=j);
      v=min([sum(abs(Ginv(ij,j))),sum(abs(Ginv(j,ij)))]);
      x0=real(Ginv(j,j)); y0=imag(Ginv(j,j));
      r=sum(abs(v)); % 计算 Gershgorin 圆的半径
      circles{j}=[circles{j}, x0+r*cos(t)+sqrt(-1)*(y0+r*sin(t))];
end,end
for i=ii, for j=jj   % 绘图
   if nargin==1, subplot(nc,nc,(i-1)*nc+j); end
   for k=1:nw, NN(k)=nyq(i,j,k); end
   if i==j,  % 对角图，带有 Gershgorin 带
      plot(real(NN),imag(NN),real(circles{i}),imag(circles{i}));
   else      % 非对角元素
      plot(real(NN),imag(NN))
   end,
end,end
```

例 4-31 再考虑例 4-30 中的多变量系统模型，用下面的语句将绘制出系统的逆 Nyquist 曲线，如图 4-25a 所示。

```
>> g11=tf([0.806 0.264],[1 1.15 0.202]); g12=tf([-15 -1.42],[1 12.8 13.6 2.36]);
   g21=tf([1.95 2.12 0.49],[1 9.15 9.39 1.62]);
   g22=tf([7.15 25.8 9.35],[1 20.8 116.4 111.6 18.8]);
   G=[g11, g12; g21, g22]; w=logspace(-2,1.5);
   G=ss(G); H=mv2fr(G.a,G.b,G.c,G.d,w); inagersh(H);  % 绘制 INA 曲线
```

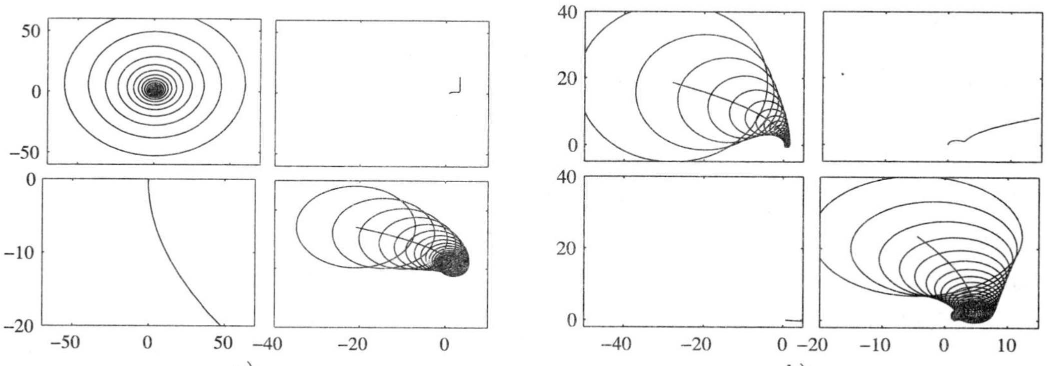

图 4-25 多变量系统的逆 Nyquist 阵列图

a) 系统的 INA　　b) 补偿后的 INA

从图形可以看出，尽管闭环系统稳定，但由于 Gershgorin 带太宽，不能保证为对角优势系

统，所以在设计时有很多困难。

考虑前置补偿矩阵 $\boldsymbol{K}_{\mathrm{p}}=[0.3610,0.4500;-1.1300,1.0000]$，则可以用下面的语句绘制出补偿系统的带有 Gershgorin 带的 INA 曲线，如图 4-25b 所示。可见这时得出的 Gershgorin 带明显变窄，系统为对角优势系统，易于设计与进一步分析。

```
>> Kp=[0.3610,0.4500; -1.1300,1.0000];
   G=ss(G*Kp); H=mv2fr(G.a,G.b,G.c,G.d,w); inagersh(H);  % INA 曲线
```

如果能找到一个能使得校正后系统对角占优的校正器，就可以认为该系统得到较好的解耦，这样就可以对每个通道单独设计控制器，而不会对其他的通道有太大的影响。所以，寻找补偿器的方法是很关键的，在参考文献中有各种各样的方法可以直接使用[77]。

4.5.4 频域分析的复域空间扩展

在经典的频域分析中，曾经假设复变量 s 为一个纯虚数的量 $s=\mathrm{j}\omega$，用这样的方法可以绘制出某些图形，如 Nyquist 图、Bode 图和 Nichols 等，这些图形在控制系统的分析与设计中起过重要的作用，也奠定了控制理论和控制工程的基础。如果再拓展上面的假设，考虑 $s=\sigma+\mathrm{j}\omega$，以 σ 为横坐标，ω 为纵坐标，则可能得出两种三维图形，其一是以增益为高度坐标，其二是以角度为高度坐标，将这样两个三维图形上下放置，则有些和 Bode 图类似，只不过这是 Bode 图在复数域内的直接扩展，本节称之为三维 Bode 图，并将通过例子绘制某系统的三维 Bode 图。

例 4-32 考虑传递函数模型

$$G(s)=\frac{6(s+2)}{(s+1)(s+3)(s+1-1\mathrm{j})(s+1+1\mathrm{j})}$$

可以用下面的语句将系统的模型按零极点的形式输入到 MATLAB 的工作空间，先在复平面上构造出各个网格的坐标 x 和 y，再由这些网格构造出复数矩阵 s，最后根据定义求出各个点处传递函数的值，求值可以用 polyval() 函数，求出了复数增益，就可以绘制出三维的 Bode 图，如图 4-26 所示。

```
>> G=zpk([-2],[-1;-3;-1+1i; -1-1i],6); G1=tf(G);
   [x,y]=meshgrid(-4:.05:4,-4:.5:4);  s=x+y*sqrt(-1);  % 构造复平面网格
   G=polyval(G1.num{1},s)./polyval(G1.den{1},s); % 计算幅值
   subplot(211), mesh(x,y,20*log10(abs(G))) % 幅值曲面绘图
   set(gca,'YDir','reverse','ZLim',[-30,30])
   subplot(212), mesh(x,y,180*atan2(real(G),imag(G))/pi)  % 相位曲面
```

从得出的增益曲面看，有 4 个波峰，1 个波谷，其中波峰对应于复平面上极点的位置，波谷对应复平面上零点的位置。其中，$\sigma=0$ 的切面是传统的 Bode 图，用传统的 Bode 图是不能直接显示含有虚部的零极点信息的。另外，由得出的数据还可以绘制出复平面上幅值特征的等高线图，如图 4-27a 所示。

```
>> contour(x,y,20*log10(abs(G)),30); % 绘制 30 条等高线
```

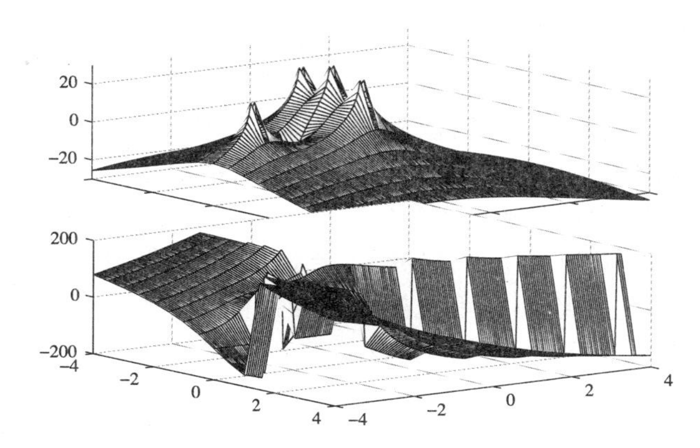

图 4-26　三维 Bode 分析

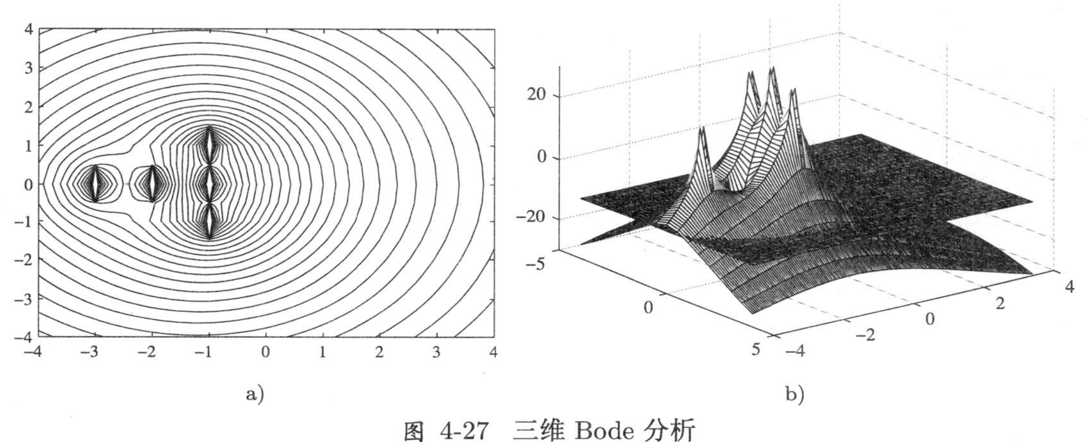

图 4-27　三维 Bode 分析

a) 幅值图形的等高线表示　　b) 三维图被水平面截断

利用 MATLAB 提供的三维图形绘制技术，可以考虑用幅值为 −10dB 的水平截面去截幅值图，则可以得出如图 4-27b 所示的图形，这可以视为 Bode 图中“带宽”概念在三维幅值图中的扩展。

```
>> mesh(x,y,20*log10(abs(G))); % 幅值曲面绘图
   hold on; mesh(x,y,-10*ones(size(x))) % 用水平面截断
```

4.6　本章要点小结

1) MATLAB 的使用为控制系统的分析提供了有力的工具。在控制系统发展初期，由于没有这样的强有力工具，出现了很多的间接方法，例如控制系统的稳定性分析以往的 Routh 判据可以完全由直接求根的方法取代，对控制系统来说，用 eig() 就可以直接求出系统的特征根。利用 MATLAB 这样的工具还可以直接对控制系统的可控性、可观测性等进行直接判定，还介绍了系统的可控性、可观测性阶梯分解等。

2) 本章介绍了线性系统的解析解算法，包括基于状态方程的解析解方法和基于部分分式展开技术的解析解方法，分别就连续系统和离散系统等问题进行了探讨，还介绍了

改进的部分分式展开方法，从而可以得出更可读的解析解。

3) 连续和离散系统的阶跃响应曲线可以直接由 MATLAB 给出的 `step()` 函数直接绘制出来，还可以用 `impulse()` 函数绘制出系统的脉冲响应曲线，还可以用 `lsim()` 函数分析系统在任意输入下的时域响应，这些函数均可以用于所有能用 MATLAB 下线性时不变对象描述的线性系统时域分析。

4) 根轨迹分析是单变量系统稳定性分析与控制系统校正的一种有用方法，用 `rlocus()` 函数就可以直接绘制出单变量连续与离散系统的根轨迹曲线，并可以直接从根轨迹上读取临界稳定增益值。这样的方法还可以直接应用于带有时间延迟的离散系统根轨迹绘制中。

5) 从频域响应中复数的几种表示方法引入了 Nyquist 图、Bode 图和 Nichols 图，并介绍了在 MATLAB 控制系统工具箱中如何绘制这些图形的方法，介绍了应用频域响应进行闭环系统稳定性分析的方法，还介绍了幅值裕量和相位裕量的求取函数 `margin()`，这些方法可以直接求解连续和离散单变量系统的频域响应分析。

6) 介绍了多变量系统的逆 Nyquist 阵列、回差矩阵与 Gershgorin 定理，基于这些概念介绍了多变量系统频域响应分析方法及相应的 MATLAB 实现。

7) 试探性地给出了系统增益的三维图分析，并给出了初步结论。

4.7 习 题

1 判定下列连续传递函数模型的稳定性。

(1) $\dfrac{1}{s^3+2s^2+s+2}$ (2) $\dfrac{1}{6s^4+3s^3+2s^2+s+1}$ (3) $\dfrac{1}{s^4+s^3-3s^2-s+2}$

(4) $\dfrac{3s+1}{s^2(300s^2+600s+50)+3s+1}$ (5) $\dfrac{0.2(s+2)}{s(s+0.5)(s+0.8)(s+3)+0.2(s+2)}$

2 判定下面采样系统的稳定性

(1) $H(z)=\dfrac{-3z+2}{z^3-0.2z^2-0.25z+0.05}$ (2) $H(z)=\dfrac{3z^2-0.39z-0.09}{z^4-1.7z^3+1.04z^2+0.268z+0.024}$

(3) $H(z)=\dfrac{z^2+3z-0.13}{z^5+1.352z^4+0.4481z^3+0.0153z^2-0.01109z-0.001043}$

(4) $H(z^{-1})=\dfrac{2.12z^{-2}+11.76z^{-1}+15.91}{z^{-5}-7.368z^{-4}-20.15z^{-3}+102.4z^{-2}+80.39z^{-1}-340}$

3 给出连续系统的状态方程模型，请判定系统的稳定性。

$$(1)\ \dot{\boldsymbol{x}}(t)=\begin{bmatrix}-0.2&0.5&0&0&0\\0&-0.5&1.6&0&0\\0&0&-14.3&85.8&0\\0&0&0&-33.3&100\\0&0&0&0&-10\end{bmatrix}\boldsymbol{x}(t)+\begin{bmatrix}0\\0\\0\\0\\30\end{bmatrix}u(t)$$

$$(2)\ \boldsymbol{x}[(k+1)T]=\begin{bmatrix}17&24.54&1&8&15\\23.54&5&7&14&16\\4&6&13.75&20&22.5889\\10.8689&1.2900&19.099&21.896&3\\11&18.089799&25&2.356&9\end{bmatrix}\boldsymbol{x}(kT)+\begin{bmatrix}1\\2\\3\\4\\5\end{bmatrix}u(kT)$$

4 考虑下面给出的多变量系统，试求出该系统的零点和极点，并判定系统的稳定性。

$$\boldsymbol{A}=\begin{bmatrix}-3 & 1 & 2 & 1\\ 0 & -4 & -2 & -1\\ 1 & 2 & -1 & 1\\ -1 & -1 & 1 & -2\end{bmatrix},\quad \boldsymbol{B}=\begin{bmatrix}1 & 0\\ 0 & 2\\ 0 & 3\\ 1 & 1\end{bmatrix},\quad \boldsymbol{C}=\begin{bmatrix}1 & 2 & 2 & -1\\ 2 & 1 & -1 & 2\end{bmatrix}$$

注意，多变量系统零点的概念和单变量系统不同，不能由单独求每个子传递函数零点的方式求取，应该由 `tzero()` 函数得出，另外，`pzmap()` 函数同样适用于多变量系统。

5 求出下面状态方程模型的最小实现。

$$\boldsymbol{A}=\begin{bmatrix}0 & -3 & 0 & 0\\ 1 & -4 & 0 & 0\\ 0 & 0 & 0 & 0\\ 0 & 0 & 1 & -2\end{bmatrix},\quad \boldsymbol{B}=\begin{bmatrix}3 & 2\\ 1 & 2\\ 1 & 1\\ 1 & 1\end{bmatrix},\quad \boldsymbol{C}=\begin{bmatrix}0 & 1 & 0 & 0\\ 0 & 0 & 0 & 1\end{bmatrix}$$

6 判定下列系统的可控、可观测性，求出它们的可控、可观测及 Leunberge 标准型实现。

(1) $\boldsymbol{A}=\begin{bmatrix}0 & 1 & 1 & 1\\ 0 & 0 & 0 & 1\\ 0 & 1 & 0 & 0\\ 0 & 0 & 1 & 1\end{bmatrix},\ \boldsymbol{B}=\begin{bmatrix}1 & 0\\ 0 & 0\\ 0 & 1\\ 1 & 0\end{bmatrix},\ \boldsymbol{C}=\begin{bmatrix}1 & 0 & 0 & 0\\ 0 & 1 & 0 & 0\end{bmatrix}$

(2) $\boldsymbol{A}=\begin{bmatrix}0 & 2 & 0 & 0\\ 0 & 1 & -2 & 0\\ 0 & 0 & 3 & 1\\ 1 & 0 & 0 & 0\end{bmatrix},\ \boldsymbol{B}=\begin{bmatrix}2 & 0\\ 1 & 2\\ 0 & 1\\ 0 & 0\end{bmatrix},\ \boldsymbol{C}=\begin{bmatrix}0 & 1 & 0 & 0\\ 0 & 0 & 1 & 0\end{bmatrix}$

7 请求出下面自治系统状态方程的解析解，并和数值解得出的曲线比较。

$$\dot{\boldsymbol{x}}(t)=\begin{bmatrix}-5 & 2 & 0 & 0\\ 0 & -4 & 0 & 0\\ -3 & 2 & -4 & -1\\ -3 & 2 & 0 & -4\end{bmatrix}\boldsymbol{x}(t),\quad \boldsymbol{x}(0)=\begin{bmatrix}1\\ 2\\ 0\\ 1\end{bmatrix}$$

8 给出一个 8 阶系统模型

$$G(s)=\frac{18s^7+514s^6+5982s^5+36380s^4+122664s^3+222088s^2+185760s+40320}{s^8+36s^7+546s^6+4536s^5+22449s^4+67284s^3+118124s^2+109584s+40320}$$

并假定系统具有零初始状态，请求出单位阶跃响应和脉冲响应的解析解。若输入信号变为正弦信号 $u(t)=\sin(3t+5)$，请求出零初始状态下系统时域响应的解析解，并用图形的方法进行描述，和数值解进行比较。

9 假设 PI 和 PID 控制器的结构分别为

$$G_{\mathrm{PI}}(s)=K_{\mathrm{p}}+\frac{K_{\mathrm{i}}}{s},\quad G_{\mathrm{PID}}(s)=K_{\mathrm{p}}+\frac{K_{\mathrm{i}}}{s}+K_{\mathrm{d}}s$$

请说明为什么 PI 或 PID 控制器可以消除稳定闭环系统的阶跃响应稳态误差，不稳定系统能用 PI 或 PID 控制器消除稳态误差吗，为什么？

10 请绘制下面状态方程模型的单位阶跃响应曲线

$$\boldsymbol{A}=\begin{bmatrix}-0.2 & 0.5 & 0 & 0 & 0\\ 0 & -0.5 & 1.6 & 0 & 0\\ 0 & 0 & -14.3 & 85.8 & 0\\ 0 & 0 & 0 & -33.3 & 100\\ 0 & 0 & 0 & 0 & -10\end{bmatrix},\ \boldsymbol{B}=\begin{bmatrix}0\\0\\0\\0\\30\end{bmatrix},\ \boldsymbol{C}=[1,0,0,0,0]$$

并绘制出所有状态变量的曲线。选择不同的采样周期 T，对该系统进行离散化，绘制出离散系统的阶跃响应曲线，和连续系统进行比较，并说明超调量、调节时间等指标的变化规律。

11 假设已知连续系统传递函数模型为 $G(s)=\dfrac{-2s^2+3s-4}{s^3+3.2s^2+1.61s+3.03}$，试选择不同的采样周期 $T=0.01, 0.1, 1\ \mathrm{s}$ 对其进行离散化，试对比连续系统及离散化系统的时域响应曲线，试分析从中得出什么结论？

12 试绘制下列开环系统的根轨迹曲线，并大致确定使单位负反馈系统稳定的 K 值范围。

(1) $G(s)=\dfrac{K(s+6)(s-6)}{s(s+3)(s+4-4\mathrm{j})(s+4-4\mathrm{j})}$ (2) $G(s)=K\dfrac{s^2+2s+2}{s^4+s^3+14s^2+8s}$

(3) $G(s)=\dfrac{1}{s(s^2/2600+s/26+1)}$ (4) $G(s)=\dfrac{800(s+1)}{s^2(s+10)(s^2+10s+50)}$

13 绘制下面状态方程系统的根轨迹，确定使单位负反馈系统稳定的 K 值范围。

$$\boldsymbol{A}=\begin{bmatrix}-1.5 & -13.5 & -13 & 0\\ 10 & 0 & 0 & \\ 0 & 1 & 0 & 0\\ 0 & 0 & 1 & 0\end{bmatrix},\ \boldsymbol{B}=\begin{bmatrix}1\\0\\0\\0\end{bmatrix},\ \boldsymbol{C}=[0,0,0,1]$$

14 假设连续延迟系统的传递函数为 $G(s)=\dfrac{K(s-1)\mathrm{e}^{-2s}}{(s+1)^5}$，试求出能使得单位负反馈系统稳定的 K 值范围。提示：`rlocus()` 函数不能直接用于根轨迹绘制，试用 Padé 近似得出延迟项的有理近似，这样就能得出整个开环传递函数的近似，即可以使用该函数。

15 假设系统的开环模型为 $G(s)=\dfrac{K}{s(s+10)(s+20)(s+40)}$，并假设系统为单位负反馈结构构成，试用根轨迹找出能使得闭环系统主导极点有大约 $\zeta=0.707$ 阻尼比的 K 值。

16 已知离散系统的受控对象模型为 $H(z)=K\dfrac{1}{(z+0.8)(z-0.8)(z-0.99)(z-0.368)}$，试绘制其根轨迹，并得出使得单位负反馈闭环系统稳定的 K 值范围。选择一个能使闭环系统稳定的 K，绘制闭环系统的阶跃响应曲线，并求出阶跃响应的超调量、调节时间等指标。

17 若上述系统带有时间延迟，即 $\widetilde{H}(z)=H(z)z^{-8}$，试重复上题的分析过程。改变系统的延迟时间常数再进行分析，得出相应的结论。

18 考虑开环传递函数模型 $G(s)=\dfrac{0.3(s+2)(s^2+2.1s+2.23)}{s^2(s^2+3s+4.32)(s+a)}$，试绘制出该系统关于 a 的根轨迹，求出使得单位负反馈闭环系统稳定的 a 范围。

19 对下列各个开环模型进行频域分析，绘制出 Bode 图、Nyquist 图及 Nichols 图，并求出系统的幅值裕量和相位裕量，在各个图形上标注出来。假设闭环系统由单位负反馈构造而成，试由频域分析判定闭环系统的稳定性，并用阶跃响应来验证。

(1) $G(s)=\dfrac{8(s+1)}{s^2(s+15)(s^2+6s+10)}$ (2) $G(s)=\dfrac{4(s/3+1)}{s(0.02s+1)(0.05s+1)(0.1s+1)}$

(3) $\boldsymbol{A}=\begin{bmatrix}0&2&1\\-3&-2&0\\1&3&4\end{bmatrix}$, $\boldsymbol{B}=\begin{bmatrix}4\\3\\2\end{bmatrix}$, $\boldsymbol{C}=[1,2,3]$

(4) $H(z)=0.45\dfrac{(z+1.31)(z+0.054)(z-0.957)}{z(z-1)(z-0.368)(z-0.99)}$

(5) $G(s)=\dfrac{6(-s+4)}{s^2(0.5s+1)(0.1s+1)}$ (6) $G(s)=\dfrac{10s^3-60s^2+110s+60}{s^4+17s^2+82s^2+130s+100}$

20 假设典型反馈控制系统的各个模型如下

$$G(s)=\frac{2}{s[(s^4+5.5s^3+21.5s^2+s+2)+20(s+1)]},\quad G_{\rm c}(s)=K\frac{1+0.1s}{1+s},\quad H(s)=1$$

并假定 $K=1$，请绘制出系统的 Bode 图、Nyquist 图与 Nichols 图，请判定这样设计出来的反馈系统是否为较好设计的系统，画出闭环系统的阶跃响应曲线，作出说明，并指出如何修正 K 的值来改进系统的响应。

21 试对下面的时间延迟系统进行频域分析，绘制出系统的各种频域响应曲线及各种裕量，判定单位负反馈下闭环系统的稳定性，用时域响应验证得出的结论。

(1) $G(s)=\dfrac{(-2s+1){\rm e}^{-3s}}{s^2(s^2+3s+3)(s+5)(s^2+2s+6)}$

(2) $H(z)=\dfrac{z^2+0.568}{(z-1)(z^2-0.2z+0.99)}z^{-5}$, $T=0.05$ s

22 假设系统的对象模型为 $G(s)=1/s^2$，某最优控制器模型为

$$G_{\rm c}(s)=\frac{5620.82s^3+199320.76s^2+76856.97s+7253.94}{s^4+77.40s^3+2887.90s^2+28463.88s+2817.59}$$

并假设系统由单位负反馈结构构成，请绘制出叠印有等 M 线和等 N 线的 Nyquist 图、Nichols 图，并由之分析闭环系统的动态性能，绘制闭环系统阶跃响应曲线来证实你的推断。

23 假设受控对象模型和由某种方法设计出的控制器分别为

$$G(s)=\frac{100(1+s/2.5)}{s(1+s/0.5)(1+s/50)},\qquad G_{\rm c}(s)=\frac{1000(s+1)(s+2.5)}{(s+0.5)(s+50)}$$

试用频域响应的方法判定闭环系统的性能，并用时域响应检验得出的结论。

24 假设带有时间延迟的系统传递函数矩阵为

$$\boldsymbol{G}(s)=\begin{bmatrix}\dfrac{0.06371}{s^2+2.517s+0.5618}{\rm e}^{-0.72s} & \dfrac{0.4464}{s+0.4831}\\ \dfrac{0.9357}{s^2+3.019s+2.77}{\rm e}^{-0.3s} & \dfrac{-0.1085}{s+0.3413}{\rm e}^{-1.29s}\end{bmatrix}$$

试绘制其带有 Gershgorin 带的逆 Nyquist 阵列，分析其是否为对角占优的系统，绘制系统的开环阶跃响应，该响应是否符合你的结论？

25 考虑下面给出的双输入双输出系统

$$G(s)=\begin{bmatrix}\dfrac{0.806s+0.264}{s^2+1.15s+0.202} & \dfrac{-(15s+1.42)}{s^3+12.8s^2+13.6s+2.36}\\ \dfrac{1.95s^2+2.12s+4.90}{s^3+9.15s^2+9.39s+1.62} & \dfrac{7.14s^2+25.8s+9.35}{s^4+20.8s^3+116.4s^2+111.6s+188}\end{bmatrix}$$

绘制出带有 Gershgorin 带的逆 Nyquist 曲线，并在该曲线上标出各个频率下的特征值，验证这些特征值满足 Gershgorin 定理，并绘制该系统的阶跃响应曲线来演示结果系统是不是较好解耦的系统。

26 在实际的多变量系统频域响应分析中，Gershgorin 带显得很保守，所以需要减小 Gershgorin 带的半径。在引入反馈 $F=[f_1,\cdots,f_n]$ 后，还可以使用 Ostrowski 带，该带的新半径可以定义为 $r_i(s)=\phi_i(s)d_i(s)$，其中，$d_i(s)$ 为 Gershgorin 带的半径，缩小因数为

$$\phi_i(s)=\max_{j,j\neq i}\frac{d_j(s)}{f_j+\hat{q}_{jj}(s)}$$

试用 MATLAB 语言修改 gershgorin.m 程序，使之能直接绘制 Ostrowski 带，并用例子中的系统进行对比研究。

第 5 章　Simulink 在系统仿真中的应用

前面各章一直侧重于线性系统的建模与分析，并未涉及非线性系统的分析方法，在现实世界中，所有的系统都是非线性的，其中有的系统非线性不是很显著，所以可以忽略其非线性特性，将其简化成线性系统处理，这样用线性系统的理论和分析方法就可以直接进行分析。然而有的系统非线性特性较严重，不能忽略其非线性环节，这样线性系统理论就无能为力了，所以应该建立起非线性系统的建模与分析方法。

MATLAB 下提供的 Simulink 环境是解决非线性系统建模、分析与仿真的理想工具，本章将主要介绍 Simulink 建模与仿真方法及其在控制系统中的应用。第 5.1 节简要介绍 Simulink 的概况，并介绍 Simulink 提供的常用模块组及常用模块，为读者熟悉 Simulink 模型库，初学 Simulink 建模打下基础。第 5.2 节中将介绍 Simulink 的模型建立方法，包括模块绘制、连接与参数修改，系统仿真参数设置，并通过一般非线性系统、一般多变量系统、采样系统、多速率采样系统、时变系统等，介绍控制系统的建模与仿真方法。第 5.3 节将介绍非线性系统的仿真分析方法，首先介绍各种静态非线性环节的 Simulink 建模方法，然后介绍非线性系统的描述函数近似分析方法，最后将介绍非线性系统模型的线性化近似方法。第 5.4 节将介绍 Simulink 建模的高级技术，将引入子系统、模块封装及模块集编写等建模方法。第 5.5 节将介绍 S-函数的编写格式与方法，掌握了 S-函数的编写方法，理论上就可以搭建出任意复杂的系统模型。第 5.6 节将介绍仿真结果的其他输出方式，如表盘显示方法等。

5.1　Simulink 建模的基础知识

5.1.1　Simulink 简介

控制系统仿真研究的一种很常见的需求就是，系统在某些信号驱动下，观测系统的时域响应，从中得出期望的结论。对简单线性系统来说，可以利用控制系统工具箱中的相应函数对系统进行分析，如果想研究非线性方程，则可以采用第 2 章中介绍的微分方程数值解法来求解。

对于更复杂的系统来说，单纯采用上述的方法有时难以完成仿真任务。比如说，若想研究结构复杂的非线性系统，用前面介绍的方法则需要列写出系统的微分方程，这是很复杂的，有时甚至是不可能的。如果有一个基于框图的仿真程序，则解决这样的问题就轻而易举了。Simulink 环境就是解决这样问题的理想工具，它提供了各种各样的模块，允许用户用框图的形式搭建起任意复杂的系统，从而对其进行准确的仿真。Simulink 是 MATLAB 的一个组成部分，它提供的模块有一般线性、非线性控制系统所需的模块，也有更高层的模块，例如电气系统模块集中提供的电机模块、SimMechanics 提供的刚体及关节模块等，这使得用户可以轻易地对感兴趣的系统进行仿真，并得出所需的结果。

Simulink 环境是 1990 年前后由 MathWorks 公司推出的产品，原名 SimuLAB，1992 年改为 Simulink。其名字有两重含义，仿真 (simu) 与模型连接 (link)，表示该环境可以用框图的方式对系统进行仿真。Simulink 提供了各种可用于控制系统仿真的模块，支持一般的控制系统仿真，此外，还提供了各种工程应用中可能使用的模块，如电机系统、机构系统、通信系统等的模块集，直接进行建模与仿真研究。

键入 open_system(simulink) 命令将打开如图 5-1 所示的模型库。库中还有下一级的模块组，如连续模块组、离散模块组和输入输出模块组等，用户可以用双击的方式打开下一级的模块组，寻找及使用所需要的模块。这里显示的模型库是 Simulink 7.1 版 (MATLAB 7.5 或 2008a) 给出的，其他版本的模型库表示形式略有不同。

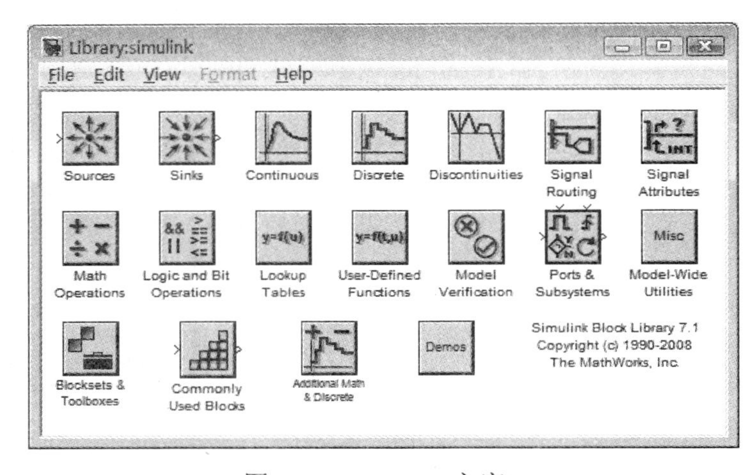

图 5-1 Simulink 主窗口

单击 MATLAB 命令窗口工具栏中的 Simulink 图标，也可以打开 Simulink 模块浏览器窗口，如图 5-2 所示。该浏览器的使用与前面所示的模块组比起来，调用各有特色。用户熟悉和喜欢哪种调用方式就可以用哪种方法使用，为方便介绍起见，本书将使用前一种调用方式。

5.1.2 Simulink 下常用模块简介

从图 5-1 所示的 Simulink 的主界面可以看出，Simulink 提供了诸多子模块组，每个子模块组中还包含众多的下一级子模块及模块组，由这些模块相互连接就可以按需要搭建起复杂的系统模型。这里将对常用模块进行简单介绍，使得读者对现有的模型库有一个较好的了解，为下一步掌握 Simulink 建模打下基础。

1. 输入模块组 (Sources)

双击 Simulink 模块组中的输入模块组图标，则将打开如图 5-3 所示模块组㊀，可见

㊀ 为了版面起见，作者对各个模块组布局进行了手工修改。

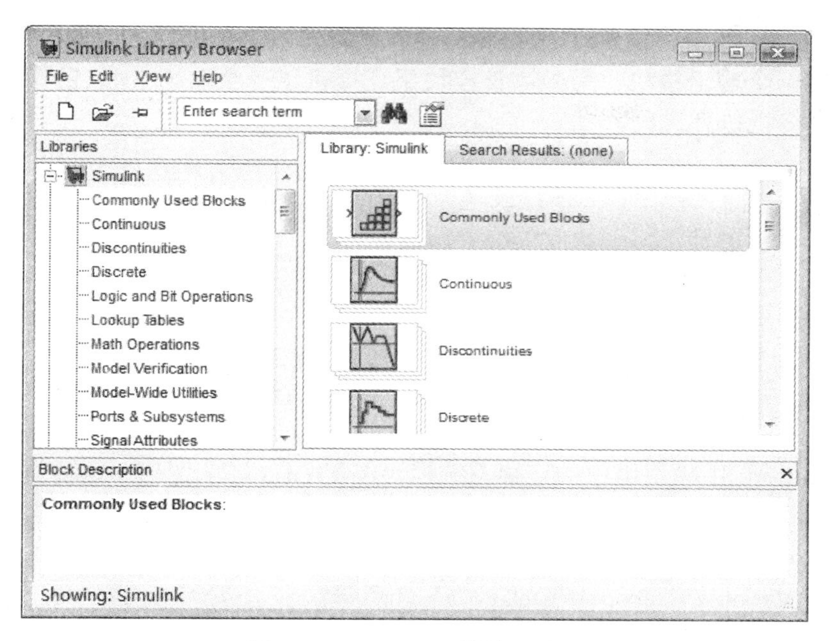

图 5-2 Simulink 模块浏览器

其中有阶跃输入模块 Step、时钟模块 Clock、信号发生器模块 Signal Generator、文件输入模块 From File、工作空间输入模块 From Workspace、正弦信号输入模块 Sine、斜坡信号模块 Ramp、脉冲信号模块 Pulses Generator、周期信号发生器模块 Repeating Sequence、输入端子模块 In、连续白噪声信号发生模块 Band-limited White Noise 等，还有一个新的模块 Signal Builder，允许用户用图形化的方式编辑输入信号，这些信号可以用来驱动系统，作为系统的输入信号源。

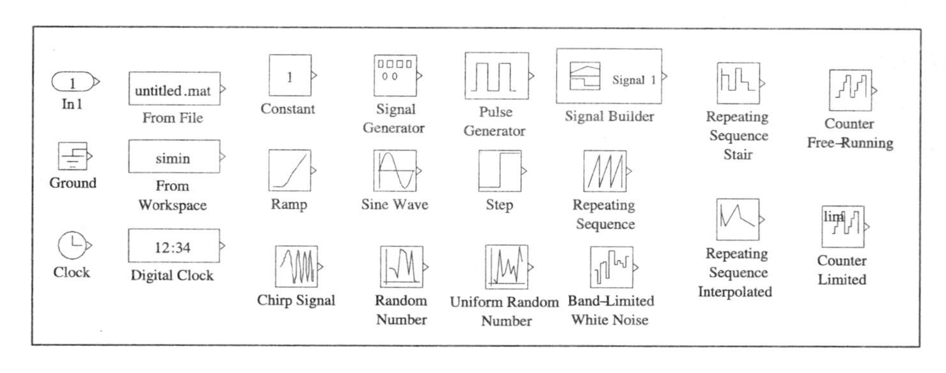

图 5-3 Simulink 输入源模块组

2. 输出池模块组 (Sinks)

双击 Simulink 主模块组中的输出池 Sinks 图标，则将打开如图 5-4 所示的输出池模块组，允许用户将仿真结果以不同的形式输出出来。输出池中常用的模块有示波器模块 Scope 和 Floating Scope、x-y 轨迹示波器 XY Graph、数字显示模块 Display、存文件模块 To File、返回工作空间模块 To Workspace、还有输出端子模块 Out，这是 Simulink 仿真中很有用的一个输出模块。另外，该模块组还提供了一个名为 Stop 的模块，允许用户在仿真过程中终止仿真进程。

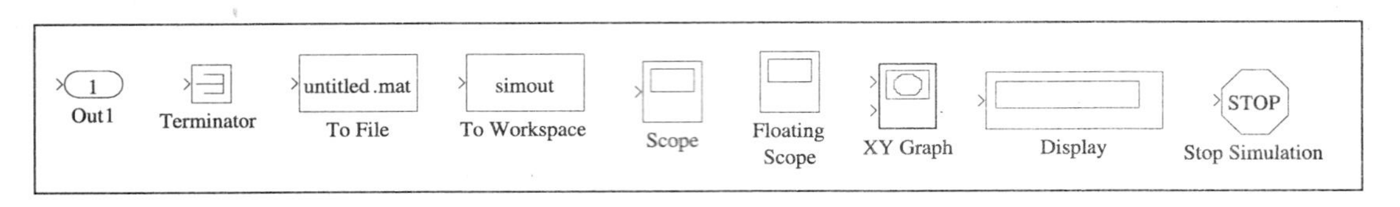

图 5-4 Simulink 输出池模块组

3. 连续系统模块组 (Continuous)

双击 Simulink 主模块组中的连续系统模块组 Continuous 图标，则将打开如图 5-5 所示的模块组，其中有传递函数模块 Transfer Function、状态方程模块 State Space、零极点模块 Zero-Pole 这样 3 个最常用的线性连续系统模块，还有时间延迟模块 Transport Delay 和 Variable Transport Delay，还有简单的积分器模块 Integrator 和微分器模块 Derivative 等，利用这些模块就可以搭建起连续线性系统的 Simulink 仿真模型。

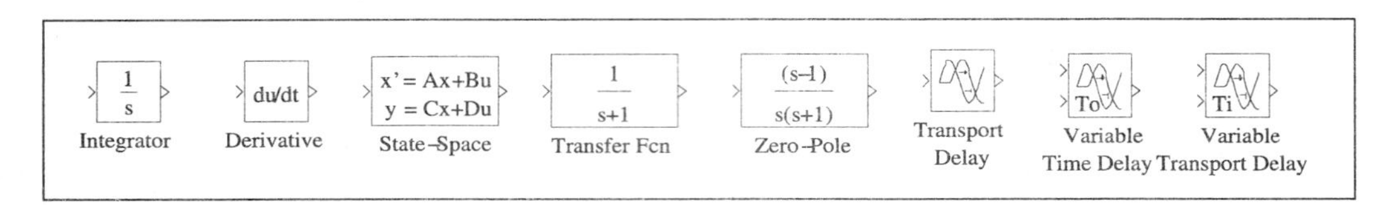

图 5-5 Simulink 连续系统模块组

事实上，这些模块在实际线性系统仿真中有局限性，因为所有的模块都是假设初始条件为零的，但在实际应用中有时要求模块具有非零初始条件，这样可以从 Simulink Extras 模块组中双击 Additional Linear (附加连续线性系统模块组) 图标，这样将得出如图 5-6 所示的模块组，其包含的模块均允许非零初始条件，该模块组还提供了一般 PID 控制器模块。

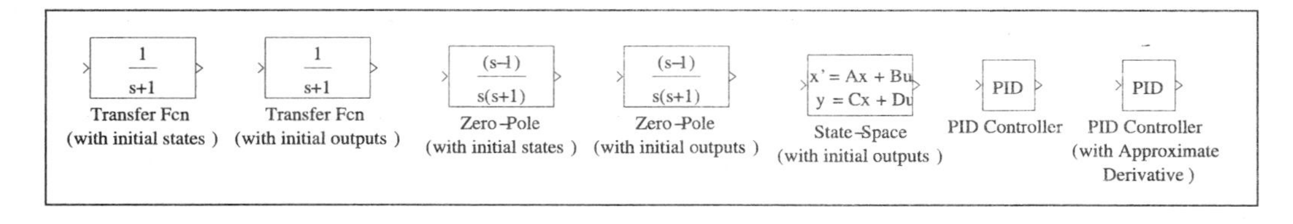

图 5-6 附加连续线性系统模块组

4. 离散系统模块组 (Discrete)

离散系统模块组包含常用的线性离散模块，如图 5-7 所示。其中有零阶保持器模块 Zero-order Hold、一阶保持器 First-order Hold、离散传递函数模块 Discrete Transfer Fcn、离散状态方程模块 Discrete State-Space、离散零极点模块 Discrete Zero-Pole、离散滤波器模块 Discrete Filter、单位时间延迟模块 Unit Delay 和离散积分器模块 Discrete Integrator，其中的滤波器模块为式 (3-13) 中所描述的模型，而 Memory 模块可以返回上一个时刻的信号值。

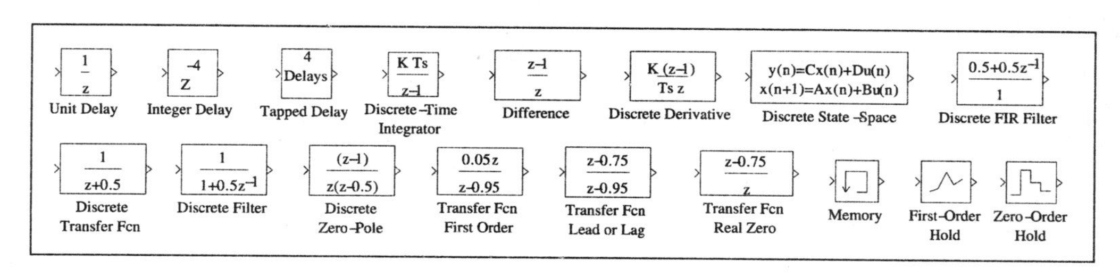

图 5-7 Simulink 离散系统模块组

和连续系统模块组类似，这些模块也都是表示零初始条件的模块，对非零初始条件的模块，可以借助于 Simulink Extras 模块组中的 Additional Discrete (附加类似线性系统模块组) 中的模块，如图 5-8 所示。

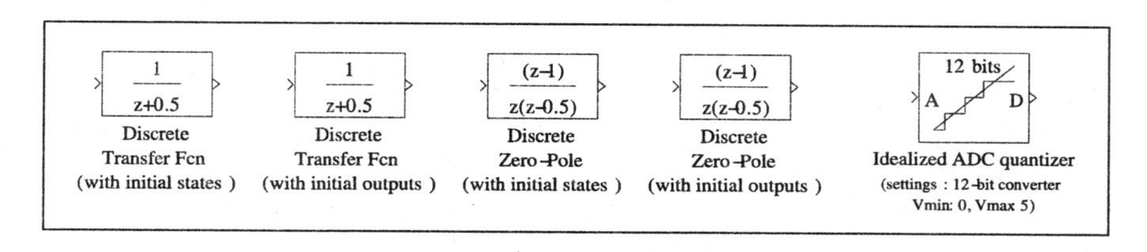

图 5-8 附加离散系统模块组

5. 非线性模块组 (Discontinuities)

非线性模块组在 Simulink 模块浏览器中又称为不连续模块组 Discontinuities，不过这样的名称不太确切，该模块组内容如图 5-9 所示。该模块组中主要包含常见的分段线性非线性静态模块，如饱和非线性模块 Saturation、死区非线性模块 Dead Zone、继电非线性模块 Relay、变化率限幅器模块 Rate Limiter、量化器模块 Quantizer、磁滞回环模块 Backlash，还可以处理 Coulumb 摩擦。模块组的名称 Discontinuities 不是很确切，因为这里包含的模块有些还是连续的，例如饱和非线性模型等，所以本书仍称之为非线性模块组。

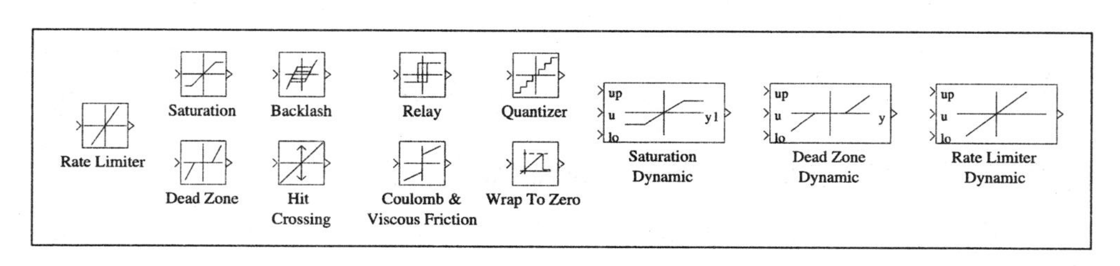

图 5-9 非线性模块组

6. 数学函数模块组 (Math Operations)

常用数学函数模块组的内容如图 5-10 所示，包括加法模块 Sum、乘法模块 Product、增益模块 Gain、矩阵增益模块 Matrix Gain、逻辑运算模块 Logical Operation、组合逻辑模块 Combinational Logic、数学函数模块 Math Function、绝对值模块 Abs、符号函数模块 Sign、实数复数转换模块、三角函数模块 Trigonometric Function 等，还有代数约束求解模块 Algebraic Constraint。利用这样的模块可以构造出任意复杂的数学运算。

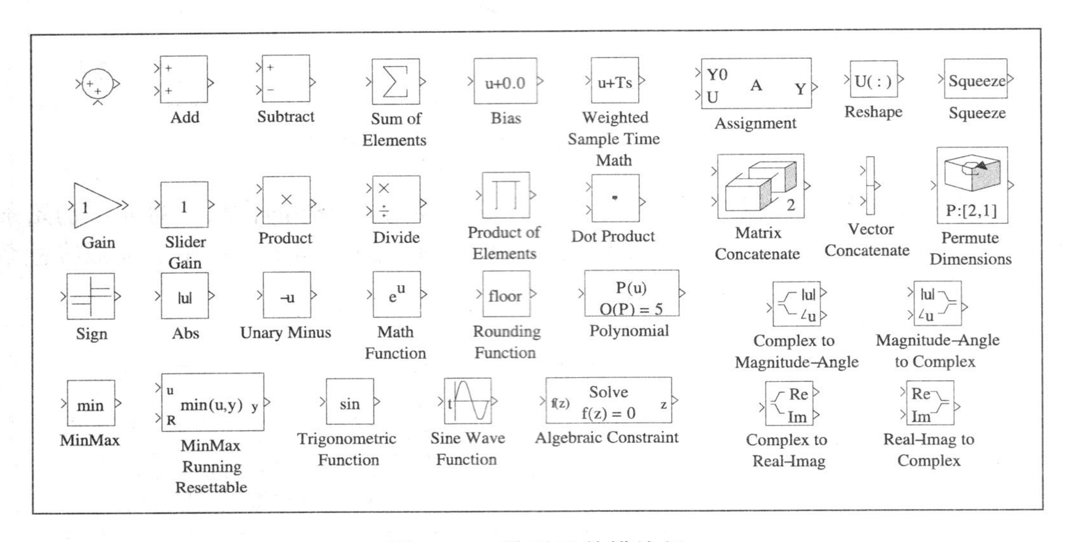

图 5-10　数学函数模块组

7. 查表模组块 (Lookup Tables)

查表模块和函数模块组的内容如图 5-11 所示，其中有一维查表模块 Lookup Table、二维查表模块 Lookup Table (2-D)、n 维查表模块 Lookup Table (n-D)，后面将演示任意分段线性的非线性环节均可以由查表模块搭建起来，从而可以容易地对非线性控制系统进行仿真分析。

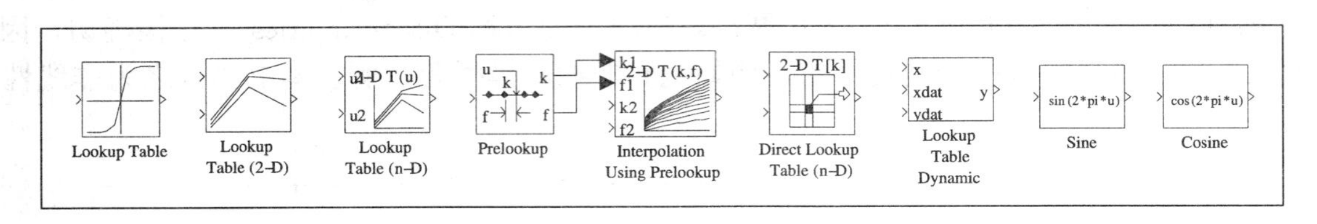

图 5-11　查表和函数模块组

8. 用户自定义函数模块组 (User-defined Functions)

用户自定义函数模块组的内容如图 5-12 所示，其中可以利用 Fcn 模块对 MATLAB 的函数直接求值，还可以使用 MATLAB Fcn 模块对用户自己编写的 MATLAB 复杂函数求解，还可以按照特定的格式编写出系统函数，简称 S-函数，用以实现任意复杂度的功

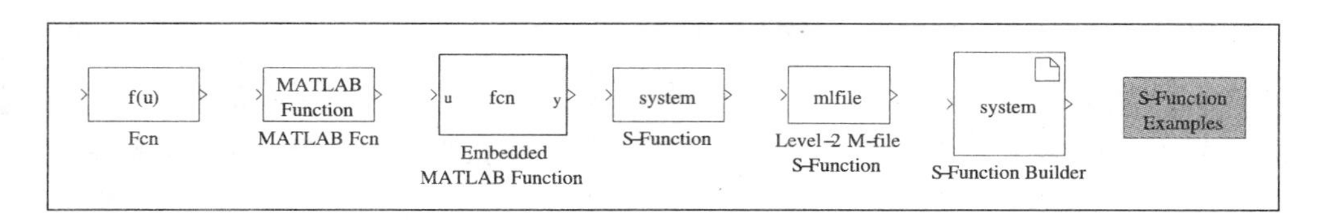

图 5-12 用户自定义函数模块组

能。S-函数是用 MATLAB 或 C 以及其他语言编写的系统函数，后面将详细介绍 S-函数的编写方法及其应用。

9. 信号模块组 (Signal Routing)

Simulink 的信号与系统模块组的内容如图 5-13 所示，其中有将多路信号组成向量型信号的 Mux 模块，有将向量型信号分解成若干单路信号的 Demux 模块，有选路器模块 Selector，有转移模块 Goto 和 From，还支持各种开关模块，如一般开关模块 Switch、多路开关模块 Multiport Switch、手动开关模块 Manual Switch 等。

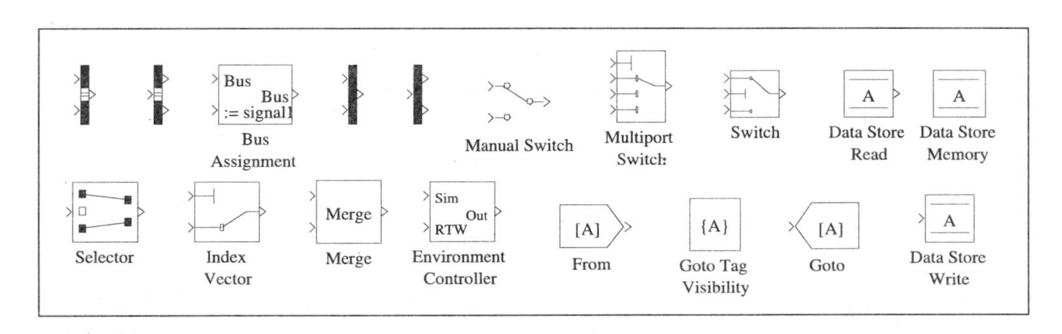

图 5-13 信号与系统模块组

10. 信号属性模块组 (Signal Attributes)

信号属性模块组 (Signal Attributes) 的内容如图 5-14 所示，其中包括信号类型转换模块 Data Type Conversion，采样周期转换模块 Rate Transition，初始条件设置模块 IC，信号宽度检测模块 Width 等。

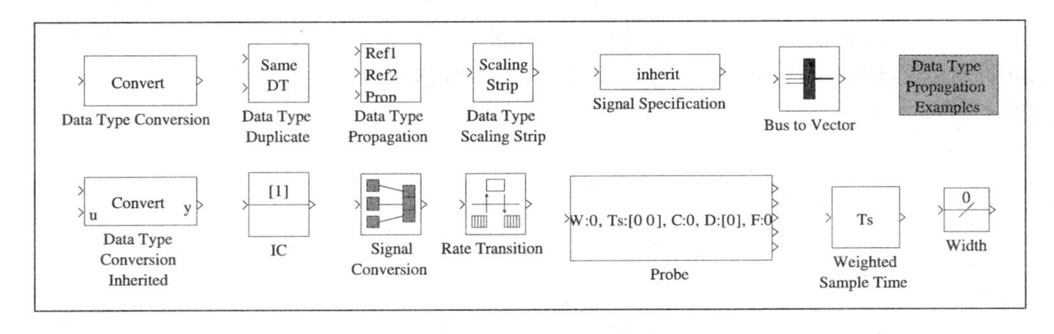

图 5-14 信号属性模块组

5.1.3 Simulink 下其他工具箱的模块组

除了上述的各个标准模块组之外，随着 MATLAB 工具箱安装的不同，还有若干工具箱模块组和模块集 (blockset)，其他模块组如图 5-15 所示。在这些模块组

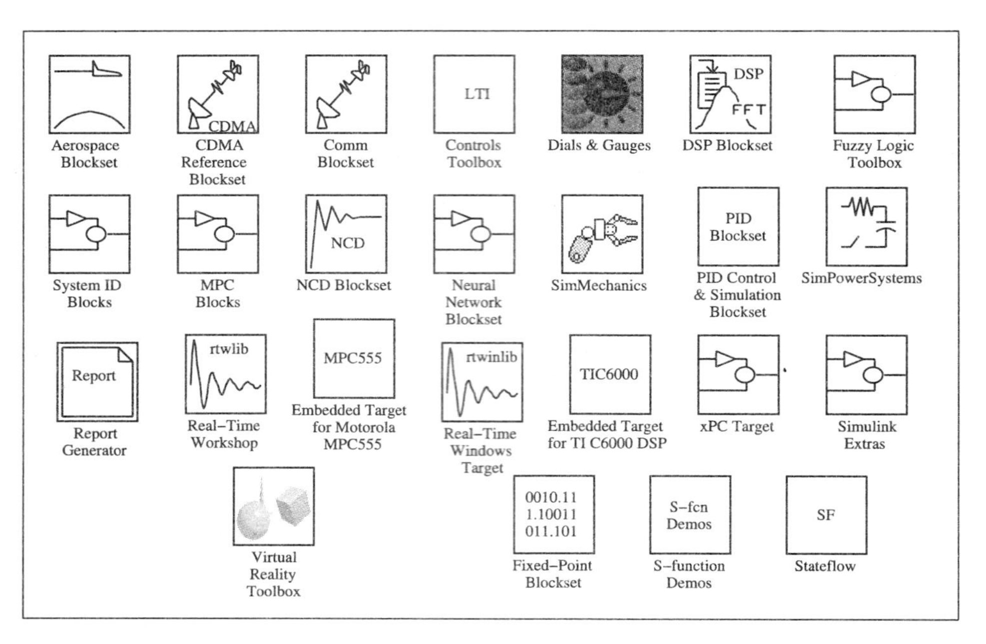

图 5-15 Simulink 下的其他模块集

中，有各种各样的通信仿真模块集 Communications 和 CDMA，有各种控制类模块集，如 Controls Toolbox、系统辨识模块集 System ID Blockset、模糊逻辑控制模块集 Fuzzy Logic Toolbox、神经网络工具箱模块集 Neural Network Blockset、模型预测控制模块集 MPC Blocks、非线性控制设计模块集 NCD Blockset，有专用的系统模块集，如飞行控制模块集 Aerospace Blockset、机构系统仿真模块集 SimMechanics、电气系统仿真模块集 SimPowerSystems。有实时控制和嵌入式控制的定点模块集 Fixed-Point Blockset、DSP 模块集 DSP Blockset、实时控制模块集 Real-Time Workshop、嵌入式控制模块集 Embedded Target for Motorola MPC555 和 Embedded Target for TI C6000 DSP，有用于结果显示的表盘模块集 Dials & Gauges 和虚拟现实模块集 Virtual Reality Toolbox 等。可以利用这些模块进行各种各样的复杂系统分析与仿真。另外，由于这样模块集都是由相关领域的著名学者开发的，所以其可信度等都很高，仿真结果是可靠的。

5.2 Simulink 建模与仿真

5.2.1 Simulink 建模方法简介

其实利用 Simulink 描述框图模型是十分简单和直观的，用户无需输入任何程序，可以用图形化的方法直接建立起系统的模型，并通过 Simulink 环境中的菜单直接启动系统

的仿真过程，并将结果在示波器上显示出来，所以掌握了强大的 Simulink 工具后，会大大增强用户系统仿真的能力。下面将通过简单的例子来演示 Simulink 建模的一般步骤，并介绍仿真的方法。

例 5-1 考虑图 5-16 中给出的典型非线性反馈系统框图，其中控制器为 PI 控制器，其模型为 $G_c(s)=(K_p s+K_i)/s$，且 $K_p=3$，$K_i=2$，饱和非线性中的 $\Delta=2$，死区非线性的死区宽度为 $\delta=0.1$。由于系统中含有非线性环节，所以这样的系统不能用第 4 章中给出的线性系统方法进行精确仿真，而建立起系统的微分方程模型，用第 2 章中介绍的方法去求解也是件很烦琐的事，如果哪一步出现问题，则仿真结果的可信度就会降低。

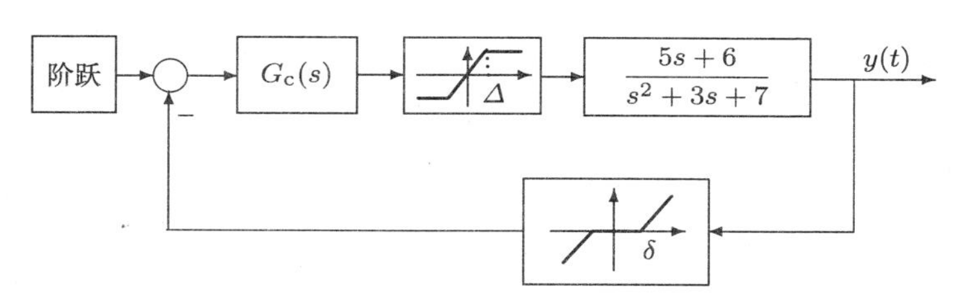

图 5-16 非线性系统

Simulink 是解决这样问题的最有效的方法，可以用下面的步骤搭建此系统的仿真模型：

1) 打开模型编辑窗口　首先打开一个模型编辑窗口，这可以通过单击 Simulink 工具栏中新模型的图标或选择 File→ New→ Model 菜单项实现。

2) 复制相关模块　将相关模块组中模块拖动到此窗口中，例如将 Sources 组中的 Step 模块拖动到此窗口中，将 Math 组中的加法器拖动到此窗口中等等，这样就可以将如图 5-17 所示的一些模块复制到模型编辑窗口中。

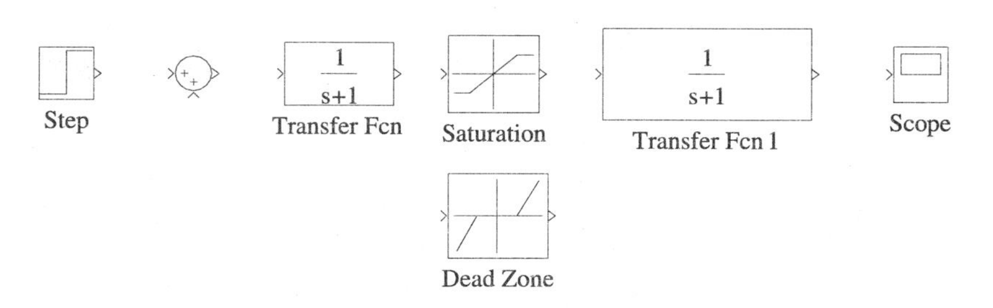

图 5-17 模型编辑窗口 (文件名：c5mblk1.mdl)

3) 修改模块参数　通过观察发现，其中很多模块的参数和要求的不一致，如受控对象模型、控制器模块、加法器模块等。双击加法器模块 Sum，将打开如图 5-18a 所示的对话框，其中，List of Signs 栏目描述加法器各路输入的符号，其中，| 表示该路没有信号，所以用 |+− 取代原来的符号，就可以得出反馈系统中所需的减法器模块了。如果输入信号路数过多，则不适用圆形的加法器表示方法，可以选择 Icon shape 列表框中的 Rectangular 就可以得出方形的加法器模块。

对传递函数模块也可以作相应的修改，双击控制器的模块图标，则将打开如图 5-18b 所示的对话框，用户只需在其分子 Numerator 和分母 Denominator 栏目分别填写系统的分子多项式和分母多项式系数。其方式与一般 MATLAB 下描述多项式的惯例是一致的，亦即将其多项式系数提

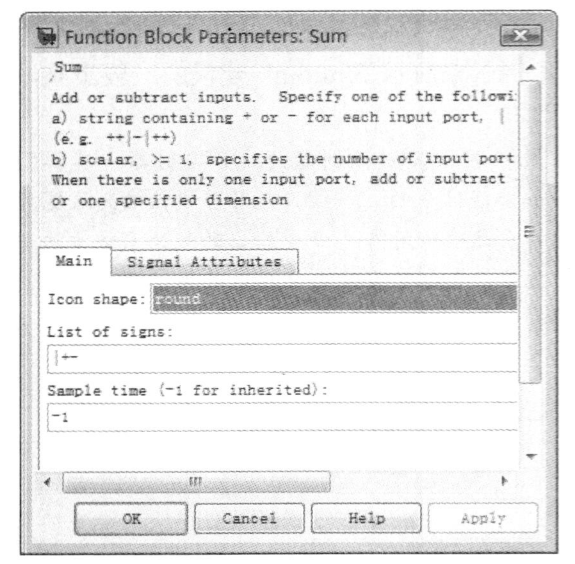

a)

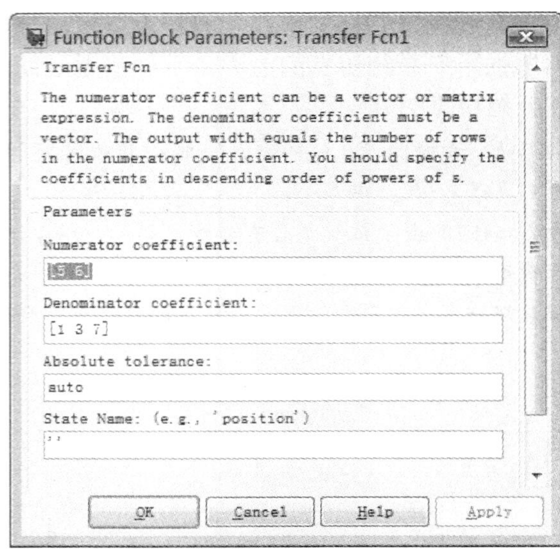

b)

图 5-18 相关模块的参数设置对话框

a) 加法器模块　　b) 传递函数模块

取出来得出的降幂排列的向量。这样在控制器模块中分子和分母栏目分别填写 [3,2] 和 [1,0]，在受控对象的相应栏目中分别填入 [5,6] 和 [1,3,7]，就可以正确输入这两个模块了。

模型中还需要修改的参数如下：阶跃输入模块将阶跃时刻 (Step time) 参数从默认的 1 修改为 0；饱和非线性模块的饱和上界 (Upper limit) 和下界 (Lower limit) 参数分别设置为 2 和 -2；死区非线性模块的死区起止值 (Start of dead zone 和 End of dead zone) 分别设置为 -0.1 和 0.1。

4) 模块连接　将有关的模块直接连接起来，具体的方法是用鼠标单击某模块的输出端，拖动鼠标到另一模块的输入端处再释放，则可以将这两个模块连接起来。完成模块连接后，就可以得到如图 5-19 所示的系统模型。

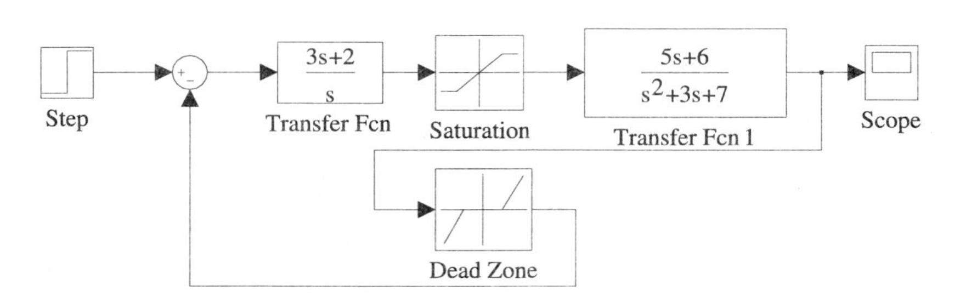

图 5-19 模块连接后的系统模型 (文件名：c5mblk2.mdl)

从模型本身看好像反馈回路中的模块比较不理想，可以利用 Simulink 中的模块翻转功能将该模块进行水平翻转，具体方法是，单击选中该模块，用鼠标右键单击该模块调用快捷菜单，选择其中的 Format 菜单，如图 5-20a 所示，允许用户对模块进行旋转、翻转和加阴影等修饰处理，效果分别如图 5-20b~d 所示。

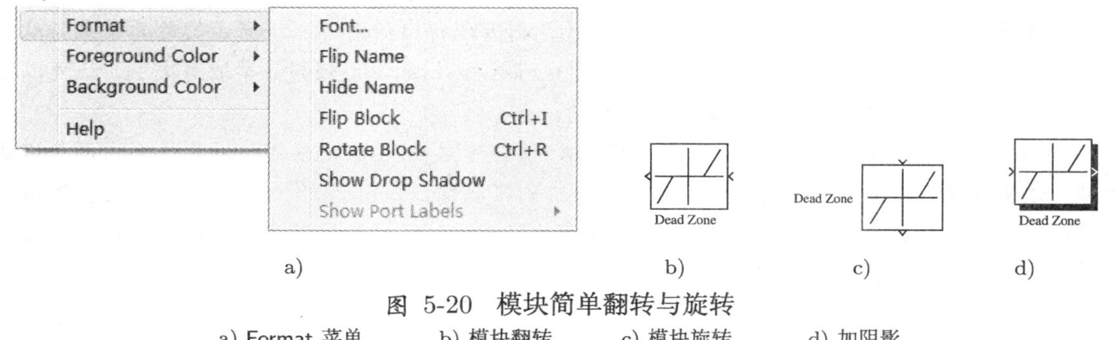

图 5-20 模块简单翻转与旋转

a) Format 菜单　b) 模块翻转　c) 模块旋转　d) 加阴影

经过模块翻转处理后的系统模型框图如图 5-21 所示，可以看出这样得出的系统模型更加美观和直观。应该指出的是，模块的旋转、翻转等处理应该在模块连接前进行。

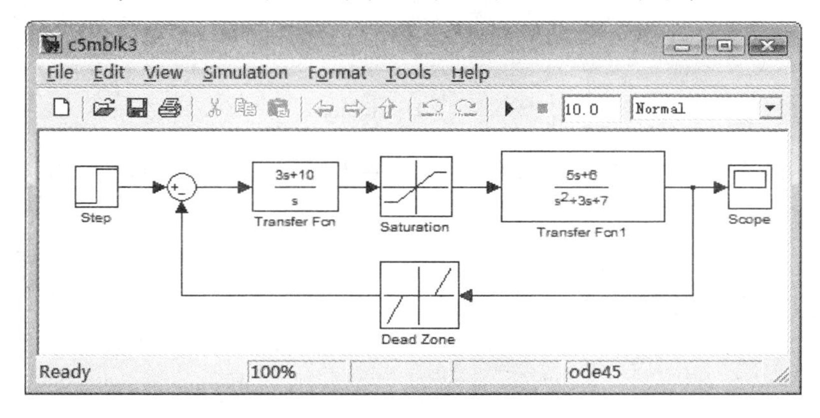

图 5-21 系统的仿真模型 (文件名：c5mblk3.mdl)

5) 系统仿真研究　建立了模型后就可以直接对系统进行仿真研究了，例如单击启动仿真的按钮 ▶ 或选择 Simulation→ Start 菜单项，则可以启动仿真过程，这样双击示波器模块就可以显示仿真结果了，如图 5-22a 所示。

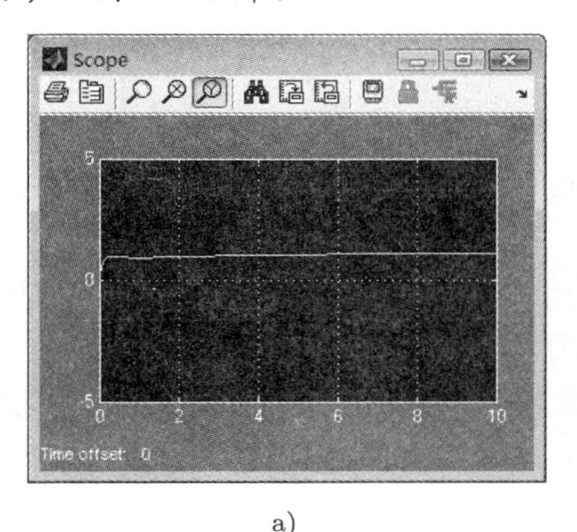

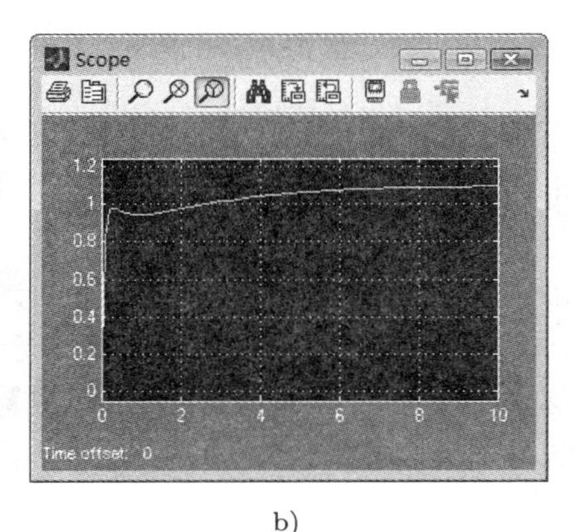

图 5-22 系统仿真结果的示波器输出

a) 直接仿真结果　b) 修改控制器后的结果

从仿真结果看，跟踪速度较慢。根据 PI 控制器设计经验，如果能加大 K_{i} 的值将有望加快系统响应速度，用手动调节的方法将 K_i 设置为 10，则可以得出如图 5-22b 所示的仿真结果。从给出的例子可以看出，原来看起来很复杂的系统仿真问题用 Simulink 轻而易举地解决了，还可以容易地分析系统在不同参数下的仿真结果。

Simulink 的数学模块组还提供了 Slider Gain (滑杆增益模块)，允许用滚动杆的形式调整增益的值，这使得参数调节更容易，使用了这种模块，则可以得出如图 5-23 所示的仿真模型，双击滑杆模块，则可以得出如图 5-24 所示的对话框，用户可以通过该对话框的滚动杆调整控制器参数。

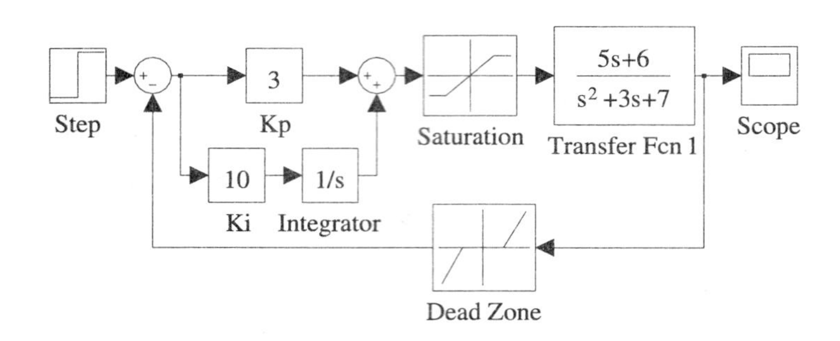

图 5-23 改用滑杆比例环节的仿真模型 (文件名：c5mblk4.mdl)

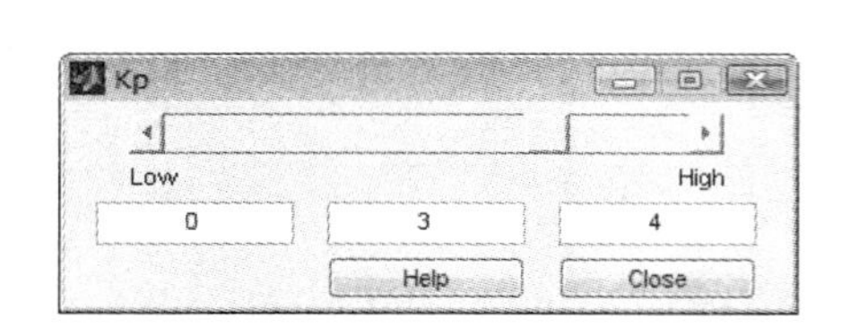

图 5-24 滑块增益设置对话框

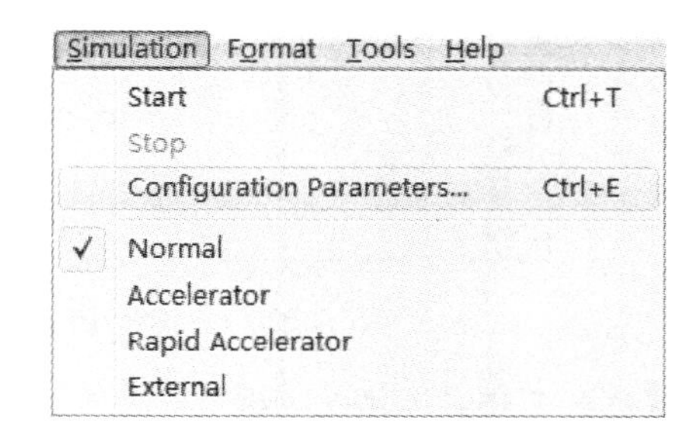

图 5-25 仿真主菜单

5.2.2 仿真算法与控制参数选择

选中 Simulink 模型窗口的 Simulation 菜单项，则将得出如图 5-25 所示的菜单，其中的 Simulation Parameters 菜单项将打开如图 5-26 所示的对话框，允许用户设置仿真控制参数：

1) Start time 和 Stop time 栏目分别允许用户填写仿真的起始时间和结束时间。

2) Solver options 的 Type 栏目有两个选项，允许用户选择定步长和变步长算法。为了能保证仿真的精度，一般情况下建议选择变步长算法。其后面的列表框中列出了各种各样的算法，如 ode45(Domand-Prince) 算法，ode15s(stiff/NDF) 算法等，用户可以从中选择合适的算法进行仿真分析，离散系统还可以采用定步长算法进行仿真。

3) 仿真精度控制由 Relative Tolerance (相对误差限) 选项、Absolute Tolerance (绝对误差限) 等，对不同的算法还将有不同的控制参数，其中相对误差限的默认值设置为 `1e-3`，亦即千分之一的误差，该值在实际仿真中显得偏大，建议选择 `1e-6` 和 `1e-7`。

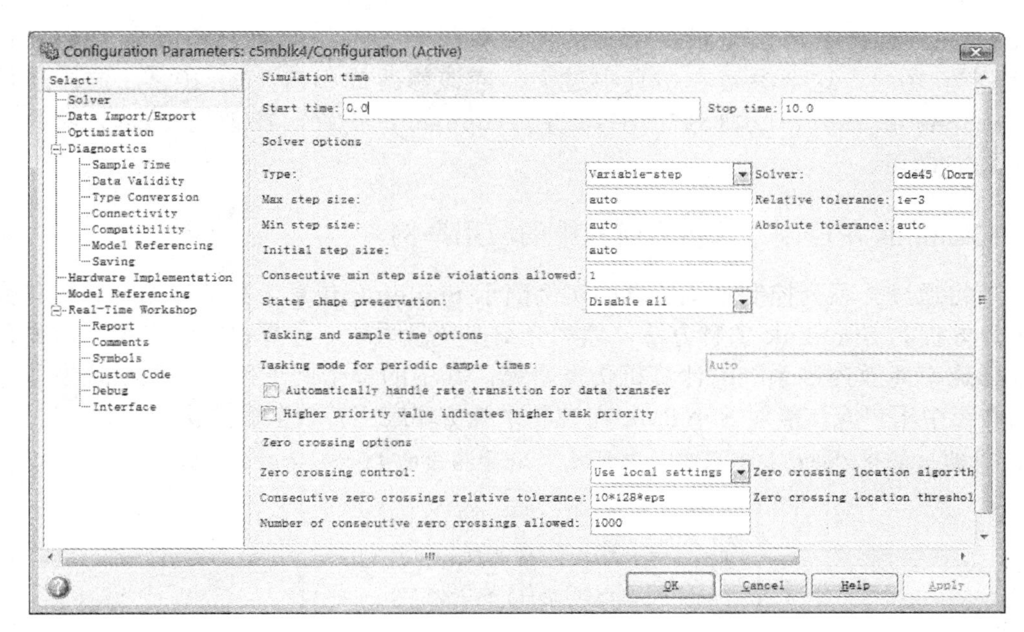

图 5-26 Simulink 仿真控制参数对话框

值得指出的是，由于采用的变步长仿真算法，所以将误差限设置到这样小的值也不会增加太大的运算量。

4) 在仿真时还可以选定最大允许的步长和最小允许的步长，这可以通过填写 Max step size 栏目和 Min step size 的值来实现。如果变步长选择的步长超过这个限制，则将弹出警告对话框。

5) 一些警告信息和警告级别的设置可以从其中的 Diagnostics 标签下的对话框来实现，具体方法在这里就不赘述了。

设置完仿真控制参数之后，就可以单击 Simulation→ Start 菜单或单击工具栏中的 ▶ 按钮来启动。仿真结束后，会自动生成一个向量 `tout` 存放各个仿真时刻的时间值，若使用了 Outport 模块，则其输出信号会自动赋给 `yout` 变量，仿真结束后，用户就可以使用 `plot(tout,yout)` 这样的命令来绘制仿真结果了。

除了用 Simulation 菜单启动系统仿真的进程外，还可以调用 `sim()` 函数来进行仿真分析，该函数的调用格式为

```
[t,x,y]=sim(模型名, 仿真终止时间, options)
```

其中，模型名即对应的 Simulink 文件名，后缀 `.mdl` 可以省略，函数调用后，返回的 t 为时间向量，x 为状态矩阵，其各列为各个状态变量，返回变量 y 的各列为各个输出信号，亦即输出端子 Outport 构成的矩阵。

仿真控制参数 `options` 可以通过 `simset()` 函数来设置，其调用格式为

```
options=simset(参数名 1, 参数值 1, 参数名 2, 参数值 2, ···)
```

其中，“参数名”为需要控制的参数名称，用单引号括起，“参数值”为具体数值，

用 help simset 命令可以显示出所有的控制参数名，例如相对误差限为 'RelTol'，其默认值为 10^{-3}，这个参数在仿真中过大，应该修改成小值，如 10^{-7}。这样就可以使用 options=simset('RelTol',1e-7) 生成 options 变量，在使用 sim() 函数时使用 options 即可。

5.2.3 Simulink 在控制系统仿真研究中的应用举例

本节将通过一系列控制系统仿真的实例演示 Simulink 仿真工具的应用，首先将介绍一般微分方程的 Simulink 求解方法，然后介绍多变量系统、计算机控制系统、时变系统及多采样速率离散控制系统的计算机仿真研究，其中的每个例子代表一类系统模型，从本节的介绍中用户应该能对 Simulink 在控制系统仿真应用有较全面的认识。

例 5-2 非线性微分方程的框图求解　考虑例 2-20 中给出的 Lorenz方程，其方程为

$$\begin{cases} \dot{x}_1(t) = -8x_1(t)/3 + x_2(t)x_3(t) \\ \dot{x}_2(t) = -10x_2(t) + 10x_3(t) \\ \dot{x}_3(t) = -x_1(t)x_2(t) + 28x_2(t) - x_3(t) \end{cases}$$

且其初值为 $x_1(0) = x_2(0) = 0$，$x_3(0) = 10^{-3}$。这样的微分方程在 Simulink 下也可以搭建相应的仿真模型，从而进行仿真。仿真这样微分方程有一个技巧，即对每个微分量应该引入一个积分器，积分器的输出就是该状态变量，那么积分器的输入端就自然是该变量的一阶微分了。用这样的方法，就不难构造如图 5-27 所示的 Simulink 框图，并将 3 个积分器的初值

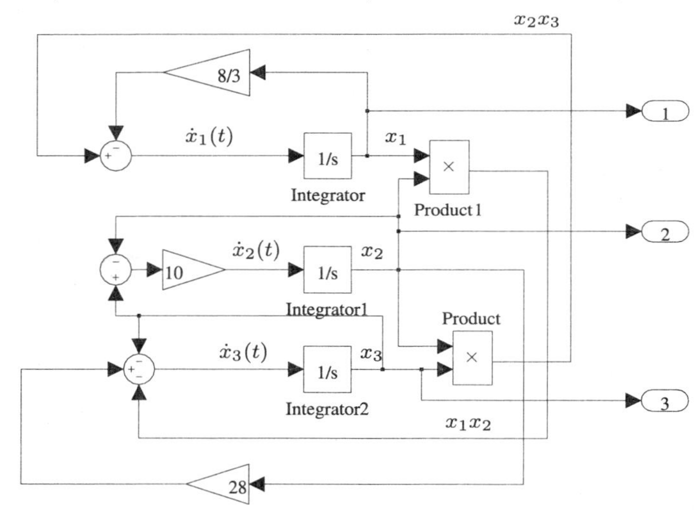

图 5-27　Lorenz 方程的 Simulink 表示 (文件名：c5mlorz.mdl)

分别设置为 0,0,1e-3。在启动仿真过程之前，还可以设置仿真控制参数，如令仿真终止时间为 30，相对误差限为 1e-7，这时启动仿真过程，则可以在 MATLAB 工作空间中返回两个变量：tout 和 yout，其中，tout 为列向量，表示各个仿真时刻，而 yout为一个三列的矩阵，分别对应于 3 个状态变量 $x_1(t) \sim x_3(t)$。这样用下面的语句就可以绘制出各个状态变量的时间响应曲线，如图 5-28a 所示。

```
>> plot(tout,yout)     % 系统状态的时间响应曲线
```

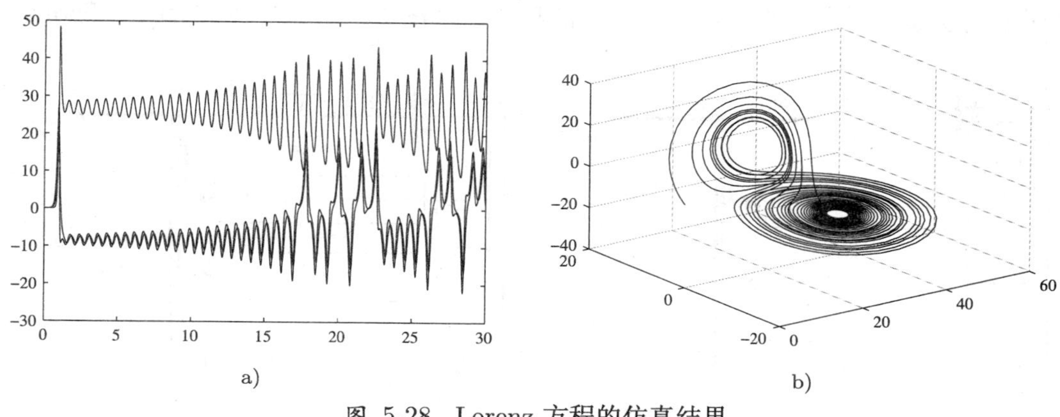

图 5-28 Lorenz 方程的仿真结果

a) 状态变量的时间曲线　　b) 系统响应的相空间表示

若以 $x_1(t)$，$x_2(t)$ 和 $x_3(t)$ 分别为 3 个坐标轴，这样就可以由下面的语句绘制出三维的相空间曲线，如图 5-28b 所示。comet3() 函数还可以动态演示出状态空间曲线的走向。

```
>> comet3(yout(:,1),yout(:,2),yout(:,3)), grid % 系统状态的时间响应曲线
   axis([min(yout(:,1)),max(yout(:,1)),min(yout(:,2)),...
      max(yout(:,2)),min(yout(:,3)),max(yout(:,3))])  % 设置坐标系
```

Simulink 的模块中很多都支持向量化输入，亦即把若干路信号用 Mux 模块组织成一路信号，这一路信号的各个分量为原来的各路信号。这样这组信号经过积分器模块后，得出的输出仍然为向量化信号，其各路为原来输入信号各路的积分。这样用图 5-29a中给出的 Simulink 模块就可以改写原来的模型了。 在该模型中还使用 Fcn 模块，用于描述对输入信号的数学运算，这里输入

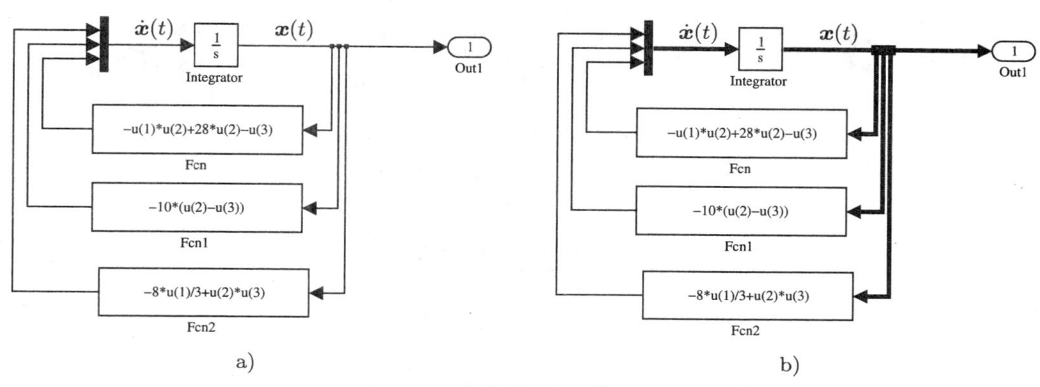

图 5-29 Lorenz 方程的另一种 Simulink 描述

a)改进的仿真框图 (文件名：c5mlorv.mdl)　　b) 向量型信号线加粗

信号为系统的状态向量，而 Fcn 模块中将其输入信号记作 u，如果 u 为向量，则用 $u[i]$ 表示其第 i 路分量。可见，这样的系统模型比图 5-27 中给出的 Simulink 模型简洁得多，且这样建模不易出错，也易于维护。

Simulink 程序中还提供了向量型模块的修饰方法，选择模型窗口的 Format→ Wide nonscaler lines 菜单，在系统框图中将用粗线表示向量型信号，如图 5-29b 所示。若用户

选择了 Format→ Signal dimensions，则将在向量型信号线上标注向量信号的维数，例如因为例子中的状态变量是三维的，故在相关的粗线上标注 3，如图 5-30a 所示。Format 菜

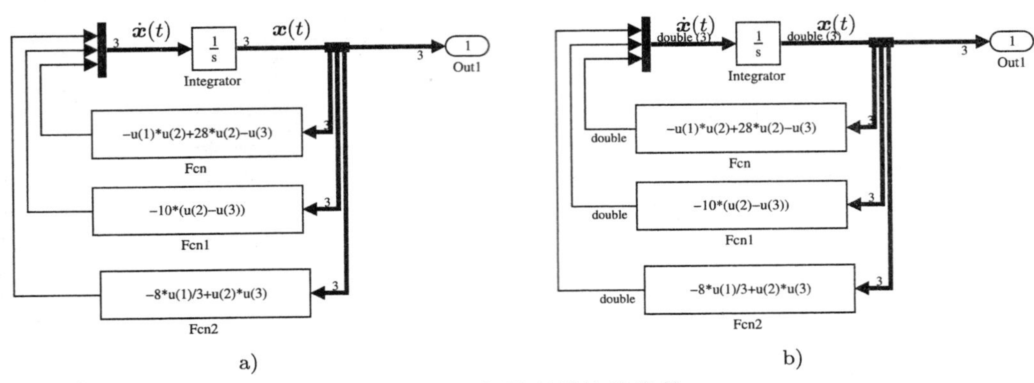

图 5-30 向量型模块的修饰

a) 信号维数标注　　b) 信号类型标注

单中还提供了 Format→ Port data types 菜单项，允许用户显示各路信号的数据类型，如图 5-30b 所示，使得系统框图的物理意义更加清晰。

例 5-3 多变量时间延迟系统的仿真 考虑例 4-18 中介绍的多变量系统阶跃响应仿真问题。由于含有时间延迟，所以不可能直接用 feedback() 函数构造闭环系统模型，所以在例 4-18 的仿真中采用了 Padé 近似的方法将时间延迟近似为二阶传递函数的形式进行仿真的，然而仿真的精度到底如何当时无法验证。有了 Simulink 这样的工具，就可以容易地建立起精确的仿真模型，如图 5-31 所示。在系统的框图中，分别设置两路阶跃输入的值为 u1 和 u2。

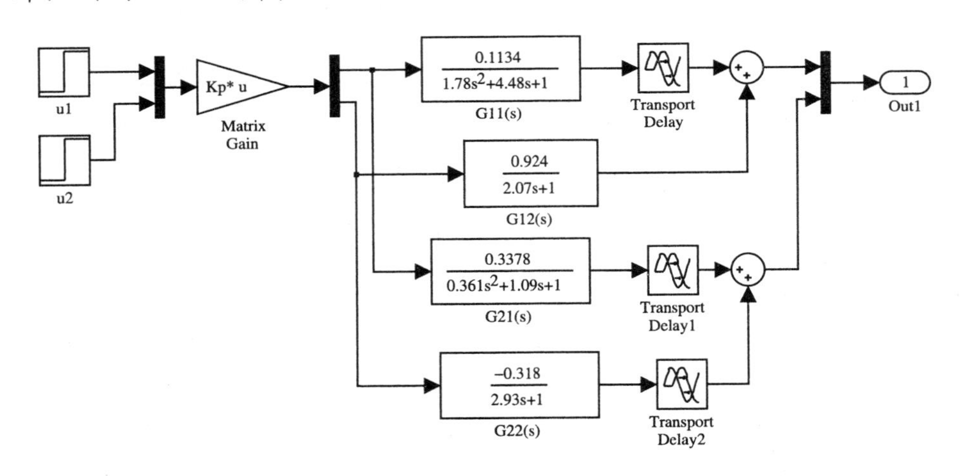

图 5-31 多变量系统的 Simulink 表示 (文件名：c5mmimo.mdl)

回顾例 4-18 中利用 Padé 近似得出的结果，可以利用 step() 函数的特殊调用格式求出其在每一路阶跃信号单独作用下的阶跃响应近似解。

```
>> g11=tf(0.1134,[1.78 4.48 1],'ioDelay',0.72); g12=tf(0.924,[2.07 1]);
   g21=tf(0.3378,[0.361 1.09 1],'ioDelay',0.3);
```

```
g22=tf(-0.318,[2.93 1],'ioDelay',1.29); G=[g11, g12; g21, g22];
[n1,d1]=paderm(0.72,0,2); g11.ioDelay=0; g11=tf(n1,d1)*g11;
[n1,d1]=paderm(0.30,0,2); g21.ioDelay=0; g21=tf(n1,d1)*g21;
[n1,d1]=paderm(1.29,0,2); g22.ioDelay=0; g22=tf(n1,d1)*g22;
G1=[g11, g12; g21, g22];  % Padé 近似后系统传递函数矩阵
Kp=[0.1134,0.924; 0.3378,-0.318]; G2=ss(G1*Kp); % 补偿后状态方程模型
[y1,x1,t1]=step(G2.a,G2.b,G2.c,G2.d,1,15); % 第一输入下系统阶跃响应
[y2,x2,t2]=step(G2.a,G2.b,G2.c,G2.d,2,15); % 第二输入下系统阶跃响应
```

直接用 Simulink 模型进行仿真，则可以容易地得出该系统分别在两路阶跃单独作用下阶跃响应的精确解，并将解析解和近似解在同一坐标系下绘制出来，如图 5-32 所示。

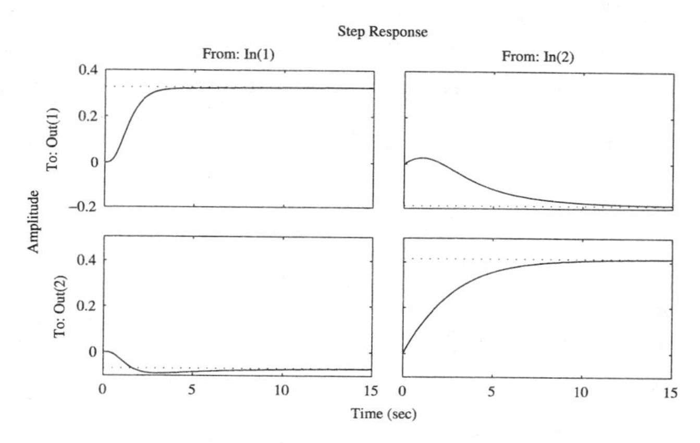

图 5-32　多变量系统的阶跃响应比较

```
>> u1=1; u2=0; [tt1,x1,yy1]=sim('c5mmimo',15); % 第一输入下系统的阶跃响应
   u1=0; u2=1; [tt2,x2,yy2]=sim('c5mmimo',15); % 第二输入下系统的阶跃响应
   subplot(221), plot(t1,y1(:,1),':',tt1,yy1(:,1))
   subplot(222), plot(t1,y1(:,2),':',tt1,yy1(:,2))
   subplot(223), plot(t2,y2(:,1),':',tt2,yy2(:,1))
   subplot(224), plot(t2,y2(:,2),':',tt2,yy2(:,2))
```

在图 5-32 中的实际曲线绘制中，采用实线表示精确仿真结果，虚线表示近似结果，另外对 subplot() 函数设置的坐标系进行了手动修正，使之更加美观。从图中可以看出，这样得出的 Padé 近似结果精度还是比较高的，在得出的图形中几乎看不出二者的差别。所以在一些应用中，可以直接使用 Padé 近似对时间延迟环节进行近似。但应该验证仿真的精度，例如，看看用不同阶次的 Padé 近似去处理延迟环节，是否能得出相同的仿真结果。

例 5-4　计算机控制系统的仿真　考虑经典的计算机控制系统模型，如图 5-33 所示[78]。其中，控制器模型是离散模型，采样周期为 T，ZOH 为零阶保持器，而受控对象模型为连续模型，假设受

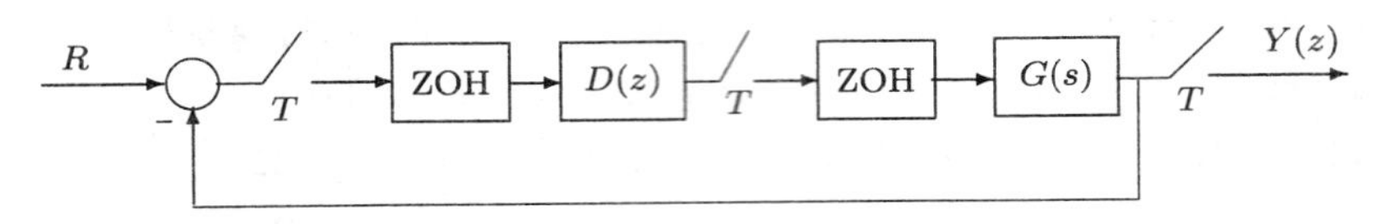

图 5-33 计算机控制系统框图

控对象和控制器都已经给定

$$G(s)=\frac{a}{s(s+1)},\quad D(z)=\frac{1-\mathrm{e}^{-T}}{1-\mathrm{e}^{-0.1T}}\frac{z-\mathrm{e}^{-0.1T}}{z-\mathrm{e}^{-T}}$$

其中，$a=0.1$，对这样的系统来说，直接写成微分方程形式再进行仿真的方法是不可行的，因为其中既有连续环节，又有离散环节，不可能直接写出系统的微分方程模型。

解决这样的系统仿真问题也是 Simulink 的强项，由给出的控制系统框图，可以容易地绘制出系统的 Simulink 仿真框图，如图 5-34 所示。该模型中使用了几个变量：a、T、z1、p1、K，其中前两个参数需要用户给定，后面 3 个参数需要由控制器模型计算。在第一个零阶保持器模块中，设置其采样周期为 T，在其他的零阶保持器和离散控制器模型中，为简单起见，采样周期均可以填写 -1，表示其采样周期继承其输入信号的采样周期，而不必每个都填写为 T。

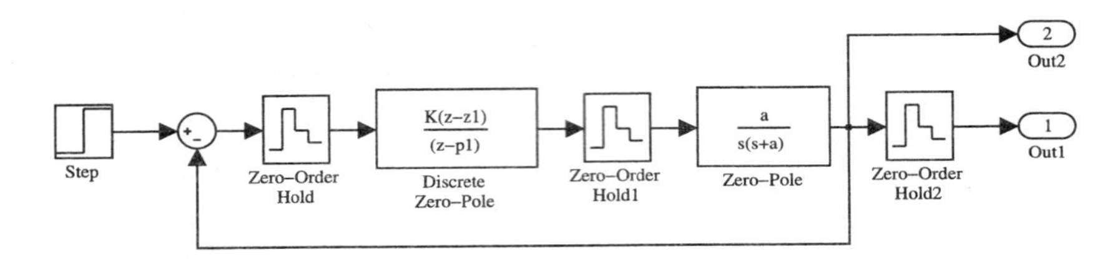

图 5-34 计算机控制系统的 Simulink 表示 (文件名：c5mcomp.mdl)

对某受控对象 $a=0.1$ 来说，如果选择采样周期为 $T=0.2$ s，则可以用下面的语句绘制出系统阶跃响应曲线，如图 5-35a 所示，其中使用阶梯图表示输出信号的采样结果。

```
>> T=0.2; a=0.1; z1=exp(-0.1*T); p1=exp(-T); K=(1-p1)/(1-z1); % 控制器参数
   [t,x,y]=sim('c5mcomp',20);  % 启动仿真过程，得出仿真结果
   plot(t,y(:,2)); hold on; stairs(t,y(:,1)) % 在同一坐标系下绘制连续、离散输出
```

考虑更大的采样周期 $T=1$ s，可以用下面的语句绘制出系统的阶跃响应曲线，如图 5-35b 所示，可见在采样周期较大时，连续信号和其采样信号相差很大。

```
>> T=1; z1=exp(-0.1*T); p1=exp(-T); K=(1-p1)/(1-z1); % 控制器参数
   [t,x,y]=sim('c5mcomp',20);  % 仿真
   plot(t,y(:,2)); hold on; stairs(t,y(:,1))
```

事实上，利用第 3 章介绍的连续离散传递函数转换方法，可以在采样周期 T 下获得受控对象的离散传递函数，得出闭环系统的离散零极点模型，最终绘制出系统的阶跃响应曲线。实现上述分析的 MATLAB 语句如下：

```
>> T=0.2; z1=exp(-0.1*T); p1=exp(-T); K=(1-p1)/(1-z1);
   Dz=zpk(z1,p1,K,'Ts',T); % 控制器零极点模型输入
```

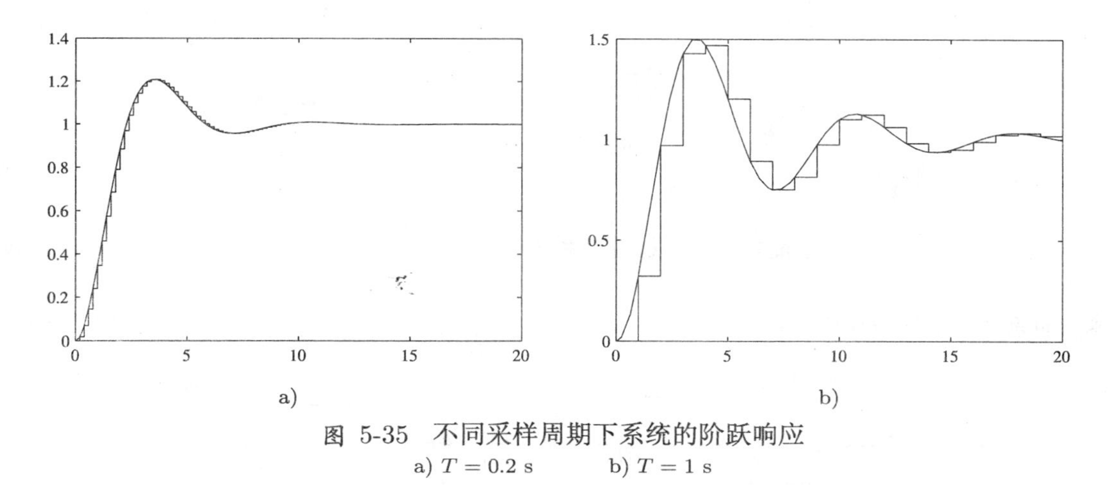

图 5-35 不同采样周期下系统的阶跃响应
a) $T = 0.2$ s　　b) $T = 1$ s

```
G=zpk([],[0;-a],a);  Gz=c2d(G,T);
G1=zpk(feedback(Gz*Dz,1)), step(GG) % 绘制离散系统的阶跃响应曲线
```

闭环系统的离散传递函数为

$$G_1(z) = \frac{0.018187(z+0.9934)(z-0.9802)}{(z-0.9802)(z^2-1.801z+0.8368)}$$

这些语句能够得出和 Simulink 完全一致的结果，且分析格式更简单，但也应该注意到其局限性，因为该方法只能分析线性系统，若含有非线性环节则无能为力，而 Simulink 求解则没有这样的限制。

另外仔细分析 Simulink 的仿真模型，可见控制器 $D(z)$ 后面的零阶保持器在仿真模型中其实是多余的，因为 $D(z)$ 控制器已经输出了离散信号，且在一个采样周期内的值不变，相当于已经加了零阶保持器，所以可取消该零阶保持器。另外，系统输出上加的零阶保持器实际上也是多余的，因为系统的输出信号应该是连续的。这样就可以将原系统仿真模型放心地简化成如图 5-36 所示的形式。

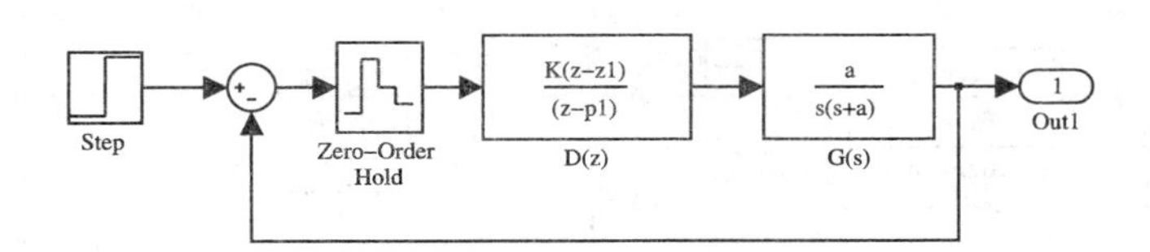

图 5-36 简化的计算机控制系统 Simulink 表示 (文件名：c5mcomp1.mdl)

当然，还可以进一步化简 Simulink 仿真模型，例如取消零阶保持器，如图 5-37 所示。这虽然在控制系统概念上有些不妥，但得出的仿真结果将是正确的，因为在仿真过程中，Simulink 环境会自动认定离散控制器前有一个零阶保持器。不过，在建模时为保持系统的物理意义，最好在系统中保留各个保持器模块。

例 5-5 时变系统的仿真　考虑一个控制系统模型，如图 5-38 所示，其中控制器参数为 $K_\mathrm{p} = 200$，$K_\mathrm{i} = 10$，饱和非线性的宽度为 $\delta = 2$，受控对象为时变模型，由下面的微分方程给出

$$\ddot{y}(t) + \mathrm{e}^{-0.2t}\dot{y}(t) + \mathrm{e}^{-5t}\sin(2t+6)y(t) = u(t)$$

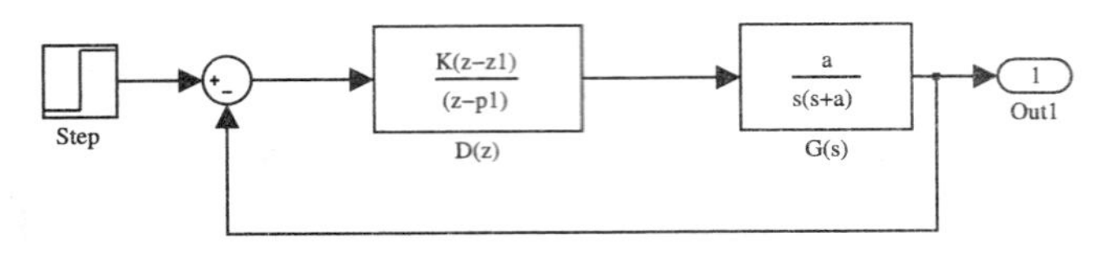

图 5-37 进一步简化的计算机控制系统 Simulink 表示 (c5mcomps.mdl)

要求分析系统的阶跃响应曲线。

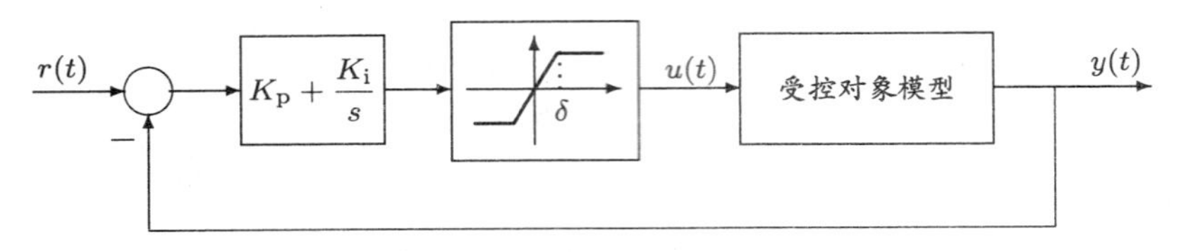

图 5-38 时变控制系统框图

由给出的模型可以看出，除了时变模块外，其他模块的建模是很简单和直观的。对时变部分来说，假设 $x_1(t)=y(t), x_2(t)=\dot{y}(t)$，则可以将微分方程变换成下面的一阶微分方程组，

$$\begin{cases}\dot{x}_1(t)=x_2(t)\\ \dot{x}_2(t)=-\mathrm{e}^{-0.2t}x_2(t)-\mathrm{e}^{-5t}\sin(2t+6)x_1(t)+u(t)\end{cases}$$

仿照例 5-2 中使用的方法，给每个状态变量设置一个积分器，则可以搭建起如图 5-39 所示的 Simulink 仿真框图，其中的时变函数用 Simulink 中的函数模块直接表示，注意各个函数模块中函数本身的描述方法是用 u 表示该模块输入信号的，而其输入接时钟模块，生成时变部分的模型，与状态变量用乘法器相乘即可。

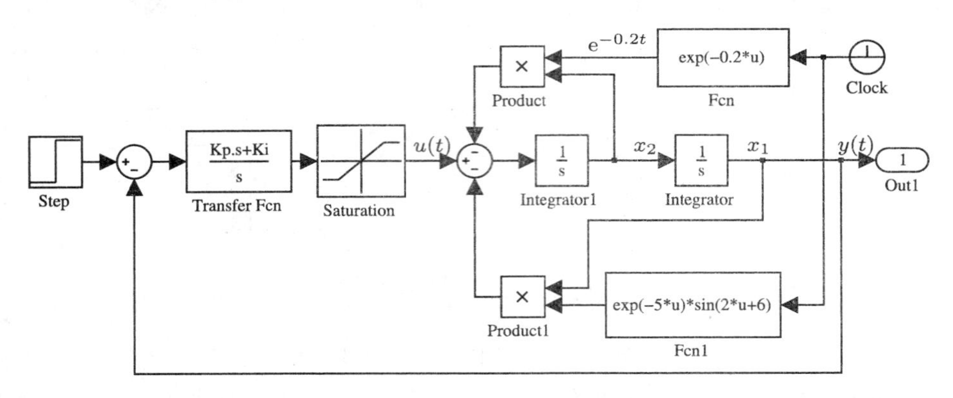

图 5-39 时变系统的 Simulink 表示 (文件名：c5mtvar.mdl)

建立了仿真模型之后，就可以给出下面的 MATLAB 命令，对该系统进行仿真，并得出该时变系统的阶跃响应曲线，如图 5-40 所示。

```
>> opt=simset('RelTol',1e-8);  % 设置相对允许误差限
   Kp=200; Ki=10;  % 设定控制器参数
```

```
[t,x,y]=sim('c5mtvar',10,opt); plot(t,y)  % 仿真并绘图
```

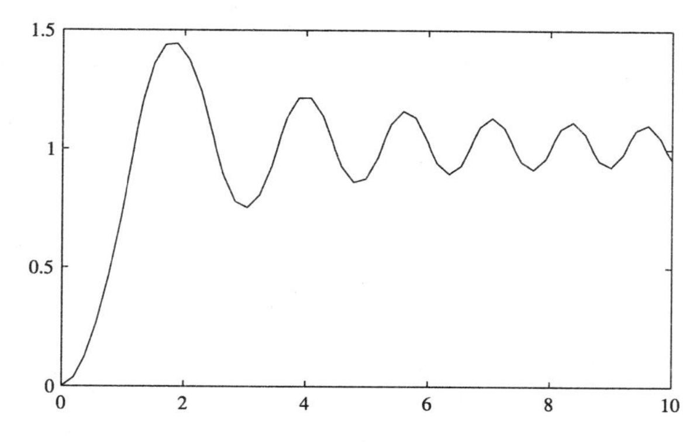

图 5-40 时变系统的阶跃响应曲线

例 5-6 多采样速率系统的仿真 假设在图 5-41 中给出的双环电机控制系统中，内环为电流环，采样周期为 $T_1 = 0.001$ s，控制器模型为 $D_1(z) = (0.0967z - 0.0965)/(z - 1)$，控制器外环的采样周期为 $T_2 = 0.01$ s，控制器模型为 $D_2(z) = (5.2812z - 5.2725)/(z - 1)$。

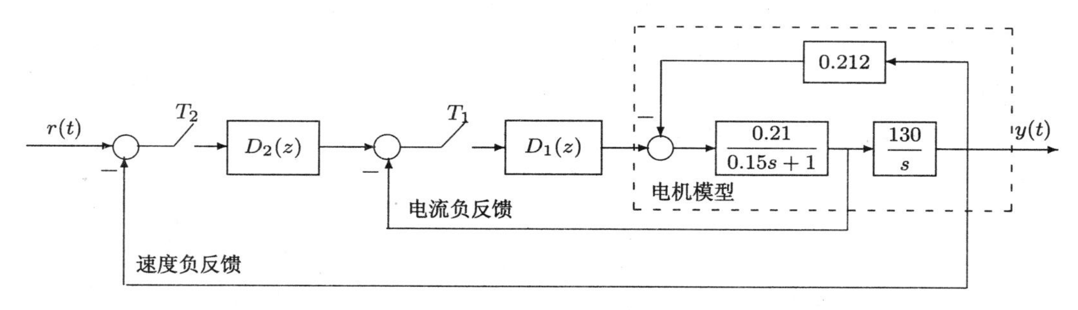

图 5-41 多采样速率控制系统框图

根据给出的控制系统结构，可以搭建出如图 5-42 所示的 Simulink 仿真框图。因为 T_2 是 T_1 的

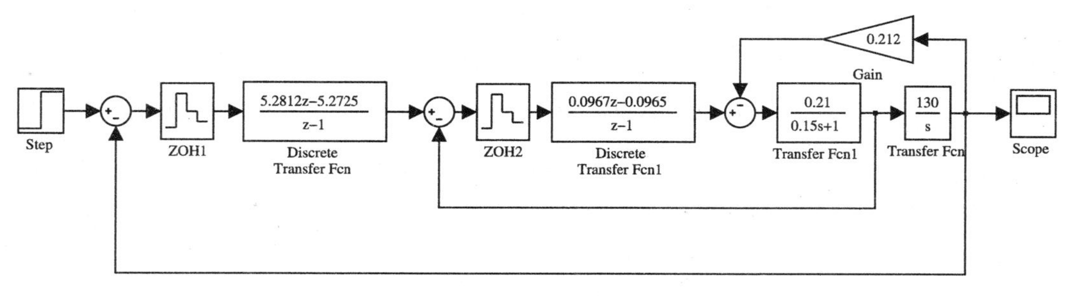

图 5-42 多采样速率系统的 Simulink 仿真模型 (文件名：c5mmrate.mdl)

整数倍，所以直接采用离散模块即可，例如将设置 ZOH1 和 $D_1(z)$ 控制器模块的采样周期设置为 0.01，将 ZOH2 和 $D_2(z)$ 模块的采样周期设置为 0.001，这样就可以对该系统直接进行研究，用下面语句即可得出系统的阶跃响应数值解，如图 5-43 所示。

```
>> [t,x,y]=sim('c5mmrate',2);  % 启动仿真过程
```

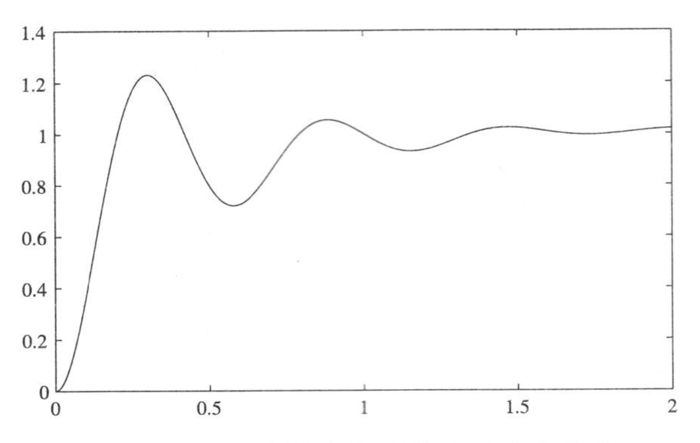

图 5-43 多采样速率系统阶跃响应曲线

```
plot(t,y)   % 绘制系统的阶跃响应曲线
```

如果两个系统的采样周期不是整数倍关系，则需要用 Rate Transition 模块进行转换，所以采用 Simulink 就可以容易地进行多采样速率系统的仿真。

例 5-7 系统的脉冲响应分析 考虑例 5-5 中给出的时变系统模型，假设系统的输入信号为单位脉冲信号，这里将介绍如何使用 Simulink 环境求取系统的脉冲响应。

在 Simulink 内并没有提供单位脉冲信号的模块，所以可以用阶跃模块来近似，如令阶跃时间为 a，a 的值很小，则将阶跃初始值设置为 $1/a$，阶跃终止值为 0 即可以近似脉冲信号。根据需要，可以得出如图 5-44 所示的仿真框图。

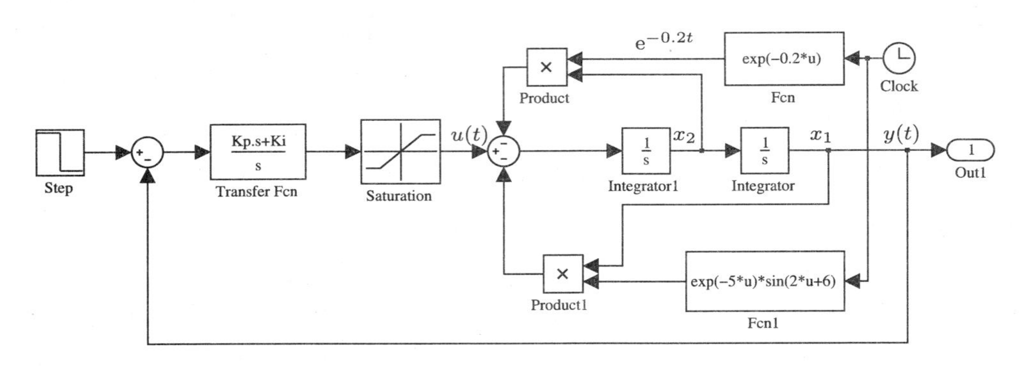

图 5-44 时变系统脉冲响应的 Simulink 表示 (文件名：c5mtvara.mdl)

从理论上看，若 $a \to 0$，则可以得出脉冲输入信号。在实际仿真时还可以取大些的 a 值，如 $a = 0.001$，这样就可以通过下面的语句绘制出系统的脉冲响应曲线，如图 5-45 所示。

```
>> opt=simset('RelTol',1e-8);  % 设置相对允许误差限
   Kp=200; Ki=10; a=0.001;  % 设定控制器参数
   [t,x,y]=sim('c5mtvara',10,opt); plot(t,y)  % 仿真并绘图
```

事实上，对此例来说，即使取很大的 a 值，如 $a = 0.1$ 仍能得出较精确的脉冲响应近似。

在实际应用中，任意的输入信号均可以由 Simulink 搭建起来，周期输入信号还可以用输入模块组中的 Repeating Sequence 模块来实现。有时模块搭建有困难或较烦琐时，还可以用编程的形式实现输入，后面介绍 S-函数时将通过例子介绍。

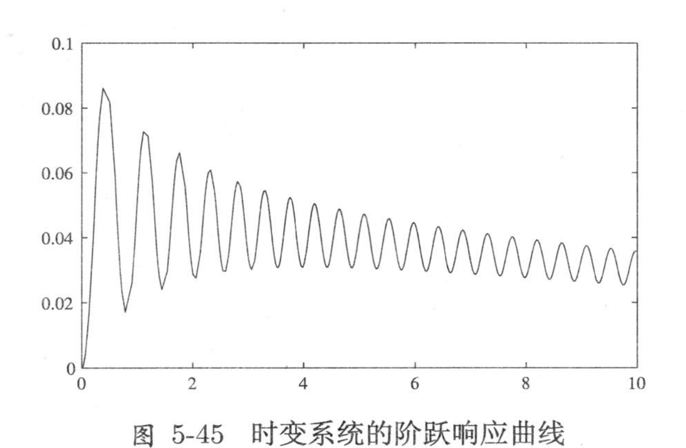

图 5-45 时变系统的阶跃响应曲线

5.3 非线性系统分析与仿真

在 CSMP、ACSL、MATLAB/Simulink 这类仿真语言及环境出现以前，非线性系统的研究只能局限于对简单的非线性系统的近似研究，如对固定结构的反馈系统来说，非线性环节位于前向通路的线性环节之前，这样的非线性环节可以近似为描述函数，就可以近似分析出系统的自激振荡及非线性系统的极限环，但极限环的精确形状不能得出[23]。本节首先介绍各类分段线性的非线性静态环节在 Simulink 下的一般表示方法，说明任意的静态非线性特性均可以由 Simulink 搭建模块，然后介绍系统极限环的精确分析，并介绍非线性特性的描述函数数值求解方法，最后将介绍非线性模型的线性化方法及 Simulink 实现。

5.3.1 分段线性的非线性环节

图 5-9 给出的非线性模块组可能会引起一些误解，仿佛 Simulink 中提供的模块很有限，其实利用 Simulink 提供的模块，可以搭建出任意的非线性静态模块。现在分别考虑单值非线性环节和多值非线性环节的搭建方法。

单值非线性静态模块可以由一维查表模块构造出来。考虑如图 5-46a 所示的分段线性非线性静态特性，已知非线性特性的转折点为 (x_1, y_1), (x_2, y_2), $\cdots$, (x_{N-1}, y_{N-1}), (x_N, y_N)。如果想用 Simulink 的查表模块表示此非线性模块，则需要在 x_1 点之前任意选择一个 x_0 点，即 $x_0 < x_1$，这样可以根据非线性函数本身求出该点对应的 y_0 值，同样还应该任意选择一个 x_{N+1} 点，使得 $x_{N+1} > x_N$，并根据折线求出 y_{N+1} 的值，这样就可以构造两个向量 xx 和 yy，使得

xx=[$x_0, x_1, x_2, \cdots, x_N, x_{N+1}$]； yy=[$y_0, y_1, y_2, \cdots, y_N, y_{N+1}$]；

双击一维查表模块，则可以得出如图 5-46b 所示的查表模块参数对话框，在 x 轴转折点 Vector of input values 栏目和 y 轴转折点 Vector of output values 栏目下分别输入向量 xx 和 yy，这样就能够成功地构造出单值非线性模块了。

多值非线性模块的构造就没有这样简单了，这里用简单例子来演示如何对多值非线性静态环节进行 Simulink 建模，并总结一般的建模方法。

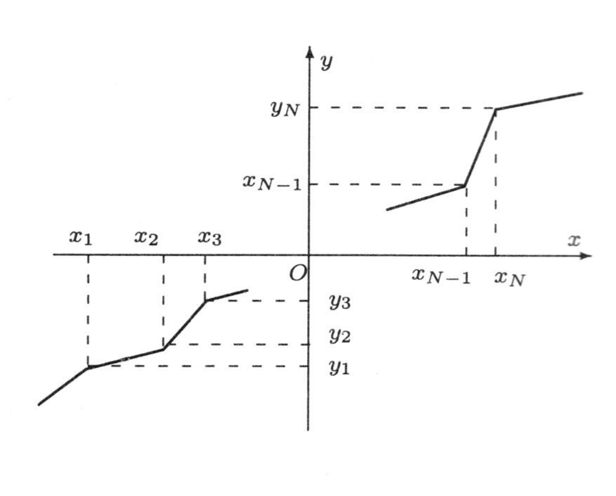

a)

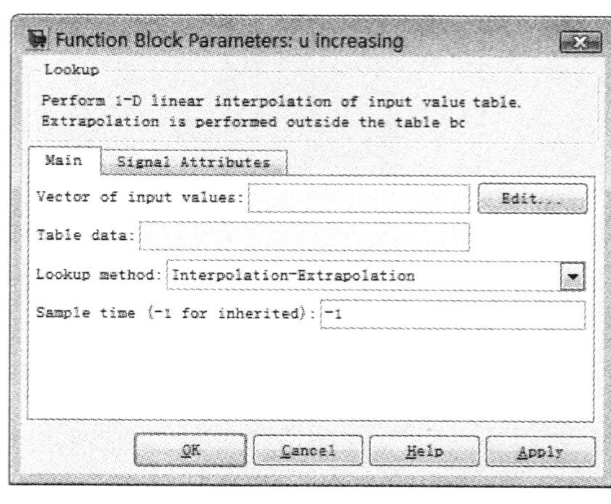

b)

图 5-46 单值非线性模块构造

a) 单值非线性函数 b) 查表模块参数设置对话框

例 5-8 由给出的例子可以看出，任何的单值非线性函数均可以采取该方式来建立或近似，但如果非线性中存在回环或多值属性，则简单地采用这样的方法是不能构造的，解决这类问题则需要使用开关模块。

假设想构造一个如图 5-47 所示的回环模块。可以看出，该特性不是单值的，该模块中输入在增加时走一条折线，减小时走另一条折线。将这个非线性函数分解成如图 5-48 所示的单值函数，当然这个单值函数是有条件的，它区分输入信号上升还是下降。

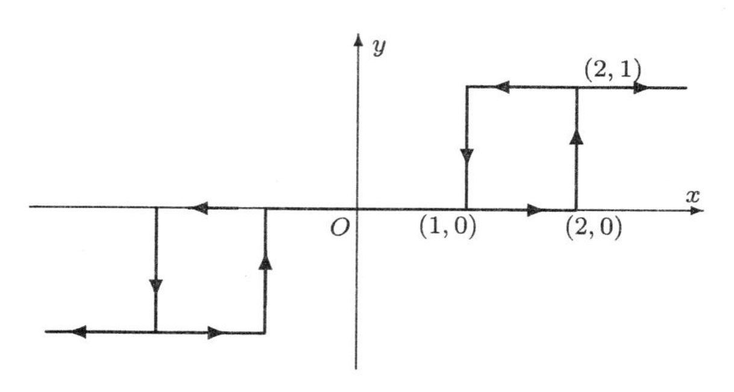

图 5-47 给定的回环函数表示

Simulink 的连续模块组中提供了一个 Memory (记忆) 模块，该模块记忆前一个计算步长上的信号值，所以可以按照图 5-49 中所示的格式构造一个 Simulink 模型。在该框图中使用了一个比较符号来比较当前的输入信号与上一步输入信号的大小，其输出是逻辑变量，在上升时输出的值为 1，下降时的值为 0。由该信号可以控制后面的开关模块，设开关模块的阈值 (Threshold) 为 0.5，则当输入信号为上升时由开关上面的通路计算整个系统的输出，而下降时由下面的通路计算输出。

两个查表模块的输入输出分别为

$x_1 = [-3, -1, -1+\epsilon, 2, 2+\epsilon, 3]$, $y_1 = [-1, -1, 0, 0, 1, 1]$

$x_2 = [-3, -2, -2+\epsilon, 1, 1+\epsilon, 3]$, $y_2 = [-1, -1, 0, 0, 1, 1]$

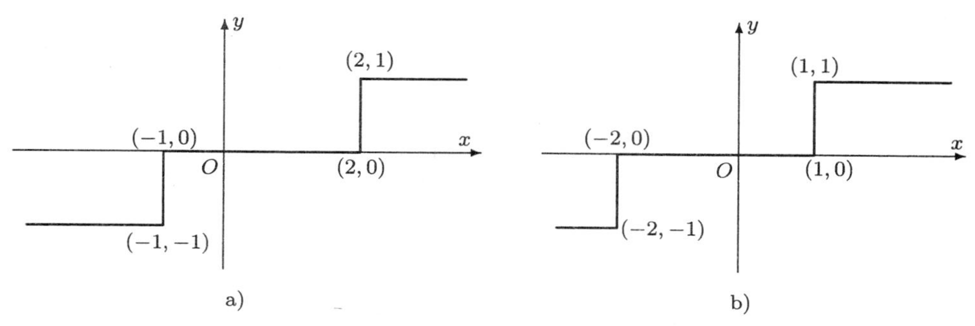

图 5-48 回环函数分解为单值函数

a) 当输入量增加时 b) 当输入量减小时

其中，ϵ 可以取一个很小的数值，例如可以取 MATLAB 保留的常数 eps。

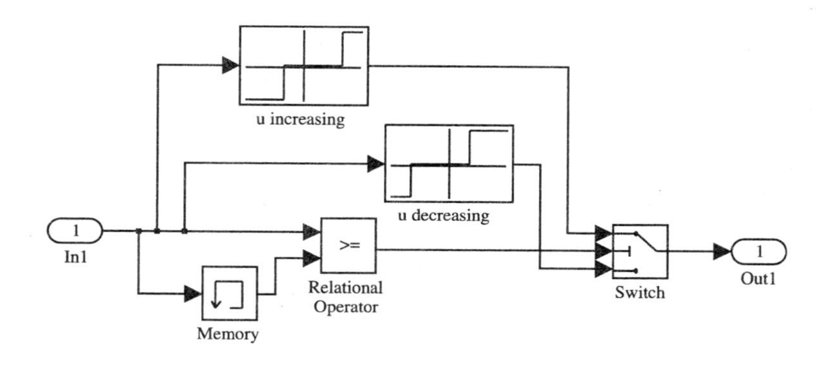

图 5-49 非线性模块的 Simulink 表示 (文件名：c5mloop1.mdl)

修改非线性回环函数的结构，使其如图 5-50 所示，则仍可以利用前面建立的 Simulink 模型，只需将两个查表函数修改成

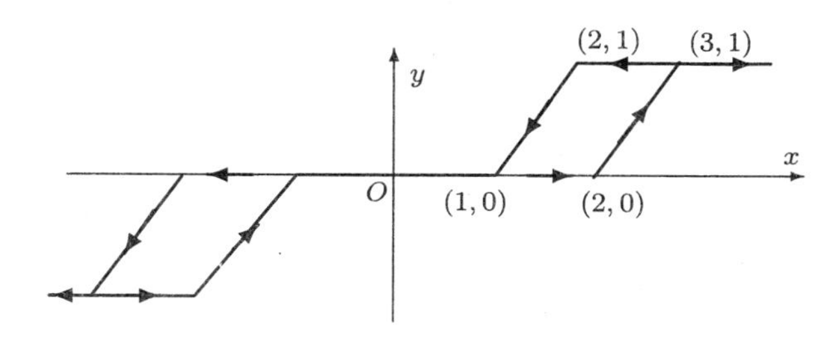

图 5-50 新的回环函数表示

$$x_1 = [-3, -2, -1, 2, 3, 4],\ \ y_1 = [-1, -1, 0, 0, 1, 1]$$
$$x_2 = [-3, -2, -1, 1, 2, 3],\ \ y_2 = [-1, -1, 0, 0, 1, 1]$$

从而立即就能得出整个系统的 Simulink 仿真框图，如图 5-51 所示。从前述的分析结果可以看出，任意的非线性静态环节，无论是单值非线性还是多值非线性，均可以使用类似的方法用 Simulink 搭建起模块，直接用于仿真。

例 5-9 要观察正弦信号经过如图 5-50 所示的非线性环节后的歧变波形，可以搭建起如图 5-52 所

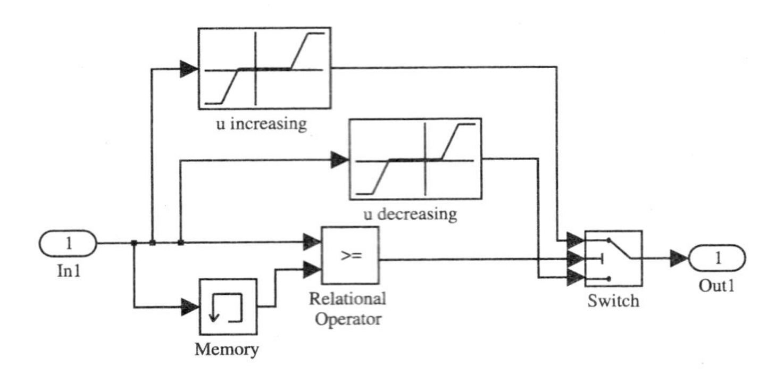

图 5-51　多值非线性的 Simulink 模型表示 (文件名：c5mloop2.mdl)

示的 Simulink 仿真模型。

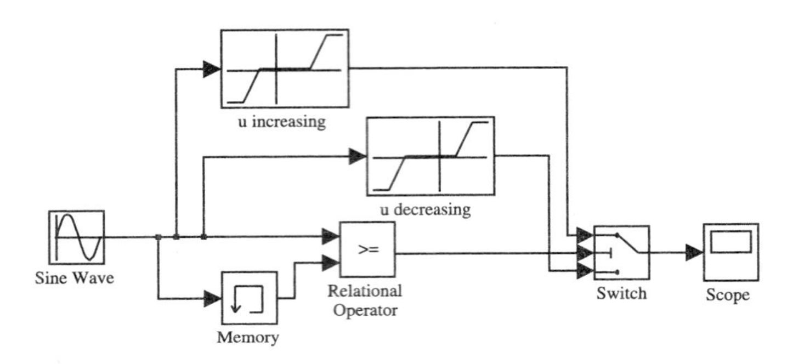

图 5-52　正弦激励的多值非线性 Simulink 仿真模型 (文件名：c5msnl.mdl)

给正弦信号模型的幅值分别设置为 2、4 和 8，则可以得出如图 5-53 所示的仿真结果。可以看出，这样的非线性环节对给定信号的歧变还是很严重的，不宜由线性环节近似。

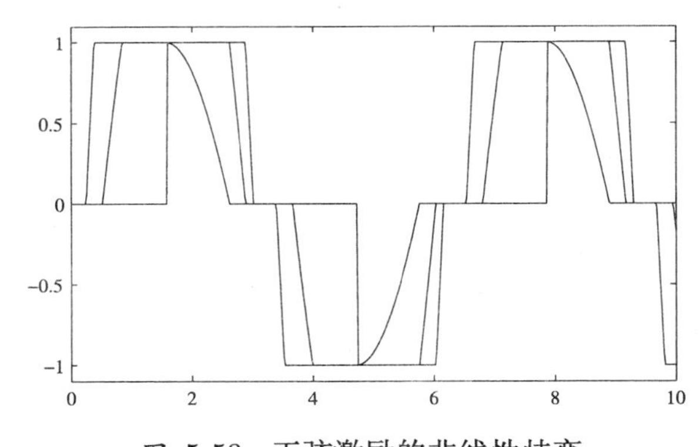

图 5-53　正弦激励的非线性歧变

5.3.2　非线性系统的极限环研究

由于其本身的特性，非线性系统在很多时候表现形式和线性系统是不同的。例如，有时非线性系统在没有受到外界作用的情况下，可能会出现一种所谓“自激振荡”的现象，这样的振荡是等幅的，有一定的稳定性。

例 5-10 考虑如图 5-54 所示的典型非线性系统模型，其中的非线性环节如图 5-47 所示，可以用 Simulink 容易地表示出来，如图 5-49 所示。对这样的反馈系统模型，可以借用前面的建模结果，搭建出如图 5-55 所示的 Simulink 仿真模型。在仿真模型中，将积分器模块的初始值设置为 1，该初始条件下系统可以发生自激振荡。

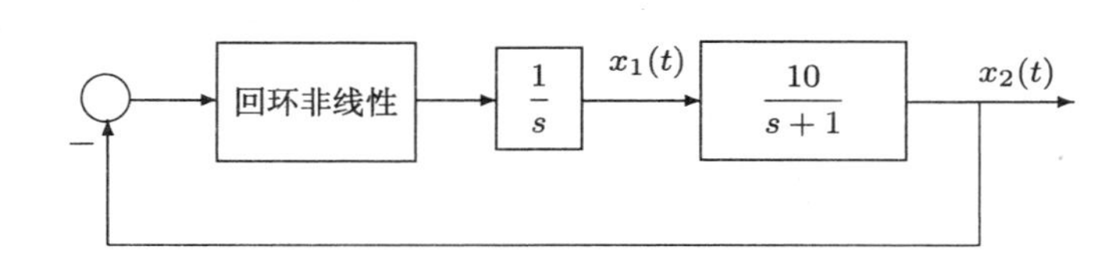

图 5-54 非线性反馈系统的框图表示

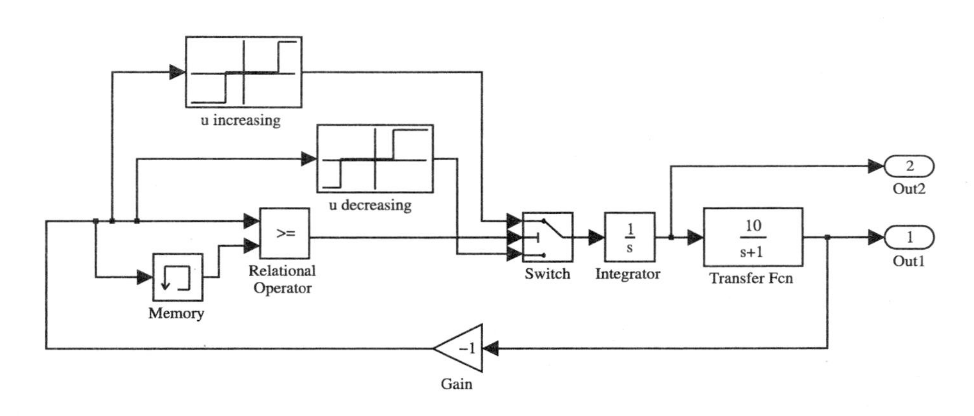

图 5-55 Simulink 仿真模型 (c5flcyc1.mdl)

设置系统仿真的终止时间为 40 s，另外为保证仿真精度，可以将默认的相对误差限 Relative tolerance 设置成 1e-8 或者更小的值。启动仿真过程，则可以用下面的语句绘制出系统的阶跃响应曲线，如图 5-56a 所示。

```
>> [t,x,y]=sim('c5flcyc1',40); plot(t,y) % 仿真并绘制时域响应曲线
```

可以看出，系统的 $x_1(t)$ 和 $x_2(t)$ 信号在初始振荡结束后表现出的等幅振荡现象。利用 MATLAB 语言的绘图功能，还可以用下面的语句立即绘制出系统的相平面图曲线，如图 5-56b 所示。可见，系统的阶跃响应的相平面最终稳定在一个封闭的曲线上，该封闭曲线称为极限环，是非线性系统响应的一个特点。

```
>> plot(y(:,1),y(:,2))  % 绘制系统的相平面图
```

5.3.3 非线性环节的描述函数数值求取方法

在控制理论发展初期，由于没有方便实用的计算机软件，所以直接对非线性系统仿真分析是不可能的，于是出现了各种各样的近似分析方法，其中最成功的是描述函数法[23]。描述函数法的基本思想是，假设某非线性环节的输入信号为 $A\sin(\omega t)$，则该环节

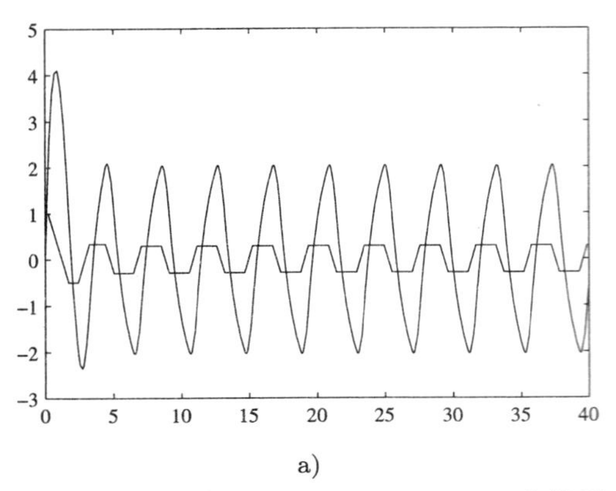

a)

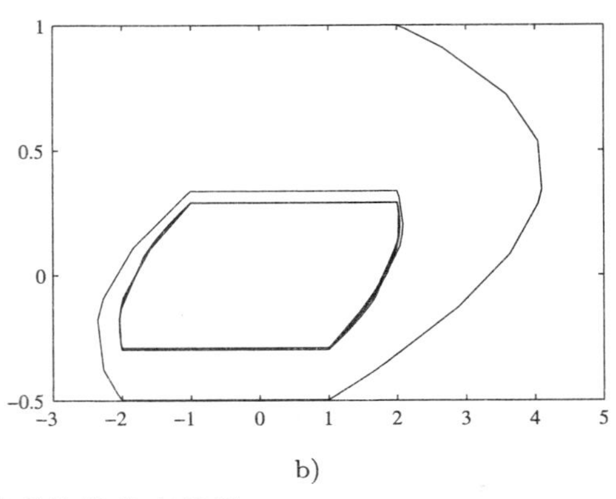

b)

图 5-56 非线性反馈系统的仿真结果

a) 直接仿真结果　　b) 系统的相平面图

的输出信号 $x(t)$ 可以展开成 Fourier 级数

$$x(t) = \frac{A_0}{2} + \sum_{i=1}^{\infty}\Big[A_i\cos(i\omega t) + B_i\sin(i\omega t)\Big] \tag{5-1}$$

其中

$$A_i = \frac{1}{\pi}\int_0^{2\pi} x(t)\cos(i\omega t)\,\mathrm{d}(\omega t),\quad i=0,1,2,\cdots \tag{5-2}$$

$$B_i = \frac{1}{\pi}\int_0^{2\pi} x(t)\sin(i\omega t)\,\mathrm{d}(\omega t),\quad i=1,2,\cdots \tag{5-3}$$

对关于原点对称的非线性特性，有 $A_0=0$。只考虑 A_1, B_1 参数，忽略高次谐波，则可以定义出非线性特性的描述函数为对输入信号的增益，即

$$N(A) = \frac{B_1}{A} + \mathrm{j}\frac{A_1}{A} \tag{5-4}$$

其中

$$A_1 = \frac{1}{\pi}\int_0^{2\pi} x(t)\cos(\omega t)\,\mathrm{d}(\omega t),\ B_1 = \frac{1}{\pi}\int_0^{2\pi} x(t)\sin(\omega t)\,\mathrm{d}(\omega t) \tag{5-5}$$

对典型的非线性环节，已经有了确定的推导结果来表示其描述函数[23]，然而对任意给定的非线性模型，就需要依赖数值方法来求解其描述函数的曲线了。对非线性环节来说，若假设正弦输入信号的幅值为 A，就能够通过仿真求出 $x(t)$，从而通过积分求出 A_1 和 B_1，这样就能求出描述函数 $N(A)$ 的值。对不同的 A 值，就可以求出不同的 $N(A)$，可以通过曲线表示出来。下面通过例子来演示非线性环节描述函数求解方法。

例 5-11 仍然考虑图 5-47 中表示的非线性特性，根据式 (5-5) 可以构造出两个 MATLAB 匿名函数来描述 B_1 和 A_1 的被积函数。

```
>> f1=@(x,xx,yy,w)interp1(xx,yy,x,'spline').*cos(w*x);
   f2=@(x,xx,yy,w)interp1(xx,yy,x,'spline').*sin(w*x);
```

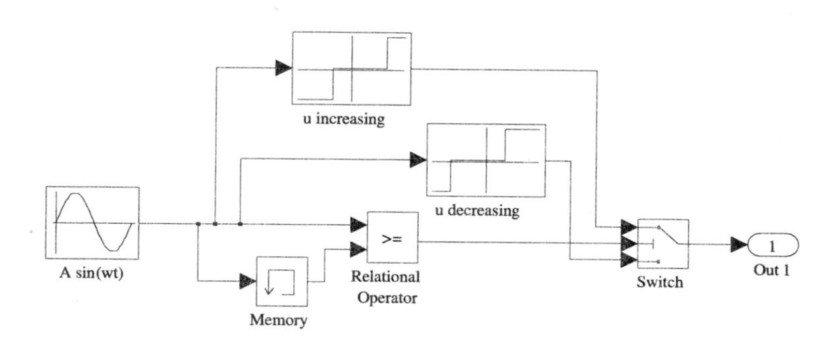

图 5-57 非线性模块的 Simulink 表示 (文件名：c5mlcy2.mdl)

同时还应该绘制一个 Simulink 模型，如图 5-57 所示，其中正弦环节的幅值和相位分别设置为 A 和 w，用以描述在正弦输入激励下的非线性环节的响应，这样就可以用下面的语句求解出该非线性环节的描述函数的实部和虚部：

```
>> A0=[0.1:.1:5]; w=1; A1=[]; B1=[];
   for A=A0,
      [xx,x1,yy]=sim('c5mlcy2',[0,2*pi*w]); xx=xx/w;
      A1=[A1, quadl(f2,0,2*pi,[],[],xx,yy,w)/(A*pi)];
      B1=[B1, quadl(f1,0,2*pi,[],[],xx,yy,w)/(A*pi)];
   end
```

参考文献 [23] 中给出了该非线性环节的描述函数为

$$N(A)=\begin{cases}\dfrac{2}{A^2\pi}\left(\sqrt{A^2-4}+\sqrt{A^2-1}\right)-\mathrm{j}\dfrac{2}{A^2\pi}, & A>2\\ 0, & \text{其他 } A \text{ 值}\end{cases}$$

使用下面的 MATLAB 语句就可以将求出的描述函数的实部和虚部与公式求出的描述函数在同一坐标系下绘制出来，分别如图 5-58a、b 所示。从理论值和数值计算结果可以发现，用数值计算的方法和理论值在 $A>2$ 时拟合较好。

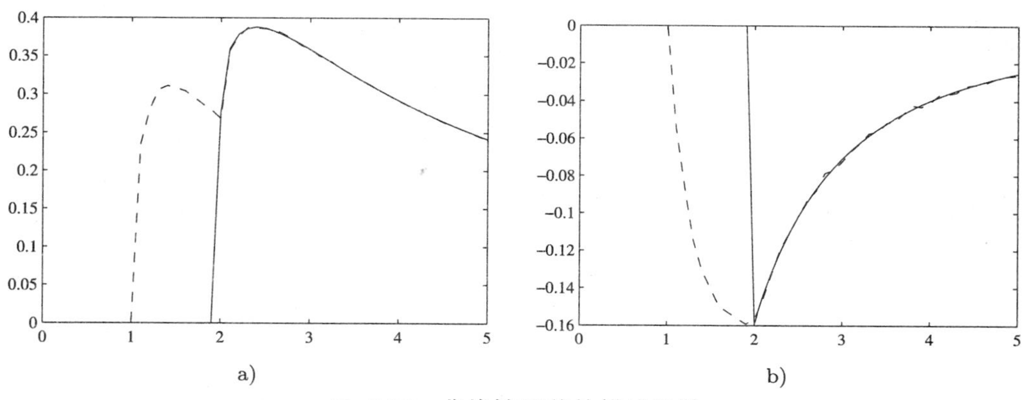

图 5-58 非线性环节的描述函数

a) 描述函数的实部　　b) 描述函数的虚部

```
>> ii=find(A0<2); Nq=-2./(A0.^2*pi); Nq(ii)=0;
```

```
Np=2./(A0.^2*pi).*(sqrt(A0.^2-4)+sqrt(A0.^2-1)); Np(ii)=0;
plot(A0,A1,'--',A0,Np)             % 描述函数实部比较
figure; plot(A0,B1,'--',A0,Nq)    % 描述函数虚部比较
```

5.3.4 非线性系统的线性化

比较起非线性系统来说，线性系统更易于分析与设计，然而在实际应用中经常存在非线性系统，严格说来，所有的系统都含有不同程度的非线性成分。在这样的情况下，经常需要对非线性系统进行某种线性近似，从而简化系统的分析与设计。系统的线性化是提取线性系统特征的一种有效方法。系统的线性化实际上是在系统的工作点附近的邻域内提取系统的线性特征，从而对系统进行分析设计的一种方法。

考虑下面给出的非线性系统的一般格式

$$\dot{x}_i(t)=f_i(x_1,x_2,\cdots,x_n,\boldsymbol{u},t),\quad i=1,2,\cdots,n \tag{5-6}$$

所谓系统的工作点，就是当系统状态变量导数趋于 0 时的状态变量的值。系统的工作点可以通过求取式 (5-6) 中非线性方程的方法得出

$$f_i(x_1,x_2,\cdots,x_n,\boldsymbol{u},t)=0,\quad i=1,2,\cdots,n \tag{5-7}$$

该方程可以采用数值算法求解，MATLAB 中提供了 Simulink 模型的平衡点求取的实用函数 trim()，其调用格式为

[$\boldsymbol{x}$,$\boldsymbol{u}$,$\boldsymbol{y}$,$\boldsymbol{x}_\mathrm{d}$]=trim(模型名,$\boldsymbol{x}_0$,$\boldsymbol{u}_0$)

其中，“模型名”为 Simulink 模型的文件名，变量 $\boldsymbol{x}_0$, $\boldsymbol{u}_0$ 为数值算法所要求的起始搜索点，是用户应该指定的状态初值和工作点的输入信号。对不含有非线性环节的系统来说，则不需要初始值 $\boldsymbol{x}_0$, $\boldsymbol{u}_0$ 的设定。调用函数之后，实际的工作点在 $\boldsymbol{x}$, $\boldsymbol{u}$, $\boldsymbol{y}$ 变量中返回，而状态变量的导数值在变量 $\boldsymbol{x}_\mathrm{d}$ 中返回。从理论上讲，状态变量在工作点处的一阶导数都应该等于 0。

得到工作点 $\boldsymbol{x}_0$ 后，非线性系统在此工作点附近，在 $\boldsymbol{u}_0$ 输入信号作用下可以近似地表示成

$$\Delta\dot{x}_i=\sum_{j=1}^{n}\left.\frac{\partial f_i(\boldsymbol{x},\boldsymbol{u})}{\partial x_j}\right|_{\boldsymbol{x}_0,\boldsymbol{u}_0}\Delta x_j+\sum_{j=1}^{p}\left.\frac{\partial f_i(\boldsymbol{x},\boldsymbol{u})}{\partial u_j}\right|_{\boldsymbol{x}_0,\boldsymbol{u}_0}\Delta u_j \tag{5-8}$$

选择新的状态变量，令 $\boldsymbol{z}(t)=\Delta\boldsymbol{x}(t)$，$\boldsymbol{v}(t)=\Delta\boldsymbol{u}(t)$，则可以将上式写成线性形式

$$\dot{\boldsymbol{z}}(t)=\boldsymbol{A}_\mathrm{l}\boldsymbol{z}(t)+\boldsymbol{B}_\mathrm{l}\boldsymbol{v}(t) \tag{5-9}$$

该模型称为线性化模型，其中

$$\boldsymbol{A}_\mathrm{l}=\begin{bmatrix}\partial f_1/\partial x_1 & \cdots & \partial f_1/\partial x_n\\ \vdots & \ddots & \vdots\\ \partial f_n/\partial x_1 & \cdots & \partial f_n/\partial x_n\end{bmatrix},\quad \boldsymbol{B}_\mathrm{l}=\begin{bmatrix}\partial f_1/\partial r_1 & \cdots & \partial f_1/\partial r_p\\ \vdots & \ddots & \vdots\\ \partial f_n/\partial r_1 & \cdots & \partial f_n/\partial r_p\end{bmatrix} \tag{5-10}$$

MATLAB 中还给出了 Simulink 模型线性化的 `linmod2()` 等函数，用以在工作点附近提取系统的线性化模型，这些函数可以直接获得系统的状态方程模型，其调用格式及应用范围归纳如下：

[$\boldsymbol{A},\boldsymbol{B},\boldsymbol{C},\boldsymbol{D}$]=linmod2(模型名，$\boldsymbol{x}_0$，$\boldsymbol{u}_0$)； % 一般连续系统线性化
[$\boldsymbol{A},\boldsymbol{B},\boldsymbol{C},\boldsymbol{D}$]=linmod(模型名，$\boldsymbol{x}_0$，$\boldsymbol{u}_0$)； % 有延迟连续系统线性化
[$\boldsymbol{A},\boldsymbol{B},\boldsymbol{C},\boldsymbol{D}$]=dlinmod(模型名，$\boldsymbol{x}_0$，$\boldsymbol{u}_0$)； % 含有离散环节的系统线性化

其中，$\boldsymbol{x}_0, \boldsymbol{u}_0$ 为工作点的状态与输入值，可以由 `trim()` 函数求出。对只由线性模块构成的 Simulink 模型来说，可以省略这两个参数，调用了本函数后，将自动返回从输入端子到输出端子间的线性状态方程模型。

例 5-12 考虑例 5-3 中给出的多变量系统模型，如果想对该模型进行线性化，则需要将原系统 Simulink框图中的阶跃输入用输入端子取代。更简单地，原系统中使用了阶跃模块和 Mux 模块，在线性化时将其统一化简成一个输入端子即可，因为输入端子模块支持向量型信号。另外，为使得含有纯时间延迟的系统能正确近似，还应该设置一下延迟模块的 Padé 近似阶次。双击时间延迟模块，将 Pade order (for linearization) 栏目填写上 2，就可以自动用二阶 Padé 近似取代原来的时间延迟环节了。最终得出的改写后多变量系统框图如图 5-59 所示。

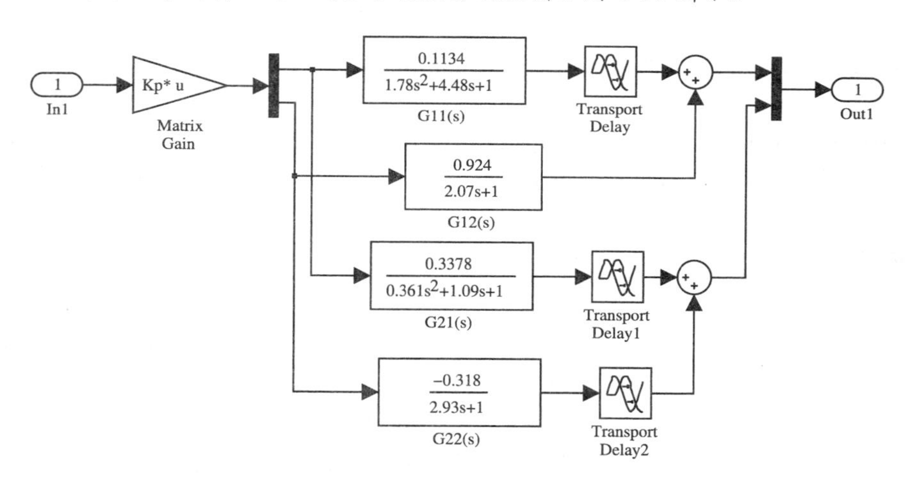

图 5-59 改写后的多变量系统 Simulink 模型 (文件名：c5mmimo1.mdl)

定义了 Simulink 框图，则需要用下面的语句进行系统的线性化，得出线性状态方程模型。由于得出的模型规模较大，不在这里给出结果，只将其阶跃响应曲线在图 5-60 中给出，其结果与精确的仿真模型得出的结果很接近。

```
>> Kp=[0.1134,0.924; 0.3378,-0.318];
   [A,B,C,D]=linmod('c5mmimo1'); step(ss(A,B,C,D))
```

例 5-13 考虑例 5-4 中给出的计算机控制系统模型，在进行线性化之前，需要改写其 Simulink 仿真模型，用输入端子取代阶跃输入环节，或给该环节添加一路输入端子输入，另外删除其中连续输出信号，则最终 Simulink 模型可以变成如图 5-61 所示的形式。

这样系统的等效连续传递函数模型可以由下面的语句进行线性化：

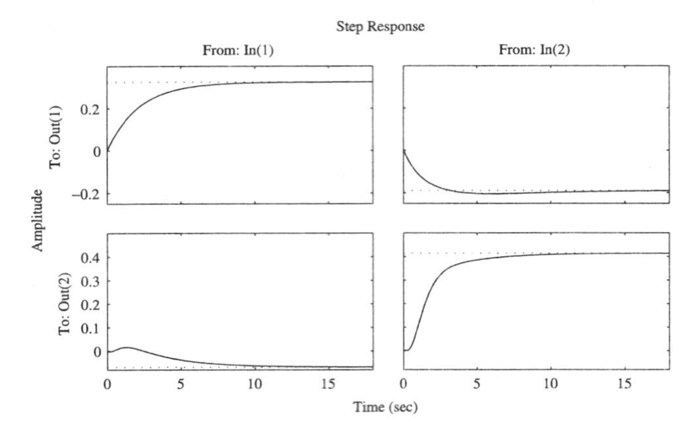

图 5-60 仿真结果与精确仿真结果的比较

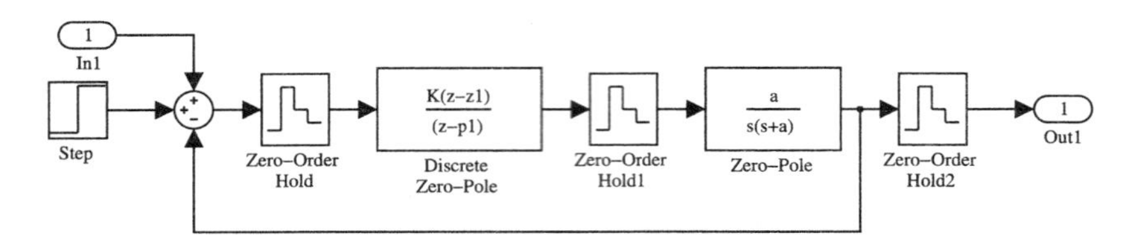

图 5-61 计算机控制系统的另一种 Simulink 表示 (文件名：c5mcomp2.mdl)

```
>> [A,B,C,D]=dlinmod('c5mcomp2'); zpk(ss(A,B,C,D),'Ts',0.2)
```

这样得出的结果与例 5-4 中得出的离散模型完全一致。

5.4 子系统与模块封装技术

在系统建模与仿真中，经常遇到很复杂的系统结构，难以用一个单一的模型框图进行描述。通常地，需要将这样的框图分解成若干个具有独立功能的子系统，在 Simulink 下支持这样的子系统结构。另外用户还可以将一些常用的子系统封装成为一些模块，这些模块的用法也类似于标准的 Simulink 模块，更进一步地，还可以将自己开发的一系列模块做成自己的模块组或模块集。本节中，将系统地介绍子系统的构造及应用、模块封装技术和模块库的设计方法，并通过较复杂系统的例子来演示子系统的构造和整个系统的建模，并介绍构造自己模块集的方法。

5.4.1 子系统概念及构成方法

要建立子系统，首先需要给子系统设置输入和输出端。子系统的输入端由 Sources 模块组中的 In 来表示，而输出端用 Sinks 模块组的 Out 来表示。如果使用早期的 Simulink 版本，则输入和输出端子应该在 Signals & Systems 模块组中给出。在输入端和输出端之间，用户可以根据需要任意地设计模块的内部结构。

当然，如果已经建立起一个框图，则可以将想建立子系统的部分选中，具体的方法是用鼠标左键单击要选中区域的左下角，拖动鼠标在想选中区域的右上角处释放，则可以选中该区域内所有的模块及其连接关系。用鼠标选择了预期的子系统构成模块与结构之后，则可以用 Edit→ Create Subsystem 菜单项来建立子系统。如果没有指定输入和输出端口，则 Simulink 会自动将流入选择区域的信号依次设置为输入信号，将流出的信号设置成输出信号，从而自动建立起输入与输出端口。

例 5-14 PID 控制器是在自动控制中经常使用的模块，在工程应用中其数学模型为

$$U(s)=K_{\rm p}\left(1+\frac{1}{T_{\rm i}s}+\frac{sT_{\rm d}}{1+sT_{\rm d}/N}\right)E(s) \tag{5-11}$$

其中采用了一阶环节来近似纯微分动作，为保证有良好的微分近似的效果，一般选 $N\geqslant 10$。可以由 Simulink 环境容易地建立起 PID 控制器的模型，如图 5-62a 所示。注意，这里的模型含有 4 个

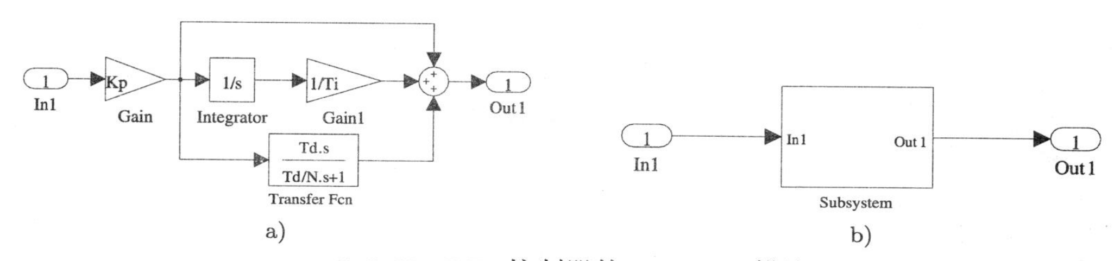

图 5-62 PID 控制器的 Simulink 描述

a) PID 控制器模型 (c5mpid1.mdl) b) 生成的子系统示意图 (c5mpid1a.mdl)

变量：Kp、Ti、Td 和 N，这些变量应该在 MATLAB 工作空间中赋值。

绘制了原系统的框图，可以选中其中所有的模块，例如可以使用 Edit→ Select All 菜单项来选择所有模块，也可以用鼠标拖动的方法选中。这样就可以用菜单项 Edit→ Create Subsystem 来构造子系统了，得出的子系统框图如图 5-62b 所示。双击子系统图标则可以打开原来的子系统内部结构窗口，如图 5-62a 所示。

除了上述的常规子系统外，还可以搭建使能子系统、触发子系统等，亦即由外部信号控制子系统，具体内容请参见参考文献 [79, 48]。

5.4.2 模块封装方法

从前面的例子可以看出，引入子系统可以使得系统模型更结构化，从而使得系统更加可读，也更易于维护。考虑前面给出的 PID 控制器子系统，若在某控制系统中有两个参数不同的 PID 控制器，仍可以将 PID 控制器的子系统复制后嵌入到仿真模型中，但应该手动地修改每个子系统的内部参数，这样做较烦琐，尤其对复杂的子系统模块来说。

在 Simulink 环境中，所谓封装 (masking)，就是将其对应的子系统内部结构隐含起来，以便访问该模块时只出现一个参数设置对话框，将模块中所需要的参数用这个对话框来输入。其实 Simulink 中大多数的模块都是由更底层的模块封装起来的，例如传递函数模块，其内部结构是不可见的，它只允许双击打开一个参数输入对话框来读入传递函数的分子和分母参数。在前面介绍的 PID 控制器中，也可以把它封装起来，只留下一个对话框来接受该模块的 4 个参数。

如果想封装一个用户自建模型，首先应该用建立子系统的方式将其转换为子系统模块，选中该子系统模块的图标，再选择 Edit→ Mask Subsystem 子菜单项，则可以得出如图 5-63 所示的模块封装编辑程序界面，在该对话框中，有若干项重要内容需要用户自己填写，例如：

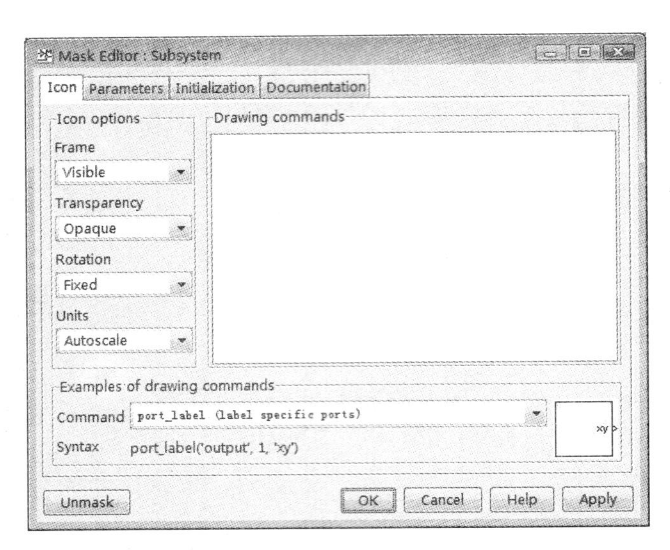

图 5-63 Simulink 的封装对话框

1) Drawing commands (绘图命令) 编辑框允许给该模块图标上绘制图形，例如可以使用 MATLAB 的 plot() 函数画出线状的图形，也可以使用 disp() 函数在图标上写字符串名，还允许用 image() 函数来绘制图像。

如果想在图标上画出一个圆圈，例如想得出如图 5-64a 所示的图标，则可以在该栏目上填写出 MATLAB 绘图命令 plot(cos(0:.1:2*pi),sin(0:.1:2*pi))。

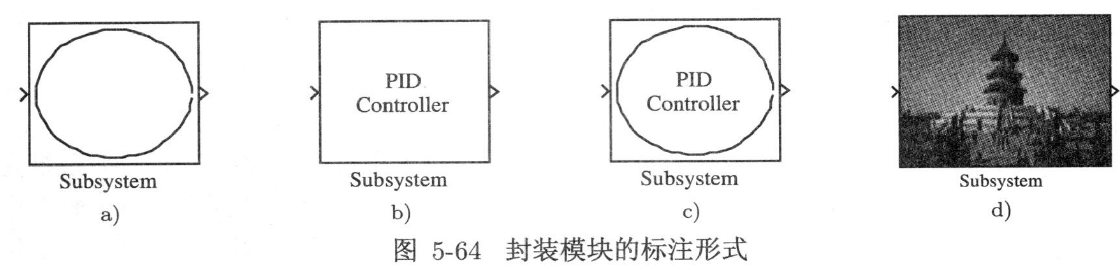

图 5-64 封装模块的标注形式

a) 曲线型标注 b) 文字型标注 c) 文字加曲线 d) 图像型标注

还可以使用 disp('PID\nController') 语句对该图标进行文字标注，这将得出如图 5-64b 所示的图标显示，其中的 \n 表示换行。若在前面的 plot() 语句后再添加 disp('PID\nController') 语句，则可以在圆圈上叠印出文字，如图 5-64c 所示。在该编辑框中给出 image(imread('tiantan.jpg')) 命令将一个图像文件在图标上显示出来，如图 5-64d 所示。

2) 图标的属性还可以通过 Frame (图标边框) 选项 Transparency (图标透明与否)

及 Rotation (图标是否旋转) 等属性进一步设置，例如 Rotation 属性有两种选择，Fixed (固定的，默认选项) 和 Rotates (旋转)，后者在旋转或翻转模块时，也将旋转该模块的图标，例如若选择了 Rotates 选项，则将得出如图 5-65a、b 所示的效果。从旋转效果看，似乎翻转的模块其图标没有变化，仔细观察该图标可以发现，其图标为原来图标的翻转。若选择了 Fixed 选项，则在模块翻转时不翻转图像，如图 5-65c 所示。

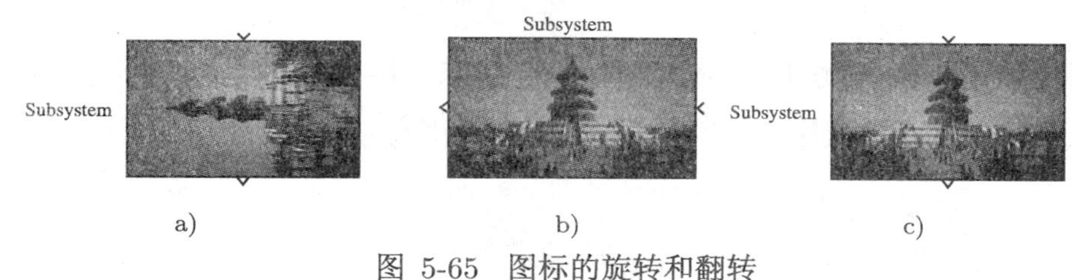

图 5-65　图标的旋转和翻转

a) 旋转 90°　　b) 翻转模块　　c) 旋转 90° 但选择 Fixed 选项

封装模块的另一个关键的步骤是建立起封装的模块内部变量和封装对话框之间的联系，选择封装编辑程序的 Parameters 标签，则将得出如图 5-66 所示的形式，其中间的区域可以编辑变量与对话框之间的联系。

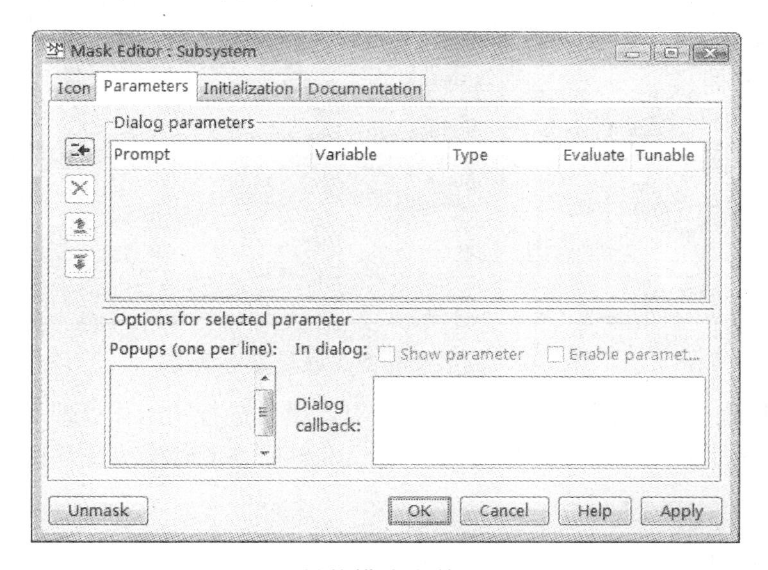

图 5-66　封装模块参数设置对话框

可以按下 按钮和 按钮来指定和删除变量名，例如在前面的 PID 控制器的例子中，可以连续按下 4 次 按钮，为该控制器的 4 个变量准备位置。单击第一个参数位置，得出如图 5-67 所示的显示，可以在 Prompt (提示) 栏目中填写该变量的提示信息，如 `Proportional (Kp)`，然后在 Variable (变量) 栏目中填写出关联的变量名 `Kp`，注意该变量名必须和框图中的完全一致。

还可以采用相应的方式编辑其他变量的关联关系。在编辑栏中最后的 Control type (控件类型) 栏目的默认值为 Edit，表示用编辑框来接受数据。如果想让滤波常数 N 只取几个允许的值，则可以将该控件选择为 Popup (列表框) 形式，并在 Popup string (列表字

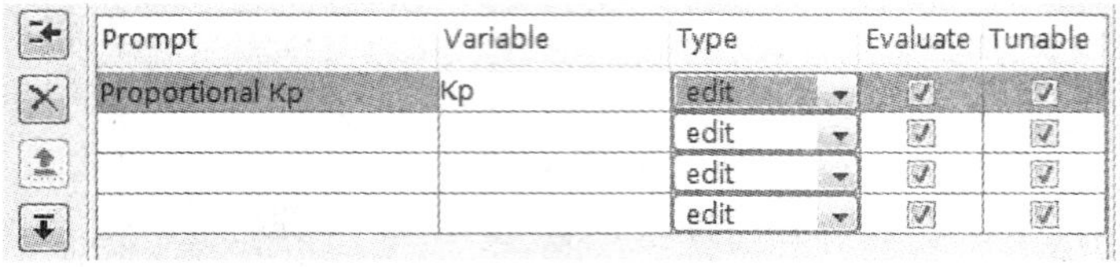

Prompt	Variable	Type	Evaluate	Tunable
Proportional Kp	Kp	edit	☑	☑
		edit	☑	☑
		edit	☑	☑
		edit	☑	☑

图 5-67　K_p 变量设置与编辑

符串) 栏目上填写 10 | 100 | 1000，如图 5-68 所示。每个变量的位置还可以调整，可以使用和按钮来修改次序。

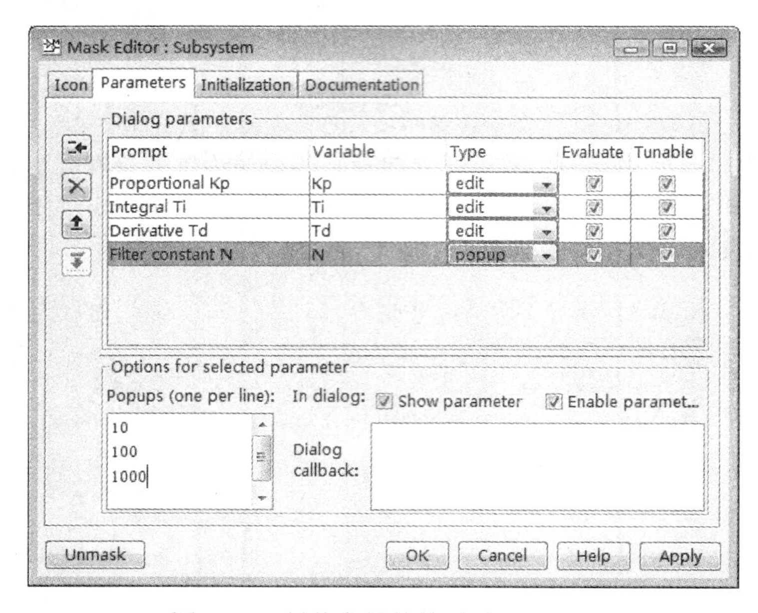

图 5-68　封装变量的关联设置对话框

用户还可以进一步选择 Initialization 标签对此模块进行初始化处理，该标签对应的对话框如图 5-69 所示。用户还可以在 Documentation 标签下对模块进行说明，这样一个子

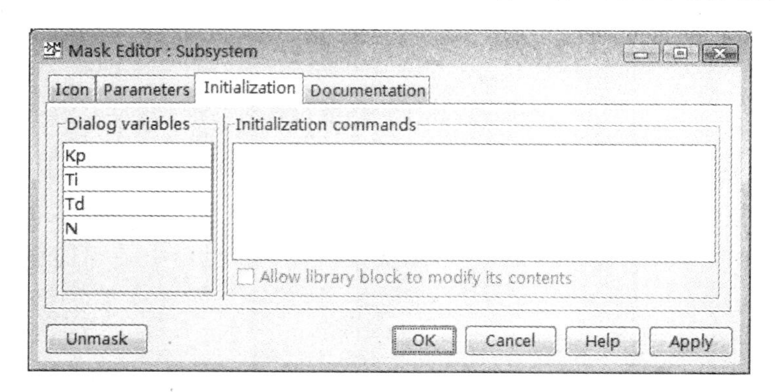

图 5-69　封装模块的初始化对话框

系统的封装就完成了。模块封装完成，就可以在其他系统里直接使用该模块了，双击封

装模块，则可以得出如图 5-70 所示的对话框，允许用户输入 PID 控制器的参数。注意，这里的滤波常数 N 由列表框给出，允许的取值为 10, 100 或 1000。

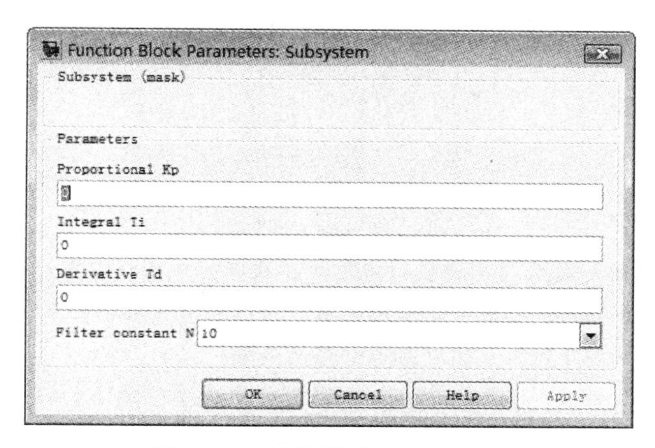

图 5-70　封装模块调用对话框

在封装的模块上单击鼠标右键，可以打开快捷菜单，其中的 Look under mask (观察封装模块) 菜单项允许用户打开封装的模块，如图 5-71a 所示，用户可以修改其中的输入和输出端口的名字，例如将输入的端口修改成 `error`，将输出的端口修改为 `control`，则修改后的封装模块会自动变为图 5-71b 中所示的效果，注意如果想显示端口的名称，则封装对话框中的 Transparency 属性必须设置成 Transparent。

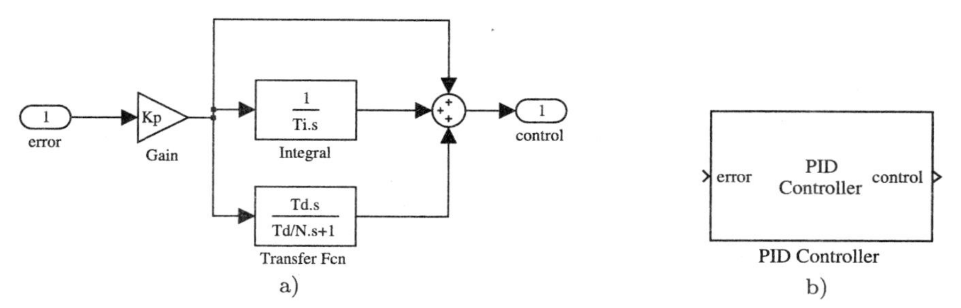

图 5-71　封装变量的端口修改

a) 封装模块内部结构 (c5mpid3.mdl)　　b) 修改端口后的模块

例 5-15　再考虑前面介绍的分段线性静态非线性环节，可见图 5-51 中给出的 Simulink 模型，可以认为是其一般的描述形式，单值非线性可以认为上下两路的非线性形状完全一致。这样就可以对该模型进行封装，在封装之前将两路非线性查表模块的参数分别设置为 (xu, yu) 和 (xd,yd)。

在参数设置对话框中可以按照如图 5-72 所示的方式填写两个变量 xx 和 yy。在该模块的实际使用时，如果是单值非线性，则在该模块对话框中给出转折点坐标即可，其使用方式和查表模块完全一致。如果是双值非线性模块，则可以在转折点坐标处分别填写两行的矩阵，其第一行填写上升段转折点坐标，第二行填写下降段的转折点坐标。

显然，这样填写的变量和模块中的不符，所以应该在初始化栏目分别对两组非线性模块的参数 (xu, yu) 和 (xd,yd) 进行赋值，具体地可以在 Initialization 栏目填写：

```
if size(yy,1)==1, xx=[xx; xx]; yy=[yy; yy]; end;
```

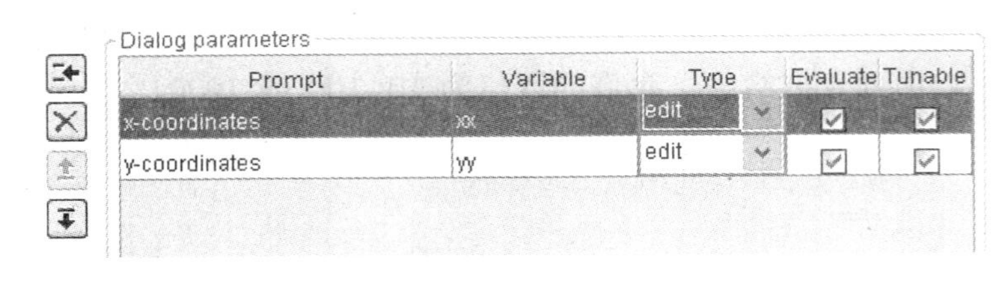

图 5-72 封装模块的初始化对话框

```
yu=yy(1,:); yd=yy(2,:); xu=xx(1,:); xd=xx(2,:);
```

这样，在该模块使用时就会自动地进行赋值了。在图标绘图栏目中应该填写 plot(xx',yy') 命令，这样就可以将非线性特性在图标上绘制出来了。该模块的具体设置请参照 c5mmsk2.mdl 文件，作为例子，该模型给出了例 5-8 中的双值非线性参数。

5.4.3 模块集构造

如果用户已经建立起一组 Simulink 模块，其中允许有 Simulink 搭建的模块，若想建立一个空白的 Simulink 模块集，则需要采用以下的步骤：

1) 首先应该用 Simulink 窗口的 File→ New→ Library 菜单项建立一个模块集的空白窗口，并将该窗口存盘。例如若想建立一个 PID 模块集，则可以在某个目录下将其存成一个名为 pidblock.mdl 的文件。

2) 将用户自己建立的 Simulink 模块复制到该模块集中。利用相应的方法，还可以将模块集在分级建立子模块集。

3) 确认复制的模块和原来的模块所在窗口没有链接关系，具体的方法是，选中该模块，单击鼠标右键得到快捷菜单，确认其中的 Link options 菜单项为灰色，亦即不可选择，如果可以选择，则通过该菜单本身断开链接。

4) 如果想在 Simulink 的模块浏览器上显示该模块集，则需要在该目录中建立一个名为 slblocks.m 的文件，可以将其他含有模块集的目录下该文件复制到用户自己模块集所在的路径中，并修改该文件的内容，将其中的 3 个变量进行如下赋值：

```
blkStruct.Name=sprintf('PID Control\n& Simulation\nBlockset'); % 模块集
blkStruct.OpenFcn='pidblock';  % 这个变量最重要，需要指向模块集的文件名
blkStruct.MaskDisplay='disp(''PID\nBlockset'')';  % 模块显示名称
```

这样就能建立起一个模块集，并将其置于 Simulink 模块浏览器的窗口之下。例如，经过这样的处理，作者编写的 PID 控制器模块集就嵌入到 Simulink 的模块浏览器下了，如图 5-73 所示。

5.5 S-函数及其应用

S-函数就是系统函数的意思。在控制理论研究中，经常需要用复杂的算法设计控制器，而这些算法经常因其复杂度又不适合用普通 Simulink 模块来搭建，这样的系统如果需要在 Simulink 下进行仿真研究，则需要用编程的形式设计出 S-函数模块，将其嵌入到

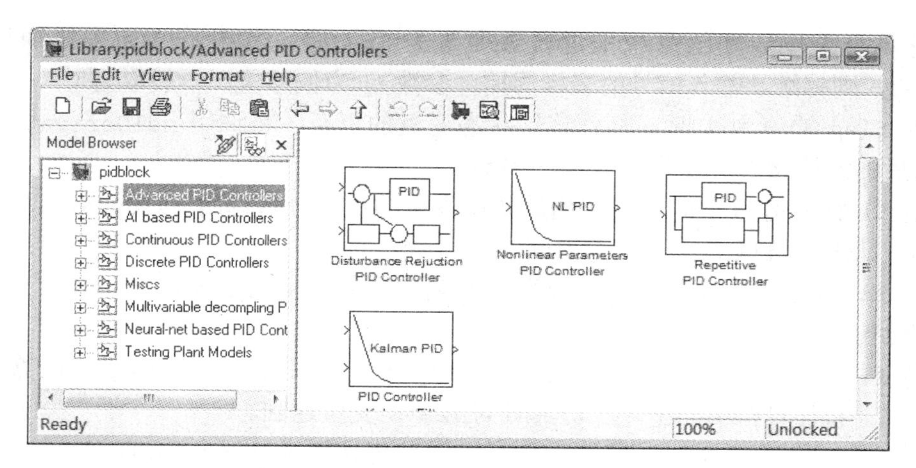

图 5-73 自编模块集的浏览器嵌入

系统中。成功使用 S-函数，则可以在 Simulink 下对任意复杂的系统进行仿真。

S-函数有固定的程序格式，用 MATLAB 语言可以编写 S-函数，此外还允许采用 C 语言、C++、Fortran 和 Ada 等语言编写，只不过用这些语言编写程序时，需要用编译器生成动态连接库 (DLL) 文件，可以在 Simulink 中直接调用。这里主要介绍用 MATLAB 语言设计 S-函数的方法，并将通过例子介绍 S-函数的应用与技巧。

5.5.1 S-函数的基本结构

S-函数是有固定格式的，MATLAB 语言和 C 语言编写的 S-函数的格式是不同的。用 MATLAB 语言编写的 S-函数的引导语句为

$$\texttt{function [sys,}\boldsymbol{x}_0\texttt{,str,ts]=fun(}t,\boldsymbol{x},\boldsymbol{u}\texttt{,flag,}p_1,p_2,\cdots)$$

其中，fun 为 S-函数的函数名；t, $\boldsymbol{x}$, $\boldsymbol{u}$ 分别为时间、状态和输入信号；flag 为标志位，标志位的取值不同，S-函数执行的任务与返回数据也是不同的。

1) 若 flag 的值为 0，将启动 S-函数所描述系统的初始化过程，这时将调用一个名为 mdlInitializeSizes() 的子函数，该函数应该对一些参数进行初始设置，如离散状态变量的个数、连续状态变量的个数、模块输入和输出的路数、模块的采样周期个数和采样周期的值、模块状态变量的初值向量 $\boldsymbol{x}_0$ 等。首先通过 sizes=simsizes 语句获得默认的系统参数变量 sizes。得出的 sizes 实际上是一个结构体变量，其常用成员为

NumContStates 表示 S-函数描述的模块中连续状态的个数。

NumDiscStates 表示离散状态的个数。

NumInputs 和 NumOutputs 分别表示模块输入和输出的个数。

DirFeedthrough 为输入信号是否直接在输出端出现的标识，取值可以为 0、1。

NumSampleTimes 为模块采样周期的个数，即 S-函数支持多采样周期的系统。

按照要求设置好的结构体 sizes 应该在通过 sys=simsizes(sizes) 语句赋给 sys 参数。除了 sys 外，还应该设置系统的初始状态变量 $\boldsymbol{x}_0$、说明变量 str 和采样周期变量 ts，其中，ts 变量应该为双列的矩阵，其中每一行对应一个采样周期。对连续

系统和有单个采样周期的系统来说，该变量为 $[t_1, t_2]$，其中，t_1 为采样周期，如果取 $t_1=-1$，则将继承输入信号的采样周期，参数 t_2 为偏移量，一般取为 0。

2) 若 `flag` 的值为 1 时，将作连续状态变量的更新，将调用 `mdlDerivatives()` 函数，更新后的连续状态变量将由 `sys` 变量返回。

3) 若 `flag` 的值为 2 时，将作离散状态变量的更新，将调用 `mdlUpdate()` 函数，更新后的离散状态变量将由 `sys` 变量返回。

4) 若 `flag` 的值为 3 时，将求取系统的输出信号，将调用 `mdlOutputs()` 函数，计算得出的输出信号将由 `sys` 变量返回。

5) 若 `flag` 的值为 4 时，将调用 `mdlGetTimeOfNextVarHit()` 函数，计算下一步的仿真时刻，并将计算得出的下一步仿真时间由 `sys` 变量返回。

6) 若 `flag` 的值为 9 时，将终止仿真过程，将调用 `mdlTerminate()` 函数，这时不返回任何变量。

S-函数中目前不支持其他的 `flag` 选择。形成 S-函数的模块后，就可以将其嵌入到系统的仿真模型中进行仿真了。在实际仿真过程中，Simulink 会自动将 `flag` 设置成 0，进行初始化过程，然后将 `flag` 的值设置为 3，计算该模块的输出。一个仿真周期后，Simulink 先将 `flag` 的值分别设置为 1 和 2，更新系统的连续和离散状态，再将其设置成 3，计算模块的输出值，如此一个周期接一个周期地计算，直至仿真结束条件满足，Simulink 将把 `flag` 的值设置成 9，终止仿真过程。

5.5.2 用 MATLAB 编写 S-函数举例

S-函数编写有几个部分应该注意，首先是初始化编程，程序设计者应该首先弄清楚系统的输入、输出信号是什么，模块中应该有多少个连续状态，多少个离散状态，离散模块的采样周期是什么等基本信息，有了这些信息就可以进行模块的初始化了。初始化过程结束后，还应该知道该模块连续和离散的状态方程分别是什么，如何用 MATLAB 语句将其表示出来，并应该清楚如何从模块的状态和输入信号计算模块的输出信号，这样就可以编写 S-函数了。这里将通过一些例子介绍 S-函数的编写方法。

例 5-16 这里通过微分-跟踪器介绍 S-函数的编写，微分-跟踪器[80]的离散形式为

$$\begin{cases} x_1(k+1)=x_1(k)+Tx_2(k) \\ x_2(k+1)=x_2(k)+T\mathrm{fst}(x_1(k),x_2(k),u(k),r,h) \end{cases} \tag{5-12}$$

其中，T 为采样周期；$u(k)$ 为第 k 时刻的输入信号；r 为决定跟踪快慢的参数；而 h 为输入信号被噪声污染时，决定滤波效果的参数。fst 函数可以由下面的式子计算

$$\delta=rh,\quad \delta_0=\delta h,\quad b=x_1-u+hx_2,\quad a_0=\sqrt{\delta^2+8r|b|} \tag{5-13}$$

$$a=\begin{cases} x_2+b/h, & |b|\leqslant\delta_0 \\ x_2+0.5(a_0-\delta)\mathrm{sign}(b), & |b|>\delta_0 \end{cases} \tag{5-14}$$

$$\mathrm{fst}=\begin{cases} -ra/\delta, & |a|\leqslant\delta \\ -r\,\mathrm{sign}(a), & |a|>\delta \end{cases} \tag{5-15}$$

可以看出，该算法直接用 Simulink 模块搭建还是比较困难的，所以这里将介绍采用 S-函数建立该模块的方法。从式 (5-12) 中给出的状态方程可以看出，系统有两个离散状态，$x_1(k)$ 和 $x_2(k)$，没有连续状态，有一路输入信号 $u(k)$，另外微分-跟踪器应该输出两路信号，原输入信号的跟踪信号 $y_1(k) = x_1(k)$ 和其微分 $y_2(k) = x_2(k)$，系统的采样周期为 T，由于系统的输出可以由状态直接计算出，不直接涉及输入信号 $u(k)$，所以初始化中 DirectFeedthrough 属性应该设置为 0。另外，r, h, T 还应该理解成该模块的附加参数。根据上述算法，立即可以写出其相应的 S-函数实现。

```
function [sys,x0,str,ts]=han_td(t,x,u,flag,r,h,T)
switch flag,
case 0 % 调用初始化函数
   [sys,x0,str,ts] = mdlInitializeSizes(T);
case 2 % 调用离散状态的更新函数
   sys = mdlUpdates(x,u,r,h,T);
case 3 % 调用输出量的计算函数
   sys = mdlOutputs(x);
case {1, 4, 9} % 未使用的 flag 值
   sys = [];
otherwise % 处理错误
   error(['Unhandled flag = ',num2str(flag)]);
end;
%==============================================================
% 当 flag 为 0 时进行整个系统的初始化
%==============================================================
function [sys,x0,str,ts] = mdlInitializeSizes(T)
% 首先调用 simsizes 函数得出系统规模参数 sizes，并根据离散系统的实际情况设置
% sizes 变量
sizes = simsizes;            % 读入初始化参数模板
sizes.NumContStates = 0;     % 无连续状态
sizes.NumDiscStates = 2;     % 有两个离散状态
sizes.NumOutputs = 2;        % 输出两个量：跟踪信号和微分信号
sizes.NumInputs = 1;         % 系统输入信号一路
sizes.DirFeedthrough = 0;    % 输入不直接传到输出端口
sizes.NumSampleTimes = 1;    % 单个采样周期
sys = simsizes(sizes);       % 根据上面的设置设定系统初始化参数
x0 = [0; 0];                 % 设置初始状态为零状态
str = [];                    % 将 str 变量设置为空字符串即可
ts = [T 0];                  % 采样周期，若写成 -1 则表示继承其输入信号
%==============================================================
% 在主函数的 flag=2 时，更新离散系统的状态变量
%==============================================================
function sys = mdlUpdates(x,u,r,h,T)
sys(1,1)=x(1)+T*x(2);
sys(2,1)=x(2)+T*fst2(x,u,r,h);
%==============================================================
% 在主函数 flag=3 时，计算系统的输出变量：返回两个状态
%==============================================================
function sys = mdlOutputs(x)
```

```
sys=x;
%==============================================================
% 用户定义的子函数: fst2
%==============================================================
function f=fst2(x,u,r,h)
delta=r*h; delta0=delta*h; b=x(1)-u+h*x(2);
a0=sqrt(delta*delta+8*r*abs(b));
if abs(b)<=delta0, a=x(2)+b/h;
else, a=x(2)+0.5*(a0-delta)*sign(b); end
if abs(a)<=delta, f=-r*a/delta; else, f=-r*sign(a); end
```

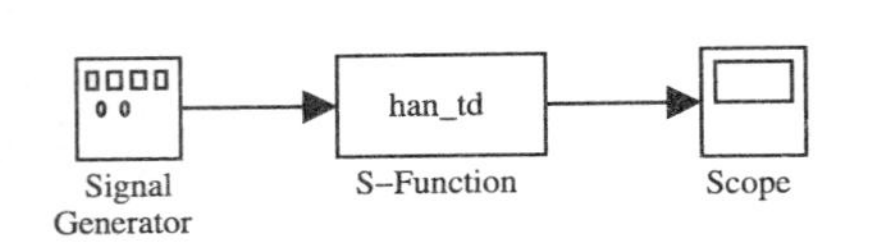

图 5-74 系统仿真模型 (c5msf2.mdl)

编写了 S-函数模块后，就可以在仿真模型中利用该模块了，例如在图 5-74 中给出的仿真框图中，直接使用了编写的 S-函数模块 han_td，其输入端为信号发生器模块，输出端直接接示波器。双击其中的 S-函数模块，则将打开如图 5-75a 所示的参数对话框，允许用户输入 S-函数的附加参数。在对话框中，输入 $r=30$, $h=0.01$ 与 $T=0.001$，并令输入信号为正弦信号，并选择仿真算法为定步长，步长为 0.001，则可以对系统进行仿真分析，得出如图 5-75b 所示的仿真结果。

其实应用 MATLAB 本身的功能，还可以将其中 fst2() 函数的两组转移语句替换成

```
a=x(2)+b/h*(abs(b)<=delta0)+0.5*(a0-delta)*sign(b)*(abs(b)>delta0);
f=-r*a/delta*(abs(a)<=delta)-r*sign(a)*(abs(a)>delta);
```

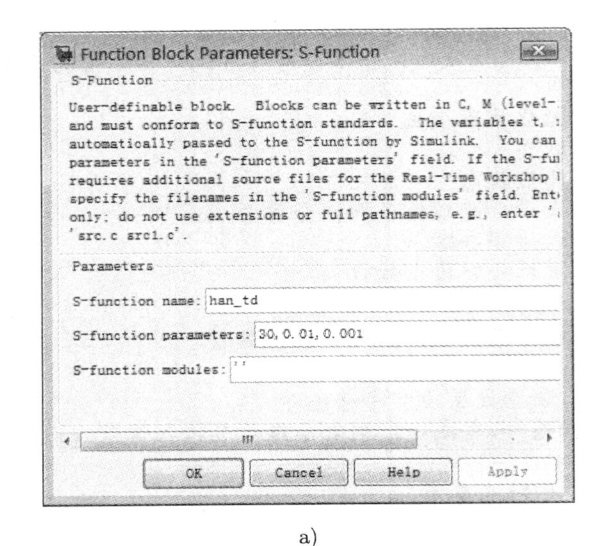

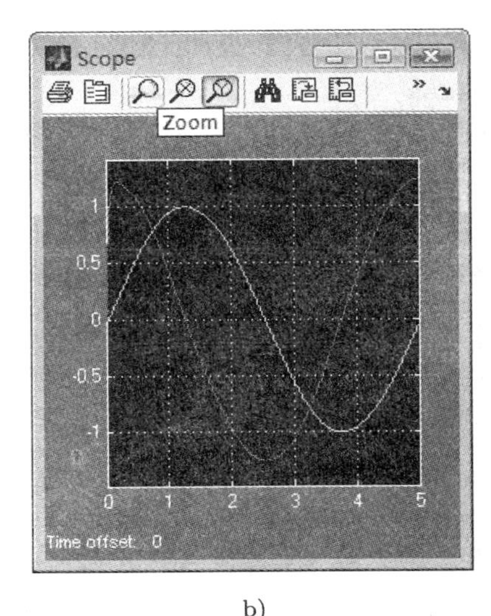

a)　　　　　　　　　　b)

图 5-75 S-函数参数设置与系统输出

a) S-函数参数设置对话框　　b) 系统仿真结果

例 5-17 考虑一个生成多阶梯信号的信号发生器，假设想在 $t_1,t_2,\cdots,t_N$ 时刻分别开始生成幅值为 $r_1,r_2,\cdots,r_N$ 的阶跃信号，这样的模块用 Simulink 现有的模块搭建是很麻烦的，如果 N 很大，则特别难以实现。这时可以考虑用 S-函数来搭建该信号发生模块。由设计要

求知道，模块的输入信号为 0 路，输出为一路，另外系统没有连续和离散的状态，所以在设计 S-函数时只需考虑 flag 为 0 和 3 即可。在设计这个 S-函数时，应该引入两个附加变量 tTime=$[t_1,t_2,\cdots,t_N]$ 和 yStep=$[y_1,y_2,\cdots,y_N]$，故而可以设计出如下 S-函数。

```
function [sys,x0,str,ts]=multi_step(t,x,u,flag,tTime,yStep)
switch flag,
case 0 % 调用初始化过程
    [sys,x0,str,ts] = mdlInitializeSizes;
case 3  % 计算输出信号，生成多阶跃信号
    i=find(tTime<=t); sys=yStep(i(end));
case {1, 2, 4, 9},  sys = []; % 未使用的 flag 值
otherwise % 错误信息处理
    error(['Unhandled flag = ',num2str(flag)]);
end;
%==============================================================
% when flag=0 时，进行初始化处理
%==============================================================
function [sys,x0,str,ts] = mdlInitializeSizes
sizes = simsizes;          % 调入初始化的模版
sizes.NumContStates = 0; sizes.NumDiscStates = 0; % 无连续、离散状态
sizes.NumOutputs = 1; sizes.NumInputs = 0; % 系统的输入和输出路数
sizes.DirFeedthrough = 0; % 输入信号不直接传输到输出
sizes.NumSampleTimes = 1; % 单个采样周期
sys = simsizes(sizes);    % 初始化
x0 = []; str = []; ts = [0 0]; % 系统的初始状态为空向量
```

5.5.3 S-函数的封装

从图 5-75a 可以看出，该模块的应用并不是很简单，因为附加参数的输入必须按照给定的顺序和数目给出，而没有更多的提示。结合前面介绍的模块封装技术，可以对每个附加参数加上提示信息，这样会使得该模块的使用更容易。

封装 S-函数模块是很简单的，右击该模块就能得出快捷菜单，如图 5-76 所示。从快捷菜单中选择 Mask S-function 菜单项，则依照前面介绍的方法就可以将该 S-函数进行封装，得出封装后的 S-函数，限于篇幅，具体的封装方法这里不再赘述了。

5.6 输出显示形式

示波器类曲线性输出是 Simulink 中最常用的输出方法，前面的例子中也曾多次演示过。此外，另一种常用的输出是输出端子 Outport 模块，用该模块会自动在 MATLAB 工作空间中返回 yout 变量，以便系统的仿真结果在 MATLAB 中进一步处理，还可以用 To

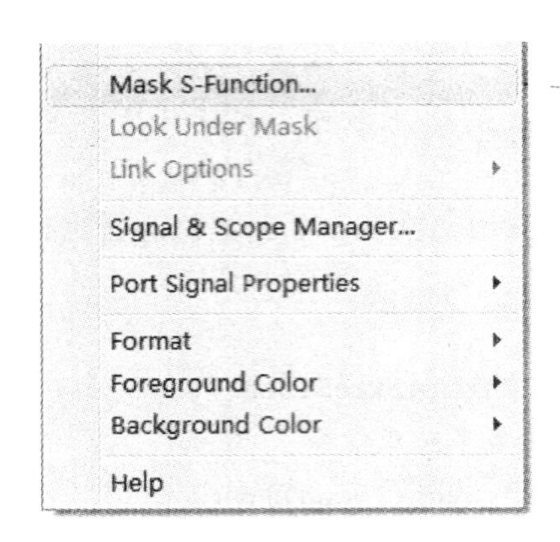

图 5-76 S-函数模块快捷菜单

File 将仿真结果直接存储到文件中。

除了这些经典的曲线输出形式外，还可以采用类似工业控制现场仪表显示的方式，用虚拟仪表的形式显示仿真结果。Simulink 的 Dials & Gauges 模块集提供了各种各样的虚拟仪表模块，可以用于仿真结果的显示，该模块集的内容如图 5-77 所示，其中的 Global Majic ActiveX Library 是一组 ActiveX 部件，可以直接用于输出信号的表盘显示，双击该图标则可以打开支持的 ActiveX 部件库，如图 5-78 所示。

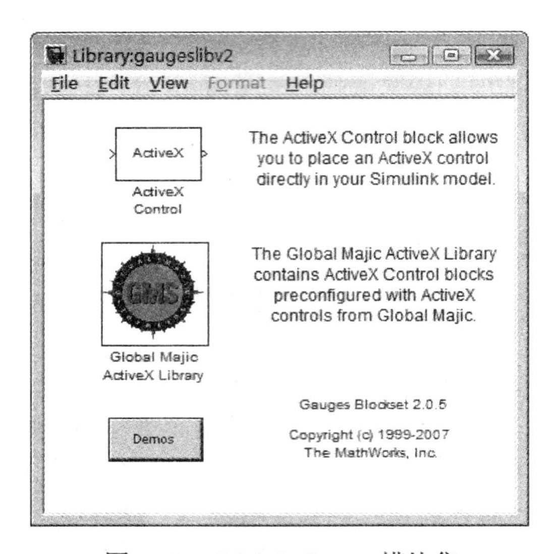

图 5-77 Dial & Gauge 模块集

可见，在该组中提供了各种各样的表盘显示图标，有量计型的模块 Sliders，有按钮或开关型的模块 Knobs & Selectors，还有圆形表盘型模块 Angular Gauges，其中，Angular Gauges 组的内容如图 5-79 所示。下面将举例演示表盘显示在系统仿真中的应用。

例 5-18 考虑例 5-5 中给出的时变系统模型，将其输出端替换为表盘模块，则可以得出如图 5-80 所示的 Simulink 仿真模型，对该系统进行仿真，则可以用表盘观测系统的输出，这可以看成是虚拟仪表在 Simulink 仿真中的应用。

在实际仿真过程中有两点应该注意：

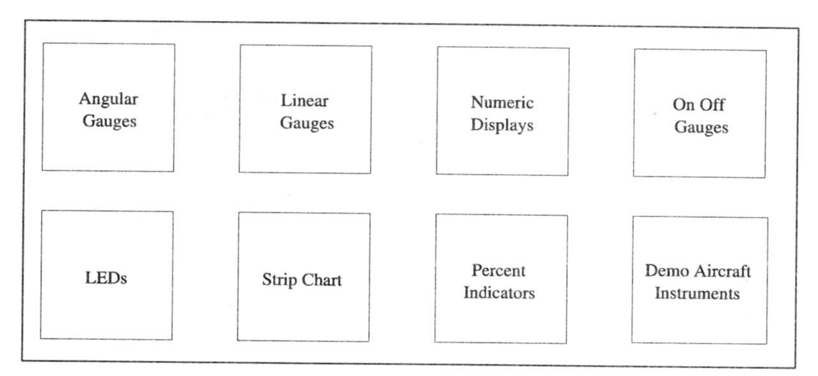

图 5-78 支持的 ActiveX 部件的组窗口

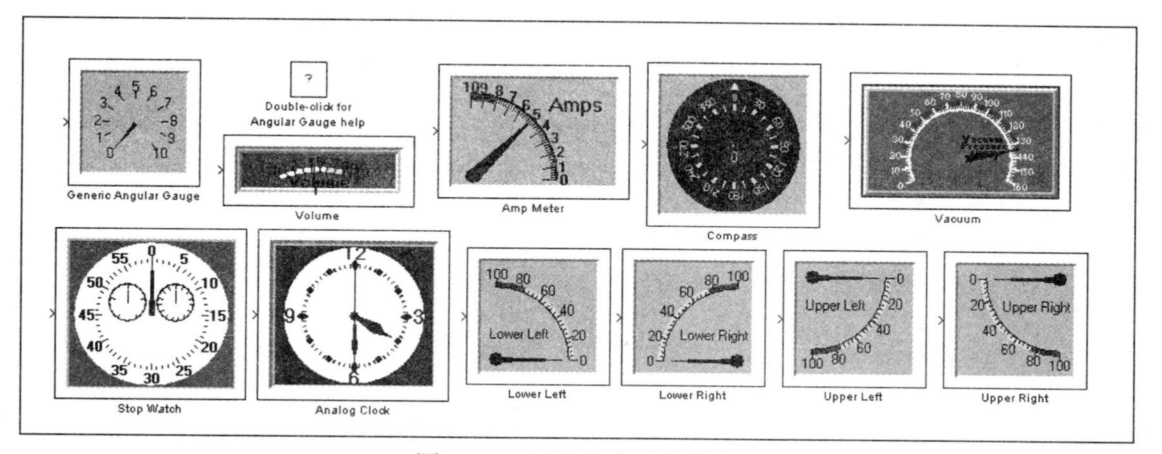

图 5-79 圆形表盘的部件库

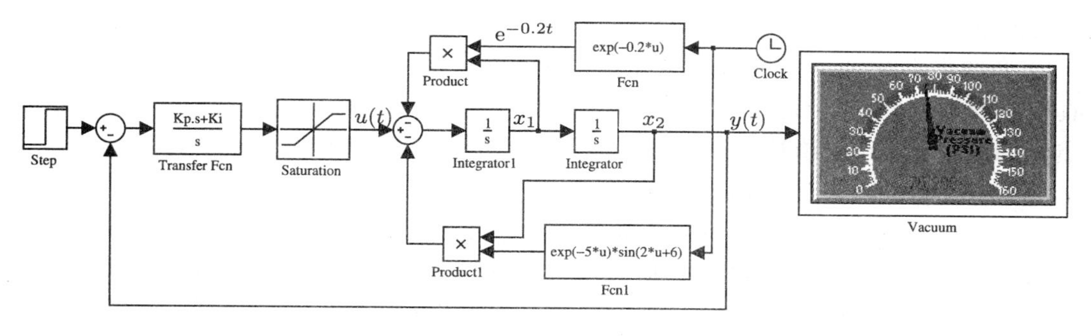

图 5-80 修改的系统仿真框图 (文件名：c5mtvar1.mdl)

1) 从图中可见，表盘的量程过大 (0~160)，不能较好地观察仿真结果，故需要更改量程。实际表盘模块，则可以得出如图 5-81 所示的对话框，例如可以将 Max 栏目填写成 1.5。在该对话框中还有许多可以进一步设置的属性，如片刻度等，用户可以自行试验，在这里就不赘述了。

2) 采用变步长仿真效率较高，故整个仿真过程可能瞬间结束，不能较好地观察动态仿真修改，所以建议采用定步长，且将步长设置成一个小的值，如本例中的 0.001。另外应注意，由于本系统为连续系统，采用定步长默认的算法 discrete (no continuous states) 不适于问题求解，所以应

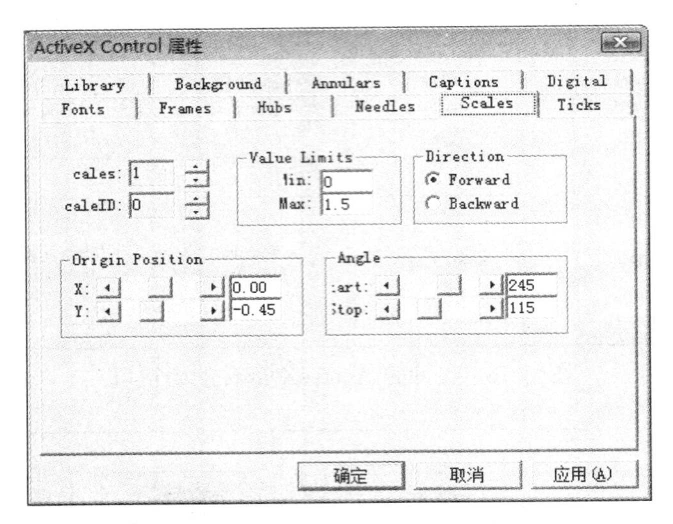

图 5-81 表盘参数设置对话框

该选择连续系统的算法，如 ode5。

除了表盘模块集外，MATLAB、Simulink 目前还支持虚拟现实的显示方法，有兴趣的读者可以自己阅读相关的手册和有关材料。

5.7 本章要点小结

1) 本章介绍了一个强大的仿真环境 —— Simulink，利用这样的工具可以仿真任意复杂的系统。本章较全面地介绍了各个 Simulink 模块组的常用模块及其基本使用方法，为以后开始 Simulink 建模奠定了基础。

2) 介绍了系统 Simulink 建模的全过程，包括模块复制、模块连接、模块参数修改、仿真控制参数设置，仿真过程的启动和仿真结果显示等，既介绍了使用界面的方法，也介绍了使用 `simset()` 函数设置仿真控制参数，用 `sim()` 函数启动仿真过程的命令式方法，仿真结果还可以通过 `plot()` 等绘图命令显示出来。

3) 对几类常用的控制系统形式，如简单微分方程模型的 Simulink 建模、多变量时间延迟系统的建模与仿真、计算机控制系统的建模与仿真研究、时变系统及多采样速率离散控制系统的建模与仿真等，通过例子进行了详细介绍，每一个例子代表一类系统，应该通过例子学习更多的系统建模与仿真知识。

4) 介绍了各类分段线性的非线性环节的 Simulink 表示方法，包括单值非线性与多值非线性环节，另外对非线性系统的极限环研究和非线性环节的描述函数计算等非线性自动控制理论中的问题进行了详细的介绍，还介绍了非线性系统工作点提取和线性化分析方法，并介绍了复杂线性系统结构图的线性模型提取方法，介绍了连续、离散模型以及带有时间延迟模型的线性化方法。

5) 结构复杂的系统还可以划分成若干个功能独立的子系统，通过子系统的互连构成整个系统。每个子系统的模型可以单独建立，最后将小的子系统组成整个大系统来进行研究，这样的方法使得大系统建模与仿真变得很方便和规范。

6) 功能相对独立、其他系统中可能使用的子系统模型可以进行封装，形成独立的模块，本章介绍了模块封装技术和模块集的组建方法，为用户建立自己的模块集和模块库奠定了基础。

7) S-函数是 Simulink 中模块编程的一种重要格式，适合于不利于用底层模块搭建的系统的建模，可以用 MATLAB 语言或其他程序设计语言，如 C、C++、Fortran 等按照指定的格式编写出完成某种复杂功能的模块，即为 S-函数模块，本节介绍了用 MATLAB 语言编写 S-函数的方法和例子。有了 S-函数，则可以描述任意复杂的系统模块，扩大了 Simulink 建模的能力。

8) MATLAB/Simulink 下支持多种仿真结果的输出方法，简单的如示波器输出、输出端子输出、工作空间和文件输出方法，复杂些的还支持虚拟现实输出、虚拟仪表输出，掌握了各种输出方法将有助于用户更好地开发实用的仿真程序。

5.8 习 题

1 在标准的 Simulink 模块组中，各个模块组中的模块遵从比较好的分类方法，请仔细观察各个模块组，熟悉其模块构成，以便以后遇到某些需要时能迅速、正确地找出相应的模块，更容易地搭建起 Simulink 模型。

2 考虑简单的线性微分方程 $y^{(4)}+5y^{(3)}+63\ddot{y}+4\dot{y}+2y=\mathrm{e}^{-3t}+\mathrm{e}^{-5t}\sin(4t+\pi/3)$，且方程的初值为 $y(0)=1,\dot{y}(0)=\ddot{y}(0)=1/2,y^{(3)}(0)=0.2$，试用 Simulink 搭建起系统的仿真模型，并绘制出仿真结果曲线。由第 2 章介绍的知识，该方程可以用微分方程数值解的形式进行分析，试比较二者的分析结果。

3 考虑时变线性微分方程 $y^{(4)}+5ty^{(3)}+6t^2\ddot{y}+4\dot{y}+2\mathrm{e}^{-2t}y=\mathrm{e}^{-3t}+\mathrm{e}^{-5t}\sin(4t+\pi/3)$，而方程的初值仍为 $y(0)=1,\dot{y}(0)=\ddot{y}(0)=1/2,y^{(3)}(0)=0.2$，试用 Simulink 搭建起系统的仿真模型，并绘制出仿真结果曲线。其实，时变模型也可以用微分方程求解函数求解，试用 MATLAB 语言求解该模型并比较结果。

4 已知 Apollo 卫星的运动轨迹 (x,y) 满足下面的方程

$$\ddot{x}=2\dot{y}+x-\frac{\mu^*(x+\mu)}{r_1^3}-\frac{\mu(x-\mu^*)}{r_2^3},\quad \ddot{y}=-2\dot{x}+y-\frac{\mu^*y}{r_1^3}-\frac{\mu y}{r_2^3}$$

其中，$\mu=1/82.45$, $\mu^*=1-\mu$, $r_1=\sqrt{(x+\mu)^2+y^2}$, $r_2=\sqrt{(x-\mu^*)^2+y^2}$，假设系统初值为 $x(0)=1.2$, $\dot{x}(0)=0$, $y(0)=0$, $\dot{y}(0)=-1.04935751$，试搭建起 Simulink 仿真框图并进行仿真，绘制出 Apollo 位置的 (x,y) 轨迹。

5 建立起如图 5-82 所示非线性系统[81]的 Simulink 框图，并观察在单位阶跃信号输入下系统的输出曲线和误差曲线。

6 建立起如图 5-82 所示非线性系统[55]的 Simulink 框图，并设阶跃信号的幅值为 1.1，观察在阶跃信号输入下系统的输出曲线和误差曲线。求取系统在阶跃输入下的工作点，并在工作点处对整个系统矩形线性化，得出近似的线性模型。对近似模型仿真分析，将结果和精确仿真结

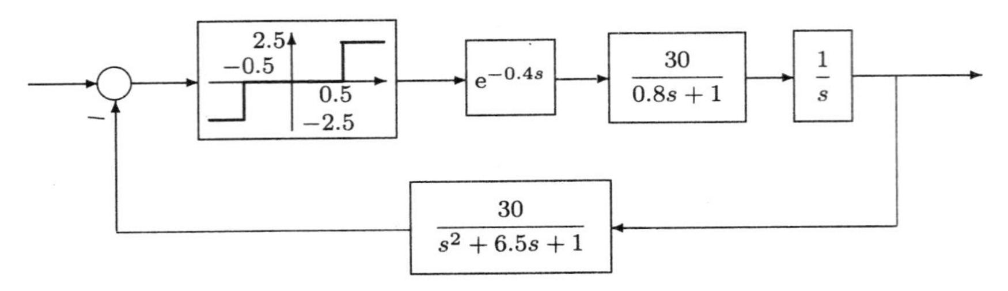

图 5-82 习题 5 的系统框图

果进行对比分析。另外，本系统中涉及到两个非线性环节的串联，试问这两个非线性环节可以互换吗？试从仿真结果上加以解释。

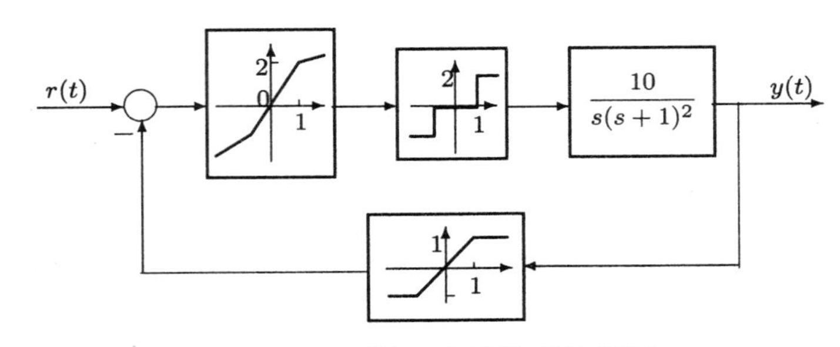

图 5-83 习题 6 非线性系统框图

7 已知某系统的 Simulink 仿真框图如图 5-84 所示，试由该框图写出系统的数学模型公式。

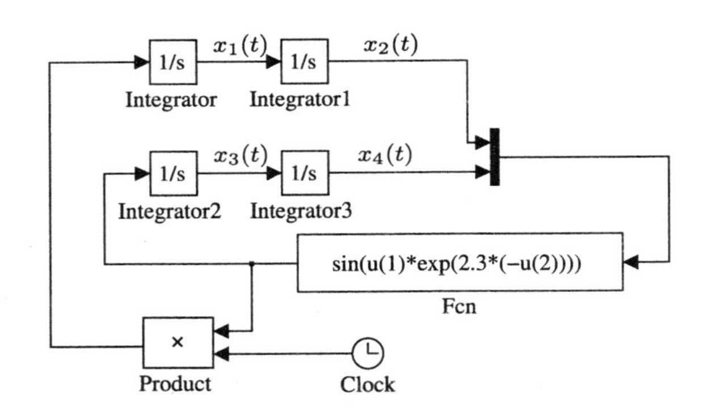

图 5-84 习题 7 的 Simulink 仿真框图

8 考虑下面给出的延迟微分方程模型 $\mathrm{d}y(t)/\mathrm{d}t = \dfrac{0.2y(t-30)}{1+y^{10}(t-30)} - 0.1y(t)$，假设 $y(0)=0.1$，试用 Simulink 搭建仿真模型，并对该系统进行仿真，绘制出 $y(t)$ 曲线。

9 假设已知线性系统模型为 $G(s)=\dfrac{s^2+5s+2}{(s+4)^4+4s+4}$，试输入该系统模型，并求出系统在脉冲输入、阶跃输入和斜坡输入下的解析解，并和仿真曲线相比较，验证得出的结果。

10 假设已知直流电机拖动模型框图如图 5-85 所示，试利用 Simulink 提供的工具提取该系统的总模型，并利用该工具绘制系统的阶跃响应、频域响应曲线。

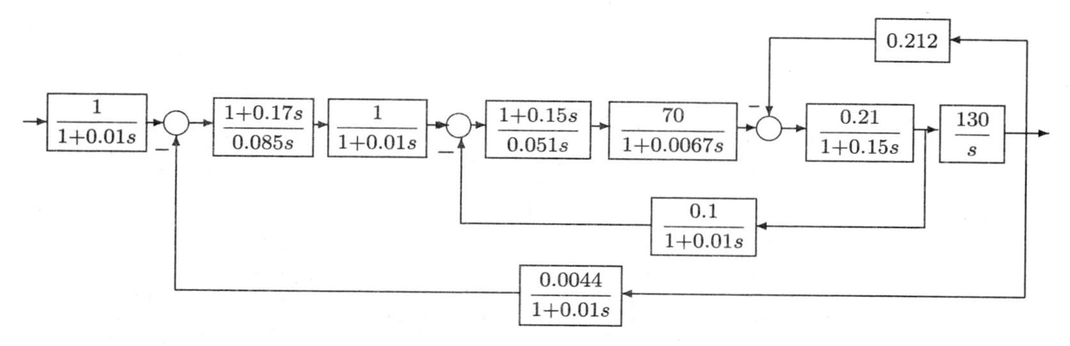

图 5-85　习题 10 的直流电机拖动系统框图

11 考虑 Lorenz 方程模型，该模型没有输入信号

$$\begin{cases} \dot{x}_1(t) = -\beta x_1(t) + x_2(t)x_3(t) \\ \dot{x}_2(t) = -\rho x_2(t) + \rho x_3(t) \\ \dot{x}_3(t) = -x_1(t)x_2(t) + \sigma x_2(t) - x_3(t) \end{cases}$$

假设选择其三个状态变量 $\boldsymbol{x}_i(t)$ 为其输出信号，以 β,σ,ρ 和 $\boldsymbol{x}_i(0)$ 向量为附加参数，试将该模块封装起来，并绘制在不同参数下的 Lorenz 方程解的三维曲线。

12 假设已知误差信号 $e(t)$，试构造出求取 ITAE、ISE、ISTE 准则的封装模块。要求：误差信号 $e(t)$ 为该模块的输入信号，双击该模块弹出一个对话框，允许用户用列表框的方式选择输出信号形式，将选定的 ITAE、ISE、ISTE 之一作为模块的输出端显示出来。其中 ISE 误差准则 $J_1 = \int_0^\infty e^2(t)\,\mathrm{d}t$，ITAE 准则 $J_2 = \int_0^\infty t|e(t)|\,\mathrm{d}t$，ISTE 准则 $J_3 = \int_0^\infty t^2 e^2(t)\,\mathrm{d}t$。

13 考虑大时间延迟受控对象模型 $G(s) = \dfrac{10\mathrm{e}^{-20s}}{2s+1}$，假设控制器模型为 $G_\mathrm{c}(s) = 0.6 + \dfrac{0.008}{s}$，试同时用曲线和表盘的形式显示控制效果。

14 假设某可编程逻辑器件 (PLD) 模块有 6 路输入信号，A, B, W_1, W_2, W_3, W_4，其中，W_i 为编码信号，它们的取值将决定该模块输出信号 Y 的逻辑关系，具体逻辑关系由表 5-1 给出[82]。可见如果直接用模块搭建此 PLD 模块很复杂。试编写一个 S-函数实现这样的模块。

表 5-1　习题 14 中的逻辑关系表

W_1	W_2	W_3	W_4	Y	W_1	W_2	W_3	W_4	Y
0	0	0	0	0	1	0	0	0	$A\overline{B}$
0	0	0	1	AB	1	0	0	1	A
0	0	1	0	$\overline{A+B}$	1	0	1	0	$\overline{B}$
0	0	1	1	$AB+\overline{AB}=A\odot B$	1	0	1	1	$A+\overline{B}$
0	1	0	0	$\overline{A}B$	1	1	0	0	$\overline{A}B+A\overline{B}=A\oplus B$
0	1	0	1	B	1	1	0	1	$A+B$
0	1	1	0	$\overline{A}$	1	1	1	0	$\overline{A}+\overline{B}=\overline{AB}$
0	1	1	1	$\overline{A}+B$	1	1	1	1	1

15 在 Simulink 等软件环境出现之前，为衡量仿真工具的优劣曾出现了各种各样的基准测试模型，F-14 战斗机模型就是其中之一[83, 84]，该系统框图如图 5-86 所示。该系统共有两

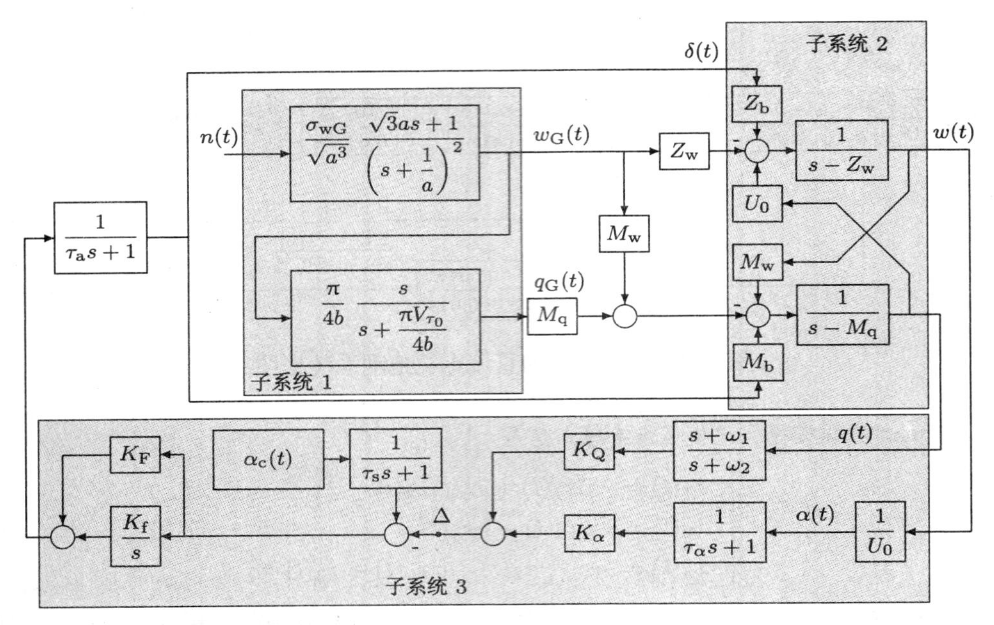

图 5-86　习题 15 的系统框图

路输入信号，其向量表示为 $\boldsymbol{u}=[n(t),\alpha_c(t)]^T$，其中，$n(t)$ 为单位方差的白噪声信号，而 $\alpha_c(t)=K\beta(e^{-\gamma t}-e^{-\beta t})/(\beta-\gamma)$ 为攻击角度命令输入信号，这里 $K=\alpha_{c_{max}}e^{\gamma t_m}$，且 $\alpha_{c_{max}}=0.0349$, $t_m=0.025$, $\beta=426.4352$, $\gamma=0.01$，整个系统的输出有三路信号，$\boldsymbol{y}(t)=[N_{Z_p}(t),\alpha(t),q(t)]^T$，这里 $N_{Z_p}(t)$ 信号定义为 $N_{Z_p}(t)=\dfrac{1}{32.2}[-\dot{w}(t)+U_0q(t)+22.8\dot{q}(t)]$，已知系统中各个模块的参数为

$$\tau_a=0.05,\ \sigma_{wG}=3.0,\ a=2.5348,\ b=64.13$$

$$V_{\tau_0}=690.4,\ \sigma_\alpha=5.236\times10^{-3},\ Z_b=-63.9979,\ M_b=-6.8847$$

$$U_0=689.4,\ Z_w=-0.6385,\ M_q=-0.6571,\ M_w=-5.92\times10^{-3}$$

$$\omega_1=2.971,\ \omega_2=4.144,\ \tau_s=0.10,\ \tau_\alpha=0.3959$$

$$K_Q=0.8156,\ K_\alpha=0.6770,\ K_f=-3.864,\ K_F=-1.745$$

试用子系统的方法建立 F-14 战斗机仿真模型，并绘制出在攻击角度命令信号 $\alpha_c(t)$ 单独作用下，三路输出信号的曲线。

第 6 章　控制系统计算机辅助设计

前面有关章节的内容主要集中于解决控制系统分析与仿真的问题，从本章开始，将介绍控制系统的设计问题。事实上，控制系统的设计问题可以认为是系统分析的逆问题，因为在系统分析中，常假设系统的控制器是已知的。在控制系统设计问题中，将研究如何对给定对象模型找出控制器策略，而并不仅仅是假定控制器已知，再去分析系统性能的问题了。

本章首先在第 6.1 节中介绍串联校正器的概念及设计方法，侧重于超前、滞后、超前滞后三种校正器的设计，并介绍相关算法的 MATLAB 实现以及一个 MATLAB 程序设计界面，用给出的方法可以直接设计串联控制器，并进行整个闭环系统的仿真分析，如果仿真结果不理想，则还可以再重新设计控制器。在第 6.2 节引入状态反馈的概念与方法，第 6.3 节将介绍一些基于状态空间模型和状态反馈的控制器设计方法，包括线性二次型最优调节器的设计方法、极点配置设计方法、观测器的概念与基本设计方法以及基于观测器的状态反馈控制结构。第 6.4 节首先介绍了多变量系统的解耦问题，然后给出了基于状态反馈的解耦算法，给出了标准传递函数的概念，讨论了多变量系统的一般解耦方法。应用这里给出的解耦方法和结构，则可以很好地对多变量系统进行单独回路设计，得出理想的控制效果。

6.1　基于传递函数的控制器设计方法

串联控制是最常用的一种控制方案，串联控制器控制系统的基本结构如图 6-1 所示，其中，$r(t)$ 和 $y(t)$ 称为系统的输入信号和输出信号，一般的控制目的是使得输出信号能很好地跟踪输入信号，这样的控制又称为伺服控制。在这个基本的控制结构下，还有两个信号很关键，$e(t)$ 和 $u(t)$，分别称为反馈控制系统的误差信号和控制信号，一般要求误差越小越好，同时，在控制系统中 $u(t)$ 又常可以理解为控制所需的能量，所以从节能角度考虑，有时也希望它尽可能小。

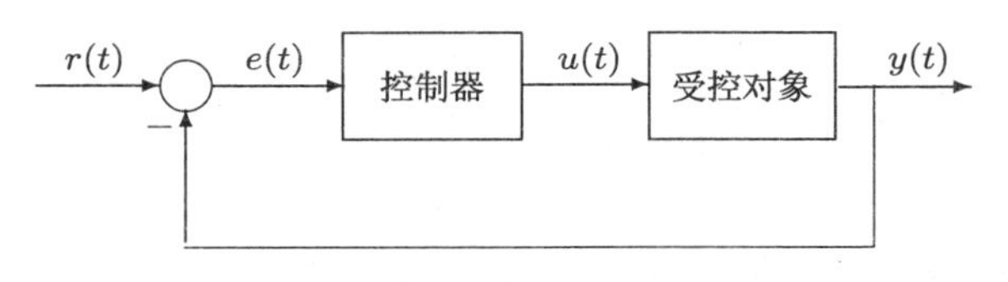

图 6-1　串联控制器基本结构

因为这样的控制结构是控制器与受控对象进行串联连接的，所以这种控制结构称为串联控制，常用的超前滞后类校正器和 PID 类控制器是最典型的串联控制器。本节首先介绍超前滞后类校正器，再介绍一种超前滞后校正器的设计算法，最后介绍 MATLAB 控制系统工具箱中提供的基于根轨迹和 Bode 图的控制器设计程序及其应用。

6.1.1 串联超前滞后校正器

在串联控制器中，超前滞后类的校正器是最常用的形式，这类控制器的结构简单，易于调节，其参数有明确的物理意义，可以有目的地调整控制器的参数，得出更满意的控制效果。例 8-1 中给出了超前滞后类校正器的电阻、电容电路实现的方法，本节将介绍超前校正器、滞后校正器和超前滞后校正器，并介绍这些校正器的特点及作用。

1. 超前校正器

超前校正器的数学模型为

$$G_{\mathrm{c}}(s)=K\frac{\alpha Ts+1}{Ts+1} \tag{6-1}$$

其中，$\alpha>1$，其零极点位置如图 6-2a 所示，该类校正器的 Bode 图如图 6-2b 所示。从其 Bode 图可以看出，由于引入这样具有正相位的校正器，将增大前向通路模型的相位，使其相位“超前”于受控对象的相位，所以这样的控制器称为相位超前校正器，简称超前校正器。该控制器的 Bode 相频特性图在 $\omega=T$ 时有最大的正值，所以如果设计得好超前校正器，则将增加开环系统的剪切频率和相位裕量，这将意味着校正后闭环系统的阶跃响应速度将加快，且超调量将减小。

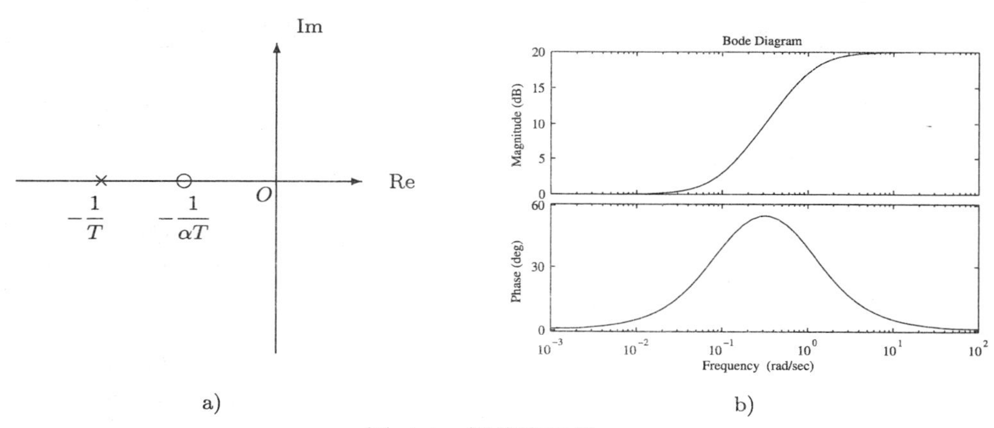

图 6-2 超前校正器

a) 超前校正器零极点示意图　　b) 超前校正器的 Bode 图

2. 滞后校正器

滞后校正器的数学模型为

$$G_{\mathrm{c}}(s)=K\frac{Ts+1}{\alpha Ts+1} \tag{6-2}$$

其中，$\alpha>1$，其零极点位置如图 6-3a 所示，该类校正器的 Bode 图如图 6-3b 所示，该校正器的 Bode 相频特性图在 $\omega=T$ 时有最大的负值，所以如果设计滞后校正器，则需要减小开环系统的剪切频率，但可能增加相位裕量，这将意味着系统的超调量将减小，但代价是阶跃响应速度将变慢。

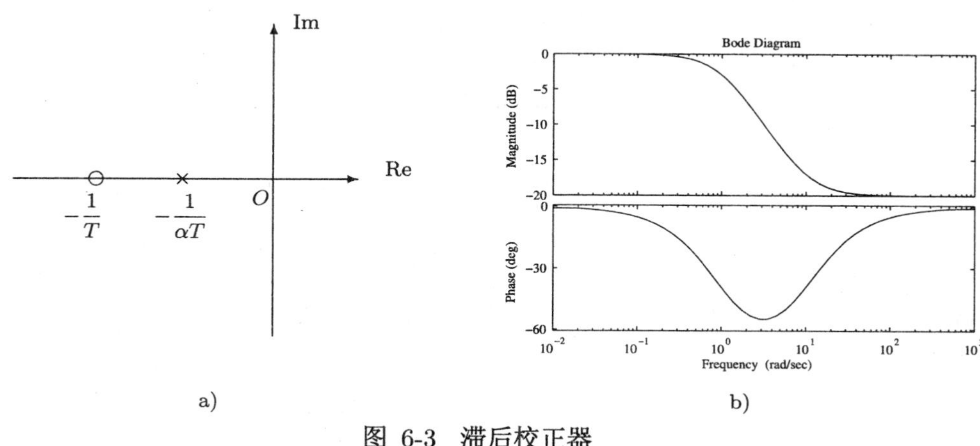

图 6-3 滞后校正器

a) 滞后校正器零极点示意图　　b) 滞后校正器的 Bode 图

3. 超前滞后校正器

超前滞后校正器是兼有超前、滞后校正器优点的一类校正器，其数学模型为

$$G_c(s) = K\frac{\alpha T_1 s + 1}{T_1 + 1}\frac{T_2 s + 1}{\beta T_2 s + 1} \tag{6-3}$$

其中，$\alpha > 1$ 表示超前部分，$\beta > 1$ 表示滞后部分，超前滞后校正器的零极点分布如图 6-4a 所示，典型超前滞后校正器的 Bode 图如图 6-4b 所示。

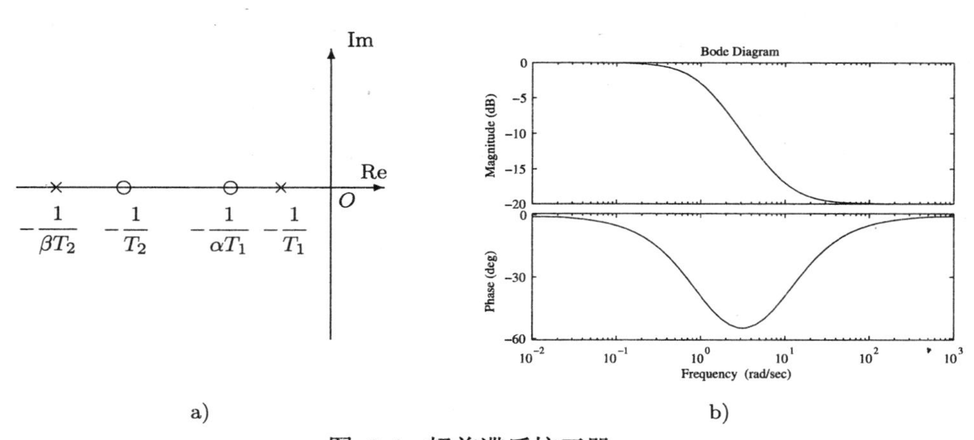

图 6-4 超前滞后校正器

a) 超前滞后校正器零极点示意图　　b) 超前滞后校正器的 Bode 图

这类校正器能加快系统的响应速度，且减小系统的超调量。和超前校正器相比，超前滞后校正器多了两个参数可以校正，在参数调节上多了两个自由度，所以该校正器性能应该优于超前校正器，但参数调节比超前校正器要烦琐得多。

6.1.2 基于相位裕量的设计方法

利用系统频域响应性能可以试凑地解决超前滞后类校正器的设计问题，但这样做可能很耗时，有时还不能得出期望的结果。这里介绍一种基于校正后系统剪切频率和相位裕量设定的算法来设计超前滞后类校正器。

这里重新表示系统的超前滞后校正器如下：

$$G_c(s)=\frac{K_c(s+z_{c_1})(s+z_{c_2})}{(s+p_{c_1})(s+p_{c_2})} \tag{6-4}$$

其中，$z_{c_1}\leqslant p_{c_1}, z_{c_2}\geqslant p_{c_2}$，$K_c$ 为校正器的增益。假设期望校正后系统的剪切频率为 ω_c，则可以求出受控对象模型在剪切频率 ω_c 下的幅值和相位，并分别记作 $A(\omega_c)$ 和 $\phi_1(\omega_c)$。如果期望校正后系统的相位裕量为 γ，则校正器的相位为 $\phi_c(\omega_c)=\gamma-180^\circ-\phi_1(\omega_c)$，这样可以建立起超前滞后校正器的设计规则：

1) 当 $\phi_c(\omega_c)>0$ 时，需要引入超前校正器，该校正器可以如下设计：

$$\alpha=\frac{z_{c_1}}{p_{c_1}}=\frac{1-\sin\phi_c(\omega_c)}{1+\sin\phi_c(\omega_c)} \tag{6-5}$$

且

$$z_{c_1}=\sqrt{\alpha}\omega_c,\quad p_{c_1}=\frac{z_{c_1}}{p_{c_1}}=\frac{\omega_c}{\sqrt{\alpha}},\quad K_c=\frac{\sqrt{\omega_c^2+p_{c_1}^2}}{\sqrt{\omega_c^2+z_{c_1}^2}A(\omega_c)} \tag{6-6}$$

可以得出系统的稳态误差系数为

$$K_1=\lim_{s\to 0}s^vG_o(s)=\frac{b_m}{a_{n-v}}\frac{K_cz_{c_1}}{p_{c_1}} \tag{6-7}$$

其中，v 为对象模型 $G(s)$ 在 $s=0$ 处极点的重数；$G_o(s)$ 为带有校正器系统的开环传递函数模型。

如果 $K_1\geqslant K_v$，其中，K_v 为用户指定的容许静态误差的增益系数，则对指定的相位裕量采用超前校正就足够了，否则，还应该再设计相位超前滞后校正器。另外应该指出，如果受控对象模型不含有纯积分项，则虽然可以取较大的 K_v 值，并不能保证闭环系统没有静态误差，这时应该考虑其他含有积分作用的控制器类型，如 PID 控制器，人为地引入积分动作，消除静态误差。

2) 超前滞后校正器可以进一步设计成

$$z_{c_2}=\frac{\omega_c}{10},\quad p_{c_2}=\frac{K_1z_{c_2}}{K_v} \tag{6-8}$$

3) 如果 $\phi_c(\omega_c)<0$，则需要按下面的方法设计相位滞后校正器

$$K_c=\frac{1}{A(\omega_c)},\quad z_{c_2}=\frac{\omega_c}{10},\quad p_{c_2}=\frac{K_1z_{c_2}}{K_v} \tag{6-9}$$

其中，$K_1=b_mK_c/a_{n-v}$。

根据上面的算法，可以编写出相应的 MATLAB 语言的超前滞后校正器设计函数 leadlagc()[57]，该函数的调用格式为

```
Gc=leadlagc(G,wc,gamma,Kv, key)
```

其中，key 为校正器类型标示，1 对应于超前校正器，2 对应于滞后校正器，3 对应于超前滞后校正器，如果不给出 key，则将通过上述的算法自动选择校正器类型。

```
function Gc=leadlagc(G,Wc,Gam_c,Kv,key)
G=tf(G); [Gai,Pha]=bode(G,Wc);
Phi_c=sin((Gam_c-Pha-180)*pi/180);
den=G.den{1}; a=den(length(den):-1:1);
ii=find(abs(a)<=0); num=G.num{1}; G_n=num(end);
if length(ii)>0, a=a(ii(1)+1); else, a=a(1); end;
alpha=sqrt((1-Phi_c)/(1+Phi_c)); Zc=alpha*Wc; Pc=Wc/alpha;
Kc=sqrt((Wc*Wc+Pc*Pc)/(Wc*Wc+Zc*Zc))/Gai; K1=G_n*Kc*alpha/a;
if nargin==4, key=1;
   if Phi_c<0, key=2; else, if K1<Kv, key=3; end, end
end
switch key
case 1, Gc=tf([1 Zc]*Kc,[1 Pc]);
case 2
   Kc=1/Gai; K1=G_n*Kc/a; Gc=tf([1 0.1*Wc],[1 K1*Gcn(2)/Kv]);
case 3
   Zc2=Wc*0.1; Pc2=K1*Zc2/Kv; Gcn=Kc*conv([1 Zc],[1,Zc2]);
   Gcd=conv([1 Pc],[1,Pc2]); Gc=tf(Gcn,Gcd);
end
```

例 6-1 假设受控对象的传递函数模型为

$$G(s)=\frac{10(s+1)}{s(s+0.1)(s+10)(s+20)}$$

选定 $\omega_c=10\text{rad/s}$，可以尝试不同的期望相位裕量值，例如选择 $\gamma=20^\circ,30^\circ,\cdots,90^\circ$，则可以采用下面的语句设计校正器，并分析闭环系统的阶跃响应曲线和开环系统的 Bode 图，分别如图 6-5a、b 所示。

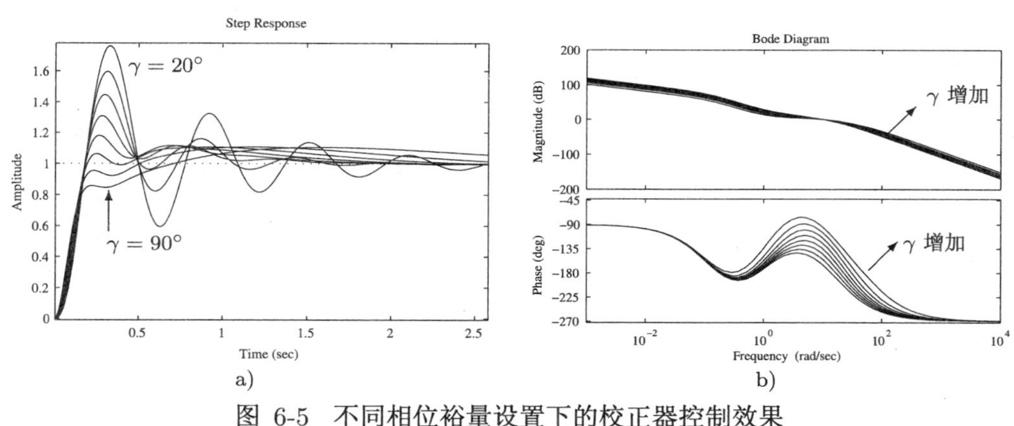

图 6-5 不同相位裕量设置下的校正器控制效果

a) 系统的闭环阶跃响应曲线　　b) 校正后的 Bode 图

```
>> G=zpk([-1],[0;-0.1;-10;-20],10);  % 受控对象模型
   wc=10; f1=figure; f2=figure;  % 打开两个图形窗口
   for gam=20:10:90
```

```
    Gc=leadlagc(G,wc,gam,1000);
    figure(f1); step(feedback(G*Gc,1)); hold on
    figure(f2); bode(Gc*G); hold on;
end
```

可见，相位裕量的值增大，将使得闭环系统的超调量减小，对这个例子来说，如果相位裕量达到 60° 时，系统的超调量将很小。一般系统设计选择 γ 的值在 $40^\circ \sim 60^\circ$ 能得到很好的结果。如果剪切频率 ω_c 的值不变，则系统的响应速度差不多。如果选择 $\omega_c = 10\text{rad/s}$，$\gamma = 55^\circ$，则可以设计出校正器为

$$G_c = 701.8634\frac{(s+4.483)(s+1)}{(s+22.3)(s+0.1573)},\quad G_{c1} = 701.8634\frac{s+4.483}{s+22.3}$$

```
>> Gc=zpk(leadlagc(G,10,55,1000))  % 设计控制器并显示其零极点形式
   Gc1=zpk(leadlagc(G,10,55,1000,1))    % 设计超前校正器
   step(feedback(G*Gc,1),'-',feedback(G*Gc1,1),':')    % 绘制闭环响应
```

用上述的语句可以设计出系统的超前滞后校正器和超前校正器，并绘制出系统的阶跃响应曲线，如图 6-6 所示。对所选择的对象来说，设计出来的超前滞后校正器的调节时间短但超调量大些，超前校正器的响应比较理想。

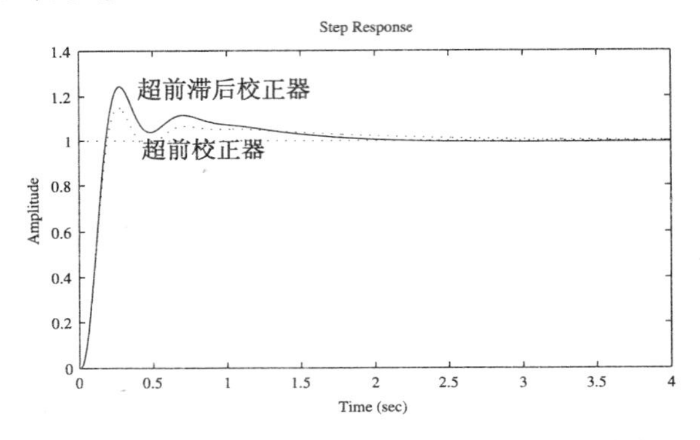

图 6-6 利用幅值裕量设计控制器的阶跃响应

若给定系统的期望相位裕量为 45°，试探不同的剪切频率 ω_c，则可以给出如下的 MATLAB 命令，这样闭环系统的阶跃响应曲线和开环系统的 Bode 图，分别如图 6-7a、b 所示。

```
>> gam=45; f1=figure; f2=figure;  % 打开两个图形窗口
   for wc=[0.1, 0.5, 1, 10, 50]
      Gc=leadlagc(G,wc,gam,1000); [a,b,c,d]=margin(Gc*G);
      figure(f1); step(feedback(G*Gc,1)); hold on
      figure(f2); bode(Gc*G); hold on;
   end
```

可见，系统的响应速度随着 ω_c 的增大，系统的响应速度将增快，在 ω_c 的值过大时，尽管能设计出控制器，但系统的相位裕量并不能保证，所以不能无限制地增加 ω_c 的值，应该有个合理的限制，还可以通过某寻优算法去寻求能保证期望相位裕量的增大剪切频率值，获得更快的响应。

例 6-2 假设受控对象模型为 $G(s) = 1/(s+1)^6$，假设想设计一个超前滞后类校正器，使其剪切

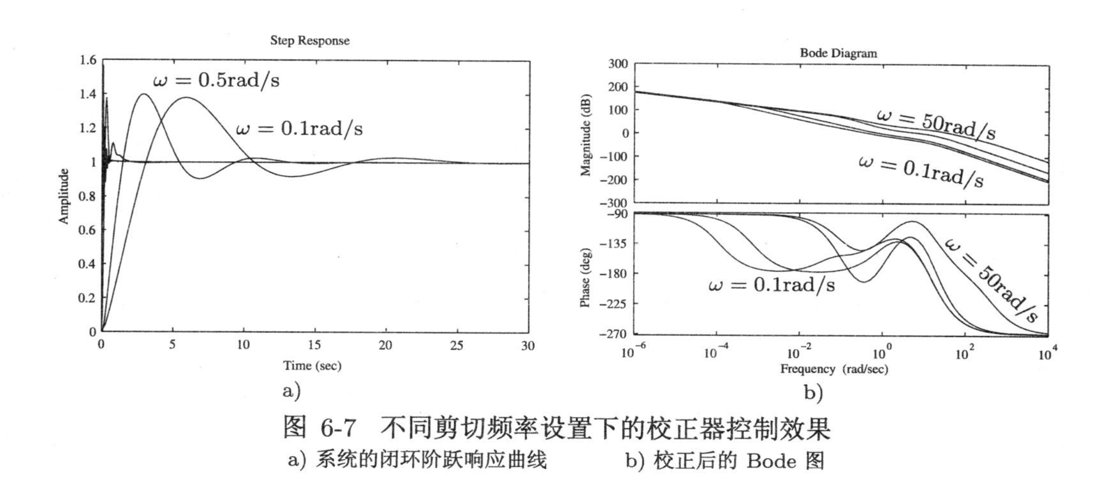

图 6-7 不同剪切频率设置下的校正器控制效果

a) 系统的闭环阶跃响应曲线 b) 校正后的 Bode 图

频率为 $\omega_c = 50$rad/s，期望相位裕量为 $\gamma = 50°$，则可以用下面的语句去输入系统模型，并设计控制器为 $G_c(s) = \dfrac{3.609 \times 10^{10} s + 7.822 \times 10^{11}}{s + 115.3}$，还可以得出在此控制器下闭环系统的阶跃响应曲线。如图 6-8a 所示。

```
>> s=tf('s'); G=1/(s+1)^6;          % 受控对象模型
   Gc=leadlagc(G,50,50,1000)  % 选择剪切频率和相位裕量，设计控制器
   step(feedback(Gc*G,1))       % 闭环系统阶跃响应
```

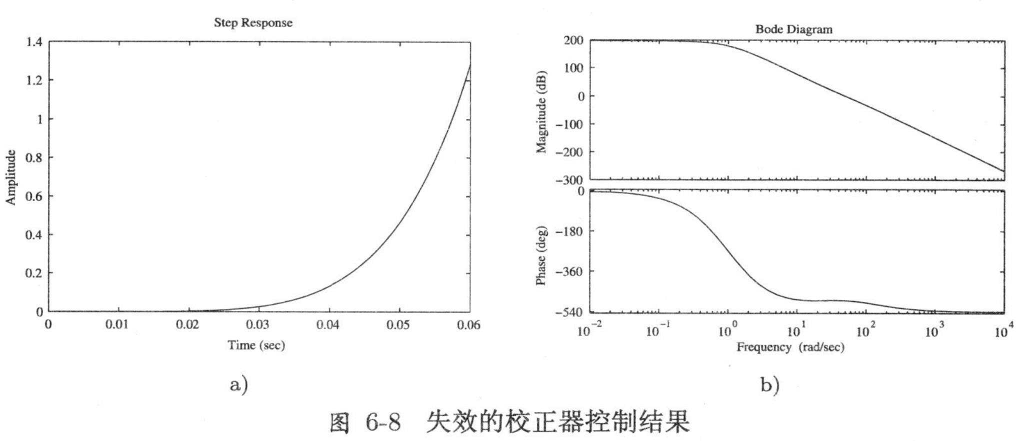

图 6-8 失效的校正器控制结果

a) 系统的闭环阶跃响应曲线 b) “校正”后的 Bode 图

从设计的结果看，虽然本算法能够设计出超前校正器，但会导致闭环系统不稳定，所以选定的 ω_c 和 γ 值过高，不能通过超前滞后校正器的形式来实现。校正后系统的 Bode 图可以由 bode(G*Gc) 直接绘制出来，如图 6-8b 所示，但可以看出，得出的系统是不稳定的。

另外可以得出结论，这样设计算法并不能保证设计出令人满意的控制器，设计完成后还需要对整体控制效果进行检验，直到能满足预定要求时，这样的控制器才能够用于控制。

6.1.3 控制系统工具箱中的设计界面

MATLAB 的控制系统工具箱中提供了一个控制器设计界面 sisotool()，该函数的基本调用方法为 sisotool(G,G_c)，其中，G 为受控对象模型，G_c 为控制器模型。这样将得出一个控制系统设计界面，该界面允许选择和修改控制器的结构，允许添加零极点，调整增益，从而设计出控制器模型，下面将通过一个例子演示该界面的使用方法。

例 6-3 假设受控对象的传递函数模型为

$$G(s)=\frac{10(s+1)}{s(s+0.1)(s+10)(s+20)}$$

这样就可以用下面的语句启动 sisotool() 函数，将显示出如图 6-9 所示的系统设计后台管理界面，同时显示出如图 6-10 所示的系统性能图形界面，该界面的左侧是系统的根轨迹曲线，右侧是 Bode 图。

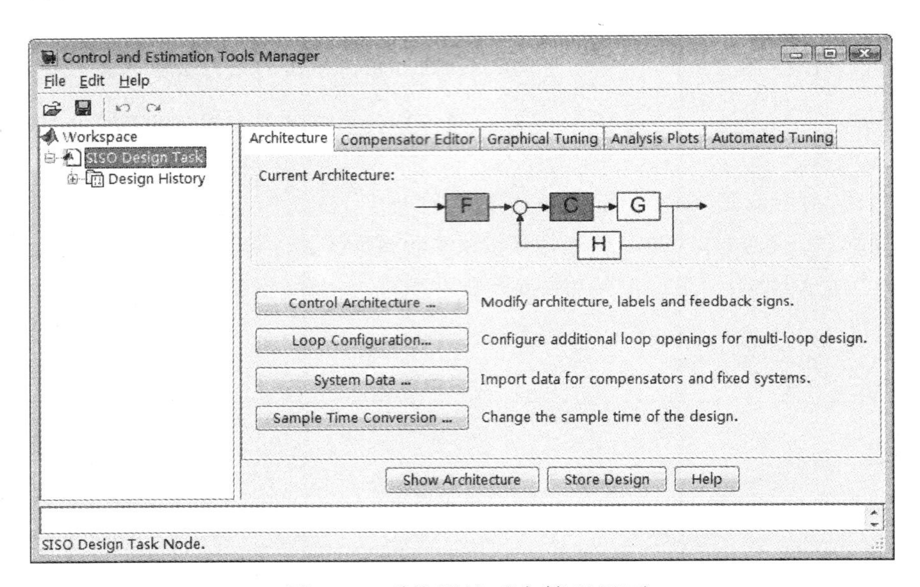

图 6-9 系统设计后台管理界面

```
>> G=zpk([-1],[0;-0.1;-10;-20],10);    % 输入受控对象模型
   Gc1=zpk(leadlagc(G,10,55,1000,1)); % 设计超前校正器
   sisotool(G,Gc1)    % 启动单变量控制器设计界面
```

其中用 Gc1 表示一个初始设计的控制器模型，如果不给出初始控制器当然也能直接调用这个函数，调用语句为 sisotool(G)。

后台管理界面还允许用户选择其他的设计结构，如单击 Architecture 按钮程序界面的右上角的栏目如图 6-11 所示，从中可以选择不同的控制结构和待设计的控制器，双击左侧栏目的系统结构图标就可以从中选择不同的控制器结构，单击控制器模块则可以选择不同的控制器，选择完成后就可以开始控制器设计了。

在设计界面上提供了工具栏，如图 6-12 所示，在图中标注了各个按钮的功能，用户可以从中选择一个按钮，例如“添加实极点”按钮，则可以在根轨迹曲线上添加一个实数极点，亦即给控

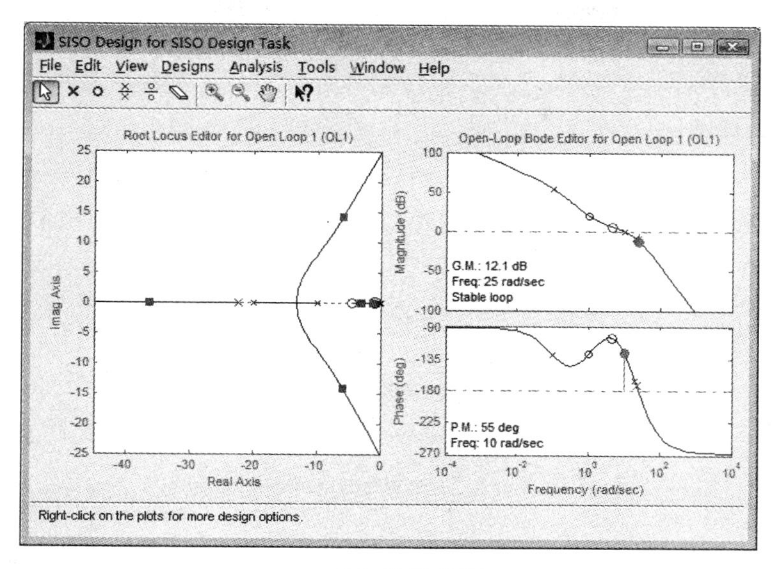

图 6-10　系统的性能图形界面

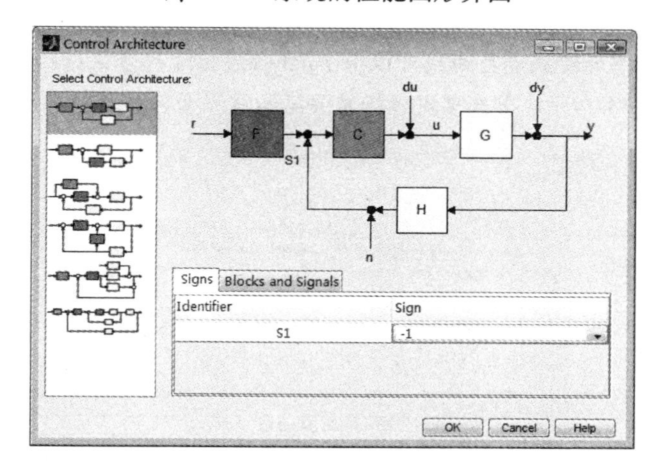

图 6-11　控制器结构选择

制器设计一个实极点，用这类方法还可以将选择控制器的基本结构在根轨迹图形上表示出来。

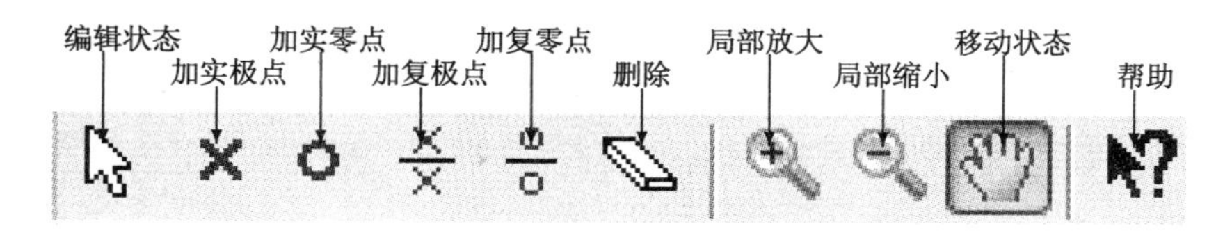

图 6-12　控制器设计工具栏

用户可以用鼠标拖动零点极点的方法来调整控制器的参数，也可以在设计管理界面中单击 Compensator Editor 标签，这将打开一个如图 6-13 所示的对话框，用户可以在此对话框中直接填写控制器的零点、极点和增益的值。除了这些手工设计方法之外，还可以单击 Automated

Tuning 标签来实现控制器的自动设计。

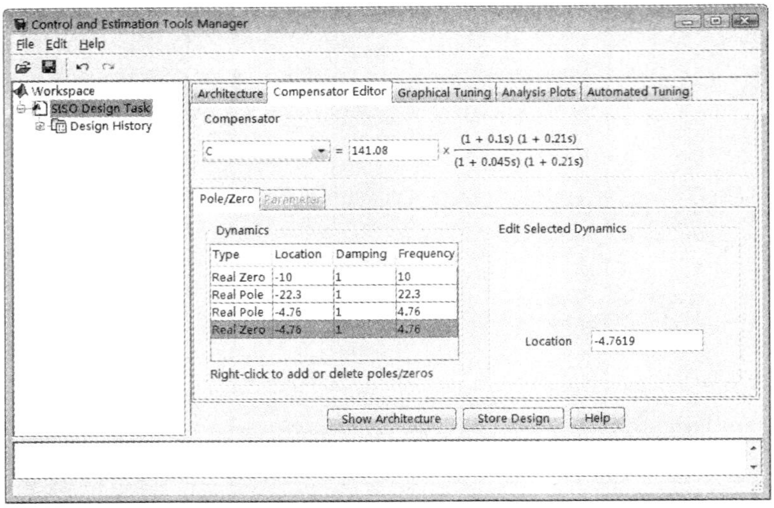

图 6-13 控制器参数手工输入界面

系统在当前控制器下的阶跃响应曲线可以由 Analysis Plots 标签来选择，该标签将显示出来曲线分析的界面，如图 6-14 所示。用户可以根据需要填写该界面，如选择其中的 Closed loop from u

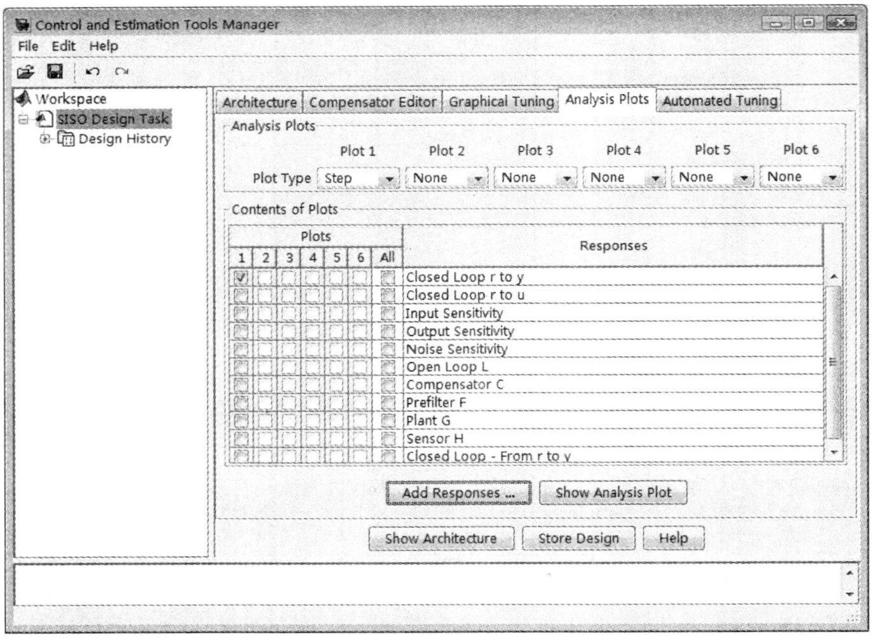

图 6-14 分析曲线选择界面

to y 项会得出系统的闭环阶跃响应，如图 6-15 所示。

选中其中的 Real-Time Update 复选框，在控制器发生变化时，系统的响应曲线将进行实时的更新。这样，若用户调整了控制器的参数，新系统的响应将直接反映出来。

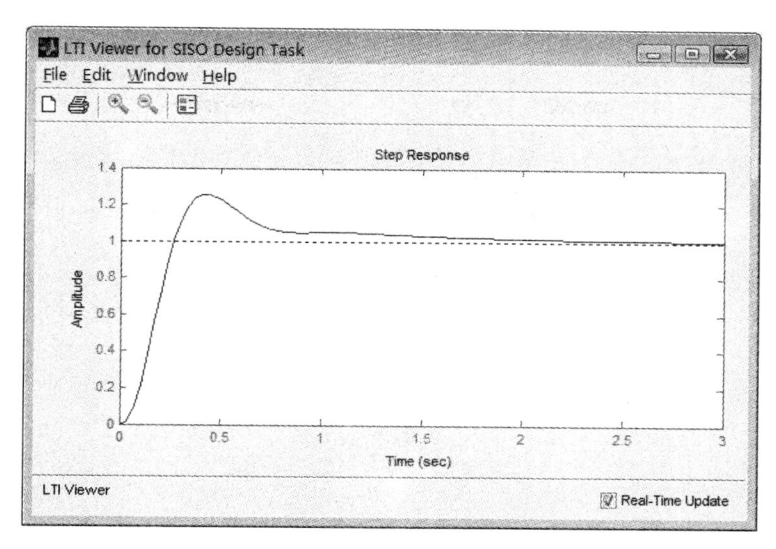

图 6-15 闭环系统的阶跃响应曲线

假设要设计一个超前滞后校正器，则可以在当前的超前校正器的基础上再分别选择一个实极点和一个实零点，将极点置于零点的左侧，用户可以随意调整零点、极点及增益的值，最终得出响应较理想的响应曲线，如图 6-16 所示，这可能是用界面直接手动调节系统控制器参数所能得到的最好的响应曲线，这时的控制器设计界面如图 6-17 所示。可以看出，这样得出的控制器模型为

$$G_c(s) = 209\frac{(1+0.1s)(1+0.21s)}{(1+0.011s)(1+0.096s)}$$

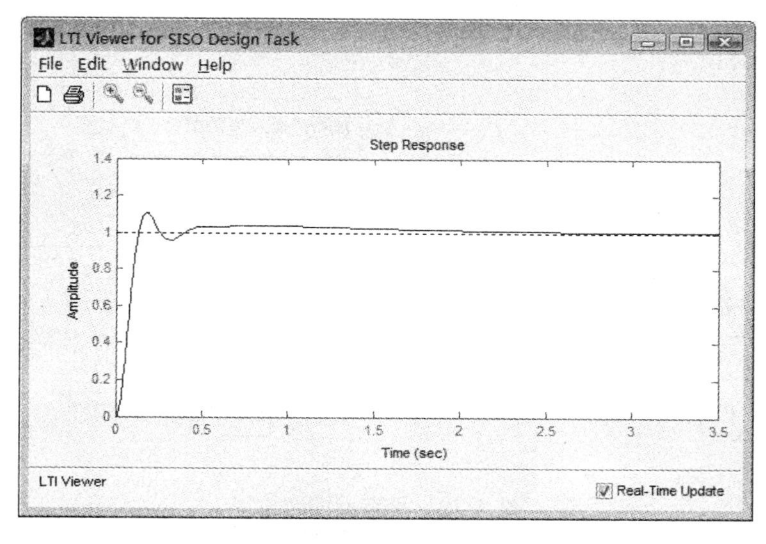

图 6-16 手动调节能达到的最好的结果

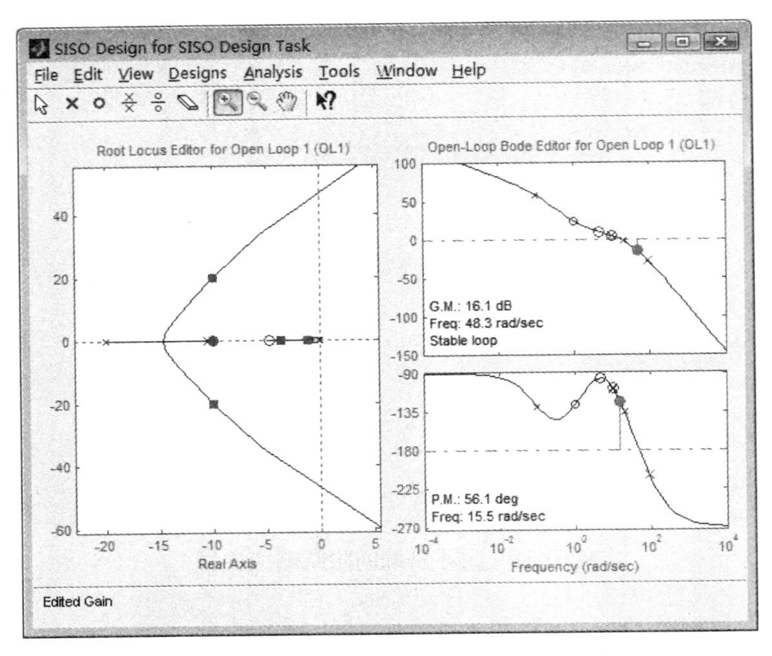

图 6-17　添加零极点控制器后的界面

6.2　状态反馈控制

系统的状态空间理论是 1960 年前后发展起来的理论，基于该理论的控制理论曾被称为“现代控制理论”。系统状态空间的分析前面已经进行了介绍，本节将引入系统状态反馈控制的概念。

系统状态反馈的示意图如图 6-18a 所示， 更详细的内部结构如图 6-18b 所示。

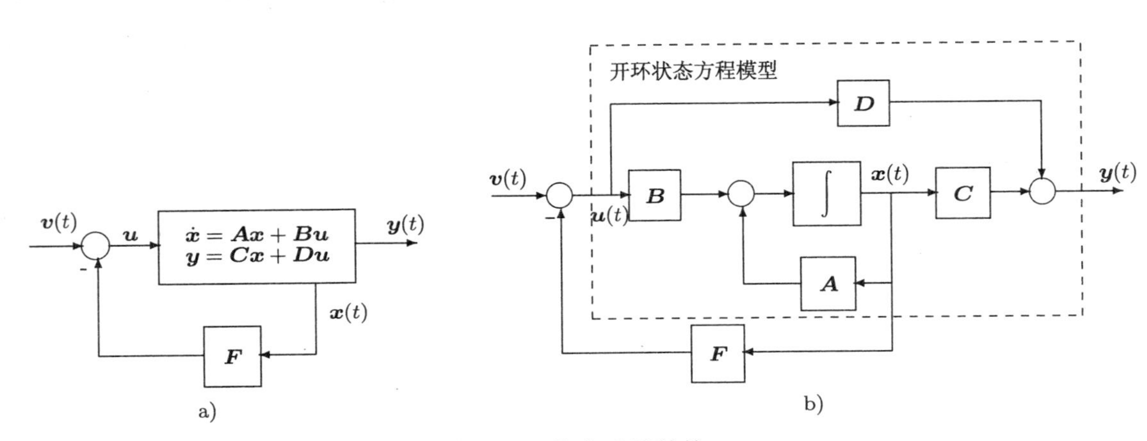

图 6-18　状态反馈结构
a) 框图　　　b) 状态反馈的内部结构

将 $\boldsymbol{u}(t) = \boldsymbol{v}(t) - \boldsymbol{F}\boldsymbol{x}(t)$ 代入开环系统的状态方程模型，则在状态反馈矩阵 $\boldsymbol{F}$ 下，系统的

闭环状态方程模型可以写成

$$\begin{cases} \dot{\boldsymbol{x}}(t) = (\boldsymbol{A} - \boldsymbol{BF})\boldsymbol{x}(t) + \boldsymbol{Bv}(t) \\ \boldsymbol{y}(t) = (\boldsymbol{C} - \boldsymbol{DF})\boldsymbol{x}(t) + \boldsymbol{Dv}(t) \end{cases} \tag{6-10}$$

如果系统 $(\boldsymbol{A}, \boldsymbol{B})$ 完全可控，则选择合适的 $\boldsymbol{F}$ 矩阵，可以将闭环系统矩阵 $\boldsymbol{A} - \boldsymbol{BF}$ 的特征值配置到任意地方 (当然还要满足共轭复数的约束)。

6.3 基于状态反馈的控制器设计方法

本节将侧重于介绍两种著名的状态反馈系统设计算法：二次型指标最优调节器设计方法和极点配置的状态反馈系统设计方法，并引入状态观测器的概念及基于观测器的控制方法。

6.3.1 线性二次型指标最优调节器

假设线性时不变系统的状态方程模型为

$$\begin{cases} \dot{\boldsymbol{x}}(t) = \boldsymbol{Ax}(t) + \boldsymbol{Bu}(t) \\ \boldsymbol{y}(t) = \boldsymbol{Cx}(t) + \boldsymbol{Du}(t) \end{cases} \tag{6-11}$$

可以引入最优控制的性能指标，即设计一个输入量 $\boldsymbol{u}(t)$，使得

$$J = \frac{1}{2}\boldsymbol{x}^{\mathrm{T}}(t_{\mathrm{f}})\boldsymbol{Sx}(t_{\mathrm{f}}) + \frac{1}{2}\int_{t_0}^{t_{\mathrm{f}}} \left[\boldsymbol{x}^{\mathrm{T}}(t)\boldsymbol{Q}(t)\boldsymbol{x}(t) + \boldsymbol{u}^{\mathrm{T}}(t)\boldsymbol{R}(t)\boldsymbol{u}(t)\right] \mathrm{d}t \tag{6-12}$$

为最小，其中，$\boldsymbol{Q}$ 和 $\boldsymbol{R}$ 分别为对状态变量和输入变量的加权矩阵，t_{f} 为控制作用的终止时间。矩阵 $\boldsymbol{S}$ 对控制系统的终值也给出某种约束，这样的控制问题称为线性二次型 (Linear Quadratic，LQ) 最优控制问题。

可以建立如下的 Hamilton 矩阵

$$\boldsymbol{H} = -\frac{1}{2}\left[\boldsymbol{x}^{\mathrm{T}}(t)\boldsymbol{Qx}(t) + \boldsymbol{u}^{\mathrm{T}}(t)\boldsymbol{Ru}(t)\right] + \boldsymbol{\lambda}^{\mathrm{T}}(t)\left[\boldsymbol{Ax}(t) + \boldsymbol{Bu}(t)\right] \tag{6-13}$$

若输入信号没有任何约束，则目标函数的最优值 (在这种情况下为最小值) 可以由求解 $\boldsymbol{H}$ 矩阵对 $\boldsymbol{u}(t)$ 的导数所构成的方程得出

$$\frac{\partial \boldsymbol{H}}{\partial \boldsymbol{u}} = -\boldsymbol{Ru}(t) + \boldsymbol{B}^{\mathrm{T}}\boldsymbol{\lambda}(t) = \boldsymbol{0} \tag{6-14}$$

从该方程可以得出使得目标函数为最小的最优控制信号 $\boldsymbol{u}(t)$，并记之为 $\boldsymbol{u}^*(t)$，这时可以得出 $\boldsymbol{u}^*(t)$ 的最优解为

$$\boldsymbol{u}^*(t) = \boldsymbol{R}^{-1}\boldsymbol{B}^{\mathrm{T}}\boldsymbol{\lambda}(t) \tag{6-15}$$

可以看出 $\boldsymbol{\lambda}(t)$ 可以写成 $\boldsymbol{\lambda}(t)=-\boldsymbol{P}(t)\boldsymbol{x}(t)$，其中，$\boldsymbol{P}(t)$ 为对称矩阵，该矩阵满足下面著名的 Riccati 微分方程

$$\dot{\boldsymbol{P}}(t)=-\boldsymbol{P}(t)\boldsymbol{A}-\boldsymbol{A}^{\mathrm{T}}\boldsymbol{P}(t)+\boldsymbol{P}(t)\boldsymbol{B}\boldsymbol{R}^{-1}\boldsymbol{B}^{\mathrm{T}}\boldsymbol{P}(t)-\boldsymbol{Q} \tag{6-16}$$

其中该矩阵的终值为 $\boldsymbol{P}(t_{\mathrm{f}})=\boldsymbol{S}$，这样可以写出最优控制信号为

$$\boldsymbol{u}^*(t)=-\boldsymbol{R}^{-1}\boldsymbol{B}^{\mathrm{T}}\boldsymbol{P}(t)\boldsymbol{x}(t) \tag{6-17}$$

可见，最优控制信号将取决于状态变量 $\boldsymbol{x}(t)$ 与 Riccati 微分方程的解 $\boldsymbol{P}(t)$。

可以看出，Riccati 微分方程求解是很困难的，而基于该方程解的控制器的实现就更困难，所以这里只考虑稳态的简单情况。在稳态的情况下，终止时间假定为 $t_{\mathrm{f}}\to\infty$，这样会使得系统的状态渐近地趋于 $\mathbf{0}$。Riccati 微分方程的解矩阵 $\boldsymbol{P}(t)$ 将趋于常数矩阵，使得 $\dot{\boldsymbol{P}}(t)=\mathbf{0}$。在这种情况下，Riccati 微分方程将简化成

$$\boldsymbol{P}\boldsymbol{A}+\boldsymbol{A}^{\mathrm{T}}\boldsymbol{P}-\boldsymbol{P}\boldsymbol{B}\boldsymbol{R}^{-1}\boldsymbol{B}^{\mathrm{T}}\boldsymbol{P}+\boldsymbol{Q}=\mathbf{0} \tag{6-18}$$

该方程经常称作 Riccati 代数方程。假设 $\boldsymbol{u}^*(t)=-\boldsymbol{K}\boldsymbol{x}(t)$，其中，$\boldsymbol{K}=\boldsymbol{R}^{-1}\boldsymbol{B}^{\mathrm{T}}\boldsymbol{P}$，则可以得出在状态反馈下的闭环系统的状态方程为 $[(\boldsymbol{A}-\boldsymbol{B}\boldsymbol{K}),\boldsymbol{B},\boldsymbol{C},\boldsymbol{D}]$。

控制系统工具箱中提供了 `lqr()` 函数，用来依照给定加权矩阵设计 LQ 最优控制器，该函数的调用格式为 `[K,P]=lqr(A,B,Q,R)`，其中，$(\boldsymbol{A},\boldsymbol{B})$ 为给定的对象状态方程模型，返回的向量 $\boldsymbol{K}$ 为状态反馈向量，$\boldsymbol{P}$ 为 Riccati 代数方程的解，该函数中使用了基于 Schur 分解算法的代数方程求解函数 `care()`，其中，`P=care(A,B,Q,R)`。更一般地，该函数 `P=care(A,B,Q,R,S,E)` 可以直接求解下述广义 Riccati 方程

$$\boldsymbol{A}^{\mathrm{T}}\boldsymbol{P}\boldsymbol{E}+\boldsymbol{E}^{\mathrm{T}}\boldsymbol{P}\boldsymbol{A}-(\boldsymbol{E}^{\mathrm{T}}\boldsymbol{P}\boldsymbol{B}+\boldsymbol{S})\boldsymbol{R}(\boldsymbol{B}^{\mathrm{T}}\boldsymbol{P}\boldsymbol{E}+\boldsymbol{S}^{\mathrm{T}})+\boldsymbol{Q}=0 \tag{6-19}$$

对离散系统来说，二次型性能指标可以写成

$$J=\frac{1}{2}\sum_{k=0}^{N}\Big[\boldsymbol{x}^{\mathrm{T}}(k)\boldsymbol{Q}\boldsymbol{x}(k)+\boldsymbol{u}^{\mathrm{T}}(k)\boldsymbol{R}\boldsymbol{u}(k)\Big] \tag{6-20}$$

其相应的动态 Riccati 方程为[78]

$$\boldsymbol{S}(k)=\boldsymbol{F}^{\mathrm{T}}\Big[\boldsymbol{S}(k+1)-\boldsymbol{S}(k+1)\boldsymbol{G}\boldsymbol{R}^{-1}\boldsymbol{G}^{\mathrm{T}}\boldsymbol{S}(k+1)\Big]\boldsymbol{F}+\boldsymbol{Q} \tag{6-21}$$

其中，$\boldsymbol{S}(N)=\boldsymbol{Q}$，$N$ 为终止时刻，且 $(\boldsymbol{F},\boldsymbol{G})$ 为离散状态方程矩阵。对二次型最优调节问题来说，$\boldsymbol{S}$ 的稳态值记作 $\boldsymbol{S}_\infty$，这样离散 Riccati代数方程为

$$\boldsymbol{S}_\infty=\boldsymbol{F}^{\mathrm{T}}\Big[\boldsymbol{S}_\infty-\boldsymbol{S}_\infty\boldsymbol{G}\boldsymbol{R}^{-1}\boldsymbol{G}^{\mathrm{T}}\boldsymbol{S}_\infty\Big]\boldsymbol{F}+\boldsymbol{Q} \tag{6-22}$$

这时控制率为

$$\boldsymbol{K}=\Big[\boldsymbol{R}+\boldsymbol{G}^{\mathrm{T}}\boldsymbol{S}_\infty\boldsymbol{G}\Big]^{-1}\boldsymbol{B}^{\mathrm{T}}\boldsymbol{S}_\infty\boldsymbol{F} \tag{6-23}$$

离散系统的代数 Riccati 方程可以由 dare() 函数求解，控制率 $\boldsymbol{K}$ 可以由 dlqr() 函数求解，其调用格式可以由 help 命令获得。

从最优控制率可以看出，其最优性完全取决于加权矩阵 $\boldsymbol{Q},\boldsymbol{R}$ 的选择，然而这两个矩阵如何选择并没有解析方法，只能定性地去选择这两个矩阵，所以这样的“最优”控制事实上完全是人为的。一般情况下，如果希望输入信号小，则选择较大的 $\boldsymbol{R}$ 矩阵，对多输入系统来说，若希望第 i 路输入小些，则 $\boldsymbol{R}$ 的第 i 列的值应该选得大些，如果希望第 j 状态变量的值比较小，则应该相应地将 $\boldsymbol{Q}$ 矩阵的第 j 个元素选择较大的值，这时最优化功能会迫使该变量变小。

例 6-4 假设连续系统的状态方程模型参数为

$$\boldsymbol{A}=\begin{bmatrix}-1.358 & 0.3 & 0 & 0 & 0\\ 2.615 & -0.6956 & 0.4 & 0 & 0\\ 0 & 0.0478 & -0.25 & 0 & 0\\ -1 & 0 & 0 & 0 & 0\\ 0 & 0 & -1 & 0 & 0\end{bmatrix},\quad \boldsymbol{B}=\begin{bmatrix}0.0409 & -0.0491\\ 0.0982 & -0.0818\\ 0 & 0\\ 0 & 0\\ 0 & 0\end{bmatrix}$$

选择加权矩阵 $\boldsymbol{Q}=\mathrm{diag}(1000,0,1000,500,500)$，$\boldsymbol{R}=\boldsymbol{I}_2$，则可以通过下面的语句直接设计出系统的状态反馈矩阵和 Riccati 方程的解为

```
>> A=[-1.3576 0.3000 0 0 0; 2.6151 -0.6956 0.4 0 0;
      0 0.0478 -0.25 0 0; -1 0 0 0 0; 0 0 -1 0 0];
   B=[0.0409 -0.0491; 0.0982 -0.0818; zeros(3,2)]; % 状态方程
   Q=diag([1000 0 1000 500 500]); R=eye(2); % 加权矩阵输入
   [K,S]=lqr(A,B,Q,R)   % 状态反馈矩阵和 Riccati 方程的解
```

得出的解为

$$\boldsymbol{S}=\begin{bmatrix}752.1081 & -171.6656 & -5590.5117 & -1328.5311 & 1408.5078\\ -171.6656 & 121.0578 & 3109.5411 & 526.0537 & -812.7052\\ -5590.5117 & 3109.5411 & 85774.8867 & 15036.1974 & -22844.4165\\ -1328.5311 & 526.0537 & 15036.1974 & 3724.6049 & -3790.1385\\ 1408.5078 & -812.7052 & -22844.4165 & -3790.1385 & 7142.7758\end{bmatrix}$$

$$\boldsymbol{K}=\begin{bmatrix}13.9037 & 4.8668 & 76.705 & -2.6784 & -22.1997\\ -22.8863 & -1.4737 & 20.1337 & 22.1997 & -2.6784\end{bmatrix}$$

6.3.2 极点配置控制器设计

如果给出了对象的状态方程模型，则经常希望引入某种控制器，使得闭环系统的极点可以移动到指定的位置，因为这样可以适当地指定系统闭环极点的位置，使得其动态性能得到改进。在控制理论中将这种移动极点的方法称为极点配置。

本节中将介绍单输入、单输出系统的极点配置算法，并假定系统的状态方程表示为

$$\begin{cases}\dot{\boldsymbol{x}}(t)=\boldsymbol{A}\boldsymbol{x}(t)+\boldsymbol{B}\boldsymbol{u}(t)\\ \boldsymbol{y}(t)=\boldsymbol{C}\boldsymbol{x}(t)\end{cases}\tag{6-24}$$

其中，$(\boldsymbol{A},\boldsymbol{B},\boldsymbol{C})$ 矩阵的维数是相容的。可以引入系统的状态反馈，并假定进入受控系统的信号为 $\boldsymbol{u}(t)=\boldsymbol{r}(t)-\boldsymbol{K}\boldsymbol{x}(t)$，其中，$\boldsymbol{r}(t)$ 为系统的外部参考输入信号，这样可以将系统的闭环状态方程写成

$$\begin{cases}\dot{\boldsymbol{x}}(t)=(\boldsymbol{A}-\boldsymbol{B}\boldsymbol{K})\boldsymbol{x}(t)+\boldsymbol{B}\boldsymbol{r}(t)\\ \boldsymbol{y}(t)=\boldsymbol{C}\boldsymbol{x}(t)\end{cases} \tag{6-25}$$

假设闭环系统期望的极点位置为 $\mu_i, i=1,\cdots,n$，则闭环系统的特征方程 $\alpha(s)$ 可以表示成

$$\alpha(s)=\prod_{i=1}^{n}(s-\mu_i)=s^n+\alpha_1 s^{n-1}+\alpha_2 s^{n-2}+\cdots+\alpha_{n-1}s+\alpha_n \tag{6-26}$$

对开环状态方程模型 $(\boldsymbol{A},\boldsymbol{B},\boldsymbol{C},\boldsymbol{D})$ 来说，在状态反馈向量 $\boldsymbol{K}$ 下，闭环系统的状态方程可以写成 $(\boldsymbol{A}-\boldsymbol{B}\boldsymbol{K},\boldsymbol{B},\boldsymbol{C},\boldsymbol{D})$。如果想将闭环系统的全部极点均移动到指定的位置，则可以采用极点配置技术，常用的极点配置算法有：

1. Ackermann 算法

极点配置的问题还可以由一种不同的方法来解决，在这种方法中状态反馈向量 $\boldsymbol{K}$ 可以由下式得出

$$\boldsymbol{K}=-[0,0,\cdots,0,1]\,\boldsymbol{T}_{\mathrm{c}}^{-1}\alpha(\boldsymbol{A}) \tag{6-27}$$

其中，$\boldsymbol{T}_{\mathrm{c}}=\left[\boldsymbol{B},\boldsymbol{A}\boldsymbol{B},\cdots,\boldsymbol{A}^{n-1}\boldsymbol{B}\right]$ 为可控性判定矩阵；$\alpha(\boldsymbol{A})$ 为将 $\boldsymbol{A}$ 代入式 (6-26) 得出的矩阵多项式的值，可以由 polyvalm() 函数可以求出。如果系统完全可控，则 $\boldsymbol{T}_{\mathrm{c}}$ 为满秩矩阵，对单变量系统来说，$\boldsymbol{T}_{\mathrm{c}}^{-1}$ 存在，故可以设计出极点配置控制器。

控制系统工具箱中给出了一个 acker() 函数来实现该算法 `K=acker(A,B,p)`，其中，$(\boldsymbol{A},\boldsymbol{B})$ 为状态方程模型，变量 $\boldsymbol{p}$ 为包含期望极点位置的向量，而返回变量 $\boldsymbol{K}$ 为状态反馈向量。

2. Bass-Gura 算法

假设原系统的开环特征方程 $a(s)$ 可以写成

$$a(s)=\det(s\boldsymbol{I}-\boldsymbol{A})=s^n+a_1 s^{n-1}+a_2 s^{n-2}+\cdots+a_{n-1}s+a_n \tag{6-28}$$

若该系统完全可控，则状态反馈向量 $\boldsymbol{K}$ 可以由下式得出[85]

$$\boldsymbol{K}=\boldsymbol{\gamma}^{\mathrm{T}}\boldsymbol{\Gamma}^{-1}\boldsymbol{T}_{\mathrm{c}}^{-1} \tag{6-29}$$

其中，$\boldsymbol{\gamma}^{\mathrm{T}}=\left[(a_n-\alpha_n),\cdots,(a_1-\alpha_1)\right]$，且

$$\boldsymbol{\Gamma}=\begin{bmatrix}a_{n-1} & a_{n-2} & \cdots & a_1 & 1\\ a_{n-2} & a_{n-3} & \cdots & 1 & \\ \vdots & \vdots & \ddots & & \\ a_1 & 1 & & & \\ 1 & & & & \end{bmatrix} \tag{6-30}$$

可以看出因为 $\boldsymbol{\Gamma}$ 为非奇异 Hankel 矩阵，如果系统完全可控，则单变量系统的 $\boldsymbol{T}_\mathrm{c}$ 矩阵可逆，所以通过状态反馈向量 $\boldsymbol{K}$，可以任意地配置闭环系统的极点。基于此算法可以编写出 MATLAB 函数 bass_pp()，其清单在下面给出，该函数的调用格式与 acker() 函数完全一致。

```
function K=bass_pp(A,B,p)
a1=poly(p); a=poly(A);  % 求出原系统和闭环系统的特征多项式
L=hankel(a(end-1:-1:1)); C=ctrb(A,B);
K=(a1(end:-1:2)-a(end:-1:2))*inv(L)*inv(C);
```

3. 鲁棒极点配置算法[86]

控制系统工具箱中提供了 place() 函数，该函数是基于鲁棒极点配置的算法编写的，用来求取状态反馈矩阵 $\boldsymbol{K}$。该函数的调用格式为 $\boldsymbol{K}$=place($\boldsymbol{A},\boldsymbol{B},\boldsymbol{p}$)。应该指出，place() 函数还适用于求解多变量系统的极点配置问题，但该函数并不适用于含有多重期望极点的问题。相反地，acker() 函数可以求解配置多重极点的问题，但却不能求解多变量问题。

例 6-5 假设系统的状态方程模型为

$$\begin{cases}\dot{\boldsymbol{x}}(t)=\begin{bmatrix}2.25 & -5 & -1.25 & -0.5\\ 2.25 & -4.25 & -1.25 & -0.25\\ 0.25 & -0.5 & -1.25 & -1\\ 1.25 & -1.75 & -0.25 & -0.75\end{bmatrix}\boldsymbol{x}(t)+\begin{bmatrix}4 & 6\\ 2 & 4\\ 2 & 2\\ 0 & 2\end{bmatrix}\boldsymbol{u}(t)\\ \boldsymbol{y}(t)=\begin{bmatrix}0 & 0 & 0 & 1\\ 0 & 2 & 0 & 2\end{bmatrix}\boldsymbol{x}(t)\end{cases}$$

可以使用下面的语句直接进行极点配置，并检验闭环系统极点位置

```
>> A=[2.25, -5, -1.25, -0.5;  2.25, -4.25, -1.25, -0.25;
     0.25, -0.5, -1.25,-1;  1.25, -1.75, -0.25, -0.75];
   B=[4, 6; 2, 4; 2, 2; 0, 2];  P=[-1 -2 -3 -4]; % 闭环极点位置指定
   K=place(A,B,P),  % 系统极点配置
   eig(A-B*K)'  % 闭环系统极点检验，显示特征根向量的转置
```

这样得出的状态反馈矩阵如下，经验证，闭环系统的极点确实已配置到了预先指定的位置。

$$\boldsymbol{K}=\begin{bmatrix}1.508 & -6.4966 & 5.9305 & 3.2317\\ 0.4595 & 1.7859 & -3.2431 & -1.1573\end{bmatrix}$$

可以看出，由上面的语句可以立即设计出极点配置后的状态反馈控制器矩阵，并将系统的闭环极点配置到预期的位置。注意，因为系统是多变量系统，所以 acker() 和 bass_pp() 均不能使用，只能使用 place() 函数进行极点配置。

例 6-6 考虑例 4-4 中给出的离散系统状态方程模型

$$\boldsymbol{x}[(k+1)T]=\begin{bmatrix}0 & 1 & 0 & 0\\ 0 & 0 & -1 & 0\\ 0 & 0 & 0 & 1\\ 0 & 0 & 5 & 0\end{bmatrix}\boldsymbol{x}(kT)+\begin{bmatrix}0 & 1\\ 0 & -1\\ 0 & 0\\ 0 & 0\end{bmatrix}\boldsymbol{u}(kT)$$

假设想将系统的闭环极点设置为 $\pm0.1,-0.5\pm0.2\mathrm{j}$，则可以尝试给出如下的命令来进行系统极

点配置的设计

```
>> A=[0 1 0 0 ; 0 0 -1 0; 0 0 0 1; 0 0 5 0]; % 输入 A 矩阵
   B=[0 1 ; 0 -1; 0 0 ; 0 0]; % 输入 B 矩阵
   P=[0.1;-0.1; -0.5+0.2i; -0.5-0.2i];  % 设置期望闭环极点的位置
   K=place(A,B,P)   % 试图进行系统极点配置, 然而得出如下的错误信息显示
```

这时将给出如下的错误信息

```
   ??? Error using ==> place
   Can't place eigenvalues there.
```

表明不能进行极点配置。用下面的命令对系统的可控性进行分析

```
>> rank(ctrb(A,B))   % 判定系统的可控性
```

可见，系统的可控性判定矩阵的秩为 2，不是满秩矩阵，表明系统不完全可控，所以系统的极点不可能任意配置，从而验证了极点配置所必备的条件：系统完全可控。如果系统不完全可控，可以考虑采用部分极点配置的方法进行处理。

6.3.3 观测器设计及基于观测器的调节器设计

在实际应用中，并不是所有的状态变量的值都是可测的，所以不能直接使用状态变量的反馈，这样就不能完成上面给出的 LQ 最优控制策略。显然，可以创建一个附加的状态空间模型，使得该模型与对象的状态空间模型 $(\boldsymbol{A},\boldsymbol{B},\boldsymbol{C},\boldsymbol{D})$ 完全一致，来重构原系统模型的状态。这样对两个系统施加同样的输入信号，可以期望重构的系统与原系统的状态完全一致。然而，若系统存在某些扰动，或原系统的模型参数有变化时，则重构模型的状态可能和原系统的状态不一致，这样在模型结构中，除了使用输入信号外，还应该使用原系统的输出信号，这样的概念和当时引入反馈的概念类似。

带有状态观测器的典型控制系统结构如图 6-19 所示。若原系统的 $(\boldsymbol{A},\boldsymbol{C})$ 为完全可观测，则状态观测器数学模型的状态空间表示为

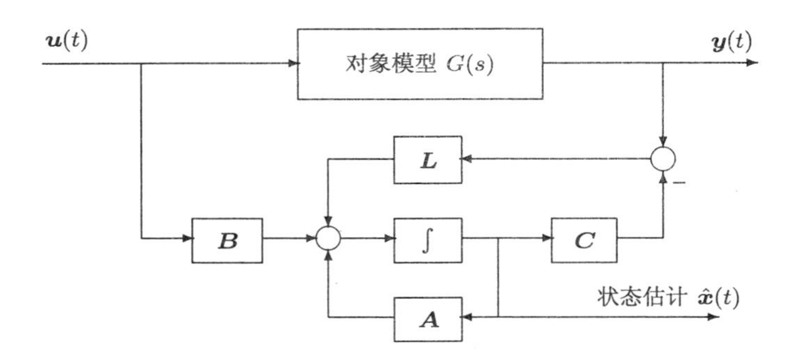

图 6-19 状态观测器的典型结构

$$\begin{aligned}\dot{\hat{\boldsymbol{x}}}(t) &= \boldsymbol{A}\hat{\boldsymbol{x}}(t)+\boldsymbol{B}\boldsymbol{u}(t)-\boldsymbol{L}(\boldsymbol{C}\hat{\boldsymbol{x}}(t)+\boldsymbol{D}\boldsymbol{u}(t)-\boldsymbol{y}(t))\\ &= (\boldsymbol{A}-\boldsymbol{L}\boldsymbol{C})\hat{\boldsymbol{x}}(t)+(\boldsymbol{B}-\boldsymbol{L}\boldsymbol{D})\boldsymbol{u}(t)+\boldsymbol{L}\boldsymbol{y}(t)\end{aligned} \tag{6-31}$$

其中，$\boldsymbol{L}$ 为列向量，该列向量应该使得 $(\boldsymbol{A}-\boldsymbol{L}\boldsymbol{C})$ 稳定。由式 (6-31) 可以推导出

$$\begin{aligned}\dot{\hat{\boldsymbol{x}}}(t)-\dot{\boldsymbol{x}}(t)&=(\boldsymbol{A}-\boldsymbol{L}\boldsymbol{C})\hat{\boldsymbol{x}}(t)+(\boldsymbol{B}-\boldsymbol{L}\boldsymbol{D})\boldsymbol{u}(t)+\boldsymbol{L}\boldsymbol{y}(t)-\boldsymbol{A}\boldsymbol{x}(t)-\boldsymbol{B}\boldsymbol{u}(t)\\&=(\boldsymbol{A}-\boldsymbol{L}\boldsymbol{C})[\hat{\boldsymbol{x}}(t)-\boldsymbol{x}(t)]s\end{aligned}\tag{6-32}$$

该方程的解析解为

$$\hat{\boldsymbol{x}}(t)-\boldsymbol{x}(t)=\mathrm{e}^{(\boldsymbol{A}-\boldsymbol{L}\boldsymbol{C})(t-t_0)}[\hat{\boldsymbol{x}}(t_0)-\boldsymbol{x}(t_0)]\tag{6-33}$$

因为 $(\boldsymbol{A}-\boldsymbol{L}\boldsymbol{C})$ 稳定，可以看出 $\lim\limits_{t\to\infty}[\hat{\boldsymbol{x}}(t)-\boldsymbol{x}(t)]=0$，这样，观测出的状态可以逼近原系统的状态。

作者编写了一个 MATLAB 函数 `simobsv()`[57]来仿真系统的状态观测器所观测到的状态，其调用格式为 $[\hat{\boldsymbol{x}},\boldsymbol{x},\boldsymbol{t}]$=`simobsv`$(G,\boldsymbol{L})$，其中，$G$ 为对象的状态方程对象模型，$\boldsymbol{L}$ 为观测器向量。由此函数得出的重构状态的阶跃响应在 $\hat{\boldsymbol{x}}$ 矩阵中返回，而原系统的状态变量由矩阵 $\boldsymbol{x}$ 返回。该函数还可以自动地选择时间向量，并在 $\boldsymbol{t}$ 向量中返回。

```
function [xh,x,t]=simobsv(G,L)
[y,t,x]=step(G); G=ss(G); A=G.a; B=G.b; C=G.c; D=G.d;
[y1,xh1]=step((A-L*C),(B-L*D),C,D,1,t);
[y2,xh2]=lsim((A-L*C),L,C,D,y,t); xh=xh1+xh2;
```

例 6-7 假设系统的状态方程模型为

$$\dot{\boldsymbol{x}}(t)=\begin{bmatrix}0&2&0&0\\0&-0.1&8&0\\0&0&-10&16\\0&0&0&-20\end{bmatrix}\boldsymbol{x}(t)+\begin{bmatrix}0\\0\\0\\0.3953\end{bmatrix}u(t)$$

输出方程为 $y(t)=0.09882x_1(t)+0.1976x_2(t)$。这里可以考虑用极点配置的方法设计观测器。假设期望观测器的极点均位于 $-1,-2,-3,-4$，则可以由下面的 MATLAB 命令设计出极点配置的观测器模型，得出 $\boldsymbol{L}^{\mathrm{T}}=[10.1215,-106.7824,288.4644,-193.5749]$。

```
>> A=[0,2,0,0; 0,-0.1,8,0; 0,0,-10,16; 0,0,0,-20];
   B=[0;0;0;0.3953]; C=[0.09882,0.1976,0,0]; D=0;
   P=[-1; -2; -3; -4]; % 观测器的期望极点位置
   L=place(A',C',P)'; L', [xh,x,t]=simobsv(ss(A,B,C,D),L);
   plot(t,x,t,xh,':'); set(gca,'XLim',[0,15],'YLim',[-0.5,4])
```

根据这样的观测器可以仿真出系统的状态变量阶跃响应曲线，如图 6-20a 所示。可见，几个状态变量的在初始时间处的响应不是很理想，但总体上可以逼近各个状态。

选择远离虚轴的极点位置，如均选择于 -10，这样就能得出新的观测器，其向量为 $\boldsymbol{L}_2^{\mathrm{T}}=[-421.1634,260.7255,33.2946,-20.8091]$，并绘制出各个状态及观测状态的阶跃响应曲线，如图 6-20b 所示，这时设计的观测器效果有所改善。

```
>> P=[-10;-10;-10;-10]; L2=acker(A',C',P) % 设计新观测器
   [xh,x,t]=simobsv(ss(A,B,C,D),L2);
   plot(t,x,t,xh,':'); set(gca,'XLim',[0,30],'YLim',[-0.5,4])
```

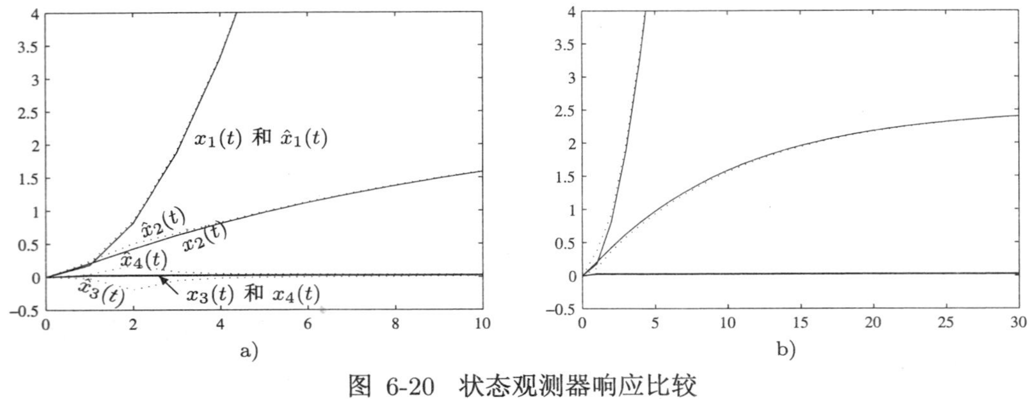

图 6-20 状态观测器响应比较

a) 极点位置 $-1,-2,-3,-4$ b) 极点位置均为 -10

设计出了合适的状态观测器之后，带有观测器的状态反馈控制策略可以由图 6-21 中给出的结构来实现。

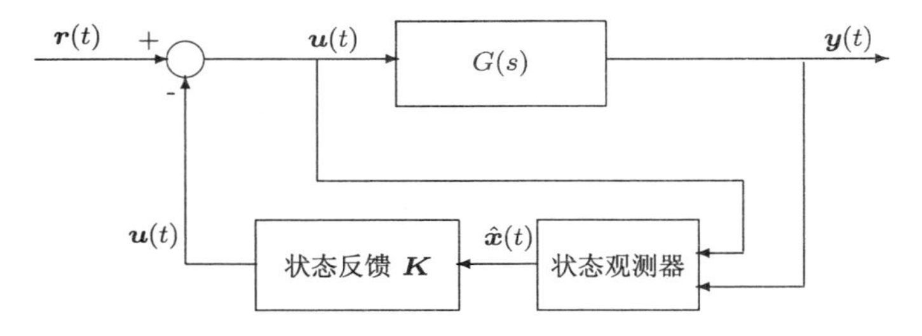

图 6-21 带有观测器的状态反馈控制结构

考虑图 6-18a 中所示的反馈结构，由式 (6-31) 可以将状态反馈 $\boldsymbol{K}\hat{\boldsymbol{x}}(t)$ 写成两个子系统 $G_1(s)$ 与 $G_2(s)$ 的形式，这两个子系统分别由信号 $\boldsymbol{u}(t)$ 与 $\boldsymbol{y}(t)$ 单独驱动，使得 $G_1(s)$ 可以写成

$$\begin{cases} \dot{\hat{\boldsymbol{x}}}_1(t) = (\boldsymbol{A}-\boldsymbol{LC})\hat{\boldsymbol{x}}_1(t) + (\boldsymbol{B}-\boldsymbol{LD})\boldsymbol{u}(t) \\ \boldsymbol{y}_1(t) = \boldsymbol{K}\hat{\boldsymbol{x}}_1(t) \end{cases} \tag{6-34}$$

而 $G_2(s)$ 可以写成

$$\begin{cases} \dot{\hat{\boldsymbol{x}}}_2(t) = (\boldsymbol{A}-\boldsymbol{LC})\hat{\boldsymbol{x}}_2(t) + \boldsymbol{Ly}(t) \\ \boldsymbol{y}_2(t) = \boldsymbol{K}\hat{\boldsymbol{x}}_2(t) \end{cases} \tag{6-35}$$

这样系统的闭环模型可以由图 6-22a 中的结构表示。对图中模型略作变换，则闭环系统可以表示成图 6-22b 中的结构。这时 $G_c(s)=1/[1+G_1(s)]$，且 $H(s)=G_2(s)$，所以这样的结构又等效于典型的反馈控制结构。可以证明，可以将控制器模型 $G_c(s)$ 进一步写成

$$G_c(s) = 1-\boldsymbol{K}(s\boldsymbol{I}-\boldsymbol{A}+\boldsymbol{BK}+\boldsymbol{LC}-\boldsymbol{LDK})^{-1}\boldsymbol{B} \tag{6-36}$$

从而控制器 $G_c(s)$ 的状态空间实现可以写成

$$\begin{cases} \dot{\boldsymbol{x}}(t) = (\boldsymbol{A}-\boldsymbol{BK}-\boldsymbol{LC}+\boldsymbol{LDK})\boldsymbol{x}(t) + \boldsymbol{Bu}(t) \\ \boldsymbol{y}(t) = -\boldsymbol{Kx}(t) + \boldsymbol{u}(t) \end{cases} \tag{6-37}$$

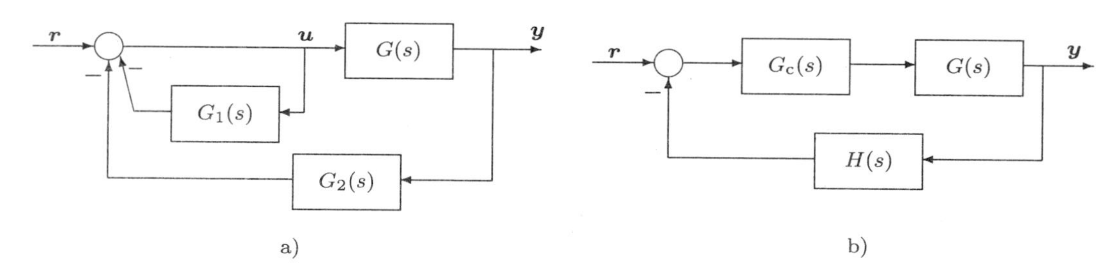

图 6-22 基于观测器的状态反馈控制
a) 化简过程 1　　b) 化简过程 2

因为观测器的动作隐含在这种反馈控制的结构之中，所以将这样的结构称为基于观测器的控制器 (Observer-Based Controller) 结构。

有了状态反馈向量 $\boldsymbol{K}$ 和观测器向量 $\boldsymbol{L}$，则上面的控制器和反馈环节可以立即由 MATLAB 函数得出

```
function [Gc,H]=obsvsf(G,K,L)
H=ss(G.a-L*G.c, L, K, 0);
Gc=ss(G.a-G.b*K-L*G.c+L*G.d*K, G.b, -K, 1);
```

如果参考输入信号 $r(t)=0$，则控制结构 $G_{\mathrm{c}}(s)$ 可以进一步简化成

$$\begin{cases} \dot{\boldsymbol{x}}(t)=(\boldsymbol{A}-\boldsymbol{BK}-\boldsymbol{LC}+\boldsymbol{LDK})\boldsymbol{x}(t)+\boldsymbol{Lu}(t) \\ \boldsymbol{y}(t)=\boldsymbol{Kx}(t) \end{cases} \tag{6-38}$$

这时调节器可以用 G_{c}=reg(G，$\boldsymbol{K}$，$\boldsymbol{L}$) 得出。

例 6-8 考虑例 6-7 中给出的系统状态方程模型，考虑对 $x_1(t)$ 和 $x_2(t)$ 引入较小的加权，而对其他两个状态变量引入较大的约束，则可以选择加权矩阵为 $\boldsymbol{Q}=\mathrm{diag}(0.01,0.01,2,3)$，$R=1$，则可以用下面的 MATLAB 语句设计出 LQ 最优控制器 $\boldsymbol{K}=[0.1,0.9429,0.7663,0.6387]$。

```
>> A=[0,2,0,0; 0,-0.1,8,0; 0,0,-10,16; 0,0,0,-20];
   B=[0;0;0;0.3953]; C=[0.09882,0.1976,0,0]; D=0;
   Q=diag([0.01,0.01,2,3]); R=1;    % 输入加权矩阵
   K=lqr(A,B,Q,R), step(ss(A-B*K,B,C,D)) % 设计 LQ 最优控制器
```

在直接状态反馈的控制下，系统的阶跃响应曲线如图 6-23 所示。

假设系统的状态不可直接测出，则可以设计一个观测器，重构出系统的状态，再经过这些重构的状态进行状态反馈，则可以得出系统响应曲线。这里用极点配置的方法设计观测器，设观测器的极点均位于 -5，则可以用下面的语句设计出观测器，并设计出基于观测器的控制器下系统阶跃响应曲线，与状态反馈的结果几乎完全一致。

```
>> P=[-5;-5;-5;-5]; G=ss(A,B,C,D); L=acker(A',C', P)'; % 设计观测器
   [Gc,H]=obsvsf(G,K,L);  % 设计控制器
   step(ss(A-B*K,B,C,D),feedback(G*Gc,H)) % 比较基于观测器的控制器与状态反馈
```

下面语句可以得出基于观测器的控制器下闭环系统的最小实现模型，对销了相同的零极点后，得出 4 阶模型，与直接状态反馈很接近。

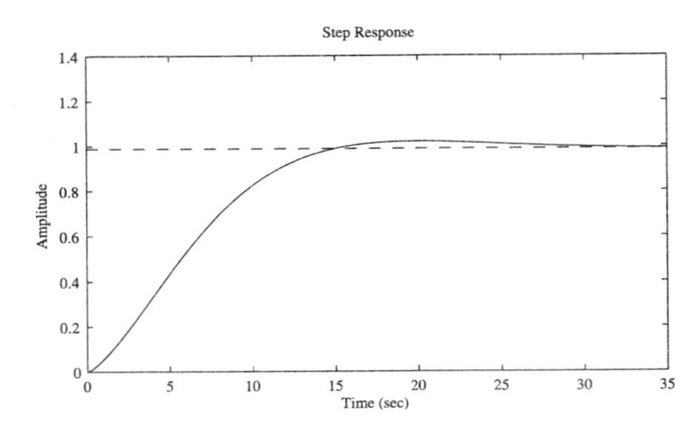

图 6-23 状态反馈与基于观测器的控制器下阶跃响应

```
>> G1=zpk(minreal(feedback(G*Gc,H)))   % 最小实现模型
   G2=zpk(minreal(ss(A-B*K,B,C,D))) % 这个结果和上式忽略两个一阶零点几乎一致
```

这样得出的最小实现模型和其简化形式为

$$G_1 = \frac{-1.1466e\times10^{-15}(s+9.338\times10^7)(s-9.338\times10^7)(s+1)}{(s+20.01)(s+10.01)(s^2+0.3341s+0.0505)}$$

$$G_2 = \frac{9.9982(s+1)}{(s+20.01)(s+10.01)(s^2+0.3341s+0.0505)}$$

6.4 多变量系统的解耦控制

在多变量系统研究中，通常第 i 路控制输入对第 j 路输出存在扰动作用，这种现象称为耦合。如何消除耦合现象，是多年来系统解耦所需研究的问题。消除耦合又称为多变量系统的解耦。前面介绍的部分内容在控制器算法中已经考虑了解耦，另一些算法则没有考虑，在本节对一些解耦方法给出必要的介绍。

6.4.1 状态反馈解耦控制

考虑线性系统的状态方程模型 $(\boldsymbol{A},\boldsymbol{B},\boldsymbol{C},\boldsymbol{D})$，该模型有 m 路输入信号，m 路输出信号。若控制信号 $\boldsymbol{u}$ 是由状态反馈建立起来的，即 $\boldsymbol{u}=\boldsymbol{\Gamma r}-\boldsymbol{Kx}$，这样闭环系统的传递函数矩阵模型可以写成

$$\boldsymbol{G}(s)=\Big[(\boldsymbol{C}-\boldsymbol{DK})(s\boldsymbol{I}-\boldsymbol{A}+\boldsymbol{BK})^{-1}\boldsymbol{B}+\boldsymbol{D}\Big]\boldsymbol{\Gamma} \tag{6-39}$$

对每个 $j, j=1,\cdots,m$ 定义出阶次 d_j，使得其为满足 $\boldsymbol{c}_j^{\mathrm{T}}\boldsymbol{A}^i\boldsymbol{B}\neq\boldsymbol{0}, (i=0,1,\cdots,n-1)$ 的最小 j 值，则 $\boldsymbol{c}_j^{\mathrm{T}}$ 为矩阵 $\boldsymbol{C}$ 的第 j 行。

若 $m\times m$ 阶矩阵

$$\boldsymbol{B}_1=\begin{bmatrix}\boldsymbol{c}_1^{\mathrm{T}}\boldsymbol{A}^{d_1}\boldsymbol{B}\\ \vdots\\ \boldsymbol{c}_m^{\mathrm{T}}\boldsymbol{A}^{d_m}\boldsymbol{B}\end{bmatrix} \tag{6-40}$$

为非奇异矩阵，若如下选择状态反馈矩阵 $\boldsymbol{K}$ 和前置矩阵 $\boldsymbol{\Gamma}$，则式 (6-39) 定义的系统可以动态解耦[85]。

$$\boldsymbol{\Gamma}=\boldsymbol{B}_1^{-1},\quad \boldsymbol{K}=\boldsymbol{\Gamma}\begin{bmatrix}\boldsymbol{c}_1^{\mathrm{T}}\boldsymbol{A}^{d_1+1}\\ \vdots\\ \boldsymbol{c}_m^{\mathrm{T}}\boldsymbol{A}^{d_m+1}\end{bmatrix} \tag{6-41}$$

根据上述算法可以编写一个 MATLAB 函数 decouple() 来设计解耦矩阵。

```
function [G1,K,d,Gam]=decouple(G)
A=G.a; B=G.b; C=G.c; [n,m]=size(G.b); B1=[]; K0=[];
for j=1:m, for k=0:n-1
      if norm(C(j,:)*A^k*B)>eps, d(j)=k; break; end
   end
   B1=[B1; C(j,:)*A^d(j)*B]; K0=[K0; C(j,:)*A^(d(j)+1)];
end
Gam=inv(B1); K=Gam*K0; G1=tf(ss(A-B*K,B,C,G.d))*Gam;
```

该函数的调用格式为 [$\boldsymbol{G}_1$,$\boldsymbol{K}$,$\boldsymbol{d}$,$\boldsymbol{\Gamma}$]=decouple($\boldsymbol{G}$)，其中，$\boldsymbol{G}$ 为原始的多变量系统状态方程模型，$\boldsymbol{G}_1$ 为解耦后的传递函数矩阵，$\boldsymbol{K}$ 为状态反馈矩阵。向量 $\boldsymbol{d}$ 包含前面定义的 d_j 值，矩阵 $\boldsymbol{\Gamma}$ 为前置补偿器矩阵。

例 6-9 考虑下面的双输入双输出系统，试设计出满足完全解耦的状态反馈。

$$\begin{cases}\dot{\boldsymbol{x}}=\begin{bmatrix}2.25&-5&-1.25&-0.5\\2.25&-4.25&-1.25&-0.25\\0.25&-0.5&-1.25&-1\\1.25&-1.75&-0.25&-0.75\end{bmatrix}\boldsymbol{x}+\begin{bmatrix}4&6\\2&4\\2&2\\0&2\end{bmatrix}\boldsymbol{u}\\ \boldsymbol{y}=\begin{bmatrix}0&0&0&1\\0&2&0&2\end{bmatrix}\boldsymbol{x}\end{cases}$$

系统的状态方程模型可以直接输入到系统中，这样就可以由下面命令立即设计出能够完全解耦的状态反馈矩阵 $\boldsymbol{K}$。

```
>> A=[2.25, -5, -1.25, -0.5;  2.25, -4.25, -1.25, -0.25;
     0.25, -0.5, -1.25,-1;  1.25, -1.75, -0.25, -0.75];
   B=[4, 6; 2, 4; 2, 2; 0, 2]; C=[0, 0, 0, 1; 0, 2, 0, 2];
   D=zeros(2,2); G=ss(A,B,C,D); [G1,K,d,Gam]=decouple(G)
```

这样可以构造出状态反馈矩阵 $\boldsymbol{K}$ 和矩阵 $\boldsymbol{\Gamma}$。这时，传递函数矩阵 $\boldsymbol{G}_1(s)$ 可以实现完全解耦。

$$\boldsymbol{G}_1(s)=\begin{bmatrix}\dfrac{1}{s}&0\\0&\dfrac{1}{s}\end{bmatrix},\ \boldsymbol{K}=\frac{1}{8}\begin{bmatrix}-1&-3&-3&5\\5&-7&-1&-3\end{bmatrix},\ \boldsymbol{\Gamma}=\begin{bmatrix}-1.5&0.25\\0.5&0\end{bmatrix}$$

引入状态反馈矩阵 $\boldsymbol{K}$ 与前置补偿器 $\boldsymbol{\Gamma}$，则多变量系统可以完全解耦。解耦后的传递函数矩阵可以表示成

$$\boldsymbol{G}_1=\operatorname{diag}\left(\left[\frac{1}{s^{d_1+1}},\cdots,\frac{1}{s^{d_m+1}}\right]\right) \tag{6-42}$$

引入解耦补偿器 $(\boldsymbol{K},\boldsymbol{\Gamma})$，可以建立起如图 6-24 所示的反馈控制结构。因为虚线框中的部分实现了完全解耦，则外环控制器 $\boldsymbol{G}_{\mathrm{c}}(s)$ 可以分别由单独回路设计的方法实现。

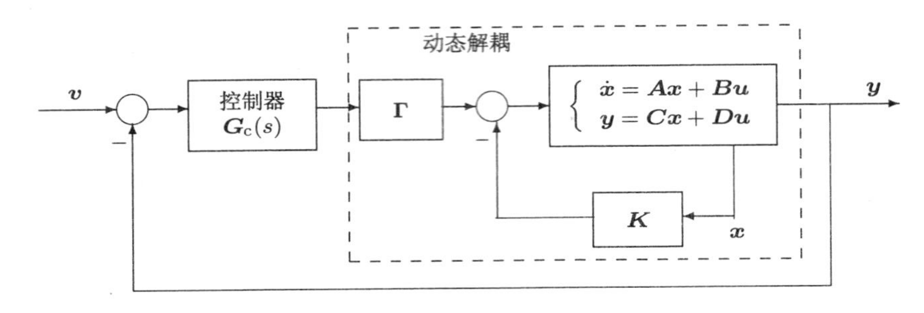

图 6-24 状态反馈控制器解耦结构

6.4.2 状态反馈的极点配置解耦系统

前面给出的动态解耦系统只能将多变量系统解耦成积分器型的对角传递函数矩阵，而积分器型受控对象在控制器设计中是很难解决的。如果仍想使用状态反馈型的解耦规则 $\boldsymbol{u}=\boldsymbol{\Gamma r}-\boldsymbol{K x}$，可以期望将解耦后的对角元素变成下面的形式

$$\boldsymbol{G}_{\boldsymbol{K},\boldsymbol{\Gamma}}(s)=\begin{bmatrix}\dfrac{1}{s^{d_1+1}+a_{1,1}s^{d_1}+\cdots+a_{1,d_1+1}} & & \\ & \ddots & \\ & & \dfrac{1}{s^{d_m+1}+a_{m,1}s^{d_m}+\cdots+a_{m,d_m+1}}\end{bmatrix} \tag{6-43}$$

其中，$d_i, i=1,\cdots,m$ 如前定义，每个多项式的系数 $s^{d_i+1}+a_{i,1}s^{d_i}+\cdots+a_{i,d_i+1}$ 可以用极点配置方法来设计。

可以考虑采用标准传递函数的形式来构造期望的多项式模型。满足 ITAE 最优准则的 n 阶标准传递函数由下式定义[87]

$$T(s)=\frac{1}{s^n+a_1s^{n-1}+a_2s^{n-2}+\cdots+a_{n-1}s+a_n} \tag{6-44}$$

其中，$T(s)$ 系统的分母多项式系数 a_i 在表 6-1 中给出。

表 6-1 ITAE 最优准则的标准传递函数分母多项式系数表

n	超调量	$\omega_{\mathrm{n}}t_{\mathrm{s}}$	分母多项式，其中，$a_{n+1}=\omega_{\mathrm{n}}^n$
1			$s+\omega_{\mathrm{n}}$
2	4.6%	6.0	$s^2+1.41\omega_{\mathrm{n}}s+\omega_{\mathrm{n}}^2$
3	2%	7.6	$s^3+1.75\omega_{\mathrm{n}}s^2+2.15\omega_{\mathrm{n}}^2s+\omega_{\mathrm{n}}^3$
4	1.9%	5.4	$s^4+2.1\omega_{\mathrm{n}}s^3+2.4\omega_{\mathrm{n}}^2s^2+2.7\omega_{\mathrm{n}}^3s+\omega_{\mathrm{n}}^4$
5	2.1%	6.6	$s^5+2.8\omega_{\mathrm{n}}s^4+5.0\omega_{\mathrm{n}}^2s^3+5.5\omega_{\mathrm{n}}^3s^2+2.4\omega_{\mathrm{n}}^4s+\omega_{\mathrm{n}}^5$
6	5%	7.8	$s^6+2.25\omega_{\mathrm{n}}s^5+6.6\omega_{\mathrm{n}}^2s^4+8.6\omega_{\mathrm{n}}^3s^3+7.45\omega_{\mathrm{n}}^4s^2+2.95\omega_{\mathrm{n}}^5s+\omega_{\mathrm{n}}^6$

根据前面的算法，可以容易地写出 n 阶标准传递函数模型的 MATLAB 函数 std_tf()

```
function G=std_tf(wn,n)
M=[1,1,0,0,0,0,0; 1,1.41,1,0,0,0,0;
   1,1.75,2.15,1,0,0,0; 1,2.1,3.4,2.7,1,0,0;
   1,2.8,5.0,5.5,3.4,1,0; 1,3.25,6.6,8.6,7.45,3.95,1];
G=tf(wn^n,M(n,1:n+1).*(wn*ones(1,n+1)).^[0:n]);
```

该函数的调用格式为 T=std_tf(ω_{n},n)，其中，ω_{n} 为用户选定的自然频率，n 为预期的标准传递函数阶次。得出的 T 即标准传递函数模型。

定义一个矩阵 $\boldsymbol{E}$，使其每一行可以写成 $\boldsymbol{e}_i^{\mathrm{T}}=\boldsymbol{c}_i^{\mathrm{T}}\boldsymbol{A}^{d_i}\boldsymbol{B}$，另一个矩阵 $\boldsymbol{F}$ 的每一行 $\boldsymbol{f}_i^{\mathrm{T}}$ 可以定义为

$$\boldsymbol{f}_i^{\mathrm{T}}=\boldsymbol{c}_i^{\mathrm{T}}\left(\boldsymbol{A}^{d_i+1}+a_{i,1}\boldsymbol{A}^{d_i}+\cdots+a_{i,d_i+1}\boldsymbol{I}\right) \tag{6-45}$$

这样，状态反馈矩阵 $\boldsymbol{K}$ 和前置变换矩阵 $\boldsymbol{\Gamma}$ 可以写成

$$\boldsymbol{\Gamma}=\boldsymbol{E}^{-1},\quad \boldsymbol{K}=\boldsymbol{\Gamma}\boldsymbol{F} \tag{6-46}$$

基于本算法，可以写出极点配置动态解耦的 MATLAB 函数为

```
function [G1,K,d,Gam]=decouple_pp(G,wn)
A=G.a; B=G.b; C=G.c; [n,m]=size(G.b); E=[]; F=[];
for j=1:m, for k=0:n-1
      if norm(C(j,:)*A^k*B)>eps, d(j)=k; break; end
   end
   g1=std_tf(wn,d(j)+1); [n,cc]=tfdata(g1,'v');
   F=[F; C(j,:)*polyvalm(cc,A)]; E=[E; C(j,:)*A^d(j)*B];
end
Gam=inv(E); K=Gam*F; G1=tf(ss(A-B*K,B,C,G.d))*Gam;
```

该函数的调用格式为 [$\boldsymbol{G}_1$,$\boldsymbol{K}$,$\boldsymbol{d}$,$\boldsymbol{\Gamma}$]=decouple_pp($\boldsymbol{G}$,ω_{n})，其中，ω_{n} 为标准传递函数的自然频率，其他变量定义和前面给出的 decouple() 函数一致。

例 6-10 考虑例 6-9 中给出的多变量控制系统模型。选择 $\omega_{\mathrm{n}}=5$，则可以由下面语句先输入系统状态方程模型，然后直接调用 decouple_pp() 函数来设计解耦器模型

```
>> A=[2.25, -5, -1.25, -0.5;  2.25, -4.25, -1.25, -0.25;
     0.25, -0.5, -1.25,-1;  1.25, -1.75, -0.25, -0.75];
  B=[4, 6; 2, 4; 2, 2; 0, 2]; C=[0, 0, 0, 1; 0, 2, 0, 2];
  D=zeros(2,2); G=ss(A,B,C,D); [G1,K,d,Gam]=decouple_pp(G,5)
```

这时，可以得出能够完全解耦的状态反馈控制器，其状态反馈矩阵 $\boldsymbol{K}$、前置补偿器 $\boldsymbol{\Gamma}$ 和解耦后的系统模型 $\boldsymbol{G}_1(s)$ 分别为

$$\boldsymbol{K}=\frac{1}{8}\begin{bmatrix}-1 & 17 & -3 & -35\\ 5 & -7 & -1 & 17\end{bmatrix},\quad \boldsymbol{\Gamma}=\begin{bmatrix}-1.5 & 0.25\\ 0.5 & 0\end{bmatrix},\quad \boldsymbol{G}_1(s)=\begin{bmatrix}\dfrac{1}{s+5} & \\ & \dfrac{1}{s+5}\end{bmatrix}$$

如果系统的状态不可直接测量，当然也可以通过观测器重构系统的状态，并在观测状态变量的基础上建立起解耦控制器。

6.5 本章要点小结

1) 本章介绍了超前、滞后与超前滞后各种串联校正器及其在系统控制中的原理与意义，介绍了一种基于剪切频率与相位裕量配置的校正器设计算法及其 MATLAB 实现，并介绍了 MATLAB 提供的基于根轨迹和 Bode 图的控制器设计界面及其应用。

2) 本章介绍了状态反馈的基本概念，并介绍了两种有影响的状态反馈控制结构：基于二次型指标的最优控制器设计及极点配置控制器设计方法。考虑到系统的状态不全是可测的，故引入了观测器的概念，并介绍观测器的设计方法，最后介绍了基于观测器的控制结构及其应用。

3) 介绍了基于状态反馈的多变量系统动态解耦方法，给出标准传递函数的概念，并在此基础上介绍了单独回路的解耦设计方法。

6.6 习　题

1 假设系统的对象模型为 $G(s)=\dfrac{210(s+1.5)}{(s+1.75)(s+16)(s+1.5\pm \mathrm{j}3)}$，并已知可以设计一个控制器为 $G_\mathrm{c}(s)=\dfrac{52.5(s+1.5)}{s+14.86}$，请观察在该控制器下系统的动态特性。比较原系统和校正后系统的幅值和相位裕量，并给出进一步改进系统性能的建议。

2 给下面对象的传递函数模型

(1) $G(s)=\dfrac{16}{s(s+1)(s+2)(s+8)}$　　(2) $G(s)=\dfrac{2(s+1)}{s(47.5s+1)(0.0625s+1)^2}$

设计出超前–滞后校正器，使得校正后系统具有所期望的相位裕量和剪切频率。修正期望的指标来改进闭环系统的动态性能，并由闭环系统的阶跃响应来验证控制器。

3 若系统的状态方程模型为

$$\dot{\boldsymbol{x}}(t)=\begin{bmatrix}0&1&0&0\\0&0&1&0\\-3&1&2&3\\2&1&0&0\end{bmatrix}\boldsymbol{x}(t)+\begin{bmatrix}1&0\\2&1\\3&2\\4&3\end{bmatrix}\boldsymbol{u}(t)$$

选择加权矩阵 $\boldsymbol{Q}=\mathrm{diag}(1,2,3,4)$ 及 $\boldsymbol{R}=\boldsymbol{I}_2$，则设计出这一线性二次型指标的最优控制器及在最优控制下的闭环系统极点位置，并绘制出闭环系统各个状态的曲线。

4 双输入双输出系统的状态方程表示为

$$\boldsymbol{A}=\begin{bmatrix}2.25&-5&-1.25&-0.5\\2.25&-4.25&-1.25&-0.25\\0.25&-0.5&-1.25&-1\\1.25&-1.75&-0.25&-0.75\end{bmatrix},\ \boldsymbol{B}=\begin{bmatrix}4&6\\2&4\\2&2\\0&2\end{bmatrix},\ \boldsymbol{C}=\begin{bmatrix}0&0&0&1\\0&2&0&2\end{bmatrix}$$

假设选择加权矩阵 $\boldsymbol{Q}=\mathrm{diag}([1,4,3,2])$，且 $\boldsymbol{R}=\boldsymbol{I}_2$，试设计出线性二次型最优调节器，并绘制系统的阶跃响应曲线。如果想改善闭环系统性能，应该如何修改 $\boldsymbol{Q}$ 矩阵。

5 假设系统的状态方程模型为

$$A=\begin{bmatrix}-0.2 & 0.5 & 0 & 0 & 0\\ 0 & -0.5 & 1.6 & 0 & 0\\ 0 & 0 & -14.3 & 85.8 & 0\\ 0 & 0 & 0 & -33.3 & 100\\ 0 & 0 & 0 & 0 & -10\end{bmatrix},\quad B=\begin{bmatrix}0\\0\\0\\0\\30\end{bmatrix},\quad C=[1,0,0,0,0]$$

请求出系统所有的零点和极点。如果想将其极点配置到 $P=[-1,-2,-3,-4,-5]$，请按状态反馈的方式设计出控制器实现闭环极点的移动。如果想再进一步改进闭环系统的动态响应，则可以修正期望闭环极点的位置，然后进行重新设计。设计完成后再设计出基于观测器的调节器和控制器，并分析新的闭环系统的性能。

6 对给定的对象模型

$$A=\begin{bmatrix}2 & 1 & 0 & 0\\ 0 & 2 & 0 & 0\\ 0 & 0 & -1 & 0\\ 0 & 0 & 0 & -1\end{bmatrix},\quad B=\begin{bmatrix}0\\1\\1\\1\end{bmatrix},\quad C=[1,0,1,0]$$

请设计出一个状态反馈向量 k，使得闭环系统的极点配置到 $(-2,-2,-1,-1)$ 位置。另外，如果想将系统的所有极点均配置到 -2，这样的配置是否可行，请解释原因。

7 请为下面的对象模型设计出状态观测器

$$A=\begin{bmatrix}0 & 0 & 1 & 0 & 0\\ 1 & 0 & 0 & 0 & 0\\ 0 & 1 & 0 & 1 & -1\\ 0 & 1 & 1 & 1 & 0\\ 0 & 0 & 1 & 0 & 0\end{bmatrix},\quad B=\begin{bmatrix}1\\2\\1\\0\\1\end{bmatrix},\quad C=[0,0,0,1,1]$$

并对观测器进行仿真分析，说明观测器的效果是否令人满意。如果不满意设计出来的观测器，试改变有关参数再重新设计观测器，直到获得满意的结果。

8 考虑下面的双输入双输出系统模型[74]：

(1) $$A=\begin{bmatrix}-1 & 1 & 1 & 1\\ 6 & 0 & -3 & 1\\ -1 & 1 & 1 & 2\\ 2 & -2 & -2 & 0\end{bmatrix},B=\begin{bmatrix}0 & 0\\ 1 & 0\\ 0 & 0\\ 0 & 1\end{bmatrix},C=\begin{bmatrix}2 & 0 & -1 & 0\\ -1 & 0 & 1 & 0\end{bmatrix}$$

(2) $$A=\begin{bmatrix}3 & 1 & 0\\ 0 & 0 & -1\\ 0 & 1 & -1\end{bmatrix},\ B=\begin{bmatrix}0 & 0\\ 1 & 0\\ 0 & 1\end{bmatrix},\ C=\begin{bmatrix}2 & -1 & 1\\ 0 & 2 & 1\end{bmatrix}$$

(3) $$G(s)=\begin{bmatrix}\dfrac{3}{s^2+2} & \dfrac{2}{s^2+s+1}\\ \dfrac{4s+1}{s^2+2s+1} & \dfrac{1}{s}\end{bmatrix}$$

试求出能使其解耦的状态反馈方法，并考虑极点配置方式的解耦，讨论参考极点位置选择对解耦及控制的影响。

第 7 章　PID 控制器与最优控制器设计

PID 控制器是最早发展起来的控制策略之一[88]，因为这种控制具有简单的控制结构，在实际应用中又较易于整定，所以它在工业过程控制中有着最规范的应用。有研究表明，在 1989 年的过程控制系统中，有超过 90% 的控制器是 PID 类的控制器[89, 90]。

第 7.1 节将首先介绍各种 PID 控制器的结构，再从最经典的 Ziegler-Nichols 控制器参数整定算法出发，介绍几种有代表意义的 PID 控制器参数整定算法，并介绍大时间延迟的 Smith 预估器在系统过程控制中的应用。第 7.4 节将介绍作者开发的 PID 控制工具箱及模块集，并介绍该工具箱和应用。第 7.5 节首先介绍最优控制器的概念及其在 MATLAB 语言中的设计方法，再介绍作者开发的最优控制器设计程序 OCD 及其在控制器设计与模型拟合中的应用。第 7.6 节将介绍作者开发的最优 PID 控制器设计程序的应用。

7.1　PID 控制器及其 Simulink 建模

7.1.1　PID 控制器概述

PID 控制一般使用图 6-1 中给出的控制系统结构，在实际控制中，PID 控制器计算出来的控制信号还应该经过一个驱动器 (actuator) 后去控制受控对象，而驱动器一般可以近似为一个饱和非线性环节，这时 PID 控制系统结构如图 7-1 所示。其中，连

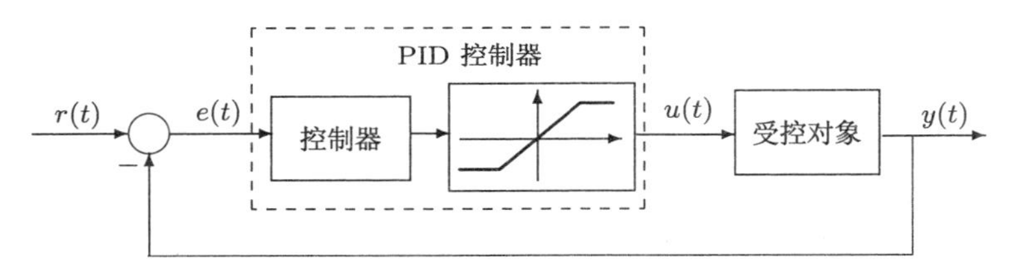

图 7-1　PID 类控制的基本结构

续 PID 控制器的最一般形式为

$$u(t) = K_{\mathrm{p}}e(t) + K_{\mathrm{i}}\int_0^t e(\tau)\,\mathrm{d}\tau + K_{\mathrm{d}}\frac{\mathrm{d}e(t)}{\mathrm{d}t} \tag{7-1}$$

其中，K_{p}, K_{i} 和 K_{d} 分别是对系统误差信号及其积分与微分量的加权，控制器通过这样的加权就可以计算出控制信号，驱动受控对象模型。如果控制器设计得当，则控制信号将能使得误差按减小的方向变化，达到控制的要求。

图 7-1 中描述的系统为非线性系统，在分析时为简单起见，令饱和非线性的饱和参数为 ∞，就可以忽略饱和非线性，得出线性系统模型进行分析。

PID 控制的结构简单，另外，这三个加权系数 K_{p}，K_{i} 和 K_{d} 都有明显的物理意义：比例控制器直接响应于当前的误差信号，一旦发生误差信号，则控制器立即发生作用以减少偏差，K_{p} 的值大则偏差将变小，然而这不是绝对的，考虑根轨迹分析，K_{p} 无限地增大会使得闭环系统不稳定；积分控制器对以往的误差信号发生作用，引入积分控制能消除控制中的静态误差，但 K_{i} 的值增大可能增加系统的超调量；微分控制对误差的导数，亦即变化率发生作用，有一定的预报功能，能在误差有大的变化趋势时施加合适的控制，K_{d} 的值增大能加快系统的响应速度，减小调节时间。

连续 PID 控制器的 Laplace 变换形式可以写成

$$G_{\mathrm{c}}(s) = K_{\mathrm{p}} + \frac{K_{\mathrm{i}}}{s} + K_{\mathrm{d}}s \tag{7-2}$$

在实际的过程控制的参考文献中，常将控制器的数学模型写作

$$u(t) = K_{\mathrm{p}}\left[e(t) + \frac{1}{T_{\mathrm{i}}}\int_0^t e(\tau)\,\mathrm{d}\tau + T_{\mathrm{d}}\frac{\mathrm{d}e(t)}{\mathrm{d}t}\right] \tag{7-3}$$

比较式 (7-1) 与式 (7-3) 中可以轻易发现，$K_{\mathrm{i}} = K_{\mathrm{p}}/T_{\mathrm{i}}$, $K_{\mathrm{d}} = K_{\mathrm{p}}T_{\mathrm{d}}$。所以二者是完全等价的。对式 (7-3) 两端进行 Laplace 变换，则可以推导出控制器的传递函数为

$$G_{\mathrm{c}}(s) = K_{\mathrm{p}}\left(1 + \frac{1}{T_{\mathrm{i}}s} + T_{\mathrm{d}}s\right) \tag{7-4}$$

为避免纯微分运算，经常用一阶滞后环节去近似纯微分环节，亦即将 PID 控制器写成

$$G_{\mathrm{c}}(s) = K_{\mathrm{p}}\left(1 + \frac{1}{T_{\mathrm{i}}s} + \frac{T_{\mathrm{d}}s}{T_{\mathrm{d}}/Ns + 1}\right) \tag{7-5}$$

其中，$N \to \infty$ 则为纯微分运算，在实际应用中 N 取一个较大的值就可以很好地进行近似，例如取 $N = 10$。实际仿真研究可以发现，在一般实例中，N 不必取得很大，取 10 以上就可以较好地逼近实际的微分效果[57]。

虽然式 (7-2) 和式 (7-3) 均可以用于表示 PID 控制器，但它们各有特点，一般介绍 PID 整定算法的参考文献中均采用后者的数学模型，而在 PID 控制与优化中采用前者介绍的公式更合适。

7.1.2 离散 PID 控制器

如果采样周期 T 的值很小，在 kT 时刻误差信号 $e(kT)$ 的导数与积分就可以近似为

$$\frac{\mathrm{d}e(t)}{\mathrm{d}t} \approx \frac{e(kT) - e[(k-1)T]}{T} \tag{7-6}$$

$$\int_0^{kT} e(t)\,\mathrm{d}t \approx T\sum_{i=0}^{k} e(iT) = \int_0^{(k-1)T} e(t)\,\mathrm{d}t + Te(kT) \tag{7-7}$$

将其代入式 (7-1)，则可以写出离散形式的 PID 控制器为

$$u(kT)=K_{\mathrm{p}}e(kT)+K_{\mathrm{i}}T\sum_{m=0}^{k}e(mT)+\frac{K_{\mathrm{d}}}{T}\Big\{e(kT)-e[(k-1)T]\Big\} \tag{7-8}$$

$$u_k=K_{\mathrm{p}}e_k+K_{\mathrm{i}}T\sum_{m=0}^{k}e_m+\frac{K_{\mathrm{d}}}{T}(e_k-e_{k-1}) \tag{7-9}$$

离散 PID 控制器的仿真框图如图 7-2 所示，该控制器实现了式 (7-9) 中的控制策略，其中积分部分没有采用累加的形式，而是由前一个时刻的值叠加而成。在控制器中还对控制信号进行了驱动饱和非线性处理，可以模拟实际的离散 PID 控制器。

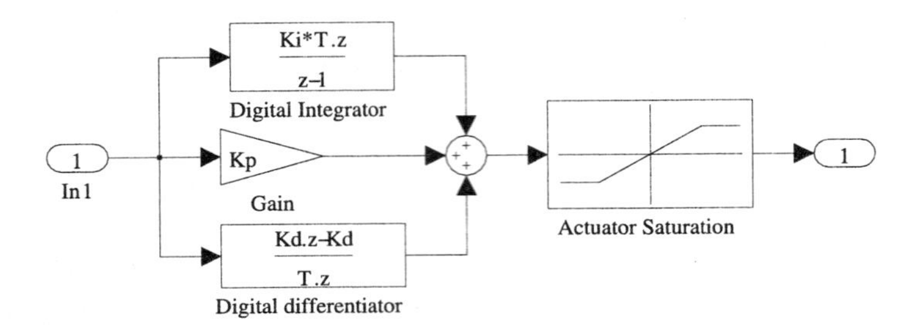

图 7-2 离散 PID 控制器的 Simulink 框图 (文件名：c7mdpid.mdl)

离散 PID 控制器的传递函数为

$$G_{\mathrm{c}}(z)=K_{\mathrm{p}}+\frac{K_{\mathrm{i}}Tz}{z-1}+\frac{K_{\mathrm{d}}(z-1)}{Tz} \tag{7-10}$$

7.1.3 PID 控制器的变形

1. 积分分离式 PID 控制器

在 PID 控制器中，积分的作用是消除静态误差，但由于积分的引入，系统的超调量也将增加，所以在实际的控制器应用中，一种很显然的想法就是：在启动过程中，如果静态误差很大时，可以关闭积分部分的作用，稳态误差很小时再开启积分作用，消除静态误差，这样的控制器又称为积分分离的 PID 控制器。

2. 数字增量式 PID 控制器

考虑式 (7-8) 中给出的离散 PID 控制器，其中积分部分完全取决于以往所有的误差信号。计算 u_k-u_{k-1}，可以得出

$$u_k-u_{k-1}=K_{\mathrm{p}}(e_k-e_{k-1})+K_{\mathrm{i}}Te_k+K_{\mathrm{d}}(e_{k+1}+e_{k-1}-2e_k)=\Delta u_k \tag{7-11}$$

这时控制器的输出信号可以由 $u_k=u_k+\Delta u_k$ 计算出来，因为新的控制器输出是由其上一部的输出加上一个增量 Δu_k 构成，所以这类控制器又称为增量式 PID 控制器，其 Simulink 框图由图 7-3 表示。

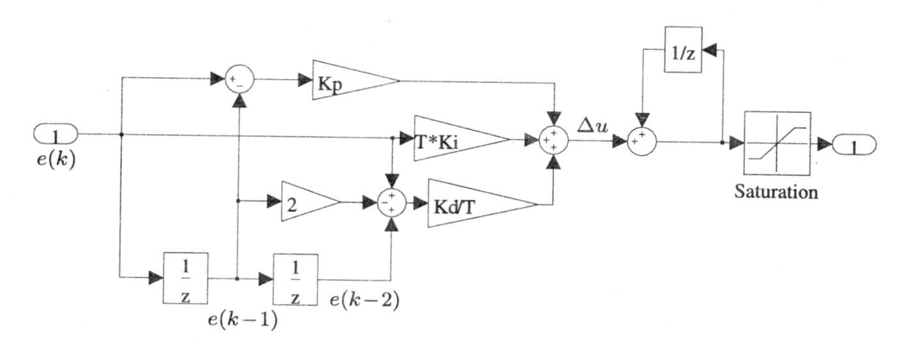

图 7-3 增量式 PID 控制器的 Simulink 框图 (文件名：c7mdpid1.mdl)

3. 抗积分饱和 (anti-windup) PID 控制器

当输入信号的设定点发生变化时，因为这时的误差信号太大，使得控制信号极快地达到传动装置的限幅。输出信号已经达到参考输入值时，误差信号变成负值，但可能由于积分器的输出过大，控制信号仍将维持在饱和非线性的限幅边界上，故使得系统的输出继续增加，直到一段时间后积分器才能恢复作用，这种现象称作积分器饱和作用[89]。有各种各样的抗积分饱和 PID 控制器，图 7-4 中给出了一种抗积分饱和 PID 控制器的 Simulink 实现。

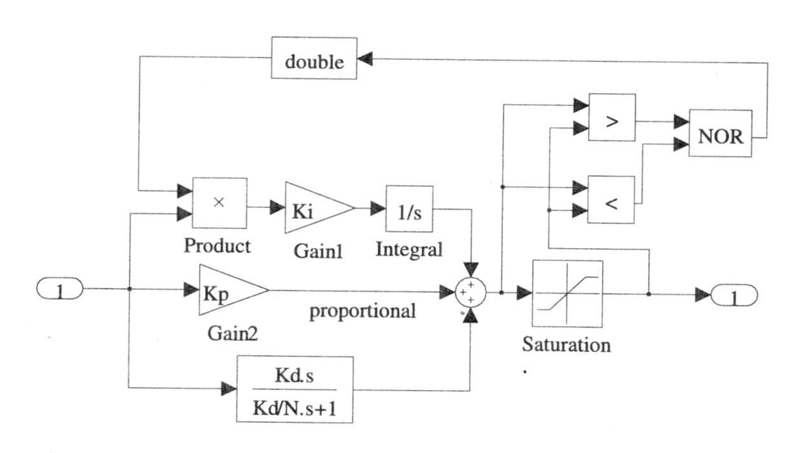

图 7-4 抗积分饱和 PID 控制器的 Simulink 框图 (文件名：c7mantiw.mdl)

7.2 过程系统的一阶延迟模型近似

带有时间延迟的一阶模型 (First-Order Lag Plus Delay，FOLPD) 的数学表示为

$$G(s) = \frac{k}{Ts+1}\mathrm{e}^{-Ls} \tag{7-12}$$

在 PID 控制器的诸多算法中，绝大多数的算法都是基于 FOLPD 模型的，这主要是因为大部分过程控制模型的响应曲线和一阶系统的响应较类似，可以直接进行拟合。所

以，找出获得一阶的近似模型对很多 PID 算法都是很必要的，本节将介绍这种近似的一些方法。

7.2.1 由响应曲线识别一阶模型

一般的过程控制对象模型的阶跃响应曲线形状如图 7-5a 所示， 对这类系统的阶跃响

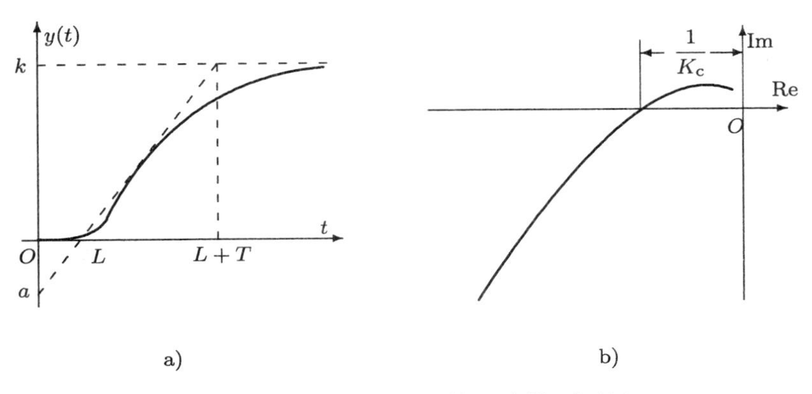

图 7-5 带有时间延迟的一阶模型近似
a) 阶跃响应近似 b) Nyquist 图近似

应曲线，可以用 FOLPD 模型来近似，可以按图中给出的方法绘制出三条虚线，从而提取出模型的 k, L, T 参数。由阶跃响应曲线去找出这样的几个参数往往带有一些主观性，因为想绘制斜线并没有准确的准则，所以其坡度选择有一定的随意性，不容易得出很好的客观模型。

还可以由数据来辨识这些参数，因为该系统模型对应的阶跃响应解析解可以写成

$$\hat{y}(t)=\begin{cases} k(1-\mathrm{e}^{-(t-L)/T}), & t>L \\ 0, & t\leqslant L \end{cases} \tag{7-13}$$

故可以用最小二乘拟合方法由响应数据拟合出系统的 FOLPD 模型。作者编写了可以用各种算法拟合系统模型的 MATLAB 函数 getfolpd() 来求取系统的一阶模型，该函数的调用格式为 $[k,L,T,G_\mathrm{a}]$=getfolpd(key,G)，其中，key 变量表示各种方法。对已知的阶跃响应数据，key=1，且 G 为受控对象模型，通过该函数的调用将直接返回一阶近似模型参数 k, L, T，同时将返回近似的传递函数模型 G_a。

```
function [K,L,T,G1]=getfolpd(key,G)
switch key
case 1, [y,t]=step(G);
  fun = inline('x(1)*(1-exp(-(t-x(2))/x(3))).*(t>x(2))','x','t');
  x=lsqcurvefit(fun,[1 1 1],t,y); K=x(1); L=x(2); T=x(3);
case 2, [Kc,Pm,wc,wcp]=margin(G);
  ikey=0; L=1.6*pi/(3*wc); K=dcgain(G); T=0.5*Kc*K*L;
  if finite(Kc), x0=[L;T];
    while ikey==0, u=wc*x0(1); v=wc*x0(2);
```

```
        FF=[K*Kc*(cos(u)-v*sin(u))+1+v^2; sin(u)+v*cos(u)];
        J=[-K*Kc*wc*sin(u)-K*Kc*wc*v*cos(u),-K*Kc*wc*sin(u)+2*wc*v;
            wc*cos(u)-wc*v*sin(u), wc*cos(u)]; x1=x0-inv(J)*FF;
     if norm(x1-x0)<1e-8, ikey=1; else, x0=x1; end, end
     L=x0(1); T=x0(2);  end
case 3, [n1,d1]=tfderv(G.num{1},G.den{1});
  [n2,d2]=tfderv(n1,d1); K1=dcgain(n1,d1);
  K2=dcgain(n2,d2); K=dcgain(G); Tar=-K1/K;
  T=sqrt(K2/K-Tar^2); L=Tar-T;
case 4
  Gr=opt_app(G,0,1,1);  L=Gr.ioDelay;
  T=Gr.den{1}(1)/Gr.den{1}(2); K=Gr.num{1}(end)/Gr.den{1}(2);
end
G1=tf(K,[T 1],'iodelay',L);
function [e,f]=tfderv(b,a)
f=conv(a,a); na=length(a); nb=length(b);
e1=conv((nb-1:-1:1).*b(1:end-1),a);
e2=conv((na-1:-1:1).* a(1:end-1),b);
maxL=max(length(e1),length(e2));
e=[zeros(1,maxL-length(e1)) e1]-[zeros(1,maxL-length(e2)) e2];
```

另外一种表示一阶模型的方法是 Nyquist 图形法，从 Nyquist 图上可以求出对象模型的 Nyquist 图和负实轴相交点的频率 ω_c 和幅值 K_c，如图 7-5b 所示，这样用这两个参数就能表示一阶的近似模型了。这两个参数实际上就是系统的幅值裕量数据，可以用 MATLAB 的 margin() 函数来直接求取。

7.2.2 基于频域响应的近似方法

考虑下面一阶模型的频域响应

$$G(\mathrm{j}\omega)=\left.\frac{k}{Ts+1}\mathrm{e}^{-Ls}\right|_{s=\mathrm{j}\omega}=\frac{k}{T\mathrm{j}\omega+1}\mathrm{e}^{-\mathrm{j}\omega L} \tag{7-14}$$

在剪切频率 ω_c 下的极限增益 K_c 实际上是 Nyquist 图与负实轴的第一个交点，它们满足下面的两个方程

$$\begin{cases}\dfrac{k(\cos\omega_c L-\omega_c T\sin\omega_c L)}{1+\omega_c^2T^2}=-\dfrac{1}{K_c}\\ \sin\omega_c L+\omega_c T\cos\omega_c L=0\end{cases} \tag{7-15}$$

此外，k 实际上是对象模型的稳态值，该值可以直接由给出的传递函数得出。定义两个变量：$x_1=L$ 与 $x_2=T$，则可以列出这两个未知变量满足的方程为

$$\begin{cases}f_1(x_1,x_2)=kK_c(\cos\omega_c x_1-\omega_c x_2\sin\omega_c x_1)+1+\omega_c^2x_2^2=0\\ f_2(x_1,x_2)=\sin\omega_c x_1+\omega_c x_2\cos\omega_c x_1=0\end{cases} \tag{7-16}$$

可以由下式得出 Jacobian 矩阵为

$$J = \begin{bmatrix} \partial f_1/\partial x_1 & \partial f_1/\partial x_2 \\ \partial f_2/\partial x_1 & \partial f_2/\partial x_2 \end{bmatrix} = \begin{bmatrix} -kK_c\omega_c\sin\omega_c x_1 - kK_c\omega_c^2 x_2\cos\omega_c x_1 & -kK_c\omega_c\sin\omega_c x_1 + 2\omega_c^2 x_2 \\ \omega_c\cos\omega_c x_1 - \omega_c^2 x_2\sin\omega_c x_1 & \omega_c\cos\omega_c x_1 \end{bmatrix} \tag{7-17}$$

这样，两个未知变量 (x_1, x_2) 可以由拟 Newton 算法求解，在函数 getfolpd() 的调用中取 key=2，且将 G 表示系统模型即可。

7.2.3 基于传递函数的辨识方法

考虑带有时间延迟的一阶环节为 $G_n(s) = k\mathrm{e}^{-Ls}/(1+Ts)$，求取 $G_n(s)$ 关于变量 s 的一阶和二阶导数，则可以得出

$$\frac{G_n'(s)}{G_n(s)} = -L - \frac{T}{1+Ts}, \quad \frac{G_n''(s)}{G_n(s)} - \left(\frac{G_n'(s)}{G_n(s)}\right)^2 = \frac{T^2}{(1+Ts)^2}$$

求取各个导数在 $s=0$ 处的值，则可以发现

$$T_{ar} = -\frac{G_n'(0)}{G_n(0)} = L + T, \quad T^2 = \frac{G_n''(0)}{G_n(0)} - T_{ar}^2 \tag{7-18}$$

其中，T_{ar} 又称为平均驻留时间，从上面的方程可以发现，$L = T_{ar} - T$。系统的增益同样可以由 $k = G_n(0)$ 直接求出。在函数 getfolpd() 的调用中取 key=3，且将 G 表示系统模型，即可得出一阶模型。

7.2.4 最优降阶方法

作者提出了一种带有时间延迟环节系统的次最优降阶方法[65]，可以通过数值最优化算法求解出这 3 个特征参数，由于篇幅所限，不对之详细描述。在 MATLAB 函数 getfolpd() 中，令 key=4，且 G 为受控对象数学模型，即可得出最优一阶近似模型。

例 7-1 假设受控对象的传递函数模型为 $G(s) = 1/(s+1)^6$，可以用下面语句由各种方法得出一阶近似模型，并比较其阶跃响应曲线，如图 7-6 所示。

```
>> s=tf('s'); G=1/(s+1)^6;  % 对象模型输入
   [K1,L1,T1,G1]=getfolpd(1,G); G1, % 曲线拟合最小二乘法结果
   [K2,L2,T2,G2]=getfolpd(2,G); G2, % 基于传递函数的拟合方法
   [K3,L3,T3,G3]=getfolpd(3,G); G3, % 基于频域响应的拟合方法
   [K4,L4,T4,G4]=getfolpd(4,G); G4, % 次最优降阶方法
   step(G,'-',G1,':',G2,'*',G3,'--',G4,'-.',15)
```

用上述 4 种方法得出的拟合模型分别为

$$G_1 = \frac{1.011\mathrm{e}^{-3.26s}}{3.076s+1}, \quad G_2 = \frac{\mathrm{e}^{-3.48s}}{3.722s+1}, \quad G_3 = \frac{\mathrm{e}^{-3.55s}}{2.449s+1}, \quad G_4 = \frac{\mathrm{e}^{-3.37s}}{2.883s+1}$$

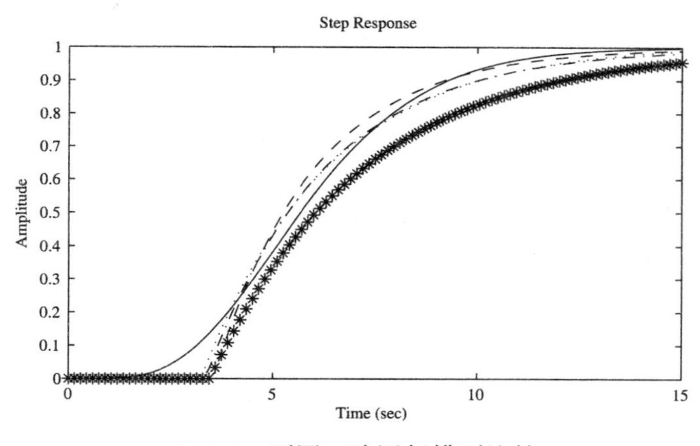

图 7-6 不同一阶近似模型比较

从得出的拟合结果可以看出，采用基于传递函数的拟合方法得出的结果最差，用次最优降阶方法和曲线最小二乘的拟合方法得出的结果拟合效果接近，均优于基于频域响应的拟合方法。

7.3 Ziegler-Nichols 参数整定方法

7.3.1 Ziegler-Nichols 经验公式

早在 1942 年，Ziegler 与 Nichols 提出了一种著名的 PID 类控制器整定的经验公式[9]，在过程控制中提出了一种切实可行的方法，后来称为 Ziegler-Nichols 整定公式，这样的方法和其改进的形式直接用于实际的过程控制。

假设已经得到了系统的 FOLPD 近似模型参数 K, L 和 T，根据相似三角形的原理就可以立即得出 $a = KL/T$，这样就可以根据表 7-1 设计出 P、PI 和 PID 控制器，

表 7-1 Ziegler-Nichols 整定公式

控制器类型	由阶跃响应整定			由频域响应整定		
	K_p	T_i	T_d	K_p	T_i	T_d
P	$1/a$			$0.5K_\mathrm{c}$		
PI	$0.9/a$	$3L$		$0.4K_\mathrm{c}$	$0.8T_\mathrm{c}$	
PID	$1.2/a$	$2L$	$L/2$	$0.6K_\mathrm{c}$	$0.5T_\mathrm{c}$	$0.12T_\mathrm{c}$

设计方法很简单直观。根据此算法可以编写一个 MATLAB 函数 `ziegler()`[57]，由该函数可以直接设计出系统的 PID 类控制器 `[`G_c`,`K_p`,`T_i`,`T_d`,`H`]=ziegler(key,vars)`，其中，`key`=1,2,3 分别对应于 P, PI, PID 控制器，用户可以选择该标示来选择控制器类型，`vars=[`K, L, T, N`]`。使用此函数可以立即设计出所需的控制器。

```
function [Gc,Kp,Ti,Td,H]=ziegler(key,vars)
Ti=[]; Td=[]; H=1;
if length(vars)==4,
```

```
    K=vars(1); L=vars(2); T=vars(3); N=vars(4); a=K*L/T;
    if key==1,  Kp=1/a;
    elseif key==2, Kp=0.9/a; Ti=3.33*L;
    elseif any([3 4]==key), Kp=1.2/a; Ti=2*L; Td=L/2; end
 elseif length(vars)==3,
    K=vars(1); Tc=vars(2); N=vars(3);
    if key==1, Kp=0.5*K;
    elseif key==2, Kp=0.4*K; Ti=0.8*Tc;
    elseif key==3 | key==4, Kp=0.6*K; Ti=0.5*Tc; Td=0.12*Tc; end
 elseif length(vars)==5,
    K=vars(1); Tc=vars(2); rb=vars(3); N=vars(5);
    pb=pi*vars(4)/180; Kp=K*rb*cos(pb);
    if key==2, Ti=-Tc/(2*pi*tan(pb));
    elseif any(key==[3,4]), Ti=Tc*(1+sin(pb))/(pi*cos(pb)); Td=Ti/4;
 end, end
 switch key
 case 1, Gc=Kp;
 case 2, Gc=tf(Kp*[Ti,1],[Ti,0]);
 case 3, nn=[Kp*Ti*Td*(N+1)/N,Kp*(Ti+Td/N),Kp];
    dd=Ti*[Td/N,1,0]; Gc=tf(nn,dd);
 case 4,
    d0=sqrt(Ti*(Ti-4*Td)); Ti0=Ti; Kp=0.5*(Ti+d0)*Kp/Ti;
    Ti=0.5*(Ti+d0); Td=Ti0-Ti; Gc=tf(Kp*[Ti,1],[Ti,0]);
    nH=[(1+Kp/N)*Ti*Td,Kp*(Ti+Td/N),Kp];
    H=tf(nH,Kp*conv([Ti,1],[Td/N,1]));
 case 5, Gc=tf(Kp*[Td*(N+1)/N,1],[Td/N,1]);
 end
```

如果已知频率响应数据，如系统的幅值裕量 K_c 及其剪切频率 ω_c，则可以定义两个新的量，$T_c = 2\pi/\omega_c$，则可以通过表 7-1 设计出各种 PID 类控制器，也可以用前面提及的 ziegler() 函数来设计，在调用时只需给出 vars=[K_c, T_c, N] 即可。

例 7-2 假设对象模型为一个 6 阶的传递函数 $G(s) = 1/(s+1)^6$，利用例 7-1 的结论，则可以得出该受控对象模型的较好的 FOLPD 近似为 $k = 1, T = 2.883, L = 3.37$，这样由表 7-1 中给出的公式即可以设计出 PI 和 PID 控制器。

```
>> s=tf('s'); G=1/(s+1)^6; N=10; K=1; T=2.883; L=3.37; a=K*L/T;
   Kp=0.9/a, Ti=3*L, G1=Kp*(1+tf(1,[Ti 0])); % PI 控制器设计
   Kp=1.2/a, Ti=2*L, Td=0.5*L  % PID 控制器
```

例如，设计出来的 PID 控制器的参数为 $K_p = 1.0266, T_i = 6.7400, T_d = 1.6850$，其中上面的 MATLAB 语句可以用作者设计的 ziegler(3,[K,L,T,N]) 函数设计出来。设计出来控制器之后，就可以分析给出的受控对象模型在该控制器下的阶跃响应曲线，如图 7-7a 所示，可惜这样设计的控制器效果不是很理想。

```
>> G2=Kp*(1+tf(1,[Ti,0])+tf([Td 0],[Td/N 1])); % 构造 PID 控制器
```

```
step(feedback(G*G1,1),'-',feedback(G*G2,1),'--')
```

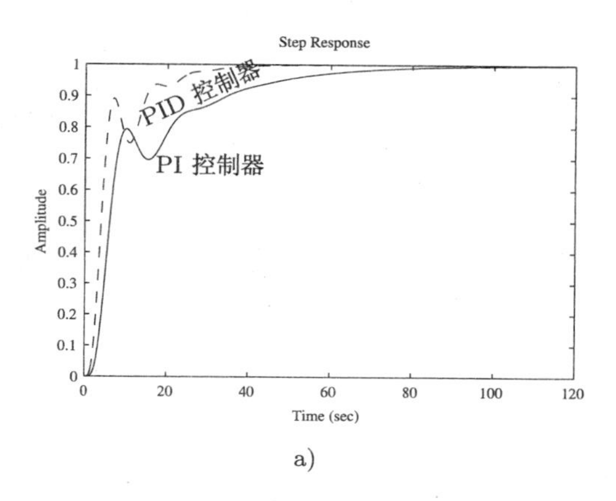

a)

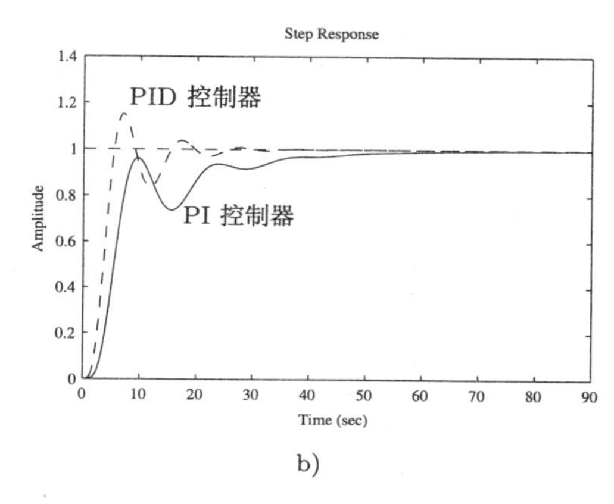

b)

图 7-7 Ziegler-Nichols 算法设计的控制器下阶跃响应

a) 自动绘制的阶跃响应曲线　　b) 获取某点的响应值

应用 MATLAB 中提供的 margin() 函数，可以直接得出该系统的剪切频率和幅值裕量，从而直接套用表 7-1 中给出的 Ziegler-Nichols 公式设计出 PI 和 PID 控制器，将这些控制器用于原对象模型的控制，则可以用下面语句绘制出系统的阶跃响应曲线，如图 7-7b 所示，对这个例子来说，设计的控制器效果有所改善。

```
>> [Kc,b,wc,d]=margin(G); Tc=2*pi/wc; % 提取幅值裕量和剪切频率
   Kp=0.4*Kc, Ti=0.8*Tc, G1=Kp*(1+tf(1,[Ti 0])); % PI 控制器
   Kp=0.6*Kc, Ti=0.5*Tc, Td=0.12*Tc, G2=Kp*(1+tf(1,[Ti,0])+tf([Td 0],1));
   step(feedback(G*G1,1),'-',feedback(G*G2,1),'--')
```

7.3.2 改进的 Ziegler-Nichols 算法

PID 控制器的频域解释如图 7-8 所示，假设受控对象的 Nyquist 图上有一个 A 点，如果施加比例控制，则 K_p 能沿 OA 线的方向拉伸或压缩 A 点，微分控制和积分控制分别沿图中所示的垂直方向拉伸 Nyquist 图上的相应点。所以从理论上讲，经过适当配置 PID 控制器的参数，Nyquist 图上某点可以移动到任意的指定点。

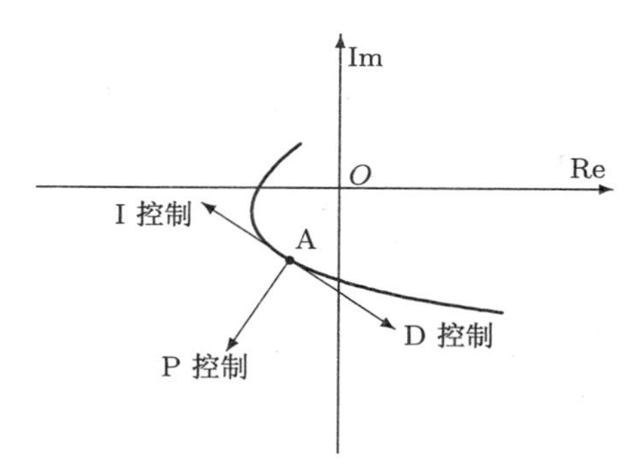

图 7-8 PID 控制的频域解释

假设选择一个增益为 $G(\mathrm{j}\omega_0)=r_\mathrm{a}\mathrm{e}^{\mathrm{j}(\pi+\phi_\mathrm{a})}$ 的 A 点，且期望将该点通过 PID 控制移动到指定的 A_1 点，该点的增益为 $G_1(\mathrm{j}\omega_0)=r_\mathrm{b}\mathrm{e}^{\mathrm{j}(\pi+\phi_\mathrm{b})}$。再假定在频率 ω_0 处 PID 控制器写成 $G_\mathrm{c}(s)=r_\mathrm{c}\mathrm{e}^{\mathrm{j}\phi_\mathrm{c}}$，则可以写出

$$r_\mathrm{b}\mathrm{e}^{\mathrm{j}(\pi+\phi_\mathrm{b})}=r_\mathrm{a}r_\mathrm{c}\mathrm{e}^{\mathrm{j}(\pi+\phi_\mathrm{a}+\phi_\mathrm{c})} \tag{7-19}$$

这样可以选择控制器，使得 $r_\mathrm{c}=r_\mathrm{b}/r_\mathrm{a}$ 与 $\phi_\mathrm{c}=\phi_\mathrm{b}-\phi_\mathrm{a}$。由上面的推导，可以按下面的方法设计出 PI 和 PID 控制器。

1) PI 控制器　可以选择

$$\begin{cases} K_{\mathrm{p}} = \dfrac{r_{\mathrm{b}}\cos(\phi_{\mathrm{b}} - \phi_{\mathrm{a}})}{r_{\mathrm{a}}} \\ T_{\mathrm{i}} = \dfrac{1}{\omega_0 \tan(\phi_{\mathrm{a}} - \phi_{\mathrm{b}})} \end{cases} \tag{7-20}$$

这样要求 $\phi_{\mathrm{a}} > \phi_{\mathrm{b}}$，使得设计出来的 T_{i} 为正数。进一步地，类似于 Ziegler-Nichols 算法，若选择原 Nyquist 图上的点为其与负实轴的交点，即 $r_{\mathrm{a}} = 1/K_{\mathrm{c}}$ 及 $\phi_{\mathrm{a}} = 0$，则 PI 控制器可以由下面的式子直接设计出来

$$K_{\mathrm{p}} = K_{\mathrm{c}} r_{\mathrm{b}} \cos\phi_{\mathrm{b}},\quad T_{\mathrm{i}} = -\frac{T_{\mathrm{c}}}{2\pi\tan\phi_{\mathrm{b}}},\quad 其中\ \ T_{\mathrm{c}} = 2\pi/\omega_{\mathrm{c}} \tag{7-21}$$

2) PID 控制器　可以写出

$$K_{\mathrm{p}} = \frac{r_{\mathrm{b}}\cos(\phi_{\mathrm{b}} - \phi_{\mathrm{a}})}{r_{\mathrm{a}}},\quad \omega_0 T_{\mathrm{d}} - \frac{1}{\omega_0 T_{\mathrm{i}}} = \tan(\phi_{\mathrm{b}} - \phi_{\mathrm{a}}) \tag{7-22}$$

可以看出，满足式 (7-22) 的 T_{i} 和 T_{d} 参数有无穷多组，通常可以选择一个常数 α，使得 $T_{\mathrm{d}} = \alpha T_{\mathrm{i}}$。这样就可以由方程唯一地确定一组 T_{i} 和 T_{d} 参数为

$$T_{\mathrm{i}} = \frac{1}{2\alpha\omega_0}\left(\tan(\phi_{\mathrm{b}} - \phi_{\mathrm{a}}) + \sqrt{4\alpha + \tan^2(\phi_{\mathrm{b}} - \phi_{\mathrm{a}})}\right),\quad T_{\mathrm{d}} = \alpha T_{\mathrm{i}} \tag{7-23}$$

可以证明，在 Ziegler-Nichols 整定算法中，α 可以选为 $\alpha = 1/4$。如果进一步仍选择原 Nyquist 图上的点为其与负实轴的交点，即 $r_{\mathrm{a}} = 1/K_{\mathrm{c}}$ 与 $\phi_{\mathrm{a}} = 0$，则可以设计出满足 $\alpha = 1/4$ 的 PID 控制器参数为

$$K_{\mathrm{p}} = K_{\mathrm{c}} r_{\mathrm{b}} \cos\phi_{\mathrm{b}},\quad T_{\mathrm{i}} = \frac{T_{\mathrm{c}}}{\pi}\left(\frac{1+\sin\phi_{\mathrm{b}}}{\cos\phi_{\mathrm{b}}}\right),\quad T_{\mathrm{d}} = \frac{T_{\mathrm{c}}}{4\pi}\left(\frac{1+\sin\phi_{\mathrm{b}}}{\cos\phi_{\mathrm{b}}}\right) \tag{7-24}$$

可以看出，通过适当地选择 r_{b} 和 ϕ_{b}，则可以设计出 PI 和 PID 控制器来。改进的 Ziegler-Nichols PI 或 PID 控制器也可以由作者编写的 MATLAB 函数 `ziegler()` 设计出来，这时 `vars` 变量应该表示为 `vars=` $[K_{\mathrm{c}}, T_{\mathrm{c}}, r_{\mathrm{b}}, \phi_{\mathrm{b}}, N]$。

例 7-3　再考虑例 7-2 中使用的受控对象模型，$G(s) = 1/(s+1)^6$，选定 $r_{\mathrm{b}} = 0.8$，则对不同的 ϕ_{b} 可以使用循环语句用 MATLAB 语言设计出控制器，并比较闭环系统的阶跃响应曲线，如图 7-9a 所示。

```
>> s=tf('s'); G=1/(s+1)^6; [Kc,b,wc,a]=margin(G); Tc=2*pi/wc; rb=0.8;
   for phi_b=[10:10:80], % 选择不同的预期相位裕量进行循环
      [Gc,Kp,Ti,Td]=ziegler(3,[Kc,Tc,rb,phi_b,10]);
      step(feedback(G*Gc,1),20), hold on
   end
```

则可以绘制出如图 7-9a 所示的阶跃响应曲线，这里显示的 PID 控制效果是在不同的 ϕ_{b} 要求下的系统响应曲线，从这些曲线可以看出，当 ϕ_{b} 很小时，系统阶跃响应的超调量将很大，所以应该

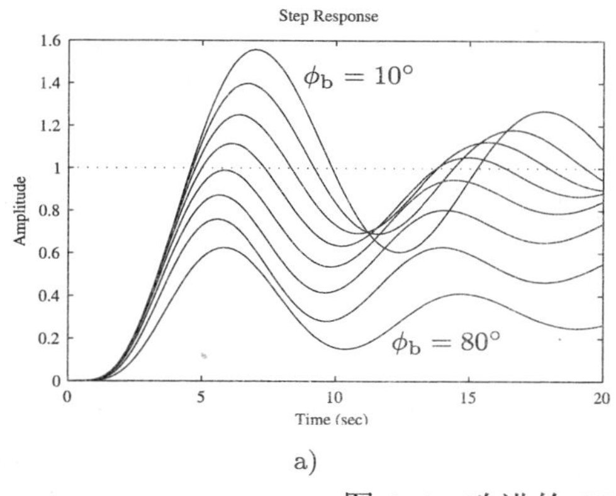

a)

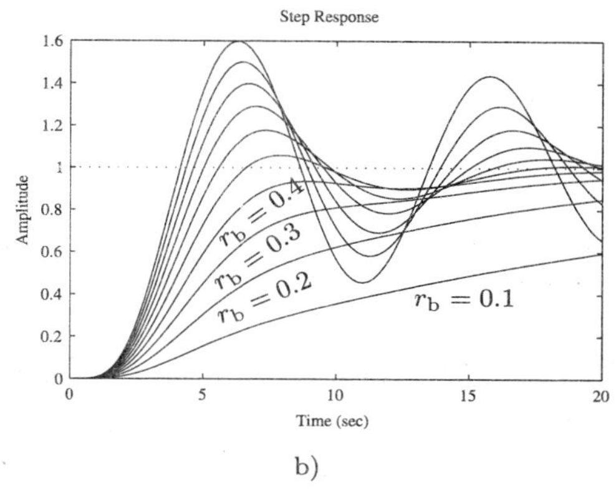

b)

图 7-9 改进的 PID 算法系的阶跃响应曲线

a) 不同 ϕ_b 下的响应曲线 b) 不同 r_b 下的响应曲线

适当地增大 ϕ_b 的值，但若无限制地增大 ϕ_b 的值，则系统响应的速度越来越慢，$\phi_b = 90°$ 时系统的阶跃响应几乎等于 0。

对这个受控对象来说，可以选择 $\phi_b = 20°$，这样试凑不同的 r_b 的值，可以由下面的语句绘制出不同 r_b 下的阶跃响应曲线，如图 7-9b 所示。

```
>> phi_b=20;     % 固定相位裕量
   for rb=0.1:0.1:1,  % 选择不同的幅值进行循环
      [Gc,Kp,Ti,Td]=ziegler(3,[Kc,Tc,rb,phi_b,10]);
      step(feedback(G*Gc,1),20), hold on
   end
```

从得出的选项可以看出，若选择 $r_b = 0.5, \phi_b = 20°$ 时的阶跃响应曲线较令人满意，这时可以用下面语句得出 PID 控制器的参数为 $K_p = 1.1136, T_i = 4.9676, T_d = 1.2369$。

```
>> [Gc,Kp,Ti,Td]=ziegler(3,[Kc,Tc,0.5,20,10]); [Kp,Ti,Td]
```

7.3.3 改进 PID 控制结构与算法

除了标准的 PID 控制器结构外，PID 控制器还有各种各样的变形形式，如微分在反馈回路的 PID 控制器，精调 PID 控制器等，这里将介绍其中几种 PID 控制器。

1. 微分动作在反馈回路的 PID 控制器

例如，在实际应用中发现，系统的阶跃响应会导致误差信号会在初始时刻发生跳变，所以直接对其求微分会得出很大的值，不利于实际的控制，所以可以将微分动作从前向通路移动到输出信号上，得出如图 7-10 所示的控制器结构。这时即使阶跃响应时误差有跳变，但输出信号应该是光滑的，所以对其取微分则没有问题，但这样的响应速度将慢于经典的 PID 控制器。

和如图 3-5 所示的典型的反馈控制结构比较，可以将这个控制结构转换成典型反馈控制系统，这时前向通路控制器模型 $G_c(s)$ 和反馈回路模型 $H(s)$ 分别为

$$G_c(s) = K_p\left(1 + \frac{1}{T_i s}\right), \quad H(s) = \frac{(1 + K_p/N)T_i T_d s^2 + K_p(T_i + T_d/N) + K_p}{K_p(T_i s + 1)(T_d s/N + 1)} \tag{7-25}$$

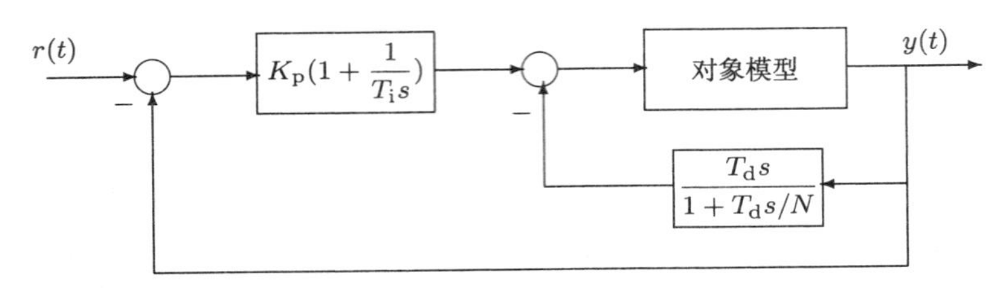

图 7-10 微分在反馈回路的 PID 控制结构

2. 精调的 Ziegler-Nichols 控制器及算法

由于传统的 Ziegler-Nichols 控制器设计算法经常在设定点控制时产生较强的振荡，并经常伴有较大的超调量，所以可以使用精调的 Ziegler-Nichols 整定算法[91]。这类 PID 控制器的数学表示为

$$u(t)=K_{\rm p}\left[(\beta u_{\rm c}-y)+\frac{1}{T_{\rm i}}\int e\,{\rm d}t-T_{\rm d}\frac{{\rm d}y}{{\rm d}t}\right] \tag{7-26}$$

其中，微分动作作用在输出信号上，输入信号的一部分直接叠加到控制信号上。一般情况下应该选择 $\beta<1$，这时控制策略可以进一步地写成

$$u(t)=K_{\rm p}\left(\beta e+\frac{1}{T_{\rm i}}\int e\,{\rm d}t\right)-K_{\rm p}\left[(1-\beta)y+T_{\rm d}\frac{{\rm d}y}{{\rm d}t}\right] \tag{7-27}$$

从这样的描述，可以绘制出这种控制策略框图表示，如图 7-11 所示。 可以将这

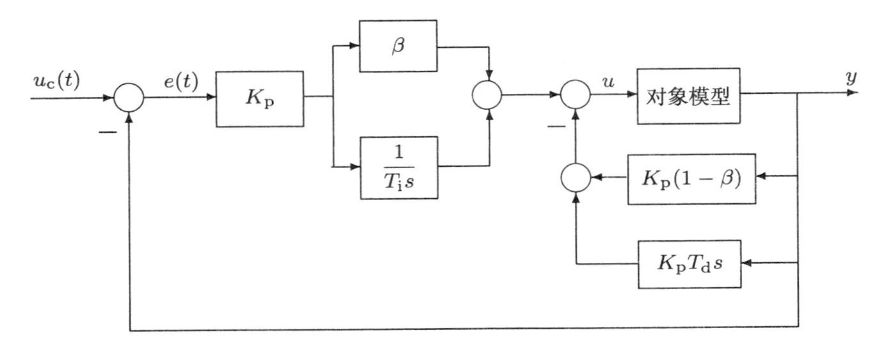

图 7-11 精调的 PID 控制结构

个控制结构转换成典型反馈控制系统，这时前向通路控制器模型 $G_{\rm c}(s)$ 和反馈回路模型 $H(s)$ 分别为

$$G_{\rm c}(s)=K_{\rm p}\left(\beta+\frac{1}{T_{\rm i}s}\right),\quad H(s)=\frac{T_{\rm i}T_{\rm d}\beta(N+2-\beta)s^2/N+(T_{\rm i}+T_{\rm d}/N)s+1}{(T_{\rm i}\beta s+1)(T_{\rm d}s/N+1)} \tag{7-28}$$

考虑图 7-11 中给出的精调 PID 控制器结构，可以引入一个归一化的延迟 τ 与一阶时间常数 κ，定义为 $\kappa=K_{\rm c}k$，且 $\tau=L/T$，就可以在任何范围内使用变量 τ 和 κ，这样对不同的 τ 和 κ 范围，可以由下面的共同方法来设计 PID 控制器：

1) 若 $2.25 < \kappa < 15$或 $0.16 < \tau < 0.57$，则应该保留 Ziegler-Nichols 参数，同时为了使得超调量分别小于 10% 或 20%，则可以由下式求出 β 参数为

$$\beta = \frac{15-\kappa}{15+\kappa}, \quad 且 \quad \beta = \frac{36}{27+5\kappa} \tag{7-29}$$

2) 若 $1.5 < \kappa < 2.25$ 或 $0.57 < \tau < 0.96$，在 Ziegler-Nichols 控制器的 $T_{\rm i}$ 参数应当精调为 $T_{\rm i} = 0.5\mu T_{\rm c}$，其中

$$\mu = \frac{4}{9}\kappa, \quad 且 \quad \beta = \frac{8}{17}(\mu-1) \tag{7-30}$$

3) 若 $1.2 < \kappa < 1.5$，则为了使得系统的超调量小于 10%，PID 的参数应该用下面的公式进行精调：

$$K_{\rm p} = \frac{5}{6}\left(\frac{12+\kappa}{15+14\kappa}\right), \quad T_{\rm i} = \frac{1}{5}\left(\frac{4}{15}\kappa+1\right) \tag{7-31}$$

作者编写了一个 MATLAB 函数 `rziegler()`[57]来设计精调的 Ziegler-Nichols PID 控制器，该函数的调用格式为 $G_{\rm c}, K_{\rm p}, T_{\rm i}, T_{\rm d}, \beta, H$]=`rziegler(vars)`，该函数的清单如下，其中，vars=$[k, L, T, N, K_{\rm c}, T_{\rm c}]$。

```
function [Gc,Kp,Ti,Td,b,H]=rziegler(vars)
K=vars(1); L=vars(2); T=vars(3); N=vars(4); a=K*L/T; Kp=1.2/a;
Ti=2*L; Td=L/2; Kc=vars(5); Tc=vars(6); kappa=Kc*K; tau=L/T; H=[];
if (kappa > 2.25 & kappa<15) | (tau>0.16 & tau<0.57)
   b=(15-kappa)/(15+kappa);
elseif (kappa<2.25 & kappa>1.5) | (tau<0.96 & tau>0.57)
   mu=4*jappa/9; b=8*(mu-1)/17; Ti=0.5*mu*Tc;
elseif (kappa>1.2 & kappa<1.5),
   Kp=5*(12+kappa)/(6*(15+14*kappa)); Ti=0.2*(4*kappa/15+1); b=1;
end
Gc=tf(Kp*[b*Ti,1],[Ti,0]); nH=[Ti*Td*b*(N+2-b)/N,Ti+Td/N,1];
dH=conv([Ti*b,1],[Td/N,1]); H=tf(nH,dH);
```

例 7-4 仍考虑例 7-5 中给出的受控对象模型 $G(s) = 1/(s+1)^6$，可以用下面的命令设计出系统的精调 PID 控制器，$K_{\rm p} = 1.0279, T_{\rm i} = 6.7305, T_{\rm d} = 1.6826, \beta = 0.7271$，并绘制出系统的阶跃响应曲线，如图 7-12 所示，遗憾的是，对本例来说，这样设计出来的控制器效果比最原始的 Ziegler-Nichols PID 控制器没有什么改进。

```
>> s=tf('s'); G=1/(s+1)^6; [K,L,T]=getfolpd(4,G); % 次最优降阶方法
   [Kc,p,wc,m]=margin(G); Tc=2*pi/wc;  % 求取系统的频率响应特征
   [Gc,Kp,Ti,Td,beta,H]=rziegler([K,L,T,10,Kc,Tc])
   G_c=feedback(G*Gc,H); step(G_c);  % 闭环系统的阶跃响应曲线
```

3. 改进的 PID 结构

参考文献 [92] 中给出了一种 PID 控制器结构，还给出了相应的整定算法，控制器的模型为

$$G_{\rm c}(s) = K_{\rm p}\left(1+\frac{1}{T_{\rm i}s}\right)\frac{1+T_{\rm d}s}{1+T_{\rm d}s/N} \tag{7-32}$$

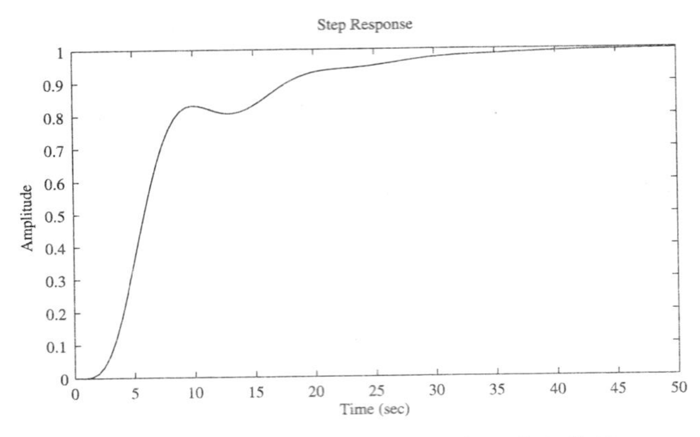

图 7-12 精调 PID 控制器的阶跃响应曲线

7.3.4 最优 PID 整定算法

考虑 FOLPD 受控对象模型，对某一组特定的 K, L, T 参数，可以采用数值方法对某一个指标进行优化，可以得出一组 $K_{\rm p}, T_{\rm i}, T_{\rm d}$ 参数，修改对象模型的参数，则可以得出另外一组控制器参数，这样通过曲线拟合的方法就可以得出控制器设计的经验公式。参考文献中很多 PID 控制器设计算法都是根据这样的方式构造的。

最优化指标可以有很多可以选择的，例如时间加权的指标定义为

$$I_n = \int_0^\infty t^n e^2(t)\,{\rm d}t \tag{7-33}$$

其中，$n=0$ 称为 ISE 指标，$n=1$ 和 $n=2$ 分别称为 ISTE 和 IST^2E 指标[93]，另外还有常用的 IAE 和 ITAE 指标，其定义分别为

$$I_{\rm IAE} = \int_0^\infty |e(t)|\,{\rm d}t, \quad I_{\rm ITAE} = \int_0^\infty t|e(t)|\,{\rm d}t \tag{7-34}$$

庄敏霞与 Atherton 教授[93]提出了基于式 (7-33) 指标的最优控制 PID 控制器参数整定经验公式

$$K_{\rm p} = \frac{a_1}{k}\left(\frac{L}{T}\right)^{b_1}, \quad T_{\rm i} = \frac{T}{a_2 + b_2(L/T)}, \quad T_{\rm d} = a_3 T\left(\frac{L}{T}\right)^{b_3} \tag{7-35}$$

对不同的 L/T 范围，系数对 (a,b) 可以由表 7-2 直接查出。可以看出，如果得到了对象模型的 FOLPD 近似，则可以通过查表的方法找出相应的 a_i, b_i 参数，代入上式就可以设计出 PID 控制器来。

该控制器一般可以直接用于原受控对象模型的控制，如果所使用的 FOLPD 模型比较精确，则 PID 控制器效果将接近于对 FOLPD 模型的控制。另外，该算法的适用范围为 $0.1 \leqslant L/T \leqslant 2$，不适合于大时间延迟系统的控制器设计，在适用范围上有一定局限性。

Murrill[94, 92]提出了使得 IAE 准则最小的 PID 控制器的算法

$$K_{\rm p} = \frac{1.435}{K}\left(\frac{T}{L}\right)^{0.921}, \quad T_{\rm i} = \frac{T}{0.878}\left(\frac{T}{L}\right)^{0.749}, \quad T_{\rm d} = 0.482T\left(\frac{T}{L}\right)^{-1.137} \tag{7-36}$$

表 7-2 设定点 PID 控制器参数

L/T 的范围	0.1 − 1			1.1 − 2		
最优指标	ISE	ISTE	IST²E	ISE	ISTE	IST²E
a_1	1.048	1.042	0.968	1.154	1.142	1.061
b_1	-0.897	-0.897	-0.904	-0.567	-0.579	-0.583
a_2	1.195	0.987	0.977	1.047	0.919	0.892
b_2	-0.368	-0.238	-0.253	-0.220	-0.172	-0.165
a_3	0.489	0.385	0.316	0.490	0.384	0.315
b_3	0.888	0.906	0.892	0.708	0.839	0.832

该算法适合于 $0.1 < L/T < 1$ 的受控对象模型。对一般的受控对象模型，参考文献 [95] 提出了改进算法，将 K_p 式子中的 1.435 改写成 3 就可以拓展到其他的 L/T 范围。

对 ITAE 指标进行最优化，则可以得出如下的 PID 控制器设计经验公式[94, 92]

$$K_\mathrm{p} = \frac{1.357}{K}\left(\frac{T}{L}\right)^{0.947}, \quad T_\mathrm{i} = \frac{T}{0.842}\left(\frac{T}{L}\right)^{0.738}, \quad T_\mathrm{d} = 0.318T\left(\frac{T}{L}\right)^{-0.995} \tag{7-37}$$

该公式的适用范围仍然是 $0.1 < L/T < 1$。参考文献 [96] 提出了在 $0.05 \leqslant L/T \leqslant 6$ 范围内设计 ITAE 最优 PID 控制器的经验公式

$$K_\mathrm{p} = \frac{(0.7303 + 0.5307T/L)(T + 0.5L)}{K(T + L)}, \quad T_\mathrm{i} = T + 0.5L, \quad T_\mathrm{d} = \frac{0.5LT}{T + 0.5L} \tag{7-38}$$

例 7-5 仍考虑例 7-2 中给出的受控对象模型 $G(s) = 1/(s+1)^6$，前面给出最优降阶模型为 $G(s) = \mathrm{e}^{-3.37s}/(2.883s+1)$，亦即 $K=1$，$L=3.37$，且 $T=2.883$，这样可以用下面的语句依照各种算法设计出 PID 控制器

```
>> s=tf('s'); G=1/(s+1)^6;   % 受控对象模型
   K=1; L=3.37; T=2.883; % 近似一阶模型参数
   Kp1=1.142*(L/T)^(-0.579); Ti1=T/(0.919-0.172*(L/T));
   Td1=0.384*T*(L/T)^0.839;   [Kp1,Ti1,Td1] % Zhuang & Atherton ISTE 最优控制
```

这时可以设计出 PID 控制器的参数为 $K_\mathrm{p} = 1.0433$, $T_\mathrm{i} = 4.0156$, $T_\mathrm{d} = 1.2620$。

由式 (7-38) 中给出的设计算法，也可以由下面语句设计出 PID 控制器

```
>> Ti2=T+0.5*L; Kp2=(0.7303+0.5307*T/L)*Ti2/(K*(T+L));
   Td2=(0.5*L*T)/(T+0.5*L); % ITAE 最优控制 PID 控制器
```

设计出的 PID 控制器的参数为 $K_\mathrm{p} = 0.8652$, $T_\mathrm{i} = 4.5680$, $T_\mathrm{d} = 1.0635$。

用这两个控制器分别控制原始受控对象模型，则可以得出如图 7-13 所示的阶跃响应曲线，可以看出，这些 PID 控制器的效果还是令人满意的。

```
>> Gc1=Kp1*(1+tf(1,[Ti1,0])+tf([Td1,0],[Td1/10 1]));
   Gc2=Kp2*(1+tf(1,[Ti2,0])+tf([Td2,0],[Td2/10 1]));
   step(feedback(Gc1*G,1),'-',feedback(Gc2*G,1),'--')
```

7.3.5 大时间延迟的 Smith 预估器补偿

前面已经介绍过，大部分 PID 整定算法都是在 L/T 的比值在某个范围内有效的，

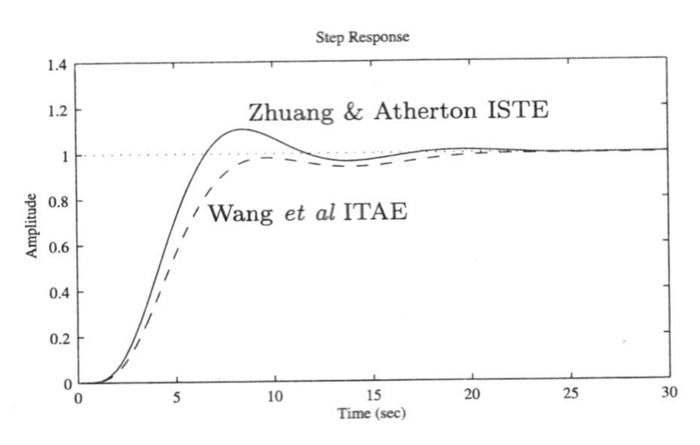

图 7-13 两种 PID 控制器的阶跃响应

如果其比值过大，则表明系统的时间延迟很大，在控制中有称为大时间延迟的系统，对这样的系统需要进行适当的补偿。一种比较有效的方法是 Smith 预估器的方法，其控制系统结构如图 7-14 所示，图中，预估器的模型为 $g_{\rm p0}(s)=g_{\rm p}(s){\rm e}^{-sL_{\rm o}}$。

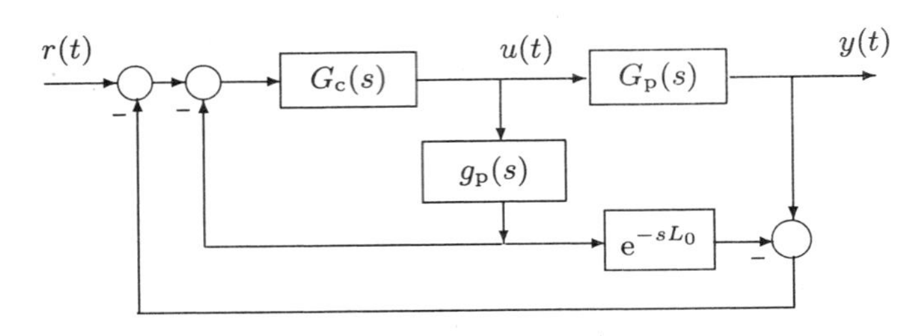

图 7-14 Smith 预估器的控制系统结构

可以用 Simulink 搭建带有 Smith 预估器的 PID 控制器，如图 7-15 所示，可以将该模块嵌入到控制系统框图中直接控制。

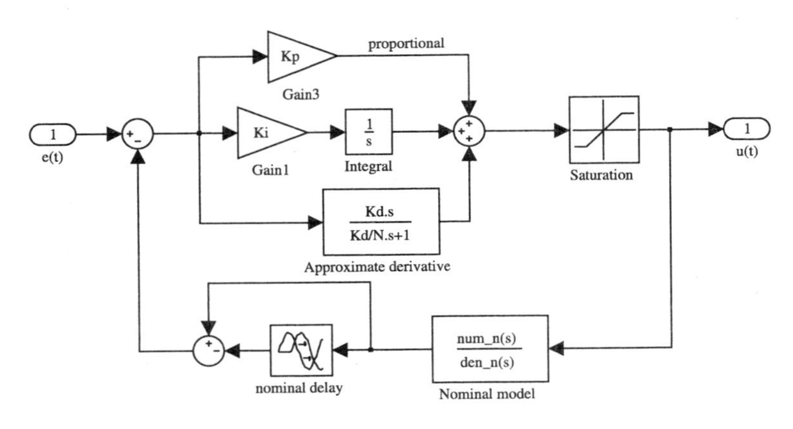

图 7-15 Smith 预估器的 Simulink 表示 (文件名：c7msmith.mdl)

对大时间延迟系统，可以立即建立起如图 7-16a 所示的仿真框图。另外，采用预估器，还可以建立起 Simulink 仿真模型，如图 7-16b 所示，其中的 Smith 预估器被封装成了 Simulink 模块，直接用于此仿真框图。

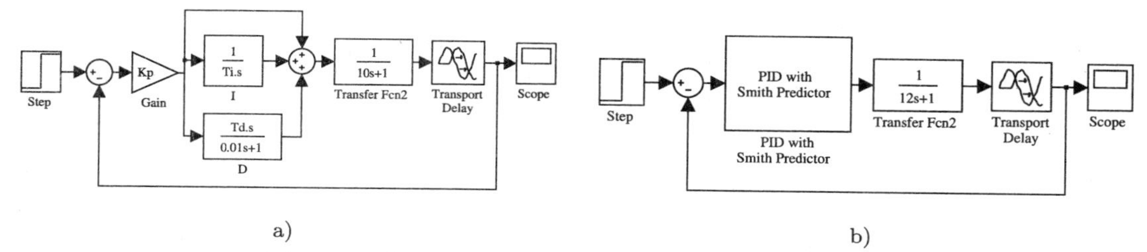

图 7-16 大时间延迟系统控制的 Simulink 仿真框图

a) 一般 PID 控制器 (c7mldly.mdl)　　b) 带有 Smith 预估器的 PID 控制器 (c7mldlyc.mdl)

例 7-6 控制系统的受控对象为 $G(s)=\mathrm{e}^{-180s}/(10s+1)$，对照 FOLPD 模型，可见 $L=180$，$T=10$，$K=1$，这时 $L/T=18$，已经超出了前面所述的最大允许的比值，属于大时间延迟系统，用式 (7-38) 中介绍的控制器设计方法可以设计出 PID 控制器，其闭环系统的阶跃响应曲线可以立即得出，如图 7-17a 所示。

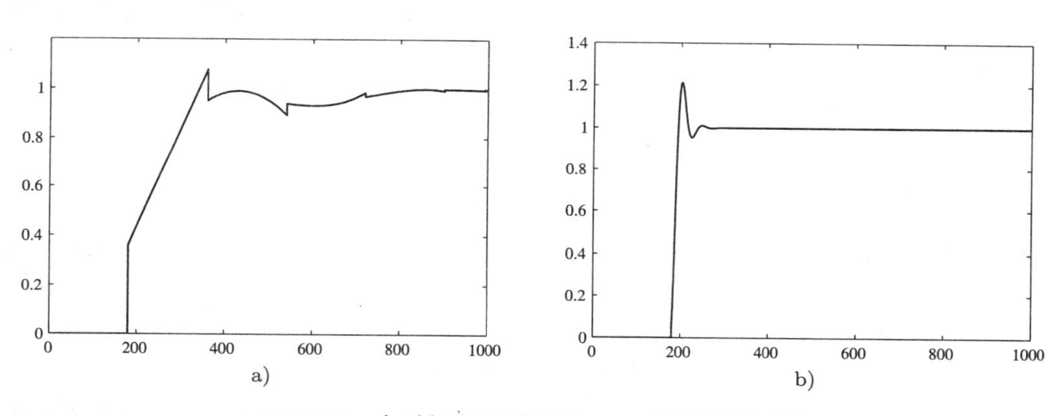

图 7-17 大时间延迟系统的 PID 控制阶跃响应

a) PID 控制器的控制结果　　b) Smith 预估器下的控制效果

```
>> K=1; L=180; T=10;    % FOLPD 特征参数
   Ti=T+0.5*L; Kp=(0.7303+0.5307*T/L)*Ti/(K*(T+L));
   Td=(0.5*L*T)/(T+0.5*L);  [Kp,Ti,Td] % 设计控制器
```

这时 PID 控制器模型为 $K_\mathrm{p}=0.3999, T_\mathrm{i}=100, T_\mathrm{d}=9$。

采用 Smith 预估器，则应该重新选择 PID 控制器参数，然而没有现成的通用的、直接可用的方法选择 PID 控制器的参数。例如，可以采用后面将介绍的最优控制器设计程序选择参数。假设选择 PI 控制器参数为 $K_\mathrm{p}=40, K_\mathrm{i}=2$，这时利用仿真框图直接仿真该闭环系统，得出系统的阶跃响应曲线，对该曲线在 x 轴上进行局部放大，如使用 `ylim([150,200])`，则可以更好地观察系统的动态响应，如图 7-17b 所示。

从仿真结果可以看出，采用 Smith 预估器后再加 PID 控制，即使控制大时间延迟系统，理论上也可以得到完美的结果。

假设系统的时间延迟变化为 $L=150$，若采用 Smith 预估器控制将得出如图 7-18a 所示的阶跃响应曲线，响应初始时比较理想，时间一长就开始振荡，导致系统不能使用，所以要求系统的时间延迟参数绝对准确，这对一般系统来说太苛刻了，将直接影响 Smith 预估器的实际应用。

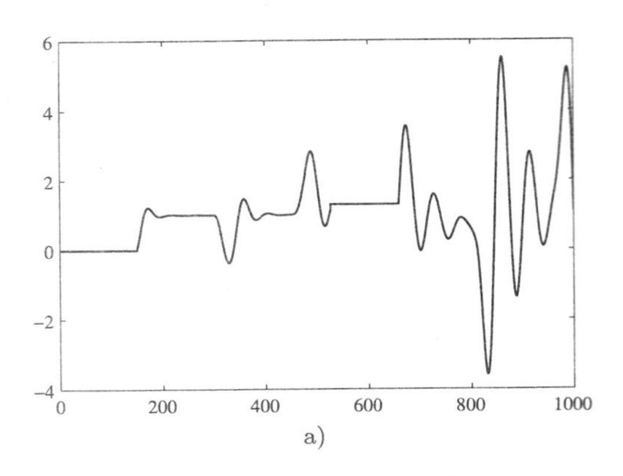

a)

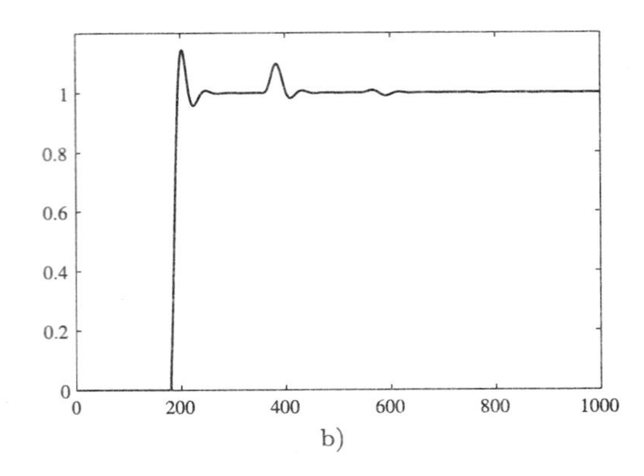

b)

图 7-18 模型参数不准确时 Smith 预估器系统的阶跃响应曲线
a) 时间延迟 $L = 150$　　　b) 滞后参数 $T = 12$

现在假设时间延迟参数绝对精确，而 T 的值从 10 变成 12，使用仿真模型则可以得出系统的阶跃响应曲线，如图 7-18b 所示，该响应开始时仍然很理想，但在 L 的整数倍处有波动，这些波动随着时间的最大而消失，响应大大优于不使用 Smith 预估器的最优效果。

7.4 PID 工具箱应用举例

在过程系统中，PID 类控制器因其结构简单、参数物理意义明显、整定方便、鲁棒性强等优势，应用特别广泛，整定算法和改进控制器结构在参考文献中也多有报道，然而在 MATLAB 下至今尚没有被广泛接受的 PID 控制工具箱。本书简要介绍了作者编写的 PID 工具箱和模块集，相信能一定程度地解决这样的问题。

目前的 PID 控制工具箱主要有两部分功能：由线性受控对象模型的 PID 控制器参数整定与仿真程序及其他各种 PID 控制器的 Simulink 模块集，这里将简单介绍这个工具箱的基本功能，并通过例子演示其应用。

7.4.1 基于 FOLPD 的 PID 控制器设计程序

参考文献 [97] 中列出了近百种基于 FOLPD 模型的 PID 控制器参数整定方法，前面也介绍了从一般受控对象模型近似出 FOLPD 模型的几种方法，所以对很多的受控对象模型就可以直接设计出 PID 控制器，并进行闭环仿真。基于这样的思想，作者设计出一个基于 FOLPD 模型设计 PID 类控制器的程序设计界面，可以直接设计并仿真闭环系统。下面将介绍该程序的使用步骤：

1) 在 MATLAB 提示符下键入 `pid_tuner`，则将得出如图 7-19 所示的界面，界面下面的空白部分是为系统响应曲线绘制而预留的。

2) 单击 Plant model 按钮，将打开一个参数输入对话框，允许用户输入受控对象模型。该对话框允许用户输入任意的单变量连续传递函数模型，允许带有时间延迟项，用户还可以单击 Modify plant model 按钮来修改系统的受控对象模型。

3) 输入了受控对象模型，则可以单击 Get FOLPD parameters 按钮获得 FOLPD 模

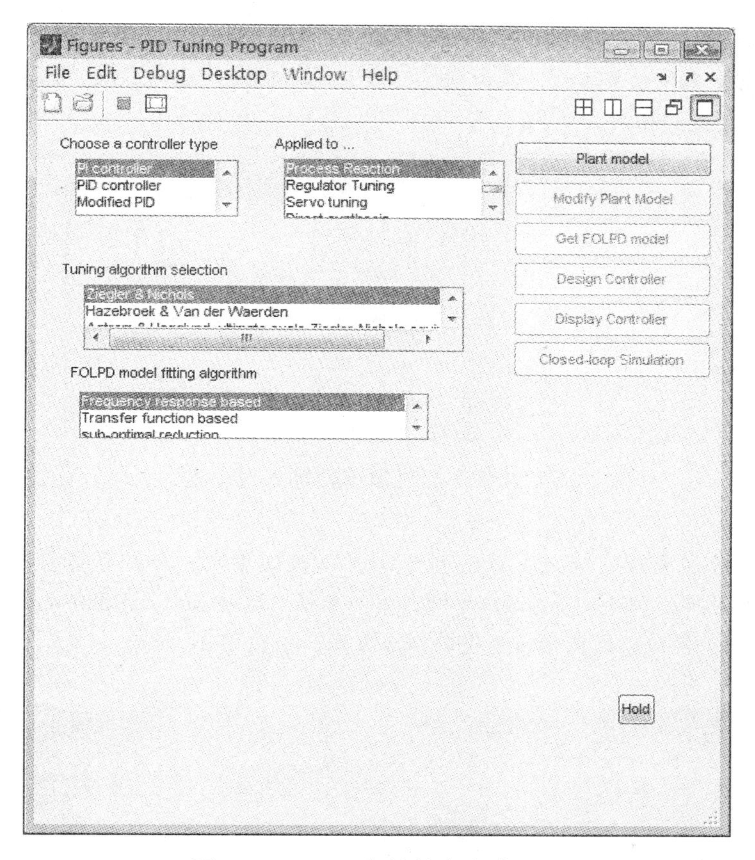

图 7-19 PID 参数整定程序界面

型，亦即获得并显示 K,L,T 参数。提取这些参数可以采用不同的算法，如基于传递函数的算法、基于频域响应的算法以及次最优降阶算法等，不同的算法可以通过 FOLPD model parameters fitting 列表框来选择。

4) 有了 K,L,T 参数，则可以设计出所需的控制器。用户可以通过各个列表框的组合来选择控制器的格式，例如左上角的列表框允许用户选择 PI、PID 和式 (7-32) 中给出的 PID 模型，在 Apply to 列表框可以选择不同的控制器准则，如伺服控制描述、扰动抑制模式等，选择了这两个控制项，则 Tuning algorithm selection 列表框将给出参考文献 [92] 中所有的控制器设计算法，用户可以从中选择合适的算法。

5) 选择了控制器的格式后，单击 Design controller 按钮，则将自动设计出所需的 PID 控制器模型，并将其显示出来。

6) 单击 Closed-loop Simulation 按钮，则可以构造出 PID 控制器控制下的系统仿真模型，并在图形界面上显示系统的阶跃响应曲线。

参考文献 [92] 中列出了基于各种受控对象模型的 PID 参数整定算法，根据该书提出的算法可以进一步扩展 PID 控制器设计程序，扩大其应用范围。下面将通过例子介绍并演示本界面的使用方法。

例 7-7 仍考虑前面介绍的受控对象模型 $G(s)=1/(s+1)^6$，首先键入 pid_tuner 启动本程序界面，单击 Plant model 按钮，则将打开一个对话框，如图 7-20 所示，在分子、分母栏目内可以填写系统的传递函数分子和分母模型，在时间延迟栏目填入时间延迟的参数，然后单击 Apply 按钮就能将受控对象模型直接输入。

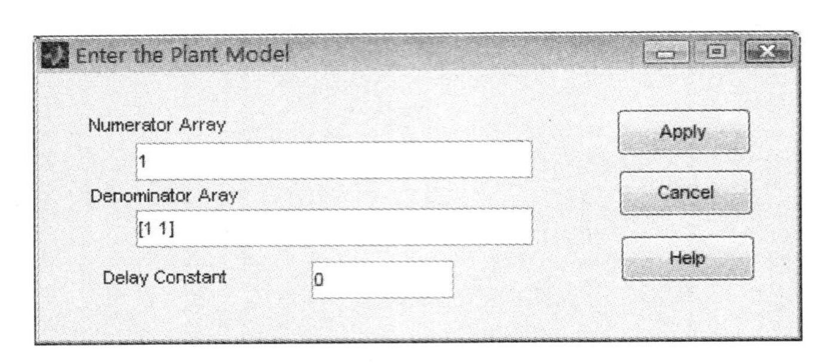

图 7-20　受控对象模型输入对话框

如果想设计一个控制器，首先应该得到 FOLPD 模型参数，而获得这些参数需要首先选择拟合算法，如在 FOLPD model parameters fitting 列表框中选择 sub optimal reduction 选项，再单击 Get FOLPD model 按钮，则将得出模型的拟合参数，如图 7-21 所示。

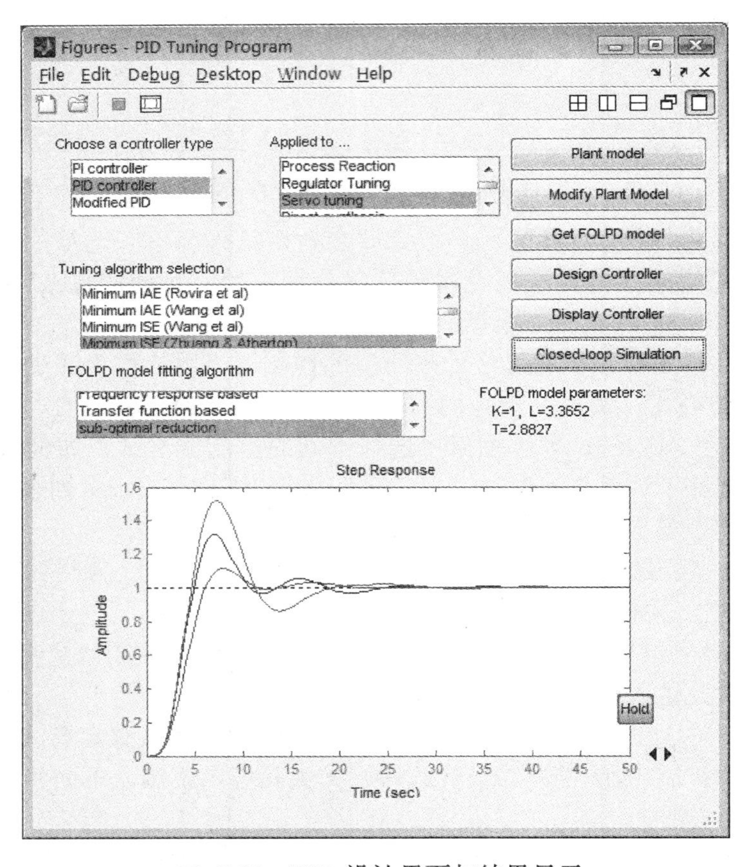

图 7-21　PID 设计界面与结果显示

按照该界面中的方法选择适当的算法，再单击 Design Controller 按钮，则可以设计出相应的控制器模型，例如用 Minimum IAE (Wang et al) 选项可以设计出控制器模型为

$$G_{\mathrm{c}}(s)=0.936172\left(1+\frac{1}{4.565340s}+1.062467s\right)$$

单击 Closed-loop Simulation 按钮，则将得出在此控制器下系统的阶跃响应曲线，单击 Hold 按钮则可以保护当前图形坐标系，这时可以选择其他控制器设计算法，则仍可以得出新控制器下系统的阶跃响应曲线，并在同一坐标系下叠印系统的阶跃响应曲线。如此可以将若干算法下设计控制器的阶跃响应曲线进行比较，如图 7-21 所示。

7.4.2 Simulink 下的 PID 控制器模块集

作者编写的 PID 模块集中实现了各种先进的 PID 控制器模块，如经典的连续、离散 PID 类控制器及各种改进形式、模糊逻辑 PID 控制器、专家系统 PID 控制器、神经网络 PID 控制器等，其中很多模块是通过参考文献 [98] 中给出的 MATLAB 仿真程序改写而成，采用 S-函数的形式改写控制器代码并进行封装，形成各种 PID 控制器模块。

用户在 MATLAB 提示符下键入 `pidblock`，或直接从 Simulink 的模型浏览器窗口中选择 PID 模块集，则将得出如图 7-22 所示的模型浏览器窗口，用户可以直接使用该模块集中给出的 PID 控制器模块进行仿真。

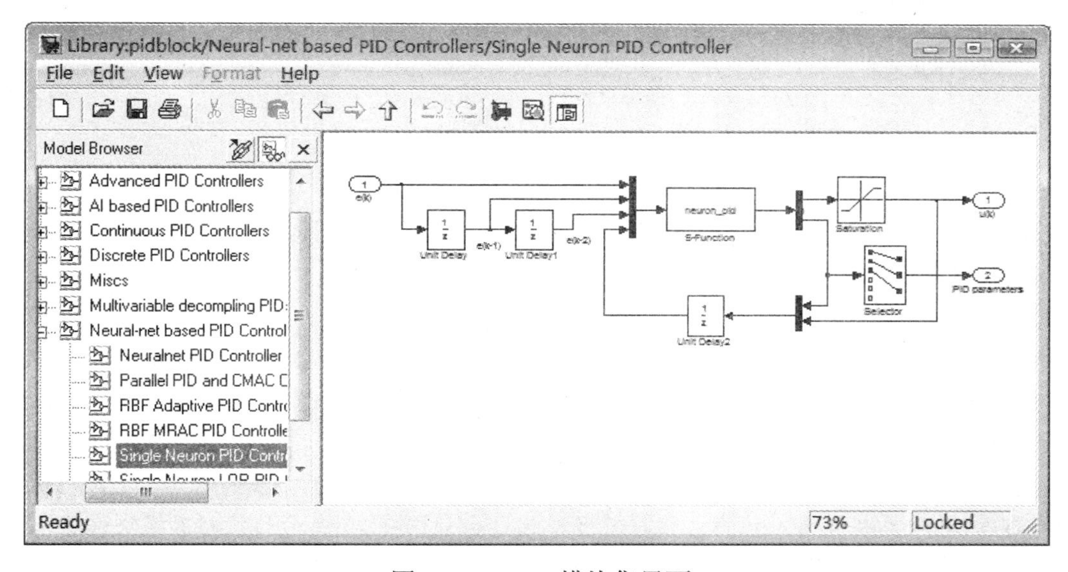

图 7-22 PID 模块集界面

在这样的模块集中，除了 PID 类控制器模块之外，还实现了若干其他辅助模块，如 ITAE 准则模块等，这些模块为用户进行 PID 优化控制等提供了方便。

由于其中大部分算法较复杂，不大适合于用 Simulink 模块搭建，所以采用 S-函数来实现这些算法。下面通过一个简单的例子来演示其中的基于神经元的 PID 控制器的 S-函数实现及控制系统仿真，神经网络的内容超出本书的范围，所以只需将其理解成一种算

法即可。

例 7-8 受控对象由差分方程给出[98]

$$y(k) = 0.368y(k-1) + 0.26y(k-2) + 0.10u(k-1) + 0.632u(k-2)$$

且采样周期为 $T = 0.001$ s，则用离散传递函数 $G(z) = \dfrac{0.10z + 0.632}{z^2 - 0.368z - 0.26}$ 就可以表示该模型。现在考虑用基于神经网络的控制器对之进行控制。

神经网络控制是智能控制领域目前较活跃的研究方向，神经网络理论超出本书讨论的范围，这里仅给出基于单个神经元的 PID 控制器的最简单介绍，并介绍其 MATLAB 实现。基于单个神经元的 PID 控制器框图如图 7-23 所示，其中微积分模块计算 3 个量：$x_1(k) = e(k)$，$x_2(k) =$

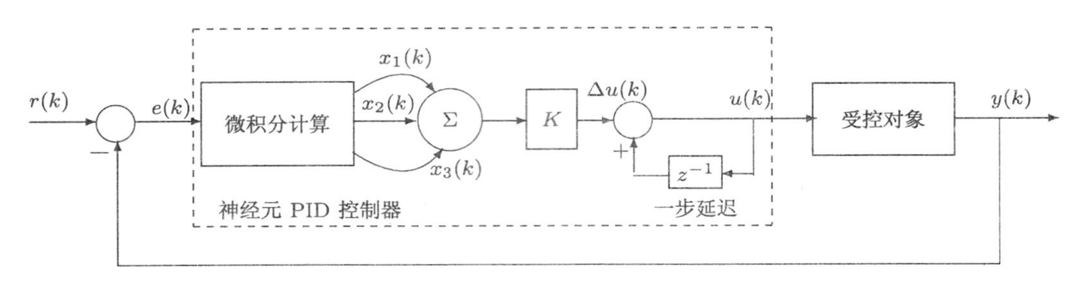

图 7-23 基于单个神经元的 PID 控制器框图

$\Delta e(k) = e(k) - e(k-1)$，$x_3(k) = \Delta^2 e(k) = e(k) - 2e(k-1) + e(k-2)$，使用改进的 Hebb 学习算法，3 个权值的更新规则可以写成[98]：

$$\begin{cases} w_1(k) = w_1(k-1) + \eta_{\mathrm{p}} e(k)u(k)[e(k) - \Delta e(k)] \\ w_2(k) = w_2(k-1) + \eta_{\mathrm{i}} e(k)u(k)[e(k) - \Delta e(k)] \\ w_3(k) = w_3(k-1) + \eta_{\mathrm{d}} e(k)u(k)[e(k) - \Delta e(k)] \end{cases} \tag{7-39}$$

其中，$\eta_{\mathrm{p}}, \eta_{\mathrm{i}}, \eta_{\mathrm{d}}$ 分别为比例、微分、积分的学习速率。可以选择这 3 个权值变量为系统的状态变量，这时控制率可以写成

$$u(k) = u(k-1) + K\sum_{i=1}^{3} w_i^0(k)x_i(k) \tag{7-40}$$

而归一化的权值 $w_i^0(k) = w_i(k)/\sum_{i=1}^{3}|w_3(k)|$。总结上述算法，可以搭建如图 7-24 所示的 Simulink 框图来实现该控制器，其中的核心部分用 S-函数形式编写，可以选择模块输入信号为 $[e(k), e(k-1), e(k-2), u(k-1)]$，输出选择为 $[u(k), w_i^0(k)]$，为使得控制器更接近实用，控制率信号 $u(k)$ 后接饱和非线性，这样就可以构造出如图 7-24 所示的控制器模块框图，其中 S-函数 c7mhebb.m 的内容为

```
function [sys,x0,str,ts]=c7mhebb(t,x,u,flag,deltaK)
switch flag,
case 0 % 初始化
    [sys,x0,str,ts] = mdlInitializeSizes;
case 2  % 离散状态更新，亦即神经元的权值
    sys=mdlUpdate(t,x,u,deltaK);
```

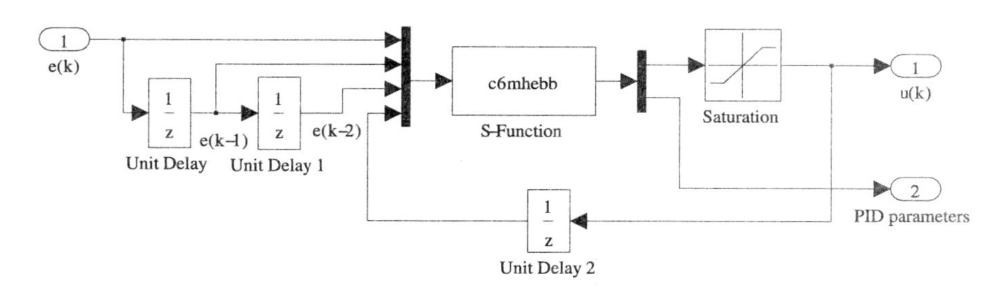

图 7-24 基于单个神经元的 PID 控制器模块框图

```
case 3 % 计算输出量，亦即控制率和权值
    sys = mdlOutputs(t,x,u);
case 1, 4, 9 % 未定义的 flag 值
    sys = [];
otherwise % 错误处理
    error(['Unhandled flag = ',num2str(flag)]);
end;
% --- 模块初始化函数  mdlInitializeSizes
function [sys,x0,str,ts] = mdlInitializeSizes
sizes = simsizes; % 读入系统变量的默认值
sizes.NumContStates = 0; % 没有连续状态
sizes.NumDiscStates = 3; % 设置 3 个离散状态，亦即权值
sizes.NumOutputs = 4; % 设置四路输出，分别为控制率和归一化的权值
sizes.NumInputs = 4; % 设置四路输入，分别为误差的 3 个时刻值即控制率
sizes.DirFeedthrough = 1; % 输入信号直接在输出中反映出来
sizes.NumSampleTimes = 1; % 单采样速率系统
sys = simsizes(sizes); % 设置系统模型变量
x0 = [0.3*rand(3,1)]; % 初始状态变量，亦即权值，设置成随机数
str = []; ts = [-1 0]; % 继承输入信号的采样周期
% --- 状态更新函数 mdlUpdate
function sys = mdlUpdate(t,x,u,deltaK)
sys=x+deltaK*u(1)*u(4)*(2*u(1)-u(2));
% --- 输出信号计算函数 mdlOutputs
function sys = mdlOutputs(t,x,u)
xx= [u(1)-u(2) u(1) u(1)+u(3)-2*u(2)];
sys=[u(4)+0.12*xx*x/sum(abs(x)); x/sum(abs(x))];
```

将此控制器进行封装，就可以构造出神经元 PID 模块，该模块可以直接用于闭环系统建模，可以构造如图 7-25 所示的 Simulink 模型，其中的输入模块 Multi-step Signal Generator 信号源为作者编写的 PID 模块集中的一个模块，可以用于生成多阶梯信号，由于篇幅所限，在这里不做详

细介绍，读者可以阅读该模块及 S-函数代码。

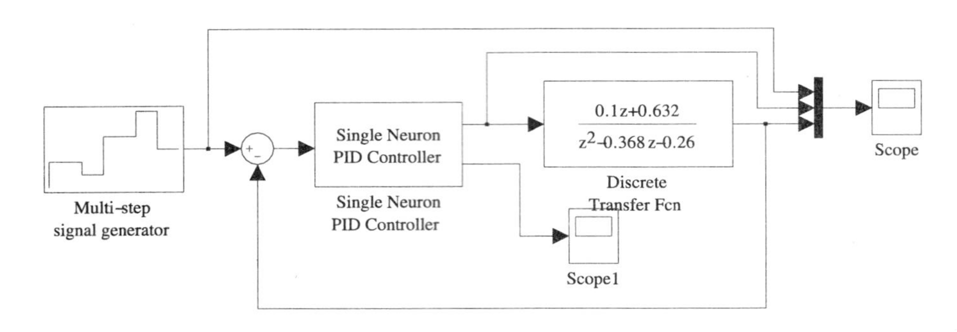

图 7-25 神经元 PID 的控制系统框图 (文件名：c7shebb.mdl)

对该系统进行仿真，则系统的给定信号、输出信号和控制率 $u(k)$ 如图 7-26a 所示，可见，这时的控制效果合适很理想的。图 7-26b 中给出了 3 个权值 $w_i^0(k)$ 的曲线，从中可以看出，应用基于神经元的 PID 控制器后，PID 控制器的参数不再是固定的了，而是随时间变化的，从而表现出较好的控制效果。

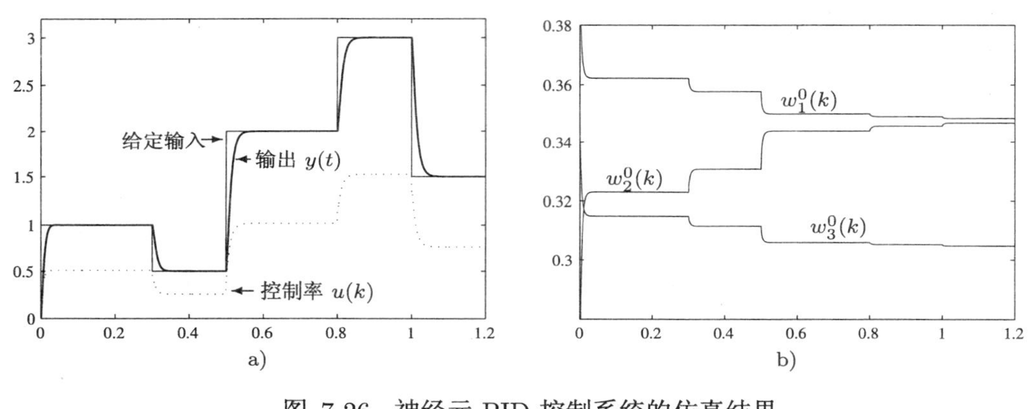

图 7-26 神经元 PID 控制系统的仿真结果
a) 闭环系统仿真结果　　b) 归一化的权值

7.5 最优控制器设计

7.5.1 最优控制的概念

所谓“最优控制”，就是在一定的具体条件下，要完成某个控制任务，使得选定指标最小或增大的控制，这里所谓指标就是第 2.6.3 节中的目标函数，常用的目标函数有式 (7-33) 与式 (7-34) 中介绍的积分型误差指标，以及时间最短、能量最省等指标。和最优化技术类似，最优控制问题也分为有约束的最优控制问题和无约束的最优控制问题。无约束的最优控制问题可以通过变分法[99, 100]来求解，对于小规模问题，可能求解出问题的解析解，例如前面介绍过的二次型最优控制器设计问题。有约束的最优化问题较难处理，需要借助于 Pontryagin 的极大值原理。在最优控制问题求解中，为使得问题解析可解，研究者通常需要引入附加的约束或条件，这样往往引入难以解释的间接人为因素或最优准则的人为性，例如为使得二次型最优控制问题解析可解，通常需要引入两个其他矩阵 $\boldsymbol{Q}$、$\boldsymbol{R}$，这样虽然能得出数学上较漂亮的状态反馈规律，但这两个加权矩阵却至今没有被广泛认可的选择方法，这使得系统的最优准则带有一定的人为因素，没有足够的客观性。

随着像 MATLAB 这样强有力的计算机语言与工具普及起来之后，很多最优控制问题可以变换成一般的最优化问题，用数值最优化方法就可以简单地求解。这样的求解虽然没有完美的数学形式，但有时还是很实用的。

7.5.2 最优控制目标函数的选择

在控制理论及控制工程发展过程中，人们曾使用各种各样的目标函数，比如前面介绍的二次型最优指标，但这样的指标和实际工程中使用的基于误差的指标之间有很大差距，所以，对伺服控制与跟踪系统来说，控制系统的误差 $e(t)$ 是一个很重要的指标，人们期望误差尽可能小。因为误差信号是一个动态信号，所以通常采用误差积分来定义最优控制的指标。常用的误差指标如下：

$$\begin{array}{llll} \text{ISE 指标：} & \displaystyle\int_0^\infty e^2(t)\,\mathrm{d}t & \text{IAE 指标：} & \displaystyle\int_0^\infty |e(t)|\,\mathrm{d}t \\ \text{ITAE 指标：} & \displaystyle\int_0^\infty t|e(t)|\,\mathrm{d}t & \text{ISTE 指标：} & \displaystyle\int_0^\infty te^2(t)\,\mathrm{d}t \end{array} \tag{7-41}$$

其中，在控制理论中经常使用 ISE 指标，因为该指标容易计算，甚至可以解析推导。对线性系统来说，ISE 指标又称为 $\mathcal{H}_2$ 指标。若误差信号的 Laplace 变换为 $E(s)$，则 ISE 指标可以由复域表达式表示

$$J=\frac{1}{2\pi\mathrm{j}}\int_{-\mathrm{j}\infty}^{\mathrm{j}\infty}E(s)E(-s)\,\mathrm{d}s \tag{7-42}$$

而该表达式可以用递推方法求出[66]，或由 norm() 函数直接求解。

例 7-9 考虑受控对象 $G(s)=1/(s+1)^6$。如果采用 PID 控制策略，则需要寻优的决策变量应该为 PID 控制器的 3 个参数，这样决策变量可以定义为 $\boldsymbol{x}^{\mathrm{T}}=[K_{\mathrm{p}},K_{\mathrm{i}},K_{\mathrm{d}}]$，PID 控制器的传递函数可以写成 $G_{\mathrm{c}}(s)=x_1+x_2/s+x_3s$。为避免纯微分运算，控制器的最后一项可以近似为 $x_3s/(0.001s+1)$。若输入信号为阶跃信号，则误差信号的 Laplace 变换可以表示成

$$E(s)=\frac{U(s)}{1+G_{\mathrm{c}}(s)G(s)}=\frac{1}{s}\cdot\frac{1}{1+G_{\mathrm{c}}(s)G(s)} \tag{7-43}$$

这样，目标函数的 M-函数表示可以写成

```
function e=c7mopid(x,G,s)
E=minreal(feedback(1,G*(x(1)+x(2)/s+x(3)*s/(0.001*s+1)))/s); e=norm(E);
if ~isfinite(e), e=1000; end
```

其中，附加参数 G 和 s 分别为受控对象 LTI 模型和 Laplace 算子。建立了目标函数则可以直接使用下面的语句设计最优 PID 控制器了

```
>> s=tf('s'); G=1/(s+1)^6; x=fminunc(@c7mopid,[0.5; 0.1; 0],[],G,s)
```

得出最优控制器参数分别为 $\boldsymbol{x}^{\mathrm{T}}=[1.5359,0.69,4.6515]$。在此控制器的作用下，系统的输出曲线和控制信号分别如图 7-27a、b 所示。

```
>> Gc=x(1)+x(2)/s+x(3)*s/(0.001*s+1); step(feedback(G*Gc,1))
   figure; step(feedback(Gc,G))
```

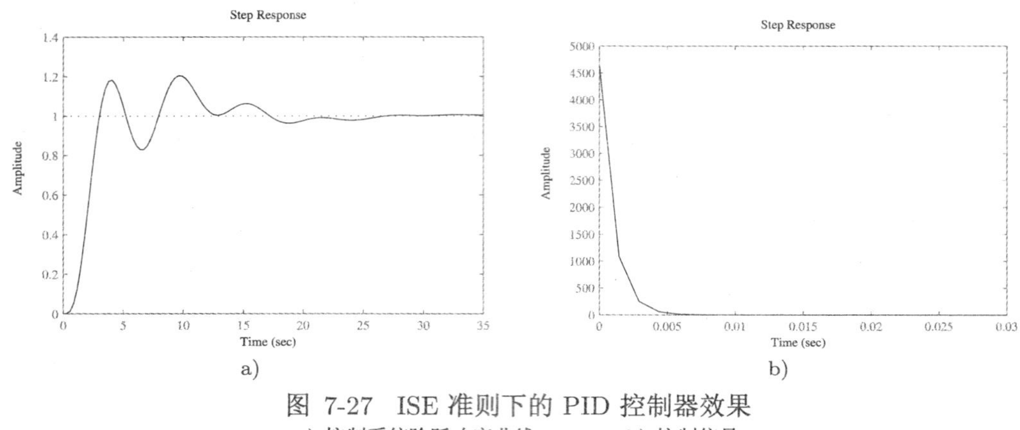

图 7-27 ISE 准则下的 PID 控制器效果
a) 控制系统阶跃响应曲线 b) 控制信号

由前面的设计例子可见，可以通过引入实用的目标函数，然后借助现代最新计算机数学语言求解相应的最优化问题，得出更有意义的最优控制器。然而，由前面的最优控制器设计结果，自然会引出下面几个问题：

1) 最优指标选择是否合理 从得出的控制效果可见，输出信号是基本上令人满意，但是不是存在更有意义的最优性指标？如何选择目标函数能得出更好的结果？

2) 如何处理系统中的非线性 前面例子中计算目标函数是由求 Laplace 变换表达式的 $\mathcal{H}_2$ 范数而实现的，而该方法显然不适合于非线性系统的最优控制器设计，如果系统中含有非线性环节，应该如何处理？

3) 控制信号过大不可实现怎么办 由前面例子中可见，得出的控制器信号在 t 很微小时可能过大，实际系统中不能接受这样大的控制信号，所以在实际控制中应该让控制信号经过一个饱和装置，以确保该信号不超过容许的范围。这样做显然需要在系统中人为引入非线性现象。

综上所述，如果出现上面任意一种情况，用 $\mathcal{H}_2$ 范数计算目标函数都是不可行的。所以应该探索和使用其他的最优控制器设计方法。

前面介绍过，ITAE 指标是解析不可求解的，另外如果采用仿真环节计算 ITAE 指标，则不可能对 $[0,\infty]$ 时间区域全部仿真，故应该考虑某有限时段 $t\in[0,t_{\mathrm{f}}]$ 内的仿真计算。下面将通过例子讨论一般的最优控制器设计方法及 t_{f} 选取问题。

例 7-10 仍考虑前面的受控对象模型，假设期望控制信号 $|u(t)|\leqslant 3$，则可以搭建起如图 7-28 所示的 Simulink 仿真框图。在该框图中，除了给出闭环控制的结构外，还构造了 ITAE 积分信号，该信号的最后一个值即为期望的 ITAE 准则的近似值。此外还应该注意到，这里的 PID 控制器参数 $K_{\mathrm{p}},K_{\mathrm{i}},K_{\mathrm{d}}$ 是变量，目的是通过最优化的搜索得出使得目标函数最小的控制器参数。

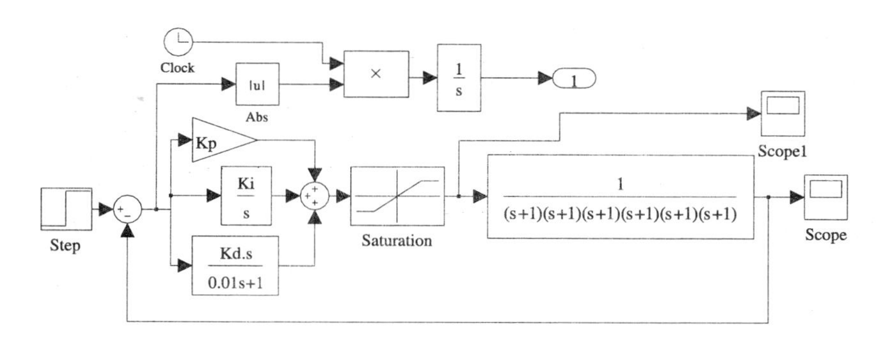

图 7-28 最优控制仿真框图 (文件名：c7moptpid.mdl)

基于前面给出的仿真框图可以编写出如下 M-函数来描述所需的目标函数

```
function y=c7optfun(x)
assignin('base','Kp',x(1)); assignin('base','Ki',x(2));
assignin('base','Kd',x(3));
[t,x1,y1]=sim('c7moptpid.mdl',[0,30]); y=y1(end);
```

在该函数中，可以人为选择 $t_{\mathrm{f}}=30$。进入该函数后，通过 assign() 函数将决策变量 $\boldsymbol{x}$ 的各个分量，分别分发给工作空间中的 $K_{\mathrm{p}}, K_{\mathrm{i}}, K_{\mathrm{d}}$ 变量，使得在 Simulink 模型仿真时它们能被正确赋值。这样由下面的语句即可以求解最优化问题，得出所需的 $\boldsymbol{x}^{\mathrm{T}}=[1.0348, 0.1992, 1.6372]$。这时得出的阶跃响应输出曲线、控制信号曲线和 ITAE 积分曲线分别如图 7-29a～c 所示。

```
>> x0=[0.5 0.1 0]; x=fminunc(@c7optfun,x0)
```

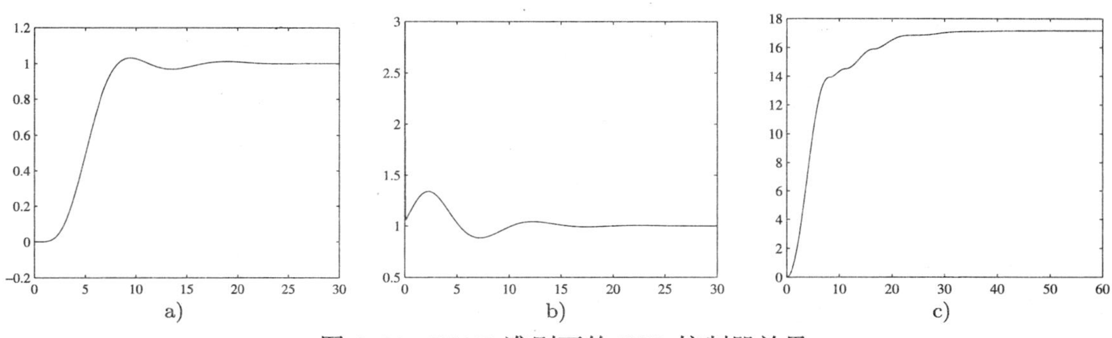

图 7-29 ITAE 准则下的 PID 控制器效果
a) 控制系统阶跃响应曲线 b) 控制信号 c) ITAE 积分

选择不同的 t_{f} 值，还可以得出相应的控制器参数和近似 ITAE 值，如表 7-3 所示。可见，对本例来说，$t_{\mathrm{f}} \in (30,60)$ 都得到很好的效果，且控制器参数差异不大。

终止仿真时间可以事后离线选择。得出某个最优控制器，如果 ITAE 积分曲线进入饱和状态，则可以在该时刻 t_1 和 $2t_1$ 之间选择 t_{f}，其值对控制器设计不会有很大影响。如果 t_{f} 过小，则不能使 ITAE 积分进入稳态，设计的控制器不可用，若 t_{f} 选择过大，则会忽略系统的初始振荡，使得超调量变大，设计出的控制器也不理想。

从前面给出的例子可以看出，ITAE 比 ISE 指标更适合于伺服系统的设计。究其原因，ISE 对各个时刻的误差同等看待，故系统响应不易进入稳态，而 ITAE 准则对 t 较大时的误差引入了惩罚机制，迫使系统尽快进入稳态，所以 ITAE 指标更合理。

表 7-3　不同 t_f 对控制效果的比较

t_f	K_p	K_i	K_d	ITAE	t_f	K_p	K_i	K_d	ITAE
15	1.3602	0.27626	1.9773	9.3207	20	1.4235	0.27228	2.0731	9.7011
25	1.3524	0.26555	1.8846	9.945	30	1.3506	0.26454	1.8669	9.9814
35	1.3488	0.26395	1.859	10.008	40	1.3457	0.26363	1.8495	10.016
45	1.346	0.26357	1.8493	10.019	50	1.3452	0.26351	1.8472	10.021
55	1.345	0.26349	1.8467	10.021	60	1.345	0.26349	1.8467	10.021

7.5.3　控制器参数寻优

这里还将通过一个例子演示其他最优控制器的设计与应用。

例 7-11　例 6-1 中给出了超前滞后校正器的设计例子，并演示了如果系统的期望相位裕量或剪切频率选择不当，用给出的设计方法获得的校正器可能失效。这样就提出一种最优控制问题，即选定了系统的期望相位裕量为 55°，怎样选择剪切频率能够保证闭环系统有最快的阶跃响应速度。

这个问题不能变换成一般的最优化问题，但用 MATLAB 能较好地解决。回顾例 6-1 中的分析，如果想让闭环系统响应速度快，则 ω_c 的值应该尽可能大。当给出的 γ,ω_c 参数不能设计出满意的控制器，则得出的校正后系统 $\hat{\gamma},\hat{\omega}_c$ 的值和预期的 γ,ω_c 值相差较大。所以可以将设计出的校正器是否能保证满足设计要求构成指标，如果能则适当增大 ω_c 的值，否则适当减小之，直到找出最大允许的 ω_c 值。

求解这样的问题不必使用 MATLAB 的最优化工具箱函数，用最简单的二分法就可以解决问题。从例 6-1 可知，$\omega_c = 50$rad/s 时，设计算法失效，故可以编写如下语句进行优化

```
>> gam=55; G=zpk([-1],[0;-0.1;-10;-20],10);  % 受控对象模型
   w1=0.1; w2=50;  % 选择求解区间
   while (1)    % 一直循环下去，直至满足条件，由 break 语句终止循环
     wc=0.5*(w1+w2); Gc=leadlagc(G,wc,gam,1000);  % 二分法求中点并设计控制器
     if abs(w2-w1)<0.01, break; end     % 所分空间足够小则结束控制器设计过程
       [a,gam1,b,wc1]=margin(G*Gc);  % 求出校正后系统的相位裕量与剪切频率
       if abs(gam-gam1)<0.1 & abs(wc-wc1)<0.1  % 判定条件是否满足
         w1=wc; else, w2=wc; end               % 并缩小区间
   end
```

可见，由这里给出的简单最优化算法可以立即得出可以保证预期相位裕量的最大剪切频率为 $\omega_c = 26.9962$ rad/s，在这个剪切频率下可以得出超前滞后校正器 Gc，同时还可以得出 $\omega_c = 10$rad/s 的校正器，并比较在二者的闭环阶跃响应曲线，如图 7-30 所示。

```
>> F=leadlagc(G,10,gam,1000); step(feedback(Gc*G,1),feedback(F*G,1),4)
```

遗憾的是，这样经过优化设计的校正器的效果并不是很理想，至少比随意选择的 $\omega_c = 10$rad/s 差，这是因为在优化过程中选择了间接的目标函数 —— 相位裕量与剪切频率，而这样的性能指标并不能唯一地描述系统的特征。

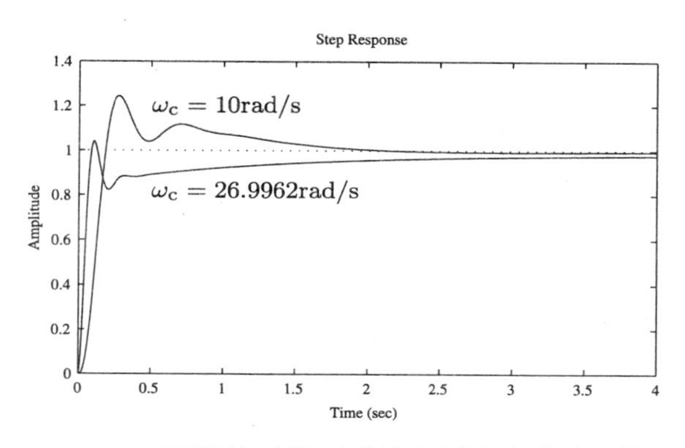

图 7-30 不同校正器下系统阶跃响应曲线比较

积分型误差指标是伺服控制系统设计中最常用也是最直观的指标，对同样的受控对象模型，可以建立起如图 7-31a 所示的闭环控制系统仿真模型，该模型构造了 ITAE 准则的输出端口，如果系统响应最终趋于稳态值，则该端口信号最终的值接近于实际的 ITAE 值。

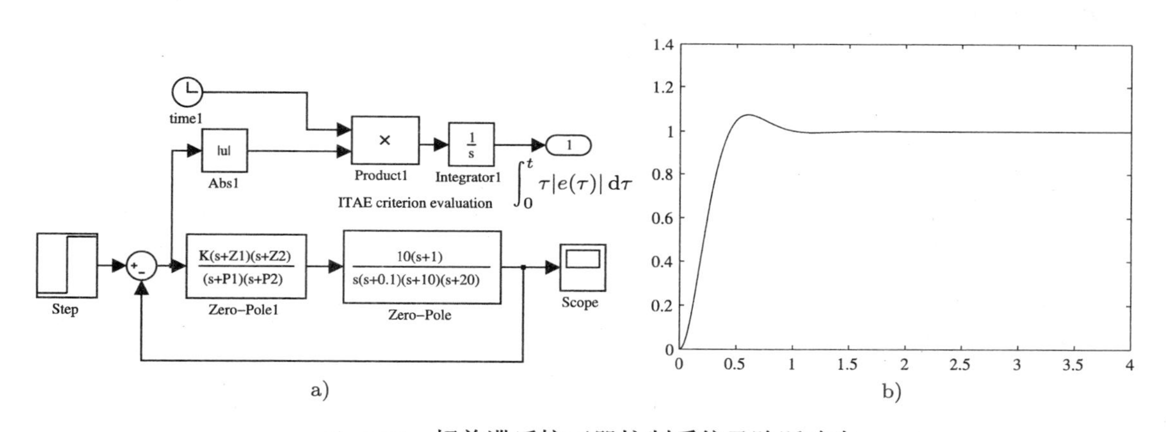

图 7-31 超前滞后校正器控制系统及阶跃响应

a) Simulink 仿真模型 (c7mopta.mdl) b) 闭环系统阶跃响应曲线

为使得 ITAE 准则最小化，可以编写如下的 MATLAB 函数来描述最优化问题的目标函数

```
function y=c7optll(x)
assignin('base','Z1',x(1)); assignin('base','P1',x(2));
assignin('base','Z2',x(3)); assignin('base','P2',x(4));
assignin('base','K',x(5));   % 对 MATLAB 工作空间变量赋值
[t,xx,yy]=sim('c7mopta.mdl',4); y=yy(end);  % 求取目标函数
```

这里使用了 assignin() 函数为工作空间中的变量赋值，使得仿真模型可以直接应用自变量向量 x 的值。给出下面的 MATLAB 语句即可求解最优化问题

```
>> options=optimset('Display','iter','Jacobian','off','LargeScale','off');
   format short e; x0=[1 2 3 4 5]; ctrl_pars=fminsearch('c7optll',x0,options)
```

亦即可以设计出超前滞后校正器为

$$G_c(s) = 192300\frac{(s+0.10018)(s+29.764)}{(s+1.0027)(s+56154)}$$

在此校正器的控制下，系统的阶跃响应曲线如图 7-31b 所示。可见，由于采用了直接最优化方法，所以控制效果大大改观了。

在实际求解中可以发现，由于校正器的零点在寻优过程中可能变得很小，使得优化过程很慢，效率很低，为解决这样的问题，可以考虑引入约束条件，使得所有 5 个变量均有下限 0.01，这样由下面的 MATLAB 语句就可以求解有约束最优化问题，设计出最优校正器模型。

```
>> ctrl_pars=fmincon('c7optll',x0,[],[],[],[],0.01*ones(5,1),[],[],options)
```

这时校正器模型为

$$G_{c1} = 96.901\frac{(s+0.10105)(s+40.368)}{(s+45.616)(s+1.0206)}$$

基于数值最优化技术的最优控制器设计的另外一个优势是用户可以有目的地引入约束条件，不像偏重解析求解方法那样只能引入便于求解的约束。例如，若用户觉得前面设计出的控制器超调量 9% 稍大，应该按图 7-32a 中给出的方式改写 Simulink 仿真框图，则可以在目标函数内引入一个超调量的约束，如 $\sigma \leqslant 3\%$，从而将目标函数改写成

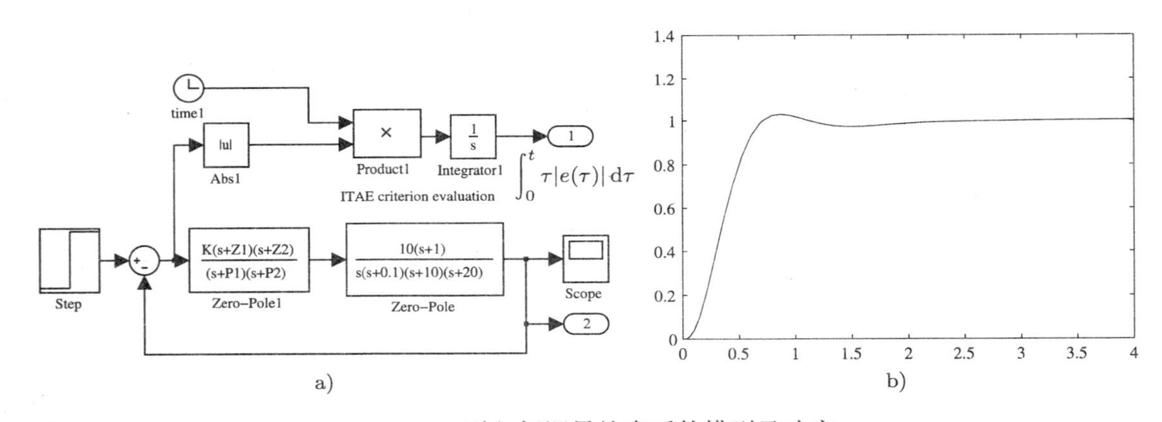

图 7-32　引入超调量约束后的模型及响应

a) 改进的 Simulink 仿真模型 (c7moptb.mdl)　　b) 闭环系统阶跃响应曲线

```
function y=c7optlla(x)
assignin('base','Z1',x(1)); assignin('base','P1',x(2));
assignin('base','Z2',x(3)); assignin('base','P2',x(4));
assignin('base','K',x(5));   % 对 MATLAB 工作空间变量赋值
[t,xx,yy]=sim('c7moptb.mdl',4); y=yy(end,1);  % 求取目标函数
if max(yy(:,2))>1.03, y=1.2*y; end   % 如果超调量大，则人为增大目标函数值
```

这样就可以通过如下语句求解最优控制器模型

```
>> ctrl_pars=fmincon('c7optlla',x0,[],[],[],[],0.01*ones(5,1),[],[],options)
```

这时闭环系统的阶跃响应曲线如图 7-32b 所示，且得出的校正器模型为

$$G_{c2}(s) = 39.193\frac{(s+0.1014)(15.649)}{(s+12.393)(s+1.0146)}$$

7.5.4 基于 MATLAB/Simulink 的最优控制程序及其应用

由前面的演示可以看出，基于数值最优化技术的最优控制器设计方法不必拘泥于传统的最优控制格式，可以任意地定义目标函数，故它应该比传统的最优控制有更好的应用前景。

作者总结了伺服控制的一般形式，编写了一个基于跟踪误差指标的最优控制器设计程序，依赖 MATLAB 和 Simulink 求解出真正最优的控制器参数，该程序允许用户用 Simulink 描述控制系统模型，其中控制器可以由任意形式给出，允许带有待优化的参数，并可以自动生成最优化需要的目标函数求解用的 MATLAB 函数，然后调用相应的最优化问题求解函数，求出最优控制器的参数。

最优控制器设计程序 (Optimal Controller Designer，OCD) 的调用过程为：

1) 在 MATLAB 提示符下键入 ocd，则将得出如图 7-33 所示的程序界面，该界面将允许用户利用 MATLAB 和 Simulink 提供的功能设计最优控制器。

2) 建立一个 Simulink 仿真模型，该模型应该至少包含以下两个内容：首先应含有待优化的参数变量，这可以在框图的模块参数中直接反映出来，例如在 PI 控制器中使用 Kp 和 Ki 来表示其参数；另外，误差信号的准则需要用输出端子模块表示，例如若选择系统误差信号的 ITAE 准则作为目标函数，则需要将误差信号后接 ITAE 模块，并将其连接到输出端子 1 口。

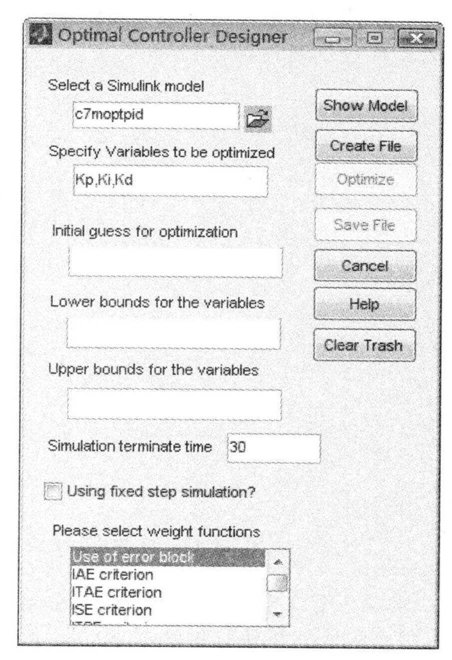

图 7-33 最优控制器设计程序界面

3) 将对应的 Simulink 模型名填写到界面的 Select a Simulink model 编辑框中。

4) 将待优化变量名填写到 Select variables to be optimized 编辑框中，且各个变量名之间用逗号分隔。

5) 另外还需估计指标收敛的时间段作为终止仿真时间，例如若选择 ITAE 指标，则理论上应该选择的终止仿真时间为 ∞，但在数值仿真时不能这样选择，且时间选择过长则将影响暂态结果，所以应该选择 ITAE 积分刚趋于平稳处的时间填写到 Simulation terminate time 栏目中去，注意，这样的参数选择可能影响最终寻优结果。

6) 可以单击 Create File 按钮自动生成描述目标函数的 MATLAB 文件 opt_*.m。OCD

将自动安排一个文件名来存储该目标函数，单击 Clear Trash 按钮可以删除这些暂存的目标函数文件。对这里给出的例子，用 Create File 按钮可能写出 MATLAB 函数。

```
function y=optfun_6(x)
assignin('base','Kp',x(1));
assignin('base','Ki',x(2));
assignin('base','Kd',x(3));
[t_time,x_state,y_out]=sim('c7optpid.mdl',[0,30.000000]);
y=y_out(end);
```

7) 单击 Optimize 按钮将启动优化过程，对指定的参数进行寻优，在 MATLAB 工作空间中返回，变量名与上面编辑框中填写的完全一致。在实际控制器设计中，为确保能得到理想的控制器，有时需要再次单击此按钮获得更精确最优解。在实际的程序中，该按钮将根据需要自动调用 MATLAB 下的最优化函数 `fminunc()`、`fminsearch()` 等函数进行参数寻优。

8) 本程序允许用户指定优化变量的上下界，允许用户自己选择优化参数的初值，还允许选择不同误差准则，并允许选择离散仿真算法等，这些都可以通过相应的编辑框和列表框直接实现。

例 7-12 考虑例 7-6 中给出的大时间延迟系统，若想用最优控制设计程序 OCD 设计最优 PID 控制器，则需要设计一个 Simulink 仿真模型，如图 7-34 所示，注意在该模型中，使用了 ITAE 准则为最优控制器设计的目标。

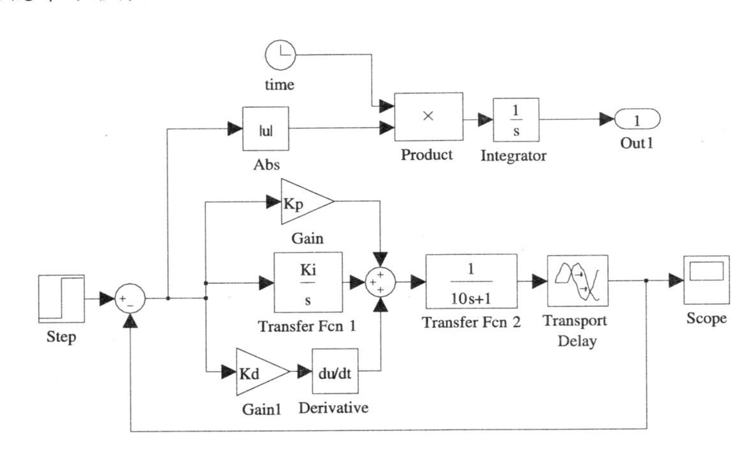

图 7-34 大时间延迟系统的 Simulink 仿真框图 (c7mldlya.mdl)

启动 OCD 程序，在 Select a Simulink model 编辑框中填写 c7mldlya.mdl，在 Select variables to be optimized 编辑框中填写 Kp,Ki,Kd，并在 Simulation terminate time 栏目填写终止时间 1000，则可以单击 Create File 按钮生成描述目标函数的 MATLAB 文件，再单击 Optimize 按钮，则可以得出 ITAE 最优化设计参数为 $K_\mathrm{p}=0.3636$，$K_\mathrm{i}=0.0042$，$K_\mathrm{d}=8.3010$，亦即控制器模型为

$$G_\mathrm{c}(s)=0.3636+\frac{0.0042}{s}+8.3010s$$

利用最优控制器设计程序 OCD，用户还可以容易地设计出 PI 控制器，这时只需给出 Kd=0 命

令，则仍能使用 c7mldlya.mdl 模型，这时待优化参数栏目应该填写 Kp,Ki，通过最优化搜索则可以得出 PI 控制器参数为 $K_\mathrm{p}=0.3095, K_\mathrm{i}=0.004$。PI 和 PID 控制器的控制效果和图 7-17a 中的类似，这里不再给出。

例 7-13 最优控制程序不限于简单 PID 类控制器的设计，假设有更复杂的控制结构，例如图 7-35 所示的串级 PI 控制器，以往的方法需要先设计内环控制器，再设计外环控制器，这里将介绍用 OCD 同时设计串级控制器的方法。

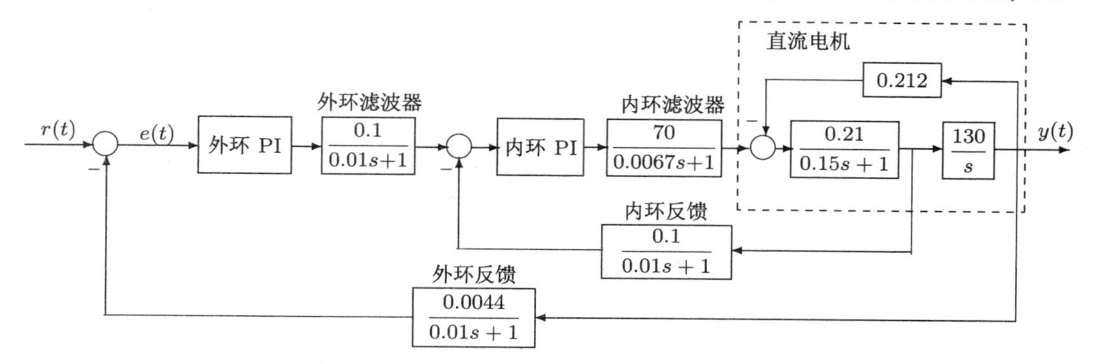

图 7-35 双闭环直流电机拖动系统框图

要解决这样的问题，需要建立起如图 7-36 所示的 Simulink 仿真模型，存成 c7mdbl2.mdl 文件，注意在该模型中定义了 4 个待定参数，Kp1, Ki1, Kp2, Ki2，并定义了误差的 ITAE 指标，输出到第一输出端子上。启动 OCD，在 Select a Simulink model 编辑框中填写 c7mdbl2.mdl，在 Select variables to be optimized 编辑框中填写 Kp1,Ki1,Kp2,Ki2，并在 Simulation terminate time 栏目填写终止时间 0.6，则可以单击 Create File 按钮生成描述目标函数的 MATLAB 文件，再单击 Optimize 按钮，则可以得出 ITAE 最优化设计参数为 $K_\mathrm{p1}=37.9118$，$K_\mathrm{i1}=12.1855$，$K_\mathrm{p2}=10.8489$，$K_\mathrm{i2}=0.9591$，亦即控制器模型为

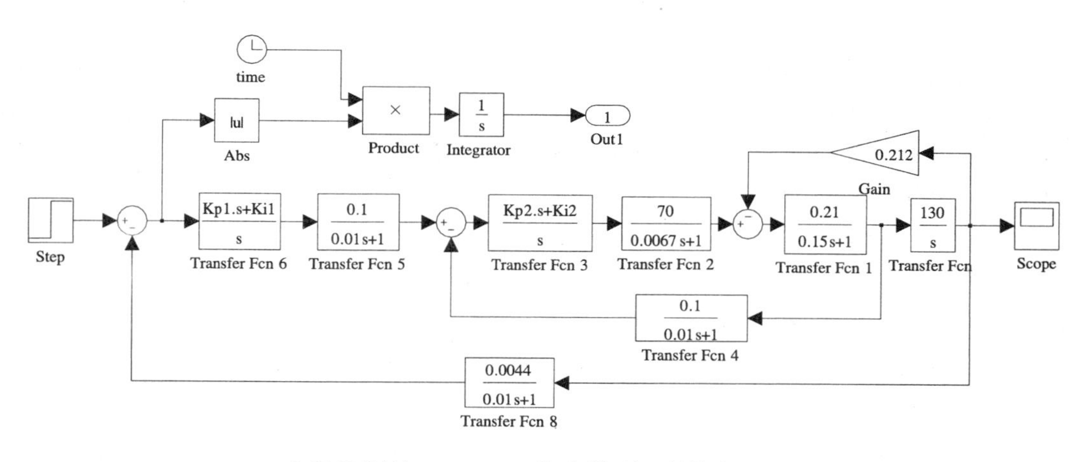

图 7-36 串级控制的 Simulink 仿真模型 (文件名：c7mdbl2.mdl)

$$\text{外环控制器}\ G_\mathrm{c1}(s)=37.9118+\frac{12.1855}{s},\quad \text{内环控制器}\ G_\mathrm{c2}(s)=10.8489+\frac{0.9591}{s}$$

在这些控制器下系统的阶跃响应曲线如图 7-37 所示，可见系统响应还是很理想的。

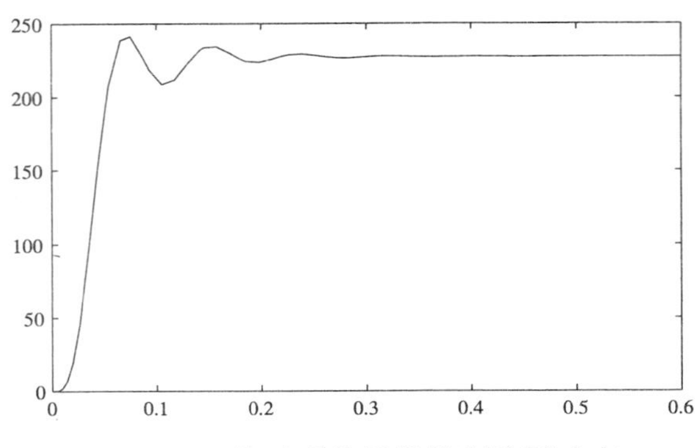

图 7-37　拖动系统最优控制阶跃响应

7.5.5　最优控制程序的其他应用

最优控制程序不仅能用于最优控制器的设计，还可以用于其他需要优化的场合，例如模型降阶等，用 Simulink 只要能搭建出误差或误差准则模型，就可以用本程序求出最优的参数来。本节将通过例子介绍 OCD 程序在模型降阶中的应用。

例 7-14　考虑给定系统模型的 FOLPD 拟合问题，前面介绍的 `getfolpd()` 函数可以用最优化的方法获得给定模型的最优降阶模型，现在考虑用 OCD 来进行最优降阶研究。在使用 OCD 之前，应该实现定义一个误差信号，然后对这个误差信号进行某种最优化，就可以利用 OCD 求取最优模型了。假设仍考虑例 7-1 中给出的受控对象模型，即 $G(s)=1/(s+1)^6$，基于这样的思想，可以搭建起一个 Simulink 模型 c7mmr.mdl，如图 7-38 所示，这里可以采用 ITAE 准则来构造误差信号，进行最优降阶研究。

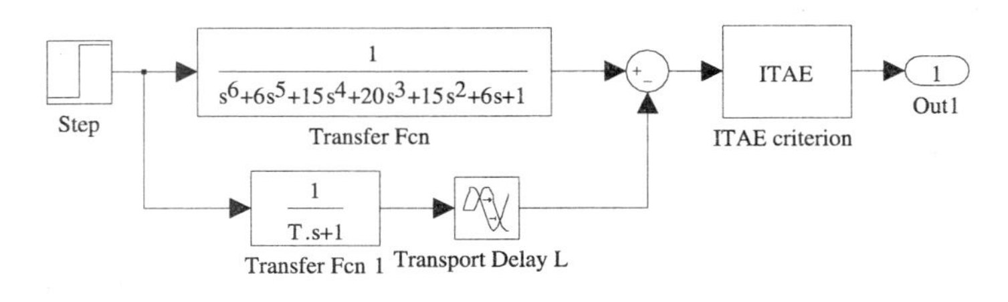

图 7-38　定义降阶误差信号的 Simulink 仿真框图 (c7mmr.mdl)

为简便起见，K 参数没有必要辨识，可以直接采用系统的稳态值，亦即系统分子和分母多项式常数项的比值，对此例来说为 1，所以现在只要需要对 T,L 两个参数进行最优化即可。启动 OCD 程序，在 Select a Simulink model 编辑框中填写 c7mmr1.mdl，在 Select variables to be optimized 编辑框中填写 `L,T`，并在 Simulation terminate time 栏目填写终止时间 10，则可以单击 Create File 按钮生成描述目标函数的 MATLAB 文件，再单击 Optimize 按钮，则可以得出 ITAE 最优化拟合参数为 $L=3.66$，$T=2.6665$，即 $G^*(s)=\dfrac{\mathrm{e}^{-3.66s}}{2.6665s+1}$。

7.6 最优 PID 控制器设计程序

因为 PID 控制器是过程控制领域应用最广的控制器，所以作者对这类控制器的寻优设计方法进行了归纳，设计了一个程序界面，可以方便地进行 PID 控制器的设计和仿真。除了继承了 OCD 程序的最优化功能外，该程序还对超调量受限的有约束最优化问题、局部最优解的避免等一系列实际问题提供了解决方法。该程序的使用步骤如下：

1) 在 MATLAB 提示符下键入 `pid_optimizer`，打开如图 7-39 所示的程序主界面。

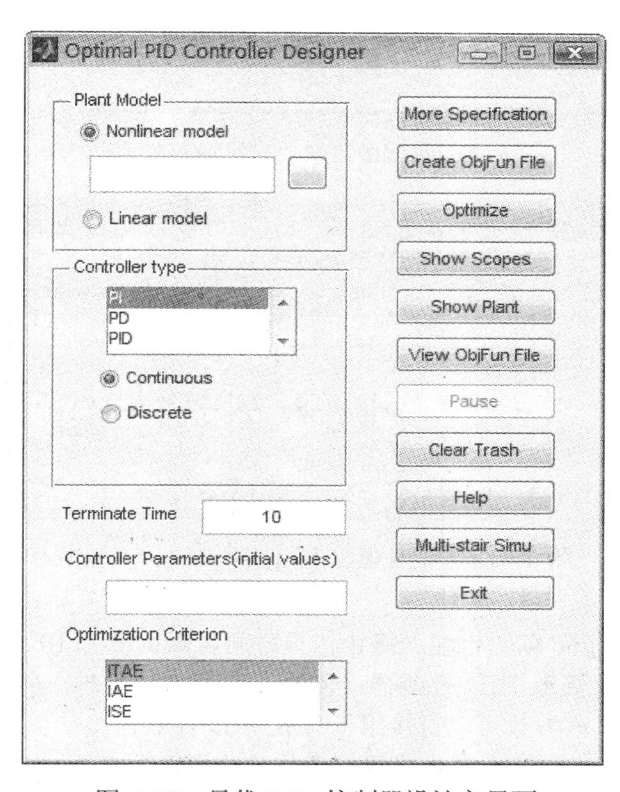

图 7-39　最优 PID 控制器设计主界面

2) 输入受控对象模型　受控对象如果是连续或离散的传递函数模型，则可以单击无线电按钮 Linear model，这时将弹出一个如图 7-40 所示的对话框，用户可以输入一个线性的传递函数模型，该模型可以带有时间延迟，也可以是带有某采样周期的离散模型，后者可以通过选择列表框 Discrete 选项实现。

如果受控对象是非线性模型，则用户应该事先建立一个 Simulink 模型来描述受控对象，该模型只能有一路输入和一路输出。例如，若受控对象为

$$G(s)=\left(1+\frac{\mathrm{e}^{-s}}{s+1}\right)\frac{-0.2s+1}{(s+1)^2} \tag{7-44}$$

则可以先用 Simulink 绘制出如图 7-41 所示的框图，保存，如 pid_test1.mdl，单击 Nonlinear model 无线电按钮，填入 `pid_test1`，则可以将该非线性受控对象模型和控制器关联起来。注意，受控对象模型必须有一对输入、输出端子，否则模型会被拒用。

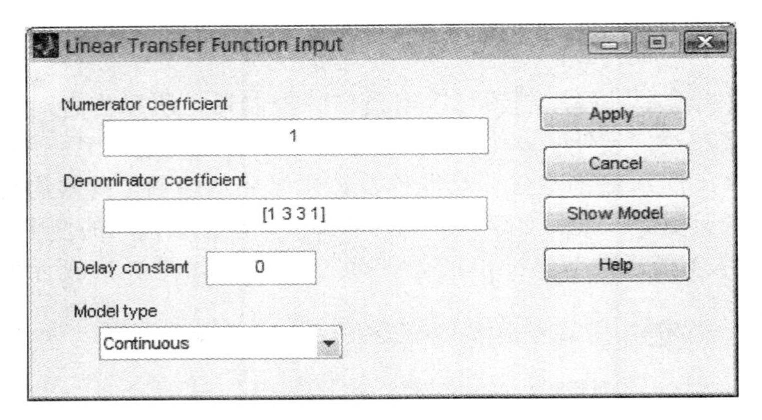

图 7-40 传递函数受控对象输入对话框

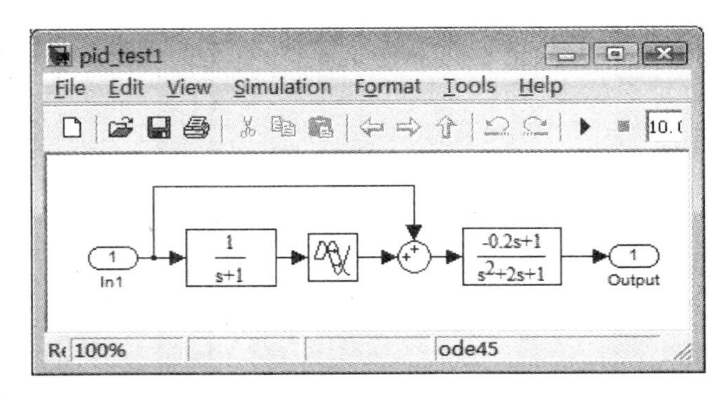

图 7-41 非线性模型 (文件名 pid_test1.mdl)

3) 在 Terminate Time 编辑框输入终止仿真时间，默认值为 10，再选择控制器类型。注意，尽管程序能优化离散 PID 控制器，但通常情况下较耗时，所以建议选择连续选项得出最优控制器参数，该参数可以直接用于离散 PID 控制器。

4) 单击 Create ObjFun File 来生成目标函数和约束函数文件。

5) 单击 Optimize 按钮来搜索最优控制器参数。

6) 得出最优控制器后，单击 Multi-stairs Simu 按钮获得多阶梯输入的仿真研究，该按钮将打开一个如图 7-42 所示的对话框，启动仿真程序。

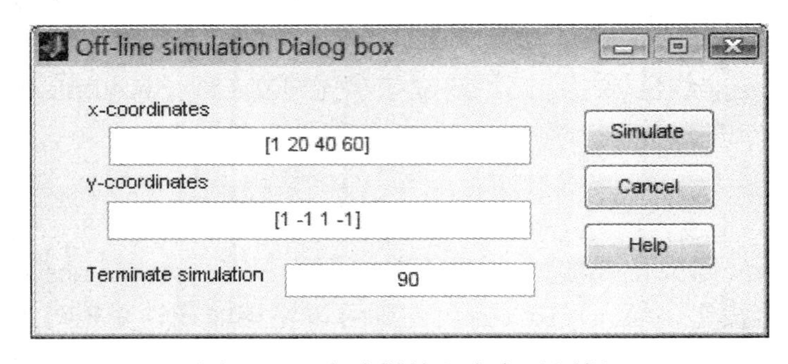

图 7-42 多阶梯输入定义对话框

7) 用户可以单击 More Specifications 按钮，打开如图 7-43 所示的对话框，在该对话框中选择超调量约束、驱动饱和限等约束条件来改善控制效果。另外，用户还可以从算法上改善寻优的速度和效果，如 Stiff solver 允许用刚性微分方程算法改善某些系统的速度，而 GAOT Toolbox、PSO Toolbox 等优化算法一般能获得全局最优解。注意，GAOT 和 PSO 工具箱的代价是寻优计算量特别大。

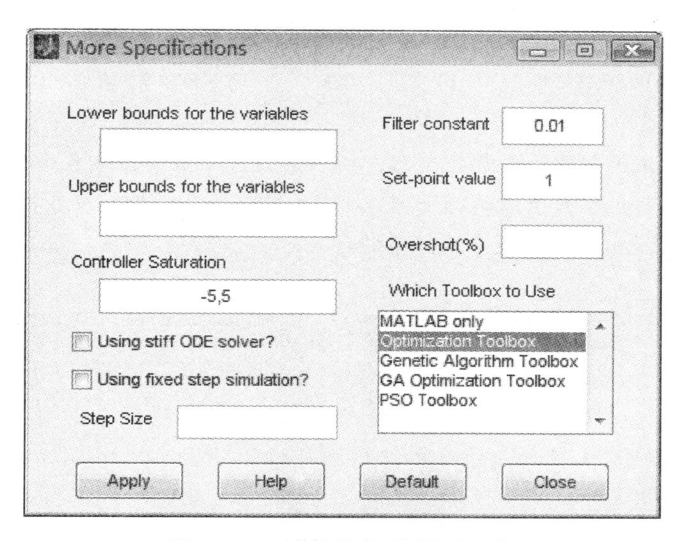

图 7-43 其他指标设置对话框

8) 主界面其他按钮比较好理解，用户还可以选择不同的优化指标设计控制器。

例 7-15 首先考虑线性受控对象模型 $G(s)=1/(s+1)^3$ 的控制器设计问题。假设要求控制信号 $|u(t)|\leqslant 5$，则可以顺序地执行下列动作来设计最优 PID 控制器：

1) 给出 `pid_optimizer` 命令驱动程序，$|u(t)|\leqslant 5$ 是默认设置，无需特殊处理。

2) 单击 Linear model 无线电按钮，在打开的对话框中输入受控对象模型。

3) 在 Controller Type 栏目选择 PID 控制器。

4) 在 Terminate Time 栏目设置终止时间，如选择 7。

5) 单击 Create ObjFun File 按钮自动生成目标函数。

6) 单击 Optimize 按钮来设计最优控制器，设计过程中，输出信号和误差积分示波器处于打开状态；用户可以开始地观察优化过程。用户可以单击 Pause 按钮中断优化过程。例如，本系统结束优化时的输出信号如图 7-44a 所示 (示波器颜色重新调整)。

7) 控制器效果可以由 Multi-stair Simu 按钮进一步探讨，如在对话框的栏目中输入 [0 20 40 60]，[1 -1 3 2] 和 90，则可以得出如图 7-44b 所示的仿真结果。可见，从阶梯 $-1\sim3$ 的跳跃响应中超调量较大，控制效果不佳，说明以默认的单位阶跃激励系统进行优化不合适，所以应该单击 More Specifications 按钮，在如图 7-43 所示的对话框 Set-point value 栏目输入 4，重新优化，则多阶梯响应曲线如图 7-44c 所示。可见，新的多阶梯响应是令人满意的。

例 7-16 考虑非最小相位系统的 PID 控制问题，假设受控对象模型为 $G(s)=(-s+1)/(s+1)^3$。可以重复上例中的步骤设计控制器，将终止仿真时间设置为 15。然而，由于系统的复杂性，用传

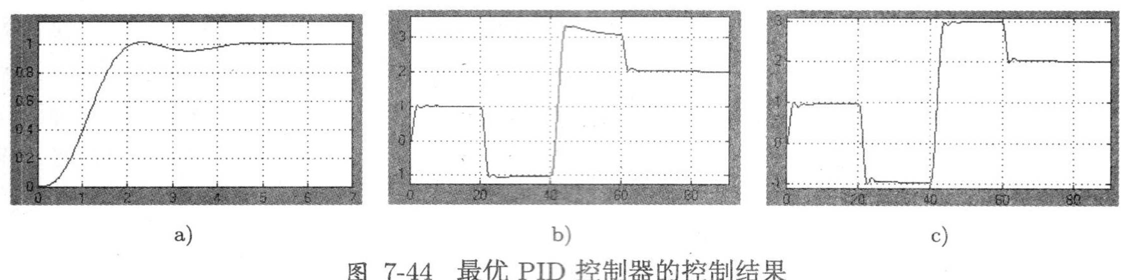

a)　　　　　　b)　　　　　　c)

图 7-44　最优 PID 控制器的控制结果

a) 直接优化结果　　b) 多阶梯响应　　c) 改进控制器的多阶梯响应

统的最优化方法不一定能搜索出最优控制器，所以建议选择基于遗传算法的 GAOT 工具箱来设计控制器，可以将控制器参数范围选择为 ±5。这样得出的最优控制器效果和多阶梯响应曲线如图 7-45a、b 所示，可见控制效果是令人满意的。

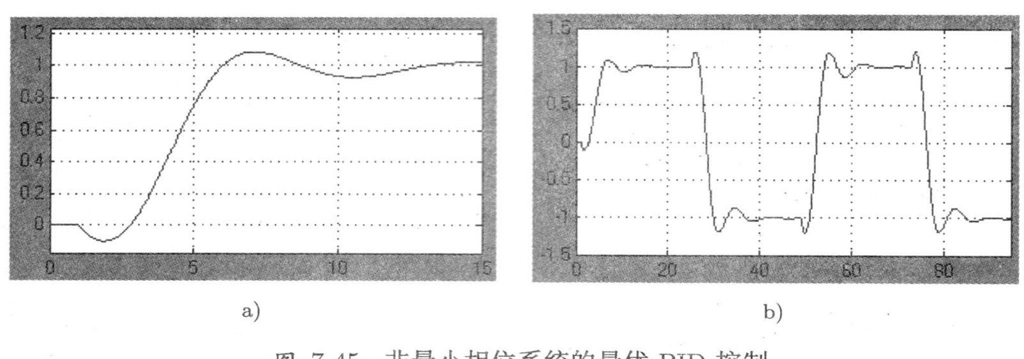

a)　　　　　　b)

图 7-45　非最小相位系统的最优 PID 控制

a) 阶跃响应　　b) 多阶梯响应曲线

例 7-17　考虑式 (7-44) 中描述的受控对象模型，可以用图 7-41 中的 Simulink 框图描述该非线性受控对象，存成 `pid_test1.mdl` 文件。把该文件名填写入主窗口的 Nonlinear model 栏目，则可以重复上述内容来设计控制器，得出如图 7-46a、b 所示的控制效果和多阶梯响应曲线。

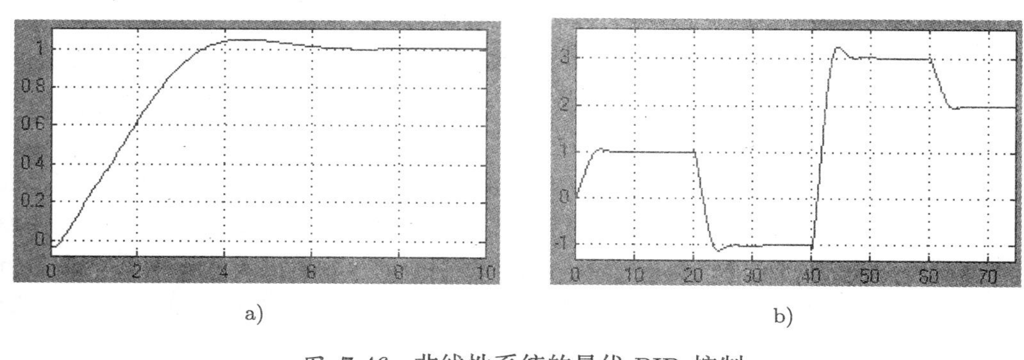

a)　　　　　　b)

图 7-46　非线性系统的最优 PID 控制

a) 阶跃响应　　b) 多阶梯响应曲线

7.7 本章要点小结

1) 过程控制中最常用的是 PID 类控制器，本章介绍了各种常用的 PID 控制器结构，侧重于一类常见的受控对象模型 —— 带有时间延迟的一阶模型 FOLPD 的近似和基于这类受控对象模型的 PID 控制器设计算法，从最传统的 Ziegler-Nichols 入手，介绍其整定算法及改进形式，并介绍了大时间延迟的 Smith 预估器算法及其局限性。

2) MATLAB 在几乎所有的自动控制分支都有专门的工具箱可以直接使用，但对最常用的 PID 类控制器却没有被广泛接受的工具箱，本章介绍了作者编写的 PID 工具箱和模块集，目前有两部分内容：基于 FOLPD 模型的参数整定界面及实现诸多先进 PID 控制器的 Simulink 模块集，简介其中神经元 PID 控制器模块及仿真效果。

3) 以往的最优控制往往是推导出的解析式，为获得这样的解析解需要很多的假设，使得问题有解。本章首先介绍了最优控制的基本概念，然后借助于强大的计算机工具，演示了基于数值最优化方法的最优控制器设计方法，指出可以由用户较随意地建立目标函数和约束条件，得出真正有意义的最优控制器，而不必拘泥于最优控制器的形式和具体求解方法。

4) 本章还介绍了一个作者编写的最优控制器设计程序 OCD，演示了它在最优控制器设计及模型最优拟合中的应用。

5) 本章还介绍了一个 PID 控制器的最优设计程序 PID_Optimizer。该程序可以解决任意单变量受控对象模型的最优 PID 控制器参数寻优问题。

7.8 习　题

1 应用不同的算法给下面各个模型设计 PID 控制器，并比较各个控制器下闭环系统的性能

(1) $G_{\rm a}(s)=\dfrac{1}{(s+1)^3}$　(2) $G_{\rm b}(s)=\dfrac{1}{(s+1)^5}$　(3) $G_{\rm c}(s)=\dfrac{-1.5s+1}{(s+1)^3}$

试分别利用整定公式和 PID 控制器设计程序设计控制器，并比较控制器的控制效果。如果采用离散 PID 控制器，试比较一般离散 PID 控制器与增量式 PID 控制器下的控制效果。

2 多变量系统由于输入输出直接存在耦合，故不能直接采用 PID 控制器对每个单独回路单独控制。考虑例 4-31 中得出的对角占优化处理，假设系统的受控对象模型为

$$\boldsymbol{G}(s)=\begin{bmatrix}\dfrac{0.806s+0.264}{s^2+1.15s+0.202} & \dfrac{-15s-1.42}{s^3+12.8s^2+13.6s+2.36}\\ \dfrac{1.95s^2+2.12s+0.49}{s^3+9.15s^2+9.39s+1.62} & \dfrac{7.15s^2+25.8s+9.35}{s^4+20.8s^3+116.4s^2+111.6s+18.8}\end{bmatrix}$$

再假设静态前置补偿矩阵为 $\boldsymbol{K}_{\rm p}=\begin{bmatrix}0.3610 & 0.4500\\ -1.1300 & 1.0000\end{bmatrix}$，试对补偿后系统按两个回路单独进行 PID 控制器设计，观察控制效果。

3 用各种方法对下面各个对象模型作带有延迟的一阶近似，并应用时域和频域分析方法比较这样的近似和原模型的接近程度。

(1) $G(s)=\dfrac{12(s^2-3s+6)}{(s+1)(s+5)(s^2+3s+6)(s^2+s+2)}$ (2) $G(s)=\dfrac{-5s+2}{(s+1)^2(s+3)^3}\mathrm{e}^{-0.5s}$

4 如果对象模型含有纯时间延迟环节，试用最优控制器设计程序设计出 ITAE、IAE、ISE 等最优指标下的 PID 控制器，并比较控制效果。

(1) $G_{\rm a}(s)=\dfrac{1}{(s+1)(2s+1)}\mathrm{e}^{-s}$ (2) $G_{\rm b}(s)=\dfrac{1}{(17s+1)(6s+1)}\mathrm{e}^{-30s}$

5 假设受控对象模型由下面的延迟微分方程给出

$$\frac{\mathrm{d}y(t)}{\mathrm{d}t}=\frac{0.2y(t-30)}{1+y^{10}(t-30)}-0.1y(t)$$

并用 PI 控制器对系统施加控制，试将其控制转换为最优化问题进行求解，得出最优 PI 控制器参数，并绘制出系统的阶跃响应曲线。如果想减小闭环系统的超调量，则可以引入约束条件，将原始问题转换为有约束最优化问题的求解，试对该问题进行求解。

6 已知受控对象为一个时变模型 $\ddot{y}(t)+\mathrm{e}^{-0.2t}\dot{y}(t)+\mathrm{e}^{-5t}\sin(2t+6)y(t)=u(t)$，试设计一个能使得 ITAE 指标最小的 PI 控制器，并分析闭环系统的控制效果。设计最优控制器需要用有限的时间区间去近似 ITAE 的无穷积分，所以比较不同终止时间下的设计是有意义的，试分析不同终止时间下的 PI 控制器并分析效果。如果不采用 ITAE 指标而采用 IAE、ISE 等，设计出的控制器是什么，控制效果如何?

7 模型参考自适应控制是一类很有效的控制方法，基于超稳定性方法的模型参考自适应系统结构如图 7-47 所示[101]。系统参数 $b_0=0.5$, $a_1=0.447$, $a_2=0.1$，且选择控制器参数 $d_0=1$, $d_1=0.5$, $k_1=0.03, k_2=1$，若取 $\hat{b}_0(0)=0.2$，且受控对象模型参数为 $a_3=5$, $a_4=8$，试设计最优 PI 控制器 $(k_2s+k_1)/s$，若选择 PID 控制器又能得到什么样的结果。

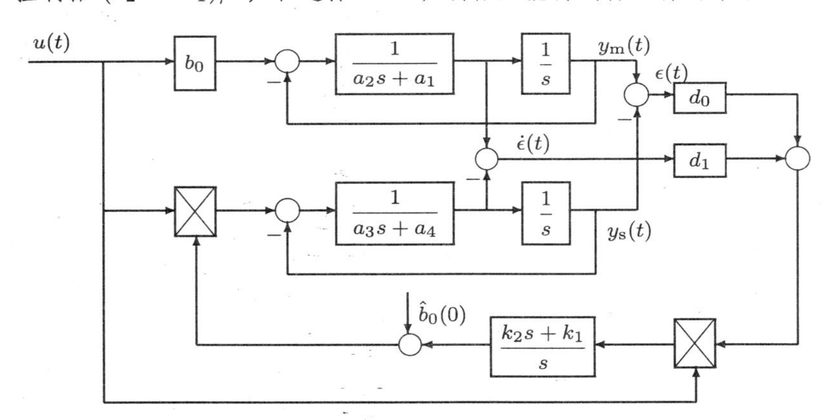

图 7-47 模型参考自适应系统的框图

第 8 章　控制工程中的仿真技术应用

前面介绍了各种控制系统的仿真方法和计算机辅助设计方法，如果已知系统的数学模型，则可以对其进行分析与设计。然而，在实际控制系统与控制工程应用中，通常受控对象是不能轻易建模的。例如，直流电机拖动系统中涉及到电机模型和晶闸管模型等，所以需要特殊的工具进行建模。本章将在第 8.1 节中将介绍电气系统模块集及其在电路与电子线路建模与仿真中的应用，通过例子介绍一般电路的建模方法和真值表、触发器等数字电子线路的建模与仿真方法及应用。第 8.2 节将介绍直流电机拖动系统的建模与仿真，该节将详细介绍电机模型与晶闸管整流模型的建模方法。即使不是很熟悉电机拖动课程的内容和电力电子课程的内容，通过这里介绍的建模方法也能容易地建立起仿真模型，并对该系统进行仿真分析。根据给出的数学模型可以进行分析并设计出很好的控制器，得出更接近实际的仿真效果。在实际应用中，通过纯数值仿真方法设计出的控制器在系统实时控制中可能不能得出期望的控制效果，甚至控制器完全不能用，这是因为在纯数值仿真中忽略了实际系统的某些特性或参数。要解决这样的问题，引入半实物仿真的概念是十分必要的。第 8.3 节将介绍基于 dSPACE 软硬件环境的半实物仿真系统的构造与应用，搭建起理论研究与实时控制之间的桥梁。

8.1　电路和电子系统的建模与仿真

8.1.1　复杂系统的 Simulink 建模概述

前面介绍了一般控制系统框图建模方法及其仿真，掌握了前面介绍的方法，理论上就可以对任意复杂的系统进行仿真，例如电机拖动系统，可以根据电机的机械方程和电方程搭建起系统的仿真模型，从而对其进行仿真。然而，在实际应用中，这样从最底层做有时是较烦琐的，用户需要将时间花费在低层次的重复劳动上，不是很值得。另外，最底层建模的方法对于非专业人员来说难以保证正确性，从而导致仿真结果可信度的降低，因此需要更高层次的建模方法。

由于 MATLAB 和 Simulink 的开放性，各个领域的专家和专业人士已经开发了各种直接可以用于 Simulink 的模块集，其中较著名的有电力系统仿真模块集 (Power Systems Blockset，现称 SimPowerSystems)、机构系统仿真模块集 (SimMechanics)、液压系统仿真模块集 (SimHydrolics)、飞行器模块集 (Aerospace Blockset)、通信 CDMA 仿真模块集 (CDMA Blockset)、影像处理模块集等实用的模块集，这些模块集提供了本领域经常使用的模块，可以直接用模块化的方式搭建仿真系统。例如，双闭环直流电机拖动系统的搭建可以这样完成：

1) 首先将直流电机模块、晶闸管模块等直接复制到空白的 Simulink 模型编辑窗口中，按照自己的要求对其参数进行相应的修改，并引出速度和电流信号。

2) 加入 Simulink 的控制器模块、滤波器模块等，构造出速度、电流负反馈，并用控制信号驱动晶闸管触发器的触发角，达到调速的目的。

3) 调整控制器的参数，改善控制效果。

可见这样的过程是很直观的，可以避免最底层的编程，用最直观的方法对感兴趣的系统直接进行仿真和进一步的设计，为复杂系统的可靠仿真打下了基础。

本节将首先介绍 SimPowerSystems 模块集的基本内容，并利用该模块集研究典型的直流电机拖动系统的建模与仿真问题进行介绍。

8.1.2 SimPowerSystems 简介

Simulink 中可以使用的电气系统仿真模块集 SimPowerSystems 主要是由加拿大的 HydroQuébec 等公司开发的，其功能非常强大，可以用于电路、电力电子系统、电机拖动系统、电力传输等过程的仿真。它提供了一种类似电路建模的方式进行模型绘制，在仿真前将系统自动转换成状态方程描述的系统形式，然后才能在 Simulink 下进行仿真分析。电路、电子及电机系统通常是刚性的，所以建议求解仿真问题时，采用刚性方程的求解算法，如 ode15s、ode23t 或 ode23tb，且将相对误差限设置成较小的数值，如 10^{-8}。

在 MATLAB 提示符下键入 `powerlib` 命令，则可以打开 SimPowerSystems，如图 8-1 所示。该模块集还可以通过 Simulink 的模块浏览器打开，从该模块集可以看出，其中包括电源模块组、电路元件模块组、电力电子模块组、电机模块组等，故可以用其中的模块直接搭建所需的系统模型。下面各小节将分别介绍各个模块组中的模块及其在系统建模仿真中的应用。

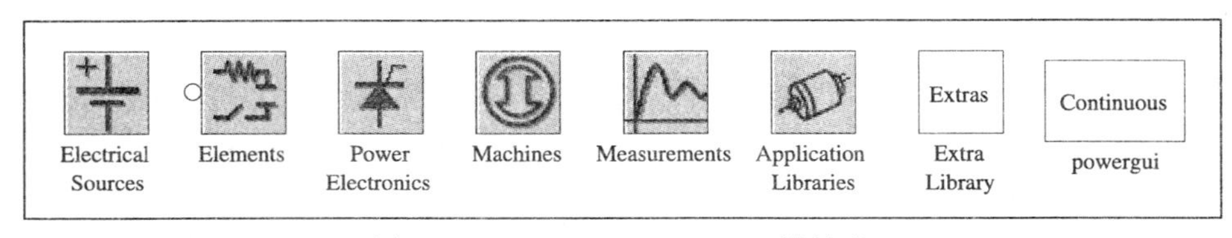

图 8-1 SimPowerSystems 模块集

8.1.3 电路系统的建模与仿真

电路建模与仿真一般需要使用电源模块组、电路元件模块组和量测元件模块组，双击电源模块组 (Electrical Sources) 图标，则可以打开如图 8-2 所示的模块组，其中包括直流电源、交流电源的受控源等，还提供了三相电源，用这些模块可以直接作为电路系统的电源。如果想用 Simulink 信号驱动电路系统，则需要使用受控电源。注意，各个模块的连接端子改用方块 (□) 表示，而不是用箭头表示，这是 SimPowerSystems 新版本引入的最新功能，表明这些连接端子是没有方向性的，这使得电气系统建模变得更合理、简洁，注意，这些端子不能直接连接到 Simulink 信号线上，只能通过检测模块转换成 Simulink 信号。SimPowerSysems 中还存在使用箭头的端子，如受控电源中的输入端子，这些端子可以直接和 Simulink 信号线连接，但不能和 □ 型端子的信号线直接连接。

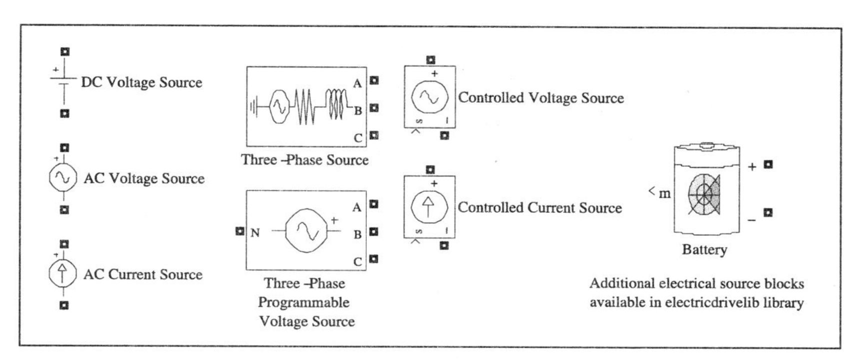

图 8-2 电源模块组

双击常用电路元件模块组 (Elements) 图标，则将打开如图 8-3 所示的模块组。其中包含各种电阻、电感和电容元件、变压器元件、传输线、三相电阻电容电感元件、接地端子、连接端子等常用模块，用这些模块可以容易地搭建电路的仿真模型。

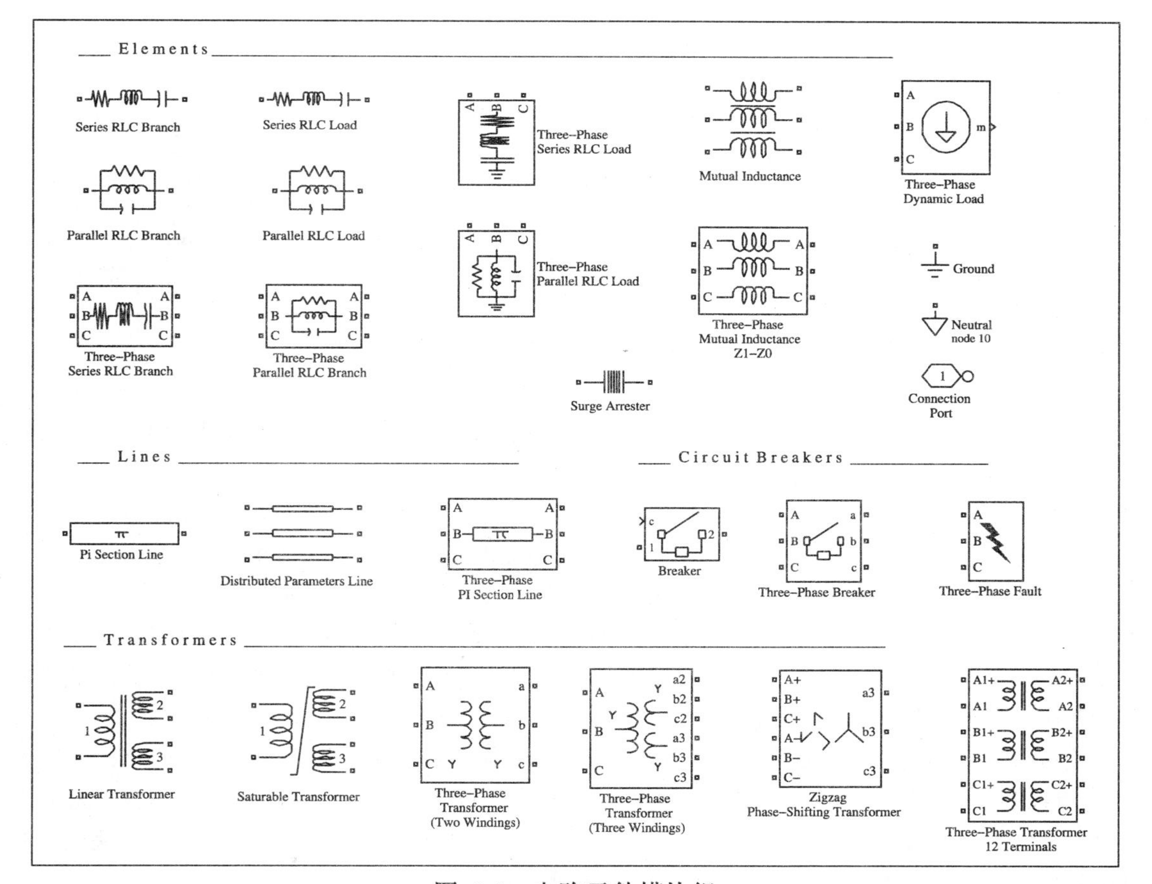

图 8-3 电路元件模块组

遗憾的是在该模块组中不包含单个的电阻、电感和电容元件。可以从串联或并联的分支来定义单独的电路，但在串联或并联分支中直接删除某个元件也不是太容易的事。例如在串联分支中删除电容，则不能将其数值填写为 0，而需要写成 inf。单个电阻、电感、电容元件的参数设置在串联和并联分支中是不同的，具体参见表 8-1。为了搭建实验的方便，也可以按该表拆分出单个元件，封装起来。

表 8-1　单个电阻、电感、电容参数设置表

元件类型	串联 RLC 分支			并联 RLC 分支		
	电阻数值	电感数值	电容数值	电阻数值	电感数值	电容数值
单个电阻	R	0	inf	R	inf	0
单个电感	0	L	inf	inf	L	0
单个电容	0	0	C	inf	inf	C

双击 SimPowerSystems 中的量测元件 (Measurements) 模块组图标，则可以打开如图 8-4 所示的模块组，其中包括电压测量模块、电流测量模块、阻抗测量元件、三相电压电流测量元件等，这些模块的测量结果可以和普通 Simulink 信号一样使用。在 SimPowerSystems 仿真模型中，至少需要一个量测模块组中的模块，否则会出现不能运行的现象。

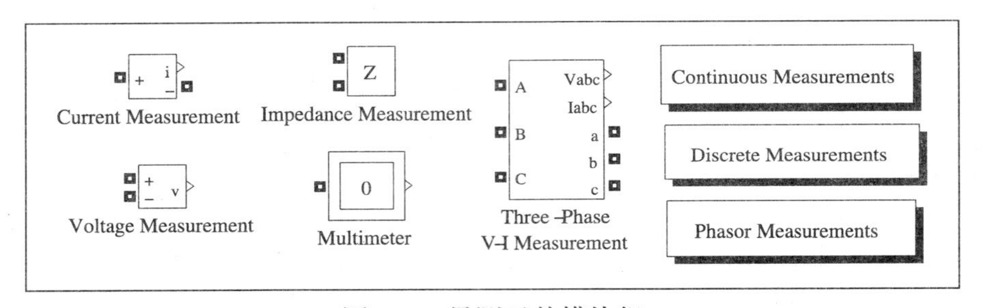

图 8-4　量测元件模块组

由前面介绍的各个模块组可见，一般电路均可以直接搭建起仿真模型，进行仿真分析，下面将通过例子演示电路仿真及稳态分析的方法。

例 8-1　考虑如图 8-5a 所示的简单电路图，其中，$R_1 = 100\Omega$, $C_1 = 100\mu\mathrm{F}$, $R_2 = 100\Omega$, $C_1 = 0.01\mathrm{F}$，假设输入电压是正弦波曲线 $u_\mathrm{i}(t) = 220\sin(50\times 2\pi t)$，求取输出信号的波形。

要解决这样的问题，需要首先打开 SimPowerSystems 界面，从中取出一些可能用到的模块，将它们复制到一个空白的模型窗口中，因为用到了正弦输入，所以需要输入源组中的交流输入模块。因为有串联和并联的 RC，所以需要将串联、并联的 RLC 模块复制到模型窗口，此外还需要接地模块与电压测量等模块复制到该窗口中，如图 8-5b 所示。

双击其中的交流电源模块，可以将频率填写成 50，将幅值填写 220，双击并联 RLC 模块，需要将电感填写成 inf，电阻和电容分别填写为 100 和 1e-4，注意这些量的单位。对串联的 RLC 模块，电感应该填写 0，电阻和电容分别填写 100 和 0.01 即可。再将各个模块进行连接，则可以得出如图 8-6 所示的系统 Simulink 仿真框图。

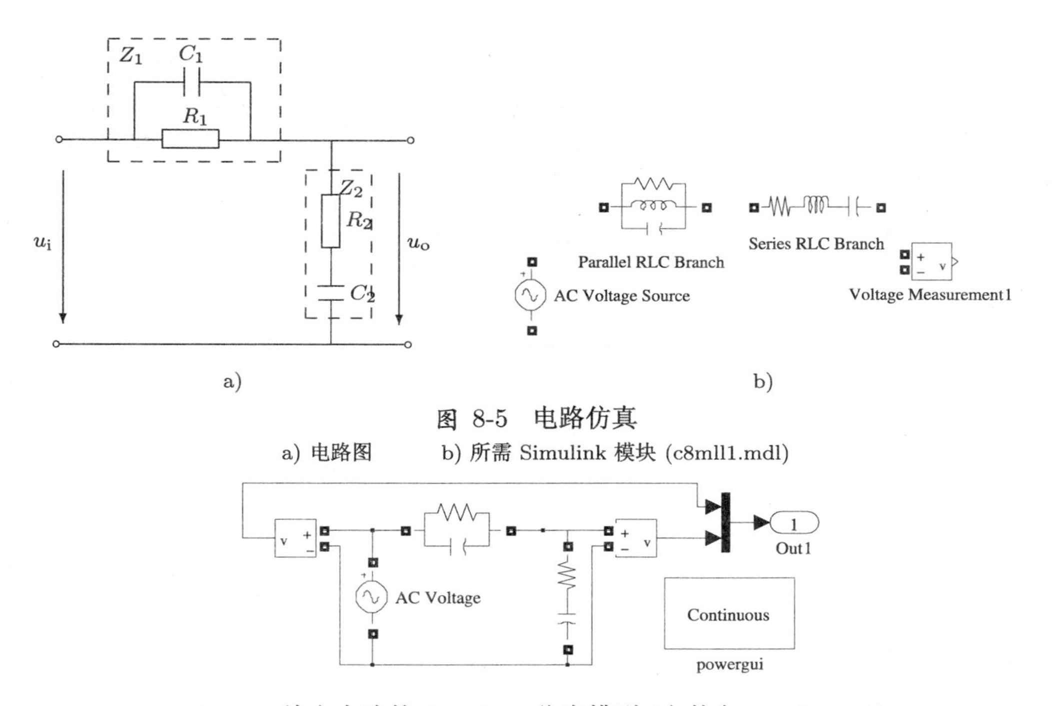

图 8-5　电路仿真

a) 电路图　　b) 所需 Simulink 模块 (c8mll1.mdl)

图 8-6　给定电路的 Simulink 仿真模型 (文件名：c8fll2.mdl)

为了分析系统方便，还添加了 Mux 模块同时显示输入信号，另外添加了 PowerGUI Continuous 模块，用于电路的进一步分析。对该系统进行仿真，则可以得出输入和输出的电压信号，如图 8-7a 所示，可以看出，输出信号亦为正弦信号。

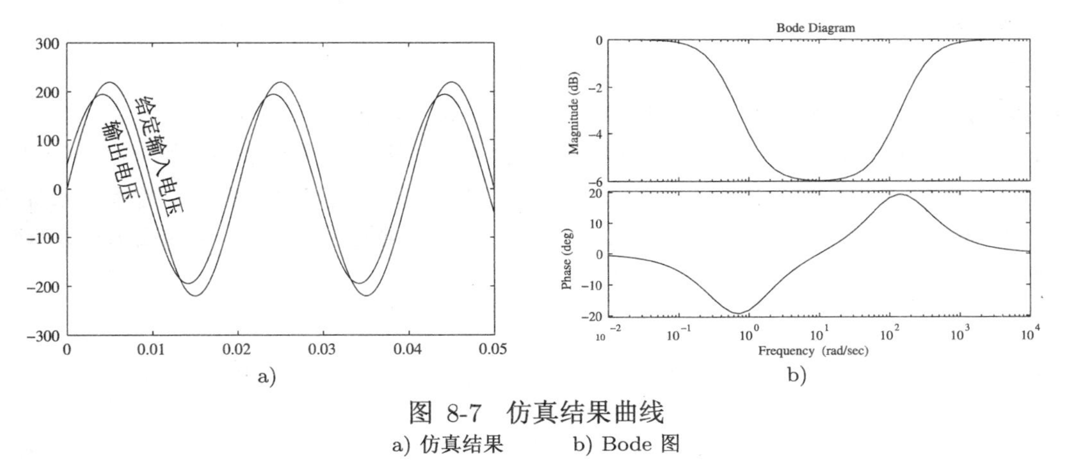

图 8-7　仿真结果曲线

a) 仿真结果　　b) Bode 图

该工具箱中提供的 power_analyze() 函数可以得出电路模型的等效线性状态方程模型，由下面语句可以变换出的零极点模型 $G_1(s)=\dfrac{(s+100)(s+1)}{(s+0.4988)(s+200.5)}$。

```
>> [a,b,c,d]=power_analyze('c8mll2'); G=zpk(ss(a,b,c,d)); G1=G(1)
```

这样的模型就是第 6.1 节中介绍超前滞后校正器，该模型的 Bode 图可以由 bode(G1) 语句立即绘制出来，如图 8-7b 所示，从图中可以看出其相位的超前滞后特性。

双击 PowerGUI Continuous 模块，可以打开结果分析界面，允许用户对该电路进行解析分析。例如，可以单击 Steady-state Voltage and Current 按钮对该系统的输出信号进行稳态值分析，得出如图 8-8 所示的界面，显示输出信号的幅值为 194.6V，初始相位为 14.80°，表明输出信号的解析解为 $194.6\sin(50\times 2\pi t+14.80°)$。

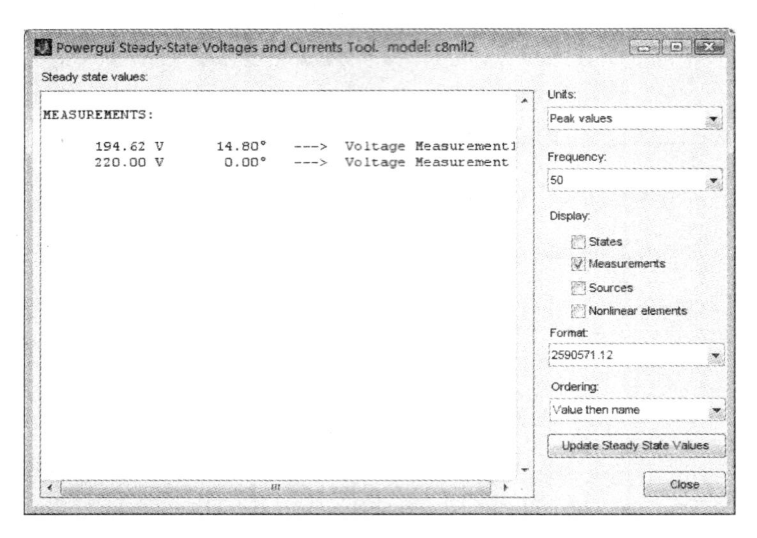

图 8-8 系统稳态分析结果

如果不存在电容 C_1，应该将其参数设置为 0，这时用 power_analyze() 命令就可以得出系统的传递函数模型为 $G_2=0.5(s+1)/(s+0.5)$。

```
>> [a,b,c,d]=power_analyze('c8mll2'); G=zpk(ss(a,b,c,d)); G2=G(2)
```

这样的模型在控制理论中又称为超前校正器。若 C_1 不变，取消 C_2，亦即设置该电容值为 inf，则可以得出滞后校正器模型 $G_3=(s+100)/(s+200)$。

```
>> [a,b,c,d]=power_analyze('c8mll2'); G=zpk(ss(a,b,c,d)); G3=G(2)
```

例 8-2 仍考虑图 8-5a 给出的电路图，假设输入信号由时域函数 $u_{\rm i}(t)=t{\rm e}^{-50t}\sin(50t+1)$ 给出，这样需要用 Simulink 的模块搭建输入信号源，用它来控制受控电压源，给原来的电路模型供电。对本例来说可以构造出如图 8-9 所示的 Simulink 仿真框图，和图 8-6 中给出的仿真模型相比，新的仿真模型做了如下改变：

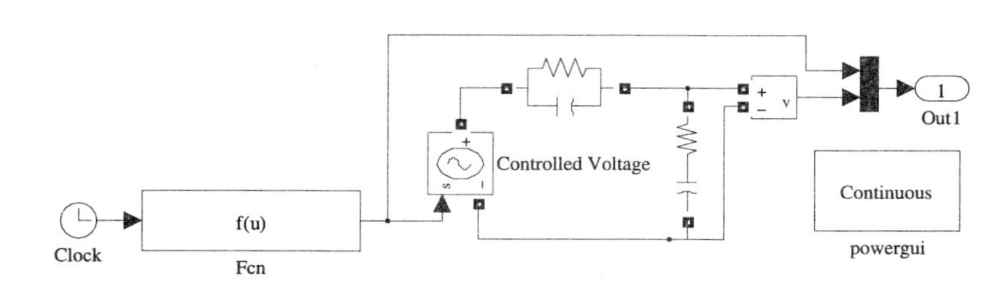

图 8-9 新的 Simulink 仿真模型 (文件名：c8mll3.mdl)

1) 因为这里使用的是时域输入函数，所以不能再用 SimPowerSystems 中的给定电压源了，必须用其中的受控电压源，用 Simulink 的时域信号驱动受控电压源，添加于电路的输入端。

2) 因为输入信号是 Simulink 信号，所以没有必要再用电压表测，可以直接连到示波器上。

可以用下面的 MATLAB 语句直接对新系统进行仿真，得出仿真结果，如图 8-10 所示。

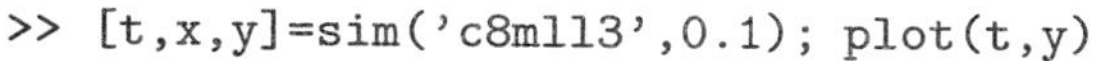

```
>> [t,x,y]=sim('c8ml13',0.1); plot(t,y)
```

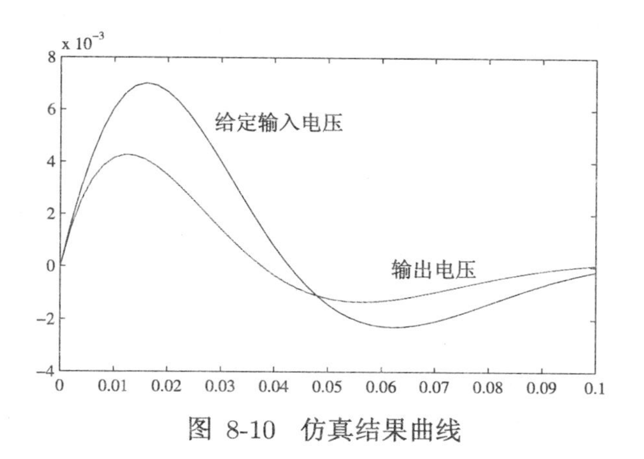

图 8-10 仿真结果曲线

8.1.4 电子电路的建模与仿真

Simulink 中提供了大量的电子线路模块，但遗憾的是它没有直接可用的晶体管模块，所以仿真模拟电子线路有些困难，当然用户可以通过晶体管的特性自己去搭建，但精度与可靠性等指标难以保证。目前国际上仿真电子线路，尤其是带有集成块电路的最好语言是美国加州大学伯克利分校的 Spice 语言[102]及其 PC 版本 PSpice。作为第三方工具，Simulink 和 Spice 语言有两种接口：其一是可用免费下载的 Mex 程序，可以运行 Spice 语言编写的程序，但不能将 Spice 线路图嵌入到 Simulink 仿真框图中直接仿真，该程序及其应用在参考文献 [48] 中有简要的介绍。该接口有关信息可以从下面网站直接获得：

`http://ave.dee.isep.ipp.pt/~jcarlos/matlab`。

另一种方法名为 SPSL (即 Spice to Simulink)，它可以将 Spice 模型直接嵌入到 Simulink 模型下进行仿真，所以后一种方法更适合于对电子线路的仿真研究。可以从下面网站上得到该接口的进一步信息：

`http://www.bausch-gall.de/prodss.htm`。

本节主要侧重于数字电子线路的仿真分析，由 Simulink 及 SimPowerSystems 提供的相关模块搭建各种数字电子线路的仿真模型，在 Simulink 下进行仿真分析。

Simulink 的数学函数模块组中提供了“逻辑算子” (Logic operator) 模块，可以搭建数字逻辑电路。双击该模块，则得出如图 8-11a 所示的对话框，在其 Logic (编辑运算) 栏目中可以选择各种各样的逻辑运算关系。

例 8-3 考虑下面的逻辑关系式

$$Z = \overline{\overline{A \cdot \overline{A \cdot B}} + \overline{B \cdot \overline{A \cdot B}}} \tag{8-1}$$

其中，$\overline{A \cdot B}$ 用“与非门” (NAND) 即可表示，所以可以用 Simulink 中提供的逻辑运算符号来搭

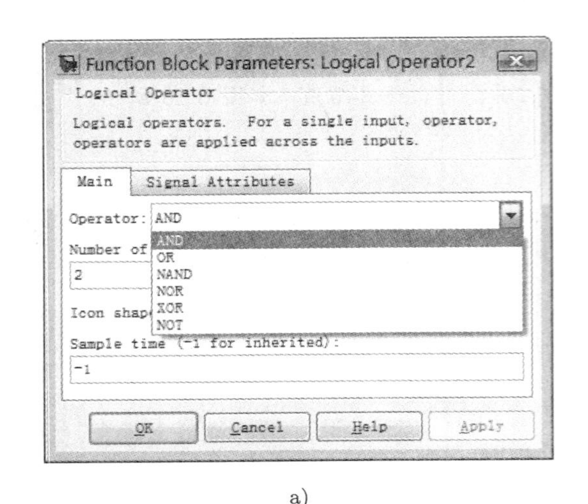

a)

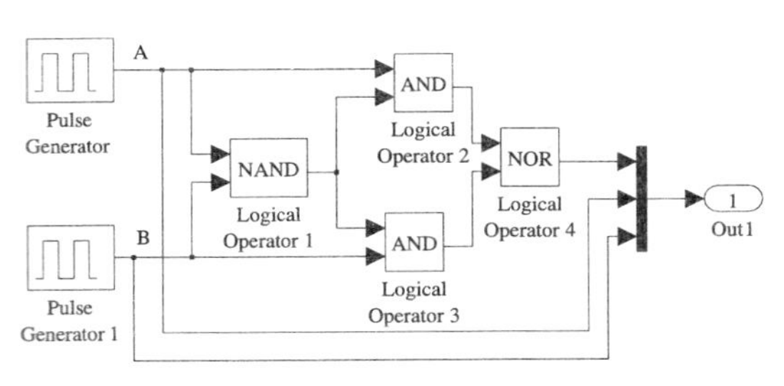

b)

图 8-11 逻辑电路元件对话框与仿真框图

a) 逻辑模块对话框 b) Simulink 模型 (c8mdig.mdl)

建出如图 8-11b 所示的数字逻辑电路图。在两路给定的输入信号中，A 路信号直接采用脉冲信号，B 路信号亦采用脉冲模块，但将其延迟时间设置为 0.5。在仿真中选择定步长算法，并设步长为 0.01，然后可以进行仿真，仿真结束后，可以给出如下命令绘制出如图 8-12 所示的仿真结果。

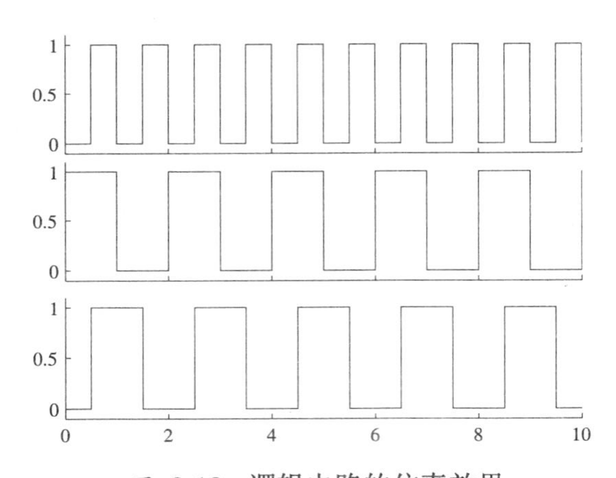

图 8-12 逻辑电路的仿真效果

```
>> subplot(311), stairs(tout,yout(:,1)), set(gca,'ylim',[-0.1,1.1],'Box','off')
   subplot(312), stairs(tout,yout(:,2)), set(gca,'ylim',[-0.1,1.1],'Box','off')
   subplot(313), stairs(tout,yout(:,3)), set(gca,'ylim',[-0.1,1.1],'Box','off')
```

如果已知某逻辑关系可以用真值表 (Truth Table) 表示，且真值表很复杂，就不适合用前面的方法搭建仿真模型，而可以利用 Simulink 数学模块组中的 Combinational Logic (组合逻辑模块) 模块直接实现，下面通过例子介绍由真值表搭建仿真模型的方法及其应用。

例 8-4 假设已知发光二极管构成的 7 段显示器有 4 路输入信号，7 路输出信号，其真值表由表 8-2 给出[82]，则可用根据真值表定义一个矩阵

表 8-2　7 段显示译码器的真值表

输入端子				输出端子						
A_1	A_2	A_3	A_4	Y_1	Y_2	Y_3	Y_4	Y_5	Y_6	Y_7
0	0	0	0	1	1	1	1	1	1	0
0	0	0	1	0	1	1	0	0	0	0
0	0	1	0	1	1	0	1	1	0	1
0	0	1	1	1	1	1	1	0	0	1
0	1	0	0	0	1	1	0	0	1	1
0	1	0	1	1	0	1	1	0	1	1
0	1	1	0	0	0	1	1	1	1	1
0	1	1	1	1	1	1	0	0	0	0
1	0	0	0	1	1	1	1	1	1	1
1	0	0	1	1	1	1	1	0	1	1
1	0	1	0	0	0	0	1	1	0	1
1	0	1	1	0	0	1	1	0	0	1
1	1	0	0	0	1	0	0	0	1	1
1	1	0	1	1	0	0	1	0	1	1
1	1	1	0	0	0	0	1	1	1	1
1	1	1	1	0	0	0	0	0	0	0

```
>> truTab=[1 1 1 1 1 1 0; 0 1 1 0 0 0 0; 1 1 0 1 1 0 1; 1 1 1 1 0 0 1;
           0 1 1 0 0 1 1; 1 0 1 1 0 1 1; 0 0 1 1 1 1 1; 1 1 1 0 0 0 0;
           1 1 1 1 1 1 1; 1 1 1 1 0 1 1; 0 0 0 1 1 0 1; 0 0 1 1 0 0 1;
           0 1 0 0 0 1 1; 1 0 0 1 0 1 1; 0 0 0 1 1 1 1; 0 0 0 0 0 0 0];
```

也可以选择 File → Model Properties 菜单项，在得出对话框的 Preload Function 栏目将上述语句填写一下，以后启动该 Simulink 模型时会自动调入。双击 Combinational Logic 模块，就可以将 truTab 变量名填写到其 Truth Table 栏目，这样就可实现真值表对应的逻辑关系。如果想用发光二极管 LED 显示译码结果，则可以从 Dials & Gauge 模块集的 LED 模块组中选择 LED 模块，组成 7 段显示结构。

系统的 4 路输入信号均可以由 Simulink 的脉冲输入信号构成，用户可以将其 period (周期) 选项分别设置为 1,2,3,4 即可。由于脉冲输入源发生的是 double 型信号，而组合逻辑模块期望的是 logical 类信号，所以需要将脉冲信号转换成 logical，又因为 LED 只能接受 double 信号，所以需要将译码结果转换成 double，这样就需要两个数据类型转换模块。综上所述，可以搭建起如图 8-13 所示的仿真框图，对该译码器进行仿真分析。

如果只想显示数字，而不需要 0~9 之外的数字，则可以将真值表定义为

```
>> truTab=[1 1 1 1 1 1 0; 0 1 1 0 0 0 0; 1 1 0 1 1 0 1; 1 1 1 1 0 0 1;
           0 1 1 0 0 1 1; 1 0 1 1 0 1 1; 0 0 1 1 1 1 1; 1 1 1 0 0 0 0;
           1 1 1 1 1 1 1; 1 1 1 1 0 1 1; zeros(6,7)];
```

可用构造出新的仿真框图 c8mdng2.mdl。注意，这里真值表的大小必须为 2^n 行，其中，n 为输入路数，否则会出现错误，以致仿真不能正常进行。

从本例子可以看出，如果给出了真值表，就可以用 Simulink 方便地搭建起数字电路的仿真模型，但应该注意，如果需要，应该对其中的信号做必要的数据类型转换。

触发器 (flip flop) 模块是在组合逻辑模块与子系统的基础上建立的，子系统中允许

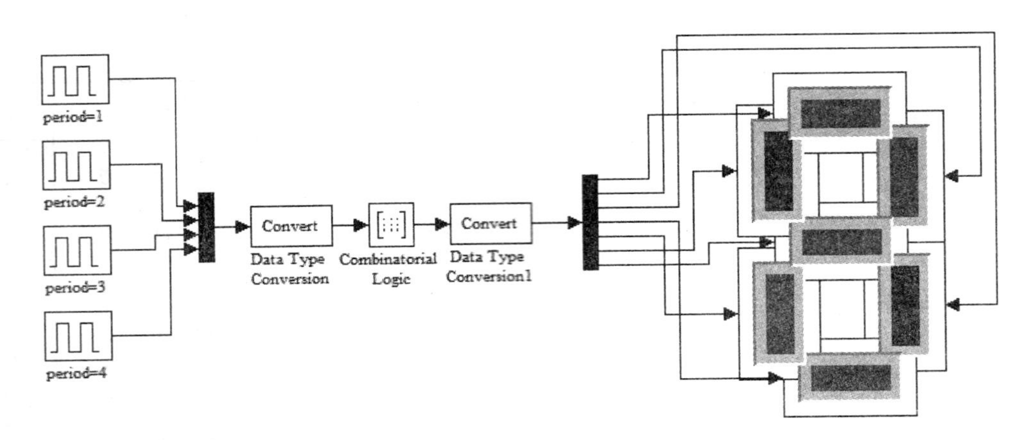

图 8-13 译码器及 LED 显示的仿真模型 (c8mdng2.mdl)

带有使能控制和触发控制功能，在 Simulink 下有现成的触发器模块，它位于图 5-15 中的 Simulink Extras 模块组中，双击其中的触发器组，则将得出如图 8-14 所示的各种触发器图标，可以直接使用这些触发器，搭建起所需的仿真框图。

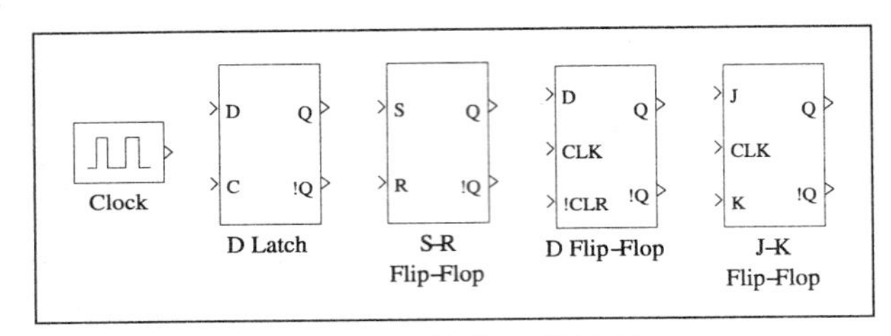

图 8-14 触发器模块组

例 8-5 第 3.6.4 节中介绍了 PRBS 伪随机数信号，这里将介绍用触发器搭建起的信号发生器的仿真，该电路原理图如图 8-15 所示，其中使用了 6 个 D 触发器。Simulink 库中提供的 D 触发器模块有三路输入信号，D 为 D 触发器 D 端子的标准输入信号，CLK 为时钟信号，!CLR 为使能信号，其值不等于 0 时触发器正常工作，为 0 则处于截止状态。

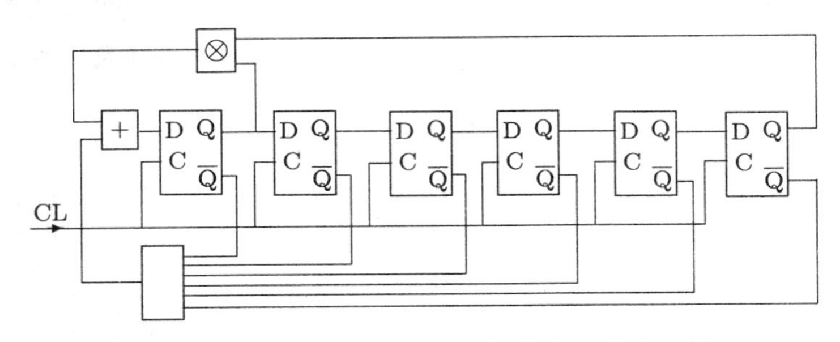

图 8-15 PRBS 序列信号发生器电路图

根据该电路图，可以建立起如图 8-16 所示的仿真框图，其中采用了 6 个 D 触发器，它们的时钟端子由时钟脉冲信号控制，默认的时钟周期为 2 s，和电路图不同的是，这里还需要给每个触发器引入使能信号。对本例子来说，用一个非零的常数即可，可以将该信号连接到所有触发器模

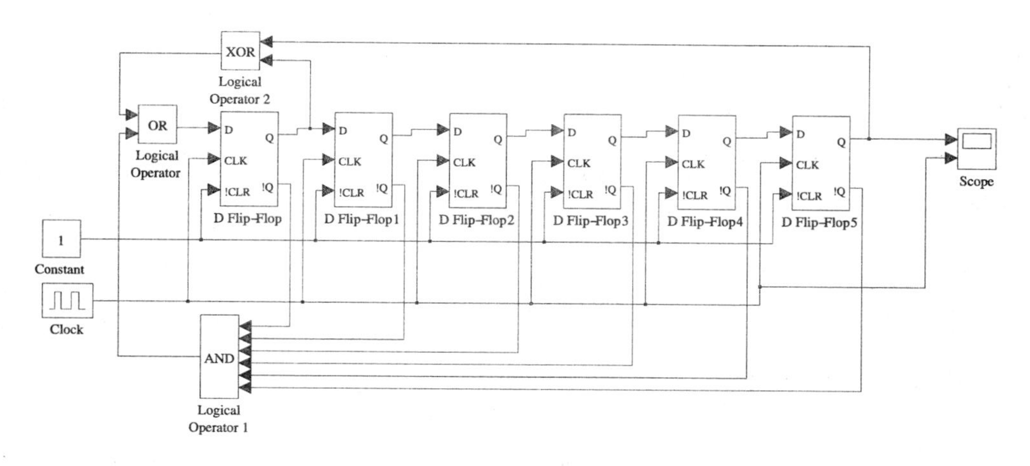

图 8-16 PRBS 序列仿真框图 (文件名：m8mflip2.mdl)

块的使能端 !CLR，逻辑模块也可以直接调用数学模块组中的 Logic operator 模块搭建。

构造出系统的仿真框图后，就可以对其进行仿真研究，得出如图 8-17 所示的仿真曲线，其中该信号的周期为 63，亦即 126 s。可见，带有触发器的数字电路可以轻易地用 Simulink 进行仿真，用示波器可以直接观察各个信号的时序曲线，为数字电路的分析提供了有力的手段。

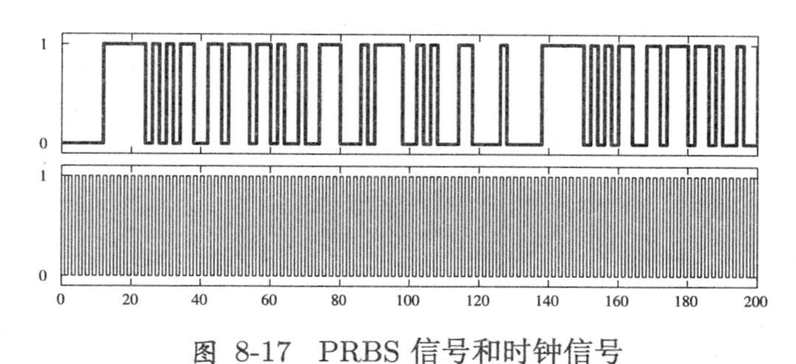

图 8-17 PRBS 信号和时钟信号

8.2 直流电机双闭环拖动系统的建模与仿真

本节将以直流电机双闭环控制调速系统为例介绍 Simulink 建模与仿真的方法。考虑典型的直流电机拖动系统框图，如图 8-18 所示，其中电流滤波器 $F_\mathrm{c}(s)$ 和速度滤波

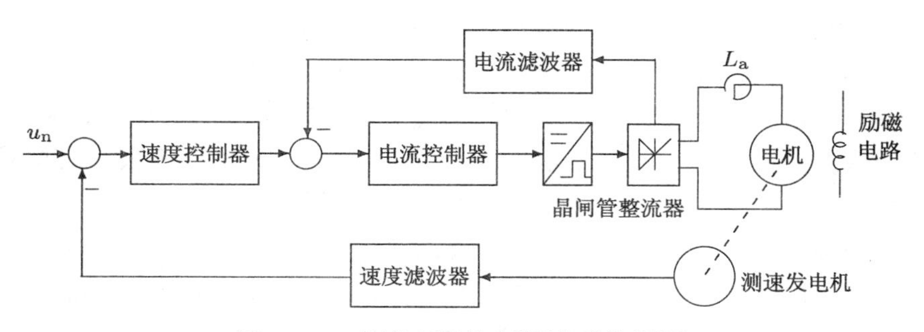

图 8-18 直流双环控制调速系统框图

器 $F_\mathrm{s}(s)$ 的数学模型分别为

$$F_\mathrm{c}(s)=\frac{\beta}{\tau_\mathrm{c}s+1},\quad F_\mathrm{s}(s)=\frac{\alpha}{\tau_\mathrm{s}s+1} \tag{8-2}$$

且 τ_c 和 τ_s 均为很小的滤波常数，例如选择为 0.005 s 或 0.001 s。电流和速度控制器均由 PI 控制器实现，其理想数学模型为

$$G_\mathrm{c}(s)=K_\mathrm{c}\frac{T_\mathrm{c}s+1}{s},\quad G_\mathrm{s}(s)=K_\mathrm{s}\frac{T_\mathrm{s}s+1}{s}, \tag{8-3}$$

从给出的控制系统框图可见，其中涉及到晶闸管整流环节及电机环节，用传统的控制系统建模方法很难精确描述，所以在控制系统研究中经常对它们进行简化。例如，例 7-13 中给出的双闭环直流拖动系统框图中将它们分别近似成一阶惯性环节和二阶简单的传递函数模型。其实，这些模型是近似模型，在仿真研究中应该采用和实际更接近的精确建模方法。MATLAB 的 SimPowerSystems 模块集中分别提供了晶闸管模块、触发模块及电机模块库，可以通过这些现成的模块库搭建出精确的仿真模型。本节将先介绍晶闸管整流电路的搭建，再介绍电机模块库中的相应模块，最后通过例子演示双闭环直流拖动系统的精确建模与仿真分析。

8.2.1 晶闸管整流系统仿真模型

晶闸管整流电路可以由 SimPowerSystems 模块集中提供的电力电子模块库 Power Electronics 中的 Thyristor 来实现，电力电子模块组的内容如图 8-19 所示。

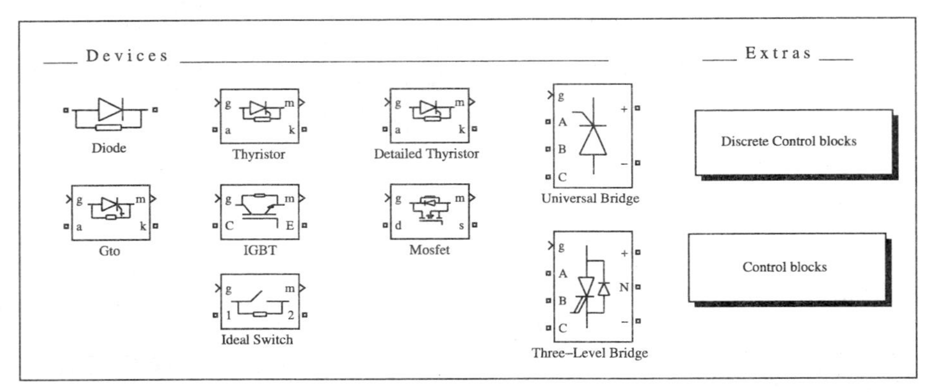

图 8-19 电力电子模块组

从给出的模块组内容可见，其中既有最底层的晶闸管 Thyristor 模块，也有集成度更高的电桥 Universal Bridge 模块，所以整个晶闸管整流系统既可以通过底层的晶闸管直接建模，也可以通过电桥直接建模。根据实际需要，可以容易地搭建起如图 8-20 所示的晶闸管整流系统模型，其中，交流电源由 Y 型连接的三相电源搭建出来，对电桥模块的输入端 (为 6 路向量信号)，可以用同步的 6 相触发信号发生器驱动。

例 8-6 为了演示晶闸管整流系统的作用，可以考虑搭建如图 8-21 所示的仿真框图，其中，输入信号选择为常数模块，例如选择 30°，这样可以建立起如图 8-21 所示的仿真框图。注意，在整流系统的输出端应该连接负载，否则不能构成实际的回路。

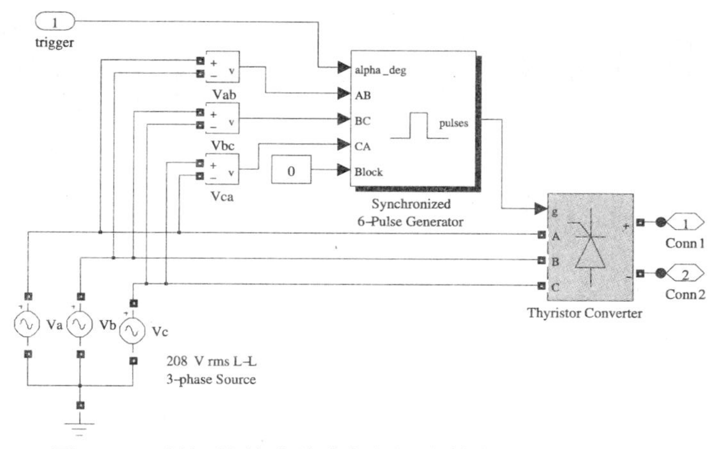

图 8-20 晶闸管整流仿真框图 (文件名：c8ma2d.mdl)

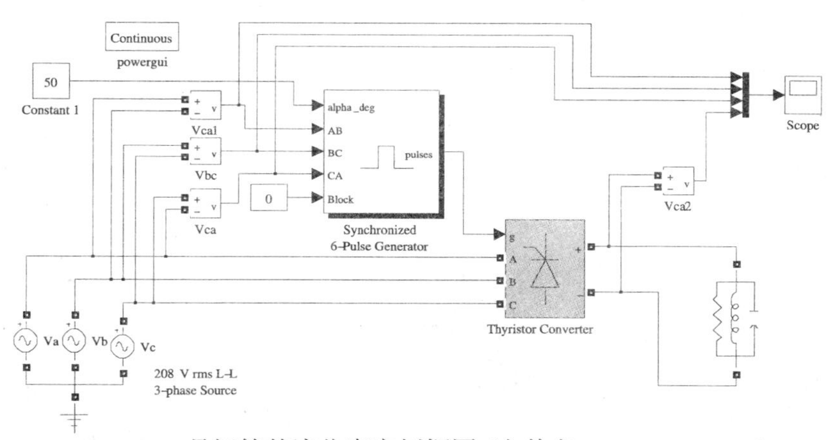

图 8-21 晶闸管整流仿真实例框图 (文件名：c8ma2d2.mdl)

有了仿真框图，则可以得出触发角为 30° 时，整流电压的曲线和三相电压曲线，如图 8-22a 所示。可见，在 30° 时，AB 相导通，故整流电压与 AB 相完全一致，再经过 30° 以后，CB 相导通，这时整流电压与 BC 电压的反相电压一致，可以按这样的方式理解整流效果。若选择触发角为 50°，则可以得出如图 8-22b 所示的整流效果，用户可以根据整流曲线理解整流过程。

8.2.2 电机模型库及直流电机建模

在前面的介绍中可以发现，使用等效的框图模型可以搭建起直流电机模型，这样有了系统模型，就可以通过 Simulink 对其建模与仿真分析。然而，这样的仿真模型忽略了很多因素，仿真结果将可能有较大误差，所以在实际建模中可以考虑采用 SimPowerSystems 中的电机模块。双击电气系统模块集图标中的 Machines 图标，则可以打开如图 8-23 所示的电机模块组，可见，其中包括直流电机、交流电机等各种电机模块，这些模块封装了电机的电气与机械方程，在模块给定了参数后就可以直接模拟实际电机的工作状态了。

在直流调速系统中测速发电机、励磁系统和电机本身均可以由电气系统模块集中

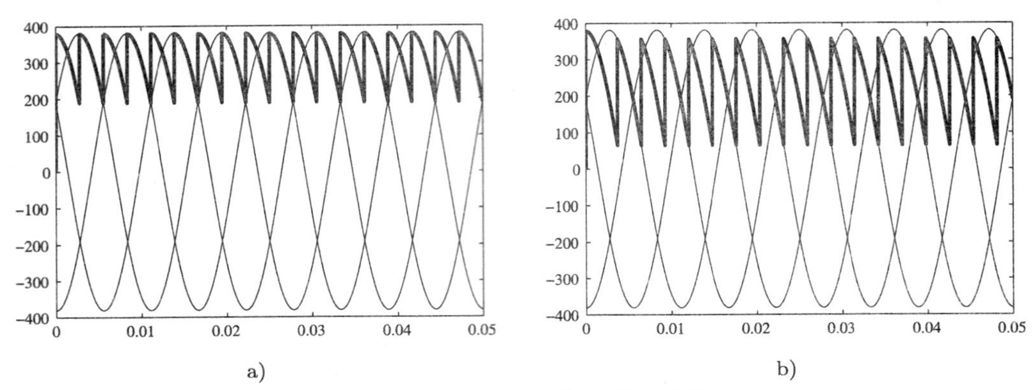

图 8-22 不同触发角度下的整流效果

a) 触发角为 30°　　b) 触发角为 50°

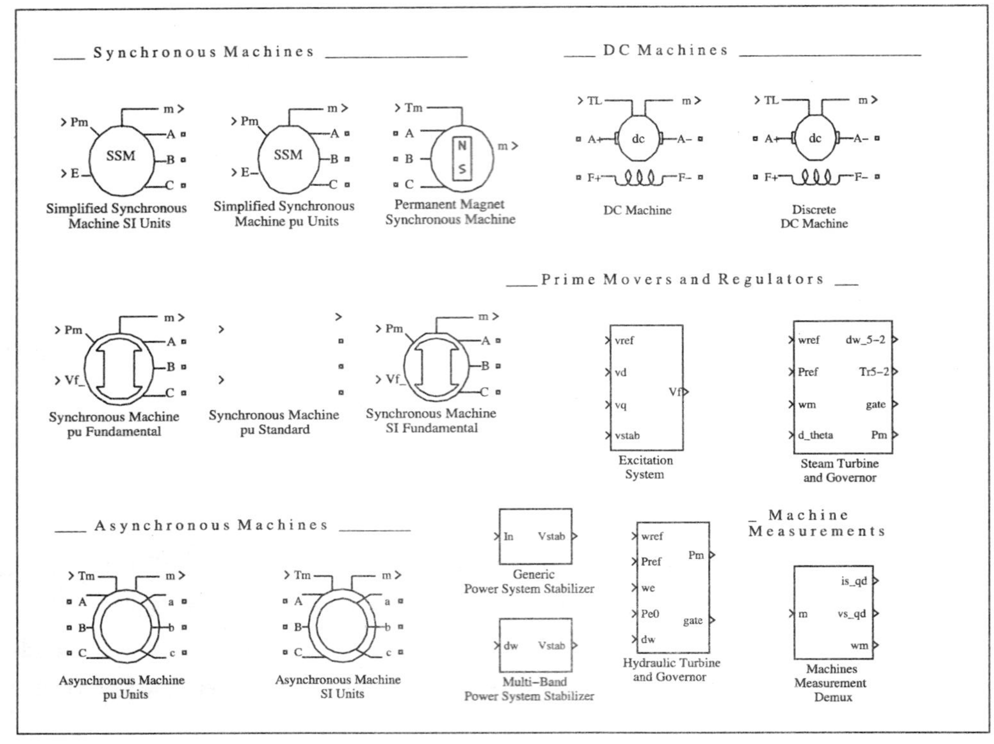

图 8-23 电机模块组

的 DC Machine 模块实现。下面将通过实例演示直流双环调速系统的建模与仿真方法。

例 8-7 假设某电机铭牌参数为[103]：额定电压 $U_{\rm N}=220{\rm V}$，额定电流 $I_{\rm N}=136{\rm A}$，额定转速为 $n_{\rm N}=1500{\rm r/min}$，$K_{\rm e}=0.228{\rm V/(r/min)}$，$\lambda=1.5$，晶闸管装置的放大倍数为 $K_{\rm s}=62.5$，电枢回路总电阻 $R_{\rm a}=0.863\Omega$，电流反馈系数 $\beta=0.028{\rm V/A}$，转速反馈系数为 $\alpha=0.0041{\rm V/(r/min)}$，反馈滤波时间常数为 $\tau_{\rm c}=\tau_{\rm s}=0.005{\rm s}$，已知两个控制器参数分别为 $K_{\rm c}=1.15$，$T_{\rm c}=0.028{\rm s}$，$K_{\rm s}=20.12$，$T_{\rm s}=0.092{\rm s}$，试构建起该调速系统的仿真模型，并绘制出电流与转速曲线。

根据给出的信息，可以很容易地设置出晶闸管通用电桥的参数，如图 8-25a 所示。双击

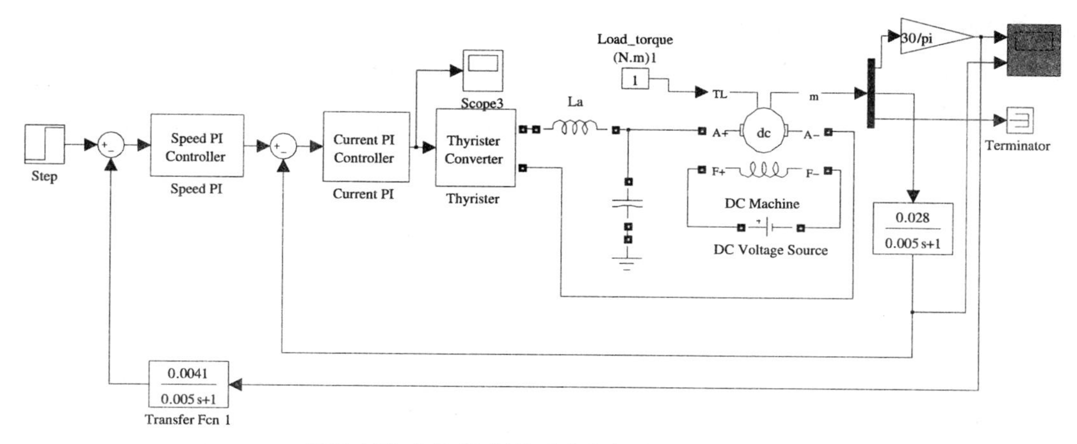

图 8-24 双环直流电机控制仿真框图 (文件名：c8mdcm.mdl)

图 8-24 中所示系统的直流电机模块图标，则可以得出如图 8-25b 所示的对话框，根据给出的条件可以换算出所需的对话框参数。例如，第一栏目中的电枢电阻 R_a 已经直接给出，电感可以设置成较小的数值，因为其大部分电感值已经由前置的电感反映出来了。

Block Parameters: Thyristor Converter
Universal Bridge (mask) (link)
This block implement a bridge of selected powes RC snubber circuits are connected in parallel ws Help for suggested snubber values when the model is dions the internal inductance Lon of diodes and thyris·
Parameters
Number of bridge arms: 3
Snubber resistance Rs (Ohms)
500
Snubber capacitance Cs (F)
.1e-6
Power Electronic device Thyristors
Ron (Ohms)
1e-3
Lon (H)
0
Forward voltage Vf (V)
.8
Measurements None
OK Cancel Help Apply

a)

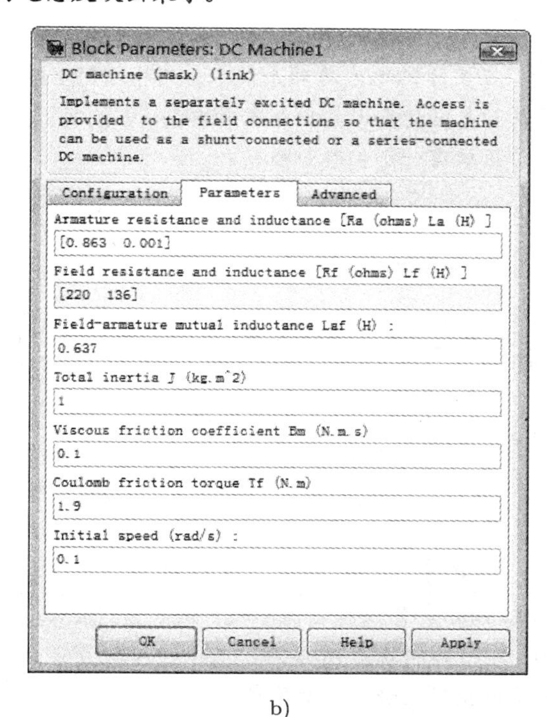

b)

图 8-25 相关模块的参数设置

a) 通用电桥参数对话框 b) 直流电机参数对话框

该互感内容可以由下面的式子换算出来

$$L_{\mathrm{f}}=\frac{(U_{\mathrm{N}}-PR_{\mathrm{a}}/U_{\mathrm{f}})R_{\mathrm{f}}}{n_{\mathrm{N}}U_{\mathrm{f}}}=0.637\mathrm{H}$$

直流电机模型的内部结构可以通过右击电机模块，从得出的快捷菜单中选择 Look under

Mask 项直接获得，如图 8-26 所示。可见，这样得出的模型包含了电机的电气和机械方程，其中还考虑了电机中的摩擦等非线性因素。所以，该模型比直接的传递函数方法可以更精确地描述实际电机的运行过程。

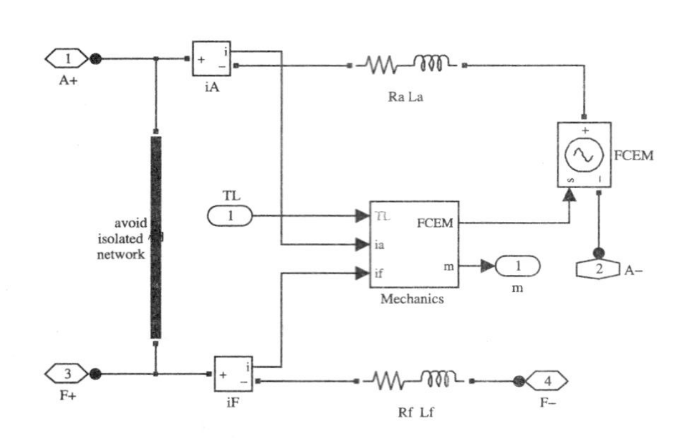

图 8-26 直流电机模型的内部结构

在实际的电力拖动系统中，两个 PI 控制器的结构稍有差异，应该采用分别如图 8-27a、b 所示的带积分饱和与输出饱和的典型 PI 控制器结构。在电流控制器和晶闸管整流器之间，电流控制信号应该有一个偏移并被反相。

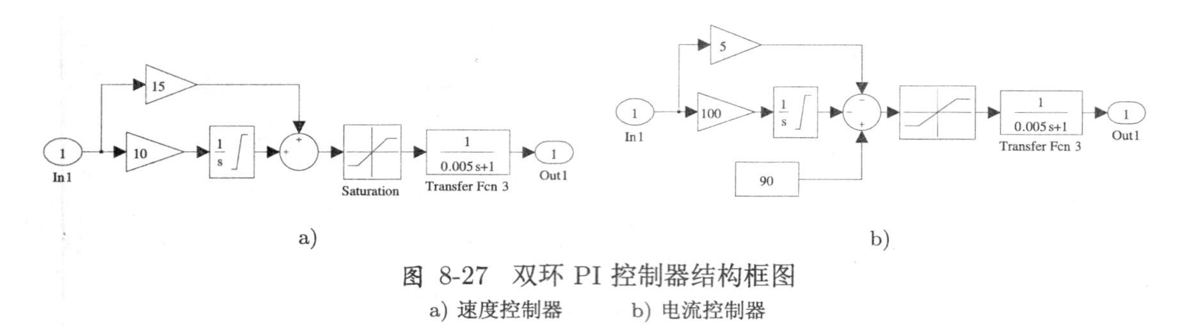

图 8-27 双环 PI 控制器结构框图

a) 速度控制器 b) 电流控制器

采用 Simulink 对整个系统进行仿真，则可以得出电机的转速与滤波后的电流曲线，如图 8-28a 所示。修改控制器参数，例如通过试凑方法将速度环的 PI 控制器参数设置成 $K_\mathrm{p}=15, K_\mathrm{i}=10$，则可以得出如图 8-28b 所示的控制效果，可见控制效果明显改善。可以看出，通过仿真的方式可以较好地进行控制器设计。

有了这一仿真框架，还可以轻易搭建出其他的仿真框图来分析相关问题。例如，如果想研究系统抗负载扰动的性能，可以用一个阶跃环节来表示负载，得出如图 8-29 所示的仿真框图。

假设表示负载的阶跃环节的阶跃时刻设置为 6 s，初值为 1N·m，终止值分别为 15N·m 或 50N·m，则表示开始负载为 1，自 6 s时刻开始分别变成 15 或 50，这样可以得出如图 8-30a、b 所示的仿真结果。可见，在给定的 PI 控制器的控制下，系统抗负载扰动的效果是很理想的，即使负载有较大的变化，仍能很快回复到额定转速。

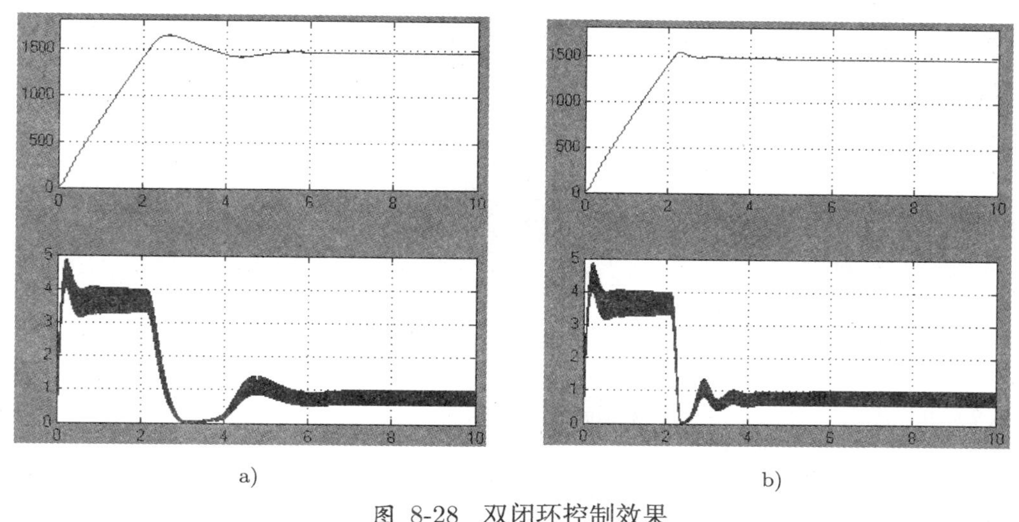

图 8-28　双闭环控制效果

a) 速度环 $K_\mathrm{p}=3, K_\mathrm{i}=5$　　b) 速度环 $K_\mathrm{p}=15, K_\mathrm{i}=10$，明显改善的控制效果

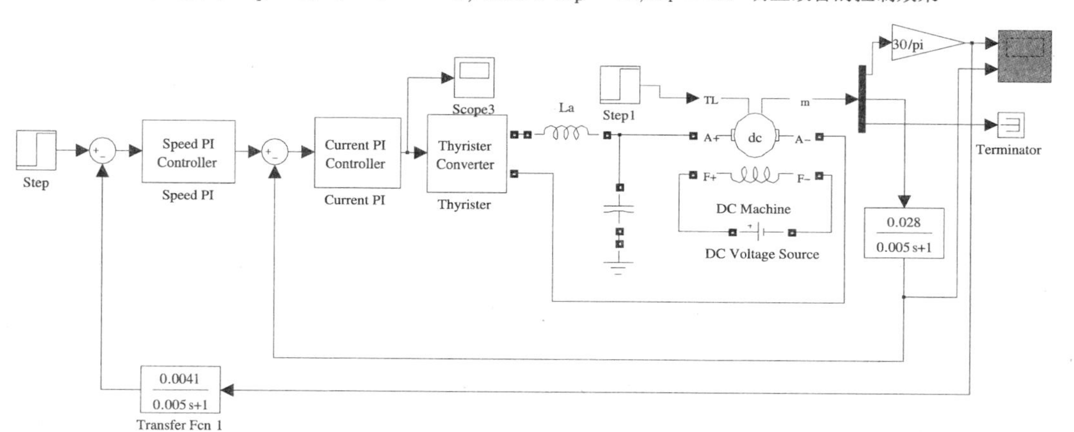

图 8-29　负载变化的双环直流电机控制仿真框图 (c8mdcm1.mdl)

8.3　半实物仿真系统及其应用

8.3.1　半实物仿真概述

在前面几章中，介绍了如何用 Simulink 进行复杂系统仿真的方法，从单变量系统到多变量系统，从连续系统到离散系统，从线性系统到非线性系统，从时不变系统到时变系统都可以用 Simulink 进行描述与仿真。引入的 S-函数可以描述更复杂的过程，而 Stateflow 技术允许利用有限状态机理论对事件驱动的系统进行仿真。

然而直到现在所讨论的都是纯数字的仿真方法，并未考虑和外部真实世界之间的关系。在很多实际过程中，不可能准确获得系统的数学模型，所以也就无从建立起 Simulink 所描述的框图，有时还因为实际模型的复杂性，建立起来的模型也不准确，所以需要将实际系统模型放置在仿真系统中进行仿真研究。这样的仿真经常称为“硬件在回路”(Hardware-In-the-Loop，HIL) 的仿真，又常称为半实物仿真。因为这

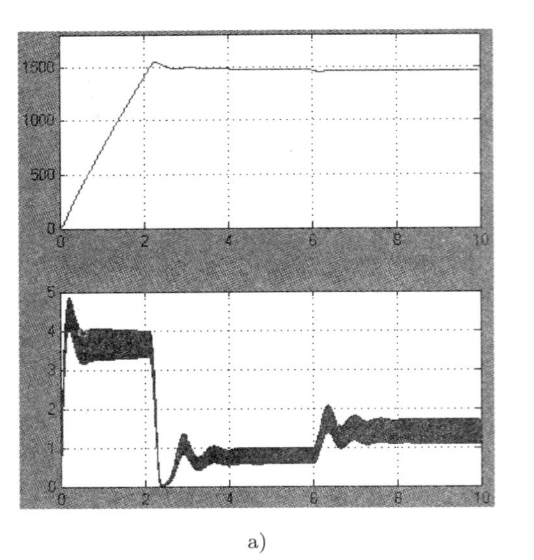

a)

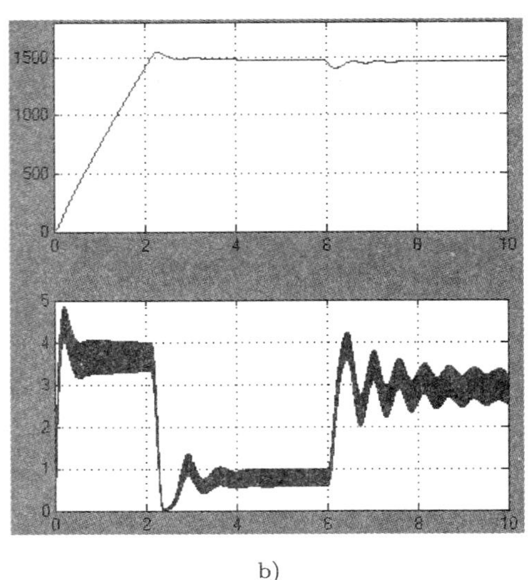

b)

图 8-30 负载变化时调速结果

a) 负载在 $t = 6\mathrm{s}$ 加至 15N·m b) 负载在 $t = 6\mathrm{s}$ 加至 50N·m

样的半实物仿真是针对实际过程的仿真，又是实时进行的，所以有时还称为实时 (Real Time，RT) 仿真。

在实际控制中，半实物仿真通常有两种情况：其一是控制器用实物，而受控对象使用数字模型。这种情况多用于航空航天领域，例如导弹发射过程中，因为各种因素的考虑，不可能每次发射实弹，而需要用其数字模型来模拟导弹本身的过程，但为了测试发射台的可靠性，通常需要使用真正的发射台，从而构成半实物仿真回路。另一种半实物仿真的情况更常见于一般工业控制，可以用计算机实现其控制器，而将受控对象作为实物直接放置在仿真回路中，构造起半实物仿真的系统。在本书中所涉及到的半实物仿真局限于后一种情况。

在传统的数字仿真中，其结果的验证 (validation) 是必要的，但也是非常难以实现的。Simulink 中包含了一个模型验证 (Model Verification) 模块组，其内容如图 8-31 所示。该模块组中的模块能部分解决模型验证问题，但还是只限于数学模型的验证。

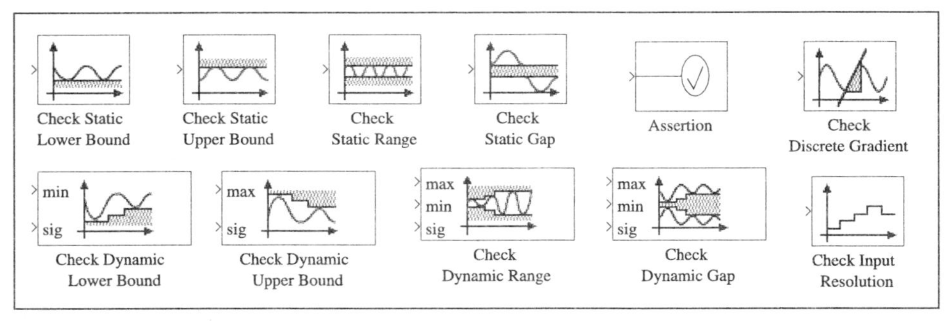

图 8-31 模型验证模块组

在实际的项目中，经常需要花大量的时间从真实的过程中收集可靠数据，与仿真结果进行比较。如果比较的结果不一致，这就需要对仿真的模型进行改进，得出的结果还需要多次往复实验，才能最终相信仿真结果。

半实物仿真的最大优势是仿真结果的验证过程是直观的，所以在一些工业过程中，采用半实物仿真的策略可以大大地缩短产品开发周期。目前应用半实物仿真最广泛的领域包括汽车电控系统、硬盘驱动器等产品的开发，从这方面发表的参考文献看，使用半实物仿真和快速原型设计技术，尤其是用基于 MATLAB/Simulink 的半实物仿真方法，大大地缩短了相关产品的开发周期，提高了产品的可靠性，有着巨大的前景。

The MathWorks 公司开发的支持 Simulink 的控制器主要有以下的工具：

1) 实时工具(Real-Time Workshop®，RTW)，可以由 Simulink 的框图生成优化的语言 (如 C 和 Ada) 代码，产生的代码既可以提高仿真的速度，又可以生成半实物仿真和实时控制与快速原型设计所需的代码。RTW 建立起偏重软件的系统设计结果和偏重硬件的产品开发之间的联系，图 8-32 中描述了 RTW 在系统设计中的地位和作用[104]。

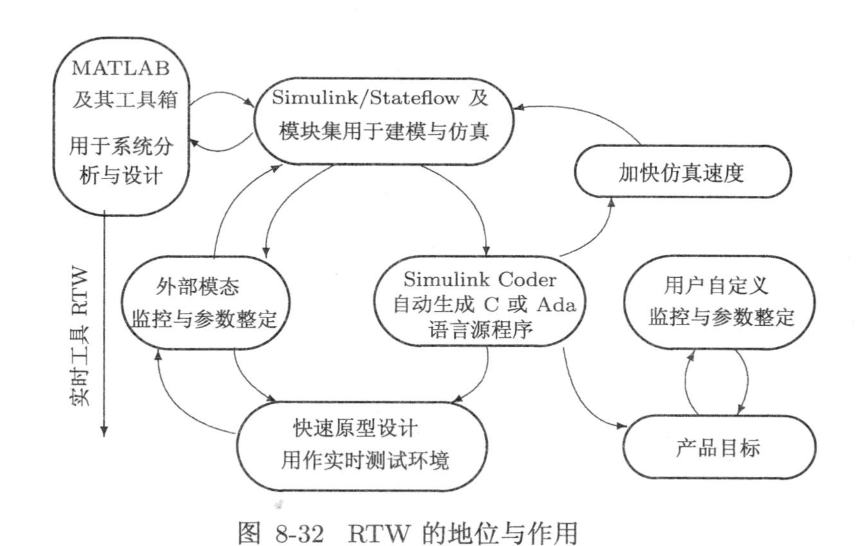

图 8-32 RTW 的地位与作用

2) 实时工具嵌入式代码生成器(Real-Time Workshop Embedded Coder®)，可以用来开发嵌入式操作系统的 C 语言程序。

3) 实时工具 Windows Target®。

4) xPC Windows Targets®，可以将 Simulink 描述的控制器直接通过输入输出卡 (包括在卡上 A/D 和 D/A 转换器) 对硬件系统进行实时控制。

此外，还有第三方提供的和 Simulink 的接口软硬件程序，如 dSPACE 及和它配套的 Control Desk 软件等；另外，MATLAB/Simulink 还支持很多著名的控制器厂家的产品，如 Motorola、Taxes Instrument 等，构造的仿真框图可以直接为这些控制器生成代码，更增强了其在应用方面的优势。

8.3.2 dSPACE 简介

dSPACE (digital Signal Processing And Control Engineering) 实时仿真系统是由德国 dSPACE 公司开发的一套和 MATLAB/Simulink 可以“无缝连接”的控制系统开发及测试的工作平台。dSPACE 实时系统拥有高速计算能力的硬件系统，包括处理器、I/O 等，还拥有方便易用的实现代码生成/下载和试验/调试的软件环境。

dSPACE 针对不同用户的需求，提供了多种可供选择的方案:

1) 单板系统。主要面向快速原型设计用户。其本身就是一个完整的实时仿真系统，DSP 和 I/O 全部集成于同一板上。其 I/O 数量有限，但包括了快速控制原型设计的大多数 I/O (如 A/D、D/A 等)，为配合电机拖动应用需求，配有 PWM 信号发生器等。

2) 标准组件系统。把处理器板，I/O 板分开，并提供多个系列和品种，允许用户根据特定需求随意组装，可以使用多块处理器板、多块 (多种) I/O 板，使系统运算速度、内存和 I/O 能力均可大大扩展，从而可以满足复杂的应用。

3) 特定应用装置，如汽车、火车、飞机等低空系统等的特殊开发环境。

dSPACE 实时系统具有很多其他仿真系统所不能比拟的特点，例如其组合性与灵活性强、快速性与实时性好、可靠性高，可与 MATLAB/Simulink 无缝连接，更方便地从非实时分析设计过渡到实时分析设计。

由于 dSPACE 巨大的优越性，现已广泛应用于航空航天、汽车、发动机、电力机车、机器人、驱动及工业控制等领域。越来越多的工厂、学校及研究部门开始用 dSPACE 解决实际问题。

dSPACE 实时仿真系统是半实物仿真研究良好的应用平台，它提供了真正实时控制方式，允许用户真正实时地调整控制器参数和运行环境，并提供了各种各样的参数显示方式，适合于不同的需要。

本章所研究的半实物仿真技术主要是应用 dSPACE 系统仿真控制器，实现控制器的功能，而控制对象采用实物。整个的半实物仿真系统是由三部分共同组成的，分别为控制系统设计平台 MATLAB/Simulink、dSPACE 实时仿真系统及外部真实环境和设备。其中，RTI (Real-Time Interface) 是连接 dSPACE 实时系统与 MATLAB/Simulink 的纽带，用户可以通过对 RTI 库中的模型与 MATLAB/Simulink 的配合使用，设计控制器的 Simulink 模型，通过对 RTW (Real-Time Workshop) 进行扩展，可实现从 Simulink 模型到 dSPACE 实时硬件代码的无缝自动下载。dSPACE 实时硬件负责与外部设备连接，交互控制信息与反馈信息。测试软件提供对试验过程的综合管理，在线调整参数，建立用户虚拟仪表，实时观测控制效果。

dSPACE 半实物仿真系统的开发过程大体可分为建立模型、离线仿真、设置实时 I/O、生成代码、编译及下载、试验测试等几个步骤，从而完成半实物仿真的全过程。

8.3.3 dSPACE 模块组

下面分别介绍一下 dSPACE 实时仿真系统的软硬件环境，目前在教学和一般科学实验方面比较流行的 dSPACE 部件是 ACE 1103 和 ACE1104，它们是典型的智能化单板系统，包括 DSP 硬件控制板 DS1103 和 DS1104、实时控制软件 Control Desk、实时接口 RTI 和实时数据采集接口 MTRACE/MLIB，使用较为方便。其中，DS1104 采用 PCI 总线接口、PowerPC 处理器，具有很高的处理性能及性能价格比，是理想的控制系统设计入门级产品。这里将以 DS1104 为例介绍其在半实物仿真中的应用。

安装了 dSPACE 软硬件系统，则可以在 Simulink 库中出现 dSPACE 模块组，双击该模块组图标，则可以得出如图 8-33 所示的内容。

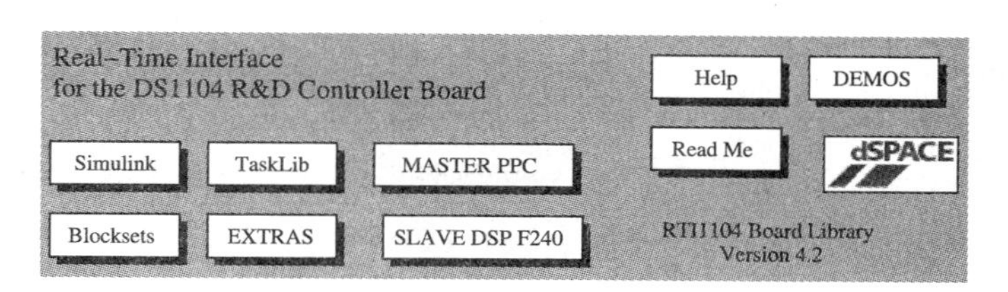

图 8-33 dSPACE 1104 模块组

双击其中的 Master PPC 图标则将打开如图 8-34 所示的模块库。可以看出，在该模块库中包含大量卡上元件的图标，如 A/D 转换器 等。另外，双击其中的 Slave DSP F240 图标则将打开如图 8-35 所示的模块库。该模块库中包含了许多伺服控制中的应用模块，如 PWM 信号发生器、测频模块等。上述这些图标均可以拖到 Simulink 框图中，将计算机中产生的信号直接和卡上的实际信号打交道，完成实时仿真的全过程。

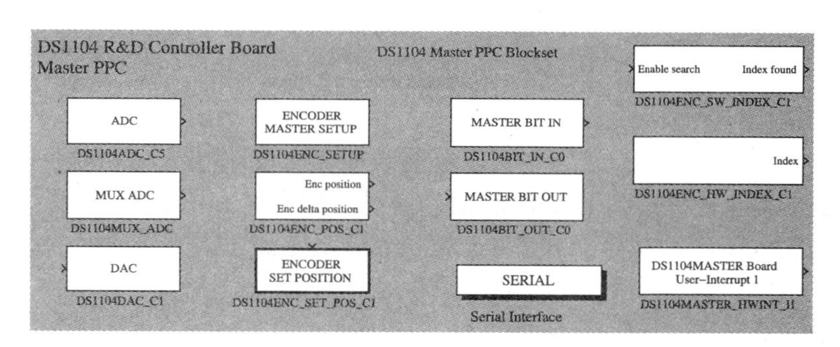

图 8-34 Master PPC 子模块组

8.3.4 半实物仿真举例

本节将以电机控制为例，介绍 dSPACE 系统工具在半实物仿真系统及控制器参数在线调节技术、快速原型设计应用。

足球机器人是一种典型的双轮式移动机器人 (以下简称“小车”)，它的主控部件是由单片机及其外围芯片组成。其控制系统原理图如图 8-36 所示，是由 PID 控制器、脉宽调制器 (PWM)、功率放大器、直流电机及光电码盘组成的一个速度反馈控制回路。

PID 控制器可以采用数字增量式结构，其控制增量可以由下面的公式计算出来

$$\Delta u(kT)=k_{\mathrm{p}}\Delta e(kT)+k_{\mathrm{i}}e(kT)+k_{\mathrm{d}}[\Delta e(kT)-\Delta e(kT-T)] \tag{8-4}$$

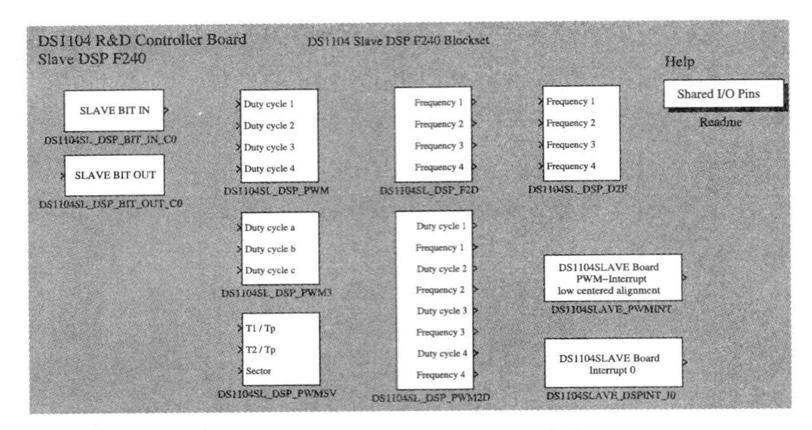

图 8-35　Slave DSP F240 子模块组

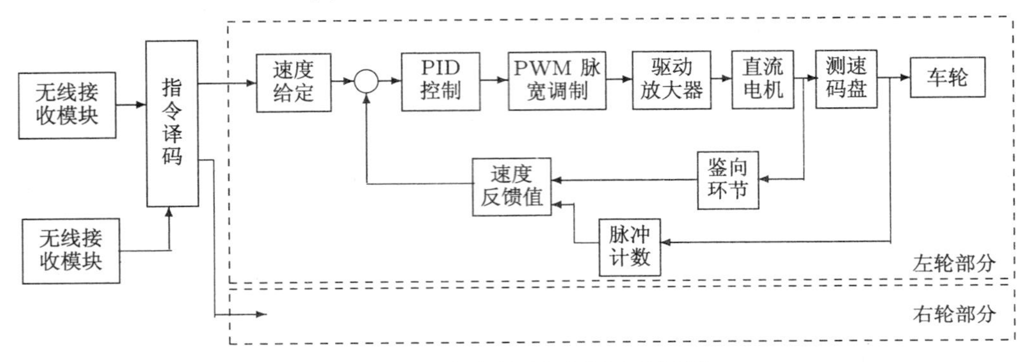

图 8-36　小车控制系统原理框图

其中，$\Delta e(kT) = e(kT) - e(kT - T)$ 为当前误差信号的增量，$\Delta e(kT - T) = e(kT - T) - e(kT - 2T)$ 为上一个计算周期内的误差增量，这样用 Simulink 可以立即建立起增量式 PID 控制器的框图，这在第 7.1 节中已经介绍了，在这里重新给出，如图 8-37 所示。

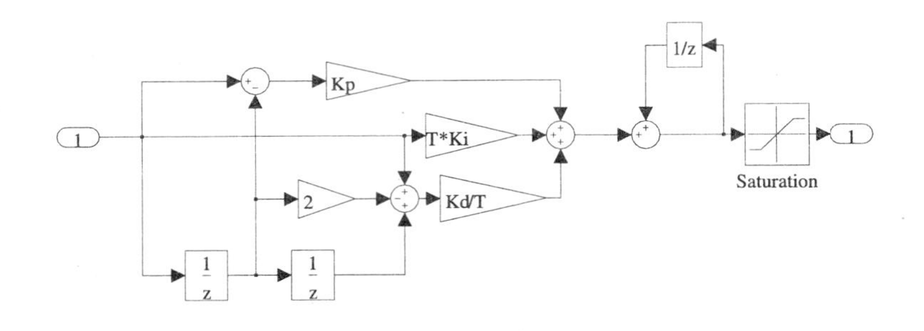

图 8-37　增量式 PID 控制器的 Simulink 框图

机器人小车控制系统中的 PWM 脉宽调制部分、脉冲计数部分及相应的输入输出可以通过 dSPACE 系统的 RTI 模块库中的相应模块替代，这样整个小车控制系统就可以完全地在 Simulink 下建模，如图 8-38 所示。在该框图中，转速信号通过 ADC 模块读入计算机，而计算出来的控制信号，即控制左右轮速的脉宽调制 (PWM) 占空比由相应的 PWM 模块给出。

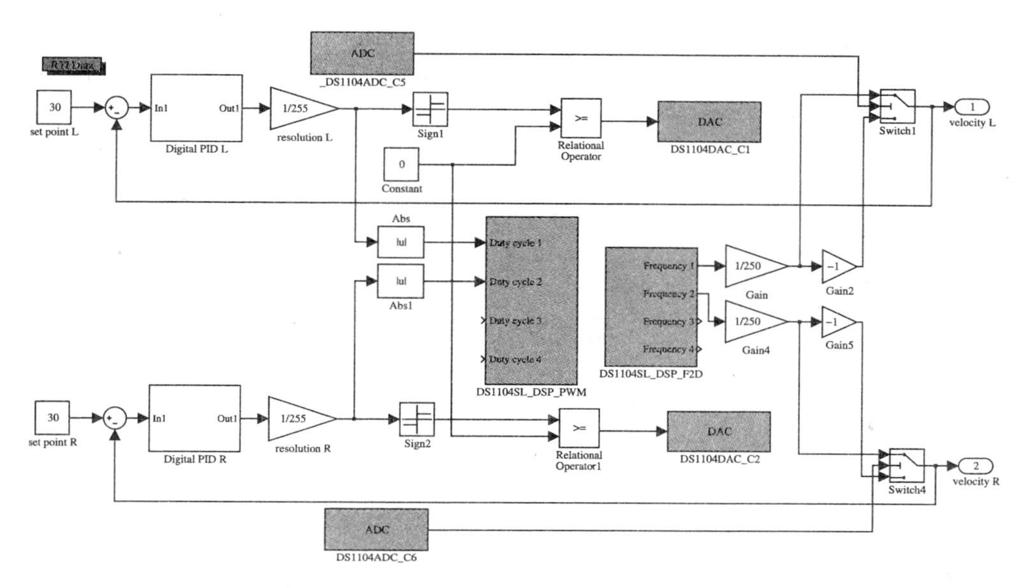

图 8-38 车轮控制的 Simulink 框图 (文件名：c8mdsp.mdl)

有了该模型，可以用 Simulink 模型窗口中的 Tools → Real-time Workshop → Build Model 菜单项对其进行进行编译，生成 Power PC 上可以使用的系统描述文件 (.ppc)。这时，打开 Control Desk 软件环境窗口，则由 File → Layout 菜单打开一个新的虚拟仪器编辑界面，用 Virtual Instruments 工具栏中提供的控件搭建控制界面，例如可以用滚动杆描述 PID 控制器的参数，用示波器显示转速曲线等。这样可以建立起如图 8-39 所示的控制界面。

单击 Platform 标签，则可以由显示的文件对话框打开前面存的 *.ppc 文件，这样可以和 Simulink 生成的控制代码建立起关联关系。还应该将控件和 Simulink 模型中的变量建立起关联关系。例如，将 Control Desk 中显示的 Simulink 变量名拖动到相应的控件上，就可以建立起控件和 Simulink 变量关联关系。

建立起控制界面后，可以直接进行实时控制。例如若采用变阶跃的给定转速信号，则可以得出如图 8-40 所示的实际小车轮速曲线。可见，用这样的方法可以用 Simulink 建立的控制器直接实时控制实际受控对象，另外，该控制器的参数可以在线调节，例如拖动滚动杆就可以改变 PID 控制器的参数，控制效果马上就能获得。

采用 dSPACE 这样的软硬件环境后，还可以将控制器及其参数直接下装到实际控制器上，脱离 dSPACE 环境也能控制受控对象，这样可以认为 dSPACE 是一套原型控制器的开发环境，应用该环境可以大大加速控制器设计与开发的效率，故可以采用 dSPACE 这一能搭建起数字仿真与实时控制桥梁的软硬件环境来更好地应用控制理论中的知识，在工业控制中发挥其效能，更好地解决控制问题。

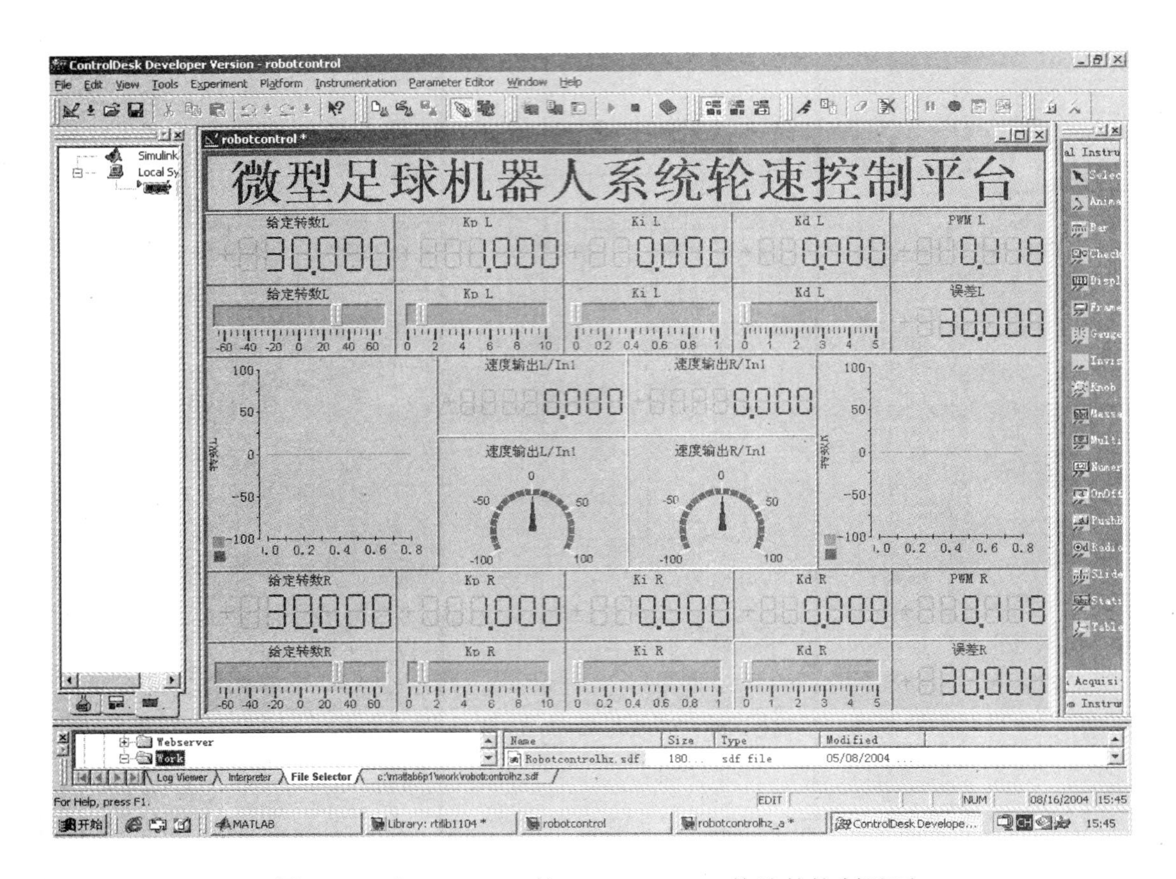

图 8-39 由 dSPACE 的 Control Desk 构造的控制界面

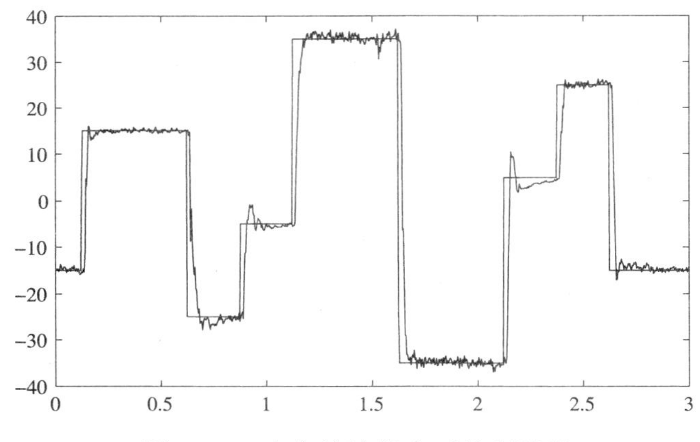

图 8-40 小车轮速的实时控制结果

8.4 本章要点小结

1) 本章介绍了电气系统模块库 SimPowerSystems，首先概述了该模块库中模块，然后介绍了通过该模块库中的模块对给定电路和数字电子线路进行仿真的建模方法，利用该模块库中模块可以对各种电路系统进行仿真分析与设计。

2) 直流电机拖动系统可以通过前面介绍的传递函数模型进行近似仿真，但该模型中忽略了电机拖动系统中的很多信息，而直接对电机拖动系统建模本身又是很复杂的事，例如需要对电力电子系统与电机的机械、电气模型需要有较深的理解，这对普通的研究者过于苛刻。借助于 SimPowerSystems 中提供的模块，可以容易搭建起晶闸管整流电路与电机模型，这样就可以对双闭环电机拖动系统进行精确建模分析了。本章通过例子介绍了电机拖动系统的建模方法与设计实例。

3) 本书大部分内容都是关于系统的离线仿真与设计的内容，而这些内容和控制系统计算机仿真与辅助设计技术的工程应用还有较大差距。例如，若受控对象模型不精确，将使得理论上设计得再好的控制器也出现失效的问题。解决这样问题的一种实用方法是引入半实物仿真技术，将受控对象直接嵌入仿真回路。本章介绍了基于 dSPACE 的半实物仿真技术实现，搭建起了离线理论设计与控制器的实际应用之间的桥梁。

8.5 习 题

1 试用模块封装的方法构造出单个的电阻、电感和电容模块。

2 考虑如图 8-41 所示的电路，假设已知 $R_1 = R_2 = R_3 = R_4 = 10\Omega$, $C_1 = C_2 = C_3 = 10\mu\text{F}$，并假设输入交流电压 $v(t) = \sin(\omega t)$，并令 $\omega = 10$，试对该系统进行仿真，求出输出信号 $v_c(t)$，并求出其解析解。可以用两种方法绘制出该系统的 Bode 图：

(1) 求出系统的线性模型，然后用 `bode()` 函数绘制。

(2) 选择一系列不同的频率值 ω_i，在每一个频率值下求出解析解的幅值与相位，然后用描点的方法绘制出 Bode 图，请问二者是否一致。

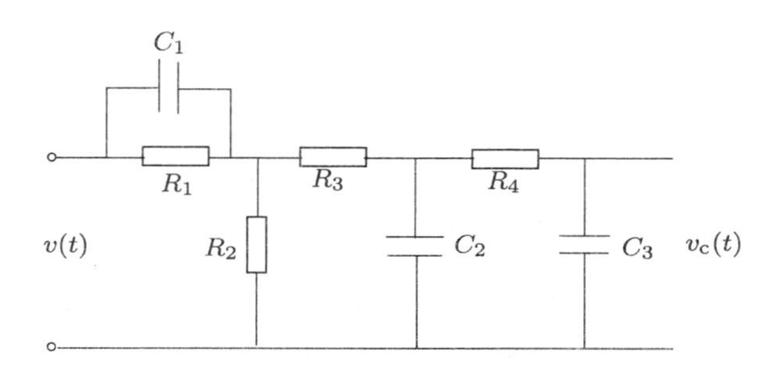

图 8-41 习题 2 电路图

3 晶体管是电子线路中经常使用的元件，而电力系统模块集没有提供该元件，给电子线路的仿真带来很大的困难。在电子线路类课程中通常介绍晶体管的近似方法，试利用近似方法用 Simulink 模块搭建出晶体管的等效电路，并封装成可用模块。

4 请用 Simulink 搭建出下面的数字逻辑电路

(1) $Z_1 = A + B\overline{C} + D$　　(2) $Z_2 = AB(C + D) + D + \overline{D}(A + B)(\overline{B} + \overline{C})$

并自己选定信号验证这两个电路是等价的。

5 已知某逻辑电路的真值表由表 8-3 给出，试由该真值表搭建起 Simulink 仿真系统模型。

表 8-3　某逻辑电路真值表

输入端子				输出端子							
X_3	X_2	X_1	X_0	g_3	g_2	g_1	g_0	b_3	b_2	b_1	b_0
0	0	0	0	0	0	0	0	0	0	0	0
0	0	0	1	0	0	0	1	0	0	0	1
0	0	1	0	0	0	1	1	0	0	1	1
0	0	1	1	0	0	1	0	0	0	1	0
0	1	0	0	0	1	1	0	0	1	1	1
0	1	0	1	0	1	1	1	0	1	1	0
0	1	1	0	0	1	0	1	0	1	0	0
0	1	1	1	0	1	0	0	0	1	0	1
1	0	0	0	1	1	0	0	1	1	1	1
1	0	0	1	1	1	0	1	1	1	1	0
1	0	1	0	1	1	1	1	1	1	0	0
1	0	1	1	1	1	1	0	1	1	0	1
1	1	0	0	1	0	1	0	1	0	0	0
1	1	0	1	1	0	1	1	1	0	0	1
1	1	1	0	1	0	0	1	1	0	1	1
1	1	1	1	1	0	0	0	1	0	1	0

6 已知 J-K 触发器逻辑电路图如图 8-42 所示，试搭建其仿真模型。

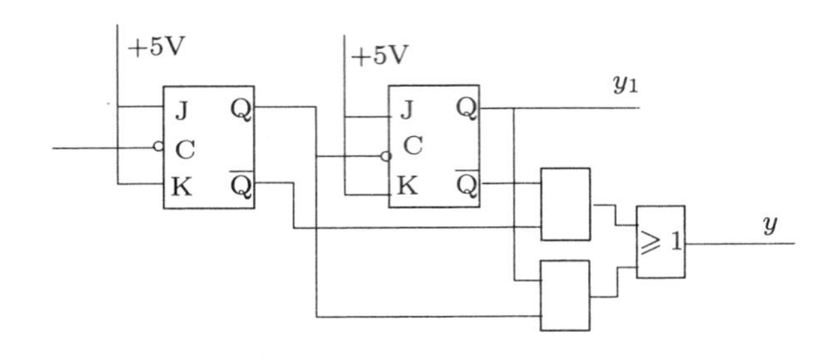

图 8-42　J-K 触发器逻辑电路图

7 考虑第 5 章习题 14 中给出的 PLD 关系列表，试用基本逻辑模块搭建起仿真系统模型，并比较和 S 函数建模的优劣。

8 例 8-6 中给出了电桥式整流线路，并进行了仿真研究，得出了如图 8-22a、b 所示的曲线，试分析整流信号和相电压之间的关系，判定得出的整流结果是否正确。如果在仿真模型中取消了后面连接的 RLC 模块会得出什么样的整流结果，为什么？

9 掌握基于 Simulink 和 SimPowerSystems 的电机拖动模型的建模方法，并采用该方法对想控制的电机进行仿真，电机的参数可以从电机铭牌上获得，试比较仿真结果和实际电机控制的效果。

10 如果有条件的话，试利用 dSPACE 对某个实际受控对象进行控制，设计出理想的控制器。

附　录

附录 A　积分变换问题及 MATLAB 直接求解

在早期连续控制系统的研究中，常微分方程是最主要的建模工具。然而，由于微分方程相对于代数方程要复杂得多，所以应该利用一种积分变换 —— Laplace 变换，将其映射成代数方程，从而引入了传递函数模型。该模型奠定了经典控制理论的基础。线性系统时域响应解析解方法利用了 Laplace 反变换的功能，而求解反变换需要复变函数中的留数方法。同样，离散系统也可以利用 Z 变换构建离散传递函数模型，求解传递函数又需要 Z 反变换。前面的内容中并未涉及到 Laplace 和 Z 变换与反变换的定义与求解方法，在本附录中将首先对它们给出定义，不加证明地列举出一些常用的性质，然后介绍如何使用 MATLAB 的符号运算工具箱直接求解 Laplace 与 Z 变换、反变换的有关内容。

A.1　Laplace 变换及其反变换

一个时域函数 $f(t)$ 的 Laplace 变换可以定义为

$$\mathscr{L}[f(t)]=\int_0^\infty f(t)\mathrm{e}^{-st}\,\mathrm{d}t=F(s) \tag{A.1}$$

其中，$\mathscr{L}[f(t)]$ 为 Laplace 变换的简单记号。

下面将不加证明地列出一些 Laplace 变换的性质：

1) 线性性质　若 a 与 b 均为标量，则 $\mathscr{L}[af(t)\pm bg(t)]=a\mathscr{L}[f(t)]\pm b\mathscr{L}[g(t)]$。

2) 时域平移性质　$\mathscr{L}[f(t-a)]=\mathrm{e}^{-as}F(s)$。

3) s-域平移性质　$\mathscr{L}[\mathrm{e}^{-at}f(t)]=F(s+a)$。

4) 微分性质　$\mathscr{L}\left[\dfrac{\mathrm{d}f(t)}{\mathrm{d}t}\right]=sF(s)-f(0^+)$，更一般地，$n$ 阶微分可以由下式求出

$$\mathscr{L}\left[\frac{\mathrm{d}^n}{\mathrm{d}t^n}f(t)\right]=s^nF(s)-s^{n-1}f(0^+)-s^{n-2}\frac{\mathrm{d}f(0^+)}{\mathrm{d}t}-\cdots-\frac{\mathrm{d}^{n-1}f(0^+)}{\mathrm{d}t^{n-1}} \tag{A.2}$$

如果假设函数 $f(t)$ 及其各阶导数的在 $t=0$ 时刻的值均为 0，则式 (A.2) 可以简化成 $\mathscr{L}\left[\dfrac{\mathrm{d}^nf(t)}{\mathrm{d}t^n}\right]=s^nF(s)$，此性质是微分方程转换成传递函数的关键公式。

5) 积分性质　若假设零初始条件，$\mathscr{L}\left[\displaystyle\int_0^t f(\tau)\,\mathrm{d}\tau\right]=\dfrac{F(s)}{s}$，更一般地，函数 $f(t)$的 n 重积分的 Laplace 变换可以由下式求出

$$\mathscr{L}\left[\int_0^t\cdots\int_0^t f(\tau)(\,\mathrm{d}\tau)^n\right]=\frac{F(s)}{s^n} \tag{A.3}$$

6) 初值性质　$\lim_{t\to 0} f(t) = \lim_{s\to\infty} sF(s)$。

7) 终值性质　如果 $F(s)$ 没有 $s \geqslant 0$ 的极点，则 $\lim_{t\to\infty} f(t) = \lim_{s\to 0} sF(s)$。

8) 卷积性质　$\mathscr{L}[f(t) * g(t)] = \mathscr{L}[f(t)]\mathscr{L}[g(t)]$，其中，卷积算子 $*$ 的定义为

$$f(t) * g(t) = \int_0^t f(\tau)g(t-\tau)\,\mathrm{d}\tau = \int_0^t f(t-\tau)g(\tau)\,\mathrm{d}\tau \tag{A.4}$$

9) 其他性质

$$\mathscr{L}[t^n f(t)] = (-1)^n \frac{\mathrm{d}^n F(s)}{\mathrm{d}s^n},\quad \mathscr{L}\left[\frac{f(t)}{t^n}\right] = \int_s^\infty \cdots \int_s^\infty F(s)\,\mathrm{d}s^n \tag{A.5}$$

如果已知函数的 Laplace 变换式 $F(s)$，则可以通过下面的反变换公式求出其 Laplace 反变换

$$f(t) = \mathscr{L}^{-1}[F(s)] = \frac{1}{2\pi\mathrm{j}} \int_{\sigma-\mathrm{j}\infty}^{\sigma+\mathrm{j}\infty} F(s)\mathrm{e}^{st}\,\mathrm{d}s \tag{A.6}$$

其中，σ 大于 $F(s)$ 奇异点的实部。

A.2 Z 变换及其反变换

离散序列信号 $f(k)$ 的 Z 变换可以定义为

$$\mathscr{Z}[f(k)] = \sum_{i=0}^{\infty} f(k)z^{-k} = F(z) \tag{A.7}$$

类似于 Laplace 变换，Z 变换也有很多很多性质，这里仍不加证明地列出一些性质：

1) 线性性质　若 a 与 b 均为标量，则 $\mathscr{Z}[af(k) \pm bg(k)] = a\mathscr{Z}[f(k)] \pm b\mathscr{Z}[g(k)]$。

2) 时域平移性质　$\mathscr{Z}[f(k-n)] = z^{-n}F(z)$。

3) z-域比例性质　$\mathscr{Z}[r^{-k}f(k)] = F(rz)$。

4) 频域微分性质　$\mathscr{Z}[kf(k)] = -z\dfrac{\mathrm{d}F(z)}{\mathrm{d}z}$。

5) 频域积分性质　$\mathscr{Z}\left[\dfrac{f(k)}{k}\right] = \displaystyle\int_z^\infty \frac{F(w)}{w}\,\mathrm{d}w$。

6) 初值性质　$\lim_{k\to 0} f(k) = \lim_{z\to\infty} F(z)$。

7) 终值性质　如果 $F(z)$ 无单位圆外的极点，则 $\lim_{k\to\infty} f(k) = \lim_{z\to 1}(z-1)F(z)$。

8) 卷积性质　$\mathscr{Z}[f(k) * g(k)] = \mathscr{Z}[f(k)]\mathscr{Z}[g(k)]$，其中离散信号的卷积算子 $*$ 定义为

$$f(k) * g(k) = \sum_{l=0}^{\infty} f(k)g(k-l) \tag{A.8}$$

给定 Z 变换式子 $F(z)$，则其 Z 反变换的数学表示为

$$f(k) = \mathscr{Z}^{-1}[f(k)] = \frac{1}{2\pi\mathrm{j}} \oint F(z)z^{k-1}\,\mathrm{d}z \tag{A.9}$$

A.3 Laplace 变换和 Z 变换的计算机求解

利用 MATLAB 的符号运算工具箱，Laplace 变换、Z 变换及其反变换可以很容易地求取出来，掌握这样的工具可以免除复杂问题的手工推导，既节省时间也能避免底层的低级错误。利用符号运算工具箱进行积分变换的步骤为：

1) 在实际进行积分变换之前，需要声明有关变量为“符号变量”，这可以通过 syms 命令来实现。

2) 可以调用 laplace() 函数或 ztrans() 函数对给定的时域函数进行 Laplace 变换或 Z 变换，也可以利用 ilaplace() 函数或 iztrans() 对给定的频域式子进行 Laplace 或 Z 反变换。

3) 有时得出的结果不是最简形式，所以需要调用 simple() 函数对之进行化简。可以使用 pretty() 函数以更美观的形式显示结果。

4) 可以直接显示结果，如果想将之嵌入 LaTeX 这样的排版语言，则可以使用 latex() 函数对结果进行转换，直接变成 LaTeX 可以识别的字符串，这样省去了手工转换结果的麻烦。

例 A-1 假设给定一个时域函数 $f(t)=1-(1+at)\mathrm{e}^{-at}$，下面通过计算机工具直接求取这个函数的 Laplace 变换，得出 $F=\dfrac{a^2}{s\left(s+a\right)^2}$。

```
>> syms a t  % 声明所需的变量为符号变量
   f=1-(1+a*t)*exp(-a*t);   % 表示时域函数公式
   F=laplace(f), F=simple(F)  % 直接求取函数的 Laplace 变换，并化简
```

利用 ilaplace() 对上述结果进行 Laplace 反变换，则可以还原成原来的时域函数，可以采用下面命令来完成这样的反变换。

```
>> f1=ilaplace(F)  % 进行反变换即可得出反变换结果
```

例 A-2 例 4-10 中用部分分式展开的方法求取了传递函数 $G(s)=\dfrac{s^3+7s^2+24s+24}{s^4+10s^3+35s^2+50s+24}$ 的阶跃响应解析解。这里可以利用 Laplace 反变换的方法直接求解该问题，得出

$$f=2\mathrm{e}^{-3t}-\mathrm{e}^{-t}+1-\mathrm{e}^{-2t}-\mathrm{e}^{-4t}$$

```
>> syms s  % 声明符号变量
   G=(s^3+7*s^2+24*s+24)/(s^4+10*s^3+35*s^2+50*s+24); % 定义传递函数
   R=1/s;  f=ilaplace(R*G) % 求取原来问题的解析解
```

例 A-3 考虑例 4-11 中给出的系统模型

$$G(s)=\frac{s+3}{s^4+2s^3+11s^2+18s+18}$$

用下面的 MATLAB 语句就可以求出该模型的阶跃响应解析解为

$$f=\frac{1}{6}+\frac{1}{255}\cos 3t-\frac{13}{255}\sin 3t-\frac{1}{170}\mathrm{e}^{-t}\left(29\cos t+3\sin t\right)$$

```
>> syms s     % 声明符号变量
```

```
G=(s+3)/(s^4+2*s^3+11*s^2+18*s+18);  % 系统传递函数模型
f=ilaplace(G/s)     % 求取系统阶跃响应的解析解
```

可以看出，系统阶跃响应解析解的形式比直接采用部分分式展开得出的结果简洁，但不如在该例子中得到的最简结果。

例 A-4 考虑一个高阶系统模型

$$G(s)=\frac{5s+6}{s^5+5s^4+20s^3+11s^2+65s+32}$$

这样系统阶跃响应的解析解可以由下面语句求出

```
>> syms s     % 声明符号变量
   G=(5*s+6)/(s^5+5*s^4 +20*s^3+11*s^2+65*s+32);  % 系统传递函数模型
   ilaplace(G/s)     % 直接求取系统的阶跃响应解析解
```

该命令将给出如下结果

```
3/16+sum((10550239255/1095672655312*_alpha-105484506183/1095672655312-
1229607195/1095672655312*_alpha^4-4505514643/1095672655312*_alpha^3-
4305162645/273918163828*_alpha^2)*exp(_alpha*t),_
alpha = RootOf(_Z^5+5*_Z^4+20*_Z^3+11*_Z^2+65*_Z+32))
```

而这时的解析解完全取决于代数方程 $\lambda^5+5\lambda^4+20\lambda^3+11\lambda^2+65\lambda+32=0$ 的根。根据著名的 Abel 定理：4 次以上代数方程没有一般意义下的解析解，所以该问题的解析解是不存在的。结合数值解的求根公式，则可以用 vpa() 函数求出这样的解。

```
>> vpa(ans,10) % 保留 10 位有效数字，得出近似的解析解
```

这时得出的结果为

```
.18750000-.11114552e-1*exp(-2.6728533*t)*cos(3.4266287*t)
+.93587988e-2*exp(-2.6728533*t)*sin(3.4266287*t)
-.91268135e-12*i*(-.51270901e10*exp(-2.6728533*t)*cos(3.4266287*t)
-.60889553e10*exp(-2.6728533*t)*sin(3.4266287*t))
-.91268135e-12*i*(.51270901e10*exp(-2.6728533*t)*cos(3.4266287*t)
+.60889553e10*exp(-2.6728533*t)*sin(3.4266287*t))
-.10458429*exp(-.50046769*t)-.71801157e-1*exp(.42308712*t)*cos(1.7906973*t)
-.46763688e-1*exp(.42308712*t)*sin(1.7906973*t)
-.91268135e-12*i*(.25618847e11*exp(.42308712*t)*cos(1.7906973*t)
-.39335282e11*exp(.42308712*t)*sin(1.7906973*t))
-.91268135e-12*i*(-.25618847e11*exp(.42308712*t)*cos(1.7906973*t)
+.39335282e11*exp(.42308712*t)*sin(1.7906973*t))
```

若采用第 4 章介绍的改进的部分分式展开函数 pfrac()，则可以得出如下结果

```
>> num=[5 6]; den=[1 5 20 11 65 32];
  [r,p]=pfrac(num,[den,0]); [n d]=rat(r); [r,p]
```

对 r 进行有理近似，整理后可以得出其解析解为

$$y(t)=\frac{-6}{413}\mathrm{e}^{-2.6729t}\sin(3.4266+2.2706)-\frac{88}{1027}\mathrm{e}^{0.4231t}\sin(1.7907t+0.9935)-\frac{73}{698}\mathrm{e}^{-0.5005t}+\frac{3}{16}$$

可见，这样得出的结果更加简洁。

例 A-5 典型二阶系统的传递函数为 $G(s)=\dfrac{\omega_\mathrm{n}^2}{s^2+2\zeta\omega_\mathrm{n}s+\omega_\mathrm{n}^2}$。第 4.2.4 节直接应用了二阶系统阶跃响应解析解的一般形式，现在结合 Laplace 反变换的知识，用符号运算工具箱中的相应命令来证明该解析解。假设符号变量 z 表示 ζ，wn 表示 ω_n，这样就可以用下面的命令直接得出二阶系统阶跃响应的解析解

```
>> syms z w s   % 声明需要的符号变量
   y=ilaplace(w^2/(s*(s^2+2*z*w*s+w^2)))   % 直接求取解析解
```

显示得出的结果不难发现，其中出现了大量 (4*z^2*w^2-4*w^2)^(1/2) 项，亦即 $2\sqrt{1-\zeta^2}\omega_\mathrm{n}$，实际上就是二次方程根的判别式。用 2*wd 符号取代之，就能够得出更简洁形式的解析解，变量替换过程的 MATLAB 实现为

```
>> ynew=subs(y,'(4*z^2*w^2-4*w^2)^(1/2)','2*wd');   % 变量替换
```

则可以得出下面的结果

$$y(t)=1+\frac{1}{2}\left(\frac{\mathrm{e}^{(-\zeta\omega_\mathrm{n}+\omega_\mathrm{d})t}}{-\zeta\omega_\mathrm{n}+\omega_\mathrm{d}}-\frac{\mathrm{e}^{(-\zeta\omega_\mathrm{n}-\omega_\mathrm{d})t}}{-\zeta\omega_\mathrm{n}-\omega_\mathrm{d}}\right)\omega_\mathrm{d}^{-1}\omega_\mathrm{n}^2 \tag{A.10}$$

其中，$\omega_\mathrm{d}=\sqrt{1-\zeta^2}\omega_\mathrm{n}$。

例 A-6 证明下面的 Laplace 变换式

$$\mathscr{L}\left[\frac{3a^2}{s^3+a^3}\right]=\mathrm{e}^{-at}-\mathrm{e}^{-at/2}\left(\cos\frac{\sqrt{3}at}{2}-\sqrt{3}\sin\frac{\sqrt{3}at}{2}\right),\quad a>0$$

如果想证明该式，可以首先对给出的式子进行 Laplace 反变换

```
>> syms s t; syms a positive; F=3*a^2/(s^3+a^3); f=simple(ilaplace(F))
```

可以得出

$$\mathrm{e}^{-at}-\mathrm{e}^{-at/2}\left(\cos\frac{\sqrt{3}at}{2}-\sqrt{3}\sin\frac{\sqrt{3}at}{2}\right)$$

例 A-7 求解 $f(kT)=akT-2+(akT+2)\mathrm{e}^{-akT}$ 函数的 Z 变换可以用下面的语句来完成

```
>> syms a T k   % 声明符号变量
   f=a*k*T-2+(a*k*T+2)*exp(-a*k*T); F=ztrans(f) % 定义离散函数并进行变换
```

该结果的数学表示如下

$$\mathscr{Z}[f(kT)]=\frac{aTz}{(z-1)^2}-2\,\frac{z}{z-1}+\frac{aTz\mathrm{e}^{-aT}}{(z-\mathrm{e}^{-aT})^2}+2\,z\mathrm{e}^{aT}\left(\frac{z}{\mathrm{e}^{-aT}}-1\right)^{-1}$$

例 A-8 一般介绍 Z 变换的书中不介绍 $q/(z^{-1}-p)^m$ 函数的 Z 反变换，而该函数是第 4 章求取离散系统解析解的基础，这里对不同的 m 值进行反变换，并总结出一般规律。根据要求，可以用符号运算工具箱求出 $m=1,2,\cdots,8$ 的 Z 反变换

```
>> syms p q z, for i=1:8, F=simple(iztrans(q/(1/z-p)^i)), end
```

$$F_1=-\frac{q}{p^{n+1}},\quad F_2=\frac{q\,(1+n)}{p^{n+2}},\quad F_3=-\frac{q\left(2+3n+n^2\right)}{2p^{n+3}},\quad F_4=\frac{q\,(3+n)\,(2+n)\,(1+n)}{6p^4}$$

$$F_5=-\frac{q\left(p^{-1}\right)^n(4+n)\,(3+n)\,(2+n)\,(1+n)}{24p^{n+5}},\quad F_6=\frac{q\,(5+n)\,(4+n)\,(3+n)\,(2+n)\,(1+n)}{120p^{n+6}}$$

$$F_7=-\frac{q\,(6+n)\,(5+n)\,(4+n)\,(3+n)\,(2+n)\,(1+n)}{720p^{n+7}}$$

$$F_8=\frac{q\,(7+n)\,(6+n)\,(5+n)\,(4+n)\,(3+n)\,(2+n)\,(1+n)}{5040p^{n+8}}$$

总结上述的结果的规律，可以写出一般的 Z 反变换结果

$$\mathscr{Z}^{-1}\left\{\frac{q}{(z^{-1}-p)^m}\right\}=\frac{(-1)^m q}{(m-1)!\,p^{n+m}}(n+1)(n+2)\cdots(n+m-1) \tag{A.11}$$

例 A-9 回顾例 4-14 中给出的问题，即传递函数 $H(z)=\dfrac{5z-2}{(z-1/2)^3(z-1/3)}$ 的阶跃响应问题可以通过 MATLAB 的符号运算工具箱直接求取 Z 反变换得出。

```
>> syms z; G=(5*z-2)/((z-1/2)^3*(z-1/3)); % 传递函数
   R=z/(z-1); Y=R*G; iztrans(Y) % 直接求解析解
```

得出所需的解析解为

$$\mathscr{Z}^{-1}[H(z)]=36+\left(\frac{1}{2}\right)^n(72-60n-12n^2)-108\left(\frac{1}{3}\right)^n$$

可以看出，这样的求解方法更直观实用，也可以省去中间的化简步骤，所以若安装了符号运算工具箱，则建议用这样的方法求解析解。

A.4 本附录要点小结

1) 本附录中简要介绍了 Laplace 变换、Z 变换及其反变换的公式，并介绍了它们的性质，其中很多性质在控制系统研究中均有意义。

2) 介绍了利用 MATLAB 符号运算工具箱中的 `laplace()`、`ilaplace()` 函数可以直接求解 Laplace 正反变换问题，而 `ztrans()` 和 `iztrans()` 可以直接求解 Z 正反变换的问题，本附录还通过例子演示了它们的使用方法。利用这样的工具就可以准确、容易地求解函数的积分变换问题。

3) 将符号运算工具箱的结果和第 4 章中的部分分式展开结果进行了比较。求解积分变换问题还可以采用其他的数学工具软件，如 Mathematica 和 Maple，其方便程度与适用范围和本附录介绍的方法大同小异。

A.5 习　题

1 对下列的函数 $f(t)$ 进行 Laplace 变换

(1) $f_1(t)=\dfrac{\sin\alpha t}{t}$　(2) $f_2(t)=t^5\sin\alpha t$　(3) $f_3(t)=t^8\cos\alpha t$　(4) $f_4(t)=t^6\mathrm{e}^{\alpha t}$

(5) $f_5(t)=\dfrac{\cos\alpha t}{t}$　(6) $f_6(t)=\mathrm{e}^{\beta t}\sin(\alpha t+\theta)$　(7) $f_7(t)=\mathrm{e}^{-12t}+6\mathrm{e}^{9t}$

2 对下面的 $F(s)$ 式进行 Laplace 反变换

(1) $F_1(s)=\dfrac{1}{\sqrt{s}(s^2-a^2)(\sqrt{s}+b)}$　(2) $F_2(s)=\sqrt{s-a}-\sqrt{s-b}$　(3) $F_3(s)=\ln\dfrac{s-a}{s-b}$

(4) $F_4(s)=\dfrac{s-a}{\sqrt{s}(s^2-a^2)(\sqrt{s}+b)}$　(5) $F_5(s)=\dfrac{3a^2}{s^3+a^3}$　(6) $F_6(s)=\dfrac{(s-1)^8}{s^7}$

(7) $F_7(s)=\ln\dfrac{s^2+a^2}{s^2+b^2}$　(8) $F_8(s)=\dfrac{s^2+3s+8}{\prod\limits_{i=1}^{8}(s+i)}$　(9) $F_9(s)=\dfrac{1}{2}\dfrac{s+\alpha}{s-\alpha}$

3 请将下述时域序列函数 $f(kT)$ 进行 Z 变换

(1) $f_1(kT)=\cos(k\omega T)$　(2) $f_2(kT)=(kT)^2\mathrm{e}^{-akT}$　(3) $f_3(kT)=\dfrac{1}{a}(akT-1+\mathrm{e}^{-akT})$

(4) $f_4(kT)=\mathrm{e}^{-akT}-\mathrm{e}^{-bkT}$　(5) $f_5(kT)=\sin(\alpha kT)$　(6) $f_6(kT)=1-\mathrm{e}^{-akT}(1+akT)$

4 已知下述各个 Z 变换表达式 $F(z)$，试对它们分别进行 Z 反变换

(1) $F_1(z)=\dfrac{10z}{(z-1)(z-2)}$　(2) $F_2(z)=\dfrac{z^2}{(z-0.8)(z-0.1)}$　(3) $F_3(z)=\dfrac{z}{(z-a)(z-1)^2}$

(4) $F_4(z)=\dfrac{z^{-1}(1-\mathrm{e}^{-aT})}{(1-z^{-1})(1-z^{-1}\mathrm{e}^{-aT})}$　(5) $F_5(z)=\dfrac{Az[z\cos\beta-\cos(\alpha T-\beta)]}{z^2-2z\cos(\alpha T)+1}$

5 已知某信号的 Laplace 变换为 $\dfrac{b}{s^2(s+a)}$，试求其 Z 变换，并验证结果。

6 用计算机证明 $\mathscr{Z}\left\{1-\mathrm{e}^{-akT}\left[\cos(bkT)+\dfrac{a}{b}\sin(bkT)\right]\right\}=\dfrac{z(Az+B)}{(z-1)(z^2-2\mathrm{e}^{-aT}\cos(bT)z+\mathrm{e}^{-2aT})}$，其中，$A=1-\mathrm{e}^{-aT}\cos(bT)-\dfrac{a}{b}\mathrm{e}^{-aT}\sin(bT)$，$B=\mathrm{e}^{-2aT}+\dfrac{a}{b}\mathrm{e}^{-aT}\sin(bT)-\mathrm{e}^{-aT}\cos(bT)$。

附录 B　反馈系统分析与设计程序 CtrlLAB 简介

CtrlLAB 是用 MATLAB 语言编写的、专门用于反馈控制系统分析与设计的计算机程序，它的前身是 Control Kit[105]。作为商品软件，Control Kit 曾比较广泛地用于欧洲一些高校的控制理论教学实验辅助软件。作者从 1996 年开始对其进行全面改写，大幅度扩充了功能，改善了界面，于 2000 年推出了 CtrlLAB 3.0 版及 3.1 版，它们在 MathWorks 网站和作者的 MATLAB 大观园上均可以免费下载。目前，CtrlLAB 软件已经成为国际上许多学校自动控制课程的教学辅助工具，在 MathWorks 网站控制类工具箱下载中长期排名第一㊀。

本附录将简要介绍 CtrlLAB 程序及其在线性单变量连续系统分析与设计中的应用，可以认为是本书相关内容的界面实现，读者无需通过语句输入的方式进行系统分析，只需通过菜单、按钮对话框等可视的操作就能完成系统分析与设计的任务。然而，界面操作虽然简单，但其功能和命令比起来还是受到一定限制的，所以可以认为 CtrlLAB 是本课程介绍方法的一个补充，但绝不意味着可以取代函数调用的形式。

㊀ CtrlLAB 的下载地址：
http://www.mathworks.com/matlabcentral/fileexchange/loadFile.do?objectId=18&objectType=file。

第 B.1 节将介绍 CtrlLAB 程序的安装与启动，介绍 CtrlLAB 程序界面的形式与使用，在后面各节中将分控制系统模型输入与处理、反馈系统分析及反馈系统计算机辅助设计三个方面介绍 CtrlLAB 程序的应用。限于篇幅，这里只能对 CtrlLAB 作一个入门性的介绍，希望读者通过这里的介绍能了解 CtrlLAB，通过实践很好地使用 CtrlLAB。

B.1 CtrlLAB 的安装与运行

CtrlLAB 全部程序可以从脚注网址直接下载，用户可以将这些文件复制到硬盘的某个目录下，在 MATLAB 程序界面下选择 File → Set Path 菜单项可以将 CtrlLAB 所在的目录包含到 MATLAB 的工作路径下，就可以在 MATLAB 下执行 CtrlLAB 程序了。

在 MATLAB 提示符下键入 `ctrllab` 命令，就可以启动 CtrlLAB 程序，这将得出一个如图 B-1 所示的程序界面，在该界面上有一个反馈控制系统的框图，单击每个方框都将进行模型输入与处理工作。在界面上部还有一个常用工具栏，可以对模型处理与系统分析功能的调用进行快捷操作。程序界面上还有一个菜单栏，可以调用菜单栏提供的功能对系统进行分析与设计。下面将分别对各个方面展开介绍。

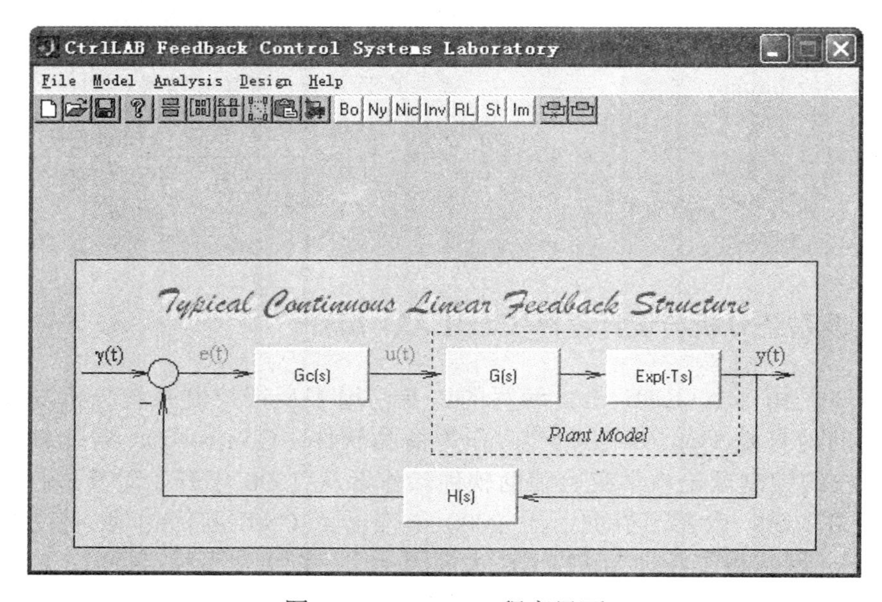

图 B-1 CtrlLAB 程序界面

B.2 控制系统模型的输入与处理

系统模型输入是系统分析与设计的基础，所以输入系统模型是一个很重要的环节，如果受控对象模型不存在，则 Analysis 和 Design 菜单均处于不可选择的状态。只有受控对象模型输入以后，这两个菜单才可以选择。

用户可以单击模块按钮的形式来输入各个模块的数学模型，如果该模型已经存在，则单击模块会在信息显示窗口中将该模块用选定的格式显示出来。单击模块按钮，则可以打开如图 B-2a 所示的对话框，用户可以在分子和分母输入栏目输入数学模型的分子和分母多项式，仍可以采用系数向量的系数输入数学模型。改变该对话框右下角的列表框，还允许用户用状态方程、零极点或 Simulink 形式输入系统的数学模型。

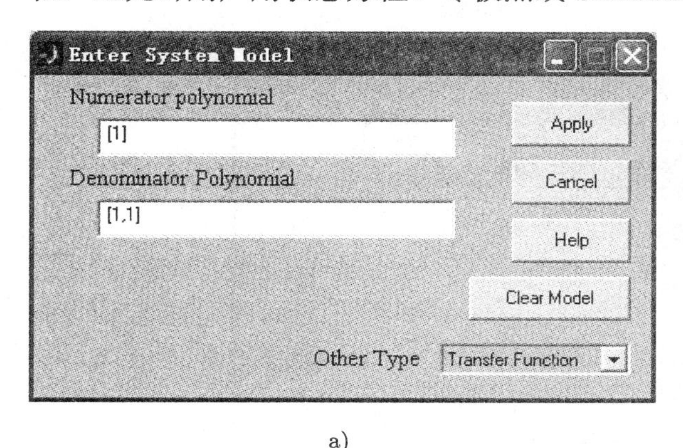

a)

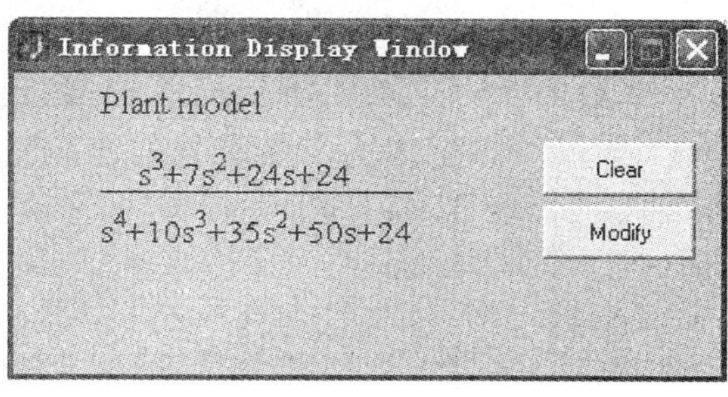

b)

图 B-2　模型输入与显示

a) 模型输入对话框　　b) 信息显示窗口

若已经输入过模块的数学模型，再单击该模块按钮则将显示出该模块的数学模型，如图 B-2b 所示。CtrlLAB 允许用户用不同的形式显示模块的数学模型，可以按传递函数、状态方程、零极点及因式型传递函数的方式显示系统模型，这可以由工具栏或菜单的形式来设置。

CtrlLAB 还允许用户对模型进行降阶分析，这可以用 Model → Reduction 菜单来求解。CtrlLAB 还支持 Simulink 模型的线性化分析。

B.3　反馈控制系统的分析

有了系统的数学模型后，就可以对系统进行分析了。单击 Analysis 菜单，如选择其中的频域分析菜单将得出如图 B-3a 所示的栏目，可见，利用该菜单可以对系统进行 Bode 图、Nyquist 图、Nichols 图及逆 Nyquist 图的绘制。菜单的时域分析部分如图 B-3b 所示，从中可以进行阶跃响应和脉冲响应分析。

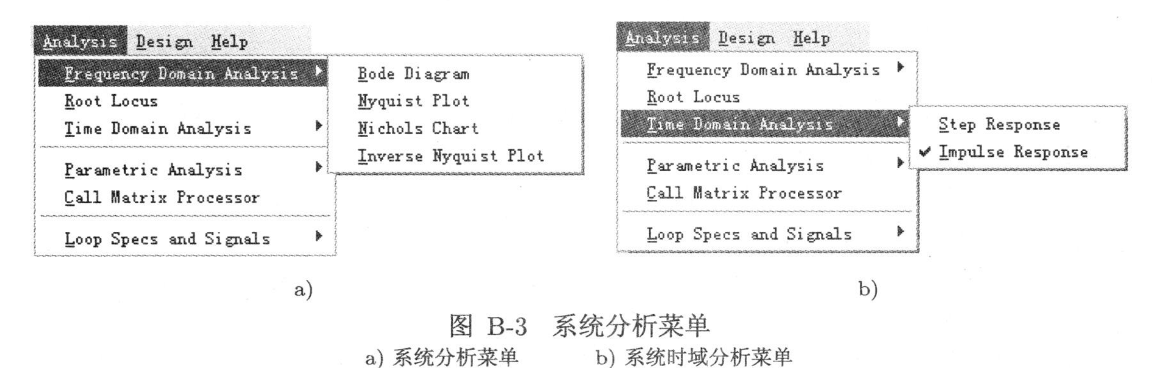

图 B-3　系统分析菜单

a) 系统分析菜单　　b) 系统时域分析菜单

例如，若用户选择了 Analysis → Frequency Domain Analysis → Bode Diagram 菜单，则可以打开一个图形窗口，绘制出系统的 Bode 图，如图 B-4 所示，可见，利用该程序可以轻易地对系统进行时域响应、频域响应及根轨迹分析。CtrlLAB 程序的图形窗口还提供了自己的菜单系统和工具栏，可以在图形窗口中对得出的图形进行编辑处理。

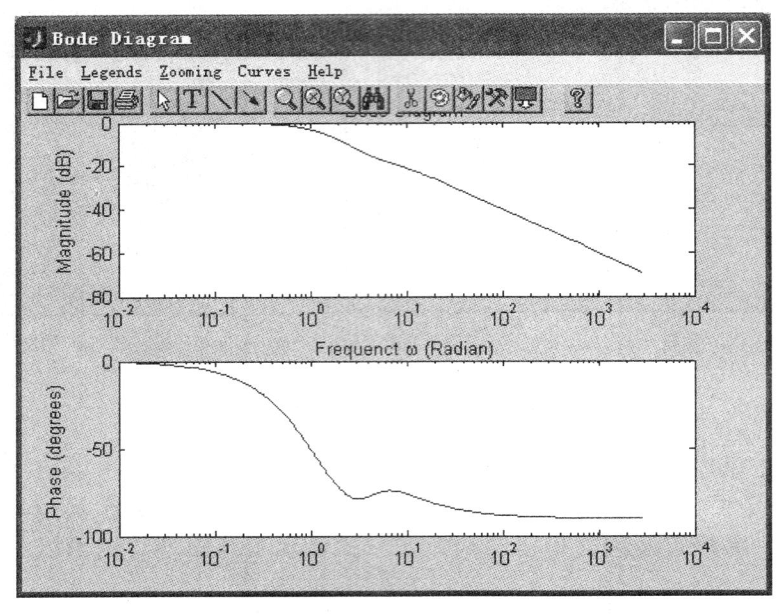

图 B-4　系统的 Bode 图窗口

控制系统的参数化分析也是 CtrlLAB 程序能够解决的问题，利用 Analysis 菜单可以对系统的稳定性进行分析，可以分析系统的幅值相位裕量、稳定性裕量，还可以得出系统时域响应的解析解。

B.4　反馈控制系统计算机辅助设计

CtrlLAB 提供了各种单变量连续反馈控制系统的设计方法，主要分为三类方法：

1．经典的控制器设计算法

Design → Classical Controller Design 菜单将列出如图 B-5a 所示的菜单系统，允许用户为给定的受控对象模型设计各种经典控制器，如超前滞后类串联校正器的设计、线性二次型最优调节器设计、极点配置的状态反馈控制器设计及模型跟踪控制器设计等。控制器设计完成后，还可以用系统分析的方法观察闭环控制器设计的效果。

2．鲁棒控制器设计算法

Design → Robust Controller Design 菜单将列出如图 B-5b 所示的菜单系统，其中支持线性二次型 Gauss (LQG) 控制器、$\mathcal{H}_2$ 和 $\mathcal{H}_\infty$ 控制器等。

3．PID 控制器设计

Design → PID Controller 菜单的结构如图 B-6 所示，允许用户选择 FOLPD 模型近似算法，允许用户选择控制器类型，还可以选择控制器整定算法，从而设计出控制器。

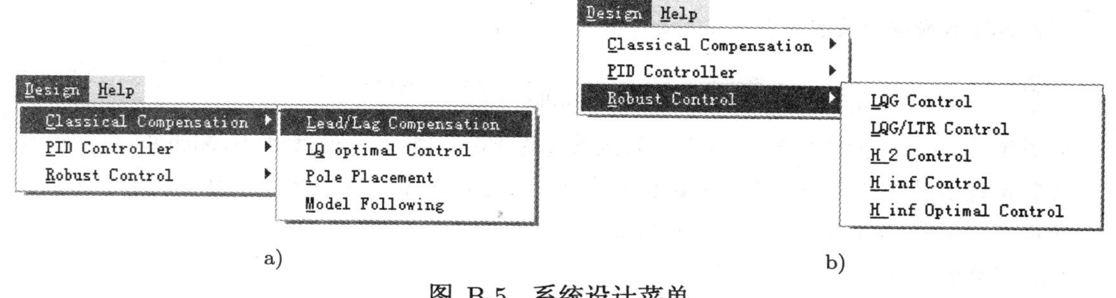

图 B-5 系统设计菜单

a) 经典控制器设计菜单 b) 鲁棒控制器设计菜单

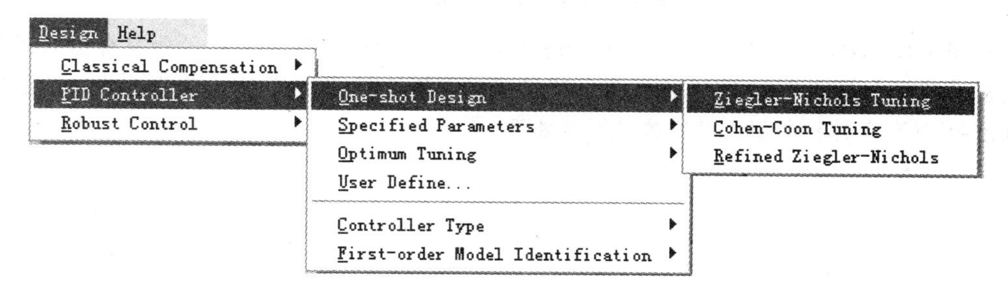

图 B-6 PID 控制器设计菜单

B.5 本附录要点小结

CtrlLAB 程序完全由 MATLAB 语言编写，可见，利用 MATLAB 语言，可以编写出较好的程序用户界面，实现强大的功能。有了 CtrlLAB 这样的界面，用户可以更容易地解决反馈控制系统建模、分析与设计的任务。

B.6 习 题

1 试下载并在机器上安装 CtrlLAB，为使得该程序能直接运行，应该用 MATLAB 命令窗口中的 File → Set Path 菜单及得出的对话框设置路径，将 CtrlLAB 所在的路径包含在内。

2 试用 ctrllab 命令启动 CtrlLAB 程序，并运行 File → Help 菜单内的几个演示程序，了解 CtrlLAB 的功能。

3 试将下面的系统模型分别输入进 CtrlLAB 程序，并按一般传递函数、零极点传递函数及状态方程等形式显示出来。

(1) $G(s)=\dfrac{8(s+1-\mathrm{j})(s+1+\mathrm{j})}{s^2(s+5)(s+6)(s^2+1)}$

(2) $\dot{\boldsymbol{x}}(t)=\begin{bmatrix}0&0&1&0&0\\1&0&0&0&0\\0&1&0&1&-1\\0&1&1&1&0\\0&0&1&0&0\end{bmatrix}\boldsymbol{x}(t)+\begin{bmatrix}1\\2\\1\\0\\1\end{bmatrix}u(t),\ y(t)=[0,0,0,1,1]\boldsymbol{x}(t)$

4 假设典型反馈控制系统的各个模型如下：

$$G(s)=\frac{2}{s[(s^4+5.5s^3+21.5s^2+s+2)+20(s+1)]},\quad G_{\rm c}(s)=K\frac{1+0.1s}{1+s},\quad H(s)=1$$

并假定 $K=1$，请利用 CtrlLAB 绘制出系统的 Bode 图、Nyquist 图与 Nichols 图，请判定这样设计出来的反馈系统是否为较好的系统，画出闭环系统的阶跃响应曲线，作出说明，并指出如何修正 K 的值来改进系统的响应。

5 已知某受控对象模型为

$$G(s)=\frac{12(s^2-3s+6)}{(s+1)(s+5)(s^2+3s+6)(s^2+s+2)}$$

试利用 CtrlLAB 对其进行进行时域频域分析，并设计出 PID 控制器，研究得出的闭环阶跃响应曲线。如果不采用 PID 控制器，试根据其中的 $\mathcal{H}^\infty$ 控制器设计菜单为其设计出针对灵敏度的 $\mathcal{H}^\infty$ 鲁棒控制器，并比较其控制效果。

参 考 文 献

[1] 戴先中. 自动化科学与技术学科的内容、地位与体系[M]. 北京: 高等教育出版社, 2003.

[2] Doyle J C. A new physics?[A]. 40th IEEE Conference on Decision and Control 全会开篇大会报告[C]. Orlando: IEEE Publisher, 2000.

[3] Lewis F L. Applied optimal control and estimation, digital design and implementation[M]. Englewood Cliffs: Prentice-Hall, 1992.

[4] 万百五. 自动化 (专业) 概论[M]. 武汉: 武汉理工大学出版社, 2002.

[5] Maxwell J C. On governors[J]. Proceedings of Royal Society, London, 1868, 16:270–283.

[6] Routh E J. A treatise on the stability of a given state of motion[M]. London: Macmillan & Co., 1877.

[7] Hurwitz A. On the conditions under which an equation has only roots with negative real parts[J]. Mathematische Annalen, 1895, 46:273–284.

[8] Minorsky N. Directional stability and automatically steered bodies[J]. Journal of American Society of Naval Engineering, 1922, 34:280–309.

[9] Ziegler J G, Nichols N B. Optimum settings for automatic controllers[J]. Transaction of ASME, 1944, 64:759–768.

[10] Nyquist H. Regeneration theory[J]. Bell Systems Technical Journal, 1932, 11:126–147.

[11] Bode H. Network analysis and feedback amplifier design[M]. New York: D Van Nostrand, 1945.

[12] James H M, Nichols N B, Phillips R S. Theory of servomechanisms[M], MIT Radiation Laboratory Series, volume 25. New York: McGraw-Hill, 1947.

[13] Evans W R. Graphical analysis of control systems [J]. Transactions of AIEE, 1948, 67: 547–551.

[14] Pontryagin L S, Boltyansky V G, Gamkrelidze R V, et al. The mathematical theory of optimal processes[M]. New York: Wiley, 1962.

[15] Bellman R. Dynamic programming[M]. New Jersey: Princeton University Press, 1957.

[16] Kalman R E. On the theory of control systems[A]. Proceedings of the First IFAC Congress[C], 1960. Moscow.

[17] Kalman R E. Contributions to the theory of optimal control[J]. Boletin de la Societed Mathematica Mexicana, 1960, 5:102–119.

[18] Kalman R E. A new approach to linear filtering and prediction problems[J]. ASME Journal of Basic Engineering, 1960, 82:34–45.

[19] Zames G. Feedback and optimal sensitivity: model reference transformations, multiplicative seminorms, and approximate inverses[A]. Proceedings 17th Allerton Conference[C], 1979, 744–752. Also, Transaction on Automatic Control, 1981, AC-26(2):585–601.

[20] Doyle J C, Glover K, Khargonekar P, et al. State-space solutions to standard $\mathcal{H}_2$ and $\mathcal{H}_\infty$ control problems[J]. IEEE Transaction on Automatic Control, 1989, AC-34:831–847.

[21] Murray R M. Control in an information rich world[R]. Technical report, Report of the Panel on Future Directions in Control, Dynamics, and Systems, 2002. (简写版发表于 IEEE Control Systems Magazine, 2003, 23(2):20-33, 并由 SIAM 出版社 2003 年出版).

[22] 胡峰，孙国基，卫军胡. 动态系统计算机仿真技术综述 (I) 仿真模型 [J]. 系统仿真学报，2000, 17(1):1–7.

[23] Atherton D P. Nonlinear control engineering — describing function analysis and design[M]. London: Van Nostrand Reinhold, 1975.

[24] Jury E I, Blanchard J. A stability test for linear discrete systems in table form[J]. IRE Proceedings, 1961, 49(12):1947–1948.

[25] Smith B T, Boyle J M, Dongarra J J. Matrix eigensystem routines — EISPACK guide[M], 2nd ed.Lecture notes in computer sciences. New York: Springer-Verlag, 1976.

[26] Garbow B S, Boyle J M, Dongarra J J, et al. Matrix eigensystem routines — EISPACK guide extension[M]. Lecture notes in computer sciences. New York: Springer-Verlag, 1977.

[27] Dongarra J J, Bunch J R, Moler C B, et al. LINPACK user's guide[M]. Philadelphia: SIAM Press, 1979.

[28] Numerical Algorithm Group. NAG FORTRAN library manual[Z], 1982.

[29] Press W H, Flannery B P, Teukolsky S A, et al. Numerical recipes, the art of scientific computing[M]. Cambridge: Cambridge University Press, 1986.

[30] Melsa J L, Jones S K. Computer programs for computational assistance in the study of linear control theory[M]. New York: McGraw-Hill, 1973.

[31] CAD Center. GINO-F Users' manual[Z], 1976.

[32] Anderson E, Bai Z, Bischof C, et al. LaPACK users' guide[M]. Philadelphia: SIAM Press, 1999.

[33] Wolfram S. The Mathematica book[M]. Cambridge: Cambridge University Press, 1988.

[34] Frank G. The Maple Book[M]. Chapman & Hall/CRC, 2001.

[35] Åström K J. Computer aided tools for control system design, In: Jamshidi M, Herget C J. Computer-aided control systems engineering[M]. Amsterdam: Elsevier Science Publishers B V, 1985.

[36] Furuta K. Computer-aided design program for linear control systems[A]. Proceedings of IFAC Symposium on CACSD[C], 1979, 267–272. Zurich, Switzerland.

[37] Rosenbrock H H. Computer-aided control system design[M]. New York: Academic Press, 1974.

[38] Edmunds J M. Cambridge linear analysis and design programs[A]. Proceedings IFAC Symposium on CACSD[C], 1979, 253–258. Zurich, Switzerland.

[39] Maciejowski J M, MacFarlane A G J. CLADP: the Cambridge linear analysis and design programs[A], In: Jamshidi M, Herget C J. Computer-aided control systems engineering[M]. Amsterdam: Elsevier Science Publishers B V, 1985.

[40] Armstrong E S. ORACLS — a design system for linear multivariable control[M]. New York: Marcel Dekker Inc., 1980.

[41] 王治宝，韩京清. CADCSC 软件系统 —— 控制系统计算机辅助设计 [M]. 北京: 科学出版社，1997.

[42] 孙增圻，袁曾任. 控制系统的计算机辅助设计 [M]. 北京: 清华大学出版社，1988.

[43] 吴重光，沈承林. 控制系统计算机辅助设计 [M]. 北京: 机械工业出版社，1988.

[44] Moler C B. MATLAB — An interactive matrix laboratory[R]. Technical Report 369, Department of Mathematics and Statistics, University of New Mexico, 1980.

[45] Mitchell & Gauthier Associate. Advanced continuous simulation language (ACSL) — user's manual[Z], 1987.

[46] 胡包钢，赵星，康孟珍. 科学计算自由软件 SCILAB 教程 [M]. 北京: 清华大学出版社，2003.

[47] 薛定宇，陈阳泉．高等应用数学问题的 MATLAB 求解 [M]．2 版．北京：清华大学出版社，2008.

[48] 薛定宇，陈阳泉．基于 MATLAB/Simulink 的系统仿真技术与应用 [M]．北京：清华大学出版社，2002.

[49] Gongzalez R C, Woods R E. Digital image processing[M], 2nd ed. Englewood Cliffs: Prentice-Hall, 2002. (电子工业出版社有影印版).

[50] Atherton D P, Xue D. The analysis of feedback systems with piecewise linear nonlinearities when subjected to Gaussian inputs[A]. In: Kozin F and Ono T. Control systems, topics on theory and application[M]. Tokyo: Mita Press, 1991.

[51] Lamport L. LaTeX: a document preparation system — user's guide and reference manual[M], 2nd ed. Reading MA: Addision-Wesley Publishing Company, 1994.

[52] Nelder J A, Mead R. A simplex method for function minimization[J]. Computer Journal, 1965, 7:308–313.

[53] The MathWorks Inc. MATLAB compiler user's manual[Z].

[54] The MathWorks Inc. MATLAB manual: creating graphical user interfaces[Z].

[55] 王万良．自动控制原理 [M]．北京：科学出版社，2001.

[56] Patel R V, Munro N. Multivariable system theory and design[M]. Oxford: Pergamon Press, 1982.

[57] 薛定宇．反馈控制系统的设计与分析 —— MATLAB 语言应用 [M]．北京：清华大学出版社，2000.

[58] 陈怀琛．MATLAB 及在电子信息课程中的应用 [M]．北京：电子工业出版社，2002.

[59] Davison E J. A method for simplifying linear dynamic systems[J]. IEEE Transaction on Automatic Control, 1966, AC-11:93–101.

[60] Chen C F, Shieh L S. A novel approach to linear model simplification[J]. International Journal of Control, 1968, 8:561–570.

[61] Bultheel A, M van Barel. Padé techniques for model reduction in linear system theory: a survey[J]. Journal of Computational and Applied Mathematics, 1986, 14:401–438.

[62] Hutton M F. Routh approximation for high-order linear systems[A]. Proceedings of 9th Allerton Conference[C], 1971, 160–169.

[63] Shamash Y. Linear system reduction using Padé approximation to allow retention of dominant modes[J]. International Journal of Control, 1975, 21:257–272.

[64] Lucas T N. Some further observations on the differential method of model reduction[J]. IEEE Transaction on Automatic Control, 1992, AC-37:1389–1391.

[65] Xue D, Atherton D P. A suboptimal reduction algorithm for linear systems with a time delay[J]. International Journal of Control, 1994, 60(2):181–196.

[66] Åström K J. Introduction to stochastic control theory[M]. London: Academic Press, 1970.

[67] Hu X H. FF-Padé method of model reduction in frequency domain[J]. IEEE Transaction on Automatic Control, 1987, AC-32:243–246.

[68] Gruca A, Bertrand P. Approximation of high-order systems by low-order models with delays[J]. International Journal of Control, 1978, 28:953–965.

[69] Levy E C. Complex-curve fitting [J]. IRE Transaction on Automatic Control, 1959, AC-4: 37–44.

[70] Akaike H. A new look at the statistical model identification[J]. IEEE Transactions on Automatic Control, 1974, AC-19(6):716–723.

[71] Ljung L. System identification — theory for the user[M], 2nd ed. Upper Saddle River, N J:

PTR Prentice Hall, 1999. (清华大学出版社有影印版).

[72] Kuo B C. Digital control sysyems[M]. New York: Holt, Rinehart and Winston, Inc., 1980.

[73] Kailath T. Linear systems[M]. Englewood Cliffs: Prentice-Hall, 1980.

[74] 郑大钟. 线性系统理论 [M]. 2 版. 北京: 清华大学出版社，2002.

[75] 薛定宇，任兴权. 连续系统的仿真与解析解法 [J]. 自动化学报, 1992, 19(6):694–702.

[76] MacFarlane A G J, Postlethwaite I. The generalized Nyquist stability criterion and multivariable root loci[J]. International Journal of Control, 1977, 25:81–127.

[77] Munro N. Multivariable control 1: the inverse Nyquist array design method[A]. In: Lecture notes of SERC vacation school on control system design[C]. UMIST, Manchester, 1989.

[78] Franklin G F, Powell J D, Workman M. Digital control of dynamic systems[M]. 3rd ed. Reading MA: Addison Wesley, 1988. (清华大学出版社有影印版).

[79] The MathWorks Inc. Simulink user's manual[Z].

[80] 韩京清，袁露林. 跟踪微分器的离散形式 [J]. 系统科学与数学, 1999, 19(3):268–273.

[81] 刘德贵，费景高. 动力学系统数字仿真算法 [M]. 北京: 科学出版社，2001.

[82] 彭容修. 数字电子技术基础 [M]. 武汉: 武汉理工大学出版社，2001.

[83] Frederick D K, Rimer M. Benchmark problem for CACSD packages[A]. Abstracts of the second IEEE symposium on computer-aided control system design[C], 1985. Santa Barbara, USA.

[84] Rimvall C M. Computer-aided control system design[J]. IEEE Control Systems Magazine, 1993, 13:14–16.

[85] Balasubramanian R. Continuous time controller design[M]. IEE Control Engineering Series, volume 39. London: Peter Peregrinus Ltd, 1989.

[86] Kautskey J, Nichols N K, Van Dooren P. Robust pole-assignment in linear state feedback[J]. International Journal of Control, 1985, 41(5):1129–1155.

[87] Dorf R C, Bishop R H. Modern control systems[M], 9th ed. Upper Saddle River, NJ: Prentice-Hall, 2001.

[88] Bennett S. Development of the PID controllers[J]. IEEE Control Systems Magazine, 1993, 13(6):58–65.

[89] Åström K J, Hägglund T. PID controllers: theory, design and tuning[M]. Research Triangle Park, Instrument Society of America, 1995.

[90] 陶永华，尹怡欣，葛芦生. 新型 PID 控制及其应用 [M]. 北京: 机械工业出版社，2001.

[91] Hang C C, Åström K J, Ho W K. Refinement of the Ziegler-Nichols tuning formula[J]. Proceedings of IEE, Part D, 1991, 138:111–118.

[92] O'Dwyer A. Handbook of PI and PID controller tuning rules[M]. London: Imperial College Press, 2003.

[93] Zhuang M, Atherton D P. Automatic tuning of optimum PID controllers[J]. Proceedings of IEE, Part D, 1993, 140:216–224.

[94] Murrill P W. Automatic control of processes[M]. Scranton: International Textbook Co, 1967.

[95] Cheng G S, Hung J C. A least-squares based self-tuning of PID controller[A]. Proceedings of the IEEE South East Conference[C], 1985, 325–332. Raleigh, North Carolina, USA.

[96] Wang F S, Juang W S, Chan C T. Optimal tuning of PID controllers for single and cascade control loops[J]. Chemical Engineering Communications, 1995, 132:15–34.

[97] O'Dwyer A. PI and PID controller tuning rules for time delay processes: a summary. Parts 1 & 2[A]. Proceedings of the Irish Signals and Systems Conference[C], 1999.

[98] 刘金琨. 先进 PID 控制及其 MATLAB 仿真 [M]. 北京: 电子工业出版社，2003.
[99] 蔡尚峰. 自动控制理论 [M]. 北京: 机械工业出版社，1980.
[100] 谢绪凯. 现代控制理论基础 [M]. 沈阳: 辽宁人民出版社，1980.
[101] 徐心和. 模型参考自适应系统 [M]. 沈阳: 东北工学院讲义，1982.
[102] 高文焕，汪蕙. 模拟电路的计算机分析与设计 — PSpice 程序应用 [M]. 北京: 清华大学出版社，1999.
[103] 贺益康. 交流电机的计算机仿真 [M]. 北京: 科学出版社，1990.
[104] The MathWorks Inc. Real-time workshop users' guide[Z].
[105] Xue D, Goucem A, Atherton D P. A menu-driven interface to PC-MATLAB for a first course on control systems[J]. International Journal of Electrical Engineering Education, 1991, 28(1):21–33.